Visual C++程序设计

黄永才◎主编

金 韬 刘伟杰 李牧 刘立君◎副主编

清華大學出版社

北京

内 容 简 介

本书主要包括C++与面向对象、MFC应用程序、Windows Form应用程序等部分。C++与面向对象部分系统地介绍了基本C++语法和融入面向对象概念后的C++语言；MFC应用程序详细介绍了MFC编程基础知识、资源与对话框、控件、菜单与工具栏、文档与视图、图形与文本、数据库等内容；Windows Form应用程序部分从实例出发，主要介绍Windows Form基础知识、Windows Form控件及Windows Form环境下的绘图。理论内容后有与之配套的习题和上机实验指导，用以加深和巩固对理论内容的理解。

本书图文并茂，语言精练，例题典型，实用性、趣味性强，可作为大学本科、高职高专相关课程的教材，也可供广大Visual C++爱好者自学。另外，本书有配套的例题源代码和电子课件，供广大读者免费下载。

图书在版编目(CIP)数据

Visual C++程序设计/黄永才主编. —北京：清华大学出版社，2017（2023.8重印）
ISBN 978-7-302-41625-8

Ⅰ. ①V… Ⅱ. ①黄… Ⅲ. ①C语言－程序设计－高等学校－教材 Ⅳ. ①TP312

中国版本图书馆CIP数据核字(2015)第228357号

责任编辑：付弘宇 薛 阳
封面设计：刘 键
责任校对：焦丽丽
责任印制：宋 林

出版发行：清华大学出版社
网　　址：http://www.tup.com.cn，http://www.wqbook.com
地　　址：北京清华大学学研大厦A座　　**邮　　编**：100084
社 总 机：010-83470000　　**邮　　购**：010-62786544
投稿与读者服务：010-62776969，c-service@tup.tsinghua.edu.cn
质量反馈：010-62772015，zhiliang@tup.tsinghua.edu.cn
课件下载：http://www.tup.com.cn，010-83470236
印 装 者：三河市龙大印装有限公司
经　　销：全国新华书店
开　　本：185mm×260mm　　**印　　张**：32.75　　**字　　数**：787千字
版　　次：2017年2月第1版　　**印　　次**：2023年8月第6次印刷
印　　数：3801～4100
定　　价：89.00元

产品编号：064141-02

前　言

随着.NET技术的迅猛发展，图形用户界面应用程序被注入了新鲜血液——Windows Form应用程序，“Visual C++程序设计”作为讲述“用C++语言对图形用户界面应用程序进行设计”的课程，其内容对此也应有所体现。本教材顺应时代发展的需求，在精简传统“Visual C++程序设计”课程内容的基础上，加入了Windows Form应用程序设计的内容。

本书理论知识分为C++与面向对象、MFC应用程序、Windows Form应用程序三大部分。

第一部分分为两章，分别讲述C++语言基本语法和面向对象的C++语言。第1章C++基本语法部分主要讲述数据的输入输出、函数参数、函数重载、引用、内存动态分配等内容。第2章面向对象的C++部分，对类、对象、成员函数、类的继承与派生、重载与虚函数等面向对象概念的理解和使用进行了详细介绍。

第二部分是MFC应用程序设计部分。微软基础类库（Microsoft Foundation Classes，MFC）是微软公司实现的一个C++类库，主要封装了大部分的Windows API函数。用这些C++类设计的应用程序就称为MFC应用程序。这部分内容分为7章来讲述。第3章MFC编程基础，主要介绍MFC编程所要用到的基础知识，包括编程环境的使用、编程的一般步骤、类库中常用类及其相互关系、这些类的使用方法、Windows消息映射机制、MFC应用程序文件的类型等内容。第4章资源与对话框，给出资源的概念并从资源的角度阐释对话框的本质及设计、使用方法。第5章控件和第6章菜单、工具栏和状态栏，分别讲述了窗体上各种界面元素的设计和使用方法。第7章文档与视图，讲述文档类和视图类的使用，并通过它们的交互，实现抽象数据到可视信息的转化，进而实现一档多视的能力。第8章文本与图形，从绘图的角度讲述文本与图形绘制应用程序的设计方法。第9章数据库编程，讲述了几个与数据库相关的类，并通过这些类实现了与数据库管理系统的数据交互。

第三部分是Windows Form应用程序设计部分。Windows Form应用程序是在.NET Framework上建立的Windows窗体应用程序。.NET引入了许多新理念，如跨语言、跨平台，提出并实现了许多新技术，如托管等。为此，.NET设计了两个关键组件——CLR（Common Language Runtime，公共语言运行时）和BCL（Basic Class Library，基础类库），BCL中包括了大量用于应用程序开发的类。本书第10章Windows Form编程基础，简要介绍了设计Windows Form应用程序所要用到的基础知识，并用一个实例，详细演示了Windows Form应用程序的开发过程以及开发环境的使用方法。第11章Windows Form控件与对话框，主要讲述各种常用控件，包括可视的按钮、标签、文本框控件和不可视的计时器控件等。相比较于MFC应用程序，Windows Form应用程序中控件的能力要强大很多。第12章Windows Form图形绘制初步，简要介绍在Windows Form应用程序中进行图形和文本绘制的方法，并以时钟应用程序为例，详细演示了 Windows Form 图形绘制应用程序设计制作的全过程。

本书从实例出发，合理安排知识结构，由浅入深，循序渐进。在讲解每个知识点时都配有精心设计的案例，这些案例多具有一定的趣味性和实用性，图文并茂，条理清晰，通俗易懂。编程时，新添加的代码采用灰色背景，与原有代码区别明显，方便读者理解和上机检验。此外，本书还配有电子课件，以满足广大教师教学的需要。

为加深对理论知识的理解和掌握，本书还安排了“第四部分 习题”和“第五部分 实验”。实验部分的实验内容经过精选，实验步骤详尽，思考题发人深省；书中习题的答案、例题和实验源代码均可以到出版社指定的网站下载。

本书由黄永才任主编，金韬、刘伟杰、李牧、刘立君任副主编。参加编写的人员有夏红刚、王晖、刘天惠、李华等，其中刘天惠还负责了全书的审阅工作。另外在编写过程中，徐刚、衣春林二人对本书中例题和实验内容的设计均提供了大量宝贵建议，在此一并表示感谢。

由于时间仓促及作者水平有限，书中疏漏之处在所难免，欢迎广大读者批评指正。

编者

2016 年 11 月

目　录

第一部分　C++与面向对象

第二部分 MFC 应用程序

第三部分 Windows Form应用程序

第四部分 习 题

第五部分 实 验

第一部分　C++与面向对象

第1章　C++基础

1.1　从C到C++

1.1.1　面向过程的C语言

1973年年初，C语言的主体刚完成时，首先用于UNIX操作系统的开发。由于C语言既具有高级语言的特点，又具有汇编语言的特点。它不仅可以用来编写系统软件，也可以作为应用程序设计语言，编写不依赖计算机硬件的应用软件。它的应用范围广泛，具备很强的数据处理能力。

C语言是一种结构化语言。所谓面向结构即面向过程，是把要实现的功能分成很多模块(即函数)，每个模块承担某一功能。一个模块可能会多次被利用，只需调用相应的函数就可以，不用重新定义，节省了代码和时间。它层次清晰，便于按模块化方式组织程序，易于调试和维护。C语言的表现能力和处理能力极强。它不仅具有丰富的运算符和数据类型，便于实现各类复杂的数据结构，还可以直接访问内存的物理地址，进行位(bit)级的操作。由于C语言实现了对硬件的编程操作，因此C语言集高级语言和低级语言的功能于一体。此外，C语言还具有效率高、可移植性强等特点，因此被广泛地移植到了各类型计算机上，从而形成了多种版本的C语言。

虽然C语言应用范围广、版本众多，初期一直没有统一的标准，直到1978年由B. W. Kernighan和D. M. Ritchi合著了著名的*THE C PROGRAMMING LANGUAGE*一书，成为C语言的最初标准，通常简称为K&R标准。实际上，在K&R中并没有定义一个完整的标准C语言。后来由美国国家标准学会在此基础上制定了一个C语言标准，于1983年发表，通常称之为ANSI C。

1.1.2　面向对象的C++语言

C++语言是在C语言的基础上发展起来的，1980年，为了克服C语言的局限，美国贝尔实验室的Bjarne Stroustrup对C语言进行了扩充和改进，研制了一个更好的C，即“C with class”，被称为“带类的C”，1983年正式取名为C++。

C++是既支持传统的结构化程序设计又支持面向对象程序设计的混合型语言。它一方面提供了对C语言的兼容性，保持了C程序的简洁、高效，接近汇编语言的特点，另一方面引入了类、对象的概念，可以进行类的继承和派生，使C++成为一种面向对象的程序设计语言。早期的具有面向对象性能的程序语言存在许多缺点，如建立对象不方便，与用户交互能力差等。C++克服了这些缺点，实现了真正的可视化编程。用户使用C++时，不必自己一一建立对象，只要在C++提供的程序框架内添加实现某种功能的代码即可。

1.1.3 C++对C语言的改进

C++语言是在C语言的基础上发展起来的，与C语言兼容。C语言中的数据类型、运算符、表达式、函数定义和调用、预处理命令等在C++中都是适用的，还包括语句格式等。C++虽然继承了C语言的风格和特点，但同时又对C语言的不足和问题做了很多改进，主要包括以下几个方面。

(1) 增加了一些新的运算符，使得C++应用起来更加方便，如::，new，delete，.*，->.等。

(2) 改进了类型系统，增加了安全性。C语言中类型转换很不严格，而C++规定类型转换大多采用强制转换，函数的说明必须使用原型，还对默认类型做了些限制。

(3) 增加了“引用”概念，使得引用函数参数更加方便。

(4) 允许函数重载，允许设置默认参数，这些措施既提高了编程的灵活性，又减少了冗余性。

(5) 引进了内联函数的概念，提高了程序的效率。

(6) 对变量说明更加灵活了，在满足先定义后使用的前提下，局部变量的定义和声明可以出现在程序块的任何位置。

此外，C++增加了面向对象程序设计的新内容，使得C++成为软件开发的重要工具。

1.1.4 Visual C++和Visual Studio

Visual C++(简称VC++)不仅是一个C++编译器，而且是一个基于Windows操作系统的可视化集成开发环境(Integrated Development Environment，IDE)。自1993年问世以来，随着版本的更新，Visual C++对C++的支持越来越好，尤其是到1998年年底，Visual C++ 6.0发布，它由许多组件组成，包括编辑器、编译器、调试器以及程序向导AppWizard、类向导ClassWizard等开发工具，应用范围非常广。但是与以后的版本相比，差距仍然较大。自2002年微软发布Visual Studio .NET以来，微软建立了在.NET框架上的代码托管机制，一个项目可以支持多种语言开发的组件，VC++也扩展为支持代码托管的开发环境。所以VC++ 6.0以后就没有独立的安装程序，而是成为Visual Studio(简称VS)的一部分。本教材选用的编译环境就是Visual Studio 2010的Visual C++ 2010。

Windows 7操作系统下，安装Visual Studio 2010后，第一次启动时，由于系统支持多种语言环境，会让用户选择默认的环境设置，选择Visual C++后，界面窗口如图1.1所示。

注意，刚安装时没有VAssistX这个菜单，因为这是一个外部工具，需要单独安装。VAssistX是VS的好助手，它可以自动添加注释，能够提示关键字的输入，自动纠错，能够识别系统函数；VAssistX还提供了很多快捷方式，为软件的开发带来了极大的方便，能大大提高编程效率。

使用VS2010之前，要先做一些常见的设置。单击菜单栏【工具】下的【选项】命令，调出【选项】对话框，选择文本编辑器下的C/C++，选择【行号】复选框，如图1.2所示。利用【选项】对话框还可以调整字体和颜色、配置工具栏等。

图 1.1　Visual Studio 2010 起始页

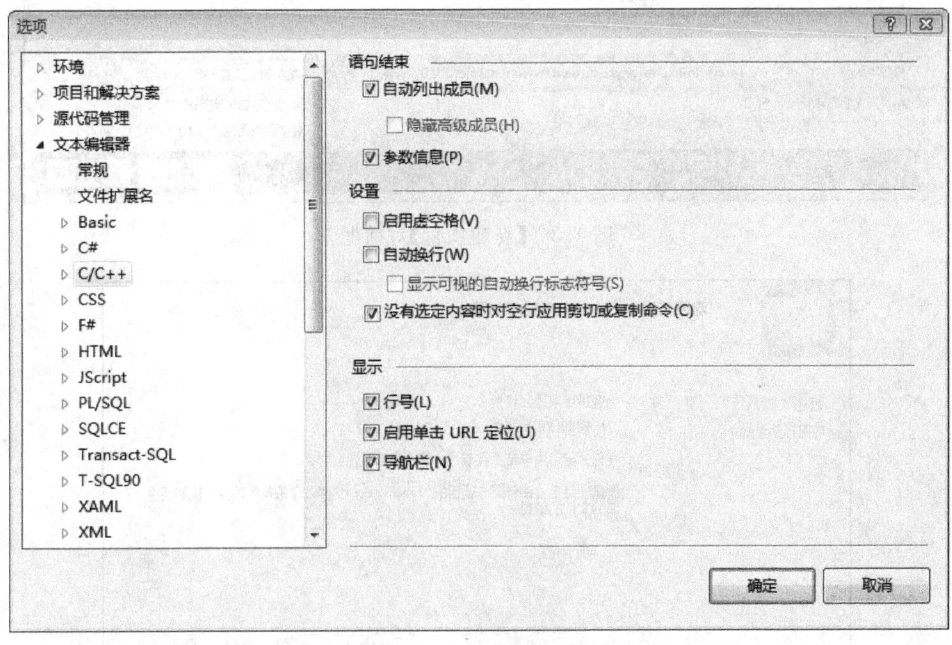

图 1.2　【选项】对话框

1.2 一个简单的 Win32 控制台应用程序

1.2.1 创建简单的 Win32 控制台应用程序

用 VC++ 2010 不能单独编译一个.cpp 或者一个.c 文件，这些文件必须依赖于某一个项目，因此必须创建一个新项目。启动 Visual Studio 2010 后，创建新项目时可以使用菜单命令，也可以通过在工具栏中单击【新建项目】按钮进行创建。这里单击图 1.1 起始页上左侧的【新建项目】，打开【新建项目】对话框，如图 1.3 所示。在对话框中选择使用的模板，在中间区域选择项目类型为【Win32 控制台应用程序】，在【名称】文本框中输入项目名称 Hello，单击【确定】按钮，则打开应用程序向导，如图 1.4 所示。

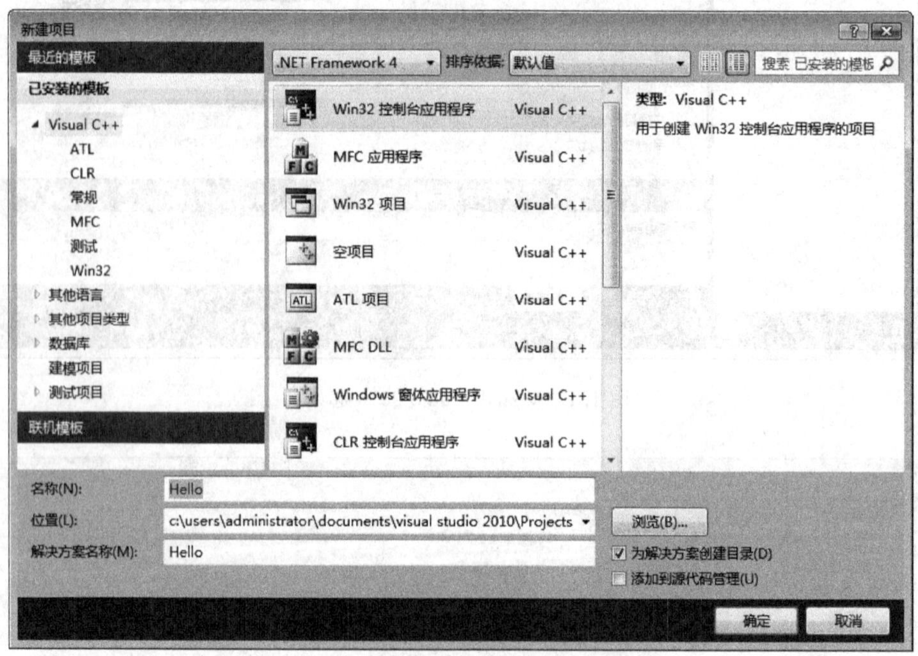

图 1.3 【新建项目】对话框

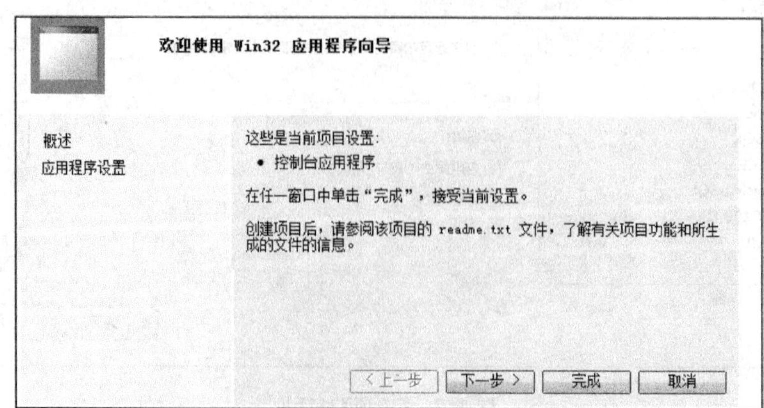

图 1.4 应用程序向导对话框-1

单击【下一步】按钮，进入向导第二步，在【附加选项】区域选择【空项目】复选框，如图 1.5 所示。

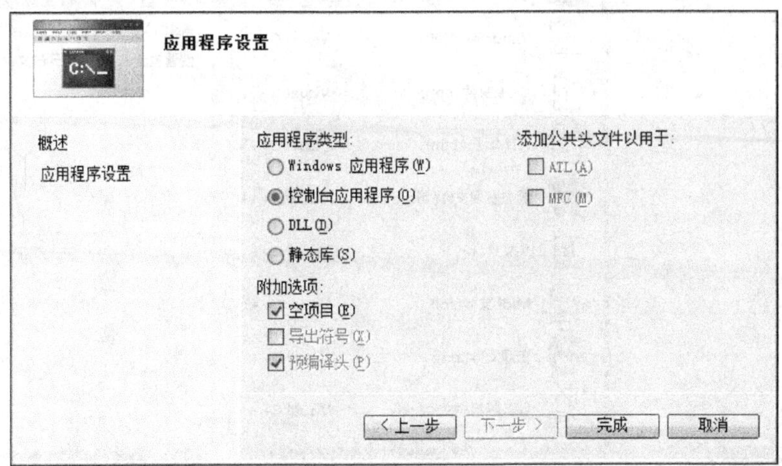

图 1.5　应用程序向导对话框-2

单击【完成】按钮，就可以成功创建项目 Hello，如图 1.6 所示。

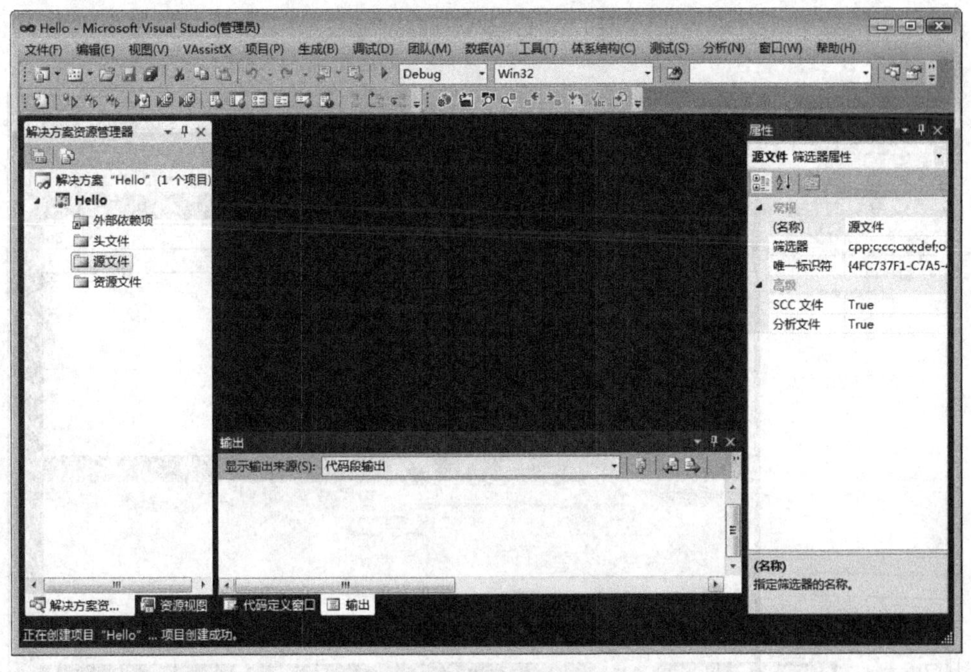

图 1.6　新创建的项目 Hello

下面为该项目添加源文件。右击解决方案资源管理器中的【源文件】，在弹出的快捷菜单中选择【添加】→【新建项】命令，打开【添加新项】对话框，如图 1.7 所示。在其上选择文件类型为【C++文件】，输入文件名“first”后单击【添加】按钮，就添加了 C++源文件。

隐藏属性窗口，在文档编辑区中输入几行简单的代码，添加文件 first.cpp 后项目窗口如图 1.8 所示。

图 1.7 【添加新项】对话框

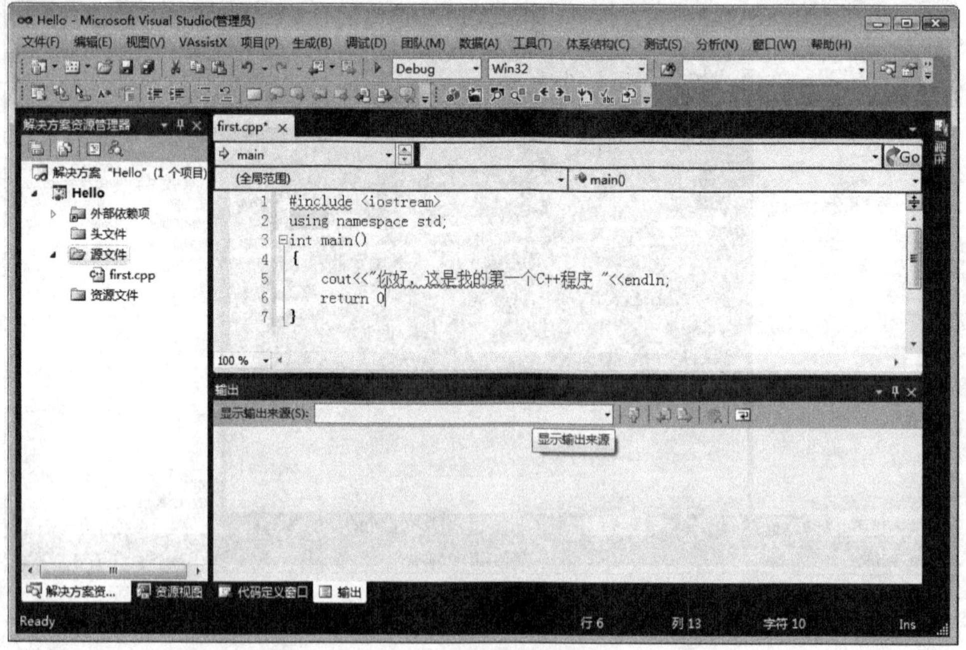

图 1.8 添加新文件 first. cpp

程序输入完毕，可以通过【调试】→【开始执行】(不调试)命令运行文件。系统经过编译、连接生成可执行文件，最后执行可执行文件，结果如图 1.9 所示。

图 1.9　文件 first.cpp 执行结果

1.2.2　Win32 控制台应用程序的入口函数

一个 Win32 控制台应用程序有且只有一个入口函数 main。如果没有入口函数 main，程序将无法运行。main 函数返回值类型为 int，一对大括号{}括起来的是函数体，其中包含若干条语句，语句以分号“;”结束，函数体中最后一条语句为 return 0，0 是该 main 函数的返回值。在 C++标准中，关于入口函数有以下几点要求。

(1) 在 C 语言中，经常会省略 main 函数返回值，因为早期的 C 语言只有一种 int 类型，省略时默认为 int 类型，而在 C++中 main 函数的返回值类型不能省略。

(2) 在 C 或 C++中，经常见到 main 返回值类型为 void，虽然编译器能进行编译，但是会影响到程序的可移植性。

(3) Win32 控制台应用程序的 main 函数返回值一般为 0，0 表示正常情况。main 的返回值是给操作系统用的，如果是单进程的程序一般用不到这个返回值，但是如果是作业或者与其他进程联系紧密，那么这个返回值就有用了，其他进程可能会要使用这个返回值。

1.2.3　预处理命令

#include<iostream>为预处理命令，预处理程序(预处理器)包含在编译器中。当对一个源文件进行编译时，系统将自动引用预处理程序对源程序中的预处理部分进行处理，处理完毕自动进入对源程序的编译。预处理的目的是对某些资源进行等价替换，最常见的预处理有文件包含、宏替换、条件编译和布局控制 4 种。#include 即文件包含指令。

iostream 为 C++自带的库文件，它支持标准流 cin、cout 输入和输出，当程序中需要用到这些输入输出流对象时，要用#include<iostream>将其包含到程序中，称为头文件。与 C 语言和早期版本的 C++不同，C++新标准的头文件都不带.h 后缀。C++标准库的内容总共在 50 个标准头文件中定义。

1.2.4　Win32 控制台应用程序的命名空间

在 first.cpp 程序的第二行是 using namespace std，该语句是说明程序使用 C++标准库的命名空间 std。命名空间是 ANSI C++引入的可以由用户命名的作用域，用来处理程序中常见的同名冲突。关于命名空间的具体内容见 1.3.11 节。

1.3 C++对C语言的扩充

1.3.1 注释语句

和其他高级语言一样，为了增加程序的可读性，编程时要添加必要的注释信息，这对程序不产生任何影响。C++的注释分为两种，一种是单行注释，从//开始到行尾结束都是注释；另一种是多行注释，也称为块注释，从/＊开始，到＊/结束，中间的都是注释。计算机遇到这样的注释符则自动跳过注释内容。注释只是为了方便人们阅读程序。

一般地，在声明类、函数、变量时要添加注释信息。类的注释内容主要是对类的功能的简单描述，函数的注释主要包括函数的功能及参数、返回值类型等信息，此外，对某些重要的变量，最好也添加必要的注释。

当编写一个大型应用程序时，在文件开始处要添加注释。程序员写的C++的源代码是一系列头文件和源文件，即.h后缀文件和.cpp后缀文件。所以在这些文件的开头处，可以添加版权、作者、编写日期、简单的功能描述信息等作为注释。多人合作的，还可以添加程序修改人、日期、修改内容等注释信息。

另外，对程序中难于理解的重点算法的程序段也要进行注释。

在使用VC++应用程序框架时，会看到很多//TODO注释，这是为了方便在以后对程序进行功能扩充。这些TODO注释，起到了书签的作用。使用View→Task List→Comments菜单命令就会列出所有TODO注释信息。

1.3.2 C++的输入输出

和C语言一样，C++本身没有专门的输入和输出语句，C++的输出和输入不是C++本身定义的，而是在编译系统提供的I/O库中定义的，是用“流”的方式实现的，使用的是iostream流库。iostream是一组C++类，用于实现面向对象模型的输入输出，它可以提供无缓冲的和缓冲的输入输出操作，其中最常用的是cout和cin。

1. 输出流cout

cout是C++的标准输出流，cout语句的一般格式为：

```
cout <<表达式 1[<<表达式 2 <<…<<表达式 n];
```

该语句功能为：依次输出表达式1、表达式2、……、表达式n的值。具体输出内容可以是一个整数、实数、字符及字符串。虽然cout不是C++本身提供的语句，但为了方便，常常把由cout和流插入运算符≪实现输出的语句称为输出语句或cout语句。

例如：

```
cout <<"你好,这是我的第一个 C++程序"<< endl;
```

在执行该语句时，系统先把插入的数据顺序存放在输出缓冲区中，直到输出缓冲区满或遇到cout语句中的endl(或'\n',ends,flush)为止。将缓冲区中已有的数据一起输出，并清空缓冲区。输出流中的数据在系统默认的设备(一般为显示器)输出。执行结果会显示“你好，这是我的第一个C++程序”。

endl 表示输出一个换行字符，同时刷新流，如果不用 endl，还可以用转义字符"\n"来表示换行。

使用 cout 语句需要注意以下几点。

(1) 一个插入运算符≪只能插入一个输出项，多个输出项时要有多个插入运算符≪，例如，要输出变量 a、b、c，不能写成 cout≪a,b,c。

(2) cout 输出时，用户不必通知计算机按何种类型输出，系统会自动判别输出数据的类型，使输出的数据按相应的类型输出。如果定义变量 a、b、c 时是不同类型的，但输出时可以直接写下列语句：cout≪a≪' '≪b≪' '≪c≪endl。

(3) 一条 cout 语句包含多个输出项时，可以分成若干行书写，也可以用多条语句输出。例如：cout≪"This is a simple C++program!"≪endl；可以写成：

一条语句分为多行：

```
cout <<"This is "                    //行末尾无分号
<<"a C++"                            //行末尾无分号
<<"program!"                         //行末尾无分号
<< endl;                             //语句最后有分号
```

多条语句：

```
cout <<"This is ";                   //语句末尾有分号
cout <<"a C++";
cout <<"program!";
cout << endl;
```

以上三种情况的输出均为：

```
This is a C++program!
```

2. 输入流 cin

cin 语句的一般格式为：

cin >>变量 1 >>[变量 2 >>…>>变量 *n*];

该语句功能为：运行程序时从键盘上输入变量 1、变量 2、……、变量 n 的值。

使用该语句需要注意以下几点。

(1) 一个提取运算符≫只能插入一个输入项，如果有多个输入项，要用多个提取运算符≫。例如，为变量 a、b、c 输入数值时，不能写成 cin≫a,b,c;，而应该写成 cin≫a≫b≫c;。

运行程序时，从键盘上输入变量的值，多个值之间用空格(用□表示)、Tab 键或回车键(用↙表示)分开。例如，为变量 a、b、c 分别赋值 1、2、3，可以从键盘输入 1□2□3，也可以输入 1↙2↙3↙。

(2) cin 与 cout 类似，系统也会根据变量的类型从输入流中提取相应长度的字节。例如：

```
char c1,c2;
int a;
float b;
cin >> c1 >> c2 >> a >> b;
```

从键盘输入数据时,可以输入 1234□56.78↙也可以输入:1□2□34□56.78↙。

需要注意的是不能用 cin 语句把空格字符和回车换行符作为字符输入给字符变量,它们将被跳过。如果想将空格字符或回车换行符(或任何其他键盘上的字符)输入给字符变量,可以用 getchar()函数。

在组织输入流数据时,要仔细分析 cin 语句中变量的类型,按照相应的格式输入,否则容易出错。

(3) 与 cout 类似,一个 cin 语句可以分写成若干行。如 cin>>a>>b>>c>>d;可以写成下面两种格式。

一条语句分多行:

```
cin>>a                                    //行末尾无分号
   >>b                                    //行末尾无分号
   >>c                                    //行末尾无分号
   >>d;                                   //行末尾有分号
```

多条语句:

```
cin>>a;                                   //语句末尾有分号
cin>>b;
cin>>c;
cin>>d;
```

以上三种情况均可以从键盘输入:

1□2□3□4↙

3. 格式控制

利用格式控制符可以进行格式化的输入输出。用 oct、dec、hex 分别将输入或输出的数值转换成八进制、十进制及十六进制。例如:

```
cout<<oct<<a<<endl;                       //输出 a 的八进制数
cout<<dec<<a<<endl;                       //输出 a 的十进制数
cout<<hex<<a<<endl;                       //输出 a 的十六进制数
```

此外,还有很多格式控制符,例如:

ws:输入流的时候删掉空白字符。

ends:输出一个 null 字符。

endl:输出一个换行字符,同时刷新流。

flush:刷新流。

例 1.1 分析下列程序的作用,理解输入输出语句的使用方法。

```
#include <iostream>
using namespace std;
int main ()
{
    char a[20];
    cin>>a;
```

```
    cout << a << endl;
    return 0;
}
```

运行程序，

若输入：AAAAA↙输出为：AAAAA
若输入：AAA□BBB↙ 输出为：AAA

因为遇到空格"□"就结束了，后面的BBB无法读取出来，所以输出的是AAA。若将空格换成Tab键结果也是相同的。

1.3.3 变量的存储类型

1. 变量的作用域和生存期

变量的作用域即变量的作用范围(或有效范围)。有的变量可以在整个程序或其他程序中使用，有的则只能在局部范围内使用。按作用域范围大小可将变量分为两种：局部变量和全局变量。

变量的生存期是指变量从被生成到被撤销的这段时间。实际上就是变量占用内存的时间。按生存期长短可将变量分为两种：动态变量和静态变量。

变量只能在其生存期内被引用，变量的作用域直接影响变量的生存期。作用域和生存期是从空间和时间的两个不同的角度来描述变量的特性。

1) 局部变量作用域和生存期

在一个函数内部定义的变量是局部变量，其作用域只在本函数范围内有效，也就是说只有在本函数内才能使用它们，在此函数以外是不能使用这些变量的。局部变量的生存期是从函数被调用的时刻开始到函数返回调用处的时刻(静态局部变量除外)结束。同样，在复合语句中定义的变量只在本复合语句范围内有效。在使用局部变量时，需要注意以下几点。

(1) 主函数main( )中定义的变量也是局部变量，它只能在主函数中使用，其他函数不能使用。同时，主函数中也不能使用其他函数中定义的局部变量。

(2) 形参变量属于被调用函数的局部变量；实参变量则属于全局变量或调用函数的局部变量。

(3) 允许在不同的函数中使用相同的变量名，它们代表不同的对象，分配不同的单元，互不干扰，也不会发生混淆。

(4) 在复合语句中定义的变量也是局部变量，其作用域只在复合语句范围内。其生存期是从复合语句被执行的时刻到复合语句执行完毕的时刻。

(5) 在函数声明中出现的参数名，其作用范围只在本行的括号内。实际上，编译系统对函数声明中的变量名是忽略的，即使在调用函数时也没有为它们分配存储单元。例如：

```
int max(int a, int b);                //函数声明中出现 a、b
int max(int x, int y)                 //函数定义,形参是 x、y
{   cout << x << y << endl;           //合法,x、y 在函数体中有效
    cout << a << b << endl;           //非法,a、b 在函数体中无效
}
```

编译时，系统认为max函数体中的a和b未经定义。

2）全局变量作用域和生存期

在函数外部做定义说明的变量，称为外部变量。它不属于哪一个函数，而是属于整个源程序文件。其作用域从定义变量的位置开始到本源文件结束，或者是有 extern 说明的其他源文件。全局变量的生存期与程序相同，即从程序开始执行到程序终止的这段时间内，全局变量都有效。使用时需注意以下几点。

(1) 应尽量少使用全局变量，因为全局变量在程序执行过程中始终占用存储单元，降低了函数的独立性、通用性、可靠性及可移植性，降低程序清晰性，容易出错。

(2) 若全局变量与局部变量同名，则全局变量被屏蔽。要引用全局变量，则必须在变量名前加上两个冒号::。

(3) 全局变量定义必须在所有的函数之外，且只能定义一次，并可赋初始值。全局变量定义的一般形式为：

```
[extern] 类型说明符全局变量名 1[ = 初始值 1], …,全局变量名 n[ = 初始值 n];
```

(4) 对全局变量进行声明，可扩展全局变量的作用域。全局变量说明的一般形式为：

```
extern 类型说明符  全局变量名 1, …,全局变量名 n;
```

2. 变量的存储类型

在 C++中变量除了有数据类型的属性之外，还有存储类别的属性。存储类别指的是数据在内存中的存储方法。存储方法分为静态存储和动态存储两大类。具体包含四种：自动的(auto)、静态的(static)、寄存器的(register)和外部的(extern)。

考虑了变量的存储类型后，变量定义的完整形式应为：

```
存储类型说明符 数据类型说明符 变量名 1,变量名 2, …,变量名 n;
```

例如：

```
auto char c1, c2;                    //c1, c2 为自动字符变量
register i;                          //i 为寄存器型变量
static int a, b;                     //a, b 为静态整型变量
extern int x, y;                     //x, y 为外部整型变量
```

1）自动变量

程序中大多数变量属于自动变量。函数中的局部变量，如果不用关键字 static 加以声明，编译系统对它们是动态地分配存储空间的。函数的形参和在函数中定义的变量(包括在复合语句中定义的变量)都属此类。在调用该函数时，系统给形参和函数中定义的变量分配存储空间，数据存储在动态存储区中，在函数调用结束时就自动释放这些空间。如果是在复合语句中定义的变量，则在变量定义时分配存储空间，在复合语句结束时自动释放空间。因此这类局部变量称为自动变量(auto variable)。自动变量用关键字 auto 作存储类别的声明。

例如：

```
int f(int a)                         //定义 f 函数,a 为形参
{    auto int b, c = 3;              //定义 b 和 c 为整型的自动变量
}
```

存储类别 auto 和数据类型 int 的顺序是任意的，而且关键字 auto 还可以省略，如果不写 auto，则系统默认为自动存储类别，它属于动态存储方式。

注意，用 auto、register、static 声明变量时，是在定义变量的基础上加上这些关键字，而不能单独使用。如“static a;”是不合法的，应写成“static int a;”。

2）静态变量（static 型变量）

静态变量之所以被称为静态，是因为在整个程序生命周期内，其地址静止不变。

静态变量的类型说明符是 static。静态变量属于静态存储类型。但静态存储类型的变量不一定就是静态变量。例如，外部变量虽属于静态存储类型，但不一定是静态变量，必须用 static 加以定义后才能成为静态外部变量，或称静态全局变量。

全局变量改变为静态变量后会改变它的作用域，限制了它的使用范围。当一个源程序由多个源文件组成时，非静态的全局变量可通过外部变量说明使其在多个文件中都有效。而静态全局变量只在定义该变量的源文件内有效，在同一项目的其他源文件中不能使用。

自动变量可以用 static 定义它为静态自动变量，或称静态局部变量。静态局部变量与自动变量相比生存期变长，为整个源程序，但是其作用域仍与自动变量相同。此外，静态局部变量若在定义时未赋初值，则系统自动赋初值 0，而且静态局部变量赋初值只一次，而自动变量可以多次赋值。

例 1.2 分析下列程序运行结果，理解静态变量的使用方法。

```
#include <iostream>
using namespace std;
int main( )
{
    int i;
    void func( );                           //函数说明
    for (i = 1; i <= 5; i++)
    func( );                                //函数调用
    return 0;
}
void func( )                                //函数定义
{
    static int j = 0;                       //静态局部变量 j,该语句只能执行一次
    ++j;
    cout << j <<" ";
}
```

运行结果为：

```
1 2 3 4 5
```

3）寄存器变量（register 型变量）

一般情况下，变量的值是存放在内存中的。当程序中用到哪一个变量的值时，由控制器发出指令将内存中该变量的值送到 CPU 中的运算器。而寄存器变量存放在 CPU 的寄存器中，使用时，不需要访问内存，而直接从寄存器中读写，这样可提高效率。

寄存器变量的说明符是 register，属于动态存储类型。只有局部自动变量和形式参数才

可以定义为寄存器变量。

4）外部变量（extern 型变量）

外部变量（即全局变量）是在函数的外部定义的，它的作用域为从变量的定义处开始，到本程序文件的末尾。在此作用域内，本文件中各个函数都可以引用全局变量。编译时将全局变量分配在静态存储区。

如果外部变量不在文件的开头定义，其有效的作用范围只限于定义处到文件结束。如果在定义之前的函数想引用该全局变量，则应该在引用之前用关键字 extern 对该变量做外部变量声明，表示该变量是一个在后面定义的全局变量。有了此声明，就可以从声明处起，合法地引用该全局变量，这种声明称为提前引用声明。

如果应用程序是由多个文件组成的，在一个文件中定义的外部变量，在另一文件中用 extern 对外部变量进行声明后，也可以合法地引用该外部变量。

用 extern 扩展全局变量的作用域，虽然能为程序设计带来方便，但要十分慎重，因为在执行一个文件中的函数时，可能会改变该全局变量的值，从而影响到另一文件中该函数的执行结果。

1.3.4 函数的默认参数

在 C 和 C++ 中使用函数时，包括函数的声明、定义、调用三部分，都要遵循相应的规则。

1. 函数的声明

函数声明是把函数的名字、函数类型以及形参的个数、类型和顺序通知编译系统，以便在遇到函数调用语句时，核查调用形式是否与声明相符。

函数声明的一般形式：

```
函数类型 函数名(参数类型 1 参数名 1,参数类型 2 参数名 2, …);
函数类型 函数名(参数类型 1,参数类型 2, …);
```

第二种声明是第一种声明的缩略版本，它省略了参数名称，这是允许的。因为函数声明不涉及函数体，所以编译系统不关心参数名称是什么，而只关注该函数的参数个数、类型、顺序。事实上，第一种声明形式中，参数名是什么符号都无关紧要，只是为了阅读程序方便，最好跟函数定义中参数的名称一致。

2. 函数定义

函数定义是指对函数功能的实现，包括指定函数名、函数类型、形参及其类型、函数体等，它是一个完整的、独立的函数单位。

函数定义的一般形式：

```
函数类型 函数名(形式参数表)
{
    声明部分;                          //定义函数中用到的变量
    语句部分;                          //完成有关加工计算
    return 表达式;                     //返回函数值
}
```

说明：

(1) 函数类型是指函数返回值的类型，本例中两个 int 型数据相加之和仍是 int 型，所以函数类型是 int。

(2) 函数名必须是合法的标识符,最好是有意义的名字。

(3) 形式参数,简称形参,相当于数学函数中的自变量。形式参数表中如果有 n 个参数,则书写形式为:

```
类型 1  变量名 1,类型 2  变量名 2, …,类型 n  变量名 n
```

注意:每个形参前面都要加上类型描述,即使这 n 个变量的类型都相同,也必须在每个参数前都加上类型描述。这与定义若干相同类型的变量不同。

如果函数不需要参数,那么形参表就是空的,这时可以写成()或者(void)的形式。

形参表后面、用一对大括号括起来的若干语句称为函数体,它由声明部分和语句部分组成。一般在函数体中(通常是在函数体末尾)要有一个"return 表达式"语句,以实现将计算结果返回给调用它的程序。而且"return 表达式"中的表达式结果类型应该与函数类型一致,否则系统自动将"表达式"类型转换为函数类型,如果转换失败则提示编译错误。

3. 函数的调用

定义了一个函数之后,就可以使用该函数了,叫做函数调用。函数调用的方式是:

```
函数名(实际参数表)
```

只要函数声明出现在函数调用之前,就可以把包含函数体的"函数定义"移到函数调用的后面。因此,在程序中调用函数有以下两种方式。

方式一:

```
函数声明;
函数调用;
函数定义;
```

方式二

```
函数定义;
函数调用;
```

例 1.3 用自定义函数实现计算两个整数的和。

```
#include <iostream>
using namespace std;
int add(int a, int b);                    //函数声明
int main()
{
    int a = 1;
    int b = 2;
    cout << add(a, b) << endl;            //函数调用
    return 0;
}
int add(int x, int y)                     //函数定义
{
    int z;
    z = x + y;
    return z;
}
```

则程序输出结果为：

```
3
```

该例中首先进行函数声明，然后是调用，最后才是函数定义，为方式一。如果把程序中第 3 行的函数声明去掉，则需要把函数定义放到 main 函数前，即为第二种方式。

4. 函数的默认参数

一般地，在函数声明或定义时所给出的参数叫做形式参数，调用函数时给的参数为实际参数，C++允许给函数形参赋予默认值。所谓默认值就是在调用时，可以不必给出某些参数的值，编译器会自动把默认值传递给调用语句。对于函数的形参，可以给出默认值，也可以不提供默认值，还可以只对形参的一部分给出默认值。默认参数在函数参数较多时是非常有用的，可以只传必需的值，其他的取默认值。使用函数默认参数，需要注意以下几点。

1）默认参数设置位置

参数的默认值可以在声明中或定义中设置，但只能在其中一处设置，不允许在两处同时设置。如果函数的定义在函数调用之后，则只能在函数声明中设置默认参数。因为此时如果在定义中设置，调用时编译器不知道哪个参数设置了默认值。所以，通常默认值是在函数声明中设置的。

2）带默认参数的函数调用

设置了默认值的参数，函数调用时可以不再给值，直接取默认值，也可以不取默认值，重新赋值。

例如，为例 1.3 的函数 add()参数 b 设置默认值 5，函数声明格式为 int add(int a,int b=5)；将主函数中代码改为：

```
int main()
{
    int a = 1;
    int b = 2;
    cout << add(a,b)<< endl;                //函数调用,第二个参数没有取默认值
    cout << add(a)<< endl;                  //函数调用,第二个参数没有赋值,使用默认值 5
    return 0;
}
```

则程序输出结果为：

```
3
6
```

3）默认参数的顺序规定

如果一个函数中有多个默认参数，则默认参数应从右至左逐渐定义。即当某个参数是默认参数，那么它后面的参数必须都是默认参数。例如，用 add()计算三个数的和，分析下面几种提供默认值的形式对错。

```
int add(int a = 1, int b = 1, int c = 1);      //正确
int add(int a, int b = 1, int c = 1);          //正确
```

```
int add(int a = 1, int b = 1, int c);          //错误
int add(int a = 1, int b, int c = 1);          //错误
int add(int a, int b, int c = 1);              //正确
int add(int a, int b = 1, int c);              //错误
int add(int a = 1, int b, int c) ;             //错误
```

当调用函数时,传进去的实参个数必须大于或等于无默认值的形参个数,匹配参数的时候是从左至右去匹配。例如,对三个参数都是默认参数的,正确调用格式为:

```
add()                                          //三个参数都取默认值 1,函数值为 3
add(2,3)                                       //a = 2,b = 3,c 取默认值 1,函数值为 6
add(3,4,5)                                     //a = 3,b = 4,c = 5,三个参数都不取默认值,函数值为 12
```

4) 参数默认值的限定

在前面的例子中,参数默认值都是常量,实际上,默认值可以是全局变量,甚至是一个函数调用。

例如:

```
int m = 1;                                     //m 为全局变量
int fun(int i = m);                            //正确,参数默认值为全局变量 m
int add(int x; int y = fun());   //正确,add 函数的参数默认值为 fun()函数值,而且,fun()函数调
                                   用使用的是参数默认值,即全局变量 m 的值
```

但默认值不可以是局部变量,因为默认参数的函数调用是在编译时确定的,而局部变量的位置与值在编译时还无法确定。

1.3.5 函数重载

在 C++编程过程中,经常会遇到这种情况,就是需要编写若干函数,它们的功能是相似的,但是参数不同。可以统一给这些函数起一个相同的名字,但设置不同的参数,编译系统在函数调用时能够将各个函数区分开来。如果两个函数名字相同并且在相同的域中被声明,但是参数表不同,则它们就是重载函数。

重载函数必须是参数类型或参数个数不同。使用重载函数要注意以下几点。

(1) 重载函数都应在同一个域中声明,不同域中声明的同名函数不是重载函数。例如,在类的继承关系中,子类声明的和父类同名的函数,不是重载(类的具体内容在第 2 章讲述)。

(2) 只有函数的返回值类型不同、参数相同的不是重载函数。因为函数调用时系统无法根据函数返回类型确定执行哪个函数,因此编译系统认为这两个函数是重复定义的错误。

(3) 不要把功能不同的函数放在一起重载。如果将功能完全不同的函数重载,则会破坏程序的可读性和可理解性。

(4) 如果有函数重载,同时有些函数的形参带默认值时,这时有可能会引发歧义,编译系统无法确定调用哪个函数,因而产生错误。

函数重载要求编译器能够唯一地确定调用一个函数时应执行哪个函数代码,即采用哪个函数实现。确定函数实现时,要求从函数参数的个数和类型上来区分。这就是说,进行函数重载时,要求同名函数在参数个数上不同,或者参数类型上不同,否则,将无法实现重载。

例 1.4 编写两个重载的求和函数，一个计算两个整数的和，另一个计算两个浮点型数之和。

```
#include<iostream>
using namespace std;
int add(int x, int y);                          //函数重载，计算两个整数和，返回值为整型
double add(double a, double b);                 ///函数重载，计算两个浮点数和，返回值为双精度型
int main()
{
    cout<<add(2,3)<<endl;
    cout<<add(2.2,3.5)<<endl;
}
int add(int x, int y)
{
    return x+y;
}
double add(double a,double b)
{
    return a+b;
}
```

该程序中，main()函数中调用相同名字 add 的两个函数，前边一个 add()函数对应的是两个 int 型数求和的函数实现，而后边一个 add()函数对应的是两个 double 型数求和的函数实现。这便是函数的重载。

例 1.5 利用重载函数来实现求几个数的最小值的功能。

```
#include<iostream>
using namespace std;
int min(int a, int b);
int min(int a, int b, int c);
int min(int a, int b, int c, int d);
void main()
{
    cout<<min(8,5,9,4)<<endl;
}
int min(int a, int b)
{   if (a<b)
      return a;
    else
      return b;
}
int min(int a, int b, int c)
{
    int t = min(a, b);
    return min(t,c);
}
int min(int a, int b, int c, int d)
{
    int t1 = min(a, b);
```

```
    int t2 = min(c, d);
    return min(t1, t2);
}
```

该程序中出现了C++函数重载，函数名min对应有三个不同的实现，函数的区分依据是参数个数不同。这里的三个函数实现中，参数个数分别为2、3和4，在调用函数时根据实参的个数来选取不同的函数实现。

1.3.6 内联函数

1. 什么是内联函数

内联(inline)函数是C++引进的新概念，在C语言中没有。内联函数具有一般函数的特性，它与一般函数的不同之处只在于函数调用的处理。一般函数进行调用时，要将程序执行权转到被调用函数中，执行完被调用函数后才再次返回到调用它的函数中；而内联函数是在编译时直接将内联函数的函数体代码嵌入到调用函数中，所以内联函数被执行时，不涉及流程的转出和返回，也不涉及参数传递，所以提高了执行效率。

2. 内联函数定义

内联函数是在函数声明或函数定义时，在函数名前面加一个关键字inline。例如，把求两个整数和的函数定义为内联函数，方法为：

```
inline int add(int x,int y)
{
    return x + y;
}
```

使用内联函数有以下一些注意事项。

(1) 如果一个函数被指定为inline函数则它将在程序中每个调用点上被内联地展开，使用内联函数是以空间换时间，即节省运行时间，但却增加目标代码长度。通常，将函数体内语句较少而使用频繁的函数(如定时采集数据的函数)声明为内联函数。所以，函数内语句较长或包含复杂的控制语句，如循环语句、if语句或switch语句或递归时，不宜用内联函数。

(2) 关键字inline必须与函数定义放在一起才能使函数成为内联，仅将inline放在函数声明前面不起任何作用，例如：

```
int add(int x, int y);                     //函数声明
inline int add(int x, int y)               //在add()函数定义时加 inline
{
    return x + y;
}
```

该例中的add()即为内联函数。如果在函数声明时加inline，在定义时不加inline，则add()就不是内联函数。当然，可以在函数声明和函数定义时都加inline，函数也可编译通过，但不建议这样做。

(3) 并不是所有加了关键字inline的函数都是内联函数，inline对于编译器来说只是一个建议，编译器可以选择忽略该建议，自动进行优化。所以当inline中出现了递归、循环或

过多代码时，编译器自动将其作为普通函数调用。

(4) 在 C++类中，类体内定义的成员函数自动被当成内联函数，应用非常广。

(5) 当编写复杂的应用程序时，内联函数的定义要放在头文件中，如果其他文件要调用这些内联函数的时候，只要包含这个头文件就可以了。

1.3.7 引用和引用传递

1. 引用的定义

引用是 C++中提供的一个新概念，它与指针密切相关。引用是一个变量的别名，定义引用类型变量，实质上是给一个已定义的变量起一个别名，系统不会为引用类型变量分配内存空间，只是使引用类型变量和与其相关联的变量使用同一个内存空间。

定义引用类型变量的一般格式为：

```
<数据类型> &<引用名> = <变量名>             // & 不是取地址运算符，是引用的标识
```

或

```
<数据类型> &<引用名> ( <变量名>)
```

其中，变量名必须是一个已定义过的变量。例如：

```
int a = 3;
int &ra = a;
```

这样，ra 就是一个引用，它是变量 a 的别名。引用 ra 和变量 a 不仅值相同，地址也相同。对引用进行的计算，例如：ra ＝ ra ＋2；实质上是 a 加 2，a 的结果为 5。

使用引用的注意事项如下。

(1) 引用必须初始化，因为它只是某个变量的别名，只能在定义引用的同时给它赋值。

(2) 除了初始化，引用不能再赋新值，即引用在其整个生命周期中是不能被改变的，只能依附于同一个变量。

(3) 不能建立数组的引用，因为数组名表示的是一组数据的起始地址，它自己不是一个真正的数据类型。

(4) 不能对引用再建立引用。

图 1.10 所示程序是变量引用的具体实例，分析其运行结果。

从图 1.10 中可以看到，程序第 6 行声明 ra 为变量 a 的引用，第 13 行虽然给引用赋了新值，再次输出引用的地址时，仍然是初始化时变量 a 的地址。说明引用在其生存期内是不能被改变的。

2. 引用传递

引用传递是指将引用作为函数参数来实现的函数参数的传递。

一般地，函数形参为一般变量，调用时实参和形参之间参数传递只能是从实参到形参，是单向的。从被调用函数的角度来说，参数的值只能传入，不能传出，也就是通常的值传递。当用指针作为函数参数，调用时将实参的地址初始化成形参的指针，则可以实现实参和形参值的双向传递，即地址传递。

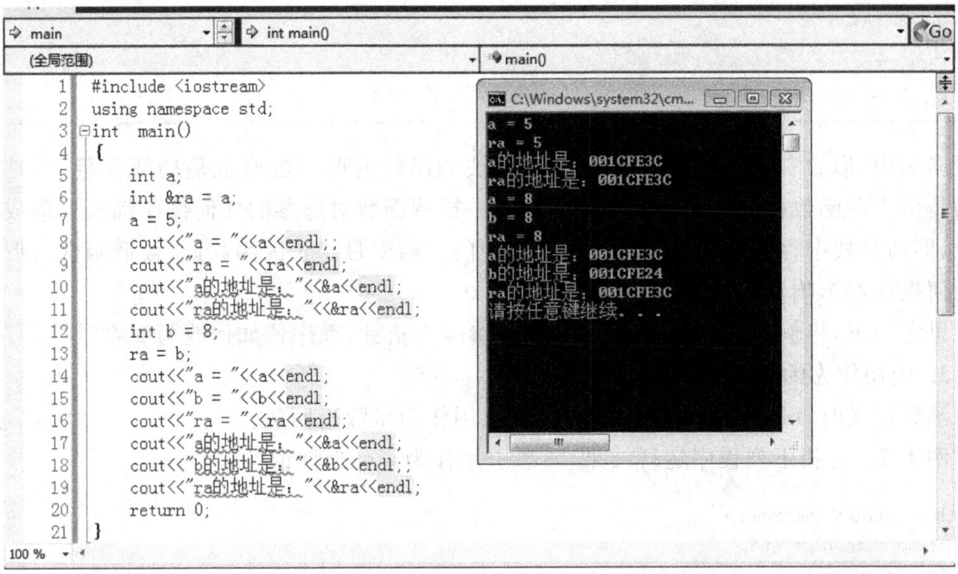

```
#include <iostream>
using namespace std;
int main()
{
    int a;
    int &ra = a;
    a = 5;
    cout<<"a = "<<a<<endl;;
    cout<<"ra = "<<ra<<endl;
    cout<<"a的地址是: "<<&a<<endl;
    cout<<"ra的地址是: "<<&ra<<endl;
    int b = 8;
    ra = b;
    cout<<"a = "<<a<<endl;
    cout<<"b = "<<b<<endl;
    cout<<"ra = "<<ra<<endl;
    cout<<"a的地址是: "<<&a<<endl;
    cout<<"b的地址是: "<<&b<<endl;;
    cout<<"ra的地址是: "<<&ra<<endl;
    return 0;
}
```

```
a = 5
ra = 5
a的地址是: 001CFE3C
ra的地址是: 001CFE3C
a = 8
b = 8
ra = 8
a的地址是: 001CFE3C
b的地址是: 001CFE24
ra的地址是: 001CFE3C
请按任意键继续. . .
```

图 1.10　引用示例

引用传递是指引用作为函数的形参，当调用函数时，对应的形参就是相应实参的别名。在调用函数内对形参的修改就是对实参的修改；在调用函数外对实参的修改，当进入被调用函数内时，相应的形参就是已经修改的实参，实现了参数的双向传递。

例 1.6　利用自定义函数交换两个变量的值，要求用引用作为函数形参。

下面程序中自定义函数的形参为引用。

```
/*引用作为自定义函数的形参*/
#include <iostream>
using namespace std;
void swap(int &a, int &b)                //引用作为形参
{
    int temp;
    temp = a;
    a = b;
    b = temp;
    cout << a << "    " << b << endl;      //在函数体内输出
}
int main()
{
    int x = 1;
    int y = 2;
    cout << x << "    " << y << endl;
    swap(x, y);                            //变量 x, y 作为实参
    cout << x << "    " << y << endl;
    return 0;
}
```

输出结果为：

```
1  2
2  1
2  1
```

本例中,形参实参间采用的是引用传递,被调函数的形参虽然也是局部变量,但是它存放的是由主调函数放进来的实参变量的地址。被调函数对形参的任何操作都被处理成间接寻址,即通过栈中存放的地址访问主调函数中的实参变量。正因为如此,被调函数对形参做的任何操作都影响了主调函数中的实参变量。

思考一下,将例 1.6 中 swap()函数的形参改为指针,程序该如何改写呢?

3. 引用作为函数返回值

函数定义时,函数名前加 & 号,可以将引用作为函数返回值。

例 1.7 分析下列程序运行结果,熟悉引用作为函数返回值的方法。

```
#include <iostream>
using namespace std;
double array[5] = {1,2,3,4,5};
double &change(int i)                         //函数定义返回值为引用
{
    return array[i];
}
int main()
{
    int i;
    cout <<"原始值如下: ";
    for(i = 0; i < 5; i++)
    cout << array[i] <<" ";
    cout << endl;
    change(2) = 3.14;                         //将 array[2]赋值为 3.14
    change(3) = -97;                          //将 array[3]赋值为 -97
    cout <<"修改后如下: ";
    for(i = 0; i < 5; i++)
    cout << array[i]<<" ";
    cout << endl;
    return 0;
}
```

在主函数中语句 change(2) = 3.14 的作用是调用函数 change(),参数为常数 2,返回值为数组元素 array[2]的引用,该赋值语句将 array[2]赋值为 3.14。函数返回引用时,它返回的是一个指向返回值的隐式指针,因此,值为引用的函数可以用作赋值运算符的左操作数。

程序运行结果如下。

```
原始值如下: 1  2  3     4  5
修改后如下: 1  2  3.14  -97  5
```

当引用作为返回值时需注意以下几点。

(1) 不能返回局部变量或临时变量的引用,但可以返回全局变量的引用,也就是说要注意被引用的对象不能超出作用域。例 1.7 中数组 array 是全局变量。

(2) 不能返回函数内部动态分配的内存的引用。因为被函数返回的引用只是作为一个临时变量出现,而没有被赋予一个实际的变量,那么这个引用所指向的由 new 分配的空间就无法被释放,从而造成内存泄漏问题。

(3) 可以返回类成员的引用,但最好是 const 常量。这是因为当对象的属性是与某种业务规则相关联的时候,其赋值常常与某些其他属性或者对象的状态有关,于是有必要将赋值操作封装在一个业务规则当中。如果其他对象可以获得该属性的非常量引用,那么对该属性的单纯赋值就会破坏业务规则的完整性。

1.3.8 用 const 定义常变量

用 const 类型修饰符说明的类型称为常类型,常类型的变量或对象的值是不能被更新的。使用 const 来定义的常量,具有不可变性,可以避免意义模糊的数字出现,方便进行参数的调整和修改,提高执行效率,便于进行类型检查,使编译器对处理内容有更多了解,消除了一些隐患。

1. const 修饰一般变量

通过 const 关键字将一个变量定义为常量。例如:const int a=10;,如果在程序中试图修改 a 的值,则会引起一个错误。由于 const 类型的量一经定义就不能改变它的值,因此在定义时必须初始化。用 const 定义常变量格式为:

```
const 数据类型 变量名 = 表达式;
```

或

```
数据类型 const 变量名 = 表达式;
```

例如:

```
const int a = 10;与 int const a = 10;意义相同
const double PI;                         //这条语句将产生错误,因为 PI 没有被初始化
```

2. const 修饰指针变量

用 const 修饰指针变量,不同的写法会有不同情况。下面举例说明。

(1) const int *pt 和 int const *pt 的意义相同,表示 const 修饰的类型为 int 的指针变量 pt 为常量,因此,pt 的内容为常量且不可变,即指针所指向的内容是常量不可变,语句等价为 const (int) *pt 和(int) const *pt。

(2) char * const pt 等价于 const (char*) pt,表示的是 const 修饰的类型为 char* 的变量 pt 为常量,因此,pt 指针本身为常量不可变。

(3) const char* const pt 表示指针本身和指针内容两者皆为不可变的。

3. const 限定函数参数

const 可以用来限定函数参数,例如:void Fun(const int Var);,被限定的参数在函数体中不可被改变。由值传递的特点可知,即使 Var 在函数体中被改变了,也不会影响到函数外部。所以,此限定与函数的使用者无关,仅与函数的编写者有关。

4. const 限定函数的值型返回值

const 可以用来限定函数返回值,例如:const MyClass Fun2(),MyClass 为用户自定义

的数据类型。它表示被限定函数的返回值不可被更新，当函数返回值是内部的类型时，已经是一个数值，当然不可被赋值更新，所以，此时 const 无意义，最好去掉，以免引起困惑。当函数返回值是自定义的类型时，这个类型仍然包含可以被赋值的变量成员，用 const 限定返回值有意义，限定该返回值不能改变。

5. const 限定类、对象、对象引用

const 修饰类、对象时表示该对象为常对象，其中的任何成员都不能被修改。对于对象指针和对象引用也是一样。const 修饰的对象，该对象的任何非 const 成员函数都不能被调用，因为任何非 const 成员函数都会有可能修改成员变量。

1.3.9 字符串变量

在 C 语言中，没有字符串型的数据类型，需要字符串类型变量时是通过字符数组或字符指针来实现的。在 C++ 中除了用上述方法外，还可以通过包含头文件 string，然后用 string 来实现字符串变量的定义。string 是在 C++标准库中声明的一个字符串类，用该类可以定义对象，每一个字符串变量都是 string 类的一个对象实例。使用时，可以将 string 看作一个新的数据类型——字符串类型，用它定义的变量就称为字符串变量。

1. 字符串变量的定义

和其他类型变量一样，字符串变量也必须先定义后使用，定义字符串变量要用类名 string。格式为：

```
string 变量 1[,变量 2,…,变量 n]
```

如果对变量初始化，则格式为：

```
string 变量 1 = 字符串表达式 1[,变量 2 = 字符串表达式 2,…,变量 n = 字符串表达式 n]
```

例如：

```
string string1;                          //定义 string1 为字符串变量
string string2 = "China";                //定义 string2 同时对其初始化
```

2. 字符串变量的赋值

在定义了字符串变量后，可以进行赋值，格式为：

```
字符串变量 = 字符串表达式;
```

根据字符串表达式的不同，分为以下三种情况。

(1) 字符串表达式可以是字符串常量。例如：string1＝"Canada"；。

(2) 字符表串达式是另一个字符串变量。例如：string2＝string1；，只要 string1 和 string2 均已定义为字符串变量即可，不要求 string2 和 string1 长度相同。

(3) 字符串表达式可以是由运算符、常量、变量组成的表达式。例如：String2＝"hello"＋string1；。

3. 字符串变量的输入输出

可以在输入输出语句中用字符串变量名，直接进行字符串的输入输出。例如：

```
cin >> string1;                          //从键盘输入一个字符串给字符串变量 string1
cout << string2;                         //将字符串 string2 输出
```

另外，定义一个字符串变量后，也可以将其当作一个字符数组使用，字符串变量名即为字符数组名；这样，就可以对字符串中单个字符进行操作。

例如：

```
string word = "Hello";                    //定义并初始化字符串变量 word
cout << word[0];                          //输出第一个字符 H
```

4. 字符串变量的运算

用字符数组表示字符串变量时，其运算必须用专门的字符串函数，比较复杂。而用 string 定义的字符串变量可以直接使用简单的运算符进行运算。例如，用赋值号进行字符串复制，用加号进行字符串连接，用关系运算符进行字符串比较等，使用起来非常方便。

例 1.8 字符串变量的使用

```
#include <iostream>
#include <string>
using namespace std;
int main()
{
    string name;
    cout <<"Please enter your name! "<< endl;
    cin >> name;
    cout << endl << name + ",Welcom to C++world! "<< endl;
}
```

1.3.10 内存动态分配与撤销运算符 new 和 delete

用 new 和 delete 可以动态开辟、撤销地址空间。

1. new 的用法

在程序运行时，用 new 运算符动态地分配内存后，将返回一个指向新对象的指针，即所分配的内存空间的起始地址。用户可以获得这个地址，并用这个地址来访问对象。如果分配失败则返回 0，通常将地址赋值给一个指针变量。一般格式为：

```
类型名 * 指针变量 = new 类型名;
类型名 * 指针变量 = new 类型名(初值);          //对存入该地址的数据初始化
```

要注意的是类型名既可以是 int、char 等基本数据类型，也可以是结构体、类等用户自定义的类型；用 new 既可以给单个变量动态分配内存，也可以给数组动态分配内存。

1) 单变量的动态内存分配

例如：

```
int * pa ;pa = new int; * pa = 8;
```

该语句的作用是，首先定义一个整型指针变量 pa，用 new 动态分配用于存放一个整型数据的内存空间，将首地址存入指针变量 pa，并将数值 8 存入该地址。

以上三条语句可以简写为 int * pa = new int(8); 。

2) 数组的动态内存分配

一般格式为：

```
类型名 * 指针变量 = new 类型名[数组大小];
```

例如：


```
int *ps; ps = new int[10];
```

该语句的作用是：首先定义一个整型指针变量ps，用new动态分配用于存放一个包含10个元素的整型数组的内存空间，将首地址存入指针变量ps。

2. delete 用法

动态内存的生存期可以由程序员决定，如果不及时释放内存，程序将在最后才释放掉动态内存。一般地，如果某动态内存不再使用，需要将其释放掉，否则，会发生内存泄漏现象。delete和new要成对使用。用delete释放内存空间语句格式为：

```
delete 指针名;                    //用于释放单变量
delete []指针名;                  //用于释放数组
```

例如，要释放上例中的两个内存空间，语句为：delete pa;和 delete [] ps;。

1.3.11 命名空间

1. 什么是命名空间

在简单的程序设计中，只要设计者小心注意，可以争取不发生重名。但一个大型的应用软件，往往不是由一个人独立完成的，而是由若干人合作完成，不同的人分别完成不同的部分，最后组合成一个完整的程序。那么，类名、全局函数名、全局变量名重复是很常见的事，尤其是许多程序员合作并可能调用大量第三方库的时候，如果没有命名空间或者类似机制的话，项目管理者就要在实体命名上花费大量时间进行协调。为解决命名冲突，C++采用了命名空间，它实际上就是一个由程序设计者命名的内存区域，程序设计者可以根据需要指定一些有名字的空间域，把一些全局实体分别放在各个命名空间中，从而与其他全局实体分隔开来。就好比在两个函数或类中定义相同名字的对象一样，利用作用域标示符"::"加以区分。

C++标准中引入命名空间的概念，是为了解决不同模块或者函数库中相同标识符冲突的问题，最典型的是std命名空间，C++标准库中所有标识符都包含在该命名空间中。

2. 如何使用 std 命名空间

C++标准程序库中的所有标识符都被定义于一个名为std的命名空间中。使用C++标准程序库的某个具体标识符时，可以有如下三种方法。

(1) 使用作用域运算符直接指定标识符。例如：

```
std::cout << std::hex << 3.4 << std::endl;
```

(2) 使用using声明来表示，例如：

```
using std::cout;
using std::endl;
cout << "Hello, World!" << endl;
```

(3) 使用 using namespace std 编译命令，例如：

```
#include <iostream>
using namespace std;
```

采用这种格式，命名空间 std 内定义的所有标识符都可以直接使用，就好像它们被声明为全局变量一样。

使用命名空间 std 的方法有多种，但不能贪图方便，总是使用第三种，这样就完全背离了设计命名空间的初衷，也失去了命名空间应该具有的防止名称冲突的功能。一般情况下，按照以下原则选择使用方式。

(1) 对偶尔使用的命名空间成员，应该使用命名空间的作用域解析运算符来直接给名称定位，即第一种方法。

(2) 对于较大命名空间中的经常使用的少数几个成员，提倡使用 using 声明，即第二种方法。

(3) 对于需要反复使用同一个命名空间的多个成员时，使用 using 编译指令，即第三种方法。

3. 自定义命名空间

在 C++语言中，命名空间使用 namespace 来声明，并使用{ }来界定命名空间的作用域。例如：

```
namespace foo
{int num = 0;}
```

4. C++头文件

在 first.cpp 和 aa1.cpp 程序的第一行都是 #include <iostream>，是预处理命令。<iostream>是 C++的头文件。C++标准为了和 C 区别开，也为了正确使用命名空间，规定头文件不使用.h。实际上，在编译器 include 文件夹里面还可以看到<iostream.h>，当使用<iostream.h>时，相当于在 C 中调用库函数，使用的是全局命名空间，也就是早期的 C++实现；当使用<iostream>的时候，该头文件没有定义全局命名空间，必须使用 namespace std；，这样才能正确使用 cout。

第2章 面向对象的C++

2.1 面向对象概述

2.1.1 面向对象的概念

面向对象程序设计(Object-Oriented Programming,OOP)是一种程序设计范型,同时也是一种程序开发的方法。它将对象作为程序的基本单元,将程序和数据封装其中,以提高软件的重用性、灵活性和扩展性。对象指的是类的实例。面向对象的编程语言使程序能够比较直观地反映客观世界的本来面目,并且使软件开发人员能够运用人类认识事物所采用的一般思维方法进行软件开发,是当今计算机领域中软件开发的主流技术。所有面向对象的程序设计语言都支持对象、类、消息、封装、继承、多态等诸多概念,而这些概念是人们在进行软件开发、程序设计的过程中逐渐提出来的。

面向对象程序设计可以看作是种在程序中包含各种独立而又互相调用的对象的思想,这与传统的思想刚好相反。传统的程序设计主张将程序看作一系列函数的集合,或者直接就是一系列对计算机下达的指令。面向对象程序设计中的每一个对象都应该能够接收数据、处理数据并将数据传达给其他对象,因此它们都可以被看作一个小型的“机器”。

1. 类

类(Class)定义了一件事物的抽象特点,定义了事物的属性和它可以完成的动作(它的行为)。面向对象程序设计就是通过数据抽象,将许多实例中共性的数据和为操作这些数据所需要的算法抽取出来,并进行封装和数据隐藏,形成一个新的数据类型——“类”类型。

2. 对象

对象是对问题领域中某个实体的抽象,是构成程序的基本单位和运行实体,是应用程序的组装模块,它可以是任何的具体事物。不同的对象具有不同的特征和行为。在面向对象程序设计中,对象作为一个变量,包括数据和用来处理这些数据的方法及工具。

类和对象就好比是“实型”和1.23,“实型”是一种数据的类型,而1.23是一个真正的“实数”(即对象)。所有的“实数”都具有“实型”所描述的特征,如“实数的大小”,系统则分配内存给“实数”存储具体的数值。对象是程序可以控制的实体,包括属性、事件和方法。

3. 属性

属性就是对象的特性,是用来描述对象特征的参数。属性是属于某一个类的,不能独立于类而存在。

4. 方法

方法是指对象本身所具有的、反映该对象功能的内部函数或过程，亦即对象的动作。通俗地说，方法就是一个对象所执行的某些特定动作，如对象的移动、显示和打印等。其组织形式表现为过程和函数。

5. 事件

事件泛指能被对象识别的用户操作动作或对象状态的变化发出的信息，亦即对象的响应。例如，在某个命令按钮上单击鼠标就会执行相应程序代码，实现相应的功能，则单击鼠标就是一种事件。

日常生活中的对象，如小孩玩的气球同样具有属性、方法和事件。气球的属性包括可以看到的一些性质，如它的直径和颜色。其他一些属性描述气球的状态（充气的或未充气的）或不可见的性质，如它的寿命。通过定义，所有气球都具有这些属性；这些属性也会因气球的不同而不同。气球还具有本身所固有的方法和动作，如充气方法（用气体充满气球的动作）、放气方法（排出气球中的气体）和上升方法（放手让气球飞走）。所有的气球都具备这些能力。气球还有预定义的对某些外部事件的响应。例如，气球对刺破它的事件响应是放气，对放手事件的响应是升空。

2.1.2 类的特性

1. 封装性

封装是面向对象程序设计特征之一，是对象和类概念的主要特征。封装是把过程和数据包围起来，对数据的访问只能通过已定义的界面。封装保证了模块具有较好的独立性，使得程序维护修改较为容易。对应用程序的修改仅限于类的内部，因而可以将应用程序修改带来的影响减少到最低限度。

2. 继承

面向对象程序设计的最大优点是允许"继承"，即在某个类的基础上可以派生出新类。一个新类可以从现有的类中派生，这个过程称为类继承。新类继承了原始类的特征，新类称为原始类的派生类（子类），而原始类称为新类的基类（父类）。派生类可以在它的基类那里继承方法和实例变量，并且类可以修改或者增加新的方法使之更适合特殊的需要。目前的面向对象程序设计开发工具都提供了大量的类，用户可以直接使用这些类，或通过对这些类的扩充和重用形成新的类

3. 多态性

多态性（Polymorphism）允许不同类的对象对同一消息做出不同的响应。最常见的用法就是声明基类的指针，利用该指针指向任意一个子类对象，调用相应的虚函数，可以根据指向的子类的不同而实现不同的方法。具体实现时，有静态多态性和动态多态性两种表现形式。静态多态性是通过一般的函数重载来实现的；动态多态性是通过虚函数来实现的。

2.2 类与对象

2.2.1 类的声明和对象的定义

类是具有相同特性对象的集合，类规定并提供了对象具有的属性特征和行为规则。对象通过类来产生，对象是类的实例。在C++语言中，类和对象的关系就是数据类型和具体变

量的关系,是进行程序设计的基础。

1. 类的定义

类定义了事物的属性和它可以完成的动作(它的行为)。类包括描述其属性的数据和对这些数据进行操作的函数。类的定义方法如下:

```
class 类名
{
    public: 数据成员;          ┐
            成员函数;          │
    private: 数据成员;         │
             成员函数;         ├ 类体
    protected: 数据成员;       │
               成员函数;       │
};                             ┘
```

例 2.1 下列程序段定义了一个时间类,分析程序,了解类的组成。

```
class CTime
{
    private:
        int hour,minite,second;           //私有数据成员
    public:
        void print()                      //成员函数,用于输出时间
        {
            cout << hour <<":"<< minute <<":"<< second << endl;
        }
        void SetTime(int h,int m,int s);  //成员函数,用于显示时间
        {
          hour = h;
          minute = m;
          second = s;
        }
};
```

该时间类包括三个私有数据成员,分别表示时、分、秒,两个公有成员函数用于设置时间、输出时间。

关于类的定义需要注意以下几点。

(1) class 是定义类的关键字。class 后的类名是用户根据程序需要自己定义的,只要符合标识符命名规则就可以。按照通常做法,一般以大写的 class 字头 C 开头,C 后首字符大写。类名后的一对大括号括起来的部分为类体,需要特别注意的是类体后面的分号";"不能省略。

(2) 类体内的数据成员。数据成员一般是一系列变量的声明,但要注意的是不能在声明变量时就初始化。因为类只是相当于数据类型,不是具体变量,当然无法赋值。

(3) 类的数据成员和成员函数前的三个关键字 public、private 和 protected 表示三种不同的访问权限。

public(公有的):公有的数据成员和成员函数可以被程序中任何函数或语句调用。

protected(保护的):保护成员不能被类外的函数或语句调用,只有该类的成员函数才

能存取保护成员。但是,如果该类派生了子类,则子类也可以存取保护成员。

private(私有的):私有成员就只能被类中函数访问,类外的函数或语句无法存取。

如果定义类时,数据成员或成员函数前没有写任何关键字,其默认的访问权限是私有的(private)。由于私有成员在类外不可见,很好地体现了类的封装性,公有成员则是类与外部程序的接口。

(4) 在类体内,三个表示访问权限的关键字不必同时出现,即使同时出现,先后次序也可以任意放置,并且同一关键字可以出现多次。

(5) 类的定义与用 struct 定义结构体类型时的格式相同,只是结构体只有数据成员,没有成员函数。结构体成员前也可以用 public、private 和 protected 限定访问权限,但一般情况都没有写,采用的是默认方式,默认是公有的。所以结构体也可以看作是类的一种。

2. 对象的定义

类相当于一种数据类型,可以用来定义具体变量,即进行类的实例化,创建对象。具体格式有以下两种。

(1) 先定义类,再定义对象,格式为:

```
<类名>  <对象名表>
```

(2) 定义类的同时定义对象,格式为:

```
class <类名>
{
    类的成员
}<对象名表>;
```

定义对象时,要注意以下几点。

(1) 对象名表可以是一个对象名,也可以是多个对象名,各个对象名之间用逗号分开即可。例如:

```
CTime t1,t2;
```

(2) 对象不仅可以是一般对象,还可以是数组、指针或引用名。例如:

```
CTime t[24],pt,&rt = t1;     (t1 是已经定义过的同类对象)
```

(3) 如果在定义类的同时定义对象,还可以省略类名,即用无名类直接定义对象,只是因为没有类名,在后续程序中不能再继续使用。

2.2.2 类的成员函数

在类体内,成员函数表示的是类的行为,是类与外部程序的接口。成员函数的定义可以放在类体内,也可以放在类体外。当成员函数的定义放在类体内时,即使没有关键字 inline 修饰,该函数也为内联函数。如果成员函数的定义放在类体外,在类体内需要加函数声明,在类体外定义函数时,函数名前要加类名和作用域运算符::。如时间类可以改为如下格式:

```
class CTime
{
    private:
```

```
        int hour,minite,second;
    public:
        void print()
        {
            cout << hour <<":"<< minute <<":"<< second << endl;
        }
        void SetTime(int h,int m,int s);    //类体内的函数声明
};
void CTime::SetTime(int h,int m,int s);    //类体外的函数定义即函数实现
{
    hour = h;
    minute = m;
    second = s;
}
```

此时，成员函数不是内联函数，如果要将定义在类体外的成员函数设置为内联函数，必须用关键字 inline 进行显式声明，即在返回值类型前加 inline。

2.2.3 对象的使用以及对成员的访问

用类定义了对象以后，对象就具有与类相同的属性和行为，类有哪些成员，对象就有哪些成员，既包括数据成员也包括成员函数。对象成员的表示方法为：

<对象名>.<数据成员>
<对象名>.<成员函数>(<参数表>)

例如，用时间类定义对象 t1，并表示 t1 的所有成员。

```
CTime t1;
t1.hour,t1.minute,t1.second,t1.SetTime(8,0,0),t1.print()
```

如果对象是对象指针，则将成员运算符.换成 ->，即：

<对象指针名>-><数据成员>
<对象指针名>-><成员函数>(<参数表>)

例如：

```
CTime * pt = t1;
pt -> hour, pt -> minute, pt -> second, pt -> SetTime(8,0,0), pt -> print()
```

例 2.2 编写程序，用时间类的对象输出时间。

方法一：使用一般对象

```
#include < iostream >
using namespace std;
class CTime
{
private:
    int hour,minute,second;
public:
    void print()
```

```
    {cout << hour <<":"<< minute <<":"<< second << endl; }
    void SetTime(int h,int m,int s);          //类体内的函数声明
};
void CTime::SetTime(int h,int m,int s)        //类体外的函数定义
{
    hour = h;
    minute = m;
    second = s;
}
int main()
{
    CTime t1;
    t1.SetTime(8,0,0);
    t1.print();
    return 0;
}
```

程序运行结果为:

```
8: 0: 0
```

思考一下,如果将例 2.2 的主函数改为下列格式,会怎样呢?

```
int main()
{
  CTime t1;
  t1.SetTime(8,0,0);
  cout << t1.hour <<" : ";
  cout << t1.minute <<" : ";
  cout << t1.second;
  return 0;
}
```

方法二:使用对象指针

```
#include<iostream>
using namespace std;
class CTime
{
private:
    int hour,minute,second;
public:
    void print()
    {
        cout << hour <<":"<< minute <<":"<< second << endl;
    }
    void SetTime(int h,int m,int s);          //类体内的函数声明
};
void CTime::SetTime(int h,int m,int s)        //类体外的函数定义
{
    hour = h;
```

```
    minute = m;
    second = s;
}
int main()
{
    CTime t1, * pt = &t1;                  //pt 为对象指针
    pt -> SetTime(8,0,0);
    pt -> print();
    return 0;
}
```

方法三：使用对象引用

类的定义与前两种方法相同，主函数改为以下格式。

```
int main()
{
    CTime t1,&rt = t1;                     //rt 为对象引用
    rt.SetTime(8,0,0);
    t1.print();
    return 0;
}
```

主函数中首先定义了一般对象 t1 及其引用 &rt，t1 和 rt 是同一对象的不同名称，在程序中 rt 和 t1 可以互换。

2.2.4 构造函数与析构函数

在 C++中，构造函数和析构函数是类的两个特殊的成员函数，特殊之处在于，构造函数和析构函数都与类同名，只是析构函数名要在类名前加上符号～。两个函数都是公有的，由系统自动调用。在创建对象时系统会自动调用相应的构造函数进行对象的初始化；当一个对象的生存期即将结束时会调用析构函数做释放内存等清理工作。

1. 构造函数

构造函数作为类的成员函数，是在类体内定义的，函数名与类名相同，与一般函数不同，它不能指定任何返回类型(也包括 void)。而且，C++允许构造函数的重载。作为类的成员函数，构造函数可以直接访问类的所有数据成员，根据构造函数参数的具体情况，将构造函数分为以下几种。

1) 默认构造函数(不带参数)

在类定义时，如果没有定义构造函数，系统会自动生成一个默认构造函数，而且不带任何参数，函数体是空的，形式为：

```
<类名>(){ }
```

由于默认构造函数不带参数，为对象初始化时不能指定任何具体值。此时系统会按照对象的存储类型不同区别对待，如果对象是 auto 存储类型，则数据成员的初始值是无效的，如果是 extern 或 static 存储类型，则数据成员初始值为其默认值(0 或空)。例 2.2 的程序中，三种方法都没有给出构造函数的定义，实际上都采用了默认构造函数，具体构造函数形式为：

```
CTime(){ }
```

2）带参数的构造函数

一般地，构造函数都带有参数，创建对象时给出实参，系统会根据实参个数、类型调用相应的构造函数为对象进行初始化。带参数的构造函数一般形式为：

```
<类名>(类型名1  参数1,类型名2  参数2,…)
{函数体 }
```

在例2.2中，函数SetTime()的作用是为了给数据成员赋值，那么可以用构造函数取代它，程序可改为如下形式。

```
#include<iostream>
using namespace std;
class CTime
{
private:
    int hour,minute,second;
public:
    void print()
    {
        cout<<hour<<":"<<minute<<":"<<second<<endl;
    }
    CTime(int hh,int mm,int ss)            //带参数的构造函数
    {
        hour = hh;
        minute = mm;
        second = ss;
    }
};
int main()
{
    CTime t1(8,30,20);                     //创建对象时以参数的形式为对象初始化
    t1.print();
    return 0;
}
```

比较一下该程序和例2.2的方法一的程序，虽然实现的功能相同，但两个主函数是不同的，该例中使用了带参数的构造函数，所以创建对象时就以参数的形式初始化对象，而例2.2的方法一中没有显式地定义构造函数，只能调用默认构造函数，所以定义对象后，调用成员函数SetTime(8,0,0)设置时间。

另外，构造函数的参数也可以有默认值。例如，将上例中的构造函数改为：

```
CTime(int hh,int mm = 10,int ss = 30)        //带默认参数的构造函数
    {
        hour = hh;
        minute = mm;
        second = ss;
    }
```

创建对象时，可以写为：CTime t1(9)，t2(5,33)，t3(12,22,32)。那么对象 t1 初始值为 9:10:30，t2 初始值为 5:33:30，t3 初始值为 12:22:32。

3）构造函数初始化列表

C++类构造函数初始化列表是在函数名后加一个冒号"："，接着是以逗号分隔的数据成员列表，每个数据成员后面跟一个放在括号中的初始化表达式。例如，类 CExample 有两个公有数据成员 a 和 b，如果采用构造函数初始化列表方式进行初始化，代码可以写成下列形式。

```
class CExample
{
public:
     int a;
     int b;
      C Example(): a(10),b(20)                //构造函数初始化列表
     {}
};
```

当然，也可以在构造函数的函数体内对 a 和 b 赋值，构造函数可以改写为下列形式。

```
C Example()
{
     a = 10;                                  //构造函数内部赋值
     b = 20;
}
```

两个构造函数的结果是一样的。使用初始化列表的构造函数可显式地初始化类的成员；而没使用初始化列表的构造函数是对类的成员赋值，并没有进行显式的初始化。两种形式的构造函数目的都是对数据成员初始化，对 C++的内置数据类型和复合类型（指针，引用）来说，两种格式的初始化在性能和结果上都是一样的。但对于用户自定义类型（例如"类"）数据成员来说，虽然结果相同，但是性能上存在很大的差别。因为"类"类型的数据成员对象在进入函数体前已经构造完成，也就是说在成员初始化列表处进行构造对象的工作，调用构造函数，在进入函数体之后，对已经构造好的类对象赋值，需要再调用拷贝赋值操作符。

所以，内置"类"类型成员变量，为了避免两次构造，推荐使用类的构造函数初始化列表。但对于以下两种情况则必须用带有初始化列表的构造函数。

(1) 成员类型是没有默认构造函数的类。若没有进行显式的初始化，则编译器隐式地使用该成员类型所属类的默认构造函数，如果该类没有默认构造函数，则编译器尝试使用默认构造函数将会失败。

(2) 成员是 const 成员或对象引用，由于 const 对象或引用只能初始化，不能对它们赋值。

初始化列表中成员一般不是一个，C++初始化类成员时，是按照声明的顺序，而不是按照出现在初始化列表中的顺序进行初始化的。例如，即使上例中构造函数初始化列表改为 CExample()：b(20)，a(10)，其初始化时仍然按照先 a 后 b 的顺序，因为在类中是按先 a 后 b 的顺序声明的。

4）拷贝构造函数

如果构造函数的参数是一个已经定义的同类对象的引用就称为拷贝构造函数。相当于用一个已知对象初始化另一个对象。例如，类 CTime 的拷贝构造函数可以写为下列形式。

```
CTime(CTime &t)
{
    hour = t.hour;
    minute = t.minute;
    second = t.second;
}
```

下面这段代码是将例 2.2 的 CTime 类的构造函数改写为带参数的构造函数和拷贝构造函数的形式。

```
#include<iostream>
using namespace std;
class CTime
{
  private:
    int hour,minute,second;
  public:
    void print()
    {
    cout << hour <<":"<< minute <<":"<< second << endl;
    }
    CTime(int hh, int mm, int ss)                //带三个参数的构造函数
    {
        hour = hh;
        minute = mm;
        second = ss;
    }
    CTime(CTime &t)                              //拷贝构造函数,参数为同类对象的引用
    {
      hour = t.hour;
      minute = t.minute;
      second = t.second;
    }
};
int main()
{
    CTime t1(8,30,20);                           //调用带三个参数的构造函数为对象 t1 初始化
    CTime t2(t1);                                //调用拷贝构造函数为对象 t2 初始化
    t1.print();
    t2.print();
    return 0;
}
```

程序运行后，两个对象的初始值都是"8:30:20"。

本程序中包括两个构造函数，是构造函数的重载，系统会根据创建对象时的实参来确定调用哪个构造函数。

其实,如果在上面的程序中省略拷贝构造函数,程序结果仍然不变。这是因为如果没有编写拷贝构造函数,编译器会自动产生一个拷贝构造函数,就是"默认拷贝构造函数",这个构造函数很简单,仅使用"老对象"的数据成员的值给"新对象"的数据成员一一进行赋值。

2. 析构函数

析构函数与构造函数类似,函数名也与类名相同,只是在函数名前面加一个符号~。以区别于构造函数。例如,CTime 类的析构函数为~CTime( ),它不能带任何参数,也没有返回值(包括 void 类型)。析构函数通常用于释放内存资源,定义析构函数时需注意只能有一个析构函数,不能重载。

如果用户没有编写析构函数,编译系统会自动生成一个默认的析构函数,函数体为空,即不执行任何操作。所以许多简单的类中没有用显式的析构函数。

如果用 new 为一个类对象分配了动态内存,最后要用 delete 释放对象时,析构函数也会自动调用。

2.2.5 const 对象和 const 成员函数

1. 常数据成员

定义类时,如果数据成员的定义语句前用关键字 const 加以修饰,就是常数据成员。其格式为:

```
const  <类型>  <常数据成员名>
```

常数据成员的值是不能被改变的,只能在定义时由构造函数的成员初始化列表赋值,具体格式是:

```
<构造函数名>(<参数表>):<成员初始化列表>
{ <函数体>}
```

例如,类 A 的定义如下:

```
class A
{
  public:
    A(int i,int j):a(i)                    //构造函数列表中对常数据成员初始化
    { b = j; }                             //构造函数的函数体中对一般数据成员初始化
     ⋮
  private:
    const int a;                           //a 为常数据成员,只能在构造函数列表初始化
    int b;                                 //b 为一般数据成员
};
```

在构造函数列表中将常数据成员 a 初始化为 i 的值。

2. 常成员函数

用 const 关键词说明的函数叫常成员函数。其格式如下:

```
<类型>  <函数名> (<参数表>) const
{<函数体>}
```

常成员函数不能更新对象的数据,也不能调用非 const 修饰的其他成员函数,但可以被

其他成员函数调用。常成员函数可以与同名函数重载，即使二者参数相同。例如，如果类 A 有两个成员函数，int A::func(){…}与 int A::func() const{…}，二者就是重载函数。

常成员函数可以引用常数据成员，也可以引用非 const 的数据成员。

3. 常对象

在声明对象时，如果用 const 关键字修饰，说明该对象为常对象，在程序中不能修改。格式为：

```
<类名> const <对象名>
```

或者

```
const <类名> <对象名>
```

声明常对象的同时必须初始化，因为常对象的数据成员在程序中不能被修改。常对象只能调用常成员函数

例 2.3 分析下列程序执行结果，熟悉常对象的使用方法。

```
#include<iostream>
using namespace std;
class Point
{
    int x, y;
    public:
        Point(int a, int b)                 //构造函数
        {   x = a;
            y = b;
        }
        void MovePoint( int a, int b)       //一般成员函数
        {   x += a;
            y += b;
        }
        void print()const                   //常成员函数
        {
            cout <<"x = "<< x <<"      y = "<< y << endl;
        }
};
int main( )
{
    Point point1(1,1);                      //point1 为普通对象
    const Point point2( 2,2);               //point2 为常对象
    point1.print();                         //普通对象可以调用常成员函数
    point2.print( );                        //常对象调用常成员函数
    return 0;
}
```

运行结果为：

```
x = 1   y = 1
x = 2   y = 2
```

2.2.6 对象的动态建立和释放

在 1.3.10 节讲述了内存基本构成，用 new 和 delete 为一般变量动态地分配内存和释放变量。当然 C++还允许用 new 和 delete 为用户自定义的类(用户自定义的数据类型)进行动态内存分配与释放，即进行对象的动态建立和释放。如果系统为对象成功开辟内存空间则返回该空间首地址，通常把该地址赋值给一个指针。用 new 建立的动态对象一般不使用对象名，而是通过指针进行访问。创建动态对象的语句格式有如下两种。

```
类名 * pc = new 类名;                //为指定的类动态分配内存，将首地址存入指针变量
类名 * pc = new 类名(初值);          //为指定的类的对象动态分配内存并进行对象的初始化
```

如果要创建动态对象数组，语句格式为：

```
类名 * pc = new 类名[数组大小];
```

用 new 建立的对象，使用完毕要用 delete 运算符予以释放。格式为：

```
delete 指针名;                       //用于释放单个对象
delete[]指针名;                      //用于释放对象数组
```

假如已经定义了某个类，如果想用 new 进行对象的动态内存分配，就要知道该类有几个数据成员，赋值时需要提供几个数据。由于对象的初始化通常都是由构造函数来完成的，首先需要了解类的构造函数是如何定义的，这样才能正确地使用 new 创建对象空间与初始化。

例如，类 A 的定义中，构造函数带有三个 int 型参数，则动态对象创建可以用如下语句实现。

```
A * po;
po = new A(6,7,8);
delete po;
```

第一条语句定义了指向类 A 类型的指针 po，第二条语句将动态分配的类 A 的对象地址存入 po，最后一条语句释放对象 po。上述三条语句与 A *po=new A(6,7,8)等效。

下面两条语句用于创建动态对象数组。

```
A * par;
par = new A[10];
```

第一条语句定义了指向类 A 类型的指针 par，第二条语句将动态分配的类 A 的对象数组的首地址存入指针 par，该对象数组包含 10 个元素。上述两条语句可以改写为：

```
A * par = new A[10];
```

例 2.4 分析下列程序执行结果，了解对象的动态建立与释放。

```
#include <iostream>
#include <string>
using namespace std;
class A
{
  private:
```

```
    string name;
  public:
    A( );
    A(string );
    ~A();
};
A::A( )
{
    cout <<"默认构造函数正在执行,创建无名对象"<< endl;
}
A::A(string s):name(s)
{
    cout <<"带参构造函数 A()正在执行,创建对象:"<< name << endl;
}
A::~A()
{
    cout <<"~A()正在执行,析构对象:"<< name << endl;
}
int main()
{
    A *pt1 = new A("aaa");          //调用带参数的构造函数,创建对象 aaa
    A *pt2 = new A();               //调用默认构造函数,创建无名对象
    delete pt2;                     //delete 调用析构函数撤销无名对象
    A *ptr = &A();                  //调用默认构造函数创建无名对象
                                    //该无名对象的撤销是系统自动调用析构函数来进行的
    delete pt1;                     //delete 调用析构函数撤销对象 aaa
    return 0;
}
```

程序运行结果为：

```
带参构造函数 A()正在执行,创建对象:aaa
默认构造函数正在执行,创建无名对象
~A()正在执行,析构对象
默认构造函数正在执行,创建无名对象
~A()正在执行,析构对象
~A()正在执行,析构对象 aaa
```

2.2.7 this 指针

this 指针是类的一个自动生成、自动隐藏的私有成员，它存在于类的每一个非静态成员函数中，作为成员函数的一个隐藏的形参，指向被调用函数所在的对象。

当调用一个对象的成员函数时，编译程序先将对象的地址赋给 this 指针，然后调用成员函数，每次成员函数存取数据成员时，都隐含使用 this 指针。this 形参不能由成员函数定义，而是由编译器隐含地定义的。

在类的一般成员函数中，this 指针被隐含地声明，格式为：

类名 * const this

this 是一个指向类的指针常量,因此不能改变 this 指针保存的值——当前对象的地址,但可以改变它所指对象的值。

在类的 const 成员函数中,this 指针也被隐含地声明,格式为:

const 类名 * const this = &当前对象名

这说明 this 的类型是一个指向 const 类型对象的 const 指针,既不能改变 this 所保存的地址——当前对象的地址,也不能改变 this 所指向的对象的值。也就是说不仅不能给 this 指针赋值,this 指针所指向的对象也是不可修改的,不能为这种对象的数据成员进行赋值操作。

例 2.5 下列程序中,定义了一个点 Point 类,用 x,y 两个私有成员表示点的坐标(与例 2.3 的程序比较有何异同),分析下列程序运行结果,熟悉 this 指针用法。

```
#include<iostream>
using namespace std;
class Point
{
  private:
    int x,y;                              //Point 类的两个私有数据成员
  public:
    Point(int a,int b)                    //构造函数,初始化数据成员
    {
      x=a;
      y=b;
    }
    void MovePoint(int a,int b)           //成员函数,计算移动后的新坐标
    {
      this->x+=a;          //this 指针指向对象,this->x 表示对象的数据成员,等价于 x+=a
      this->y+=b;
    }
    void print()                          //成员函数,输出点的坐标
    {
      cout<<"x="<<x<<", y="<<y<<endl;
    }
};
int main()
{
  Point point1(10,10);                    //创建对象 point1 并初始化
  point1.MovePoint(2,2);                  //通过对象 point1 调用成员函数 MovePoint()
  point1.print();                         //通过对象 point1 调用成员函数 print()
  return 0;
}
```

当对象 point1 调用 MovePoint(2,2)函数时,即将 point1 对象的地址传递给了 this 指针。所以 MovePoint 函数体中可以用 this->x, this->y 调用对象的私有成员。MovePoint 函数应该还包括一个隐含参数——this 指针,函数的原型应该是 void MovePoint(Point * this, int a, int b),这样 point1 的地址传递给了 this,所以在 MovePoint 函数中便显式地写成:

```
this->x += a; this->y+= b;
```

程序运行结果为：

```
x=12, y=12
```

使用 this 指针还应注意以下几点。

(1) 由于 this 并不是一个常规变量，所以，不能取得 this 的地址。

(2) 一个对象的 this 指针并不是对象本身的一部分，不会影响 sizeof(对象)的结果。

(3) this 作用域是在类内部，当在类的非静态成员函数中访问类的非静态成员的时候，编译器会自动将对象本身的地址作为一个隐含参数传递给函数。也就是说，即使没有写上 this 指针，编译器在编译的时候也会加上 this，它作为非静态成员函数的隐含形参，对各成员的访问均通过 this 进行。

(4) this 指针是一个 const 指针，不能在程序中修改它或给它赋值。

2.2.8 友元函数和友元类

采用类的机制后实现了数据的隐藏与封装，类的数据成员一般定义为私有成员，成员函数一般定义为公有的，这些成员函数提供了类与外界间的通信接口。但是，有时需要定义一些函数，这些函数不是类的一部分，但又需要频繁地访问类的数据成员，这时可以将这些函数定义为该类的友元函数。例如，如果类 A 中的函数 fun()要访问类 B 中的成员，那么函数 fun()就应该定义为类 B 的友元函数。友元函数的使用可以使一个类外的成员函数直接访问另一个类的私有成员。

使用友元函数虽然提高了程序的运行效率(减少了类型检查和安全性检查等)，但它破坏了类的封装性和隐藏性，使得非成员函数可以访问类的私有成员。

如果友元函数是一个外部函数，不属于任何类，该函数称为友元外部函数，如果该函数是另一个类的成员函数，则称为友元成员函数。一般地，将友元外部函数称为友元函数。

1. 友元函数

友元函数是可以直接访问类的私有成员的非成员函数。它是定义在类外的普通函数，不属于任何类，但需要在类的定义中加以声明，声明时只需在函数类型名称前加上关键字 friend，其格式如下：

```
friend 类型 函数名(形式参数);
```

友元函数的声明可以放在类的私有部分，也可以放在公有部分，它们是没有区别的，都说明函数是该类的一个友元函数。在友元函数的函数体中可以通过对象名访问本类的所有成员，包括私有成员和保护成员。

例 2.6 分析下列程序，熟悉友元函数的特点。

```
#include <iostream>
using namespace std;
class A
{
  public:
```

```
    A(int i)                        //构造函数
    { x = i; }
  private:
    int x;
    friend int func(A &a,int i);  //声明友元函数 func()
};
int func( A &a,int i)
{
  return a.x + i;                 // 在 func()中通过类 A 的对象 a 调用了类 A 的私有成员 x
}
int main()
{
    A a(3);
    cout << func(a,6);            //友元函数不属于类,直接调用,不要用 a.func()
    return 0;
}
```

对程序各个语句的分析详见语句注释。输出结果为:

```
9
```

思考一下,如果在主函数中添加一条语句 a.x=2;,程序能正常执行吗?

在主函数中,是在类外,不能通过类 A 的对象 a 来访问类的私有成员 x。

使用友元函数需注意以下几点。

(1) 友元函数不属于类,没有 this 指针。

(2) 因为友元函数是类外的函数,所以它的声明可以放在类的私有段或公有段且没有区别,一般放在私有段。

(3) 友元函数定义在类外部,函数类型前不加关键字 friend。

(4) 一个函数可以是多个类的友元函数,只要在各个类中分别声明即可。

2. 友元成员函数

如果类 A 的一个成员函数为类 B 的友元函数,则该函数称为友元成员函数。这样,在类 A 的这个成员函数中,借助参数类 B 的对象可以直接访问 B 的私有变量。

在类 B 中,要在 public 段声明友元成员函数,格式为:

```
friend 类型 函数名(形式参数);
```

调用时,应该先定义 B 的对象 b——使用 b 调用自己的成员函数——自己的成员函数中使用了友元机制。

例 2.7 分析下列程序,熟悉友元成员函数的用法。

```
#include <iostream>
using namespace std;
class B;
class A
{
  private:
    int x;
```

```
  public:
    A()
    {
      this->x = 0;                  //等价于 x=0
    }
    void display(B &v);             //成员函数声明
};
class B
{
  private:
    int y;
    int z;
  public:
    B();                            //类 B 构造函数声明,无参数
    B(int, int);                    //类 B 构造函数声明,含两个参数
    friend void A::display(B &);    //类 A 的成员函数 display ()被声明为类 B 友元函数
};
void A::display(B &v)               //友元成员函数 display()定义
{
  cout<<"v.y = "<<v.y<<endl;;
  cout<<"v.z = "<<v.z<<endl;
  x = v.y + v.z;                    //x 等价于 this->x,
                                    //友元函数内可以通过类 B 的对象 v 访问 B 的私有成员 y,z
  cout<<"x = "<<x<<endl;            //x 等价于 this - >x
                                    //在类 A 的成员函数中可以直接访问私有成员
}
B::B()
{
    this->y = 0;this->z = 0;        //类 B 的私有成员 y,z 初始化为 0
}
B::B(int y, int z)
{
    this->y = y;
    this->z = z;
}                                   //类 B 的私有成员 y,z 初始化为参数值
int main()
{
    A a;
    B b(2, 3);
    a.display(b);
    return 0;
}
```

程序分析见语句注释,程序运行结果为:

```
v.y = 2
v.z = 3
x = 5
```

本例中,类 A 需先定义,这样才能将其成员函数 display()定义为类 B 的友元函数。为

了正确地构造类，需注意友元声明与友元定义之间的互相依赖。

3. 友元类

如果一个类 X 的所有成员函数都是另一个类 Y 的友元函数，则类 X 就是类 Y 的友元类，类 X 的成员函数都可以访问类 Y 中的成员，包括私有成员和保护成员。

定义友元类的语句格式如下：

```
friend class 类名;
```

其中，friend 和 class 是关键字，类名必须是程序中的一个已定义过的类。

例如，以下语句说明类 B 是类 A 的友元类。

```
class B
{ … };
class A
{     …
    public:
      friend class B;
      …
};
```

经过以上说明后，类 B 的所有成员函数都是类 A 的友元函数，能存取类 A 的私有成员和保护成员。

例 2.8 分析下列程序，熟悉友元类的用法。

```
#include <iostream>
using namespace std;
class A
{
  public :
    friend class B;                    //声明类 B 是类 A 的友元类
    void display() {cout << x << endl;}
    private :
    int x;
};
class B
{
  public:
    B(int i) {a.x = i;}
    void display()
    {
      cout <<"a.x = "<< a.x << endl;    //类 B 的成员函数可以直接访问类 A 的私有成员 x
    }
    void display1()
    {
      cout <<"a.display() = ";
      a.display();                     //类 B 的成员函数可以直接访问类 A 成员函数
    }
  private:
    A a;
};
```

```
void main()
{
    B b(10);
    b.display();
    b.display1();
}
```

程序运行结果为：

```
a.x = 10
a.display() = 10
```

使用友元类时需要注意以下几点。

(1) 友元关系不能被继承，如果类B是类A的友元，类B的派生类并不会自动成为类A的友元。

(2) 友元关系是单向的，不具有交换性。若类B是类A的友元，B类的成员函数就可以访问类A的私有和保护数据，但类A的成员函数却不能访问类B的私有和保护数据。类A不一定是类B的友元，要看在类B中是否有相应的声明。

(3) 友元关系不具有传递性。若类B是类A的友元，类C是类B的友元，类C和类A之间，如果没有声明，就不存在友元关系。

2.2.9 类的静态成员和静态成员函数

定义类时，在其数据成员和成员函数前加上static关键字，这些成员就变成静态数据成员和静态成员函数。

1. 静态数据成员

在进行类的定义时，不论是private、protected还是public访问权限的数据成员，只要在数据类型前加了关键字static，该成员变量就是类的静态数据成员。静态数据成员是特殊的数据成员，表现在以下几个方面。

(1) 当用同一个类定义了多个对象时，所有对象的静态数据成员占用同一个空间，即不同对象的静态数据成员实际上是同一个变量。它保存在内存的全局数据区。利用这一特性可以实现数据在各个对象间的共享和消息传递，它的值可以更新。

(2) 静态数据成员是属于类的，它的初始化与一般数据成员初始化不同，不是通过构造函数进行。要在类体外初始化，但在类体内要进行声明。

静态数据成员初始化的格式为：

<数据类型> <类名>::<静态数据成员名> = <值>

(3) 类的静态数据成员有两种访问形式：

<类对象名>.<静态数据成员名> 或 <类类型名>::<静态数据成员名>

例如，类A的静态成员i，用A定义了a，b两个对象，若访问i可以写为：

```
a.i,b.i,  或  A::i
```

(4) 静态数据成员虽然存储在全局数据区，但它不是全局变量。不存在与程序中其他全局变量名称冲突的可能性；静态数据成员可以是 private 成员，而全局变量则不能。

例 2.9 分析下列程序，熟悉类的静态数据成员用法。

```
#include <iostream>
using namespace std;
class Myclass
{
  public:
    Myclass(int i,int j,int k);          //构造函数的声明
    void GetSum();
  private:
    int a,b,c;
    static int Sum;                      //声明类的静态数据成员 Sum
};
int Myclass::Sum = 0;                    //定义并初始化静态数据成员
Myclass::Myclass(int i,int j,int k)      //构造函数定义
{
  this->a = i;
  this->b = j;
  this->c = k;
  Sum += i + j + k;
}
void Myclass::GetSum()                   //成员函数 GetSum()定义,用于输出 Sum 的值
{
  cout <<"Sum = "<< Sum << endl;
}
void main()
{
  Myclass M(1,2,3);
  M.GetSum();
  Myclass N(4,5,6);
  N.GetSum();                            //输出静态数据成员 Sum 的值
  M.GetSum();                            //输出静态数据成员 Sum 的值
}
```

程序运行结果为：

```
Sum = 6
Sum = 21
Sum = 21
```

2. 静态成员函数

在类的定义中，在成员函数定义或声明时，函数类型前加上关键字 static，该函数就是一个静态成员函数，它是属于类而不是具体某个对象。使用静态成员函数时需注意以下几点。

(1) 普通的成员函数一般都隐含了一个 this 指针，this 指针指向类的对象本身，通常情况下，this 是省略的。如函数 fn()实际上是 this→fn()。但是，静态成员函数由于不与任何的对象相联系，因此它不具有 this 指针。

(2) 静态成员函数不能直接访问类的非静态数据成员，也无法直接访问非静态成员函数，它只能直接访问静态数据成员和静态成员函数。但它可以通过类的对象间接访问非静态数据成员和非静态成员函数。即：

对象名.非静态数据成员　或　对象名.非静态成员函数

(3) 如果在类体内只是静态成员函数的声明，在类体外进行函数定义时不能再指定关键字 static。

例 2.10　分析下列程序执行结果，熟悉静态成员的用法。

```
#include <iostream>
#include <string>
using namespace std;
class Student
{
    static int number;                  // 静态数据成员
    string name;
  public:
    void set(string str)
    {
      name = str;
      number++;                         // 非静态成员函数调用静态数据成员
    }
    void print()                        // 非静态成员函数 print()调用静态数据成员
    {
      cout <<"1: The number of the students is " << number << " numbers." << endl;
    }
    static void print2(Student& s)     // 静态成员函数 print2()
    {
      cout <<"2: The number of the students is " << number << " numbers." << endl;
      cout << s.name << endl;           // 通过对象 s 调用非静态数据成员
        s.print();                      // 通过对象 s 调用非静态成员函数
    }
};
int Student::number = 0; //静态数据成员初始化只能在类体外进行，且数据类型前不加 static
int main( )
{
  Student s;
  s.set("smith");
  s.print2(s);
  return 0;
}
```

程序分析见语句注释。运行结果为：

```
2: The number of the students is 1 numbers.
smith
1: The number of the students is 1 numbers
```

2.3 继承与派生

2.3.1 继承的概念及意义

1. 继承和派生

一般情况下，谈到继承，都起源于一个基类的定义，基类定义了其所有派生类的公有属性。从本质上讲，基类具有同一类集合中的公共属性，派生类继承了这些属性，并且增加了自己特有的属性。作为C++语言的一种重要机制，用继承的方法可以自动为一个类提供来自另一个类的操作和数据结构，进而使程序设计人员在一个类的基础上很快建立一个新的类，而不必从零开始设计每个类。

当一个类被其他的类继承时，被继承的类称为基类，又称为父类。继承其他类属性的类称为派生类，又称为子类。类的继承与派生，是从不同角度对同一事物的描述。例如，由类A演变出类B，那么可以说类A派生出类B，或者类B继承了类A。这时，类A称为父类或基类，类B称为子类或派生类。

2. 单继承和多继承

从一个基类派生的继承称为单继承，换句话说，派生类只有一个直接基类。与此相对地，从多个基类派生的继承称为多继承或多重继承，也就是说，一个派生类有多个直接基类。例如，类A和类B共同派生了类C，类C继承了类A和类B的所有数据成员和成员函数，如图2.1所示。C++中，基类和派生类是相对而言的，可以把派生类作为基类再次供别的类继承，产生多层次的继承关系。例如，类A派生类B，类B派生类C，则类A是类B的直接基类，类B是类C的直接基类，类C通过类B为媒介也继承了类A的成员，称类A为类C的间接基类，如图2.2所示。

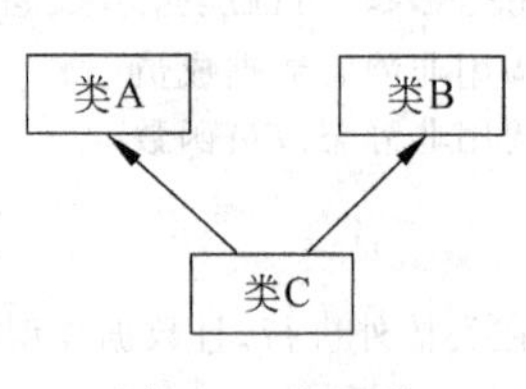

图2.1 多继承

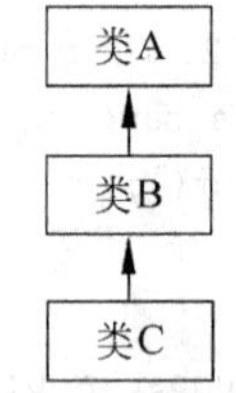

图2.2 类的多层次继承

在C++中，一个基类可以派生多个派生类，一个派生类也可以有多个基类，而且派生类又可以作为新的基类继续一代一代地派生下去，就形成类的继承的复杂层次结构。

图2.3给出的是一种复杂的类的继承关系示例。

3. 继承的意义

在传统的程序设计中，每一个应用项目具有不同的目的和要求，程序的结构和具体的编码是不同的，无法使用已有的软件资源，单独地进行程序的开发。即使两种应用具有许多相同或相似的特点，程序设计者可以参考已有资料，但也要重写程序或

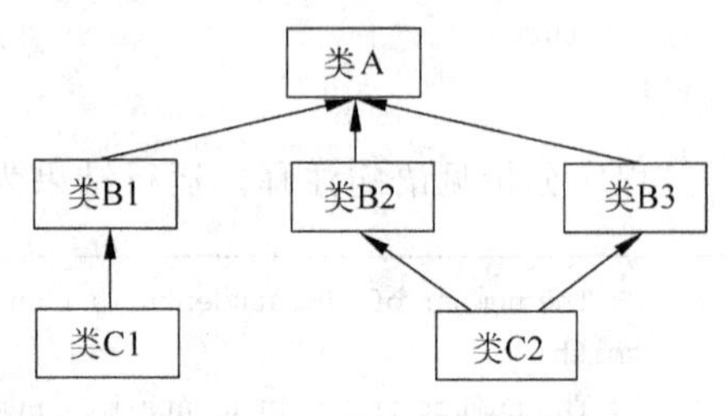

图2.3 类的继承关系示例

者对程序进行较大改进。这样，在程序设计过程中必定有很多重复工作，这就造成软件开发过程中人力、物力和时间的巨大浪费，效率较低。而面向对象技术强调软件的可重用性，C++语言提供的类的继承机制，解决了软件重用问题。继承的最大好处就是“代码重用”，大大提高了工作效率。

2.3.2 派生类的定义

单继承的派生类定义格式为：

```
class 派生类名:[继承方式] 基类名
{
  [派生类新增数据成员和成员函数]
};
```

多重继承的派生类定义格式为：

```
class 派生类名:[继承方式] 基类名 1,[继承方式] 基类名 2, …,[继承方式] 基类名 n
{
  [派生类新增数据成员和成员函数]
};
```

说明：

(1) clas 是关键字，冒号“：”后面的内容指明派生类是从哪个基类继承而来的，并且指出继承的方式是什么。

(2) 继承方式有三种，分别是 public(公有继承)、private(私有继承)和 protected(保护继承)。如果省略继承方式，则默认的继承方式为 private。继承方式决定了派生类的成员对其基类的访问权限。

(3) 基类名必须是已经定义的一个类。

(4) 派生类新增的成员定义在一对大括号内。

(5) 不要忘记在大括号的最后加分号“；”，以表示该派生类定义结束。

例如，类 A 为基类，派生类 B 公有继承类 A，代码如下。

```
class A                                //基类 A
{
  public:
    int x;
    void funa()
    {
      cout <<"member of A "<< endl;
    }
};
class B: public A                      //派生类 B 公有继承类 A
{
  public:
    int y;
    void funb()
    {
        cout <<"member of B "<< endl;
    }
};
```

2.3.3 派生类成员的访问权限

派生类是在基类的基础上产生的。派生类的成员包括以下三种。

(1) 吸收基类成员：派生类继承了基类的除了构造函数和析构函数以外的全部数据成员和成员函数。

(2) 新增成员：增添新的数据成员和成员函数，体现了派生类与基类的不同和个性特征。

(3) 对基类成员进行改造：对基类成员的访问控制方式进行改造，或者定义与基类同名的成员，进行同名覆盖。

派生类的继承方式会影响基类中的成员在派生类中的访问属性。也就是说，派生类的成员或对象对基类成员的访问权限，不仅取决于基类成员本身的访问属性，还要受到继承方式的制约。

1. 公有继承

公有继承是指在派生一个类时继承方式为 public 的继承方式。在 public 继承方式下，基类成员在派生类中的访问权限为：基类的公有和保护成员的访问属性在派生类中不变，而基类的私有成员不可访问。即基类的公有成员和保护成员被继承到派生类中仍作为派生类的公有成员和保护成员。派生类的其他成员可以直接访问它们。但需要注意的是，这与派生类的对象对基类成员的访问权限是两个不同概念。派生类的对象是在类外定义的，派生类的对象可以访问基类的公有成员。

例 2.11 分析下列程序，熟悉派生类采用公有继承方式时对基类成员的访问权限。

```
#include <iostream>
using namespace std;
class A
{
  public:
    int a1;
  protected:
    int a2;
  private:
    int a3;
  public:
    A(){a1 = 1; a2 = 2; a3 = 3;}          //类 A 的构造函数
  void print1()
  {
    cout <<"a1 = "<< a1 <<",    a2 = "<< a2 <<",    a3 = "<< a3 << endl;
  }
};
class B1:public A                         //派生类 B1 公有继承基类 A
{
  public:
    int b1;                               //B1 新增公有成员
    B1(int cb1){b1 = cb1;}                //类 B1 的构造函数
    void print2()
    {
```

```
        cout <<"a1 = "<< a1;                    //派生类成员函数访问基类公有成员
        cout <<",    a2 = "<< a2 << endl;       //派生类成员函数访问基类保护成员
        //cout <<"a3 = "<< a3 << endl; a3 是基类私有成员,在派生类中不可访问
        cout <<"b1 = "<< b1 << endl;
    }
};
int main( )
{
    B1 ob1(100 );                               //定义派生类的对象 ob1
    cout <<"ob1.a1 = "<< ob1.a1 << endl; //派生类的对象 ob1 可以访问基类公有成员
    ob1.print1();
    ob1.print2();
    return 0;
}
```

程序中基类的各个成员在派生类内和派生类外的访问权限详见程序注释。程序运行结果为:

```
ob1.a1 = 1
a1 = 1,  a2 = 2,  a3 = 3
a1 = 1,  a2 = 2
b1 = 100
```

思考一下,如果在主函数中添加以下两条语句,程序可以正常执行吗?

```
cout << ob1.a2 << endl;
cout << ob1.a3 << endl;
```

不能,因为 ob1 是派生类的对象,不能访问基类保护成员 a2 和私有成员 a3。

2. 私有继承

私有继承是指在派生一个类时继承方式为 private 的继承方式。基类中的公有成员和保护成员都以私有成员身份出现在派生类中,而基类的私有成员在派生类中不可访问。即基类的公有成员和保护成员被继承后作为派生类的私有成员,派生类的其他成员可以直接访问它们,但是在类外部通过派生类的对象无法访问。

例 2.12 将例 2.11 的程序继承方式改为私有继承,再分析程序运行结果,熟悉私有继承时基类的成员在派生类中的访问权限。

将例 2.11 程序第 18 行以后改为:

```
class B1:private A                            //派生类 B1 公有继承基类 A
{
  public:
    int b1;                                   //B1 新增公有成员
    B1(int cb1){b1 = cb1;}                    //类 B1 的构造函数
  void print2()
  {
    cout <<"a1 = "<< a1;                      //派生类成员函数访问基类公有成员
    cout <<", a2 = "<< a2 << endl;            //派生类成员函数访问基类保护成员
    //cout <<"a3 = "<< a3 << endl;            // a3 是基类私有成员,在派生类中不可访问
```

```
      cout <<"b1 = "<< b1 << endl;
    }
  };
  int main( )
  {
    B1 ob1(100 );                      //定义派生类的对象 ob1
    //cout << ob1.a1 << endl;          //私有继承时,派生类对象 ob1 不能直接访问基类公有成员
    // cout << ob1.a2 << endl;         //私有继承时,派生类对象 ob1 不能访问基类保护成员
    // cout << ob1.a3 << endl;         //私有继承时,派生类对象 ob1 不能访问基类私有成员
    // ob1.print1();                   //私有继承时,派生类对象 ob1 不能直接访问基类公有成员函数
    ob1.print2();
    return 0;
  }
```

运行结果：

```
a1 = 1,   a2 = 2
b1 = 100
```

该例中无论是派生类的成员函数 print2()还是通过派生类的对象 ob1,都无法访问基类的私有成员 a3。所以如果要输出 a3 的值,可以在类 B1 中增加一个成员函数,如：

```
void print3(){print1();}
```

这样,在主函数中可以通过 ob1.print3()间接访问 a3。

如果继续派生,那么该基类的所有成员对于新的派生类来说都是不可访问的,即以 private 方式的继承,只能"传递一代",基类成员无法在进一步的派生中发挥作用。例如,B1 继续派生一个新类 B11 时,在 B11 中无法访问 B1 从 A 继承的任何成员了。

3. 保护继承

保护继承是指在派生一个类时继承方式为 protected 的继承方式。保护继承方式的访问控制权限介于公有继承和私有继承之间。保护继承的特点是基类的所有公有成员和保护成员都成为派生类的保护成员,基类的 private 成员和不可访问成员在派生类中不可访问。

派生类的成员可以直接访问基类的 public 成员和 protected 成员,而派生类的对象无法直接访问基类的任何成员,这跟私有继承的效果一样。如果把例 2.12 程序中的 private 改为 protected,则派生类由私有继承改为了保护继承,程序运行结果与例 2.12 完全一样。但是,如果从派生类再往下派生新的类时,保护继承和私有继承就有区别了。

例如：

(1) 类 B 以 protected 方式继承类 A,不管类 C 以何种方式继承类 B,那么类 C 的成员函数可以访问间接基类类 A 的 public 或 protected 成员。

(2) 类 B 以 private 方式继承类 A,不管类 C 以何种方式继承类 B,那么类 C 的成员函数都不能直接访问类 A 的所有成员。因为类 A 的成员已经变成类 B 的 private 成员,类 B 再派生类 C,类 B 的私有成员对于类 C 的成员自然是不可见的。

基类成员在不同继承方式时在派生类中的访问权限详见表 2.1。

表 2.1 基类成员在派生类中的访问权限

继承方式	基类成员属性	在派生类中的属性
公有继承 public	public	public
	protected	protected
	private	不可访问
私有继承 private	public	private
	protected	private
	private	不可访问
保护继承 protected	public	protected
	protected	protected
	private	不可访问

例 2.13 将例 2.11 的程序继承方式改为保护继承，再分析程序运行结果。

将例 2.11 程序第 18 行以后改为：

```
class B1:protected A
{
  public:
    int b1;
    B1(int cb1)
    {
        b1 = cb1;
    }
    void print2()
    {
      cout <<"a1 = "<< a1;
      cout <<",    a2 = "<< a2 << endl;
      //cout <<",    a3 = "<< a3; 无法访问类 A 的 private 成员
      cout <<"b1 = "<< b1 << endl;
    }
    void print3()
    {
      print1();
    }
};
int main( )
{
    B1 ob1(100 );
    ob1.print2();
    ob1.print3();
    return 0;
}
```

运行结果：

```
a1 = 1,    a2 = 2,    a3 = 3
b1 = 100
a1 = 1,    a2 = 2,    a3 = 3
```

思考一下，如果在主函数中添加两条语句 cout<<"ob1.a1 = "<<ob1.a1<<endl; ob1.print1();程序能正常运行吗？

不能，因为 B1 是 protected 方式继承类 A，派生类的对象 ob1 不能访问类 A 的所有成员，也不能直接访问基类的公有成员函数 print1()。

注意，基类成员在派生类中的访问权限是指在派生类内部（即派生类成员函数）对基类成员的访问权限，派生类的对象只能直接访问基类的公有成员，不能访问基类的其他类型成员。而在私有继承和保护继承时，派生类的对象不能直接访问基类的任何成员。

2.3.4 派生类的构造函数和析构函数

派生类把基类的大部分特征都继承下来了，但是有两个例外，这就是基类的构造函数和析构函数。因为基类的构造函数和析构函数负责基类对象的初始化以及清理工作，而派生类新增了一些成员，其对象的初始化以及清理工作必须由派生类自身的构造函数和析构函数来完成。

1. 派生类的构造函数

在设计派生类的构造函数时，不仅要考虑派生类所增加的数据成员初始化，还要考虑基类的数据成员初始化。这里所谓的“考虑基类的数据成员初始化”，不是说重新编写基类的构造函数，而是需要为它的基类的构造函数传递参数。

1）最简单的派生类的构造函数

如果一个派生类只有一个基类，也没有虚基类或其他类的内嵌对象时，是最简单的派生类，其构造函数格式为：

派生类构造函数名(总参数表列):基类构造函数名(参数表列)
{派生类中新增数据成员初始化语句; }

派生类构造函数，既要初始化派生类新增的成员，同时还要为它的基类的构造函数传递参数，而且是采用参数列表的方式进行数据成员初始化的。

派生类的构造函数和基类的构造函数究竟先执行哪一个？

C++规定，建立一个派生类的对象时，执行构造函数的顺序是：派生类构造函数先调用基类的构造函数，再执行派生类构造函数本身（派生类构造函数的函数体）。

例 2.14 分析下列程序运行结果，理解构造函数的使用方法。

```
#include <iostream>
using namespace std;
class A
{
  public:
    A(int i)
    {
      x = i;
      cout <<"基类 A 的构造函数被调用 "<< endl;
    }
    void display1()
    {
      cout <<"基类私有数据成员 x = "<< x << endl;
```

```
    }
  private:
    int x;
};
class B:public A
{
  public:
    B(int i,int j):A(i)
    //派生类B的构造函数要以参数列表方式为基类A传递参数,用于x的初始化
    {
      y=j;
      cout<<"派生类B的构造函数被调用 "<<endl;
    }
    void display2()
    {
      display1();
      cout<<"派生类私有数据成员 y="<<y<<endl;
    }
  private:
    int y;
};
void main()
{
  B b(1,2);                              //对象b必须要有两个参数
  b.display2();
}
```

程序运行结果为:

```
基类A的构造函数被调用
派生类B的构造函数被调用
基类私有数据成员 x=1
派生类私有数据成员 y=2
```

基类A和派生类B中分别包含一个数据成员,则派生类B的构造函数应该以参数列表方式给基类A传递参数,用来进行基类成员的初始化。

2) 派生类中包含内嵌对象

如果派生类中包含内嵌对象,则派生类除了要给基类数据成员传递参数,还进行内嵌对象的初始化,其构造函数格式为:

派生类构造函数名(总参数表列):基类构造函数名(基类参数表列),内嵌对象名(内嵌对象参数)
{派生类中新增数据成员初始化语句;}

有内嵌对象的派生类构造函数的执行顺序是:首先是基类的构造函数,然后是内嵌对象的构造函数,最后才执行派生类构造函数本身的函数体。

例 2.15 分析下列程序执行结果,熟悉含有内嵌对象的派生类构造函数的使用。

```
#include <iostream>
#include <string>
```

```
using namespace std;
class Student                              //声明基类
{
  public:                                  //公用部分
    Student(int n,string nam)              //基类构造函数
    {
      num = n;
      name = nam;
    }
    void display()                         //输出基类数据成员
    { cout <<"num:"<< num << endl <<"name:"<< name << endl;}
  protected:                               //保护部分
      int num;
      string name;
};
class Student1: public Student             //用 public 继承方式声明派生类 Student1
{
  public:
    Student1(int n, string nam, int n1, string nam1, int a, string ad):Student (n,nam),monitor
(n1,nam1)                                  //派生类构造函数
    {
      age = a;                             //在此处只对派生类新增的数据成员初始化
      addr = ad;
    }
    void show( )
    {
      cout <<"该学生是:"<< endl;
      display();                           //输出 num 和 name
      cout <<"age: "<< age << endl;
      cout <<"address: "<< addr << endl << endl;
      }
    void show_monitor()                    //输出子对象的数据成员
    {
      cout << endl <<"班长是:"<< endl;
      monitor.display();                   //调用基类成员函数
    }
  private:                                 //派生类的私有数据
    Student monitor;                       //定义子对象(班长)
    int age;
    string addr;
  };
int main( )
{
  Student1 stud1(10010,"Wang-li",10001,"Li-sun",19,"115 Beijing Road,Shanghai");
  stud1.show( );                           //输出第一个学生的数据
  stud1.show_monitor();                    //输出子对象的数据
  return 0;
}
```

程序运行时的输出结果如下。

```
该学生是:
num:10010
name:Wang-li
age:19
address: 115 BeringRoad,Shanghai

班长是:
num: 10001
name: Li-sun
```

在此例中,派生类 Student1 的构造函数的任务应该包括以下三个部分。

(1) 对基类数据成员初始化;

(2) 对子对象数据成员初始化;

(3) 对派生类数据成员初始化。

3) 多层派生的派生类的构造函数

当类 A 作为基类派生出类 B,类 B 又作为基类派生出类 C 时,就形成了所谓的"多层次派生"。在写类 C 的构造函数初始化列表时,只要列出类 B 及其构造函数所需要的参数,而不必列出类 A 及其参数。也就是说,每一个派生类仅负责给它的直接基类准备参数,而不必关心它的间接基类的参数如何赋值(后面介绍的虚基类的情况除外)。

总之,在包含派生类的程序中,各个类的构造函数要注意以下几点。

(1) 当不需要对派生类新增的成员进行任何初始化操作时,派生类构造函数的函数体可以为空。

(2) 如果在基类中没有定义构造函数,或定义了没有参数的构造函数,那么在派生类构造函数初始化列表中就不用列出基类名及其参数。

(3) 如果在基类和内嵌对象类型的声明中都没定义带有参数的构造函数,而且不需要对派生类自己的数据成员初始化,则可不必显式地定义派生类构造函数。

(4) 如果基类或内嵌对象类型的声明中定义了带参数的构造函数,就必须显式地定义派生类构造函数。

(5) 如果基类中既定义了无参的构造函数,又定义了有参的构造函数,在定义派生类构造函数时,可以不向基类构造函数传递参数。

2. 派生类的析构函数

析构函数的作用是在对象撤销之前,进行必要的清理工作。当对象被删除时,系统会自动调用析构函数。析构函数比构造函数简单,没有类型,也没有参数。

在派生时,派生类是不能继承基类的析构函数的,也需要通过派生类的析构函数去调用基类的析构函数。在派生类中可以根据需要定义自己的析构函数,用来对派生类中所增加的成员进行清理工作。基类的清理工作仍然由基类的析构函数负责。在执行派生类的析构函数时,系统会自动调用基类的析构函数和子对象的析构函数,对基类和子对象进行清理。

调用的顺序与构造函数正好相反:先执行派生类自己的析构函数,对派生类新增加的成员进行清理,然后调用子对象的析构函数,对子对象进行清理,最后调用基类的析构函数,对基类进行清理。

与构造函数类似，析构函数也不能被继承，需要在派生类中自行定义。派生类的析构函数的特点如下。

(1) 派生类的析构函数的定义方法与一般(无继承关系时)类的析构函数相同。

(2) 不需要显式地调用基类的析构函数，系统会自动隐式调用。

(3) 析构函数的调用次序与构造函数正好相反。

2.3.5 多继承

1. 定义

多继承是指派生类的直接父类多于一个，多继承的定义格式如下：

```
class 派生类名：继承方式 1  基类名 1,继承方式 2  基类名 2…
{   private:
      新增的私有数据成员和函数成员的描述;
    public:
      新增的公有数据成员和函数成员的描述;
    protected:
      新增的保护数据成员和函数成员的描述;
};
```

其中，各个基类的继承方式可以相同，也可以不同，多个基类间用逗号分隔。

在多继承时，派生类的构造函数格式如下：

```
<派生类名>(<总参数表>):<基类名 1>(<参数表 1>),<基类名 2>(<参数表 2>), …,<基类名 n>(<参数表 n>)
{
    <派生类构造函数体>
}
```

其中，<总参数表>中各个参数包含其后的各个分参数表。

如果派生类中包含子对象，则构造函数格式为：

```
<派生类名>(<总参数表>):<基类名 1>(<参数表 1>),<基类名 2>(<参数表 2>), …,<基类名 n>(<参数表 n>),<子对象名 1>(<参数表 1>),<子对象名 2>(<参数表 2>), …,<子对象名 n>(<参数表 n>)
{
    <派生类构造函数体>
}
```

例 2.16 分析下列程序执行结果，熟悉多重继承构造函数和析构函数的执行顺序。

```
#include <iostream>
using namespace std;
class B1
{
  public:
    B1(int i)
    {
      cout <<" B1 构造函数被调用 ";
      x = i;
      cout <<"x = "<< x << endl;
```

```
    }
    ~B1()
    {
      cout <<" B1 析构函数被调用"<< endl;
    }
  private:
    int x;
};
class B2
{
  public:
    B2(int j)
    {
      cout <<" B2 构造函数被调用";
      y = j;
      cout <<"y = "<< y << endl;
    }
    ~B2()
    {
      cout <<" B2 析构函数被调用"<< endl;
    }
  private:
    int y;
};
class B3
{
  public:
    B3()
    {
      cout <<" B3 构造函数被调用"<< endl;
    }
    ~B3()
    {
      cout <<" B3 析构函数被调用"<< endl;
    }
};
class C: public B1, public B2, public B3
{
  public:
    C(int a, int b, int c, int d):B1(a),ob1(b), ob2(c),B2(d)
    { }/ * 构造函数列表中给出所有参数值,B3 中没有要数据成员,其构造函数不带参数,可以不写 * /
  private:
    B1 ob1;                         //私有对象成员
    B2 ob2;                         //私有对象成员
    B3 ob3;                         //私有对象成员
};
int main()
{
    C obj(1,2,3,4);
    return 0;
}
```

派生类 C 进行实例化时，先调用其基类 B1、B2、B3 的构造函数，然后再调用 C 的对象成员 obj1、obj2、obj3 的构造函数，注意，这与派生类构造函数参数列表顺序可能不同。本例中，基类 B3 中没有数据成员，其构造函数不带参数，在派生类构造函数参数列表中没有写出来，同样地，B3 的对象 obj3 也不用初始化，可以不写。析构函数执行次序与构造函数相反。

程序运行结果为：

```
B1 构造函数被调用 x = 1
B2 构造函数被调用 y = 4
B3 构造函数被调用
B1 构造函数被调用 x = 2
B2 构造函数被调用 y = 3
B3 构造函数被调用
B3 析构函数被调用
B2 析构函数被调用
B1 析构函数被调用
B3 析构函数被调用
B2 析构函数被调用
B1 析构函数被调用
```

2. 多继承和多层次继承的二义性问题

在多继承情况下，如果在派生类中使用的某个成员名在多个基类中出现，而在派生类中没有重新定义，这时候使用该成员名就会产生二义性问题。例如，类 B1 和 B2 都有一个公有数据成员 int a，类 C 公有继承了类 B1、B2，在类 C 中没有重新定义成员 a，则在类 C 中访问 a 时，如果不加以说明，系统将无法确定要访问的是 B1 的成员还是 B2 的成员。

在多层次继承时，如果某个派生类的部分或全部成员的直接基类是从另一个共同的基类派生而来，在这些直接基类中，从上一级基类继承来的成员就拥有相同的名称，因此派生类中也就会产生同名现象，对这种类型的同名成员也要使用作用域运算符来唯一标识，而且必须用直接基类进行限定。

例如，基类 A 有一公有成员 int a，类 A 公有派生了类 B1 和 B2，类 B1 和 B2 共同派生了类 C，类 B1 和 B2 是类 C 的直接基类，类 A 是类 C 的间接基类，则类 C 会从类 B1 和 B2 继承两份成员 a。

例 2.17 分析下列程序运行结果，理解多重继承中的二义性。

```
#include <iostream>
using namespace std;
class A
{
  public:
    int a;
    void fun()
    {
      cout <<"member of A "<< a << endl;
    }
};
```

```
class B1:public A
{
  public:
    int b1;
};

class B2:public A
{
  public:
    int b2;
};

class C:public B1, public B2
{
  public:
    int c;
    void fun()
    {
      cout <<"member of C"<< endl;
    }
};
int main()
{
    C objc1;
    objc1.fun();
    objc1.B1::a = 2;
    objc1.B1::fun();
    objc1.B2::a = 3;
    objc1.B2::fun();
    return 0;
}
```

输出结果为：

```
member of C
member of A 2
member of A 3
```

在该例中，类 C 中定义了与类 A 同名的函数 fun()，如果不加声明，objc1.fun()调用的是类 C 的成员函数，而不是继承的类 A 的函数。

派生类 C 的对象 objc1 在内存中同时拥有类 A 的成员 a 及成员函数 fun()的两份副本。分别是从类 B1、B2 继承的，而 B1、B2 中的成员 a 及 fun()是从它们的共同基类 A 继承的。派生类 C 的对象虽然可以通过使用基类名和作用域运算符避免二义性，但是在 C 中，只需要一份间接基类 A 的成员 a 及 fun()就足够了，同一成员的多份副本增加了内存的开销。为避免这种情况，可以采用虚基类。

3. 虚基类

在声明派生类时，如果在继承方式前面添加关键字 virtual，该基类就称为虚基类。派生类的继承也称为虚继承。

声明虚基类的一般形式为：

```
class 派生类名: virtual 继承方式  基类名
{…};
```

例如，在例 2.17 中，如果由类 A 派生类 B1 和 B2 时采用虚继承，则语句应改为：

```
class B1:virtual public A {…};
class B2:virtual public A {…};
```

类 C 继承 B1、B2 不必再采用虚继承，即：class C：public B1，public B2 {…}；这样，就能保证类 C 只继承类 A 一次，避免了二义性。例 2.17 的主函数中派生类对象 objc1 对成员 a 的使用可以直接写成 objc1.a，不必再用 objc1.B1::a、objc1.B2::a，但要注意的是，因为类 C 中有同名函数的存在，对虚基类的函数 fun()的调用格式还要保持原来的形式，即：objc1.B1::fun()或 objc1.B2::fun()。

在多层次继承的程序中，如果包含虚基类，对虚基类的初始化不是在其直接派生类中进行，而是在其间接派生类中进行的。虚基类的初始化与一般多继承的初始化语法格式是一样的，但派生类构造函数调用次序是不同的，首先调用的是虚基类的构造函数，然后是非虚基类的构造函数。最后是派生类的构造函数。在例 2.17 中，如果采用了虚基类后，在类 C 的对象 objc1 构建时，构造函数调用次序为 A()、B1()、B2()、C()。析构函数调用次序与构造函数的次序相反。

如果在同一层次中包含多个虚基类，则按照它们的说明次序调用构造函数。例如，

```
class C:public B1,public B2,virtual public B3, virtual public B4{…};
```

其构造函数执行顺序为 B3()，B4()，B1()，B2()，C()。

例 2.18 类 Person 作为类 Teacher 和类 Student 的公共基类，类 Person 包含人员的一些基本数据，如姓名、性别、年龄（name，sex，age），在类 Teacher 中增加数据成员职称（title），在类 Student 中增加数据成员成绩（score），由类 Teacher 和类 Student 共同派生类 Graduate，分析下列程序的执行结果，理解虚基类的使用方法。

```
#include <iostream>
#include <string>
using namespace std;
class Person
{
  public:
    Person(string nam,string s,int a)      //构造函数
    {
      name = nam;
      sex = s;
      age = a;
    }
  protected:                               //保护成员
    string name;
    string sex;
```

```
    int age;
};
class Teacher:virtual public Person           //声明 Person 为公有继承的虚基类
{
  public:
    Teacher(string nam,string s,int a, string t):Person(nam,s,a)     //构造函数
    {
      title = t;
    }
  protected:                                  //保护成员
    string title;                             //职称
};
class Student:virtual public Person           //声明 Person 为公有继承的虚基类
{
  public:
    Student(string nam,string s,int a,float sco):Person(nam,s,a),score(sco){ }    //初始化表
  protected:                                  //保护成员
    float score;                              //成绩
};
//声明多重继承的派生类 Graduate
class Graduate:public Teacher,public Student  //Teacher 和 Student 为直接基类
{
  public:
    Graduate(string nam,string s,int a, string t,float sco,float w):Person(nam,s,a),
    Teacher(nam,s,a,t),Student(nam,s,a,sco),wage(w){}                            //初始化表
    void show( )                              //输出研究生的有关数据
    {
      cout <<"name:"<< name << endl;
      cout <<"age:"<< age << endl;
      cout <<"sex:"<< sex << endl;
      cout <<"score:"<< score << endl;
      cout <<"title:"<< title << endl;
      cout <<"wages:"<< wage << endl;
    }
  private:
    float wage;                               //工资
};
int main()
{
    Graduate grad1("张三","男",24,"助教",90,2200.5);
    grad1.show( );
    return 0;
}
```

程序运行结果为：

```
name:张三
age: 24
sex:男
score: 90
title:助教
wages:2200.5
```

在本例中,既包含多重继承也包含多继承,作为虚基类的类 Person,其初始化是在其间接派生类 Graduate 中进行的。Person 的两个直接派生类构造函数为:

```
Teacher(string nam,string s,int a, string t):Person(nam,s,a) { title=t; }
Student(string nam,string s,int a,float sco):Person(nam,s,a),score(sco){ }
```

Person 的间接派生类 Graduate 的构造函数为:

```
Graduate(string nam,string s,int a, string t,float sco,float w):Person(nam,s,a), Teacher(nam,
s,a,t),Student(nam,s,a,sco),wage(w){}
```

初始化参数表中既包含其直接基类 Teacher 和 Student 的初始化项,也包括间接基类 Person 的初始化项。程序执行时,先对虚基类 Person 初始化,然后对类 Teacher 和类 Student 进行初始化,虽然这两个类是虚基类 Person 的直接派生类,它们的参数表中都包含公共基类 Person 的参数项,但不会再对类 Person 进行初始化,这样就会避免虚基类的重复初始化。

总之,在类的多重继承和多继承时,为解决二义性问题,可以采用以下三种方法。

(1) 通过类名和作用域运算符(::)明确指出访问的是哪一个基类中的成员。

(2) 在派生类中定义同名成员,进行同名覆盖。

(3) 采用虚基类。

2.4 多 态 性

2.4.1 多态性的概念

多态性与封装、继承并称为面向对象编程领域的核心概念。封装可以使得代码模块化,继承可以扩展已存在的代码,是为了代码重用,而多态的目的则是为了接口重用。C++的多态性简单地概括为用同一个接口实现多种功能。利用多态性,用户发送一般形式的消息后,接收到消息的对象可做出不同的动作,即有不同的反应。C++的多态性分为静态多态性和动态多态性两种(也就是静态绑定和动态绑定两种现象)。静态多态发生在编译期,可通过一般的函数重载和运算符重载来实现。函数重载允许有多个同名的函数,而这些函数的参数列表不同,允许参数个数不同,参数类型不同,或者两者都不同。编译器会根据这些函数的不同列表,将同名的函数的名称做修饰,从而生成一些不同名称的预处理函数,来实现同名函数调用时的重载问题。

动态多态性发生在程序运行期,是动态绑定。动态多态则是通过继承、虚函数(virtual)、指针来实现的。程序在运行时才决定调用的函数,通过父类指针调用子类的函数,可以让父类指针有多种形态。

2.4.2 运算符重载

在 C++中,可以通过重新定义运算符,使同一运算符实现多种功能,达到重载的目的。例如,《和》本来是在 C++中被定义为左、右位移运算符的,由于在 iostream 头文件中对它们进行了重载,所以它们能用作标准数据类型数据的输入和输出运算符。因此,在使用它们的程序中必须包含＃include ＜iostream＞。

在 VC++中，程序对用某个运算符进行的相应运算，是通过函数调用实现的，例如，对于语句 c＝a＋b，VC 编译器将其解释为 c＝＋(a，b)。即“＋”为函数名，a、b 为两个实参。C++中预定义的运算符的操作对象只能是基本数据类型。但实际上，对于许多用户自定义类型(例如类)，也需要类似的运算操作，如将两个分数相加、将时间相加或者将两个复数相加。例如，算术运算符“＋、－、＊、/”用于基本数据类型运算，由于复数不是基本数据类型，无法直接进行运算，在 C++中，允许重新定义这些运算符的功能，使其能够进行复数的运算。

1. 运算符重载

在 VC++中，运算符重载是通过创建运算符函数实现的，运算符函数定义了重载的运算符所要进行的操作。运算符函数定义的一般格式如下：

```
<返回类型说明符> operator <运算符符号>(<参数表>)
{
    <函数体>
}
```

运算符函数的定义与其他函数的定义类似，主要区别是运算符函数的函数名是由关键字 operator 和其后要重载的运算符符号构成的。

进行运算符重载需要注意以下几点。

(1) 除了以下 5 种运算符外，C++中的其他运算符都可以重载，这 5 种运算符为：类属关系运算符“.”、成员指针运算符“.＊”、作用域运算符“::”、sizeof 运算符和条件运算符“?:”。另外，重载的运算符只能是 C++语言中已有的运算符，不能创建新的运算符。

(2) 重载之后的运算符不能改变运算符的优先级和结合性，也不能改变运算符操作数的个数及语法结构。

(3) 运算符重载不能改变该运算符用于内部类型对象的含义。它只能和用户自定义类型的对象一起使用，或者用于用户自定义类型的对象和内部类型的对象混合使用时。

(4) 运算符重载是针对新类型数据的实际需要对原有运算符进行的适当改造，重载的功能应当与原有功能相类似，避免没有目的地使用重载运算符。

(5) 运算符重载实质上是函数重载，因此编译程序对运算符重载的选择，遵循函数重载的选择原则，重载运算符的函数不能有默认的参数。

(6) 用户自定义类的运算符一般都必须重载后方可使用，但有两个例外，运算符“＝”和“&”不必用户重载。

2. 运算符重载的形式

运算符重载实质上就是函数重载，既可以将运算符函数作为普通函数，也可以作为类的成员函数或友元函数。

例 2.19 复数类 complex 包含两个私有成员，real 表示实部，imag 表示虚部，编程实现两个复数的加法运算，要求将运算符重载为普通函数。

```
#include < iostream >
using namespace std;
class Complex                                    //复数类
{
```

```
    public:
      double real;                              //实数
      double imag;                              //虚数
      Complex(double real = 0,double imag = 0)
      {
        this -> real = real;
        this -> imag = imag;
      }
      void display()
      {
        cout <<"("<< real <<","<< imag <<"i)"<< endl;
      }
};
Complex operator + (Complex com1,Complex com2)  //运算符重载函数
{
  Complex c;
  c.real = com1.real + com2.real;
  c.imag = com1.imag + com2.imag;
  return c;
}
int main()
{
  Complex c1(1,2),c2(3, - 4),sum;
  sum = c1 + c2;                              //或 sum = operator + (c1,c2)
  cout <<"c1 = ";
  c1.display();
  cout <<"c2 = ";
  c2.display();
  cout <<"c3 = c1 + c2 = ";
  sum.display();
  return 0;
}
```

运行结果为：

```
c1 = 3 + 4i
c2 = 5 - 10i
c3 = c1 + c2 = 8 - 6i
```

在这个类的定义中，real、imag 被定义为公有成员，所以在类外的运算符重载函数中 Complex operator+(Complex com1,Complex com2)可以正常访问，但一般类的数据成员都为私有或保护成员，则在类外无法直接访问，如果要访问类的私有和保护成员时，必须设置类的公有函数，来进行数据的存取，而调用这些函数时会降低性能，所以，运算符函数重载时一般不推荐使用普通函数，运算符重载主要是作为成员函数和友元函数两种形式。

1）重载为成员函数

运算符重载为类的成员函数的一般格式为：

```
<函数类型> operator <运算符>(<参数表>)
    {
```

<函数体>
}

调用成员函数运算符的格式如下：

<对象名>.operator <运算符>(<参数>)

它等价于

<对象名><运算符><参数>

例如，a＋b 等价于 a. operator ＋(b)。

例 2.20 改写例 2.19 的程序，要求将运算符函数重载为类的成员函数。

如果在例 2.19 的程序中，将类 Complex 的数据成员改为私有的，再增加一条声明语句：Complex operator＋(Complex com1,Complex com2);，将运算符函数声明为类的成员函数，如果直接编译程序，则编译程序就会出错，显示错误信息为：error C2804:二进制"operator ＋"的参数太多，因为，类的成员函数有一个隐含参数 this 指针，所以要将运算符函数参数减少一个，程序如下。

```
#include <iostream>
using namespace std;
class Complex                                   //复数类
{
  public:
    Complex(double real = 0,double imag = 0)
    {
      this -> real = real;
      this -> imag = imag;
    }
    Complex operator + (Complex com2);          //声明运算符" + "函数
    void display()
    {
      cout <<"("<< real <<","<< imag <<"i)"<< endl;
    }
  private:
    double real;                                //实数
    double imag;                                //虚数
};
Complex Complex::operator + (Complex com2)      //运算符重载函数定义
{
  Complex c;
  c.real = this -> real + com2.real;            //等价于 c.real = real + com2.real;
  c.imag = this -> imag + com2.imag;            //等价于 c.imag = imag + com2.imag;
  return c;
}
int main()
{
  Complex c1(1,2),c2(3, - 4),c3;
  c3 = c1 + c2;                                 //两个对象直接进行加运算编译时为 c1.operate + (c2)
  cout <<"c1 = ";
```

```
    c1.display();
    cout <<"c2 = ";
    c2.display();
    cout <<"c3 = c1 + c2 = ";
    c3.display();
    return 0;
}
```

运算符函数定义时，函数体内的语句 c. real＝this -> real＋com2. real 中的 this 就是函数的隐含参数，代替的是第一个操作数，该语句与 c. real＝ real＋com2. real 等价。

运算结果为：

```
c1 = (1, 2i)
c2 = (3, -4i)
c3 = c1 + c2 = (4, - 2i)
```

一般地，以对象为函数参数时，通常将参数改为对象引用。该例中，参数值是固定的，在函数体中没有进行修改，所以，函数参数可以用常对象或常对象引用，即运算符函数可以改为：

```
Complex Complex::operator + ( const Complex &com2)  //运算符重载函数定义
{
    Complex c;
    c.real = this -> real + com2.real;           //等价于 c.real =  real + com2.real;
    c.imag = this -> imag + com2.imag;           //等价于 c.imag =  imag + com2.imag;
    return c;
}
```

C++编译系统将程序中的表达式 c1＋c2 解释为：c1. operator ＋(c2)，即以 c2 为实参调用对象 c1 的运算符重载函数 operator ＋(Complex &c2)。实际上，运算符重载函数有两个参数，由于重载函数是 Complex 类中的成员函数，有一个参数是隐含的，运算符函数是用 this 指针隐式地访问类对象的成员，如 this -> real＋c2. real，this 代表 c1，即实际上是 c1. real＋c2. real。

在本例中，当运算符＋重载为类的成员函数时，函数的参数个数比原来的操作数少了一个，Complex operator ＋ (Complex &c2)，但还是可以正常进行两个复数的加运算，这是因为成员函数用 this 指针隐式地访问了类的一个对象，它充当了运算符函数最左边的操作数，c1. operate＋(c2)相当于. operate＋(&c1，c2)。因此，当运算符函数重载为类的成员函数时，最左边的操作数必须是运算符类的一个类对象(或者是对该类对象的引用)。也就是说第一个参数和运算符重载函数的类型相同。

一般运算符重载为类的成员函数时，需注意以下几点。

(1) 双目运算符重载为类的成员函数时，函数只显式说明一个参数，该形参是运算符的右操作数。

(2) 前置单目运算符重载为类的成员函数时，不需要显式说明参数，即函数没有形参。

(3) 后置单目运算符重载为类的成员函数时，函数要带有一个整型形参。

2）重载为友元函数

运算符重载为类的友元函数的一般格式为：

```
friend <函数类型> operator <运算符>(<参数表>)
  {
    <函数体>
  }
```

当运算符重载为类的友元函数时，由于没有隐含的 this 指针，因此操作数的个数没有变化，所有的操作数都必须通过函数的形参进行传递，函数的参数与操作数自左至右一一对应。

调用友元函数运算符的格式如下：

```
operator <运算符>(<参数 1 >,<参数 2 >)
```

它等价于

```
<参数 1 ><运算符><参数 2 >
```

例如，a＋b 等价于 operator ＋(a,b)。

例 2.21 将例 2.19 的程序中运算符函数重载为类的友元函数。

当运算符函数重载为类的友元函数时，由于友元函数没有 this 指针，函数参数必须是两个，函数原型为 Complex operator＋(Complex &c1, Complex &c2)。

程序如下。

```
#include <iostream>
using namespace std;
class Complex
{
  public:
    Complex(double r = 0.0,double i = 0.0)
    {   real = r;
        imag = i;
    }
    //声明友元函数
    friend Complex operator + (const Complex &com1, const Complex &com2);
    void display();
  private:
    double real;
    double imag;
};
Complex operator + (const Complex &com1, const Complex &com2)  // 运算符函数定义
{
  Complex c;
  c.real = com1.real + com2.real;
  c.imag = com1.imag + com2.imag;
  return c;
}
void Complex::display()
{   cout <<"("<< real <<","<< imag <<"i)"<< endl;}
```

```
int main()
{
    Complex c1(1,1),c2(3,-4),c3;
    c3 = c1 + c2;
    cout <<"c1 = ";
    c1.display();
    cout <<"c2 = ";
    c2.display();
    cout <<"c1 + c2 = ";
    c3.display();
    return 0;
}
```

3）重载为成员函数和友元函数的区别

在多数情况下，将运算符重载为类的成员函数和类的友元函数都是可以的。成员函数的形式比较简单，就是在类里面定义了一个与操作符相关的函数。友元函数因为没有 this 指针，所以形参会多一个。但成员函数运算符与友元函数运算符也具有各自的一些特点，通常，要注意以下几点。

（1）一般情况下，单目运算符最好重载为类的成员函数，双目运算符则最好重载为类的友元函数。

（2）=、()、[]、-> 4 个双目运算符和类型转换函数只能重载为类的成员函数。将这些操作符定义为非成员函数将在编译时标记为错误。

（3）<<、>>操作符一般重载为类的友元函数。

（4）当一个运算符的操作需要修改对象的状态时，重载为成员函数。

（5）若运算符函数所需参数(尤其是第一个参数)希望有隐式类型转换，则只能选用友元函数。

（6）当运算符函数是一个成员函数时，第一个参数必须是运算符类的一个类对象(或者是对该类对象的引用)。如果第一个参数是另一个类的对象，或者是一个内部类型的对象，该运算符函数必须作为友元函数。

3. 其他运算符的重载

1）赋值运算符重载

赋值运算符的重载只能是成员函数，这个函数的返回类型是左操作数的引用，也就是 *this，并且这个函数的参数是一个同类型的常引用变量。例如：

```
A& operator = (const A& );
```

因为赋值运算符必须是类的成员函数，所以 this 绑定到左操作数的指针。因此，赋值操作符只接受一个形参，且该形参是同一类型的对象，右操作数一般作为 const 引用，与拷贝构造函数相同。

赋值操作符的返回类型应该与内置类型赋值运算的返回类型相同，内置类型的赋值运算返回对左操作数的引用，因此赋值操作符也返回对同一类类型的引用。

例 2.22 分析程序运行结果，熟悉赋值运算符重载。

```
#include <iostream>
```

```
using namespace std;
class A
{
  public:
    A(int i = 0, int j = 0)
    {
      a1 = i;
      a2 = j;
    }
    A &operator = (A &p);                    //声明 = 运算符重载为成员函数
    void print()
    {
      cout <<"a1 = "<< a1 << endl;
      cout <<"a2 = "<< a2 << endl;
    }
  private:
    int a1,a2;
};
A & A::operator = (A &p)                     // 运算符函数定义
{
    a1 = p.a1;                               //等价于 this -> a1 = p.a1
    a2 = p.a2;                               // 等价于 this -> a2 = p.a2
    return *this;
}
int main()
{
    A obj1(1,2),obj2;
    obj2 = obj1;        //调用赋值运算符重载函数给对象 obj2 赋值,即: obj2.operator = (obj1)
    obj2.print();
    int x;
    x = 5;                                   //这里的 = 是一般赋值运算符
    cout <<"x = "<< x << endl;
    return 0;
}
```

运行结果为：

```
a1 = 1
a2 = 2
x = 5
```

另外，算术赋值运算符(+=、-=、*=、/=、%=、&=、|=、^=、<<=、>>=)重载时既可以是成员函数也可以是友元函数。重载为成员函数时，函数参数和返回值类型与赋值运算符重载相同，例如：A& operator +=(const A&)、A& operator -=(const A&)和A& operator *=(const A&)等。

2）自增自减运算符重载

自增(++)和自减(--)运算符根据位置的不同有四种情况，如果是整型变量 i，可以有 i++、++i、i--、--i 四种情况，如果想应用于类类型，也有类似的四种情况，都可以重载。由于自增和自减函数修改了操作数，所以最好是成员函数重载的方式。例如，类名为A，前置运算符重载格式为：A& operator ++()；A& operator-- ()；，因为前置时的对象是运算符的左值，函数返回值应该是一个引用而不是对象。

为了与前置运算符相区别，C++规定后置形式有一个 int 类型参数，使用 A operator++(int)或 A operator--(int)来重载后置运算符，参数 int 没有实际意义，调用时，被赋值为 0。

例 2.23 分析程序运行结果，熟悉自增、自减运算符重载。

```
#include <iostream>
using namespace std;
class PMOne
{
  private:
    int x;
  public:
    PMOne(int a = 0){x = a;}                    //构造函数
    PMOne operator++();                         //前置++运算符重载声明
    PMOne operator++(int);                      //后置++运算符重载声明
    PMOne operator--();                         //前置--运算符重载声明
    PMOne operator--(int);                      //后置--运算符重载声明
    int getval()
    {
      return this->x;
    }
};
PMOne PMOne::operator++()                       //前置++运算符重载定义
{
  this->x += 1;
  cout << this->x << endl;
  return *this;
}
PMOne PMOne::operator++(int)                    //后置++运算符重载定义
{
  PMOne tmp(*this);
  this->x += 1;
  cout << this->x << endl;
  return tmp;
}
PMOne PMOne::operator--()                       //前置--运算符重载定义
{
  this->x -= 1;
  cout << this->x << endl;
  return *this;
}
PMOne PMOne::operator--(int)                    //后置--运算符重载定义
{
  PMOne tmp(*this);
  this->x -= 1;
  cout << this->x << endl;
```

```
    return tmp;
  }
  int main()
  {
    PMOne a(5);
    PMOne b1,b2,b3,b4;
    b1 = ++a;
    b2 = a++;
    b3 = --a;
    b4 = a--;
    cout <<"b1.x = "<< b1. getval()<< endl;
    cout <<"b2.x = "<< b2.getval()<< endl;
    cout <<"b3.x = "<< b3.getval()<< endl;
    cout <<"b4.x = "<< b4.getval()<< endl;
    return 0;
  }
```

程序运算结果为：

```
6
7
6
5
b1.x = 6
b2.x = 6
b3.x = 6
b4.x = 6
```

3）插入符和提取符重载

插入符和提取符<<和>>只能重载为友元函数，一般形式为：

```
friend inline ostream &operator << (ostream&,自定义类名 &);  //输出流
friend inline istream &operator >> (istream&,自定义类名 &);  //输入流
```

例如：

```
ostream & operator <<(ostream &output, Complex &c)
{
    output <<"("<< c.real <<" + "<< c.imag <<"i)"<< endl;
    return output;
}
```

如果有以下输出语句：

```
cout << c3 << c2;
```

先处理 cout<<c3，即(cout<<c3)<<c2，而 cout<<c3 其实是 operator <<(cout, c3)，返回的是流提取对象 cout，所以 cout 再和后面的 c2 结合，输出 c2 的内容。可见为什么 C++ 规定“流提取运算符重载函数的第一个参数和函数的类型都必须是 ostream 类型的引用”了，就是为了返回 cout，以便连续输出。

4）关系运算符重载

关系运算符有==、! =、<、>、<=和>=。其返回值为布尔型数据，可以重载为成员函数，例如：

```
bool operator == (const A& )、bool operator != (const A& )
```

也可以重载为友元函数，例如：

```
bool operator == (const A&, const A& )、bool operator != (const A&, const A& )
```

例 2.24 定义一个日期类 date，类 date 中包含三个私有成员 mm、dd、yy，分别表示月、日、年，从键盘输入两个日期，编写程序，运用函数重载比较两个日期的大小。

```
#include <iostream>
using namespace std;
class date
{
public:
    friend bool operator >(const date&,const date&);
    friend bool operator <(const date&,const date&);
    friend bool operator == (const date&,const date&);
    friend ostream& operator <<(ostream&,date&);
    friend istream& operator >>(istream&,date&);
private:
    int mm,dd,yy;
};
bool operator >(const date& d1,const date& d2)
{
    if(d1.yy == d2.yy)
    {
        if(d1.mm == d2.mm)
        {
            if( d1.dd > d2.dd)
                return true;
            else
                return false;
        }
        else
            {if (d1.mm > d2.mm)
                return true;
            else
                return false;
            }
    }
    else
        {if ( d1.yy > d2.yy)
            return true;
        else
         return false;
        }
}
```

```
bool operator<(const date& d1,const date& d2)
{
    if(d1.yy == d2.yy)
    {
        if(d1.mm == d2.mm)
        {
            return d1.dd < d2.dd;
        }
        return d1.mm < d2.mm;
    }
    return d1.yy < d2.yy;
}
bool operator == (const date& d1,const date& d2)
{
    return(d1.yy == d2.yy && d1.mm == d2.mm && d1.dd == d2.dd);
}
ostream& operator <<(ostream& output,date& d)
{
    output << d.mm <<"/"<< d.dd <<"/"<< d.yy;
    return output;
}
istream& operator >>(istream& input,date& d)
{
    input >> d.mm >> d.dd >> d.yy;
    return input;
}
int main()
{
    date d1,d2;
    cout <<"请输入日期 d1: (m-d-y);";
    cin >> d1;
    cout <<"请输入日期 d2: (m-d-y);";
    cin >> d2;
    if(d1 > d2)
        cout << d1 <<" > "<< d2 << endl;
    if(d1 < d2)
        cout << d1 <<" < "<< d2 << endl;
    if(d1 == d2)
        cout << d2 <<"  =  "<< d2 << endl;
    return 0;
}
```

思考一下,程序中对＞、＜两个运算重载函数的实现采用了不同的方法,很明显地看出＜运算符重载函数更简洁,分析二者的不同之处。

2.4.3 虚函数与纯虚函数

1. 虚函数

在类的继承关系中,为了实现多态特性,需要在基类中定义虚函数,它允许函数调用与函数体之间的联系在运行时才建立,即在运行时才决定如何动作。虚函数声明的格式为:

```
virtual 返回类型 函数名(形参表)
{
    函数体
}
```


虚函数允许子类重新定义成员函数，但要实现多态还有个关键之处就是要用指向基类的指针或引用来操作对象，即将派生类对象赋值给基类指针。

这是因为系统可以进行不同数据类型的自动转换，例如，如果把整型数据赋值给双精度类型的变量，在赋值之前，系统先把整型数据转换为双精度，再把它赋值给双精度类型的变量。这种不同类型数据之间的自动转换和赋值，称为赋值兼容。同样地，在基类和派生类之间也存在着赋值兼容关系，它是指可以将公有派生类对象赋值给基类对象，但要注意的是，只有公有继承的派生类才可以和基类赋值兼容。因为在公有继承时，派生类保留了基类的所有成员（构造函数和析构函数除外），派生类按照原样保留了基类的公有或保护成员，在派生类外可以调用基类的公有函数来访问基类的私有成员。因此派生类可以实现基类的所有功能。基类和派生类的赋值兼容具体包括以下几种情况。

(1) 派生类对象直接向基类赋值，例如 A 为基类，B 为 A 的公有派生类，a 为基类对象、b 为派生类对象，b 可以给 a 赋值，即 a=b，赋值后，基类数据成员和派生类中数据成员的值相同。

(2) 派生类对象可以初始化基类对象引用，即 A &ra=b。

(3) 派生类对象的地址可以赋给基类对象的指针，即 A *p; p=&b;。

(4) 函数形参是基类对象或基类对象的引用，在调用函数时，可以用派生类的对象作为实参。例如，对函数 int fun(A &)来说，调用时参数可以是 b，即 fun(b)。

例 2.25 分析下列程序结果，理解赋值兼容和虚函数的概念。

```
#include <iostream>
using namespace std;
class A
{
  public:
    void print1()
    {   cout <<"This is A-1"<< endl;}
    virtual void print2()
    {   cout <<"This is A-2"<< endl;}
};
class B:public A
{
  public:
    void print1()
    { cout <<"This is B-1"<< endl;}
    virtual void print2()
    { cout <<"This is B-2"<< endl;}
};
int main()
{
  A a;
  B b;
```

```
    A * p1 = &a;                    //指向基类的指针 p1 被赋值为基类对象 a 的地址
    A * p2 = &b;                    //指向基类的指针 p2 被赋值为派生类对象 b 的地址,赋值兼容
    p1 -> print1();
    p2 -> print1();
    p1 -> print2();
    p2 -> print2();                 //必须用基类指针调用 print2()才能实现多态
}
```

程序运行结果为:

```
This is A-1
This is A-1
This is A-2
This is B-2
```

从程序运行结果可以看出,p1、p2 都是指向基类 A 的指针,p1 指向基类对象 a,p2 指向派生类对象 b,print1()不是虚函数,p1 -> print1()、p2 -> print1()都调用的是基类的成员函数,其实,作为指向派生类对象的指针 p2,p2 -> print1()调用的是从基类继承的成员函数,而不是派生类中定义的同名成员函数。print2()被声明为虚函数,p1 -> print2()调用的是基类的成员函数,p2 -> print2()调用的是派生类的成员函数。这就是虚函数的实现的多态性。在执行过程中,该函数可以不断改变它所指向的对象,调用不同版本的成员函数,而且这些动作都是在运行时动态实现的。一般地,经常定义一个动态指针,将例 2.25 中的主函数部分改为:

```
int main()
{ …
    A * p2 = new B;
    p2 -> print1();
    p2 -> print2();
    delete p2;
}
```

使用虚函数要注意以下几点。

(1) 在基类中的某成员函数被声明为虚函数后,在之后的派生类中可以重新来定义它。但定义时,其函数原型,包括返回类型、函数名、参数个数、参数类型的顺序,都必须和基类中的原型完全相同。

(2) 必须通过基类指针指向派生类,才能通过虚函数实现运行时的多态性。

(3) 虚函数具有继承性,只要在基类中显式声明了虚函数,在派生类中函数名前的 virtual 可以略去,因为系统会根据其是否和基类中虚函数原型完全相同来判断是不是虚函数。一个虚函数无论被公有继承了多少次,它仍然是虚函数。

(4) 使用虚函数,派生类必须是基类公有派生的。

(5) 虚函数必须是所在类的成员函数,而不能是友元函数,也不能是静态成员函数。因为虚函数调用要靠特定的对象类决定应该激活哪一个函数。

(6) 构造函数不能是虚函数,但析构函数可以是虚函数。

例 2.26 利用虚函数进行矩形、圆形和三角形面积的计算,分析下列程序,了解虚函数

的使用。

```
#include <iostream>
#include <string>
using namespace std;
class Graph
{
    protected:
    double x;
    double y;
    public:
    Graph(double x,double y);
    virtual void showArea();
};
Graph::Graph(double x,double y)
{
    this->x=x;
    this->y=y;
}
void Graph::showArea()
{
    cout<<"计算图形面积"<<endl;
}
class Rectangle:public Graph
{
    public:
      Rectangle(double x,double y):Graph(x,y){};
      void showArea();
};
void Rectangle::showArea()
{
    cout<<"矩形面积为: "<<x*y<<endl;
}
class Triangle:public Graph
{
    public:
      Triangle(double d,double h):Graph(d,h){};
      void showArea();
};
void Triangle::showArea()
{
    cout<<"三角形面积为: "<<x*y*0.5<<endl;
}
class Circle:public Graph
{
    public:
      Circle(double r):Graph(r,r){};
      void showArea();
};
void Circle::showArea()
{
```

```
    cout <<"圆形面积为: "<< 3.14 * x * y << endl;
}
int main()
{
    Graph * gp;
    Rectangle rectangle(8,5);
    gp = &rectangle;                //基类指针 gp 指向派生类对象 rectangle
    gp -> showArea();
    Triangle triangle(6);
    gp = &triangle;                 //基类指针 gp 指向派生类对象 triangle
    gp -> showArea();
    Circle circle(2);
    gp = &circle;                   // 基类指针 gp 指向派生类对象 circle
    gp -> showArea();
    return 0;
}
```

运行结果为：

```
矩形面积为: 40
三角形面积为: 24
圆形面积为: 12.56
```

2. 纯虚函数与抽象类

如果在基类中定义虚函数时，只有函数名，没有函数体，则该虚函数称为纯虚函数。纯虚函数定义方法如下：

```
virtual  返回类型  函数名(形参表) = 0;
```

要注意的是，这里的"＝0"并不是函数的返回值等于零，它只是起到形式上的作用，告诉编译系统该函数是纯虚函数。纯虚函数不具备函数功能，不能被调用。

含有纯虚函数的类被称为抽象类。抽象类是一种特殊的类，它不能实例化，即不能定义对象，但可以声明指针，该类的派生类负责给出这个虚函数的定义。抽象类的主要作用就是描述一组相关子类的通用操作接口，而具体实现是在派生类中来完成的。

例如，如果要将例 2.27 的基类修改为抽象类，需要将基类的 showArea()实现部分删除，将声明改为 virtual void showArea()＝0，则基类 Graph 就成为抽象类，基类的 showArea()就是纯虚函数，再次运行程序时，结果不变。Graph 变成抽象类后，不能再进行实例化对象操作，即 Graph g 就是错误的，但可以定义指针，即 Graph *gp 还是允许的。

在继承关系中，抽象类只能作为基类来使用，其纯虚函数的实现由派生类给出。如果派生类没有重新定义纯虚函数，只是继承基类的纯虚函数，则这个派生类仍然是一个抽象类。如果派生类中给出了基类纯虚函数的实现，则该派生类就不再是抽象类了，它就可以创建该类的实例了。

不能从普通类(非抽象类)中派生出抽象类。

在很多情况下，基类本身生成对象是不合情理的。例如，动物作为一个基类可以派生出老虎、孔雀等子类，但动物本身生成对象明显不合常理。为了解决这个问题，方便使用类的多态性，引入了纯虚函数的概念，将函数定义为纯虚函数（方法：virtual ReturnType Function()＝ 0)，则编译器要求在派生类中必须予以重写以实现多态性。同时含有纯虚函数的类称为抽象类，它不能生成对象。

3. 虚析构函数

在析构函数名前面加上关键字 virtual，该析构函数就被声明为虚析构函数。一般来说，如果一个类中定义了虚函数，析构函数也应该定义为虚析构函数。

当然，并不是要把所有类的析构函数都写成虚函数。因为当类里面有虚函数的时候，编译器会给类添加一个虚函数表，里面用来存放虚函数指针，这样就会增加类的存储空间。所以，只有当一个类被用来作为基类的时候，才把析构函数写成虚函数。

第二部分　MFC应用程序

第3章 MFC编程基础

Visual Studio 是一套完整的开发工具，用于生成 ASP.NET Web 应用程序、XML Web Services、桌面应用程序和移动应用程序等。Visual Basic、Visual C＃和 Visual C++都使用相同的集成开发环境（Integrated Development Environment，IDE）。

3.1 应用程序向导生成 MFC 应用程序

3.1.1 Visual C++ 2010 集成开发环境

Visual C++集成开发环境为项目管理与配置、源代码编辑、源代码浏览和调试工具提供强力支持。这样就能够进行工具共享，并能够轻松地创建混合语言解决方案。

1. 集成开发环境简介

Visual C++集成开发环境界面由菜单栏、工具栏、解决方案资源管理器、类视图、资源视图、输出窗口、属性面板、工具箱和编辑窗口等部分组成，如图 3.1 所示。

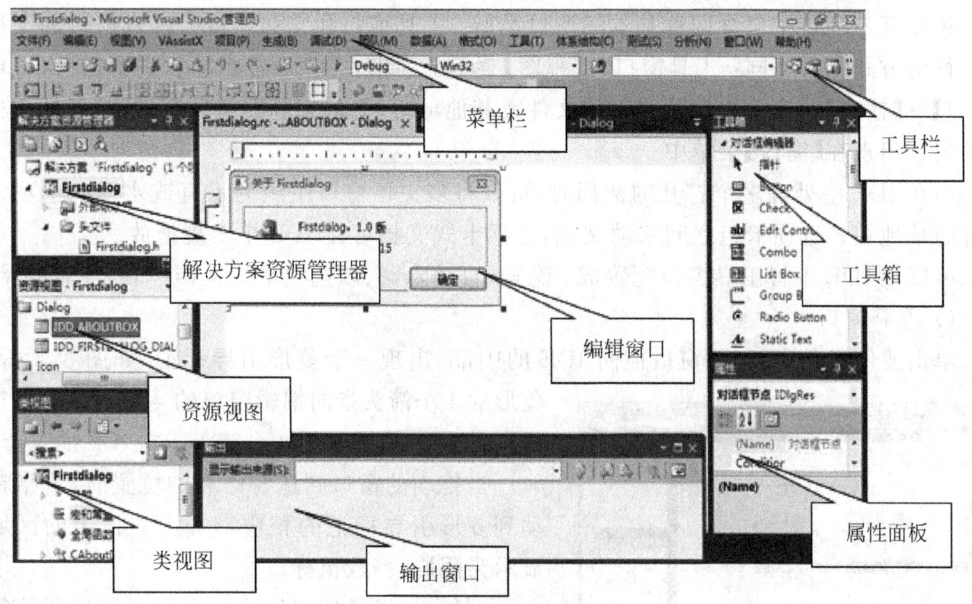

图 3.1 Visual C++集成开发环境

窗口上部是菜单栏和工具栏，菜单栏中包含多个菜单项，每一个菜单项都对应着不同的功能。工具栏以一组按钮的形式提供了操作菜单的快捷方式。

左侧面板可以放多个视图，最常用的是解决方案资源管理器、类视图和资源视图。解决方案资源管理器提供整个解决方案的图形视图，开发应用程序时，该视图可帮助管理解决方案中的项目和文件。创建新项目时，Visual Studio 会自动生成一个解决方案。然后，可以根据需要将其他项目添加到该解决方案中。Visual Studio 还提供解决方案文件夹，用于将相关的项目组织成项目组，然后对这些项目组执行操作。解决方案资源管理器中可以看到所有头文件和源文件构成的树，头文件就是.h 后缀的文件，源文件就是.cpp 后缀的文件，类视图中显示了项目中的各个类，也是树状结构，在解决方案资源管理器或类视图中双击某一项，中间区域都会打开相应的文件。资源视图中显示了使用的资源。在左侧面板上双击某项时，中间区域会出现相应的窗口。

中间面板是编辑窗口，编辑窗口是输入和修改应用程序的源代码及其他组件的地方。

右侧面板是工具箱和属性面板，工具箱里面包含各种控件，直接拖到窗口上就可以添加控件了。属性面板可以查看和更改编辑对象的属性、事件及文件、项目和解决方案的属性。

底侧面板是输出窗口，用来输出程序运行信息和程序中的一些调试信息，例如，编译程序的进展说明、警告及出错信息等。

窗口中显示哪些视图是可以设置的，可以通过【视图】菜单下的菜单项控制各种视图的打开或关闭。例如，【视图】→【解决方案资源管理器】可以打开或关闭解决方案资源管理器视图，【视图】→【类视图】用来控制类视图的显示，【视图】→【资源视图】用来控制资源视图的显示。

在工具栏中可以添加按钮。方法是在工具栏中单击鼠标右键或单击【视图】→【工具栏】菜单项，在弹出的菜单中选中要添加的按钮，例如【布局】。

2. 集成开发环境中的窗口管理

集成开发环境中包含两种基本的窗口类型：工具窗口和文档窗口。工具窗口和文档窗口的行为方式稍有不同：工具窗口在【视图】菜单上列出。例如，若要显示输出窗口，可单击【视图】→【输出】菜单。当打开或创建文件或其他项时，将动态创建文档窗口，打开的文档窗口的列表出现在【窗口】菜单中。

当在 IDE 中处理多个打开的文档时，可以将多文档窗口组织为垂直或水平的选项卡组并可简单地在各选项卡组之间移动文档，选项卡式文档可在 IDE 中实现拖放。

可以在 IDE 中将工具窗口配置成：隐藏、自动隐藏、以选项卡式文档停靠、停靠或浮动。

1）停靠窗口

单击要停靠的窗口，将窗口拖向 IDE 的中部，出现一个菱形引导标记，如图 3.2 所示。菱形的 4 个箭头指向编辑窗口的 4 个边。如果窗口是工具窗口，则另外有 4 个箭头指向 IDE 的 4 个边。

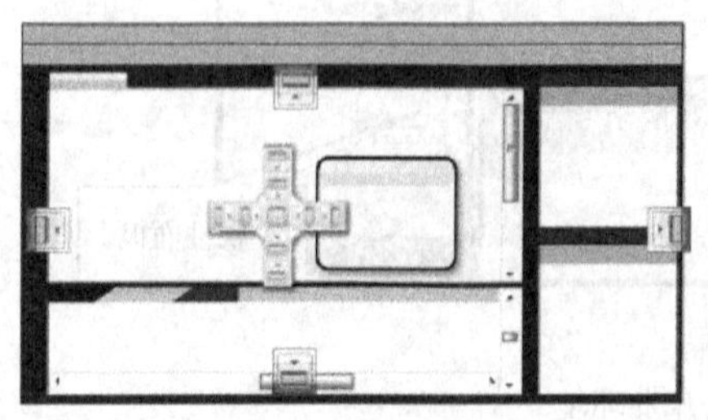

图 3.2　菱形引导标记

当拖动的窗口到达要停靠的位置时，将指针移动到菱形引导标记的相应部分上。指定的区域将显示为阴影，释放鼠标。

例如，如果希望将解决方案资源管理器停靠在左侧，应将解决方案资源管理器拖向 IDE 的中部，将指针移动到菱形引导标记的左侧箭头上，然后松开鼠标。

使工具窗口或文档窗口返回到其最近的停靠位置的方法是按住 Ctrl 键并双击窗口的标题栏。

2) 使窗口浮动

将窗口拖到所需的位置。

3) 自动隐藏工具窗口

自动隐藏功能能够最小化当前未在使用的工具窗口。窗口自动隐藏时,它的名称和图标会显示在 IDE 边缘的选项卡上。

打开自动隐藏功能的方法是单击要隐藏的窗口中的 ▾ 按钮,在弹出的菜单中单击【自动隐藏】命令。或者单击窗口标题栏上的图钉图标。

当自动隐藏的窗口失去焦点时,它将自动滑回到 IDE 边缘的标签上。若要显示自动隐藏的窗口,将指针移动到该选项卡上。该窗口将滑回视图中以供使用。

关闭自动隐藏功能的方法是单击窗口标题栏上的图钉图标。

4) 隐藏窗口

就是关闭窗口,使其不在 IDE 中显示。

3.1.2 应用程序向导生成 MFC 应用程序

MFC 的英文全称是 Microsoft Foundation Class Library,即微软的基本类库,MFC 实际上是一个庞大的文件库,它由执行文件和源代码文件组成。Visual C++为 MFC 提供了大量的工具支持。

在 MFC 应用程序中还允许混合使用传统的 Windows API 函数,并且 MFC 编程方法充分利用了面向对象技术的优点,使得程序员所需要编写的代码大为减少,提高了编程的效率。

创建 MFC 应用程序的最容易方法是使用 MFC 应用程序向导,根据在向导中选择的选项,MFC 应用程序向导为应用程序生成适当的类和文件。创建项目时,Visual Studio 会创建一个用以包含该项目的解决方案。Visual Studio 使用项目模板生成新的项目,每个模板表示一种不同的项目类型,用户添加到项目的文件都是从项目模板生成的。

应用程序向导生成 MFC 多文档应用程序步骤如下。

1. 启动【应用程序向导】新建项目

步骤:

单击【文件】→【新建】→【项目】菜单项,如图 3.3 所示。

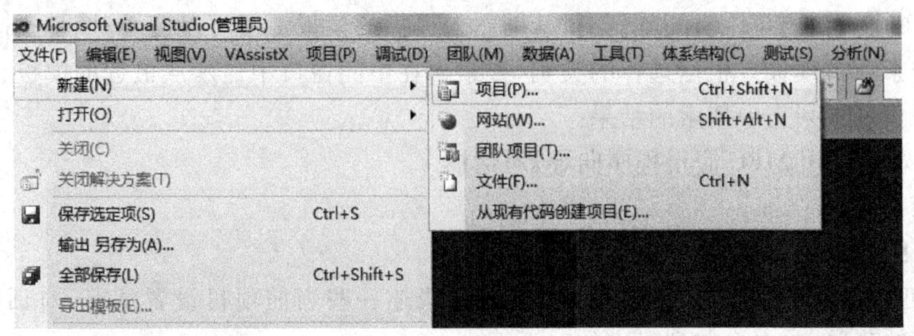

图 3.3 新建项目

2.【新建项目】对话框

步骤：

(1) 单击【已安装模板】下方的 Visual C++。

(2) 从中间窗口中选择【MFC 应用程序】项目模板，选定模板的说明会出现在右侧窗口中。

(3) 在【名称】框中输入新项目的名称“Firstmfc”。

(4) 在【位置】框中，选择保存位置“D：\myvc”。

(5) 在【解决方案名称】框中，输入解决方案的名称(默认情况下，解决方案名称等同于项目的名称，一般常用默认值)。

(6) 选中【为解决方案创建目录】复选框。

(7) 单击【确定】按钮，如图 3.4 所示。

图 3.4 【新建项目】对话框

可以在【新建项目】对话框中查找已安装的项目模板，方法是浏览【已安装模板】下方左侧窗口中的展开列表。还可以在【最近的模板】下浏览最近创建的项目类型，也可以在【联机模板】下浏览 Visual Studio Gallery 网站上提供的模板。还可以使用对话框右上角的搜索框来搜索项目模板。根据选择的类别，搜索会在中间窗口中显示从最近的模板、已安装的模板或联机模板列表中搜索的结果。

3.【欢迎使用 MFC 应用程序向导】对话框

步骤：

单击【下一步】按钮，如图 3.5 所示。

【欢迎使用 MFC 应用程序向导】对话框中概述一些当前项目设置情况，对话框的左侧是一些导航菜单，单击会转到对应的对话框。

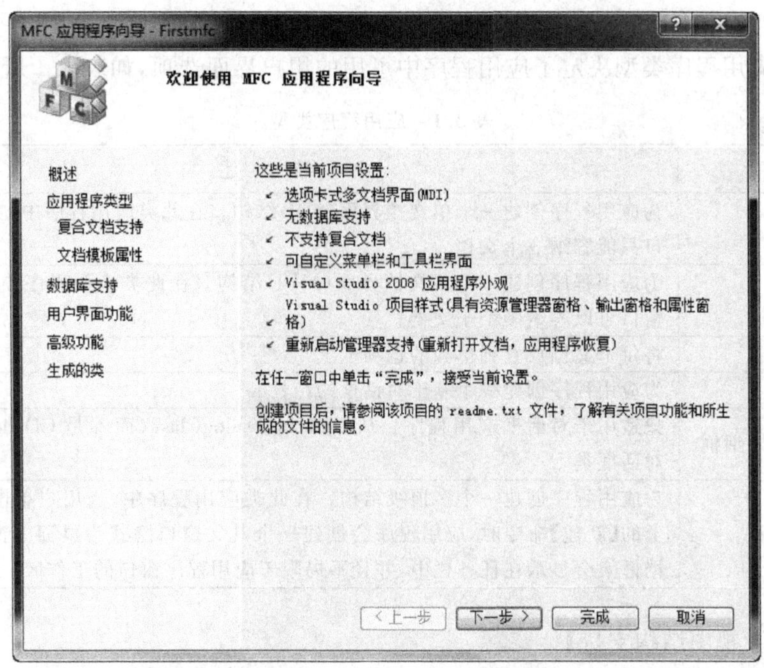

图 3.5 【欢迎使用 MFC 应用程序向导】对话框

4.【应用程序类型】对话框

步骤:

选择【应用程序类型】为【多个文档】,【项目类型】为【MFC 标准】,单击【下一步】按钮,如图 3.6 所示。

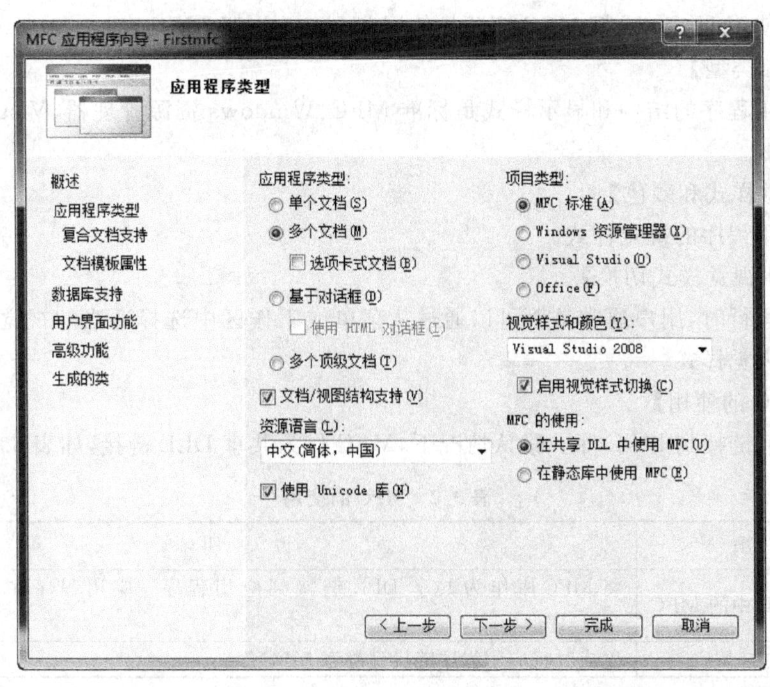

图 3.6 【应用程序类型】对话框

1)【应用程序类型】

选择的应用程序类型决定了应用程序中可用的用户界面选项，如表 3.1 所示。

表 3.1　应用程序类型

选　　项	描　　述
单文档	为应用程序创建一个单文档界面(SDI)结构。在此类应用程序中，文档的框架窗口只能容纳一个文档
多文档	为应用程序创建一个多文档界面(MDI)结构。在此类应用程序中，文档的框架窗口可以容纳多个子文档
选项卡式文档	将每个文档放置到单独的选项卡上
基于对话框	为应用程序创建一个基于对话框的结构
使用 HTML 对话框	只适用于对话框应用程序。从 CDHtmlDialogClass(而不是 CDialogClass)派生对话框类
多个顶级文档	为应用程序创建一个多顶级结构。在此类应用程序中，当用户单击【文件】菜单上的【新建】命令时，应用程序会创建一个其父窗口隐式为桌面的窗口。新的文档框架会显示在任务栏中，并且不局限于应用程序窗口的工作区

2)【文档/视图结构支持】

指定应用程序中是否包含文档/视图结构。如果要移植非 MFC 应用程序或者希望减小编译生成的可执行文件的大小，则清除此复选框。

3)【资源语言】

设置资源的语言。列表显示系统上由 Visual Studio 安装的可用语言。如果要选择系统语言以外的语言，则必须已经安装了该语言的适当模板文件夹。

4)【使用 Unicode 库】

指定是使用 Unicode 版 MFC 库还是使用非 Unicode 版 MFC 库。

5)【项目类型】

指示应用程序的结构和显示样式是标准 MFC、Windows 资源管理器、Visual Studio 还是 Office 样式。

6)【视觉样式和颜色】

确定应用程序的视觉样式。

7)【启用视觉样式切换】

指定在运行时，用户通常是否可以通过从菜单或工作区中选择适当的视觉样式来更改应用程序的视觉样式。

8)【MFC 的使用】

指定如何链接到 MFC 库。默认情况下，MFC 作为共享 DLL 链接，如表 3.2 所示。

表 3.2　MFC 的使用

选　　项	说　　明
使用共享 DLL 中的 MFC	将 MFC 库作为共享 DLL 链接到应用程序。应用程序在运行时调用 MFC 库
使用静态库中的 MFC	生成时将应用程序链接到静态 MFC 库

5.【复合文档支持】对话框

步骤:

选择默认选项,单击【下一步】按钮,如图 3.7 所示。

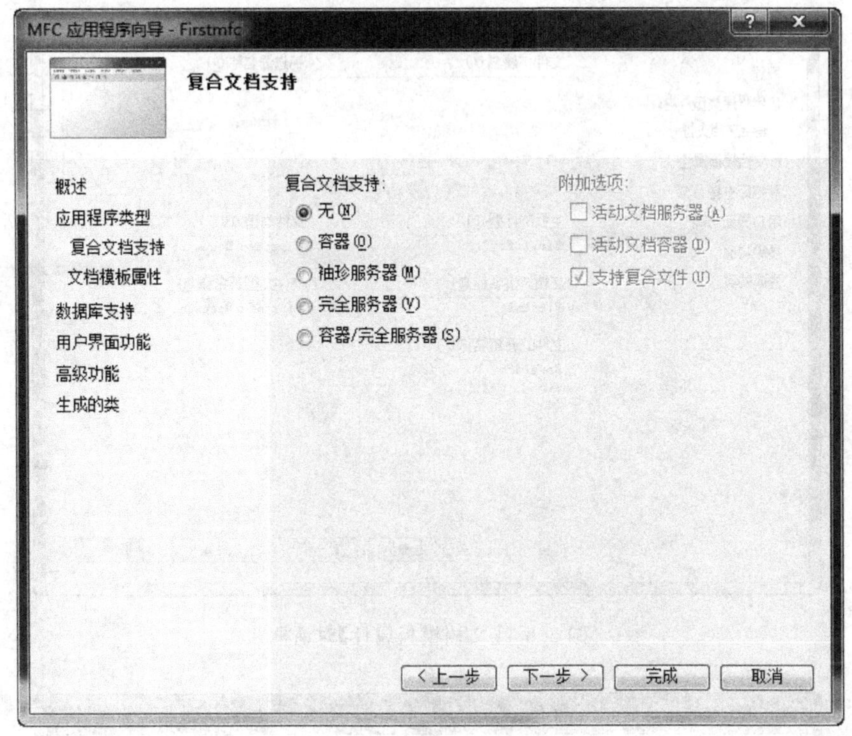

图 3.7 【复合文档支持】对话框

在此 MFC 应用程序向导页中,指示应用程序提供的复合文档和活动文档支持级别。应用程序必须支持文档/视图结构才能支持复合文档和文档模板。默认情况下,应用程序不包含复合文档支持。

6.【文档模板属性】对话框

步骤:

保持默认选项,单击【下一步】按钮,如图 3.8 所示。

在此 MFC 应用程序向导页中,提供了帮助文档管理和本地化的选项。文档模板字符串对于在应用程序类型中包含【文档/视图结构支持】的应用程序可用。它们对于对话框不可用。

7.【数据库支持】对话框

步骤:

保持默认选项,单击【下一步】按钮,如图 3.9 所示。

指定是否提供数据库支持,及提供的数据库支持级别的选项。

8.【用户界面功能】对话框

步骤:

保持默认选项,单击【下一步】按钮,如图 3.10 所示。

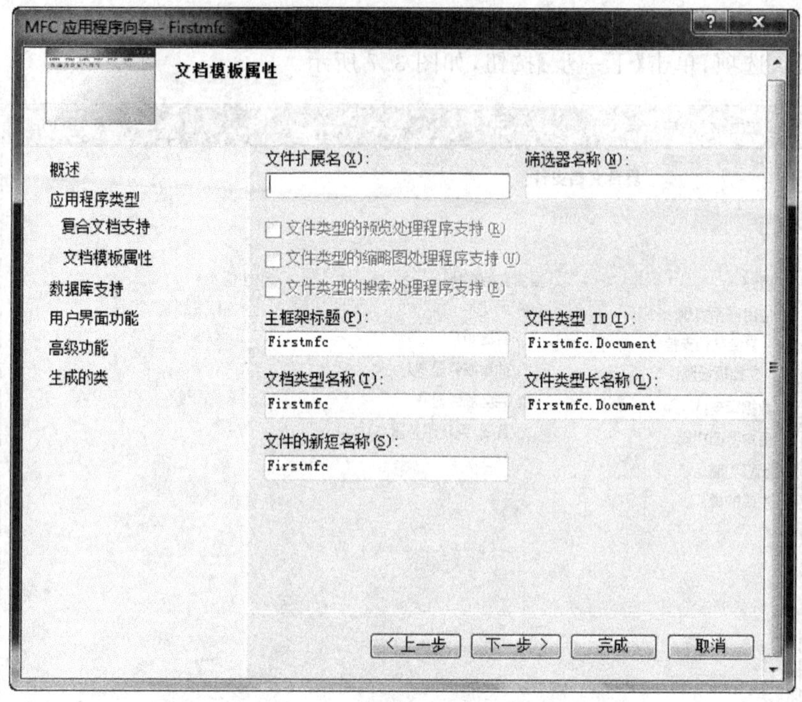

图 3.8 【文档模板属性】对话框

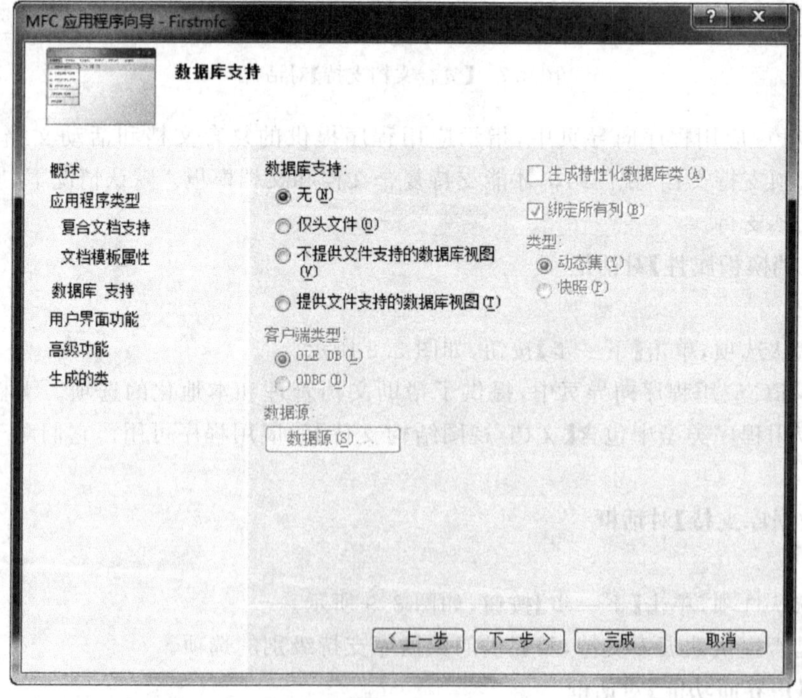

图 3.9 【数据库支持】对话框

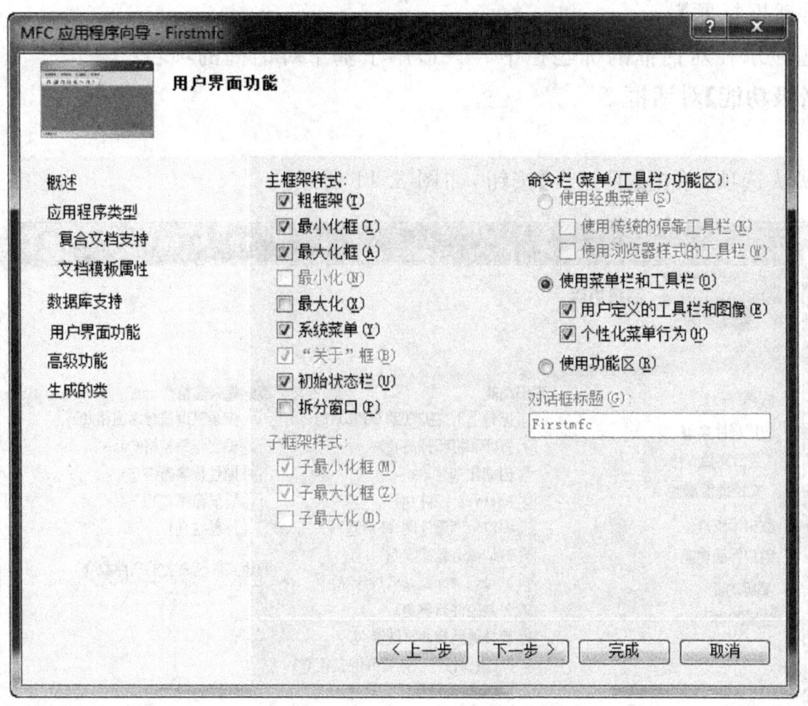

图 3.10 【用户界面功能】对话框

【用户界面功能】对话框用来指定应用程序外观的选项，如系统菜单、状态栏、最大化和最小化框、关于框、菜单栏和工具栏以及子框架等。

1)【主框架样式】

设置应用程序的主窗口框架样式，如表 3.3 所示。

表 3.3 主窗口框架样式

选　项	说　明
粗框架	创建可调整边框的窗口。默认值
最小化框	在主框架窗口中包含最小化框。默认值
最大化框	在主框架窗口中包含最大化框。默认值
最小化	将主框架窗口作为图标打开
最大化	打开主框架窗口至满屏显示
系统菜单	在主框架窗口中包含系统菜单。默认值
"关于"框	使应用程序包含关于框
初始状态栏	向应用程序添加状态栏。默认情况下，应用程序有状态栏。对基于对话框的应用程序类型不可用
拆分窗口	提供拆分条。拆分条拆分应用程序的主视图。对基于对话框的应用程序类型不可用

2)【子框架样式】

指定应用程序中子框架的外观和初始状态。子框架样式仅对 MDI 应用程序可用。

3)【命令栏(菜单/工具栏/功能区)】

指示应用程序是否包含菜单、工具栏或功能区。对基于对话框的应用程序不可用。

4)【对话框标题】

此标题显示在对话框的标题栏中。只适用于基于对话框的项目。

9.【高级功能】对话框

步骤:

保持默认选项,单击【下一步】按钮,如图 3.11 所示。

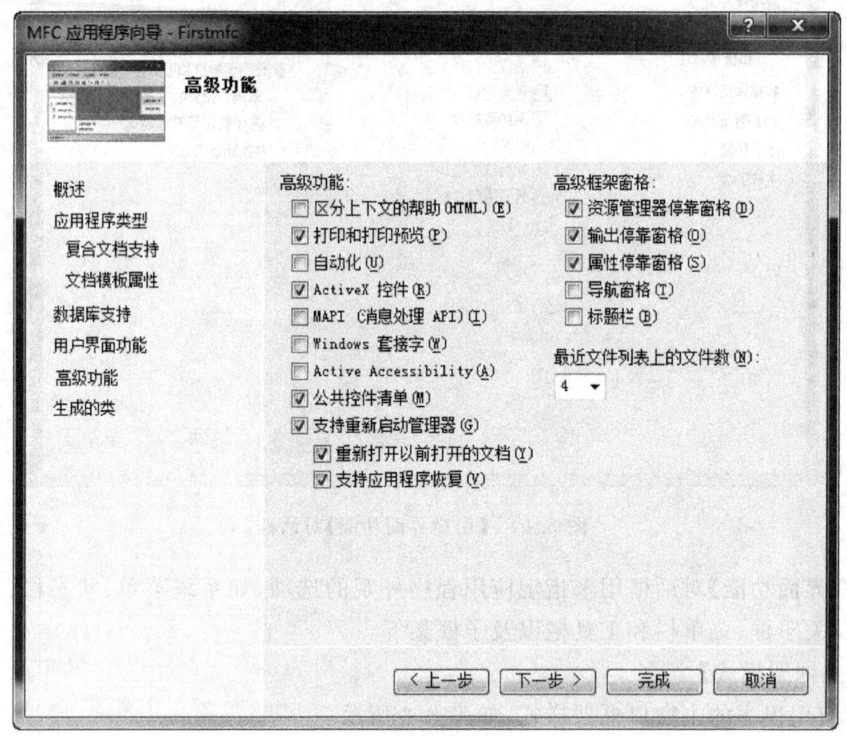

图 3.11 【高级功能】对话框

本主题列出了应用程序的附加功能选项,如帮助、打印支持等。

10.【生成的类】对话框

步骤:

保持默认选项,单击【完成】按钮,如图 3.12 所示。

列出了项目生成的基类和文件的名称。默认情况下,名称基于在【新建项目】对话框中指定的项目名称,也可以更改名称。

1)【生成的类】

为项目创建的所有类的名称。默认情况下,名称基于项目名称。默认 MFC 项目会创建一个 C 项目名 View 类、一个 C 项目名 App 类、一个 C 项目名 Doc 类、一个 CMainFrame 类和一个 CChildFrame 类。

2)【类名】

类的名称,类名的任何更改都将显示在【生成的类】列表中。

3)【.h 文件】

类的头文件名称。

图 3.12 【生成的类】对话框

4)【基类】

类的基类名称,可以从列表中为基类选择另一个类。

5)【.cpp 文件】

与类相关联的源代码文件的名称。

11. 生成解决方案

步骤:

单击【生成】→【生成解决方案】菜单项,如图 3.13 所示。

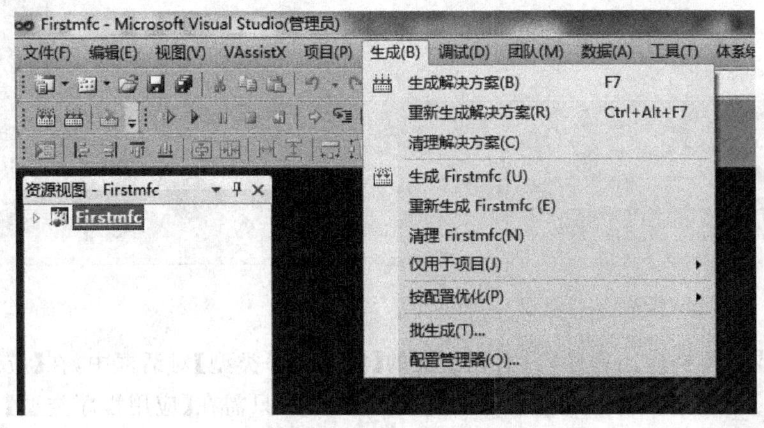

图 3.13 生成解决方案

12. 开始执行

步骤：

单击【调试】→【开始执行(不调试)】菜单项，如图 3.14 所示。运行结果如图 3.15 所示。

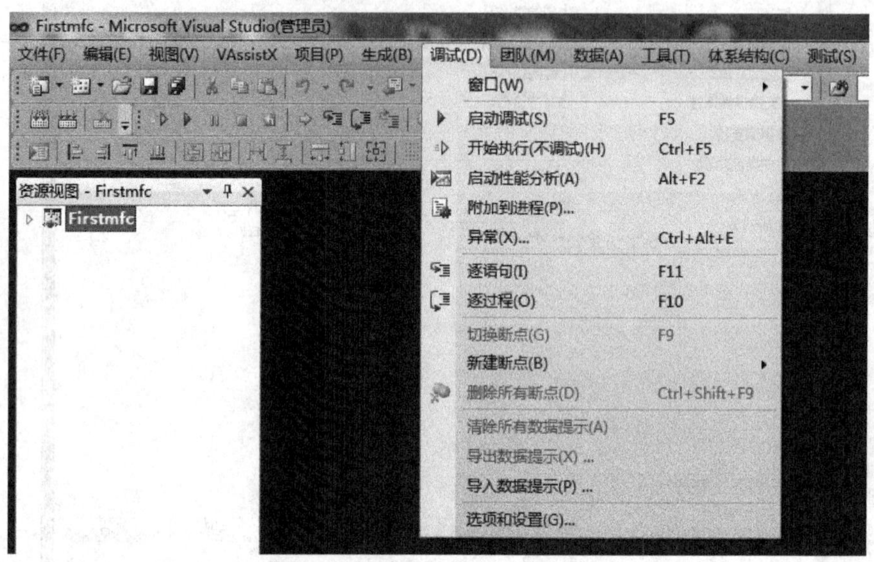

图 3.14 执行菜单

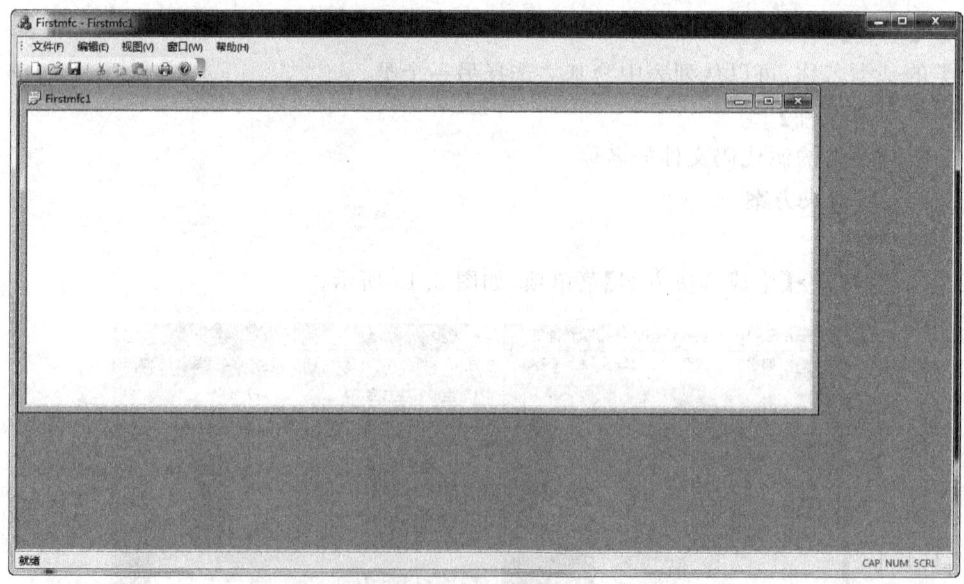

图 3.15 运行结果

如果生成单文档应用程序，只需在上面的【应用程序类型】对话框中，在【应用程序类型】中选择【单个文档】。如果生成基于对话框的应用程序，只需在【应用程序类型】中选择【基于对话框】即可。

3.1.3 项目的文件组织

用应用程序向导生成框架程序后，可以看到以解决方案名命名的文件夹，此文件夹中包含几个文件和一个以项目名命名的子文件夹，这个子文件夹中又包含若干个文件和一个 res 文件夹，创建项目时的选项不同，项目文件夹下的文件可能也会有所不同。

如果已经以 Debug 方式编译链接过程序，则会在解决方案文件夹下和项目子文件夹下各有一个名为 Debug 的文件夹。而如果是 Release 方式编译则会有名为 Release 的文件夹。这两种编译方式将产生两种不同版本的可执行程序：Debug 版本和 Release 版本。Debug 版本的可执行文件中包含用于调试的信息和代码，而 Release 版本则没有调试信息，不能进行调试，但可执行文件比较小。

1. 解决方案和项目文件

解决方案相关文件包括解决方案文件夹下的.sdf 文件、.sln 文件、.suo 文件和 ipch 文件夹。

.sdf 文件和 ipch 文件夹与智能提示、错误提示、代码恢复和团队本地仓库等相关。.sln 文件和.suo 文件为 MFC 自动生成的解决方案文件，它们包含当前解决方案中的项目信息，存储解决方案的设置。

项目相关文件包括项目文件夹下的.vcxproj 文件和.vcxproj.filters 文件。.vcxproj 文件是 MFC 生成的项目文件，包含当前项目的设置和项目所包含的文件等信息。.vcxproj.filters 文件存放项目的虚拟目录信息，也就是在解决方案浏览器中的目录结构信息，如表 3.4 所示。

表 3.4 项目和解决方案文件

文件名	说明
*.sln	解决方案文件。它将一个或多个项目的所有元素组织到一个解决方案中
*.suo	解决方案选项文件。它存储解决方案的自定义项，以便每次在解决方案中打开项目或文件时具有所需的外观和行为
*.vcxproj	项目文件。存储项目的专用信息
*.sdf	浏览数据库文件
*.vcxproj.filters	筛选器文件。指定要添加到解决方案中的文件的位置
*.vcxproj.user	迁移用户文件
Readme.txt	自述文件。它由应用程序向导生成，并描述在项目中的文件

2. 应用程序源文件和头文件

应用程序向导会根据应用程序的类型(单文档、多文档或基于对话框的程序)自动生成一些头文件和源文件，如表 3.5 所示。这些文件是项目的主体部分，用于实现主框架、文档、视图等，具体视所创建项目选择的选项而不同。

表 3.5 源文件和头文件

文件名	说明
*.h	程序或 DLL 的主包含文件。它包含其他头文件的所有全局符号和 #include 指令
*.cpp	主程序源文件。它注册文档模板,以用作文档和视窗之间的连接;创建主框架窗口及创建空文档
*Dlg.cpp *Dlg.h	基于对话框的应用程序时创建。包含初始化对话框和执行对话框数据交换(DDX)的主干成员函数
*Doc.cpp *Doc.h	包含初始化文档、序列化文档和实现调试诊断的主干成员函数
*Set.h *Set.cpp	创建支持数据库且包含记录集类的程序时创建
*View.cpp *View.h	用于显示和打印文档数据
MainFrm.cpp、MainFrm.h	CMainFrame 类处理工具栏按钮和状态栏的创建
ChildFrm.cpp、ChildFrm.h	用于 MDI 文档框架窗口

3. 资源文件

一般使用 MFC 生成程序都会有对话框、图标、菜单等资源,应用程序向导会生成资源相关文件:res 目录、*.rc 文件和 Resource.h 文件。

res 目录:项目文件夹下的 res 文件夹中含有应用程序默认图标、工具栏使用的图标等图标文件。

*.rc:包含默认菜单定义、字符串表和加速键表,指定了默认的 About 对话框和应用程序默认图标文件等。

Resource.h:含有各种资源的 ID 定义。

4. 编译、链接和可执行文件

如果是 Debug 方式编译,则会在解决方案文件夹和项目文件夹下都生成 Debug 子文件夹,而如果是 Release 方式编译则生成 Release 子文件夹。

项目文件夹下的 Debug 或 Release 子文件夹中包含编译链接时产生的中间文件,解决方案文件夹下的 Debug 或 Release 子文件夹中主要包含应用程序的可执行文件。

3.1.4 应用程序向导生成基于对话框的应用程序案例

生成一个基于对话框的应用程序。程序运行结果如图 3.16 所示。

步骤:

1. 启动【应用程序向导】新建项目

打开 Visual Studio 2010 开发环境主窗口,单击【文件】→【新建】→【项目】菜单,如图 3.17 所示。

2.【新建项目】对话框

(1) 单击【已安装模板】下方的 Visual C++。

(2) 从中间窗口中选择【MFC 应用程序】项目模板。

(3) 在【名称】框中输入新项目的名称“Mydialog”。

图 3.16　运行结果

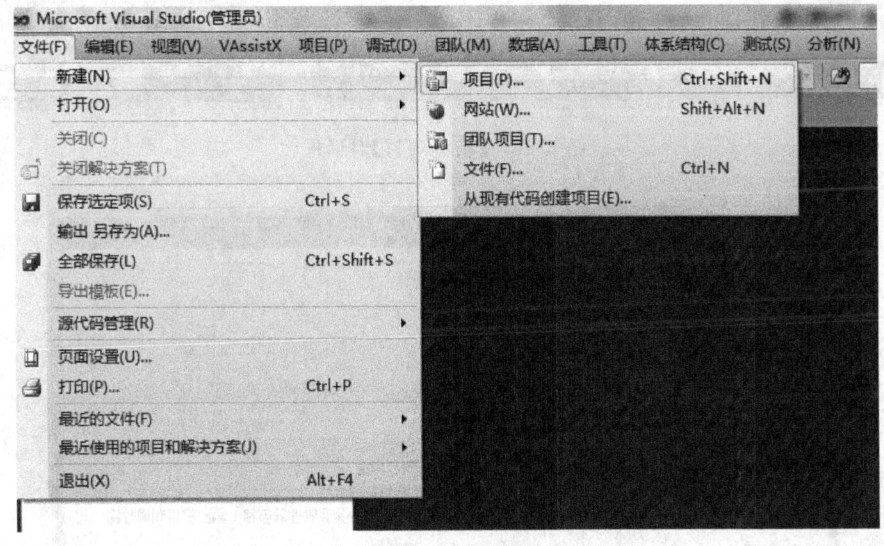

图 3.17　新建项目

(4) 在【位置】框中，选择保存位置“D:\myvc”。

(5) 在【解决方案名称】中，保持默认值。

(6) 选中【为解决方案创建目录】复选框。

(7) 单击【确定】按钮，如图 3.18 所示。

3.【欢迎使用 MFC 应用程序向导】对话框

单击【下一步】按钮，如图 3.19 所示。

4.【应用程序类型】对话框

【应用程序类型】选择【基于对话框】，【项目类型】选择为【MFC 标准】，将【使用 Unicode 库】选项去掉，单击【完成】按钮，如图 3.20 所示。

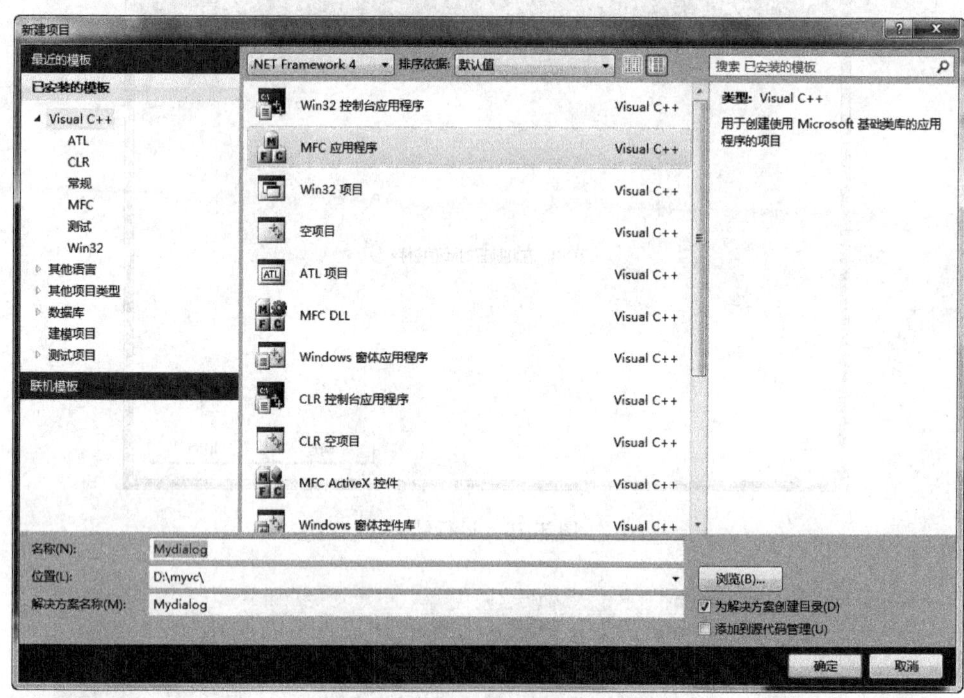

图 3.18 【新建项目】对话框

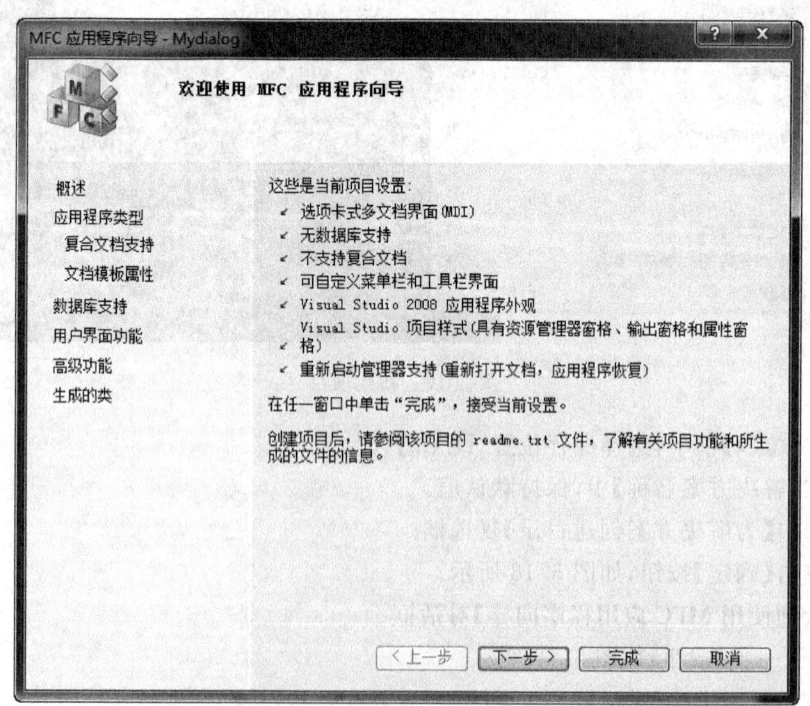

图 3.19 【欢迎使用 MFC 应用程序向导】对话框

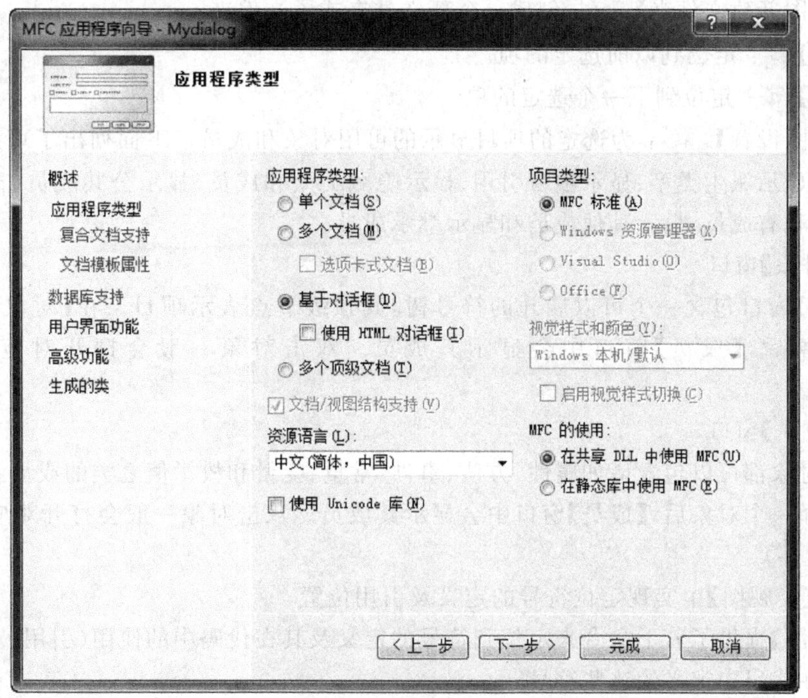

图 3.20 【应用程序类型】对话框

5. 生成解决方案并运行

单击【生成】→【生成解决方案】菜单或按 F7 键，单击【调试】→【开始执行】菜单或按 Ctrl+F5 键。

3.2 MFC 类

3.2.1 MFC 类结构

Visual C++是通过【类视图】来管理应用程序的各个类的。

1. 类视图

打开【类视图】的方法：单击【视图】→【类视图】菜单。

【类视图】用于显示正在开发的应用程序中定义、引用或调用的符号。可以使用【类视图】打开文件。【类视图】有两个窗口：上部的【对象】窗口和下部的【成员】窗口。

【对象】窗口包含一个可以展开的符号树，其顶级节点表示项目。若要展开树中选定的节点，请单击其加号(+)。图标用于标识项目中使用的分层结构，可以展开这些结构以列出其成员。

【成员】窗口中列出了属性、方法、事件、变量、常量和包含的其他项。

1)【类视图】工具栏

【类视图】工具栏(如图 3.21 所示)可以添加虚拟文件夹并在【对象】和【成员】窗口中定位。

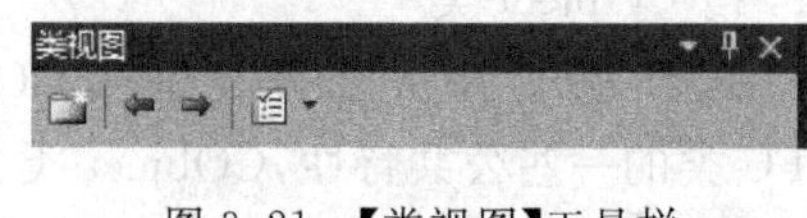

图 3.21 【类视图】工具栏

【类视图新建文件夹】：创建一个新文件夹或子文件夹。

【后退】：定位到以前选定的项。

【前进】：定位到下一个选定的项。

【类视图设置】：为选定的项目显示的可用对象和成员。下面列出了可用选项：显示基类型、显示派生类型、显示项目引用、显示隐藏类型和成员、显示公共成员、显示保护的成员、显示私有成员、显示其他成员和显示继承成员。

2)【对象】窗口

【对象】窗口包含一个可以展开的符号树，其顶级节点表示项目。在【对象】窗口中选择一个对象后，【成员】窗口中会显示其成员。双击对象一般会打开对应的头文件(.h 文件)。

3)【成员】窗口

每个对象都可以包含诸如属性、方法、事件、常量、变量和枚举值之类的成员。在【对象】窗口中选择一个对象后，【成员】窗口中会显示其成员。双击对象一般会打开对应的实现文件(.cpp 文件)。

4) 在【类视图】中实现定位符号的定义及引用位置

【类视图】提供了若干命令来定位到符号的定义及其在代码中的使用(引用)。双击符号可定位到在代码中定义的这些符号。

(1) 定位到定义或声明

双击符号或鼠标右击符号，然后选择【转到定义】或【转到声明】菜单项。

(2) 查找所有引用

鼠标右击符号并选择【查找所有引用】菜单项。【查找符号结果】窗口中列出了项目中找到的符号的实例。在【查找符号结果】窗口中，双击该项可以在代码中定位符号实例。

2. MFC 类结构

打开 3.1.2 节 MFC 应用程序向导生成的应用程序 Firstmfc，单击【视图】→【类视图】菜单来打开类视图，会看到包括如下的类。

(1) 项目的视图类：CFirstmfcView 类，派生自 CView 类。

(2) 项目的应用程序类：CFirstmfcApp，派生自 CWinAppEx 类，CWinAppEx 类派生自 CWinApp 类。

(3) 项目的文档类：CFirstmfcDoc，派生自 CDocument 类。

(4) 项目的主框架类：CMainFrame 类，派生自 CFrameWndEx，CFrameWndEx 类派生自 CFrameWnd 类。

(5) 项目的对话框类：CAboutDlg，派生自 CDialogEx 类，CDialogEx 类派生自 CDialog 类。

MFC 类的基本层次结构如图 3.22 所示。

1) CObject 类

由于 MFC 中大部分类是从 CObject 类继承而来的，CObject 类描述了几乎所有的 MFC 类的一些公共特性，CObject 类为程序员提供了对象诊断、运行时类型识别和序列化等功能。

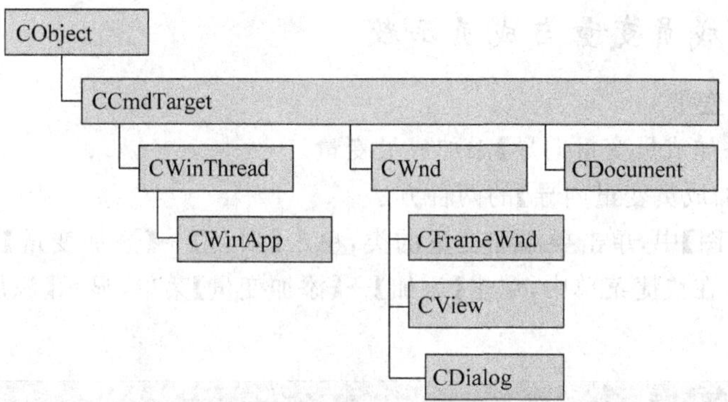

图 3.22　MFC 类的基本层次结构

2）CCmdTarget 类

CCmdTarget 类由 CObject 类直接派生而来，它负责将消息发送到能够响应这些消息的对象，它是所有能进行消息映射的 MFC 类的基类。

3）CWinApp 类

在任何 MFC 应用程序中有且仅有一个 CWinApp 派生类的对象，它代表了程序中运行的主线程，也代表了应用程序本身。CWinApp 类派生出 CWinAppEx 类。

4）CWnd 类

CWnd 类由 CCmdTarget 类直接派生而来，该类及其派生类的实例是一个窗口。它是一个功能最完善、成员函数最多的 MFC 类。窗口的实例包括应用程序主窗口、对话框和控件等。CWnd 类提供的功能包括注册新窗口类、创建窗口及子窗口、管理窗口及控件等。

5）CFrameWnd 类

CFrameWnd 类是 CWnd 类的派生类，主要用来掌管一个窗口。CFrameWnd 类的对象是一个框架窗口，包括边框、标题栏、菜单、最大化按钮、最小化按钮和一个激活的视图。

CFrameWnd 支持 SDI 界面，对于 MDI 界面，使用其两个派生类 CMDIFrameWnd 和 CMDIChildWnd。CMDIFrameWnd 派生出 CMDIFrameWndEx 类，CMDIChildWnd 派生出 CMDIChildWndEx 类。

6）CDocument 类

CDocument 类在应用程序中作为用户文档类的基类，它代表了用户存储或打开的一个文件。CDocument 类的主要功能是把对数据的处理从对用户的界面处理中分离出来，同时提供了一个与视图类交互的接口。CDocument 类支持标准的文件操作，如创建、打开和存储一个文档等。

7）CView 类

CView 类是 MFC 中一个很基本的类，它作为其他 MFC 视图类和用户视图派生类的基类。

8）CDialog 类

CDialog 类是对话框的基类，CDialog 类派生出 CDialogEx 类。

3.2.2 添加成员变量与成员函数

1. 添加成员变量

可以通过【添加成员变量向导】添加成员变量。

1）打开【添加成员变量向导】的两种方法

(1) 在【类视图】中，单击要添加变量的类，单击【项目】→【添加变量】菜单，或鼠标右击要添加变量的类，在快捷菜单中，单击【添加】→【添加变量】菜单，显示【添加成员变量向导】，如图 3.23 所示。

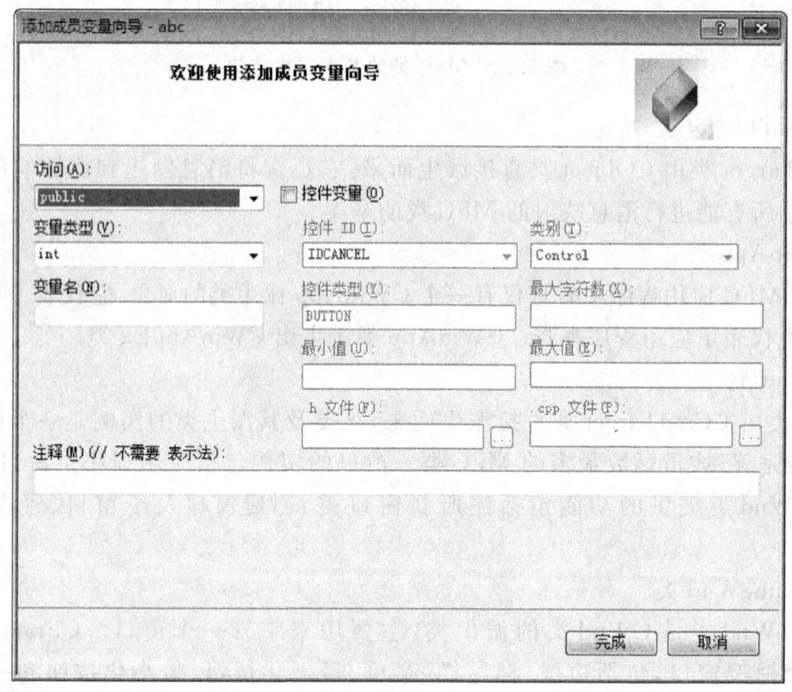

图 3.23 【添加成员变量向导】对话框

(2) 在【资源视图】中，双击要添加成员的对话框，在对话框编辑器中显示的对话框中，鼠标右击要添加成员变量的控件，在快捷菜单中单击【添加变量】显示【添加成员变量向导】。

2）【添加成员变量向导】对话框

该向导将成员变量声明添加到头文件，根据具体的选项，它还可以将代码添加到.cpp 文件。

(1)【访问】

设置对成员变量的访问。访问修饰符是指定其他类对成员变量的访问的关键字。可以为 public(公有)、protected(保护的)、private(私有)。默认情况下，成员变量的访问级别设置为 public。

(2)【变量类型】

设置正在添加的成员变量的类型。如果【类别】选择 Control，则【变量类型】指定在【控件 ID】框中选择的控件的基类。如果控件【类别】选择 Value 时,【变量类型】指定该控件可以包含的值的适当类型。

(3)【变量名】

设置正在添加的成员变量的名称。成员变量通常以标识字符串“m_”开头,默认情况下会提供此标识字符串。

(4)【控件变量】

此选项仅对添加到从 CDialog 导出的类的成员变量可用。选择此框将激活【控件 ID】和【控件类型】选项。

(5)【控件 ID】

设置正在添加的控件变量的 ID,从列表中选择正在为其添加成员变量的控件类型的 ID。列表仅在【控件变量】被选中时,并且仅包含已添加到对话框的控件的 ID。例如,对于标准的【确定】按钮,控件 ID 为 IDOK。

(6)【类别】

指定变量是基于控件类型还是控件的值。

(7)【控件类型】

设置正在添加的控件类型,此框不可更改。例如,按钮的控件类型为 BUTTON,而组合框的控件类型为 COMBOBOX。

(8)【最大字符数】

仅在【变量类型】设置为 CString 时可用,指示控件最多可以保留的字符数。

(9)【最小值】

仅当变量类型为 BOOL、int、UINT、long、DWORD、float、double、BYTE、short、COleCurrency 或 CTime 时可用,指示可接受的最小值。

(10)【最大值】

仅当变量类型为 BOOL、int、UINT、long、DWORD、float、double、BYTE、short、COLECurrency 或 CTime 时可用,指示可接受的最大值。

(11)【.h 文件】

设置添加类声明的头文件名。

(12)【.cpp 文件】

设置添加类定义的实现文件名。

(13)【注释】

提供成员变量头文件中的注释。

2. 添加成员函数

可以在【类视图】中通过【添加成员函数向导】将成员函数添加到任何类。【添加成员函数向导】将声明添加到头文件,将成员函数体添加到类实现文件。

1) 打开【添加成员函数向导】的方法

在【类视图】中,单击要添加成员函数的类,单击【项目】→【添加函数】菜单,或鼠标右击要添加成员函数的类,在快捷菜单中,单击【添加】→【添加函数】菜单。

2)【添加成员函数向导】对话框

【添加成员函数向导】对话框(如图 3.24 所示)可以实现添加成员函数的功能。

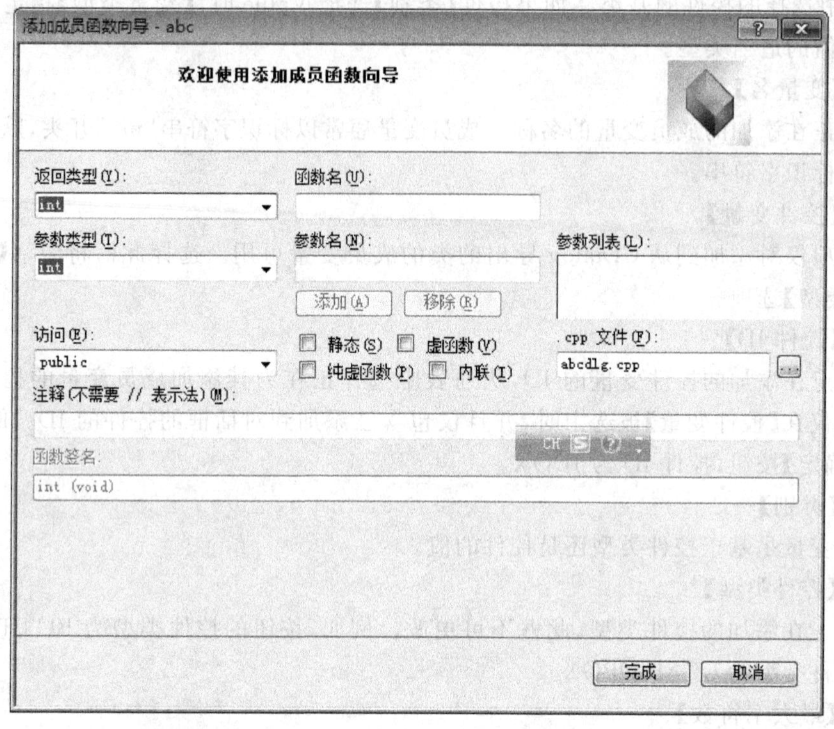

图 3.24 【添加成员函数向导】对话框

(1)【返回类型】

设置要添加的成员函数的返回类型。可以提供自己的返回类型,或从可用类型列表中选择。

(2)【函数名】

设置要添加的成员函数的名称。

(3)【参数类型】

如果要添加的成员函数有参数,设置该函数的参数类型。可以提供自己的参数类型,或从可用类型列表中选择。

(4)【参数名】

如果要添加的成员函数有参数,设置该函数的参数名。

(5)【参数列表】

显示已经添加到成员函数的参数列表。若要向该列表添加参数,在【参数类型】和【参数名】框中提供类型和名称并单击【添加】按钮。若要从该列表中移除某个参数,选择该参数并单击【移除】按钮。

(6)【访问】

设置对成员函数的访问的关键字。可以为 public(公有)、protected(保护的)、private(私有)。默认情况下,成员函数的访问级别设置为 public。

(7)【静态】、【虚函数】、【纯虚函数】和【内联】

设置新成员函数是静态的还是虚函数、纯虚函数还是内联函数。

(8)【.cpp 文件】

设置成员函数实现写入的文件位置。默认情况下,写入成员函数添加到的类的.cpp 文件。单击省略号按钮可以更改文件名,成员函数实现被添加到选定文件的内容中。

(9)【注释】

提供成员函数头文件中的注释。

(10)【函数签名】

显示单击【完成】按钮时成员函数出现在代码中的样子,无法编辑此框中的文本。

3.2.3 MFC 类向导

可以通过类向导向类中添加:消息、消息处理程序、成员变量和方法(成员函数),还可以向项目中添加类。

打开【MFC 类向导】的方法:

单击【项目】→【类向导】菜单,或在【类视图】或【解决方案资源管理器】中单击鼠标右键,在弹出的菜单中单击【类向导】菜单,即可显示【MFC 类向导】对话框,如图 3.25 所示。

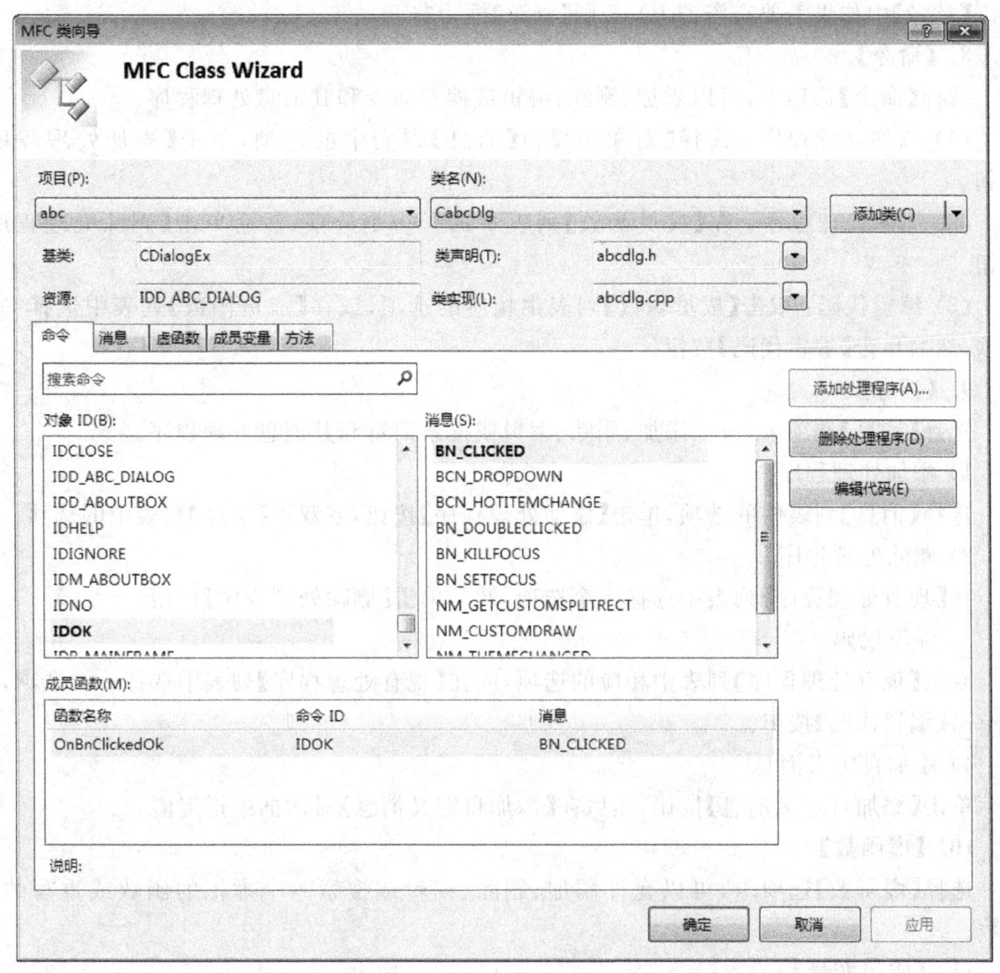

图 3.25 【MFC 类向导】对话框

1.【项目】

解决方案中项目的名称。

2.【类名】

项目中类的名称。

3.【添加类】

可以通过【MFC 类】、【类型库中 MFC 类】、【ActiveX 控件中的 MFC 类】或【MFCODBC 使用者】来添加类。

4.【基类】

显示在【类名】中的类的基类。

5.【类声明】

类的声明文件的名称。

6.【类实现】

类的实现文件的名称，可以通过单击箭头选择一个不同的实现文件。

7.【资源】

【类名】中如果需要有资源 ID，否则【资源】框为空。

8.【命令】

选择【命令】选项卡，可以添加、删除、编辑或搜索命令和其消息处理程序。

(1) 添加处理程序：选择【对象 ID】和【消息】列表中的选项，单击【添加处理程序】按钮。

(2) 删除处理程序：在【成员函数】列表中选择一个选项，然后单击【删除处理程序】按钮。

(3) 编辑代码：双击【成员函数】列表中相应的选项，或在【成员函数】列表中选择一个选项，然后单击【编辑代码】按钮。

9.【消息】

选择【消息】选项卡，可以添加、删除、编辑或搜索消息和其消息处理程序。

1) 添加处理程序

选择【消息】列表中的选项，单击【添加处理程序】按钮，或双击【消息】列表中的选项。

2) 删除处理程序

在【现有处理程序】列表中选择一个选项，然后单击【删除处理程序】按钮。

3) 编辑代码

双击【现有处理程序】列表中相应的选项，或在【现有处理程序】列表中选择一个选项，然后单击【编辑代码】按钮。

4) 添加自定义消息

单击【添加自定义消息】按钮，然后在【添加自定义消息】对话框中指定值。

10.【虚函数】

选择【虚函数】选项卡，可以允许添加、删除、编辑或搜索一个虚拟的函数或重写的虚函数。

11.【成员变量】

选择【成员变量】选项卡可以添加、删除、编辑或搜索成员变量。

1) 为控件添加关联变量

选择【成员变量】页面，在【成员变量】列表中选中控件，单击【添加变量】按钮，弹出【添加成员变量】对话框，在【成员变量名称】文本框中输入变量名，在【类别】下拉列表中选中类别，在【变量类型】下拉列表中选中变量的类型，如图 3.26 所示。

2) 自定义成员变量

选择【成员变量】页面，单击【添加自定义】按钮，在弹出的【添加成员变量】对话框中，在【变量类型】下拉列表中选择变量的类型，在【变量名】编辑框中输入变量名，在访问权限组中，选择访问类型，如图 3.27 所示。

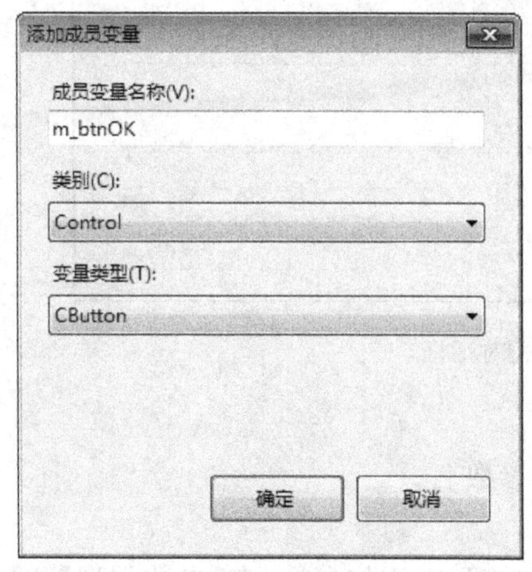

图 3.26 【添加成员变量】对话框

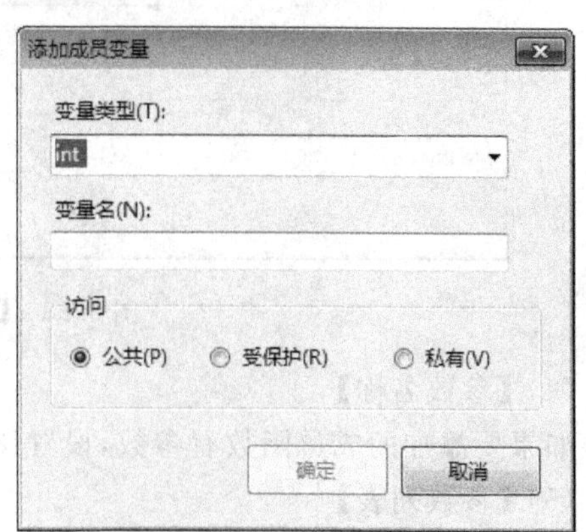

图 3.27 自定义成员变量

3) 删除成员变量

选择【成员变量】页面，在【成员变量】列表框中选中变量，单击【删除变量】按钮。

4) 修改成员变量

选择【成员变量】页面，在【成员变量】列表框中选中变量，单击【编辑代码】按钮。

12.【方法】

选择【方法】选项卡可以允许添加、删除或搜索一个方法以及转到方法的定义或方法的声明。

1) 添加方法

选择【方法】页面，单击【添加方法】按钮，然后在【添加方法】对话框中指定值，如图 3.28 所示。

(1)【返回类型】

设置要添加的成员函数的返回类型。可以提供自己的返回类型，或从可用类型列表中选择。

(2)【函数名称】

设置要添加的成员函数的名称。

(3)【参数类型】

如果要添加的成员函数有参数，设置该函数的参数类型。可以提供自己的参数类型，或从可用类型列表中选择。

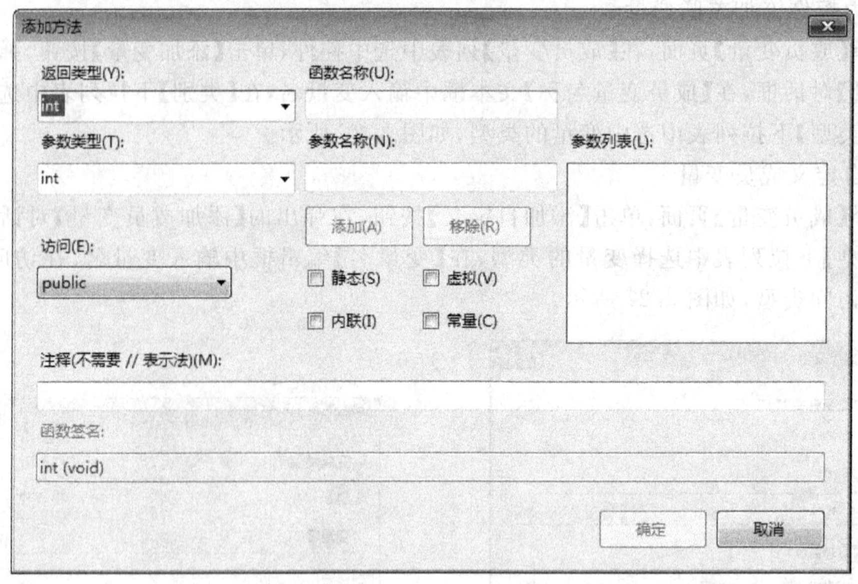

图 3.28 【添加方法】对话框

(4)【参数名称】

如果要添加的成员函数有参数,设置该函数的参数名。

(5)【参数列表】

显示已经添加到成员函数的参数列表。若要向该列表添加参数,在【参数类型】和【参数名称】框中提供类型和名称并单击【添加】按钮。若要从该列表中移除某个参数,选择该参数并单击【移除】按钮。

(6)【访问】

设置对成员函数的访问的关键字。可以为 public(公有的)、protected(保护的)、private(私有的)。默认情况下,成员函数的访问级别设置为 public。

(7)【静态】、【虚拟】、【常量】和【内联】

设置新成员函数是静态的还是虚拟、常量或内联函数。

(8)【注释】

提供成员函数的注释。

(9)【函数签名】

显示单击【完成】按钮时成员函数出现在代码中的样子,无法编辑此框中的文本。

2) 删除方法

在【方法】列表中选择一个选项,然后单击【删除方法】按钮。

3) 显示方法的定义代码

在【方法】列表中选择一个选项,然后单击【转到定义】按钮,或双击【方法】列表中的选项。

4) 显示方法的声明代码

在【方法】列表中选择一个选项,然后单击【转到声明】按钮。

3.2.4 类的添加与删除

1. 类的添加

单击【项目】→【添加类】菜单，或在【解决方案资源管理器】或【类视图】中右击该项目，单击【添加】→【类】菜单，此时会打开【添加类】对话框，如图 3.29 所示。

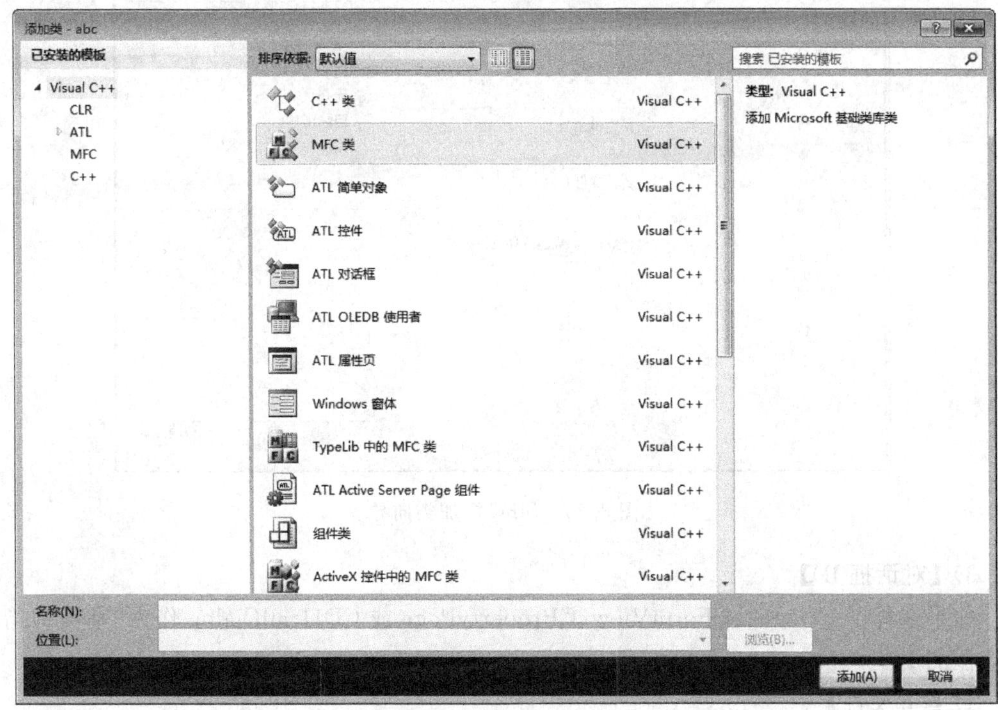

图 3.29 【添加类】对话框

在【添加类】对话框中，当在左侧窗口中展开 Visual C++节点时，将会显示多组已安装的模板。这些组包括 CLR、ATL、MFC 和 C++。如果选择某个组，则将在中间窗口中显示该组中可用模板的列表。每个模板都包含某个类所需的文件和源代码。

若要生成新的 MFC 类，在中间窗口内选择【MFC 类】，然后单击【添加】按钮。此时会打开【MFC 添加类向导】，这样就可为该类指定选项。

2. 【MFC 添加类向导】对话框

将类添加到现有的 MFC 项目，或将类添加到支持 MFC 的 ATL 项目，也可以将 MFC 类添加到具有 MFC 支持的 Win32 项目中。创建项目时指定的功能决定此对话框中的可用选项，如图 3.30 所示。

一般情况下只需要输入类名，选择一个基类即可，其他选项可以用默认值。

1)【类名】

指定新类的名称，C++类通常以“C”开头。

2)【基类】

指定新类的基类名称，默认情况下，基类为 CWnd。

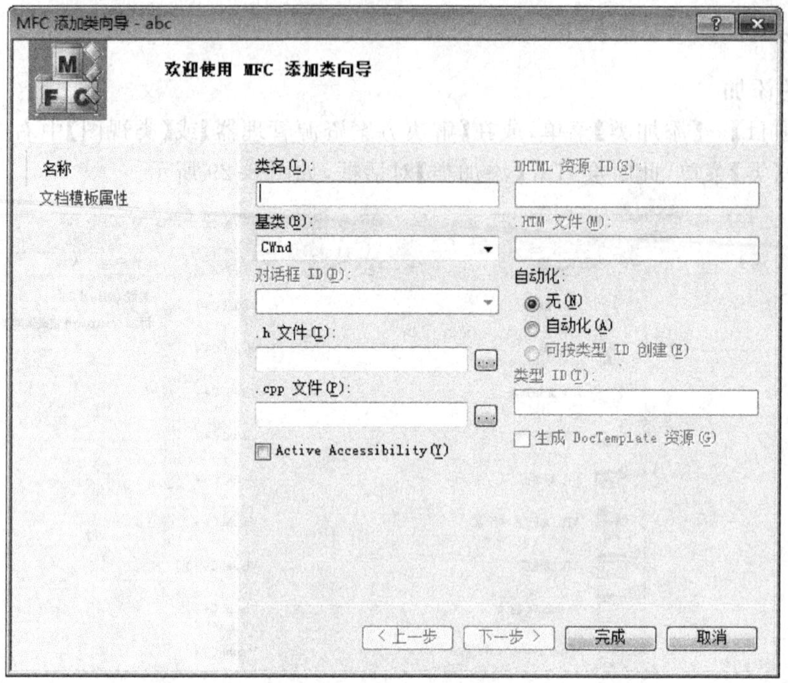

图 3.30 MFC 添加类向导

3)【对话框 ID】

如果选择了 CDialog、CFormView、CPropertyPage 或 CDHtmlDialog 作为“基类”，指定对话框的 ID。

4)【.h 文件】

为类设置头文件的名称。默认情况下，此名称基于在【类名】中提供的名称。单击省略号按钮将该文件名保存到所选位置，或将类声明追加到现有文件。

5)【.cpp 文件】

为类设置实现文件的名称，默认情况下，此名称基于在【类名】中提供的名称。单击省略号按钮将文件名保存到所选位置。

6)【ActiveAccessibility】

通过调用构造函数中的 EnableActiveAccessibility 来启用 MFC 对 ActiveAccessibility 的支持。此选项对从 CWnd 导出的类可用。

7)【DHTML 资源 ID】

仅应用于从 CDHtmlDialog 导出的类，指定 DHTML 对话框的资源 ID。

8)【.HTM 文件】

仅应用于从 CDHtmlDialog 导出的类，设置 DHTML 对话框的 HTML 文件名。

9)【自动化】

设置自动化支持的类级别。

10)【类型 ID】

将项目名和新的类名用“.”连接在一起。

11)【生成 DocTemplate 资源】

指示应用程序创建的文档具有文档模板资源。为激活此复选框，项目必须支持 MFC 文档/视图结构，并且该类的基类必须是 CFormView。

3. 类的删除

在【解决方案资源管理器】中分别选择要删除的类的.h 和.cpp 文件，然后右击选择【移除】菜单，会弹出【移除】、【删除】和【取消】三个选项，如图 3.31 所示。选择【移除】，只是将类的文件从项目中删除，但文件还在项目的目录下保存着，选择【删除】，就将文件从磁盘上彻底删掉了。

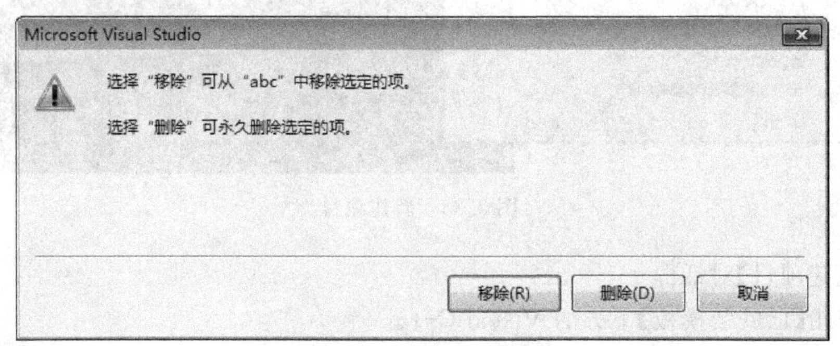

图 3.31 类的删除

3.2.5 MFC 类案例

编写一个基于对话框的密码程序，要求添加相关控件并实现如下的功能：根据输入的密码信息，弹出相应的消息框，如果密码和用户名正确输出"欢迎您"消息框，如果密码或用户名不正确输出"用户名或密码错误，重新输入!"的消息框，要求密码信息显示为"＊"。运行效果如图 3.32 所示。

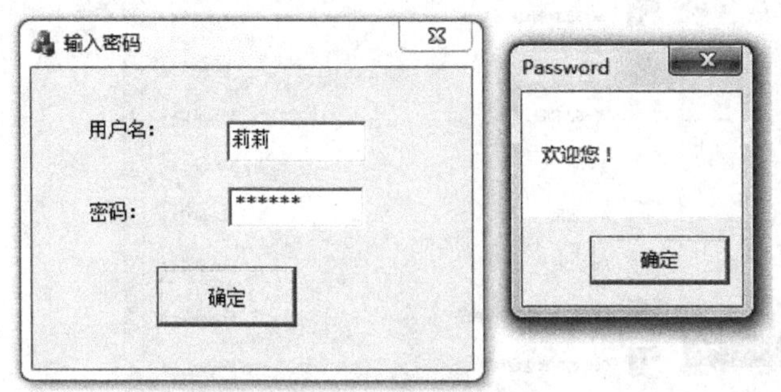

图 3.32 运行效果

步骤：

1. 新建一个基于对话框的应用程序

1) 启动【应用程序向导】新建项目

打开 Visual Studio 2010 开发环境主窗口，单击【文件】→【新建】→【项目】菜单，如图 3.33 所示。

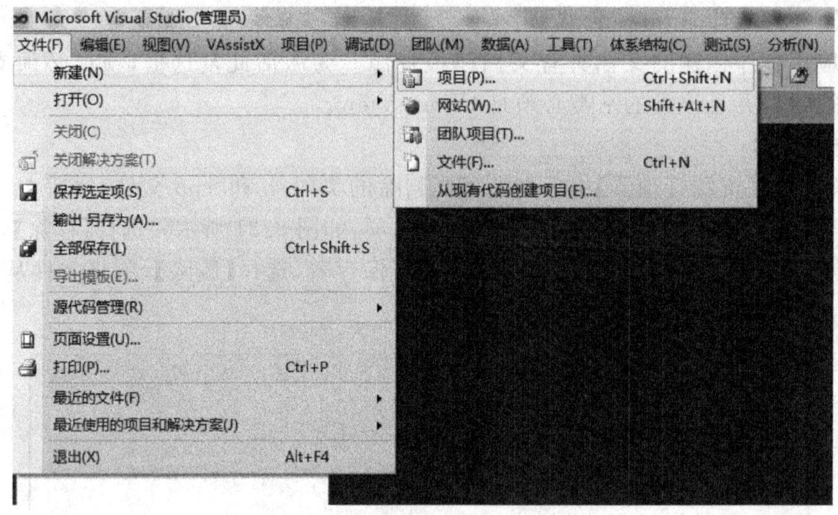

图 3.33 新建项目

2)【新建项目】对话框

(1) 单击【已安装模板】下方的 Visual C++。

(2) 从中间窗口中选择【MFC 应用程序】项目模板。

(3) 在【名称】框中输入新项目的名称“Password”。

(4) 在【位置】框中，选择保存位置“D:\myvc”。

(5) 在【解决方案名称】中，保持默认值。

(6) 选中【为解决方案创建目录】复选框。

(7) 单击【确定】按钮，如图 3.34 所示。

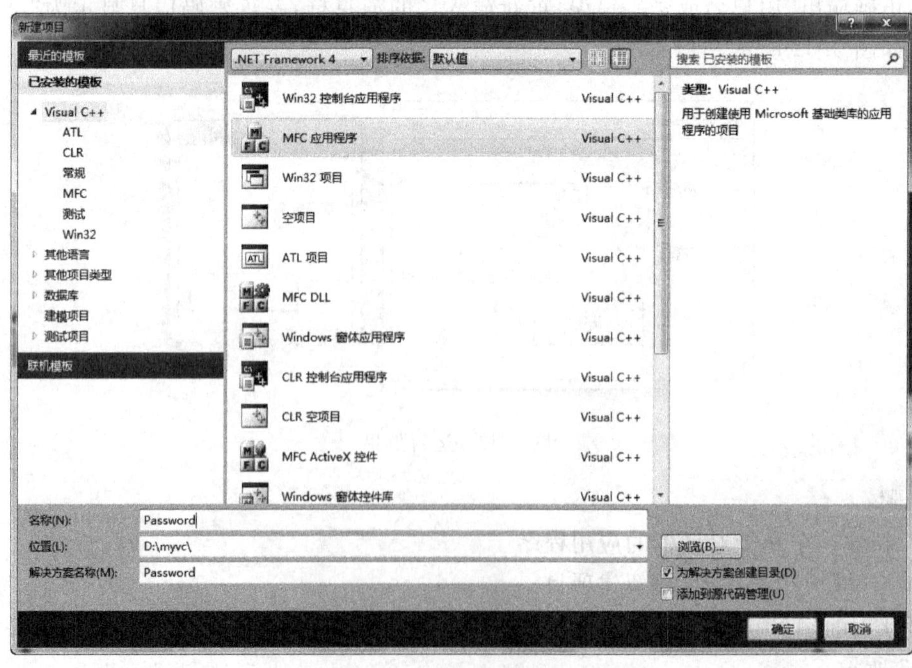

图 3.34 【新建项目】对话框

3)【欢迎使用 MFC 应用程序向导】对话框

单击【下一步】按钮,如图 3.35 所示。

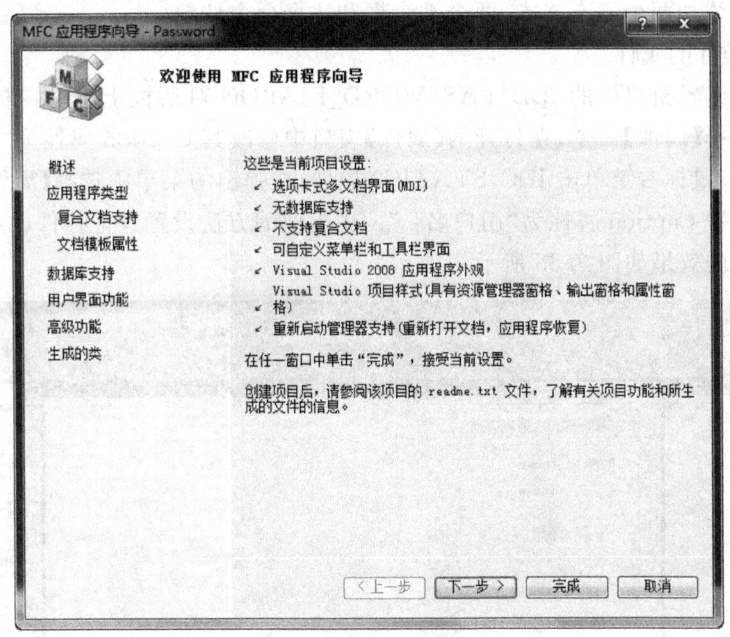

图 3.35 【欢迎使用 MFC 应用程序向导】对话框

4)【应用程序类型】对话框

【应用程序类型】选择【基于对话框】,【项目类型】选择【MFC 标准】,将【使用 Unicode 库】选项去掉,单击【完成】按钮,如图 3.36 所示。

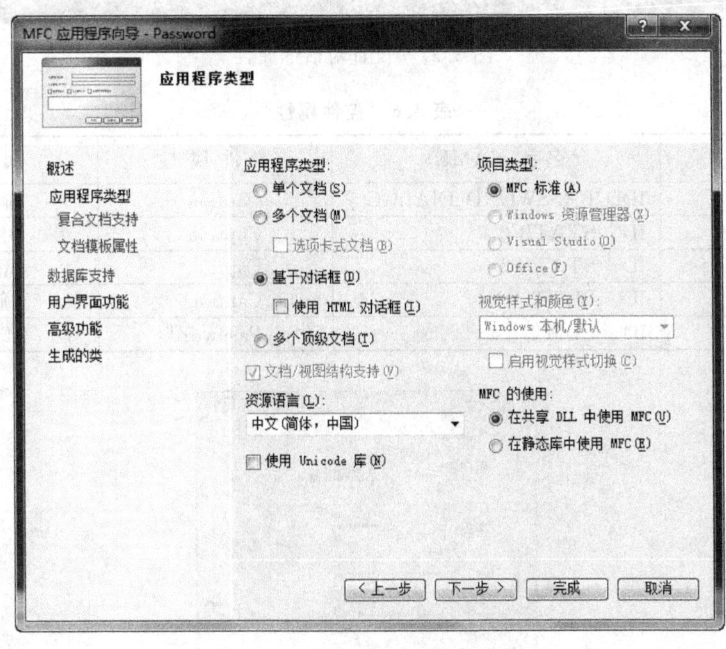

图 3.36 【应用程序类型】对话框

2. 在对话框中添加控件

删除对话框上原有的【TODO:在此放置对话框控件】静态文本控件、【确定】和【取消】按钮控件。分别添加两个静态文本,两个编辑框和一个命令按钮。

3. 修改控件的属性

在中间的编辑窗口中的 IDD_PASSWORD_DIALOG 对话框上单击鼠标右键,然后在右键菜单中选择【属性】命令,在打开的【属性】窗口中修改其 Caption 属性为"输入密码",如图 3.37 所示。鼠标右键单击 IDC_STATIC2 控件,在弹出的菜单中选择【属性】命令,在【属性】窗口中,设置 Caption 属性为"用户名:"。用类似的方法设置其他控件的属性,如表 3.6 所示。设置后的效果如图 3.38 所示。

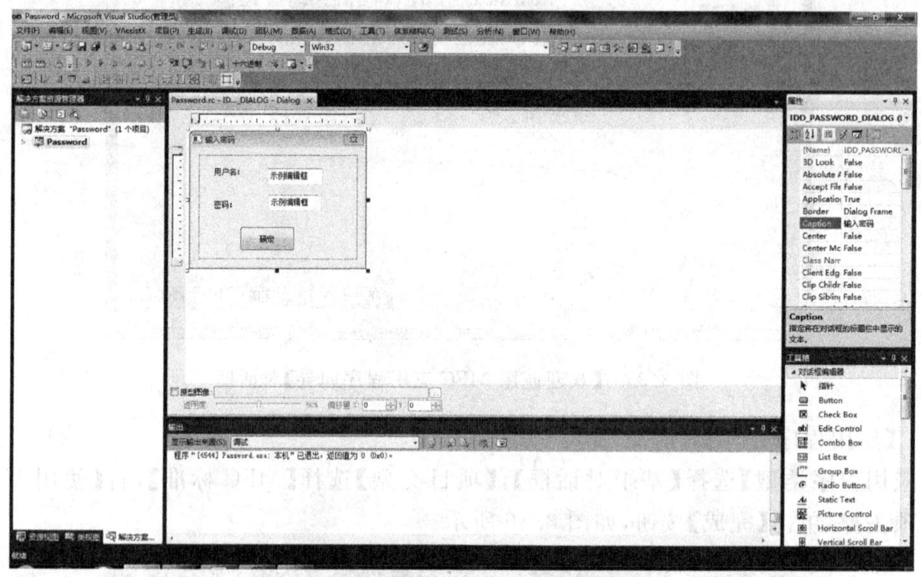

图 3.37 设置对话框属性

表 3.6 控件属性

控 件	名字(NAME)	控件属性	属 性 值
对话框	IDD_PASSWORD_DIALOG	Caption	输入密码
静态文本	IDC_STATIC2	Caption	用户名:
静态文本	IDC_STATIC3	Caption	密码:
命令按钮	IDC_BUTTON1	Caption	确定
编辑框	IDC_EDIT2	Password	True

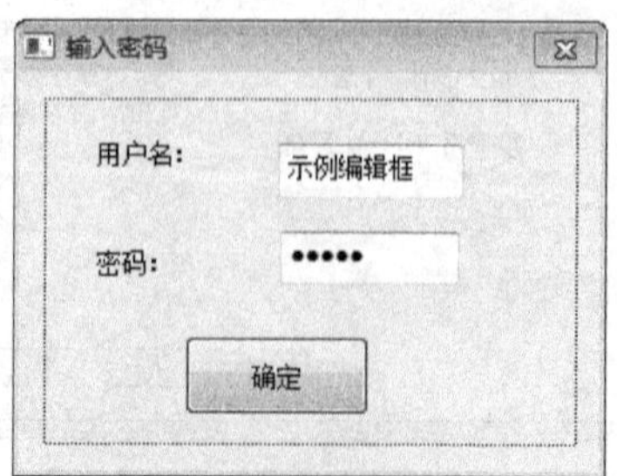

图 3.38 设置后的效果

4. 添加控件的成员变量

分别用【成员变量向导】和【类向导】方法为控件添加如表 3.7 所示的成员变量。

表 3.7 成员变量表

控件 ID	类　别	变量类型	变　量　名
IDC_EDIT1	Value	CString	m_user
IDC_EDIT2	Value	CString	m_pass

1) 用【成员变量向导】方法为 IDC_EDIT1 定义关联变量名为"m_user"

鼠标右击 IDC_EDIT1 控件，在弹出的菜单中单击【添加变量】菜单，打开【添加成员变量向导】对话框，在【变量名】编辑框中输入"m_user"，其他选项保持默认值不变，如图 3.39 所示。

图 3.39 添加成员变量向导

2) 用【类向导】方法为 IDC_EDIT2 定义关联变量名为"m_pass"

(1) 单击【项目】→【类向导】菜单。在 MFC 类向导对话框中，类名选择 CPasswordDlg，选择【成员变量】选项卡页面，在【成员变量】列表中，选择 IDC_EDIT2，单击【添加变量】按钮，如图 3.40 所示。

(2) 在【添加成员变量】对话框中，【成员变量名称】项输入"m_pass"，【类别】项选择 Value，【变量类型】选择 CString，【最大字符数】输入"6"，单击【确定】按钮，如图 3.41 所示。

图 3.40 【MFC 类向导】对话框

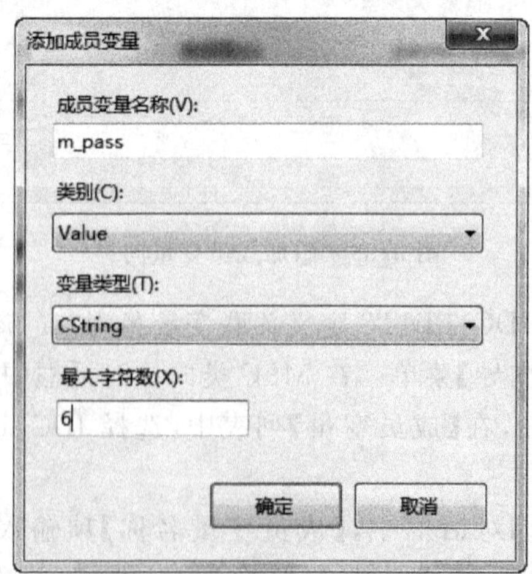

图 3.41 【添加成员变量】对话框

5. 添加成员函数

在【类视图】中鼠标右击 CPasswordDlg，在弹出的菜单中单击【添加】→【添加函数】菜单，如图 3.42 所示。在【添加成员函数向导】对话框中，【返回类型】选择 bool，【参数类型】选择 int，【访问】选择 public，【函数名】输入“emp”。单击【完成】按钮，如图 3.43 所示。

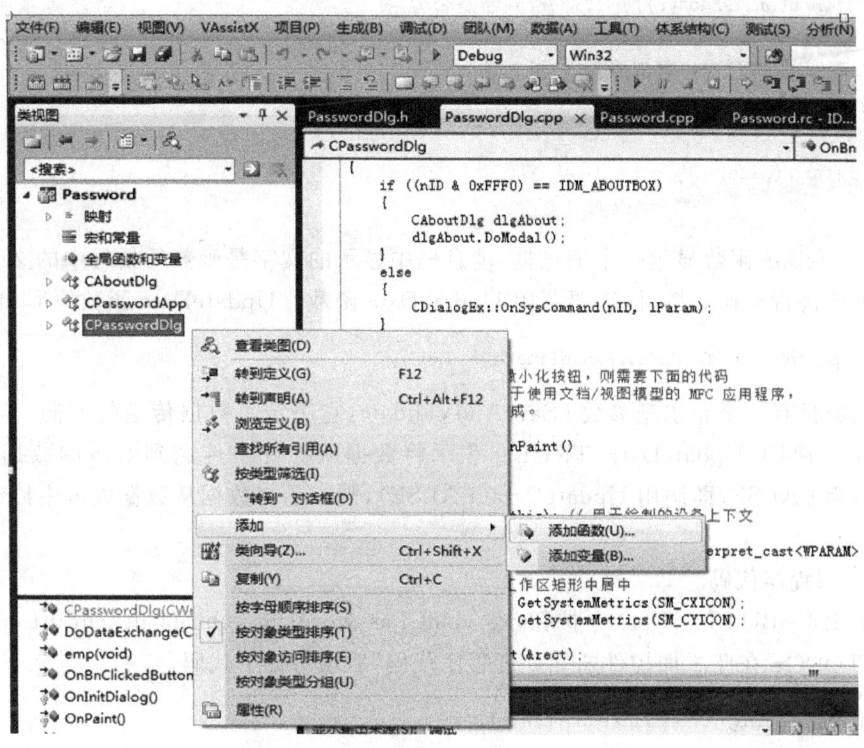

图 3.42 添加成员函数

图 3.43 添加成员函数向导

在生成的 emp 函数中添加如下代码。

```
BoolCPasswordDlg::emp(void)
{
    UpdateData(TRUE);
    if(m_user.IsEmpty())          //判断是否为空
    {
    MessageBox("用户名不能为空,重新输入!");
    return true;
    }
    return false;
}
```

MessageBox 函数显示一个消息框,消息框中显示的文字是函数后括号中的文字。

当程序进行交换数据时,需要调用 UpdateData 函数。UpdateData 函数原形如下:

```
BOOL UpdateData( BOOL bSaveAndValidate = TRUE);
```

该函数只有一个布尔型参数 bSaveAndValidate,它决定了数据传送的方向。若参数值为 TRUE,即调用 UpdateData(TRUE),表示将数据从控件中传送到对应的数据成员中;若参数值为 FALSE,即调用 UpdateData(FALSE),则表示将数据从数据成员中传送给对应的控件。

6. 编写程序代码

双击 IDC_BUTTON1 命令按钮,在 voidCPasswordDlg::OnBnClickedButton1()函数中的"//TODO: 在此添加控件通知处理程序代码"后填写如下代码。

```
voidCPasswordDlg::OnBnClickedButton1()
{
    //TODO: 在此添加控件通知处理程序代码
    if(emp() == true)return;
    UpdateData(TRUE);
    if(m_user == "莉莉" && m_pass == "123456") MessageBox("欢迎您!");
    else
    {
        MessageBox("用户名或密码错误,重新输入!");
            m_user = "";m_pass = "";
    }
    UpdateData(false);
}
```

7. 生成解决方案并运行

单击【生成】→【生成解决方案】菜单或按 F7 键,单击【调试】→【开始执行】菜单或按 Ctrl+F5 键。

说明: VC++ 2010 编写 MFC 程序的时候经常要用 MessageBox 函数,如果有提示"error C2664: "CWnd::MessageBoxW":不能将参数 1 从"const char []"转换为"LPCTSTR"",错误提示的原因是 VS2010 默认使用的是 UNICODE 字符集,在参数转换时会出错。解决方法如下:

方法 1：在新建项目时，把使用 UNICODE 字符集取消，如图 3.44 所示。

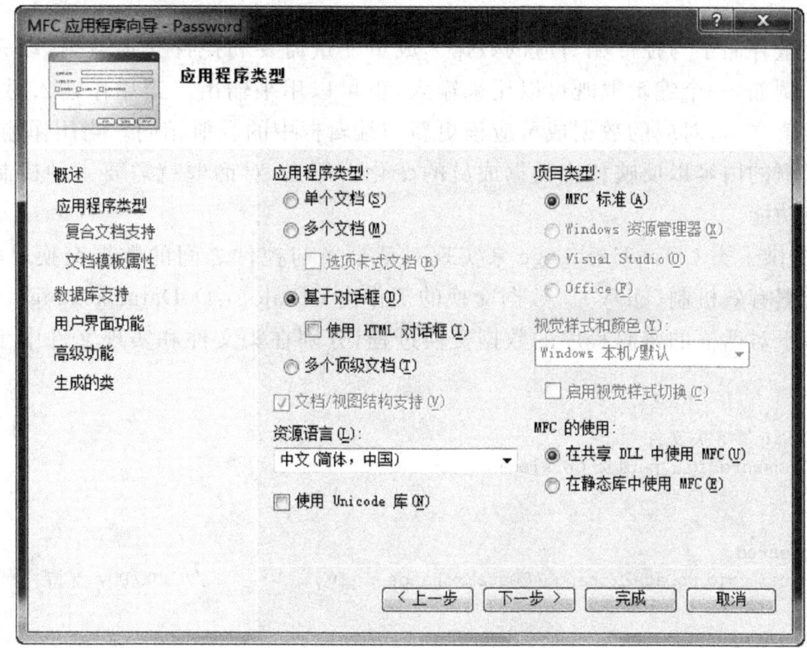

图 3.44　MFC 应用程序向导

方法 2：

单击【项目】→【属性】→【配置属性】→【常规】选项，把【字符集】改为【使用多字节字符集】，然后单击【确定】按钮，如图 3.45 所示。

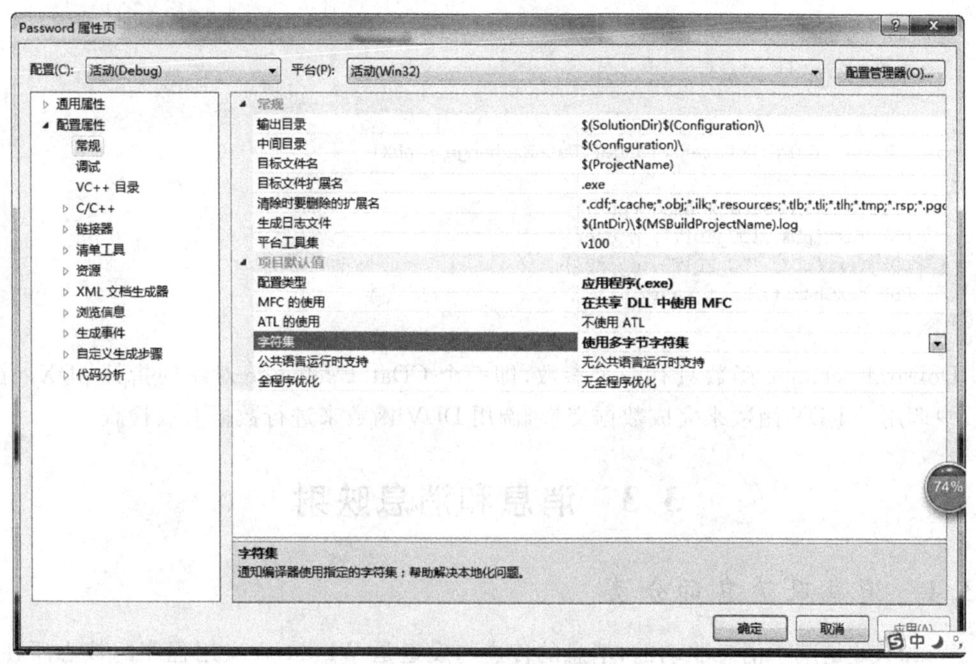

图 3.45　配置常规选项

3.2.6 对话框的数据交换机制

成员变量存储了与控件相对应的数据。成员变量需要和控件交换数据，以完成输入或输出功能。例如，一个编辑框既可以用来输入，也可以用来输出。当用作输入时，用户在其中输入了数值之后，对应的数据成员应该更新与编辑框中的数值相同。当用作输出时，应及时刷新编辑框的内容以反映相应数据成员的变化。那么，对话框就需要一种机制来实现这种数据交换功能。

MFC 提供了类 CDataExchange 来实现对话框类与控件之间的数据交换（DDX），该类还提供了数据有效机制（DDV）。数据交换的工作由 CDialog::DoDataExchange 来完成。

总结基于对话框的密码程序的数据交换过程，分别在头文件和实现文件中生成的代码如下。

```
PasswordDlg.h : 头文件
class CPasswordDlg : public CDialogEx
{
…
    protected:
    virtual void DoDataExchange(CDataExchange * pDX);          // DDX/DDV 支持
public:
    CString m_user;
    CString m_pass;
…
};
PasswordDlg.cpp : 实现文件
CPasswordDlg::CPasswordDlg(CWnd * pParent /* = NULL */)
    : CDialogEx(CPasswordDlg::IDD, pParent)
    , m_user(_T(""))
{
    …
    m_pass = _T("");

}
void CPasswordDlg::DoDataExchange(CDataExchange * pDX)
{
    CDialogEx::DoDataExchange(pDX);
    DDX_Text(pDX, IDC_EDIT1, m_user);
    DDX_Text(pDX, IDC_EDIT2, m_pass);
    DDV_MaxChars(pDX, m_pass, 6);
}
```

DoDataExchange 函数只有一个参数，即一个 CDataExchange 对象的指针 pDX。在该函数中调用了 DDX 函数来完成数据交换，调用 DDV 函数来进行数据有效检查。

3.3 消息和消息映射

3.3.1 消息及消息的分类

Windows 是基于消息驱动的，消息的传递与发送是 Windows 应用程序的核心所在，任何事件的触发与响应均要通过消息的作用才能得以完成。在 SDK 编程中，对消息的获取与分发主要是通过消息循环来完成的，而在 MFC 编程中则是通过采取消息映射的方式对其进行处理的。相比而言，这样的处理方式要简单许多，这也是符合面向对象编程中尽可能隐含实现细节的原则。

Windows 应用程序中的消息主要有以下三种类型。

(1) Windows 消息：这类消息主要是指由 WM_开头的消息(WM_COMMAND 除外)。Windows 消息往往带有参数，以标志处理消息的方法。

(2) 控件的通知消息：当控件的状态发生改变(例如用户在控件中进行输入)时，控件就会向其父窗口发送 WM_COMMAND 通知消息。

(3) 命令消息：命令消息主要包括由用户交互对象(菜单、工具条的按钮、快捷键等)发送的 WM_COMMAND 通知消息。消息中附带了标识符 ID 来区分是来自哪个菜单、工具栏按钮或加速键的消息。

CWnd 的派生类都可以接收到 Windows 消息、通知消息和命令消息。命令消息还可以由文档类等接收。

3.3.2 MFC 常用消息及其消息映射函数

1. 键盘消息

当用户在键盘上按下某个键的时候，会产生 WM_KEYDOWN 消息，释放按键的时候又会产生 WM_KEYUP 消息，所以 WM_KEYDOWN 与 WM_KEYUP 消息一般总是成对出现的，WM_CHAR 消息，是在用户的键盘输入能产生有效的 ASCII 码时才会发生。要注意前两个消息与 WM_CHAR 消息在使用上是有区别的。在前两个消息中，伴随消息传递的是按键的虚拟键码，所谓虚拟键代码，是指与设备无关的键盘编码，所以这两个消息可以处理非打印字符，如方向键、功能键等。而伴随 WM_CHAR 消息的参数是所按的键的 ASCII 码，ASCII 码是可以区分字母的大小写的，而虚拟键码是不能区分大小写的。三种消息原型分别如下。

MFC 类向导能自动添加当前类的 WM_KEYDOWN、WM_KEYUP 和 WM_CHAR 消息处理函数，函数原型如下。

```
afx_msg void OnKeyDown(UINT nChar,UINT nRepCnt,UINT nFlags);
afx_msg void OnKeyUp(UINT nChar,UINT nRepCnt,UINT nFlags);
```

afx_msg 是 MFC 用于定义消息函数的标志，参数 nChar 表示虚拟键代码，nRepCnt 表示当用户按住一个键时的重复计数，nFlags 表示击键消息标志。

```
afx_msg void OnChar(UINT nChar,UINT nRepCnt,UINT nFlags);
```

参数 nChar 表示键的 ASCII 码，nRepCnt 表示当用户按住一个键时的重复计数，nFlags 表示字符消息标志。

2. 鼠标消息

当用户对鼠标进行操作时，只要鼠标移过窗口的客户区时，就会向该窗口发送 WM_MOUSEMOVE(移动鼠标)消息。客户区是指窗口中用于输出文档的区域。用户按下左键时发送 WM_LBUTTONDOWN，当用户释放左键时发送 WM_LBUTTONUP，用户双击左键时发送 WM_LBUTTONDBCLICK，用户按下右键时发送 WM_RBUTTONDOWN，用户释放右键时发送 WM_RBUTTONUP,用户双击右键时发送 WM_RBUTTONDBCLICK。函数原型如下。

```
afx_msg void OnMouseMove(UINT nFlags,CPoint point);
afx_msg void OnLButtonDown(UINT nFlags,CPoint point);
afx_msg void OnLButtonUp(UINT nFlags,CPoint point);
afx_msg void OnLButtonDblClk(UINT nFlags,CPoint point);
afx_msg void OnRButtonDown(UINT nFlags,CPoint point);
afx_msg void OnRButtonUp(UINT nFlags,CPoint point);
afx_msg void OnRButtonDblClk(UINT nFlags,CPoint point);
```

其中,point 表示鼠标光标在屏幕上的(x,y)坐标,nFlags 表示鼠标按键和键盘组合情况,它可以是下列值的组合(MK 前缀表示"鼠标键")。

MK_CONTROL——键盘上的 Ctrl 键被按下;

MK_LBUTTON——鼠标左键被按下;

MK_MBUTTON——鼠标中键被按下;

MK_RBUTTON——鼠标右键被按下;

MK_SHIFT——键盘上的 Shift 键被按下。

3. 计时器消息

应用程序是通过 CWnd 的 SetTimer 函数来设置并启动计时器的,这个函数的原型如下:

```
UINT_PTR SetTimer( UINT_PTR nIDEvent, UINT nElapse, void (CALLBACK * lpfnTimer)(HWND, UINT,
UINT_PTR, DWORD));
```

参数 nIDEvent 用来指定该计时器的标识值(不能为 0),当应用程序需要多个计时器时可多次调用该函数,但每一个计时器的标识值应是唯一的。nElapse 表示计时器的时间间隔(单位为 ms)。lpfnTimer 是一个回调函数的指针,该函数由应用程序来定义,用来处理计时器 WM_TIMER 消息。一般情况下该参数为 NULL,此时 WM_TIMER 消息被放入到应用程序消息队列中供 CWnd 对象处理。

SetTimer 函数成功调用后返回新计时器的标识值。当应用程序不再使用计时器时,可调用 CWnd 的 KillTimer 函数来停止 WM_TIMER 消息的传送,函数原型如下:

```
BOOL KillTimer(int nIDEvent);
```

其中,nIDEvent 和用户调用 SetTimer 函数设置的计时器标识值是一致的。

对于 WM_TIMER 消息,类向导会将其映射成具有下列原型的消息处理函数:

```
afx_msg voidOnTimer(UINT nIDEvent);
```

通过 nIDEvent 可判断出 WM_TIMER 是哪个计时器传送的。

4. 窗口消息

创建一个窗口对象的时候,这个窗口对象在创建过程中收到的就是 WM_CREATE 消息,对这个消息的处理过程一般用来设置一些显示窗口前的初始化工作,如设置窗口的大小、背景颜色等。WM_DESTROY 消息指示窗口即将要被撤销,在这个消息处理过程中,可以做窗口撤销前的一些工作。WM_CLOSE 消息发生在窗口将要被关闭之前,在收到这个消息后，一般性的操作是回收所有分配给这个窗口的各种资源。而当窗口工作区中的内容需要重画的时候就会产生 WM_PAINT 消息。函数原型如下：

```
afx_msg int OnCreate(LPCREATESTRUCT lpCreateStruct);
```

lpCreateStruct：包括被创建窗口的信息。

```
afx_msg void OnDestroy();
afx_msg void OnClose();
afx_msg void OnPaint();
```

5. 焦点消息

当一个窗口从非活动状态变为具有输入焦点的活动状态的时候，它就会收到 WM_SETFOCUS 消息，而当一个窗口失去输入焦点变为非活动状态的时候它就会收到 WM_KILLFOCUS 消息。函数原型如下：

```
afx_msg void OnSetFocus(CWnd * pOldWnd);
afx_msg void OnKillFocus(CWnd * pNewWnd);
```

pOldWnd：指向失去输入焦点的窗口。

pNewWnd：指向接收输入焦点的窗口。

3.3.3 消息映射

MFC 使用一种消息映射机制来处理消息，在应用程序框架中的表现就是一个消息与消息处理函数一一对应的消息映射表，以及消息处理函数的声明和实现等代码。当窗口接收到消息时，会到消息映射表中查找该消息对应的消息处理函数，然后由消息处理函数进行相应的处理。

MFC 在类中加入静态消息映射表的方式是通过 DECLARE_MESSAGE_MAP()和 BEGIN_MESSAGE_MAP()及 END_MESSAGE_MAP()宏来实现的。

1. 宏的说明

1) DECLARE_MESSAGE_MAP

在类的头文件(.h)中使用，在类声明的尾部，用于声明在源文件中存在的消息映射。

2) BEGIN_MESSAGE_MAP()和 END_MESSAGE_MAP()

在类的实现文件(.cpp)中使用，分别标识消息映射的开始和消息映射的结束。

一个完整的 MFC 消息映射包括对消息处理函数的原型声明、实现以及存在于消息映射中的消息入口，这几部分分别存在于类的头文件和实现文件中。一般情况下除了对自定义消息的响应外，对于标准 Windows 消息的映射处理可以借助类向导来完成。

2. 一个完整的 MFC 消息映射过程

(1) 在类的定义文件(.h)中 DECLARE_MESSAGE_MAP()后添加消息处理函数的函数声明，注意要以 afx_msg 打头。

(2) 在类的实现文件(.cpp)中的消息映射表中添加该消息的消息映射入口项。

```
BEGIN_MESSAG_MAP
…
```

消息映射入口项

```
...
END_MESSAGE_MAP
```

(3) 在类实现文件(.cpp)中添加消息处理函数的函数实现。

3.3.4 消息映射案例

生成一个基于对话框的应用程序，完成在对话框中单击鼠标左键，弹出一个消息框显示“您好!”。运行结果如图 3.46 所示。

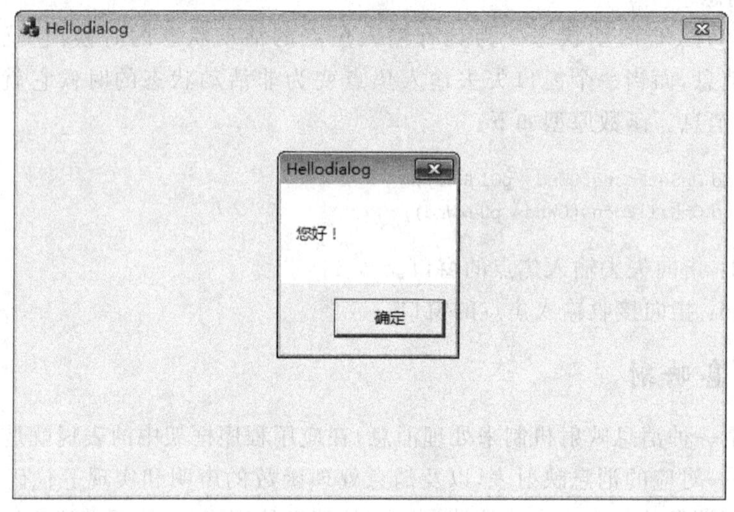

图 3.46 运行结果

步骤：

1. 新建一个基于对话框的应用程序

1) 启动【应用程序向导】新建项目

打开 Visual Studio 2010 开发环境主窗口，单击【文件】→【新建】→【项目】菜单。

2)【新建项目】对话框

(1) 单击【已安装模板】下方的 Visual C++。

(2) 从中间窗口中选择【MFC 应用程序】项目模板。

(3) 在【名称】框中输入新项目的名称“Hellodialog”。

(4) 在【位置】框中，选择保存位置“D:\myvc”。

(5) 在【解决方案名称】中，保持默认值。

(6) 选中【为解决方案创建目录】复选框。

(7) 单击【确定】按钮。

3)【欢迎使用 MFC 应用程序向导】对话框

单击【下一步】按钮。

4)【应用程序类型】对话框

【应用程序类型】选择【基于对话框】，【项目类型】选择为【MFC 标准】，将【使用 Unicode

库】选项去掉，单击【完成】按钮。

2. 删除对话框的所有控件

删除对话框上原有的【TODO：在此放置对话框控件】静态文本控件、【确定】和【取消】按钮控件。

3. 添加消息映射

单击【项目】→【类向导】菜单。在【MFC 类向导】对话框中，选择【消息】选项卡，在【消息】列表框中选择 WM_LBUTTONDOWN 消息，单击【添加处理程序】按钮，如图 3.47 所示。

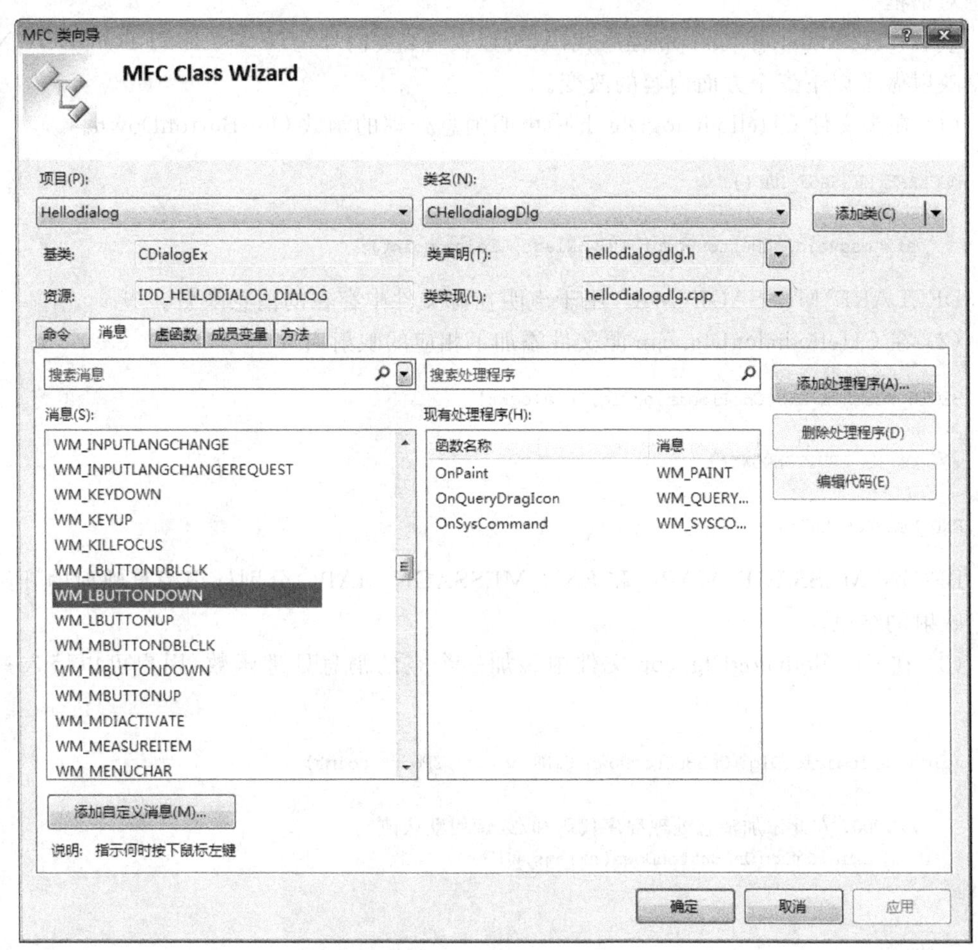

图 3.47 MFC 类向导

4. 编写程序代码

在【MFC 类向导】对话框中，单击【编辑代码】按钮。

在 voidCHellodialogDlg::OnLButtonDown(UINT nFlags, CPoint point)函数中的“//TODO：在此添加消息处理程序代码和/或调用默认值”语句后面添加以下程序代码。

```
void CHellodialogDlg::OnLButtonDown(UINT nFlags,CPointpoint)
{
```

```
    //TODO: 在此添加消息处理程序代码和/或调用默认值
    MessageBox("您好!");
    CDialogEx::OnLButtonDown(nFlags,point);
}
```


5. 生成解决方案并运行

单击【生成】→【生成解决方案】菜单或按 F7 键，单击【调试】→【开始执行】菜单或按 Ctrl+F5 键。

这样就完成了一个消息映射过程。程序运行后，在窗口区单击鼠标左键，就会弹出一个消息对话框。

查看 CHellodialogDlg.cpp 程序代码，可以发现：类向导为 WM_LBUTTOMDOWN 的消息映射做了以下三个方面内容的改变。

(1) 在头文件 CHellodialogDlg.h 中声明消息处理的函数 OnLButtonDown。

```
DECLARE_MESSAGE_MAP()
    public:
    afx_msgvoidOnLButtonDown(UINT nFlags,CPoint point);
```

DECLARE_MESSAGE_MAP 用于声明在源文件中存在的消息映射。

(2) 在 CHellodialogDlg.cpp 源文件添加了相应的映射宏。

```
BEGIN_MESSAGE_MAP(CHellodialogDlg,CDialogEx)
…
    ON_WM_LBUTTONDOWN()
…
END_MESSAGE_MAP()
```

BEGIN_MESSAGE_MAP()和 END_MESSAGE_MAP()分别标识消息映射的开始和消息映射的结束。

(3) 在 CHellodialogDlg.cpp 文件中添加一个空的消息处理函数，用户可以填入具体代码。

```
void CHellodialogDlg::OnLButtonDown(UINT nFlags,CPoint point)
{
    //TODO: 在此添加消息处理程序代码和/或调用默认值
        CDialogEx::OnLButtonDown(nFlags,point);
}
```

第 4 章　资源与对话框

4.1 资　　源

4.1.1 资源的分类

典型的 Windows 应用程序会用到一些称为资源的数据，包括快捷键列表(Accelerator)、位图(Bitmap)、对话框(Dialog)、图标(Icon)、菜单(Menu)、字串表(StringTable)、工具栏按钮(Toolbar)和版本信息(Version)等。

在 VC++中，对于自定义的菜单，图标、光标和对话框等都是以资源的形式进行管理的，它们的定义与描述存放在资源文件中(扩展名为.rc)，资源文件常与项目同名。资源文件是文本文件，可用文本编辑器编辑阅读，更方便的方法是通过资源编辑器进行编辑。

在项目中，资源通过资源标识符加以区别。通常在使用资源编辑器建立资源或将一外部资源插入项目时为资源命名标识符。标识符的命名有一定的规则，如“IDR_MAINFRAME”代表主框架窗口的菜单和工具栏，“IDD_ABOUTBOX”代表 About(关于)对话框。通常将一个项目中所有的资源标识符均放在头文件 Resource.h 中定义，因此在源代码文件中要包含此头文件。表 4.1 中列出了一些 MFC 使用的资源标识符前缀。

表 4.1　资源标识符前缀

标识符前缀	含　义
IDR_	表示快捷键或菜单相关资源
IDD_	表示对话框资源
IDC_	表示光标资源或控件
IDB_	表示位图资源
IDM_	表示菜单项
ID_	表示命令项
IDS_	表示字符表中的字符串
IDP_	表示消息框中使用的字符串

打开第 3 章中的 Firstmfc 应用程序，切换到【资源视图】页面，展开所有的节点，如图 4.1 所示。

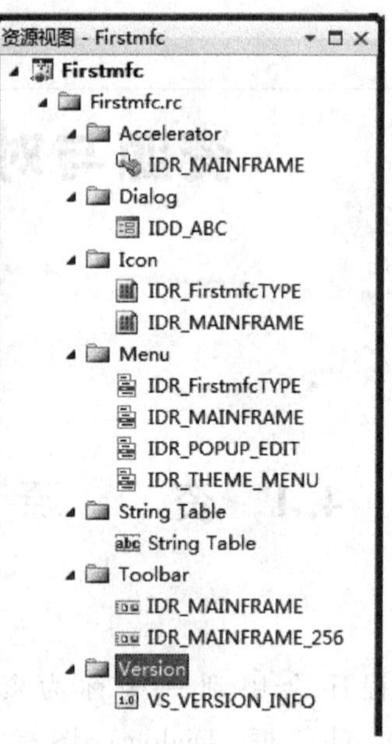

图 4.1　资源视图

4.1.2　创建资源

创建资源的方法是首先打开【添加资源】对话框，然后在【添加资源】对话框中选择要添加到项目的资源类型。

1. 打开【添加资源】对话框的几种方法

(1) 在【资源视图】中创建新的资源：在【资源视图】中将焦点放在.rc文件上时，单击【编辑】→【添加资源】菜单或在【资源视图】中右击.rc文件并从快捷菜单中选择【添加资源】菜单。

(2) 在解决方案资源管理器中创建新的资源：在解决方案资源管理器中右击项目并单击【添加】→【资源】菜单。

(3) 在【类视图】中创建新的资源：在【类视图】中，右击类并单击【添加】→【资源】菜单。

(4) 从主菜单创建新的资源：单击【项目】→【添加资源】菜单。

2. 【添加资源】对话框

使用【添加资源】对话框可以将资源添加到项目中，如图4.2所示。

1)【资源类型】

指定要创建的资源类型。可以展开光标和对话框资源目录以显示附加资源，显示在树控件顶层的资源是Visual Studio默认提供的资源。

2)【新建】

创建在【资源类型】框中选择的类型资源。资源在适当的编辑器内打开。例如，创建新对话框资源将在对话框编辑器中打开它。

3)【导入】

打开【导入】对话框，可在其中定位到希望导入当前项目中的资源。可以导入位图、图标、光标、HTML 或声音(.WAV)资源,或当前资源文件的任何自定义资源。

4)【自定义】

打开【新建自定义资源】对话框,可在其中创建新的自定义资源。自定义资源只能在二进制编辑器中进行编辑。

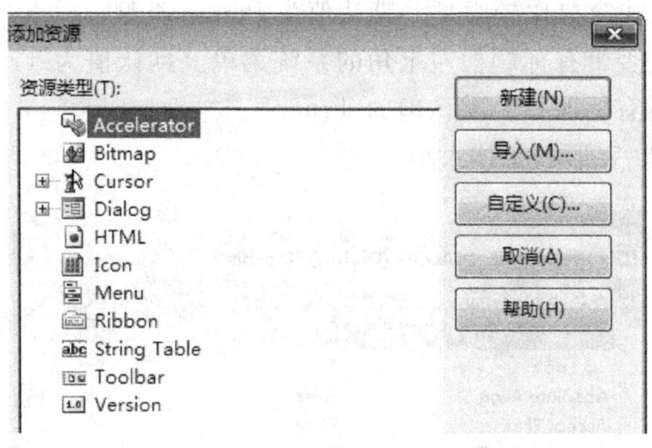

图 4.2　添加资源

当创建新资源时,Visual C++给该资源分配一个唯一的名称,如“IDD_DIALOG1”。可以通过在【属性】窗口中编辑资源属性来自定义该资源 ID。ID 是资源的唯一标识,本质上是一个无符号整数,一般 ID 代表的整数值由系统定义。

4.2　创建对话框

创建对话框主要分为三大步,第一步创建对话框资源,主要包括创建新的对话框模板、设置对话框属性和为对话框添加各种控件。第二步生成对话框类,主要包括新建对话框类、添加控件变量和控件的消息处理函数等。第三步创建对话框对象并显示对话框。

4.2.1　创建新的对话框模板

创建基于对话框的应用程序时主对话框的对话框模板已经由系统自动完成了。如果再添加对话框需要创建新的对话框模板,在【资源视图】中的 Dialog 文件夹上单击鼠标右键,在右键菜单中选择【插入 Dialog】命令,就会生成新的对话框模板,并且会自动分配 ID。

在【资源视图】的资源树中双击某个 ID,可在中间区域内显示相应的资源界面。例如双击 IDD_PASSWORD_DIALOG 时,中间区域就会显示 PASSWORD 对话框模板。

4.2.2　设置对话框属性

鼠标右键单击窗体中部的对话框编辑窗口,在右键菜单中选择【属性】命令,则在右侧面板中会显示对话框的属性列表,如图 4.3 所示。

常用属性如下。

ID:对话框的 ID 是唯一标识对话框资源的,可以修改。

Caption:对话框标题。

Border：边框类型。有 4 种类型：None、Thin、Resizing 和 Dialog Frame。

Maximize Box：对话框是否包含【最大化】按钮。默认值为 False。

Minimize Box：对话框是否包含【最小化】按钮。默认值为 False。

Style：对话框类型。有三种类型：Overlapped（重叠窗口）、Popup（弹出式窗口）和 Child（子窗口）。弹出式窗口比较常见。默认值为 Popup 类型。

SystemMenu：是否带有标题栏左上角的系统菜单。默认值为 True。

TitleBar：是否带有标题栏。默认值为 True。

Font(Size)：字体、字形和字体大小。

图 4.3　对话框的属性列表

4.2.3 创建对话框类

双击对话框模板或选中对话框模板，单击鼠标右键，在右键菜单中选择【添加类】命令，如图 4.4 所示。

系统会弹出【MFC 添加类向导】对话框，如图 4.5 所示。在【类名】编辑框中写入定义的类名就可以了，例如“Ctwodialog”，其他选项可以保持默认值。最后单击【完成】按钮。

最终可以在【类视图】中看到新生成的对话框类 Ctwodialog，并且在解决方案管理器中有相应的 Ctwodialog. h 头文件和 Ctwodialog. cpp 源文件生成。注意：一般类名都以 C 打头。

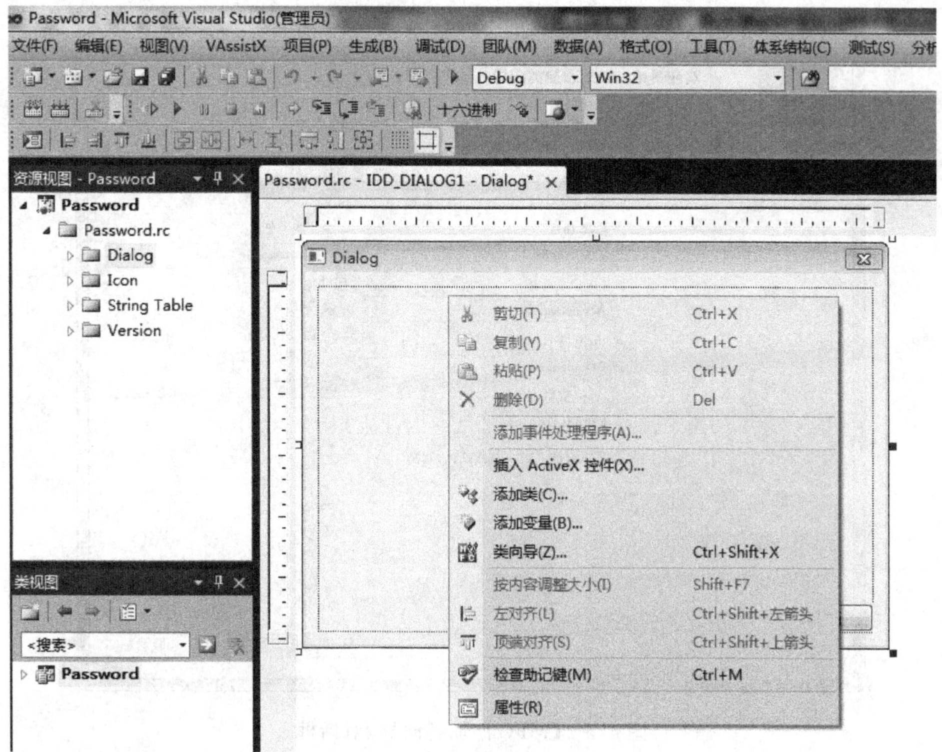

图 4.4 添加类

4.2.4 调用显示对话框

Windows 对话框分为两类：模态对话框和非模态对话框。模态对话框是当它弹出后，本应用程序其他窗口将不再接受用户输入，只有该对话框响应用户输入，退出后其他窗口才能继续与用户交互。非模态对话框是它弹出后，本程序其他窗口仍能响应用户输入。

创建模态对话框，一般需要以下三个步骤。

(1) 构造一个对话框类的对象变量。例如：

```
Ctwodialog mydlg;
```

(2) 调用 DoModal()函数显示对话框。例如：

```
mydlg.DoModal();
```

DoModal()函数可以显示模态对话框。CDialog:: DoModal()函数的原型为：

```
Virtual INT_PTR DoModal();
```

返回值是整数值，是退出对话框时单击的按钮的 ID，若单击【退出】按钮，那么 DoModal 返回值为 IDCANCEL，若单击【确定】按钮，那么 DoModal 返回值为 IDOK。如果函数不能创建对话框，则返回－1；如果出现其他错误，则返回 IDABORT。

程序根据 DoModal 的返回值是 IDOK 还是 IDCANCEL 就可以判断出用户是确定还是取消了对对话框的操作。

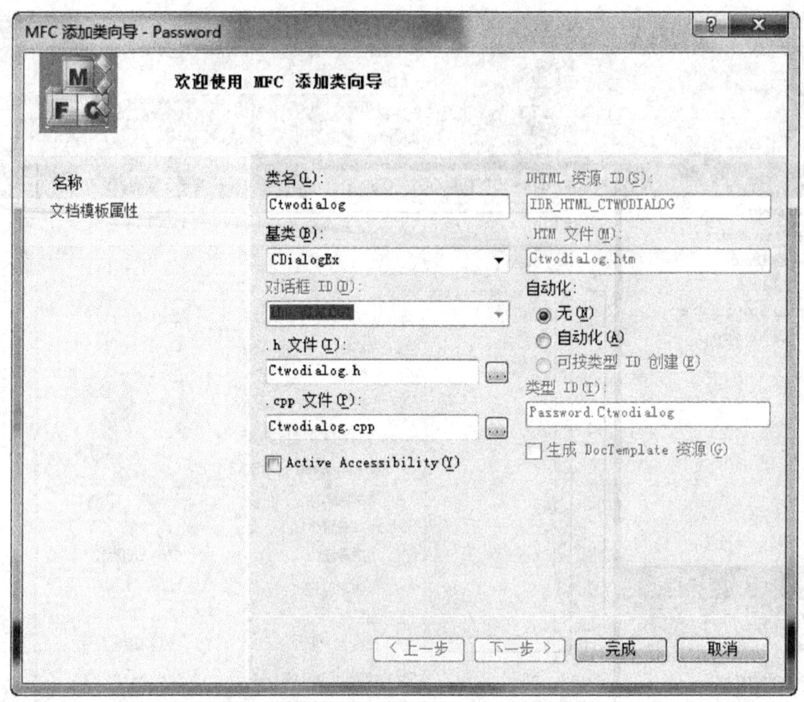

图 4.5 【MFC 添加类向导】对话框

(3) 在调用的类中添加被调用类的头文件。

例如：

```
#include"Ctwodialog.h";
```

4.2.5 对话框案例

修改第 3 章中的 PASSWORD 项目，当单击【确定】按钮时，如果用户名和密码正确显示一个新的【欢迎】对话框。运行结果如图 4.6 所示。

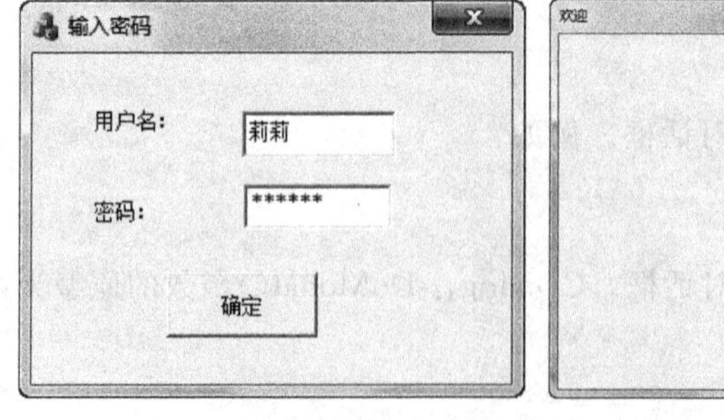

图 4.6 运行结果

步骤：

1. 生成新的对话框模板

在【资源视图】中的 Dialog 文件夹上单击鼠标右键，在右键菜单中选择【插入 Dialog】命令，生成新的对话框模板 IDD_DIALOG1。

2. 添加控件

在 IDD_DIALOG1 对话框中添加一个静态正文(StaticText)控件 IDC_STATIC1。

3. 设置对话框和控件属性

在中间的编辑窗口中的 IDD_DIALOG1 对话框上单击鼠标右键，然后在右键菜单中选择【属性】命令，在打开的【属性】窗口中修改其 ID 属性为 IDD_WELCOME_DIALOG，Caption 属性改为“欢迎”。

单击 IDC_STATIC1 控件，在【属性】窗口中，设置 Caption 属性为“欢迎进入本系统”。

4. 创建对话框类

双击 IDD_WELCOME_DIALOG 对话框模板或选中 IDD_WELCOME_DIALOG 对话框模板，单击鼠标右键，在右键菜单中选择【添加类】命令。在【添加类】对话框中，【类名】编辑框中输入“Ctwodialog”类名，最后单击【完成】按钮。

5. 编写程序代码

(1) 为了访问 Ctwodialog 类，在 CpasswordDlg.cpp 中包含 Ctwodialog 的头文件。

```
#include"Ctwodialog.h";
```

(2) 修改 OnBnClickedButton1()函数如下：构造 Ctwodialog 类的对象 mydlg，并通过语句 mydlg.DoModal()显示对话框。

```
void CPasswordDlg::OnBnClickedButton1()
{
    //TODO: 在此添加控件通知处理程序代码
    if(emp() == true)return;
    UpdateData(TRUE);
    if(m_user == "莉莉" && m_pass == "123456")
    {
        Ctwodialog mydlg;
        mydlg.DoModal();
    }
    else
    {
      MessageBox("用户名或密码错误,重新输入!");
      m_user = "";
      m_pass = "";
    }
    UpdateData(false);
}
```

6. 生成解决方案并运行

单击【生成】→【生成解决方案】菜单或按 F7 键，单击【调试】→【开始执行】菜单或按 Ctrl+F5 键。

4.3 消息对话框

因为在应用程序中经常用到消息对话框，MFC 提供了两个函数可以直接生成消息对话框，而不需要在每次使用的时候都要去创建对话框资源和生成对话框类等。这两个函数就是 CWnd 类的成员函数 MessageBox()和全局函数 AfxMessageBox()。

4.3.1 MessageBox()函数

CWnd:: MessageBox()的函数原型如下:

```
Int MessageBox(LPCTSTR lpszText,LPCTSTR lpszCaption = NULL,UINT nType = MB_OK);
```

参数说明:

lpszText: 需要显示的消息字符串。

lpszCaption: 消息对话框的标题字符串。默认值为 NULL。取值为 NULL 时使用默认标题。

nType: 消息对话框的风格和属性。默认为 MB_OK 风格,即只有【确定】按钮。

nType 的取值可以是表 4.2 和表 4.3 中任取一个值,也可以是各取一个值的任意组合。既可以指定一个对话框类型,也可以指定一个对话框图标,还可以两者都设定。

表 4.2 对话框类型

nType 取值	参数说明
MB_ABORTRETRYIGNORE	有【终止】、【重试】和【忽略】按钮
MB_OK	有【确定】按钮
MB_OKCANCEL	有【确定】和【取消】按钮
MB_RETRYCANCEL	有【重试】和【取消】按钮
MB_YESNO	有【是】和【否】按钮
MB_YESNOCANCEL	有【是】、【否】和【取消】按钮

表 4.3 对话框图标

Type 取值	显示图标
MB_ICONEXCLAMATION MB_ICONWARNING	
MB_ICONASTERISK MB_ICONINFORMATION	
MB_ICONQUESTION	
MB_ICONHAND MB_ICONSTOP MB_ICONERROR	

如果想要设置 nType 的值为类型和图标的组合,可以在类型和图标中间加"|"进行连接,例如: MB_OKCANCEL|MB_ICONQUESTION。

调用了上面两个函数后,都可以弹出模态消息对话框。消息对话框关闭后,也都可以得到它们的返回值。两者的返回值就是用户在消息对话框上单击的按钮的 ID,可以是如下的值。

IDABORT：单击【终止】按钮。

IDCANCEL：单击【取消】按钮。

IDIGNORE：单击【忽略】按钮。

IDNO：单击【否】按钮。

IDOK：单击【确定】按钮。

IDRETRY：单击【重试】按钮。

IDYES：单击【是】按钮。

4.3.2 AfxMessageBox()函数

AfxMessageBox()的函数原型为：

```
Int AfxMessageBox(LPCTSTR lpszText,UIN TnType = MB_OK,UINT nIDHelp = 0);
```

参数说明：

lpszText：同 CWnd:: MessageBox()函数。

nType：同 CWnd:: MessageBox()函数。

nIDHelp：此消息的帮助的上下文 ID。默认值为 0，取 0 时表示要使用应用程序的默认帮助上下文。

AfxMessageBox()函数的返回值同 MessageBox()的返回值。

4.3.3 消息对话框案例

修改 PASSWORD 项目，当单击【确定】按钮时，如果用户名或密码不正确，显示“用户名或密码错误，重新输入吗?”的消息框，消息框标题显示“提示信息”并含有【确定】和【取消】按钮。当单击【确定】按钮时，重新输入用户名和密码，当单击【取消】按钮时，退出应用程序。运行结果如图 4.7 所示。

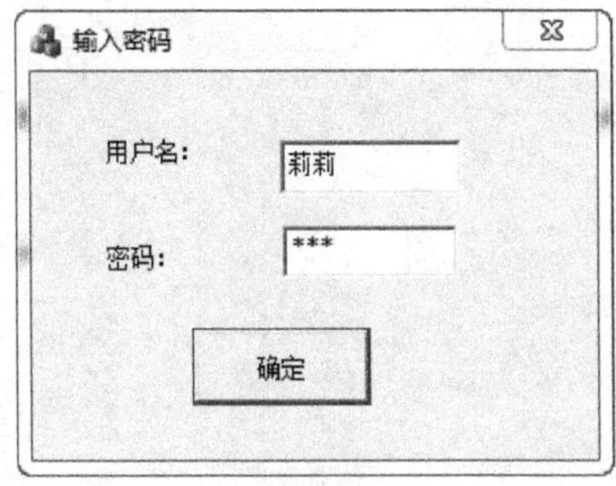

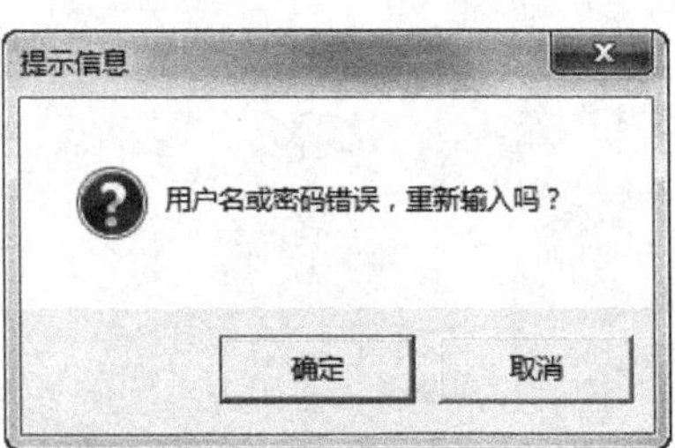

图 4.7 运行结果

步骤：

1. 编写程序代码

修改 OnBnClickedButton1()函数程序代码如下。

```
Void CPasswordDlg::OnBnClickedButton1()
{
```

```
//TODO: 在此添加控件通知处理程序代码
    if(emp() == true)return;
    UpdateData(TRUE);
    if(m_user == "莉莉" && m_pass == "123456")
    {
        Ctwodialog mydlg;
        mydlg.DoModal();
    }
    else
    {
        INT_PTR nRes;
        nRes = MessageBox(("用户名或密码错误,重新输入吗?"),("提示信息"),MB_        OKCANCEL|
MB_ICONQUESTION);
        if(IDCANCEL == nRes)PostQuitMessage(0);    //退出应用程序
    else
    {m_user = "";m_pass = "";UpdateData(false);}
}
```

2. 生成解决方案并运行

单击【生成】→【生成解决方案】菜单或按 F7 键，单击【调试】→【开始执行】菜单或按 Ctrl+F5 键。

第5章　控　件

在与用户的交互过程中控件担任着主要角色，MFC提供了大量的控件类可解决大部分用户输入界面的设计需求，它们封装了控件的功能。由于所有的控件类都是由CWnd类派生来的，因此，控件实际上也是窗口。控件一般是作为对话框的子窗口而创建的，控件通常出现在对话框中或工具栏上。

5.1　控件的添加与布局设计

5.1.1　工具箱

可以使用【工具箱】窗口中的【对话框编辑器】选项卡将控件添加到对话框中。用户能够从【工具箱】窗口中选择所需的控件并将其拖到对话框上。默认情况下，【工具箱】窗口设置为自动隐藏，可以通过将鼠标放到窗口右侧的【工具箱】选项卡上，打开工具箱。单击【工具箱】窗口右上角的黑色三角形，在弹出的下拉菜单中选择【停靠】选项，将【工具箱】固定在窗体中，也可以通过单击【工具箱】窗口右上角的【自动隐藏】按钮 ，将此窗口收回。工具箱如图5.1所示。

图5.1　工具箱

MFC 的控件类封装了控件的功能，表 5.1 中列出了一些常用的控件及其对应的控件类。

表 5.1　MFC 类库的常用控件

控　件	功　能	对应控件类
静态正文(Static Text)	显示正文，一般不能接受输入信息	CStatic
图片(Picture Control)	显式位图、图标、方框和图元文件，一般不能接受输入信息	CStatic
组框(Group Box)	显示正文和方框，主要用来将相关的一些控件聚成一组	CStatic
编辑框(Edit Control)	输入并编辑正文	CEdit
命令按钮(Button)	响应用户的输入，触发相应的事件	CButton
复选框(Check Box)	用作选择标记，可以有选中、不选中和不确定三种状态	CButton
单选按钮(Radio Button)	用来从两个或多个选项中选中一项	CButton
列表框(List Box)	显示一个列表，用户可以从该列表中选择一项或多项	CListBox
组合框(Combo Box)	是一个编辑框和一个列表框的组合	CComboBox
滚动条(Scroll Bar)	主要用来从一个预定义范围值中迅速而有效地选取一个整数值	CScrollBar
滑动条(Slider Control)	按照应用程序中指定的增量来移动	CSliderCtrl
进度条(Progress Control)	主要用来表示一个操作的进展情况	CProgressCtrl

5.1.2　添加和删除控件

1. 将控件添加到对话框的几种方法

(1) 双击【工具箱】窗口中的控件，然后将该控件重新定位到所需的位置。

(2) 在控件工具箱中单击某控件，此时的鼠标箭头在对话框内变成“十”字形状，在对话框指定位置单击，则此控件被添加到对话框的相应位置，再拖动刚添加控件的选择框可改变其大小和位置。

(3) 单击所需的控件，此时的鼠标箭头在对话框内变成“十”字形状，在对话框中要放置控件的位置按住鼠标左键拖放到需要的大小，释放鼠标按键。

2. 删除控件的几种方法

(1) 在对话框中选择控件，按 Delete 键。

(2) 在对话框中选择控件，单击【编辑】→【删除】菜单。

5.1.3　属性

使用【属性】窗口可以查看和更改对象的属性及事件，也可以使用【属性】窗口编辑和查看文件、项目和解决方案的属性。

1. 打开【属性】窗口的方法

鼠标右键单击对象，在弹出的菜单中选择【属性】命令。

2. 【属性】窗口

【对象名】：列出当前选定的一个或多个对象。只有活动编辑器或设计器中的对象可见。当选择多个对象时，只出现所有选定对象的通用属性。

【按分类顺序】：按类别列出选定对象的所有属性及属性值。可以折叠类别以减少可见属性数。展开或折叠类别时，可以在类别名左边看到加号(＋)或减号(－)。类别按字母顺序列出。

【按字母顺序】：按字母顺序对选定对象的所有设计时属性和事件排序。若要编辑可用的属性，请在它右边的单元格中单击并输入更改内容。

【属性】：显示对象的属性。

【控件事件】：显示对象的事件。事件是用户在应用程序运行时对对象做出的某种动作所引发的，而这种动作能被对象识别。

【属性页】：显示选定项的【属性页】对话框或【项目设计器】。

5.1.4 事件

1. 为控件添加事件的三种方法

(1) 为控件创建默认的事件处理程序。

(2) 在【属性】窗口中，为控件添加事件处理程序。

(3) 利用【事件处理程序向导】，为控件添加事件处理程序。

前两种方法创建事件处理程序，只能将它添加到对应的对话框的类，事件处理程序向导可以向所选的类添加对话框控件的事件处理程序。

2. 为控件创建默认的事件处理程序方法

双击控件。

3. 在【属性】窗口中，为控件添加事件处理程序的方法

单击控件，在【属性】窗口中，单击【控件事件】按钮以显示与控件关联的事件列表。在【属性】窗口中，单击要处理的事件右边的列，然后选择建议的通知事件名(例如，OnBnClickedOK 处理 BN_CLICKED)，也可以提供自己选择的事件处理程序名，而不是选择默认的事件处理程序名。

选择了事件后，Visual Studio 将打开文本编辑器并显示事件处理程序的代码。例如，为默认 OnBnClickedOK 添加以下代码。

```
void CAboutDlg::OnBnClickedOK(void)
{
// TODO: Add your control notification handler code here
}
```

4. 利用【事件处理程序向导】为控件添加事件处理程序的方法

鼠标右击控件，在弹出的菜单中选择【添加事件处理程序】命令，在【事件处理程序向导】对话框中(如图 5.2 所示)，在【消息类型】中选择消息，在【类列表】中选择向其添加事件处理程序的类，在【函数处理程序名称】中选择默认的为处理事件而添加的函数的名称。单击【添加编辑】按钮。

【命令名】：标识选定的控件，将为此控件添加事件处理程序，此框不可用。

【消息类型】：显示选定控件的当前可能的消息处理程序列表。

【函数处理程序名称】：显示为处理事件而添加的函数的名称。默认情况下，此名称基于【消息类型】和【命令名】，并带 On 前置。

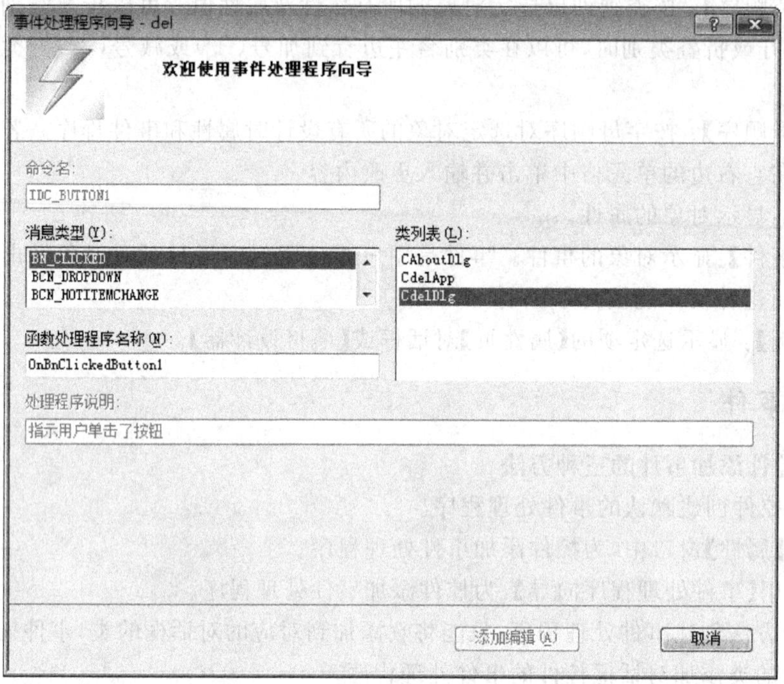

图 5.2 【事件处理程序向导】对话框

例如，对于命令名为 IDC_BUTTON1 的按钮，【消息类型】为 BN_CLICKED，显示函数处理程序名为 OnBnClickedButton1。

【类列表】：显示可以向其添加事件处理程序的可用类。

【处理程序说明】：提供【消息类型】框中的选定项的说明，此框内容不可修改。

【添加编辑】：向选定的类或对象添加消息处理程序，然后以新函数打开文本编辑器，以便可以添加控件通知处理程序代码。

5.1.5 控件布局

在进行控件的布局时可以选定单个控件或多个控件，在大多数情况下，需要选择一个以上的控件才能使用工具栏上【对话框编辑器】的大小调整和对齐工具。

当选定一个控件时，它的周围有阴影框以及实心（活动）或空心（非活动）“尺寸柄”，即出现在选框中的小方块。当选定多个控件时，主导控件有实心尺寸柄。所有其他选定的控件有空心尺寸柄。

1. 选定多个控件的方法

拖动指针，在对话框中要选择的控件周围画一个选框。当释放鼠标按键后，选框内和与该框相交的所有控件都被选定。

从一组选定的控件中移除控件或将控件添加到一组选定的控件的方法：按住 Shift 键并单击要添加或移除的控件。

2. 控件布局

当调整多个控件的大小或对齐它们时，对话框编辑器使用“主导控件”来确定如何调整其他控件的大小或对齐它们，默认情况下，主导控件是第一个选定的控件。更改主导控件的方法是按住 Ctrl 键，并单击控件。对控件的布局一般采用【对话框编辑器】工具栏。

当打开【对话框编辑器】时，【对话框编辑器】工具栏自动出现在解决方案的顶端。【对话框编辑器】工具栏包含用于在对话框上安排控件布局(如大小和对齐方式)的按钮。【对话框编辑器】工具栏按钮对应于【格式】菜单。

显示或隐藏对话框编辑器工具栏的方法：单击【视图】→【工具栏】→【对话框编辑器】菜单。

对话框编辑器工具栏的含义如表 5.2 所示。

表 5.2 对话框编辑器工具栏

图标	含义	图标	含义
	测试对话框		水平间隔相等
	左对齐		纵向间隔相等
	右对齐		等宽
	顶端对齐		等高
	底端对齐		等大小
	垂直居中		切换网格
	水平居中		切换辅助线

3.【测试对话框】

【测试对话框】是用来模拟所编辑的对话框的运行情况，帮助用户检验对话框是否符合用户的设计要求以及控件功能是否有效等。

打开【测试对话框】的方法：单击【格式】→【测试对话框】菜单，或单击工具栏上的【测试对话框】按钮。

5.2 静态控件

静态控件可以显示文本字符串、框、矩形、图标、光标、位图、增强型图元文件等。属于静态控件的有：静态文本、组框和图片三种。静态控件可以被用来作为标签、框或用来分隔其他的控件。

5.2.1 静态文本控件

静态文本(Static Text)控件是一种单向交互的控件，只能支持应用程序的输出，而不能接受用户的输入，主要起说明和装饰作用。MFC 的 CStatic 类封装了静态文本控件。静态文本控件主要用到的是其属性值。

静态文本控件的常用属性如下。

(1) Name 属性：设置控件的名字，在代码中代表该控件对象。

(2) Caption 属性：设置控件上显示的内容。

(3) Align text 属性：设置文本的对齐方式。取值如下。

① Left：左对齐。

② Center：居中。

③ Right：右对齐。

(4) Border 属性：设置边框风格。取值如下。

① False：无边框。

② True：有窄边框。

(5) Visible 属性：确定控件在运行时是否可见。取值如下。

① True：可见。

② False：不可见。

(6) Disabled 属性：确定控件是否禁用。取值如下。

① True：控件可用。

② False：控件不可用。

(7) ID 属性：控件的标识符。每种控件都有默认的 ID，例如，添加的第一个按钮 IDC_BUTTON1，静态控件为 IDC_STATIC。

(8) TabStop 属性：若该项被选中，则用户可以使用 Tab 键来选择控件。取值如下。

① True：可以使用 Tab 键选择控件。

② False：不可以使用 Tab 键选择控件。

5.2.2 组框控件

组框控件(GroupBox)组框控件用来显示一个文本标题和一个矩形边框，通常用来作为一组控件周围的虚拟边界，并将一组控件组织在一起。通常是作为控件组的容器，一般使用 GroupBox 控件对窗体上的控件集合进行逻辑分组。

组框控件常用的属性如下。

Caption：定义组框控件的标题。

5.2.3 图片控件

图片控件(Picture Control)提供一种方便的显示图形的方法，只要在其属性对话框上选择要显示的图形类型和要显示的图形就可以直接显示出来，而不需要编写任何代码。图片控件用来显示边框、矩形、图标或位图等图形信息。

图片控件常用的属性如下。

(1) Type 属性：图片类型。取值如下。

① Frame：框。

② Etched Horz：水平蚀刻线。

③ Etched Vert：垂直蚀刻线。

④ Rectangle：矩形区域。

⑤ Icon：图标。

⑥ Bitmap：位图。

⑦ Enhanced Metafile：增强图元文件。

⑧ Owner Draw：自绘图形。

(2) Image 属性：当图片类型为 Icon 或 Bitmap 时，通过此属性可选择指定的图标或位图资源。

(3) Color 属性：设置 Frame 和 Rectangle 的颜色。取值如下。

① Black：黑色。

② White：白色。

③ Gray：灰色。

④ Etched：蚀刻风格。

5.3 编 辑 框

编辑框(Edit Control)是一个让用户从键盘输入和编辑文本的矩形窗口，用户可以通过它很方便地输入各种文本、数字或者口令，也可使用它来编辑和修改简单的文本内容。

当编辑框被激活且具有输入焦点时，就会出现一个闪动的插入符(又称为文本光标)，表明当前插入点的位置。MFC 的 CEdit 类封装了编辑框控件。

5.3.1 编辑框的常用属性和消息

1. 常用属性

(1) Name 属性：设置控件的名字，在代码中代表该控件对象。

(2) Multiline 属性：允许正文框多行输出或多行输入。取值如下。

① True：允许多行。

② False：不允许多行。

(3) Read Only 属性：是否允许在编辑框中输入和编辑文本。取值如下。

① True：不允许编辑文本。

② False：允许编辑文本。

(4) Password 属性：将输入的字符是否隐藏为星号(*)。取值如下。

① True：显示为"*"。

② False：显示为输入的字符。

2. 常用消息

编辑框的常用消息如表 5.3 所示。

表 5.3 编辑框的常用消息

消　息	描　述
EN_CHANGE	当编辑框中的文本已被修改，在新的文本显示之后发送此消息
EN_UPDATE	编辑框中的文本已被修改，新的文本显示之前发送此消息
EN_MAXTEXT	文本数目到达了限定值时发送此消息
EN_SETFOCUS	编辑框得到键盘输入焦点时发送此消息
EN_KILLFOCUS	编辑框失去键盘输入焦点时发送此消息
EN_HSCROLL	当编辑框的水平滚动条被使用，在更新显示之前发送此消息
EN_VSCROLL	当编辑框的垂直滚动条被使用，在更新显示之前发送此消息

5.3.2 常用的成员函数

1. SetPasswordChar

当用户输入文本时,调用此函数设置或移除在编辑控件中显示的密码字符。

```
void SetPasswordChar( TCHAR ch );
```

参数:

Ch:指定要显示的字符,如果 ch 为 0,显示用户输入的实际字符。

例如,定义编辑框 1 控件显示的密码字符为"?",定义编辑框 2 控件显示用户输入的实际字符。为两个编辑框分别添加变量:类别为 Control,变量类型为 CEdit,变量名分别为 m_myEdit1,m_myEdit2。

```
m_myEdit1.SetPasswordChar('?');
m_myEdit2.SetPasswordChar(0);
```

2. GetPasswordChar

调用该函数获得当用户输入文本时,在编辑控件中显示的密码字符。

```
TCHAR GetPasswordChar() const;
```

返回值:指定要显示的字符而不是用户输入的字符。如果密码字符不存在,则返回值是 NULL。

3. GetSel

调用此函数获取在编辑控件中当前选择的开始和结束字符位置。

```
void GetSel( int nStartChar, int& nEndChar ) const;
```

参数:

nStartChar:当前选择的第一个字符位置。

nEndChar:当前选择的最后一个字符位置。

4. SetSel

设置编辑控件中选择的文本。

```
void SetSel(int nStartChar, int nEndChar, BOOL bNoScroll = FALSE);
```

参数:

nStartChar:指定起始位置。如果 nStartChar 为 0,并 nEndChar 为−1,选择编辑控件的所有文本。

nEndChar:指定结束位置。

5. ReplaceSel

用指定的文本替换在编辑控件中的当前选择。

```
void ReplaceSel(LPCTSTR lpszNewText, BOOL bCanUndo = FALSE );
```

参数:

lpszNewText:要替换的文本。

bCanUndo：若要指定此功能可以取消，请将该参数的值设置为 TRUE。默认值为 FALSE。

备注：如果没有当前选择，替换文本在当前的光标位置插入。

6. CEdit::Copy

复制在编辑控件中当前选定内容到剪贴板中。

```
void Copy();
```

7. Cut

剪切当前选定内容。

```
void Cut();
```

8. Paste

将剪贴板中的数据粘贴到编辑框中的插入点位置。

```
void Paste();
```

例如，将编辑框 1 中的所有内容复制到编辑框 2 中：

```
m_myEdit1.SetSel(0, -1);
m_myEdit1.Copy();
m_myEdit2.Paste();
```

9. Clear

清除在编辑控件中当前选定的内容。

```
void Clear();
```

例如，清除在编辑控件中所有内容：

```
m_myEdit.SetSel(0, -1);
m_myEdit.Clear();
```

5.3.3 编辑框和静态文本案例

编写一个基于对话框的计算程序，要求添加相关控件实现如下的功能：完成一个 100 以内的加法程序。单击【答案】按钮，给出正确答案，并根据计算结果，弹出“回答错误”或“回答正确”消息框。运行结果如图 5.3 所示。

实现步骤：

1. 新建一个基于对话框的应用程序

打开 Visual Studio 2010 开发环境主窗口，单击【文件】→【新建】→【项目】菜单，新项目的名称为 Firstdialog。

2. 添加控件

删除对话框上原有的【TODO:在此放置对话框控件】静态文本控件、【确定】和【取消】按钮控件。添加 4 个编辑框(Edit Box)控件，两个静态正文(Static Text)控件，一个命令按钮(Button)控件。

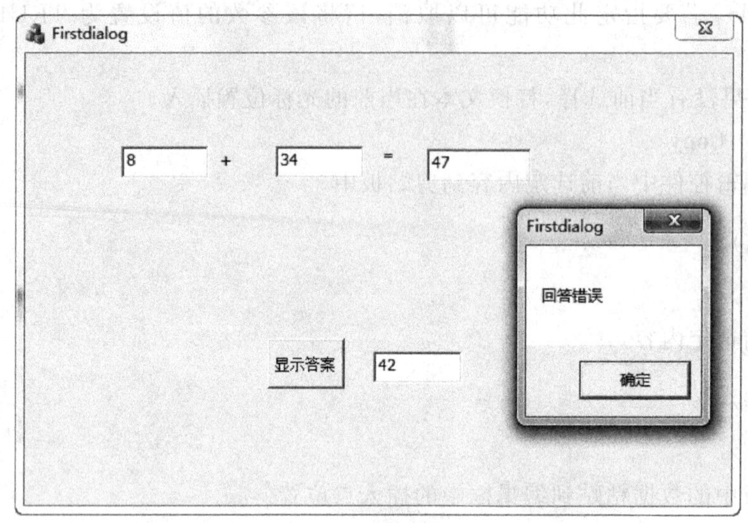

图 5.3 运行结果

3. 设置控件属性

鼠标右键单击 IDC_STATIC2 控件,在弹出的菜单中选择【属性】命令,在【属性】窗口中,设置 Caption 属性为“+”。以此类推,按如表 5.4 所示设置其他控件的属性。

表 5.4 控件属性表

控件	名称(NAME)	控件属性	属性值
编辑框	IDC_EDIT1		
编辑框	IDC_EDIT2		
编辑框	IDC_EDIT3		
编辑框	IDC_EDIT4		
静态文本	IDC_STATIC2	Caption	+
静态文本	IDC_STATIC3	Caption	=
命令按钮	IDC_ BUTTON1	Caption	显示答案

4. 添加成员变量

下面用两种方法分别为控件添加关联的变量。

(1) 鼠标右击控件,为 IDC_EDIT1 定义变量,名为 m_aa。

① 在 Firstdialog 对话框中,鼠标右击 IDC_EDIT1 控件,在快捷菜单上,单击【添加变量】命令,显示【添加成员变量向导】对话框。

②【类别】选择 Value,【访问】选择 public,【变量类型】选择 int,【变量名】为 m_aa,【最小值】设为 0,【最大值】设为 100。

③ 单击【完成】按钮。

(2) 用 MFC 类向导方法为 IDC_EDIT2 定义变量,名为 m_bb。

① 单击【项目】→【类向导】菜单。在【MFC 类向导】对话框中(如图 5.4 所示),【类名】选择 CFirstdialogDlg,选择【成员变量】选项卡,在【成员变量】列表中【控件 ID】列选择 IDC_EDIT2,单击【添加变量】按钮。

图 5.4　类向导

② 在【成员变量名称】文本框中输入“m_bb”,【类别】项选择 Value,【变量类型】选择 int,【最小值】输入 0,【最大值】输入 100。单击【确定】按钮,如图 5.5 所示。

图 5.5　添加成员变量向导

用类似的方法定义控件的成员变量如表 5.5 所示。

表 5.5 控件的成员变量

控件 ID	类别	变量类型	成员变量名称
IDC_EDIT1	Value	int	m_aa
IDC_EDIT2	Value	int	m_bb
IDC_EDIT3	Value	int	m_sum
IDC_EDIT4	Value	int	m_answer

5. 编写程序代码

1）为 IDC_BUTTON1 按钮控件添加 BN_CLICKED 事件处理程序代码

双击 IDC_BUTTON1 按钮控件，打开代码编辑页面，且光标会自动停留在 void CFirstdialogDlg::OnBnClickedButton1()事件响应函数内等待输入代码。在【// TODO:在此添加控件通知处理程序代码】的下一行输入如下代码。

```
void CFirstdialogDlg::OnBnClickedButton1()
{
    // TODO: 在此添加控件通知处理程序代码
    UpdateData(TRUE);
    m_sum = m_aa + m_bb;
    UpdateData(FALSE);
    test();
}
```

2）添加成员函数

在【类视图】中，鼠标右击 CFirstdialogDlg，在弹出的菜单中单击【添加】→【添加函数】命令，如图 5.6 所示。

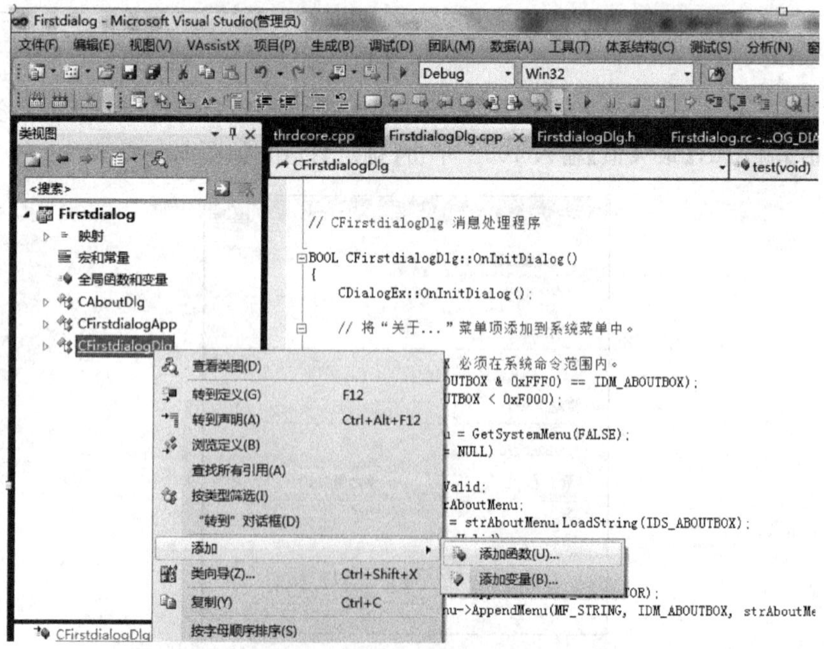

图 5.6 【添加函数】命令

在【添加成员函数向导】对话框中，【返回类型】选择 void，【参数类型】选择 int，【访问】选择 public，【函数名】输入“test”，单击【完成】按钮，如图 5.7 所示。

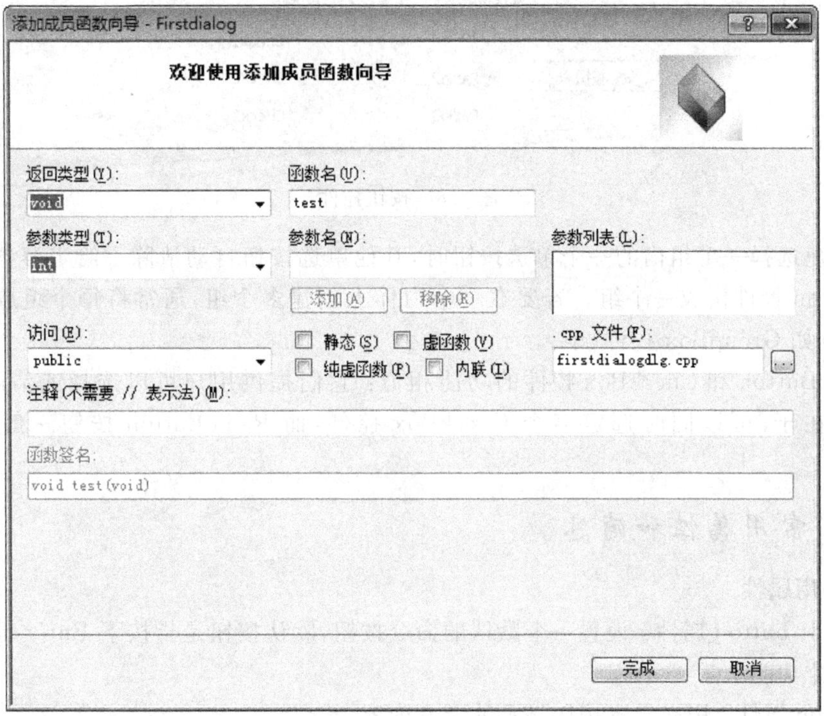

图 5.7　添加成员函数向导

在生成的成员函数中填写如下代码。

```
void CFirstdialogDlg::test(void)
{
    if (m_answer == m_sum)
        MessageBox("回答正确");
    else
        MessageBox("回答错误");
}
```

6. 生成解决方案并运行

单击【生成】→【生成解决方案】菜单或按 F7 键，单击【调试】→【开始执行】菜单或按 Ctrl+F5 键生成解决方案并运行。

5.4　按钮控件

按钮控件包括命令按钮(Button)、复选框(Check Box)和单选按钮(Radio Button)，如图 5.8 所示。命令按钮的作用是对用户的鼠标单击做出反应并触发相应的事件，在按钮中既可以显示正文，也可以显示位图。复选框控件可作为一种选择标记，可以有选中、不选中和不确定三种状态。单选按钮控件一般都是成组出现的，具有互斥的性质，即同组单选按钮中只能有一个是被选中的。

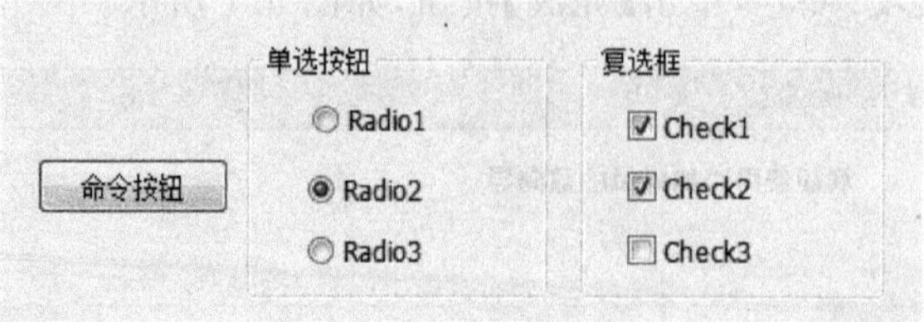

图 5.8 按钮控件

当用户选择一个组内的一个单选按钮时，其他单选按钮自动清除。给定容器中的所有 RadioButton 控件构成一个组。若要在一个窗体上创建多个组，通常将每个组放在它自己的容器(例如 GroupBox 控件)中。

RadioButton 和 CheckBox 控件的功能相似：它们提供用户可以选择或清除的选项。不同之处在于，可以同时选定多个 CheckBox 控件，而 RadioButton 按钮一般是互相排斥的。

5.4.1 常用属性和消息

1. 常用属性

Default button 属性：设置一个默认的命令按钮，默认按钮是指按下 Enter 键将执行该按钮的命令功能。

Caption 属性：用来设置按钮显示的文本内容。

Group 属性：指定控件组中的第一个控件，如果该项被选中，则此控件后的所有控件均被看成同一组。通常将基于 Tab 顺序的每一组中的第一个单选按钮的 Group 属性设置为 True，这样就可以将多个单选按钮分成多个组，每一组可以有一个单选按钮被选中。该单选按钮的控件 ID 于是出现在添加成员变量向导中，这样就可以为单选按钮组添加成员变量。

Tri-State 属性：指定复选框为三种状态，可以有选中、不选中和不确定三种状态。取值为 True 或 False。

Tabstop 属性：Tab 键顺序是 Tab 键在对话框中将输入焦点从一个控件移动到另一个控件的顺序。每个控件均具有 Tabstop 属性，该属性确定控件是否接收输入焦点。取值为 True 或 False。

2. 常用消息

按钮控件发送的常用消息如下。

BN_CLICKED：单击按钮。

BN_DOUBLECLICKED：双击按钮。

3. Tab 键顺序

(1) 查看对话框中所有控件的当前 Tab 键顺序。

单击【格式】→【Tab 键顺序】菜单，或按 Ctrl＋D 键。

(2) 更改对话框中所有控件的 Tab 键顺序。

单击【格式】→【Tab 键顺序】菜单。每个控件左上角的数字显示它在当前 Tab 键顺序中的位置，按希望 Tab 键遵循的顺序单击每个控件以设置 Tab 键顺序。按 Enter 键退出 Tab 键顺序模式。

(3) 更改两个或两个以上控件的 Tab 键顺序。

单击【格式】→【Tab 键顺序】菜单。按住 Ctrl 键并单击位于希望开始更改其顺序的控件之前的控件。例如，如果想更改控件 7 至 9 的顺序，可按住 Ctrl 键并首先选择控件 6，释放 Ctrl 键，然后按希望的 Tab 键顺序单击控件。按 Enter 键退出 Tab 键顺序模式。

4. 将一组单选按钮添加到对话框

(1) 选择【工具箱】窗口中的单选按钮(RadioButton)控件，放在对话框中希望放置的位置，重复以上步骤添加所需的任意多个单选按钮。注意要确保组中单选按钮的 Tab 键顺序是连续的。

(2) 在【属性】窗口中将组中的第一个单选按钮(Tab 键顺序)的 Group 属性设置为 True。

在对话框上可以有一组以上的单选按钮。

5. 为单选按钮组添加成员变量

只有为一组单选按钮的 Tab 键顺序中的第一个单选按钮控件的 Group 属性设置为 True 时，才可以为一组单选按钮的第一个单选按钮添加变量，并且只能为第一个单选按钮添加变量。

5.4.2 按钮类的主要成员函数

最常用的按钮操作是设置或获取一个按钮或多个按钮的选中状态。

1. void SetCheck(int nCheck);

设置按钮的选中状态。nCheck 的值可以是：0 表示不选中，1 表示选中，2 表示不确定(仅用于三态按钮)。

例如，设置 CheckBox 控件按钮为选中状态：为 CheckBox 控件 IDC_CHECK1 定义变量，类别为 Control，变量类型为 CButton，变量名为 m_check。

```
m_check.SetCheck(1);
```

2. int GetCheck() const;

获取按钮的选中状态。GetCheck 函数返回的值可以是：0 表示不选中，1 表示选中，2 表示不确定(仅用于三态按钮)。

例如：

```
int i = m_check.GetCheck();
CString str;
str.Format("%d",i);
MessageBox(str);
```

3. void CheckRadioButton(int nIDFirstButton, int nIDLastButton, int nIDCheckButton);

设置一组单选按钮中按钮的选中状态。nIDFirstButton 和 nIDLastButton 分别指定同组单选按钮的第一个和最后一个按钮 ID 值，nIDCheckButton 用来指定要设置选中状态的按钮 ID 值。

例如,在 IDC_RADIO1、IDC_RADIO2、IDC_RADIO3 和 IDC_RADIO4 这一组按钮控件中设置 IDC_RADIO3 按钮为选中状态。

```
CheckRadioButton(IDC_RADIO1, IDC_RADIO4, IDC_RADIO3);
```

4. int GetCheckedRadioButton(int nIDFirstButton, int nIDLastButton);

返回一组单选按钮中的选中按钮的 ID 值。

例如,返回 IDC_RADIO1、IDC_RADIO2、IDC_RADIO3 和 IDC_RADIO4 这一组按钮控件中的被选中按钮的 ID 值。

```
int i = GetCheckedRadioButton( IDC_RADIO1, IDC_RADIO4 );
```

5.4.3 按钮和组框控件案例

编写一个基于对话框的问卷调查程序,要求添加相关控件实现如下的功能:调查问卷的内容包括姓名、性别、计算机水平和爱好信息,当输入“姓名”,选择“性别”“计算机水平”和“爱好”后,单击【问卷】按钮,弹出选择的信息的消息框。运行效果如图 5.9 所示。

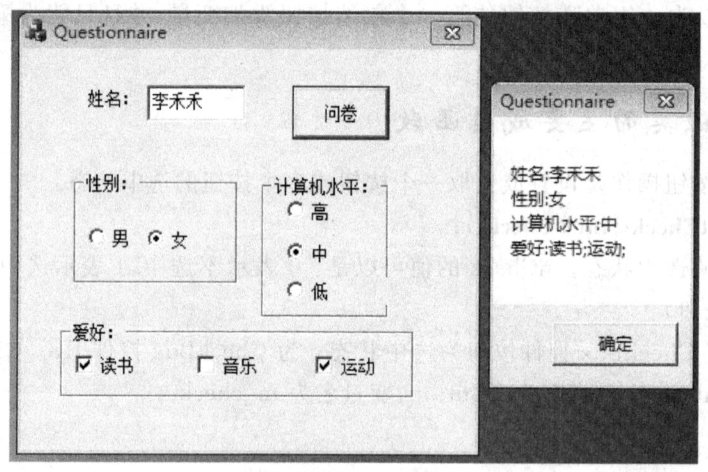

图 5.9 运行结果

1. 新建一个基于对话框的应用程序

打开 Visual Studio 2010 开发环境主窗口,单击【文件】→【新建】→【项目】菜单,新项目的名称为 Questionnaire。

2. 在对话框中添加控件

删除对话框上原有的【TODO:在此放置对话框控件】静态文本控件、【确定】和【取消】按钮控件。分别添加一个静态文本,一个编辑框、五个单选按钮、三个复选框、一个命令按钮、三个组框控件。

3. 修改控件的属性

鼠标右击要设置属性的控件,单击【属性】菜单,打开控件的【属性】对话框,设置其属性,如表 5.6 所示。

表 5.6　控件属性

控　件	名字(NAME)	控件属性	属　性　值
静态文本	IDC_STATIC2	Caption	姓名：
单选按钮	IDC_RADIO1	Caption	男
单选按钮	IDC_RADIO1	Group	True
单选按钮	IDC_RADIO2	Caption	女
单选按钮	IDC_RADIO3	Caption	高
单选按钮	IDC_RADIO3	Group	True
单选按钮	IDC_RADIO4	Caption	中
单选按钮	IDC_RADIO5	Caption	低
复选框	IDC_CHECK1	Caption	读书
复选框	IDC_CHECK2	Caption	音乐
复选框	IDC_CHECK3	Caption	运动
组框	IDC_STATIC3	Caption	性别：
组框	IDC_STATIC4	Caption	计算机水平：
组框	IDC_STATIC5	Caption	爱好：
命令按钮	IDC_BUTTON1	Caption	问卷

4. 修改控件的 Tab 键顺序

单击【格式】→【Tab 键顺序】菜单。每个控件左上角的数字显示它在当前 Tab 键顺序中的位置。按如图 5.10 所示的序号顺序单击每个控件以设置 Tab 键顺序。

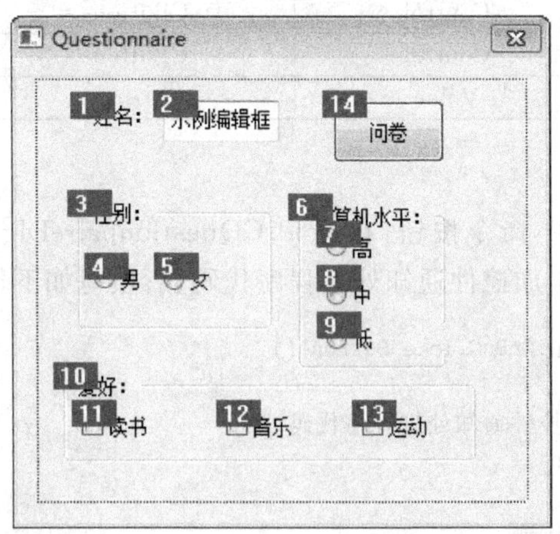

图 5.10　Tab 键顺序

5. 添加控件的成员变量

鼠标右击要设置成员变量的控件，单击【添加变量】命令，打开【添加成员变量向导】对话框，设置其成员变量，如图 5.11 所示，需要添加的成员变量如表 5.7 所示。

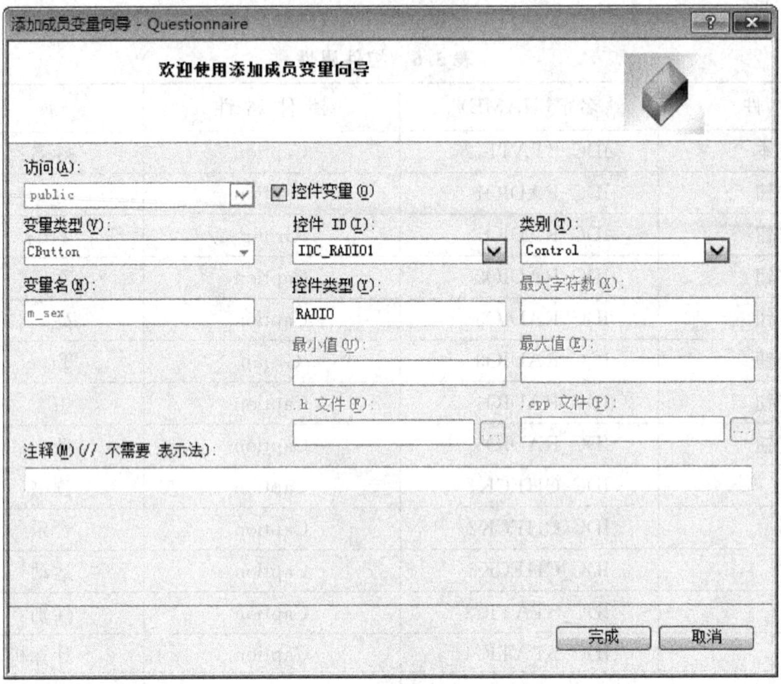

图 5.11 添加成员变量向导

表 5.7 控件的成员变量

控件 ID	类别	变量类型	变量名
IDC_RADIO1	Control	CButton	m_sex
IDC_CHECK1	Control	CButton	m_read
IDC_CHECK2	Control	CButton	m_music
IDC_CHECK3	Control	CButton	m_sport
IDC_EDIT1	Value	CString	m_name

6. 编写程序代码

双击 IDC_BUTTON1 命令按钮，在 void CQuestionnaireDlg::OnBnClickedButton1() 函数的【// TODO:在此添加控件通知处理程序代码】后填写如下代码。

```
void CQuestionnaireDlg::OnBnClickedButton1()
{
    // TODO: 在此添加控件通知处理程序代码
    CString str,mystr;
    UpdateData(true);
    str = "姓名:" + m_name;
    if (m_sex.GetCheck() == 1)
        str = str + "\n 性别:男";
    else
    str = str + "\n 性别:女";
    UINT NID = GetCheckedRadioButton(IDC_RADIO3,IDC_RADIO5);
    GetDlgItemText(NID,mystr);
    str = str + "\n 计算机水平:" + mystr;
```

```
    str = str + "\n 爱好:";
    if (m_music.GetCheck() == 1)
        str = str + "音乐;";
    if (m_read.GetCheck() == 1)
        str = str + "读书;";
    if (m_sport.GetCheck() == 1)
        str = str + "运动;";
    MessageBox(str);
}
```

7. 生成解决方案并运行

单击【生成】→【生成解决方案】菜单或按 F7 键，单击【调试】→【开始执行】菜单或按 Ctrl+F5 键。

5.5 列表框控件

为了使信息的显示更加直观，许多信息采用列表的形式显示。列表框控件是一个条目列表，它允许用户从所列出的表项中进行单项或多项选择，被选择的项呈高亮度显示。

5.5.1 常用属性和消息

1. 常用属性

(1) sort 属性：是否自动将添加的列表项进行排序。取值：True 和 False。

(2) Selection 属性：设置列表框的单选、多选、扩展多选以及非选 4 种类型。取值如下。

① Single 属性：一次只能选择一个项。

② Multiple 属性：可允许选择多个选项。

③ Extended 属性：允许用鼠标拖动或其他特殊组合键进行选择。

④ None：不提供选择功能。

(3) Horizontal scroll 属性：指定控件是否具有水平滚动条。取值为 True 和 False。

(4) Vertical scrollbar 属性：指定控件是否具有垂直滚动条。取值为 True 和 False。

2. 常用消息

当列表框中发生了某个事件，列表框就会向其父窗口发送一条通知消息。列表框控件常用的通知消息如表 5.8 所示。

表 5.8 列表框常用的通知消息

通知消息	说　明
LBN_DBLCLK	鼠标双击了一列表项
LBN_KILLFOCUS	列表框失去键盘输入焦点时发送消息
LBN_SETFOCUS	列表框获得输入焦点
LBN_SELCHANGE	列表项的选择项将更改
LBN_SELCANCEL	当前的选择被取消

5.5.2 列表框类的主要成员函数

列表框的项除了用字符串来标识外，还常常通过索引来确定。索引表明项目在列表框中排列的位置，它是以 0 为基数的，即列表框中第一项的索引是 0，第二项的索引是 1，以此类推。

1. int AddString(LPCTSTR lpszItem);

添加列表项。lpszItem：指定列表项的字符串文本。返回列表项在列表框中的索引，错误时返回 LB_ERR，空间不够时，返回 LB_ERRSPACE。当列表框控件具有 sort 属性时会自动将添加的列表项进行排序。

2. int InsertString(int nIndex, LPCTSTR lpszItem);

插入列表项。lpszItem：指定列表项的字符串文本。返回列表项在列表框中的索引，错误时返回 LB_ERR，空间不够时，返回 LB_ERRSPACE。

InsertString 函数不会对列表项进行排序，只是将列表项插在指定索引的列表项之前，若 nIndex 等于－1，则列表项添加在列表框末尾。

3. int DeleteString(UINT nIndex);

删除指定的列表项，nIndex 指定要删除的列表项的索引。

4. void ResetContent();

清除列表框中的所有项目。

5. int FindString(int nStartAfter, LPCTSTR lpszItem) const;

查找列表项。lpszItem 指定要查找的列表项文本，nStartAfter 指定查找的开始位置，若为－1，则从头至尾查找。查到后，函数将返回所匹配列表项的索引，否则返回 LB_ERR。

6. int GetCurSel() const;

获得当前选择项的索引。返回一个被选中条目的条目索引，错误时函数都将返回 LB_ERR。

7. int SetCurSel(int nSelect);

设置列表框的选项。在列表框中选中一个条目，nSelect 指定要设置的列表项索引，错误时函数将返回 LB_ERR。

8. int GetText(int nIndex, LPTSTR lpszBuffer) const 和 void GetText(int nIndex, CString& rString) const;

获取列表项的选项内容。根据条目索引得到相应的条目字符串，nIndex 指定列表项索引，lpszBuffer 和 rString 用来存放列表项文本。第一个函数返回获得的字符串长度。

5.6 组合框控件

组合框是把一个编辑框和一个单选择列表框结合在了一起。用户既可以在编辑框中输入，也可以从列表框中选择一个列表项来完成输入。组合框有三种风格，分别为简单式(Simple)、下拉式(Dropdown)和下拉列表式(Drop List)三种，如图 5.12 所示。简单式组合框包含一个编辑框和一个总是显示的列表框。下拉式组合框和简单式组合框类似，二者的区别在于仅当单击下滚箭头后列表框才会弹出。下拉列表式组合框也有一个下拉的列表框，但它的编辑框是只读的，不能输入字符。

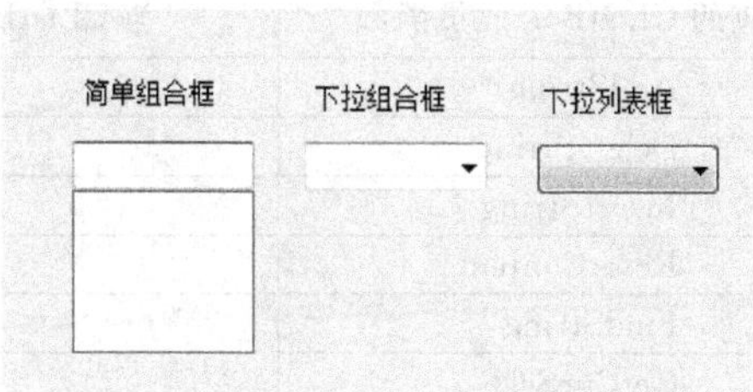

图 5.12　组合框的三种风格

5.6.1　常用属性和消息

1. 常用属性

(1) Type 属性：组合框的样式。取值如下。

① Simple：简单式。

② Dropdown：下拉式。

③ Drop List：下拉列表式。

(2) Sort 属性：是否自动将添加的列表项进行排序。取值：True 和 False。

(3) Vertical scrollbar 属性：指定控件是否具有垂直滚动条。取值为 True 和 False。

2. 常用消息

组合框可以向父窗口发送的消息如表 5.9 所示。

表 5.9　组合框的常用消息

常用消息	说　明
CBN_CLOSEUP	组合框的列表框组件被关闭。简易式组合框不会发出该消息
CBN_DBLCLK	用户在某列表项上双击鼠标。只有简易式组合框才会发出该消息
CBN_DROPDOWN	组合框的列表框组件下拉。简易式组合框不会发出该消息
CBN_EDITCHANGE	编辑框的内容被用户改变了。与 CBN_EDITUPDATE 不同，该消息是在编辑框显示的正文被刷新后才发出的。下拉列表式组合框不会发出该消息
CBN_EDITUPDATE	在编辑框改变正文前发送该消息。下拉列表式组合框不会发出该消息
CBN_KILLFOCUS	组合框失去了输入焦点
CBN_SETFOCUS	组合框获得了输入焦点
CBN_SELCHANGE	用户通过单击或移动箭头键改变了列表的选择

5.6.2　组合框类的主要成员函数

组合框的成员函数很多，但组合框的操作大致分为两类，一类是对组合框中的列表框进行操作，另一类是对组合框中的编辑框进行操作。

组合框的成员函数与 CEdit 和 CListBox 类的成员函数有很多相似之处，无论是函数的功能还是函数名，甚至参数都是相似的。在如表 5.10 和表 5.11 所示的成员函数中分别列出了二者的不同之处。

表 5.10　组合框成员函数与 CListBox 成员函数对比

成员函数	对应的 CListBox 成员函数	与 CListBox 成员函数的不同之处
AddString	AddString	无
DeleteString	DeleteString	无
InsertString	InsertString	无
ResetContent	ResetContent	无
FindString	FindString	无
GetCurSel	GetCurSel	无
SetCurSel	SetCurSel	无
GetLBText	GetText	仅函数名不同

表 5.11　组合框成员函数与 CEdit 成员函数对比

成员函数	对应的 CEdit 成员函数	与 CEdit 成员函数的不同之处
GetEditSel	GetSel	仅函数名不同
SetEditSel	SetSel	函数名不同，且无 bNoScroll 参数
Clear	Clear	无
Copy	Copy	无
Cut	Cut	无
Paste	Paste	无

5.6.3　列表框和组合框控件案例

编写一个基于对话框的选课程序，要求添加相关控件实现如下的功能：课程和选课信息的添加、删除和清空功能。单击【添加课程】按钮时，将新的课程名添加到课程列表中。单击【选课】按钮时，将选中的课程列表项添加到选课表中。单击【删除课程】按钮时，将选中的选课表内容删除。单击【清空选课】按钮时，删除所有的选课表内容。运行效果如图 5.13 所示。

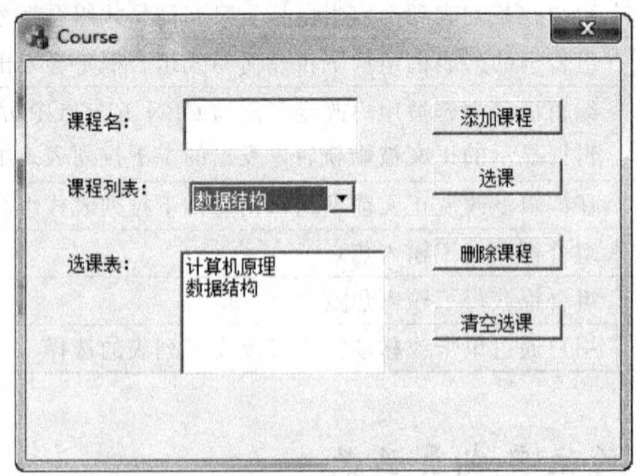

图 5.13　运行结果

步骤：

1. 新建一个基于对话框的应用程序

打开 Visual Studio 2010 开发环境主窗口，单击【文件】→【新建】→【项目】菜单，新项目的名称为 Course。

2. 在对话框中添加控件

删除对话框上原有的【TODO:在此放置对话框控件】静态文本控件、【确定】和【取消】按钮控件。分别添加三个静态文本,一个编辑框、四个命令按钮、一个列表框控件和一个组合框控件。

3. 修改控件的属性

鼠标右击要设置属性的控件,单击【属性】命令,打开控件的【属性】对话框,设置其属性,如表 5.12 所示。

表 5.12 控件的属性

控 件	名字(NAME)	控 件 属 性	属 性 值
静态文本	IDC_STATIC2	Caption	课程名:
静态文本	IDC_STATIC3	Caption	课程列表:
静态文本	IDC_STATIC4	Caption	选课表:
组合框控件	IDC_COMBO1	Type	Drop List
命令按钮	IDC_BUTTON1	Caption	添加课程
命令按钮	IDC_BUTTON2	Caption	选课
命令按钮	IDC_BUTTON3	Caption	删除选课
命令按钮	IDC_BUTTON4	Caption	清空选课

4. 添加控件的成员变量

鼠标右击要设置成员变量的控件,单击【添加变量】菜单,打开【添加成员变量向导】对话框,设置其成员变量,如图 5.14 所示,需要添加的成员变量如表 5.13 所示。

图 5.14 添加成员变量向导

表 5.13 控件的成员变量表

控件 ID	类 别	变量类型	变 量 名
IDC_EDIT1	Value	CString	m_course
IDC_LIST1	Control	CListBox	m_list1
IDC_COMBO1	Control	ComboBox	m_combo1

5. 编写程序代码

1）添加新课程功能的代码实现

双击 IDC_BUTTON1 命令按钮，在 void CCourseDlg::OnBnClickedButton1()函数的"// TODO:在此添加控件通知处理程序代码"后填写如下代码。

```
void CCourseDlg::OnBnClickedButton1()
{
    // TODO: 在此添加控件通知处理程序代码
    UpdateData();
    if (m_course.IsEmpty())
    {MessageBox("课程名不能为空!");return;}
    int nIndex = m_combo1.FindString( -1, m_course );
    if (nIndex != LB_ERR )
    {MessageBox("该课程已添加,不能重复添加!");return;}
    nIndex = m_combo1.AddString( m_course );
    m_course = "";
    UpdateData(false);
}
```

2）选课功能的代码实现

双击 IDC_BUTTON2 命令按钮，在 void CCourseDlg::OnBnClickedButton2()函数的"// TODO:在此添加控件通知处理程序代码"后填写如下代码。

```
void CCourseDlg::OnBnClickedButton2()
{
    // TODO: 在此添加控件通知处理程序代码
    CString cstr;
    int i = m_combo1.GetCurSel();
    m_combo1.GetLBText(i,cstr);
    int nIndex = m_list1.FindString( -1, cstr );
    if (nIndex != LB_ERR )
    {MessageBox("该课程已选,不能重复选课!");return;}
    m_list1.AddString(cstr);
}
```

3）删除所选的课程功能的代码实现

双击 IDC_BUTTON3 命令按钮，在 void CCourseDlg::OnBnClickedButton3()函数的"// TODO:在此添加控件通知处理程序代码"后填写如下代码。

```
void CCourseDlg::OnBnClickedButton3()
{
    // TODO: 在此添加控件通知处理程序代码
```

```
    int nIndex = m_list1.GetCurSel();
    if (nIndex != LB_ERR ) m_list1.DeleteString( nIndex );
}
```

4）清空所选的课程功能的代码实现

双击 IDC_BUTTON4 命令按钮，在 void CCourseDlg::OnBnClickedButton4()函数的"// TODO:在此添加控件通知处理程序代码"后填写如下代码。

```
void CCourseDlg::OnBnClickedButton4()
{
    // TODO: 在此添加控件通知处理程序代码
    m_list1.ResetContent();
}
```

6. 生成解决方案并运行

单击【生成】→【生成解决方案】菜单或按 F7 键，单击【调试】→【开始执行】菜单或按 Ctrl+F5 键。

5.7 滚动条控件

滚动条(Scroll Bar)的主要作用是从某一预定义的值范围内快速有效地选取一个整数值。MFC 的 CScrollBar 类封装了滚动条控件。

5.7.1 滚动条控件的种类

按照滚动条的走向，滚动条分为水平滚动条(Horizontal Scroll Bar)和垂直滚动条(Vertical Scroll Bar)两种。在滚动条内有一个滚动框，用来表示当前的值，用鼠标单击或拖动滚动条，或单击滚动条的上下(左右)的黑色箭头，可以改变滚动条的值。

5.7.2 滚动条类的主要成员函数

滚动条的基本操作一般包括设置和获取滚动条的范围及滚动块的相应位置。由于滚动条控件的默认滚动范围是 0～0，因此在使用滚动条之前必须设定其滚动范围。

1. SetScrollRange(int nMinPos, int nMaxPos, BOOL bRedraw = TRUE);

设置滚动条的滚动范围。nMinPos 和 nMaxPos 表示滚动位置的最小值和最大值。bRedraw 为重画标志，当为 TRUE 时，滚动条被重画。

例如，设置滚动条的滚动范围为 0～80：为滚动条控件添加变量，类别为 Control，变量类型为 CScrollBar，变量名为 m_ss。m_ss. SetScrollRange(0,80);

2. int SetScrollPos(int nPos, BOOL bRedraw = TRUE);

设置滚动块位置。nPos 为滚动块要设置的位置，它必须是在滚动范围之内。

例如。设置滚动块位置为 40：

```
m_ss.SetScrollPos(40);
```

3. void GetScrollRange(LPINT lpMinPos, LPINT lpMaxPos) const ;

获取滚动条的当前范围。LPINT 是整型指针类型，lpMinPos 和 lpMaxPos 分别用来返回滚动块最小和最大滚动位置。

4. int GetScrollPos() const;

获取滚动条的当前滚动位置。

5.8 进 度 条

进度条控件是一个窗口,可以用来表示一个冗长的操作过程,通过从左到右逐步填充颜色,表示一个操作的进展情况。

一个进度条控件有一个范围和当前位置。范围代表总的操作时间,当前位置表示操作的完成进展情况。MFC 的 CProgressCtrl 类封装了进度条控件。

5.8.1 进度条的属性

(1) Border 属性:指定进度条是否有窄边框。取值为 True 和 False。

(2) Vertical 属性:指定进度条是水平还是垂直的。取值如下。

① False:进度条水平显示。

② True:进度条垂直显示。

(3) Smooth 属性:表示是否平滑地填充进度条。取值如下。

① False:将用块来填充进度条。

② True:平滑地填充进度条。

5.8.2 进度条类的主要成员函数

1. void SetRange(short nLower, short nUpper)和 void GetRange(int &nLower, int &nUpper);

它们分别用来设置和获取进度条范围的上限和下限值。一旦设置后,还会重画此进度条来反映新的范围。参数 nLower 和 nUpper 分别表示范围的下限(默认值为 0)和上限(默认值为 100)。

例如,设置进度条范围为 1~100:为进度条控件添加变量,类别为 Control,变量类型为 CProgressCtrl,变量名为 m_pp。

```
m_pp.SetRange (1,100);
```

2. int SetPos(int nPos)和 int GetPos();

这两个函数分别用来设置和获取进度条的当前位置。需要说明的是,这个当前位置是指在 SetRange 中的上限和下限范围之间的位置。

例如,设置进度条的当前位置为 50:

```
m_pp.SetPos(50);
```

3. int SetStep(int nStep);

该函数用来设置进度条的步长并返回原来的步长,nStep 为要设置的步长值,默认步长为 10。

例如,设置进度条的步长为 20:

```
m_pp.SetStep(20);
```

4. int StepIt()；

该函数将当前位置向前移动一个步长并重画进度条以反映新的位置。函数返回进度条上一次的位置。

例如：将进度条当前位置向前移动一个步长：

```
m_pp.StepIt();
```

5.9 滑 动 条

滑动条控件是由滑动块和可选的刻度线组成的。当用户用鼠标或方向键移动滑动块时，该控件发送通知消息来表明这些改变。滑动条是按照应用程序中指定的增量来移动的，每一个增量的位置有相应的刻度线。MFC 的 CSliderCtrl 类封装了滑动条控件。

5.9.1 滑动条控件的属性

(1) Orientation 属性：控件放置方向。取值如下。

① Vertical：垂直。

② Horizontal：水平(默认)。

(2) Point 属性：刻度线在滑动条控件中放置的位置。取值如下。

① Both：两边都有。

② Top/Left：水平滑动条的上边或垂直滑动条的左边。

③ Bottom/Right：水平滑动条的下边或垂直滑动条的右边。

(3) Tick Marks 属性：是否在滑动条控件上显示刻度线。取值：True 和 False。

(4) Auto Ticks 属性：滑动条控件上的每个增量位置处是否显示刻度线。取值：True 和 False。

(5) Border 属性：控件周围是否有窄边框。取值：True 和 False。

(6) Enable Selection Range 属性：是否显示用户选择的数值范围。取值：True 和 False。

5.9.2 滑动条类的主要成员函数

滑动条控件的主要操作包括设置和获取滑动条的范围和位置等。

1. void SetPos(int nPos)；

设置滑动条的位置。nPos 表示要设置的滑动条位置。

2. int GetPos()；

获得滑动条的位置。

3. void SetRange(int nMin, int nMax, BOOL bRedraw =FALSE)；

设置滑动条的范围。nMin 和 nMax 表示滑动条的最小和最大位置，bRedraw 表示重画标志，为 True 时，滑动条被重画。

4. void GetRange(int & nMin, int& nMax) const;

获得滑动条的范围。

5. BOOL SetTic(int nTic);

设置滑动条控件中的一个刻度线的位置。函数成功调用后返回非零值；否则返回 0。nTic 表示要设置的刻度线的位置。

例如,设置滑动条控件中的一个刻度线的位置为 50：为滑动条控件添加变量,类别为 Control,变量类型为 CSliderCtrl,变量名为 m_sd,Tick marks 属性设为 True。

```
m_sd.SetTic(50);
```

6. void SetTicFreq(int nFreq);

设置刻度线的疏密程度。nFreq 表示刻度线的疏密程度。要使这个函数有效,必须在属性对话框中将 Auto Ticks 设为 True。

例如,设置滑动条控件每隔 30s 画一个刻度线:

```
m_sd.SetTicFreq(30);
```

7. void ClearTics(BOOL bRedraw = FALSE);

从滑动条控件中删除当前的刻度线。参数 bRedraw 表示重画标志。若该参数为 True,则在选择被清除后重画。

8. void SetSelection(int nMin, int nMax);

设置一个滑动条控件中当前选择的开始和结束位置。nMin、nMax 表示滑动条的开始和结束位置。

5.9.3 滑动条和进度条控件案例

编写一个基于对话框的模拟进度程序,要求添加相关控件实现如下的功能：单击【开始】按钮,进度条开始填充,最后填充的百分比为滑动条定位的值,并且显示最后进度的百分比。运行结果如图 5.15 所示。

图 5.15 运行结果

步骤:

1. 新建一个基于对话框的应用程序

打开 Visual Studio 2010 开发环境主窗口,单击【文件】→【新建】→【项目】菜单,新项目的名称为 Progress。

2. 在对话框中添加控件

删除对话框上原有的【TODO:在此放置对话框控件】静态文本控件、【确定】和【取消】按钮控件。分别添加一个静态文本、一个编辑框、一个命令按钮、一个进度条和一个滑动条控件。

3. 修改控件的属性

鼠标右击要设置属性的控件,单击【属性】命令,打开控件的【属性】对话框,设置其属性,如表 5.14 所示。

表 5.14　控件的属性

控　　件	名字(NAME)	控件属性	属性值
静态文本	IDC_STATIC2	Caption	进度(%)
命令按钮	IDC_BUTTON1	Caption	开始
进度条	IDC_PROGRESS1	Smooth	True
滑动条	IDC_SLIDER1	Auto Ticks	True
滑动条	IDC_SLIDER1	Tick Marks	True
滑动条	IDC_SLIDER1	Point	Top/Left

4. 添加控件的成员变量

鼠标右击要设置成员变量的控件，单击【添加变量】菜单，打开【添加成员变量向导】对话框，设置其成员变量，如图 5.16 所示，需要添加的成员变量如表 5.15 所示。

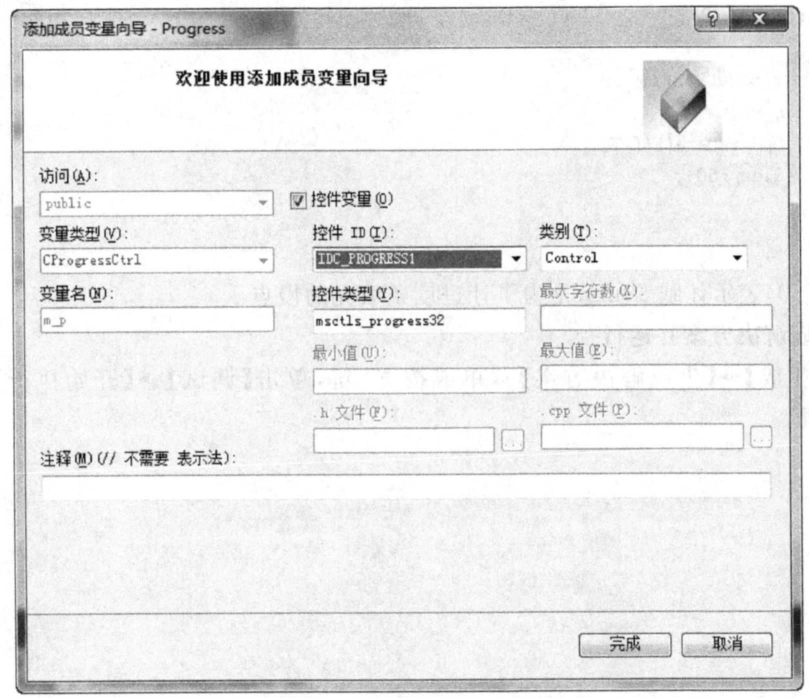

图 5.16　添加成员变量向导

表 5.15　添加成员变量表

控件 ID	类　　别	变量类型	变量名
IDC_PROGRESS1	Control	CProgressCtrl	m_p
IDC_SLIDER1	Control	CSliderCtrl	m_slider
IDC_EDIT1	Value	int	m_edit

5. 编写程序代码

在对话框初始化函数 BOOL CProgressDlg::OnInitDialog()中“// TODO:在此添加额外的初始化代码”语句后添加如下代码。

```
BOOL CProgressDlg::OnInitDialog()
{
    …
    // TODO: 在此添加额外的初始化代码
    m_p.SetRange(0,100);
    m_slider.SetRange(0,100);
    …
}
```

双击 IDC_BUTTON1 命令按钮,在 void CProgressDlg::OnBnClickedButton1()函数的"// TODO:在此添加控件通知处理程序代码"后填写如下代码。

```
void CProgressDlg::OnBnClickedButton1()
{
    // TODO: 在此添加控件通知处理程序代码
    for(int i = 0;i <= m_slider.GetPos();i++)
    {
        m_p.SetPos(i);
        m_edit = i;
        UpdateData(FALSE);
        Sleep(50);
    }
}
```

Sleep(50)表示休眠 50ms,是为了让进度条填充的慢点。

6. 生成解决方案并运行

单击【生成】→【生成解决方案】菜单或按 F7 键,单击【调试】→【开始执行】菜单或按 Ctrl+F5 键。

第6章 菜单、工具栏和状态栏

6.1 菜　　单

菜单、工具栏和状态栏是组成 Windows 图形界面的三个主要元素。其中，菜单、工具栏提供了用户操作应用程序的命令界面，状态栏提供了一个输出区域，用来显示当前程序运行的状态和数据变化等。

大多数的 Windows 应用程序都提供菜单作为用户与应用程序之间传递命令的一个途径。利用菜单可以不用将大量的命令按钮摆放在窗口上，既节省空间又使用方便。

最常见到的菜单有下拉式菜单、级联菜单和快捷方式菜单。下拉式菜单一般出现在应用程序窗口的顶部，单击它会下拉出菜单，该菜单中有一系列具有相关功能的菜单项可供选择。

级联菜单是下拉菜单的一个扩展。如果某个菜单项的右边有一个向右的黑三角符号，那么这个菜单项就是一个级联菜单。

通过在应用程序区域中单击鼠标右键调出的菜单，叫做快捷菜单或弹出式菜单。由于该菜单的菜单项内容依赖于鼠标在工作区域内所指的位置，因此该种菜单也称为上下文菜单。

CMFCMenuBar 类是 MFC 类库中专门用来处理菜单的类。

6.1.1 菜单设计

一般情况下，当新建好一个 MFC 应用程序时，AppWizard 都会生成一个常用的菜单。单文档应用程序会自动生成标识符为 IDR_MAINFRAME 的菜单资源。可以在【资源视图】中 Menu 文件夹中，双击 IDR_MAINFRAME 打开【菜单编辑器】。

1. 在【菜单编辑器】中为菜单添加新的菜单项

鼠标单击要插入菜单的位置，按 Insert 键，会插入一个【新建项】框(包含“请在此处输入”的矩形)到选定的位置，或在【菜单编辑器】中右击鼠标，并从快捷菜单中选择【新插入】命令。

输入新菜单的名称，输入的文本同时出现在【菜单编辑器】中和【属性】窗口的【标题】框中，可以在这两个位置中的任何一个编辑新菜单的属性。

2. 设置菜单的助记符

助记符与 Alt 键构成一个组合键，当按住 Alt＋某字母键时，对应的菜单项就会被选中。在菜单的 Caption 属性中的某个字母前输入“&”符，可将该字母指定为对应菜单的助记符。

例如,"&File"表示将 Alt+F 设置为【文件】菜单的助记符。显示菜单时,菜单项"&"符后的字母将带下划线。

3. 设置菜单命令的快捷键

快捷键是一个组合键,如 Ctrl+N,使用时先按下 Ctrl 键,然后再按 N 键。任何时候按下快捷键,相应的菜单命令都会被执行。

设置快捷键的方法如下。

(1) 定义菜单 Caption 属性值。

在【菜单编辑器】中选择所需的菜单命令,在【属性】窗口的 Caption 属性中菜单标题后输入 Tab 键的转义序列(\t),以使所有菜单快捷键都左对齐。输入 Ctrl、Alt 或 Shift,后跟加号(+)和附加键的字母或符号。例如,若要将 Ctrl+O 键分配给【文件】菜单上的【打开】菜单命令,修改菜单命令的【标题】,使其类似于这样: &Open…\tCtrl+O。

(2) 创建快捷键对应表项,并为其分配与菜单命令相同的标识符

双击【资源视图】中的 Accelerator 快捷键文件夹,双击打开 IDR_MAINFRAME,单击快捷键对应表底部的空行或者鼠标右击并从弹出的快捷菜单中选择【新建快捷键】命令。

从 ID 列的下拉列表中选择菜单项的 ID 或输入新 ID。

如果需要从列表中选择修饰符,单击【修饰符】列右侧的小黑箭头,在下拉列表中选择修饰符,例如 Ctrl 等。

在【键】列中输入要用作快捷键的字符,或者鼠标右击并从快捷菜单中选择【键入的下一个键】命令以设置组合键,也可以单击【编辑】→【键入的下一个键】菜单命令。

从【类型】列表中选择 ASCII 或 VIRTKEY,如图 6.1 所示。

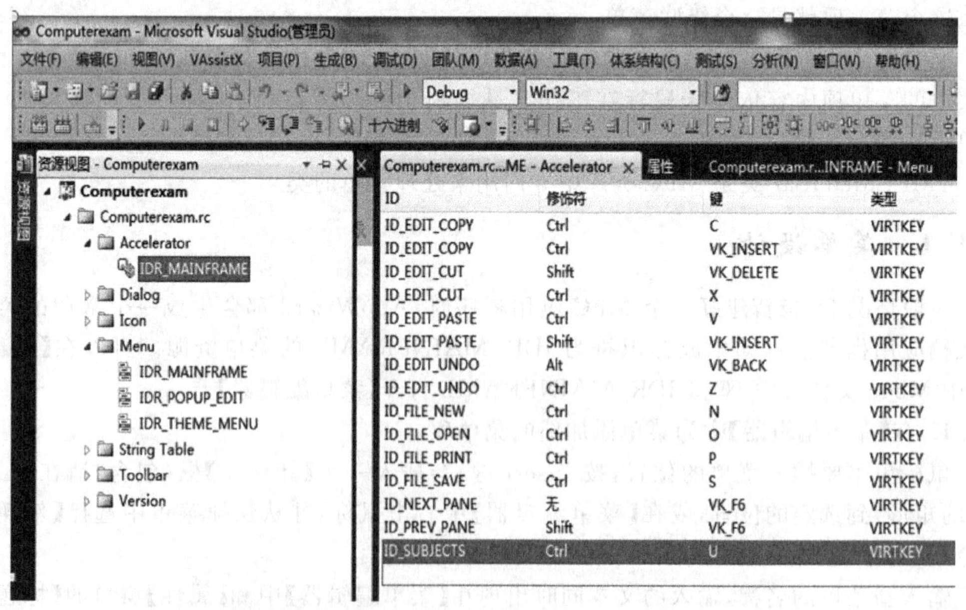

图 6.1 新建快捷键

如果项目运行后,快捷键不能运行,解决方案:单击状态栏中的【开始】按钮,在【运行】中输入"regedit",进入注册表编辑区,找到 HKEY_CURRENT_USER\Software\"应用程

序向导生成的本地应用程序”，里面都是运行过的 VS 的项目，删掉现在的项目。然后重新编译程序，就可以了。

4. 将菜单命令与 MFC 应用程序中的状态栏文本关联

当用户悬停在菜单项上时，MFC 应用程序将自动在运行中的应用程序的状态栏中显示信息。应用程序可以为用户选择的每个菜单命令显示描述文本，方法是在【属性】窗口中的 Prompt 属性中输入描述文本字符。

5. 菜单命令属性

表 6.1 中列出了常用的菜单命令属性，属性可以按字母顺序列出，还允许按类别查看属性。

表 6.1　菜单命令属性

Property	说　明
Caption	标记菜单命令的文本(菜单名)。若要使菜单命令标题中的其中一个字母成为助记键，请在它前面加上一个“&”符
Checked	如果为 True，则菜单命令最初是被选中的。类型：Bool。默认值：False
Enabled	如果为 False，则禁用菜单项。类型：Bool，默认值：True
Grayed	如果为 True，则菜单命令最初是灰色的且处于不活动状态。类型：Bool。默认值：False
ID	在头文件中定义的符号。可以是符号、整数或用引号括起来的字符串
Popup	如果为 True，菜单命令为弹出菜单。类型：Bool。默认值：对于菜单栏上的顶级菜单为 True；否则为 False
Prompt	包含当该菜单命令突出显示时出现在状态栏中的文本。该文本放在字符串表中并且与菜单命令具有相同的标识符
Separator	如果为 True，菜单命令为分隔符。类型：Bool。默认值：False

6. 选择多个菜单或菜单命令

可以选择菜单命令以执行批量操作，例如删除或更改属性。选择多个菜单命令的方法：按住 Ctrl 键的同时单击所需的菜单或子菜单命令。

7. 移动和复制菜单项

可以使用快捷菜单上的【剪切】或【复制】命令及【粘贴】命令来移动或复制菜单项。也可以使用拖放方法移动或复制菜单项。拖动或复制(同时按 Ctrl 键)要移动的菜单项，当插入参考线显示所需位置时放下菜单项。

6.1.2　给菜单项添加消息处理

1. 给菜单项添加消息处理的方法

在项目菜单上单击鼠标右键，在弹出的下拉菜单中，单击【添加事件处理程序】菜单，如图 6.2 所示。

在【事件处理程序向导】对话框中(如图 6.3 所示)，在【消息类型】框中选择消息，在【类列表】中选择相应的类，保留默认的【函数处理程序名称】，单击【添加编辑】按钮。

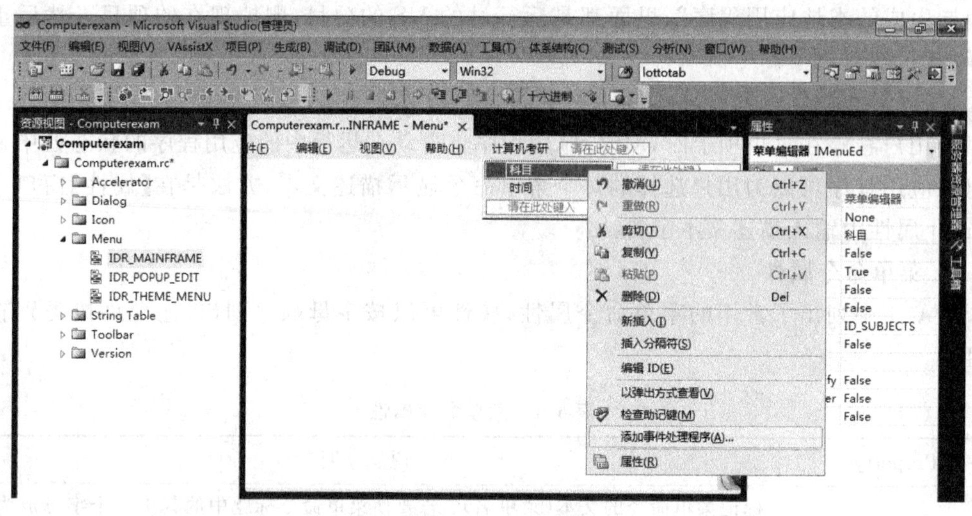

图 6.2　添加事件处理程序菜单

图 6.3　事件处理程序向导

2. 消息类型

【消息类型】列表框中只有两个消息：COMMAND 命令消息和 UPDATE_COMMAND_UI 更新命令用户界面消息。

在单文档应用程序中，MFC 应用程序向导生成的 4 个类都可以响应同一个菜单的 WM_COMMAND 消息。如果在这 4 个类里都加了同一个菜单的响应函数，4 个响应函数将只有一个被执行，它们之间有一个优先顺序，依次是：按视图类→文档类→框架类→应用程序类。具体响应函数应该放在哪个类里，视具体情况而定。

当单击菜单时，系统发出的是 WM_COMMAND 消息，在这个消息的扩展参数 wParam 中，包含菜单的 ID，用户可以通过 ID 来判断是哪个菜单被单击了。

当菜单需要重新绘制或更新时由系统发送 UPDATE_COMMAND_UI 消息。更新命令 UI 消息只适用于弹出式菜单的菜单项，而对顶层菜单不起作用。在显示弹出式菜单时，按视图类→文档类→框架类→应用程序类的顺序发送弹出式菜单的所有菜单项的 UPDATE_COMMAND_UI 消息。如果菜单项有一个更新处理函数，则它被调用进行更新；如果没有，则框架检查 COMMAND 命令处理函数是否存在，如果不存在，则使菜单项变灰。因此，为了使一个菜单项有效，必须为该菜单项添加一个消息处理函数。

用户在选择有些菜单命令时，希望看到选择留下的痕迹，显示为何种状态(例如允许、禁止)，由系统发送 UPDATE_COMMAND_UI 消息，系统传递 pCmdUI 指针。CCmdUI 是一个类，它可以控制正在被弹出的菜单项的状态。这个类中有一个成员变量 m_nIndex 表示菜单项在整个弹出菜单中的序号，另一个成员变量 m_nID 表示菜单的 ID。

它的成员函数包括以下几个。

(1) Enable()：设置菜单项是否有效，如 pCmdUI→ Enable(TRUE)。

(2) SetCheck()：设置菜单项是否选择，如 pCmdUI→ SetCheck(FALSE)。

(3) SetRadio()：设置菜单项是否选择，如 pCmdUI→ SetRadio(TRUE)。

(4) SetText()：设置菜单项的文本，如 pCmdUI→ SetText ("你好")。

例如：

```
void CMainFrame::OnUpdateSubjects(CCmdUI * pCmdUI)
{
    // TODO: 在此添加命令更新用户界面处理程序代码
        pCmdUI->SetCheck(TRUE);
}
```

6.1.3 动态添加菜单

在应用程序运行时动态地修改和创建菜单的命令如下。

1. 创建一个空菜单

```
BOOL CreateMenu();
```

2. 创建一个空的弹出式子菜单

```
BOOL CreatePopupMenu();
```

3. 装入菜单资源

```
BOOL LoadMenu(LPCTSTR lpszResourceName);
BOOL LoadMenu(UINT nIDResource);
```

lpszResourceName 为菜单资源名称，nIDResource 为菜单资源 ID 号。

4. 获取菜单

```
HMENU GetMenu() const;
```

5. 获得子菜单句柄

```
CMenu * GetSubMenu(int nPos) const;
```

该函数用来获得指定子菜单的菜单句柄。菜单位置由参数 nPos 指定,开始的位置为 0。

6. 删除菜单项

```
BOOL DeleteMenu( UINT nPosition, UINT nFlags );
```

参数 nPosition 表示要删除的菜单项位置,它由 nFlags 进行说明。若当 nFlags 为 MF_BYCOMMAND 时,nPosition 表示菜单项的 ID 号,而当 nFlags 为 MF_BYPOSITION 时,nPosition 表示菜单项的位置(第一个菜单项位置为 0)。

7. 添加菜单项

```
BOOL AppendMenu(UINT nFlags, UINT nIDNewItem = 0,LPCTSTR lpszNewItem = NULL);
```

将菜单项添加在菜单的末尾处。

当 nFlags 为 MF_BYCOMMAND 或 MF_STRING 时：nIDNewItem 为菜单项 ID,lpszNewItem 为菜单项标题。

当 nFlags 为 MF_POPUP 时：nIDNewItem 为弹出式菜单项句柄,lpszNewItem 为菜单标题。

当 nFlags 为 MF_SEPARATOR 时：nIDNewItem 和 lpszNewItem 可以省略。

8. 获得菜单的菜单项数

```
UINT GetMenuItemCount() const;
```

用来获得菜单的菜单项数,调用失败后返回－1。

9. 获得菜单项的标识号

```
UINT GetMenuItemID(int nPos) const;
```

用来获得由 nPos 指定的菜单项(以 0 为基数)的标识号,若 nPos 是 SEPARATOR,则返回－1。

10. 获得菜单项的文本内容

```
int GetMenuString(UINT nIDItem, CString& rString, UINT nFlags) const;
```

用来获得由 nIDItem 指定菜单项位置(以 0 为基数)的菜单项的文本内容(字符串),并由 rString 参数返回。

6.1.4 菜单案例

编写一个基于单文档的“研究生考试信息”程序,要求设计相应菜单实现如下的功能：显示计算机研究生考试的科目和时间安排。单击【科目】菜单,弹出消息框显示“政治,英语,数学，计算机基础综合”。单击【时间】菜单，弹出消息框显示“第一天上午政治，下午英语，第二天上午数学，下午计算机基础综合”。单击【科目】菜单或【时间】菜单项时，在菜单项的前面显示符号“√”。运行效果如图 6.4 所示。

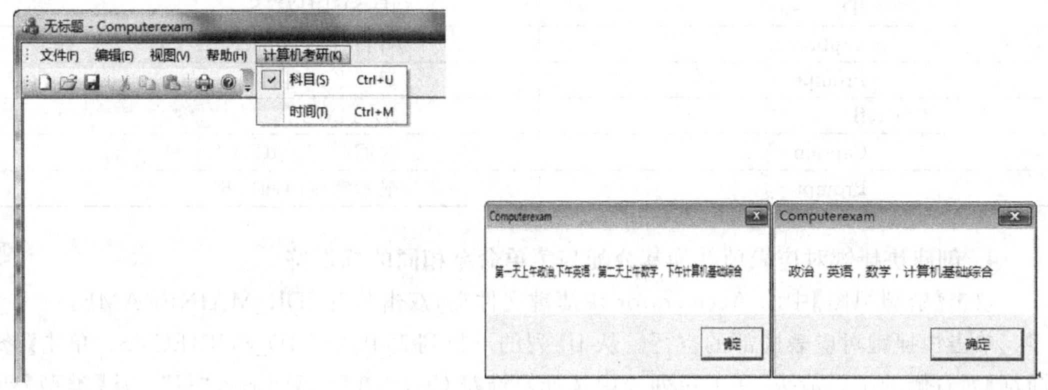

图 6.4 运行结果

1. 新建一个基于单文档的应用程序

(1) 启动【应用程序向导】新建项目

单击【文件】→【新建】→【项目】菜单项。

(2) 在【新建项目】对话框中：

① 单击【已安装模板】下方的 Visual C++。

② 从中间窗口中选择【MFC 应用程序】项目模板。

③ 在【名称】框中输入新项目的名称“Computerexam”。

④ 在【位置】框中，选择保存位置“d:\myvc”。

⑤ 在【解决方案名称】中，保持默认值。

⑥ 选中【为解决方案创建目录】复选框。

⑦ 单击【确定】按钮。

(3)【欢迎使用 MFC 应用程序向导】对话框中，单击【下一步】按钮。

(4) 在【应用程序类型】对话框中，【应用程序类型】选择【单个文档】，【项目类型】选择为【MFC 标准】，将【使用 Unicode 库】选项去掉，单击【完成】按钮。

2. 添加菜单资源

打开【资源视图】，展开 Menu 文件夹，单击 IDR_MAINFRAME。在【菜单编辑器】窗口中，选择菜单栏上【帮助】菜单后的【新建项】框，输入“计算机考研”，在【计算机考研】菜单下的【新建项】框中输入“科目”和“时间”，在【时间】菜单上单击鼠标右键，单击【插入分隔符】命令。

3. 修改菜单的属性值

单击【计算机考研】菜单，在右侧的【属性】窗口中，将 Caption 属性改为“计算机考研(&K)”。单击【科目】菜单，在右侧的【属性】窗口中，将 ID 属性改为 ID_SUBJECTS，Caption 属性改为“科目(&S)\tCtrl+U”，Prompt 属性输入“显示考试科目”。同理单击【时间】菜单，在右侧的属性窗口中，将 ID 属性改为 ID_TIME，Caption 属性改为“时间(&T)\tCTRL+M”，Prompt 属性输入“显示考试时间安排”，如表 6.2 所示。

表 6.2 菜单的属性

菜单属性	属性值
Caption	计算机考研(&K)
ID	ID_SUBJECTS
Caption	科目(&S)\tCtrl+U
Prompt	显示考试科目
ID	ID_TIME
Caption	时间(&T)\tCTRL+M
Prompt	显示考试时间安排

4. 创建快捷键对应表项并为其分配与菜单命令相同的标识符

双击【资源视图】中的 Accelerator 快捷键文件夹，双击打开 IDR_MAINFRAME。

单击快捷键对应表底部的空行。从 ID 列的下拉列表中选择 ID_SUBJECTS。单击【修饰符】列右侧的小黑箭头，在下拉列表中选择修饰符 Ctrl。在【键】列输入“U”。从【类型】列表中选择 VIRTKEY。

单击快捷键对应表底部的下一空行。从 ID 列的下拉列表中选择 ID_TIME。单击【修饰符】列右侧的小黑箭头，在下拉列表中选择修饰符 Ctrl。在【键】列输入“M”。从【类型】列表中选择 VIRTKEY。

5. 添加变量

在【类视图】中 CMainFrame 类上单击鼠标右键，单击【添加】→【添加变量】菜单，如图 6.5 所示。

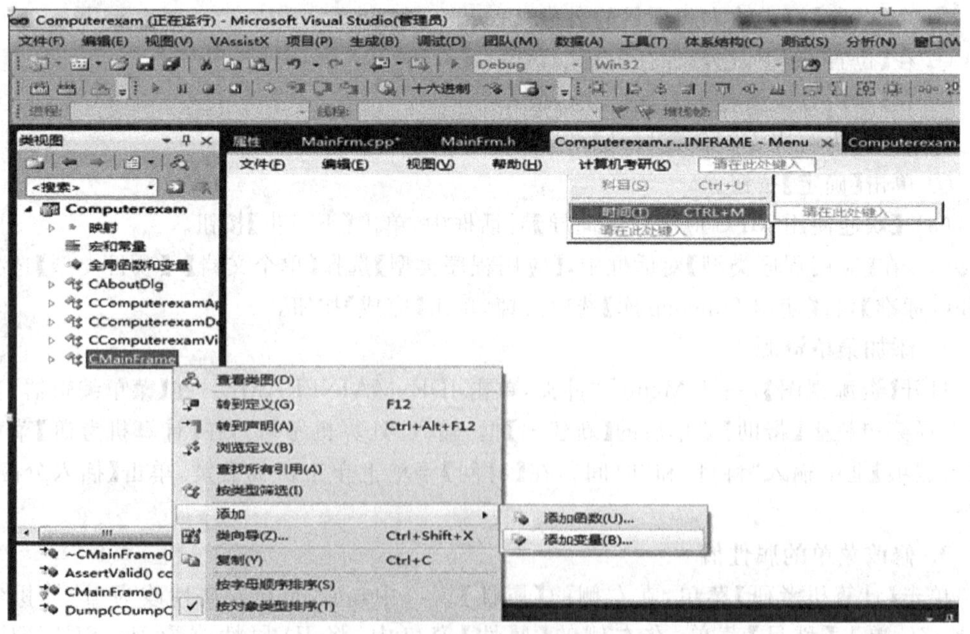

图 6.5 【添加变量】菜单

在【添加成员变量向导】中，【访问】设置为 public，【变量类型】设置为 bool；【变量名】输入为“flag1”，单击【完成】按钮，如图 6.6 所示。同理设置变量 flag2。

图 6.6　添加成员变量向导

6. **添加菜单消息处理函数**

在【科目】(ID_SUBJECTS)菜单上单击鼠标右键,在弹出的下拉菜单中,单击【添加事件处理程序】命令,如图 6.7 所示。

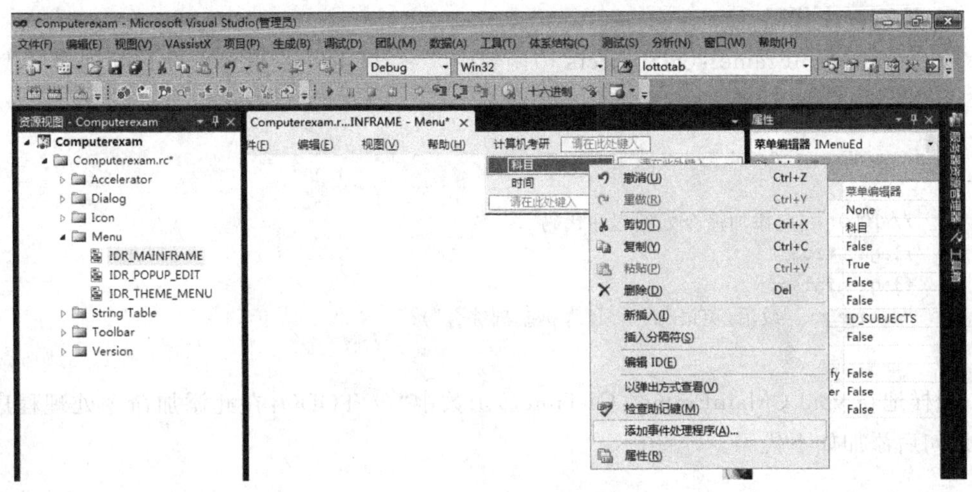

图 6.7　添加事件处理程序菜单

在【事件处理程序向导】对话框中,【消息类型】选择 COMMAND,【类列表】中选择 CCompertercxamView,保留默认的【函数处理程序名称】,单击【添加编辑】按钮,如图 6.8 所示。

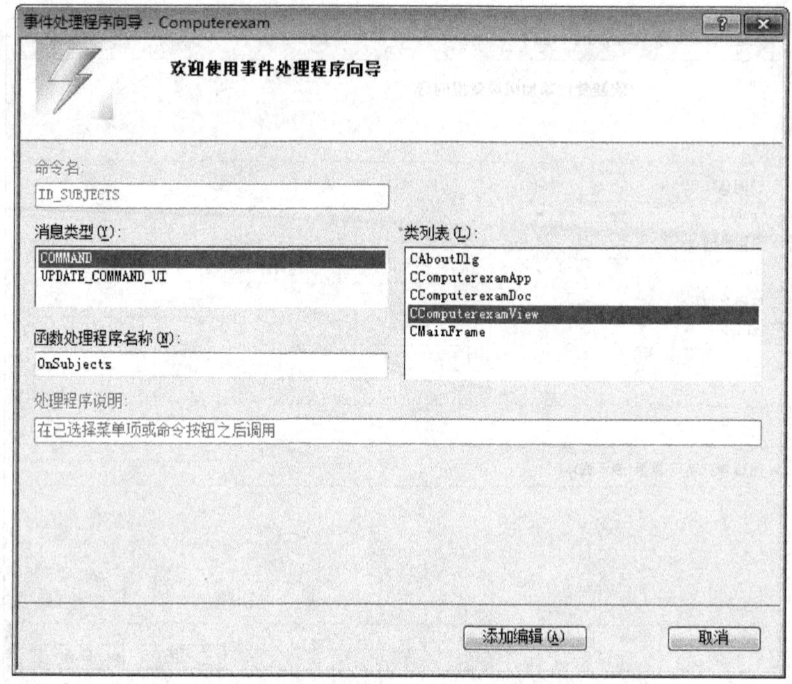

图 6.8　事件处理程序向导

同理在【事件处理程序向导】中,【消息类型】选择 UPDATE_COMMAND_UI,【类列表】中选择 CComperterexamView,保留默认的函数处理程序名称,单击【添加编辑】按钮。

同理为【时间】菜单分别添加填加 COMMAND 和 UPDATE_COMMAND_UI 消息处理函数。

7. 编写程序代码

在 void CMainFrame::OnSubjects ()函数中,"// TODO:在此添加命令处理程序代码"语句后添加如下代码。

```
void CMainFrame::OnSubjects()
{
    // TODO: 在此添加命令处理程序代码
    flag2 = true;
    flag1 = false;
    MessageBox("政治,英语,数学,计算机基础综合");
}
```

同样地在 void CMainFrame::OnTime()函数中"// TODO:在此添加命令处理程序代码"语句后添加如下代码。

```
void CMainFrame::OnTime()
{
    // TODO: 在此添加命令处理程序代码
    flag1 = true;
    flag2 = false;
    MessageBox("第一天上午政治,下午英语,第二天上午数学,下午计算机基础综合");
}
```

在 void CMainFrame::OnUpdateSubjects(CCmdUI * pCmdUI)函数中,“// TODO:在此添加命令更新用户界面处理程序代码”语句后添加如下代码。

```
void CMainFrame::OnUpdateSubjects(CCmdUI * pCmdUI)
{
    // TODO: 在此添加命令更新用户界面处理程序代码
    pCmdUI -> SetCheck(flag2);
}
```

在 void CMainFrame::OnUpdateTime(CCmdUI * pCmdUI)函数中,“// TODO:在此添加命令更新用户界面处理程序代码”语句后添加如下代码。

```
void CMainFrame::OnUpdateTime(CCmdUI * pCmdUI)
{
    // TODO: 在此添加命令更新用户界面处理程序代码
    pCmdUI -> SetCheck(flag1);
}
```

8. 生成解决方案并运行

单击【生成】→【生成解决方案】菜单或按 F7 键,单击【调试】→【开始执行】菜单或按 Ctrl+F5 键。

6.1.5 弹出式菜单

弹出式菜单(右键菜单)通常显示常用的命令。在应用程序中设计弹出式菜单首先要创建菜单,然后添加消息处理函数,在消息处理函数的应用程序代码中加载菜单资源,调用 TrackPopupMenu 函数弹出菜单。

添加【消息处理函数】的方法:在【类视图】中,选择要添加消息处理函数的类。在【属性】窗口中,单击【消息】按钮。如果项目有消息处理程序,处理程序的名称将出现在右列中消息的旁边。如果消息没有处理程序,则在【属性】窗口中,单击右列单元格的向下的小箭头。在弹出的列表中单击显示的【<添加>处理程序名】,添加该函数的代码。

若要移除消息处理程序,单击右列单元格的向下的小箭头,单击【<删除>处理程序名】,函数的代码会被注释掉。

快捷菜单实现函数 CMenu::TrackPopupMenu 函数原型如下。

```
BOOL TrackPopupMenu( UINT nFlags, int x, int y, CWnd * pWnd, LPCRECT lpRect = NULL );
```

该函数用来显示一个浮动的弹出式菜单,其位置由各参数决定。

nFlags 表示菜单在屏幕显示的位置以及鼠标按钮标志,nFlags 的值如表 6.3 所示。

表 6.3 nFlags 值

nFlags 值	含　义
TPM_CENTERALIGN	屏幕位置标志,表示菜单的水平中心位置由 x 坐标确定
TPM_LEFTALIGN	屏幕位置标志,表示菜单的左边位置由 x 坐标确定
TPM_RIGHTALIGN	屏幕位置标志,表示菜单的右边位置由 x 坐标确定
TPM_BOTTOMALIGN	屏幕位置标志,表示菜单的底边位置由 y 坐标确定

续表

nFlags 值	含　义
TPM_TOPALIGN	屏幕位置标志，表示菜单的顶边位置由 y 坐标确定
TPM_VCENTERALIGN	屏幕位置标志，表示菜单的垂直中心位置由 y 坐标确定
TPM_LEFTBUTTON	鼠标按钮标志，表示当用户单击鼠标左键时弹出菜单
TPM_RIGHTBUTTON	鼠标按钮标志，表示用户单击鼠标左键或右键时都可以弹出菜单

x：指定弹出菜单在屏幕上的水平位置的坐标。

y：指定弹出菜单在屏幕上的垂直位置的坐标。

pWnd：标识拥有弹出菜单的窗口。这个窗口接收所有 WM_COMMAND 消息。

lpRect：表示一个矩形区域，用户单击这个区域时，弹出菜单不消失。当其为 NULL 时，用户在菜单外单击，菜单立即消失。

6.1.6　弹出式菜单案例

在“研究生考试信息”程序的基础上，添加一个弹出式菜单【专业课参考书目】，菜单项分别为【数据结构】、【操作系统】、【计算机组成原理】和【计算机网络】。单击【数据结构】菜单，弹出消息框显示“《数据结构》：严蔚敏主编”。单击【操作系统】菜单，弹出消息框显示“《计算机操作系统》：汤子赢主编”。单击【计算机组成原理】菜单，弹出消息框显示“《计算机组成原理》：唐朔飞主编”。单击【计算机网络】菜单，弹出消息框显示“《计算机网络》：谢希仁主编”。运行结果如图 6.9 所示。

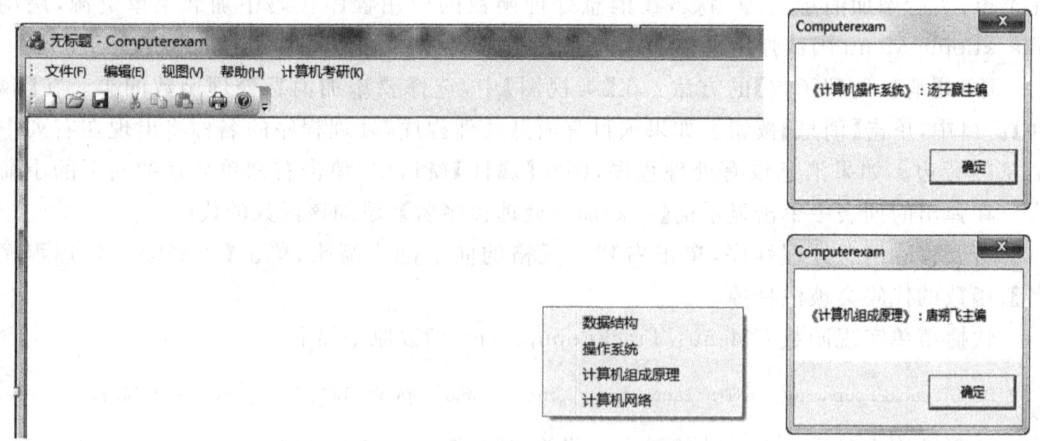

图 6.9　运行结果

1. 插入一个新的菜单资源 IDR_MENU1

在【资源视图】中，右键单击 Menu 文件夹，在弹出的菜单中，单击【插入 Menu(E)】命令，如图 6.10 所示。在【资源视图】的 Menu 文件夹中会新添加一个 IDR_MENU1 菜单。

2. 添加菜单项并修改菜单项属性

双击 IDR_MENU1 菜单，添加菜单项如图 6.11 所示。修改菜单项属性如表 6.4 所示。

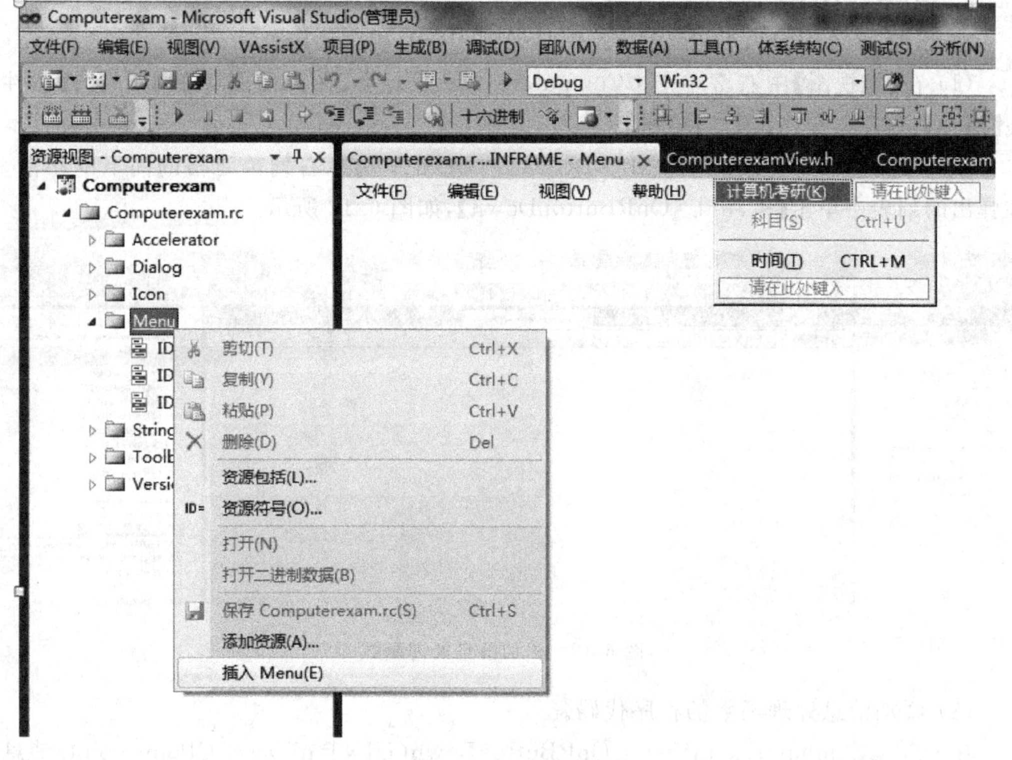

图 6.10 插入新的菜单资源菜单

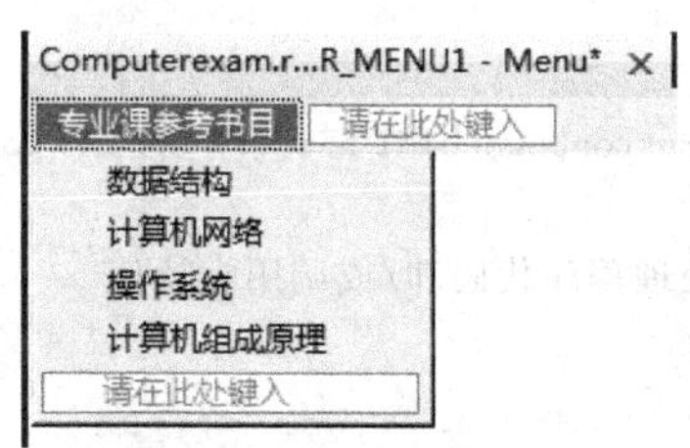

图 6.11 添加菜单项

表 6.4 菜单项属性

菜单属性	属性值
Caption	专业课参考书目
ID	ID_DATA
Caption	数据结构
ID	ID_NET
Caption	计算机网络
ID	ID_OPT
Caption	操作系统
ID	ID_COMP
Caption	计算机组成原理

3. 编写程序代码

1）添加 WM_RBUTTONDOWN 消息处理函数及程序代码

(1) 在【类视图】中右键单击 CComputerexamView 类，在弹出的菜单中，单击【属性】，在【属性】窗口中，单击【消息】按钮。

(2) 在属性窗口中，单击 WM_RBUTTONDOWN 消息右列单元格的向下的小箭头。在弹出的列表中单击【<Add>OnRButtonDown】，如图 6.12 所示。

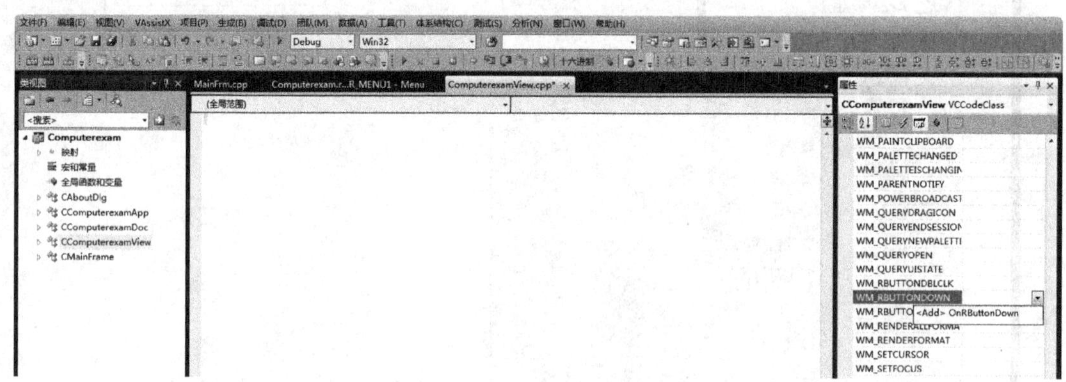

图 6.12　添加消息处理函数

(3) 添加消息处理函数的程序代码。

在 void CComputerexamView::OnRButtonDown(UINT nFlags, CPoint point)消息处理函数中，“// TODO: 在此添加消息处理程序代码和/或调用默认值”语句后添加如下代码。

```
void CComputerexamView::OnRButtonDown(UINT nFlags, CPoint point)
{
    // TODO: 在此添加消息处理程序代码和/或调用默认值
    ClientToScreen(&point);
    CMenu myMenu ;
    myMenu.LoadMenu( IDR_MENU1 ) ;
    CMenu * pMenu = myMenu.GetSubMenu(0) ;
    pMenu -> TrackPopupMenu(TPM_LEFTALIGN, point.x, point.y, this ) ;
    CView::OnRButtonDown(nFlags, point);
}
```

2）为菜单项添加事件处理程序

右键单击【数据结构】菜单，在弹出的菜单中，单击【添加事件处理程序】命令，如图 6.13 所示。在【事件处理程序向导】对话框中，【消息类型】选择 COMMAND，【类列表】中选择 CComputerexamView，保留默认的【函数处理程序名称】，单击【添加编辑】按钮，如图 6.14 所示。同理为【计算机网络】(ID_NET)、【操作系统】(ID_OPT)、【计算机组成原理】(ID_COMP)三个菜单项添加事件处理程序。

为【数据结构】(ID_DATA)菜单项添加以下程序代码。

在 void CComputerexamView::OnData()函数中“// TODO:在此添加命令处理程序代码”语句后添加如下代码。

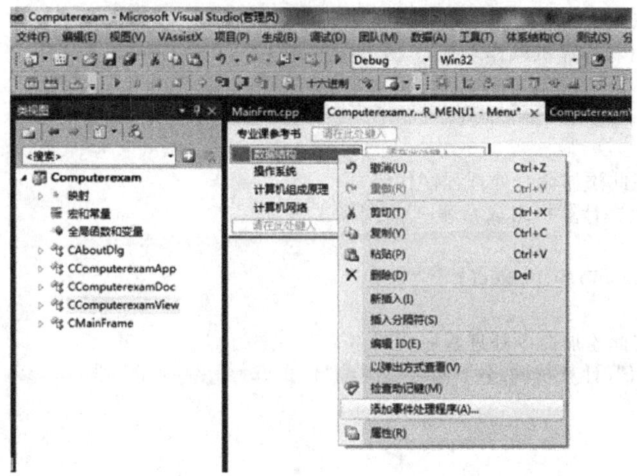

图 6.13　打开事件处理程序向导菜单

事件处理程序向导 - Computerexam

欢迎使用事件处理程序向导

命令名:

ID_DATA

消息类型(Y):

COMMAND
UPDATE_COMMAND_UI

类列表(L):

CAboutDlg
CComputerexamApp
CComputerexamDoc
CComputerexamView
CMainFrame

函数处理程序名称(N):

OnData

处理程序说明:

在已选择菜单项或命令按钮之后调用

添加编辑(A)　取消

图 6.14　事件处理程序向导

```
void CComputerexamView::OnData()
{
    // TODO: 在此添加命令处理程序代码
    MessageBox("«数据结构»: 严蔚敏主编");
}
```

同理为【计算机网络】(ID_NET)、【操作系统】(ID_OPT)、【计算机组成原理】(ID_COMP)三个菜单项添加如下代码。

```
void CComputerexamView::OnOper()
{
```

```
    // TODO: 在此添加命令处理程序代码
    MessageBox("«计算机操作系统»: 汤子赢主编");
}
void CComputerexamView::OnComp()
{
    // TODO: 在此添加命令处理程序代码
    MessageBox("«计算机组成原理»: 唐朔飞主编");
}
void CComputerexamView::OnNet()
{
    // TODO: 在此添加命令处理程序代码
    MessageBox("«计算机网络»: 谢希仁主编");
}
```

6.2 工　具　栏

工具栏是 Windows 应用程序中另一个非常重要的图形界面元素，它提供了一组顺序排列的带有位图图标的按钮，操作工具栏比菜单更方便快捷。在应用程序中，可以将常用到的功能封装在工具拦中，工具栏是一个特殊的窗口对象，不仅可以停靠在主框架窗口的一边，还可以浮动在窗口中。

当新建一个 MFC 框架的应用程序时，不管是单文档应用程序还是多文档应用程序，只要在 MFC 应用程序向导的用户界面对话框中，按照默认将【使用菜单和工具栏】选项选中，如图 6.15 所示，就会在应用程序中生成一个工具栏。CMFCToolBar 类是 MFC 类库中专门用来处理工具栏的类。

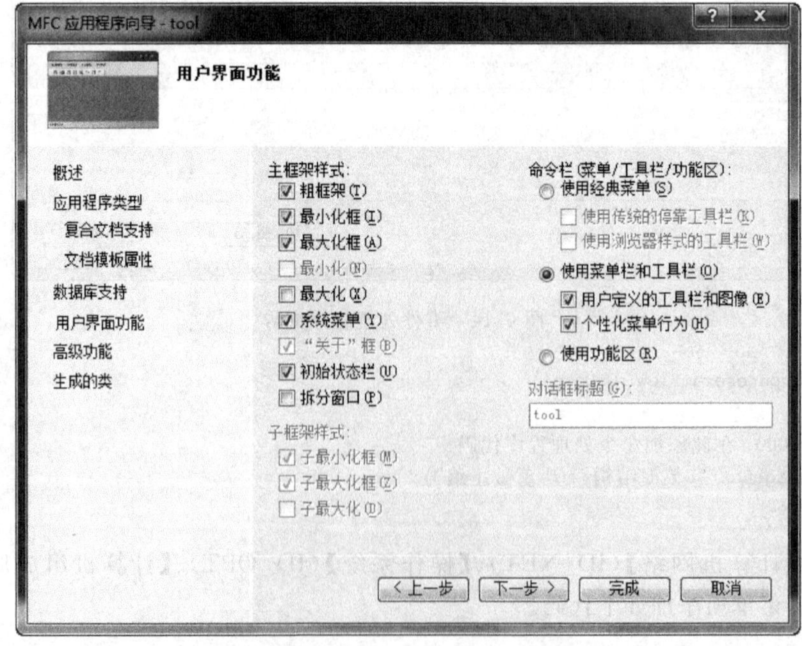

图 6.15　MFC 应用程序向导用户界面对话框

6.2.1 工具栏编辑器

【工具栏编辑器】使用户能够创建工具栏资源，它们与在最终应用程序中显示的外观极为相似。展开【资源视图】中的 Toolbar 文件夹，双击下面的 ID 号为 IDR_MAINFRAME256 的工具栏资源，在中间会出现【工具栏编辑器】窗口，如图 6.16 所示。

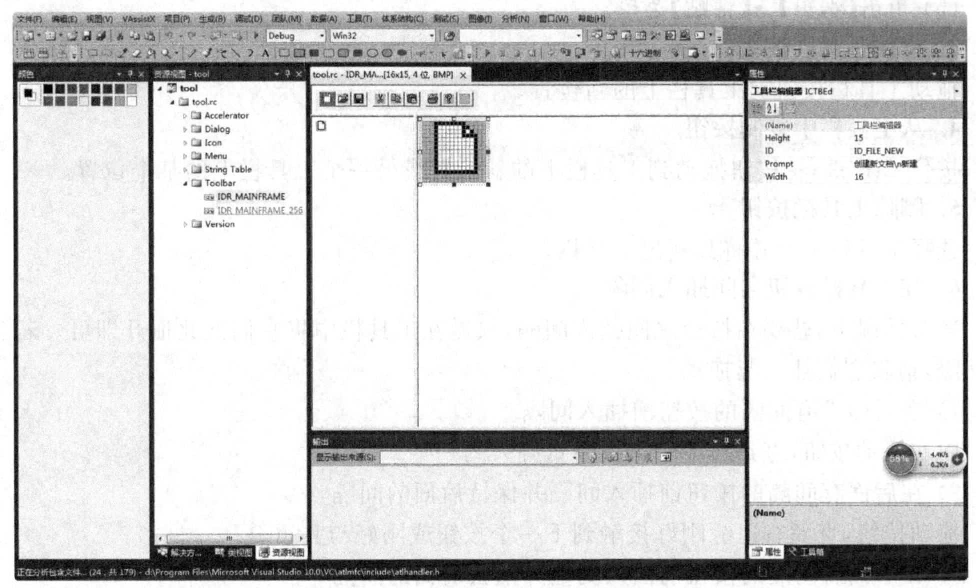

图 6.16 【工具栏编辑器】窗口

在【工具栏编辑器】窗口的上面显示了应用程序向导添加的工具栏，工具栏的下面是两个分隔窗口，左边窗口显示的是工具栏按钮上的位图的缩略图，右边窗口显示的是工具栏按钮上的放大的位图，可以在这个窗口里来修改位图。有一个拆分条分隔这两个窗口。可以将拆分条从一端拖动到另一端来更改窗口的相对大小。

使用【工具栏编辑器】可以创建新工具栏、添加、移动和编辑工具栏按钮及创建工具提示。

1. 添加新的工具栏按钮

默认情况下，新按钮或空白按钮显示在工具栏的右端，在编辑该按钮之前可以移动它。当创建一个新按钮时，另一个空白按钮出现在被编辑按钮的右侧。保存工具栏时不保存空白按钮。

(1) 在【资源视图】中展开资源文件夹。

(2) 展开 ToolBar 文件夹，并选择要编辑的工具栏。

(3) 系统将为工具栏右端的空白按钮分配一个默认按钮命令 ID。可以通过在【属性】窗口中修改 ID 属性。如果要为工具栏按钮提供与菜单选项相同的 ID，则使用下拉列表框选择菜单选项的 ID。

(4) 选择工具栏右端的空白按钮并开始绘制，也可将图像作为新按钮复制并粘贴到工具栏上。

2. 将图像作为按钮添加到工具栏

(1) 在【资源视图】中,双击 ToolBar 文件夹。

(2) 打开要添加到工具栏中的图像。

(3) 单击【编辑】→【复制】菜单。

(4) 单击原窗口顶部的工具栏选项卡切换到工具栏。

(5) 单击【编辑】→【粘贴】菜单。

3. 移动工具栏按钮

拖动工具栏按钮到工具栏上的新位置。

4. 从工具栏中复制按钮

按住 Ctrl 键,将按钮拖动到工具栏上的新位置或另一个工具栏上的某个位置。

5. 删除工具栏按钮

选择工具栏按钮并将其拖出工具栏。

6. 在工具栏按钮之间插入间隔

通常情况下,若要在按钮之间插入间隔,只需在工具栏中将它们彼此拖开即可。若要移除间隔,请将它们往一起拖动。

1) 在后面没有间隔的按钮前插入间隔

向右拖动按钮,直到与下一个按钮重叠大约一半。

2) 在后面有间隔的按钮前插入间隔并保持后面的间隔

拖动按钮,直到右边缘刚好接触到下一个按钮或刚好与其重叠。

3) 在后面有间隔的按钮前插入间隔并消去后面的间隔

向右拖动按钮,直到与下一个按钮重叠大约一半。

7. 移除工具栏按钮之间的间隔

将间隔一端的按钮拖向间隔另一端的按钮,直到与下一个按钮重叠大约一半。

如果要拖开的按钮的一侧没有间隔,并且将该按钮拖动到与相邻按钮的重叠超过一半,则还将在被拖动的按钮的另一侧插入间隔。

8. 更改工具栏按钮的 ID 属性

选择工具栏按钮,在属性窗口中的 ID 属性中输入新 ID 或使用下拉列表选择新 ID。

9. 创建工具提示

选择工具栏按钮,在【属性】窗口的 Prompt 属性字段中,为状态栏添加"按钮说明\n 和工具提示名"。

例如,将【打印】按钮的 Prompt 属性设置为"打印活动文档\n 打印"。

则将鼠标指针悬停在【打印】工具栏按钮上方。文本"打印"将浮动在鼠标指针下方。状态栏显示文本"打印活动文档"。文本"打印"是"工具提示名",文本"打印活动文档"是状态栏中的"按钮说明"。

10. 将工具栏按钮和菜单项设置相同的功能

是指当选择工具按钮或菜单命令时,使它们执行相同的操作。方法是将工具按钮和菜单命令的 ID 号设成相同的。

6.2.2 工具栏案例

在"研究生考试信息"程序的工具栏上添加三个新按钮,其中一个按钮实现和【科目】菜单相同的功能。另一个按钮实现和【时间】菜单相同的功能。第三个工具栏按钮实现单击此按钮时弹出"欢迎报考我校研究生!"消息框。运行结果如图 6.17 所示。

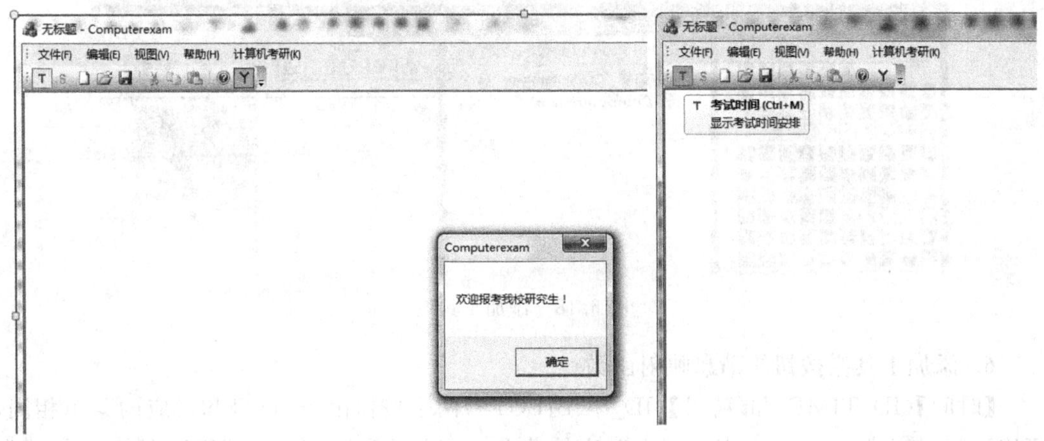

图 6.17　运行结果

1. 添加工具栏按钮

展开【资源视图】中的 Toolbar 文件夹,双击下面的 ID 号为 IDR_MAINFRAME256 的工具栏资源,在窗口的右侧中出现了【工具栏编辑器】窗口,单击【工具栏编辑器】窗口中工具栏后面的空白按钮,在【工具栏编辑器】右边的分隔窗口中编辑位图,在该位图上画一个红色 T 字形,同理画一个绿色 S 字形和蓝色的 Y 字形 T S Y 。

2. 修改工具栏按钮的属性

红色 T 字形按钮的属性设置如下。

ID 属性:单击 ID 属性后面的下拉组合框选择 ID_TIME。

Prompt 属性:输入"显示考试时间安排\n 考试时间"。

绿色 S 字形按钮的属性设置如下。

ID 属性:单击 ID 属性后面的下拉组合框选择 ID_SUBJECTS。

Prompt 属性:输入"显示考试科目\n 考试的课程"。

蓝色的 Y 字形按钮的属性设置如下。

ID 属性:单击 ID 属性后面的下拉组合框选择 ID_WEL。

Prompt 属性:输入"显示欢迎界面\n 欢迎报考"。

3. 调整按钮顺序

分别用鼠标拖动新添加的【时间】按钮(ID_TIME)和【科目】按钮(ID_SUBJECTS)一直拖到工具栏的最前面。

4. 在【科目】按钮(ID_SUBJECTS)和【新建】按钮(ID_FILE_NEW)间插入间隔

在【工具栏编辑器】的设计状态时,用鼠标拖动【新建】按钮,往后移动到【打开】(ID_FILE_OPEN)按钮的一半处释放鼠标。

5. 删除【打印】(ID_FILE_PRINT)按钮

用鼠标单击【打印】(ID_FILE_PRINT)按钮,然后将它拖到下面的空白区域释放。最后的工具栏如图 6.18 所示。

图 6.18　添加工具栏

6. 添加工具栏按钮的消息映射函数

【时间】(ID_TIME)和【科目】(ID_SUBJECTS)两个按钮由于 ID 号和对应的菜单相同，不用编写程序代码，系统会直接调用对应的菜单。需要为【欢迎】(ID_WEL)按钮添加消息映射函数。

(1) 单击【项目】菜单下的【类向导】菜单项。

(2) 在【MFC 类向导】对话框中，【类名】选择 CMainFrame，【对象 ID】选择 ID_WEL，【消息】选择 COMMAND，如图 6.19 所示。

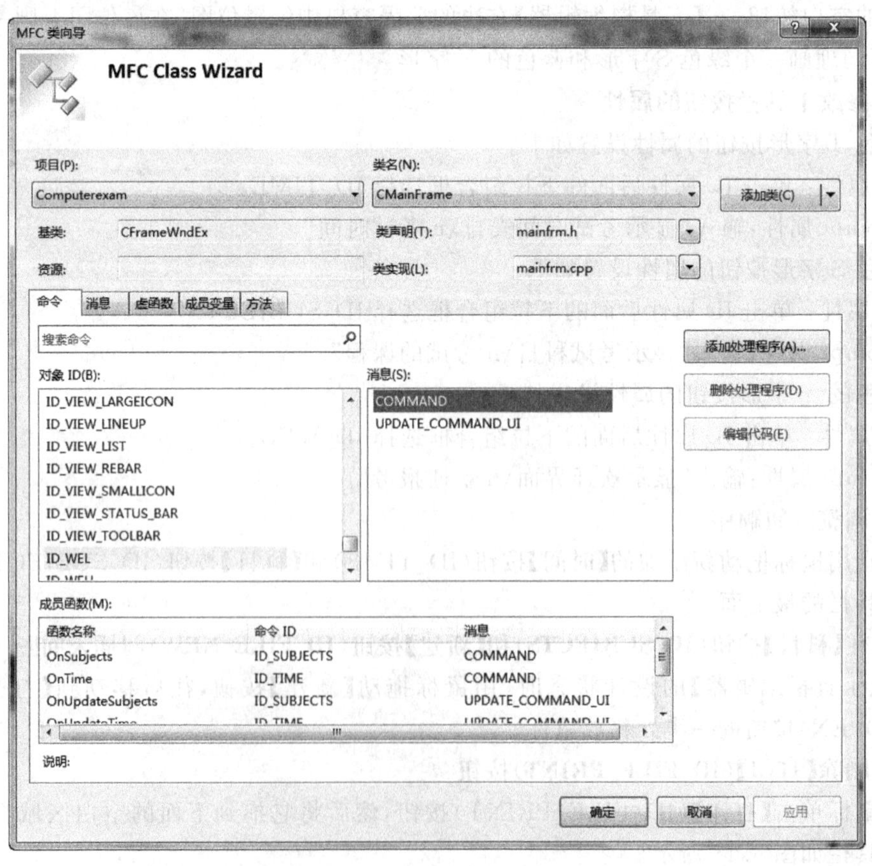

图 6.19　【MFC 类向导】对话框

(3) 单击【添加处理程序】按钮。

(4) 在弹出的【添加成员函数】对话框中,单击【确定】按钮,如图 6.20 所示。

图 6.20 【添加成员函数】对话框

(5) 在【MFC 类向导】对话框中,单击【编辑代码】按钮。

7. 编写程序代码

在 void CMainFrame::OnWel()函数中"//TODO: 在此添加命令处理程序代码"语句后添加如下代码。

```
void CMainFrame::OnWel()
{
    // TODO: 在此添加命令处理程序代码
    MessageBox("欢迎报考我校研究生!");
}
```

8. 生成解决方案并运行

单击【生成】→【生成解决方案】菜单或按 F7 键,单击【调试】→【开始执行】菜单或按 Ctrl+F5 键。

6.3 状 态 栏

6.3.1 状态栏的定义

状态栏的主要作用是显示应用程序目前的基本状态,同时可以在选择菜单或工具栏按钮时显示提示信息。

当新建一个 MFC 框架的应用程序时,不管是单文档应用程序还是多文档应用程序,只要在 MFC 应用程序向导对话框中,按照默认的将【使用菜单和工具栏】选项选中,就会在应用程序中生成一个状态栏。在界面中可以看到窗口底部有个状态栏,该状态栏被分为几个窗口,分别用来显示菜单项和工具栏按钮的提示信息及 CapsLock、NumLock、ScrollLock 键的状态。当然也可以自定义状态栏,加入新的提示信息或指示器。

用应用程序向导创建一个项目类型为 MFC 标准的单文档应用程序。应用程序向导在程序代码中实现的创建状态栏的代码如下。

1. 在 MainFrm.cpp 中为状态栏定义了一个静态数组

```
static UINT indicators[] =
{
    ID_SEPARATOR,              // 状态行指示器
    ID_INDICATOR_CAPS,
    ID_INDICATOR_NUM,
    ID_INDICATOR_SCRL,
};
```

indicators 数组定义了状态栏窗口的划分信息。第一个元素一般为 ID_SEPARATOR,对应的窗口用来显示命令提示信息,上面数组中的后三项为指示器文本的字符串 ID,可以

根据这些 ID 在 String Table 字符串资源中找到相应的字符串，查找方法是在【资源视图】中，打开 String Table 文件夹，双击 String Table，可以看到有 ID、【值】和【标题】三列，在 ID 列中找到需要的 ID，对应的【标题】列文本就是要查找的字符串。ID_INDICATOR_CAPS、ID_INDICATOR_NUM 和 ID_INDICATOR_SCRL 对应的字符串分别是 CAP、NUM、SCRL，对应的三个窗口分别为 Caps Lock 指示器、Num Lock 指示器和 Scroll Lock 指示器。

2. 构造一个 CMFCStatusBar 类的对象

在 MainFrm.h 文件中，为 CMainFrame 类定义了一个成员对象：

```
CMFCStatusBar  m_wndStatusBar;
```

3. 创建状态栏窗口

在 MainFrm.cpp 文件中，可以看到系统用 CMFCStatusBar::Create 函数创建状态栏窗口，使用 CMFCStatusBar::SetIndicators 函数为状态栏划分了窗口。

```
int CMainFrame::OnCreate(LPCREATESTRUCT lpCreateStruct)
{…
if (!m_wndStatusBar.Create(this))
    {
        TRACE0("未能创建状态栏\n");
        return -1;              // 未能创建
    }
    m_wndStatusBar.SetIndicators(indicators, sizeof(indicators)/sizeof(UINT));
…
}
```

6.3.2 状态栏的常用操作

Visual C++ 2010 中可以方便地对状态栏进行操作，如增减窗口、在状态栏中显示文本等，并且 MFC 的 CMFCStatusBar 类封装了状态栏的大部分操作。

1. 修改状态栏窗口

状态栏中的窗口可以分为信息行窗口和指示器窗口两类。若在状态栏中增加一个信息行窗口，则只需在 indicators 数组中的适当位置中增加一个 ID_SEPARATOR 标识即可；若在状态栏中增加一个用户指示器窗口，则在 indicators 数组中的适当位置增加一个在字符串表中定义过的资源 ID。若状态栏减少一个窗口，只需减少 indicators 数组元素即可。

2. 创建一个状态栏

```
Virtual BOOL Create(CWnd * pParentWnd, DWORD dwStyle = WS_CHILD | WS_VISIBLE | CBRS_BOTTOM,
UINT nID = AFX_IDW_STATUS_BAR);
```

(1) pParentWnd 为状态栏父窗口的指针。

(2) dwStyle 为状态栏的风格，除了标准的 Windows 风格外，它还支持以下几种。

① CBRS_TOP：位于框架窗口的顶部。

② CBRS_BOTTOM：位于框架窗口的底部。

③ CBRS_NOALIGN：父窗口大小改变时状态栏不会被重新定位。

(3) nID 指定状态栏的 ID。

3. 获取指定的指示器的 ID

```
UINT GetItemID(int nIndex) const;
```

获取由 nIndex 指定的指示器的 ID。参数 nIndex 为要获取 ID 的指示器索引。

4. 获取状态栏窗口中显示的文本

```
CString GetPaneText(int nIndex) const;
```

nIndex 为要获取文本的窗口的索引。返回值为包含窗口文本的 CString 对象。

5. 设置状态栏窗口的显示文本

```
BOOL SetPaneText(int nIndex, LPCTSTR lpszNewText, BOOL bUpdate = TRUE);
```

nIndex 为要设置文本的窗口的索引,lpszNewText 为指向新的窗口文本的指针,bUpdate 表示是否设置后立即更新显示。如果设置成功则返回 TRUE,否则返回 FALSE。

6.3.3 状态栏案例

完成一个在状态栏中最后一个窗口中添加一个时间窗口,用来显示系统时间的单文档应用程序。运行效果如图 6.21 所示。

图 6.21 运行结果

步骤如下。

(1) 新建一个项目的名称为 CTimestatue 的基于单文档的应用程序。

(2) 添加一个新的字符串资源 ID 为 ID_INDICATOR_TIME。

在【资源视图】中打开 String Table 字符串资源文件夹,双击 String Table,在字符串表的最后空白行中,添加一个新的字符串资源,ID 输入"ID_INDICATOR_TIME",【值】设为一个不与任何其他字符串资源重复的整数值,例如 101。【标题】设为"00:00:00",这是为了给时间的显示预留空间,因为状态栏会根据字符串的长度为相应的窗口确定默认宽度,如图 6.22 所示。

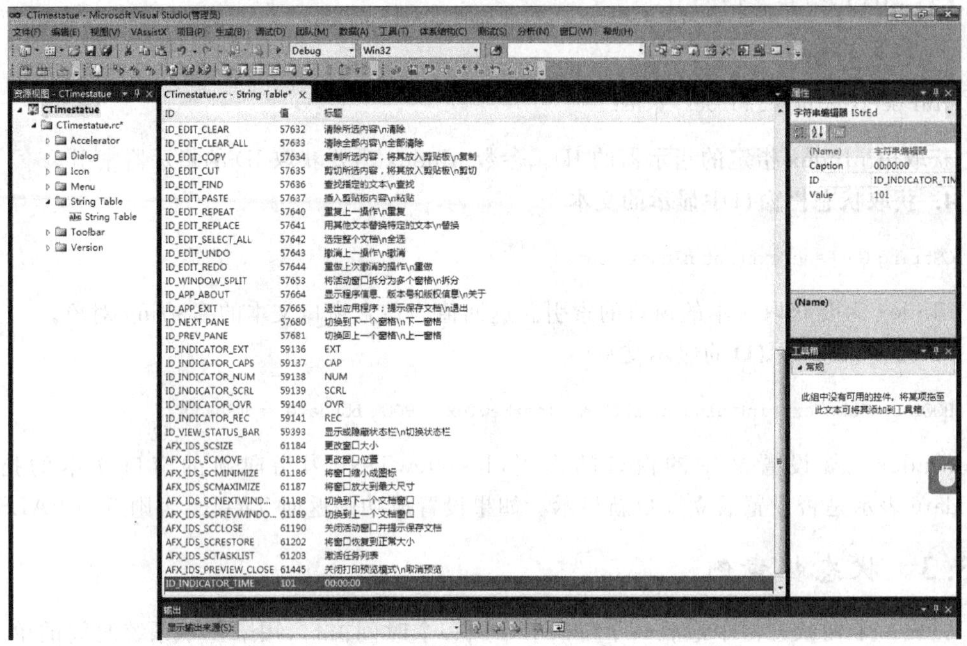

图 6.22　添加一个新的字符串资源

(3) 在 indicators 数组的 ID_INDICATOR_SCRL 后插入 ID_INDICATOR_TIME。

```
static UINT indicators[ ] =
{
    ID_SEPARATOR,
    ID_INDICATOR_CAPS,
    ID_INDICATOR_NUM,
    ID_INDICATOR_SCRL,
    ID_INDICATOR_TIME,
};
```

(4) 在 CMainFrame::OnCreate 函数中开启定时器。

要实时显示系统时间，就需要使用一个定时器，每秒钟更新一次时间显示。在 CMainFrame::OnCreate 函数中开启定时器，代码如下。

```
int CMainFrame::OnCreate(LPCREATESTRUCT lpCreateStruct)
{
    if (CFrameWndEx::OnCreate(lpCreateStruct) == -1)
        return -1;
    …
    SetTimer(1, 1000, NULL);    // 启动定时器,定时器 ID 为 1,定时时间为 1000ms
    return 0;
}
```

(5) 为 WM_TIMER 消息添加其消息处理函数。

在【类视图】中鼠标右键单击 CMainFrame 类，单击【属性】菜单，然后在显示出来的属性窗口中，单击工具栏上的【消息】按钮，即显示出消息列表，选择 WM_TIMER 消息，单击右列向下的箭头，单击<add> OnTimer 命令添加其消息处理函数 void CMainFrame::OnTimer(UINT_PTR nIDEvent)，如图 6.23 所示。

图 6.23　添加消息处理函数

修改 void CMainFrame::OnTimer(UINT_PTR nIDEvent)函数如下。

```
void CMainFrame::OnTimer(UINT_PTR nIDEvent)
{
    // TODO: 在此添加消息处理程序代码和/或调用默认值
    CString strTime;
    CTime curTime = CTime::GetCurrentTime();    // 获取系统当前时间保存到 curTime
    strTime = curTime.Format(("%H:%M:%S"));     //格式化 curTime,将字符串保存到 strTime
    m_wndStatusBar.SetPaneText(4, strTime);     // 在状态栏的时间窗口中显示系统时间字符串
    CFrameWndEx::OnTimer(nIDEvent);
}
```

(6) 生成解决方案并运行。

单击【生成】→【生成解决方案】菜单或按 F7 键，单击【调试】→【开始执行】菜单或按 Ctrl+F5 键。

第7章 文档与视图

7.1 文档应用程序中的字符串资源

使用MFC的AppWizard创建的文档应用程序有两种类型：单文档应用程序(Single Document Interface,SDI)和多文档应用程序(Multiple Document Interface,MDI)。它们都包含应用程序类(CWinApp)、框架窗口类(CFrameWnd)、文档类(CDocument)、视图类(CView)和文档模板类(CSingleDocTemplate或者CMultiDocTemplate)。这些类通过文档模板有机地联系在一起。

对于单文档应用程序EgSDI,打开应用程序类的InitInstance( )成员函数,可以看到如下代码,其作用是为程序定义一种文档模板类型。

```
BOOL CEgSDIApp::InitInstance()
{
    …
    // 注册应用程序的文档模板,文档模板将用作文档、框架窗口和视图之间的连接
    CSingleDocTemplate * pDocTemplate;
    pDocTemplate = new CSingleDocTemplate(
            IDR_MAINFRAME,                    //文档模板的资源 ID
            RUNTIME_CLASS(CEgSDIDoc),         //文档类
            RUNTIME_CLASS(CMainFrame),        //主框架窗口类
            RUNTIME_CLASS(CEgSDIView)         //视图类
            );                                //生成文档模板对象
    if (!pDocTemplate)
        return FALSE;
    AddDocTemplate(pDocTemplate);             //创建文档模板
    …
}
```

从上面的代码中可以看到,每个文档模板由对应的资源(字符串资源、菜单资源、图标资源等)、文档、视图和框架窗口4个要素组成。并且通过RUNTIME_CLASS( )宏将类名传递给应用程序,使应用程序在运行时动态地生成上述类的对象。这几个类之间的关系如图7.1所示。

类似地,对于多文档的应用程序,打开应用程序类的InitInstance( )成员函数,可以看到如下代码,其作用是为程序定义一种文档模板类型。

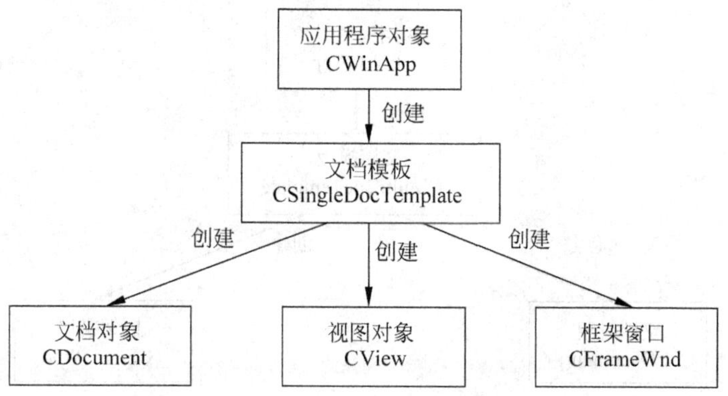

图 7.1　单文档应用程序中 5 个类之间的关系

```
BOOL CEgMDIApp::InitInstance()
{
    …
    // 注册应用程序的文档模板,文档模板将用作文档、框架窗口和视图之间的连接
    CMultiDocTemplate * pDocTemplate;
    pDocTemplate = new CMultiDocTemplate(
            IDR_EgMDITYPE,
            RUNTIME_CLASS(CEgMDIDoc),
            RUNTIME_CLASS(CChildFrame), // 自定义 MDI 子框架
            RUNTIME_CLASS(CEgMDIView)
            );
    if (!pDocTemplate)
        return FALSE;
    AddDocTemplate(pDocTemplate);
    // 创建主 MDI 框架窗口
    CMainFrame * pMainFrame = new CMainFrame;
    if (!pMainFrame || !pMainFrame -> LoadFrame(IDR_MAINFRAME))
    {
            delete pMainFrame;
            return FALSE;
    }
    m_pMainWnd = pMainFrame;
    …
}
```

由于多文档模板是用于建立资源 ID、文档类、视图类和子框架窗口(文档窗口)类之间的关联的,因此,多文档的主框架窗口需要特别的代码来创建。这几个类之间的关系如图 7.2 所示。

在文档应用程序中,创建模板对象都要加载 ID 为 IDR_MAINFRAME 的资源,它是框架应用程序资源中的一种,叫做字符串资源(String Table)。字符串列表中包括一个应用程序中所有标识符的 ID、数值和名称,如图 7.3 所示。

在字符串表资源中,IDR_MAINFRAME 称为文档模板字串资源,它是用来标识窗口标题、文档名、文档类型等。文档模板字符串包含 7 个由"\n"结尾并分隔的子串。如果

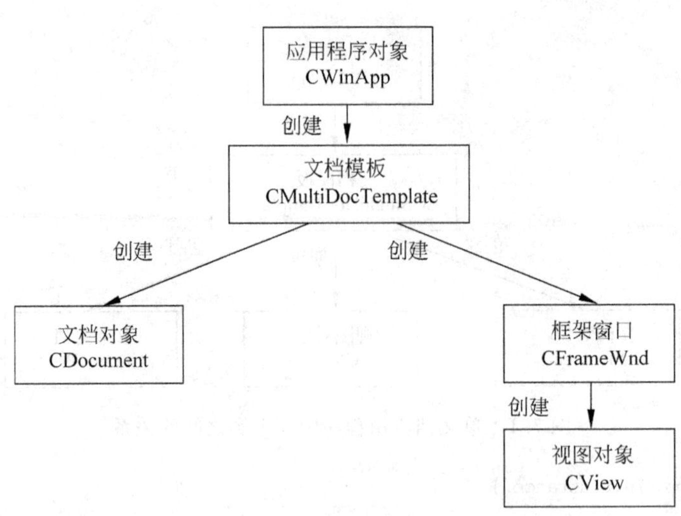

图 7.2　多文档应用程序中 5 个类之间的关系

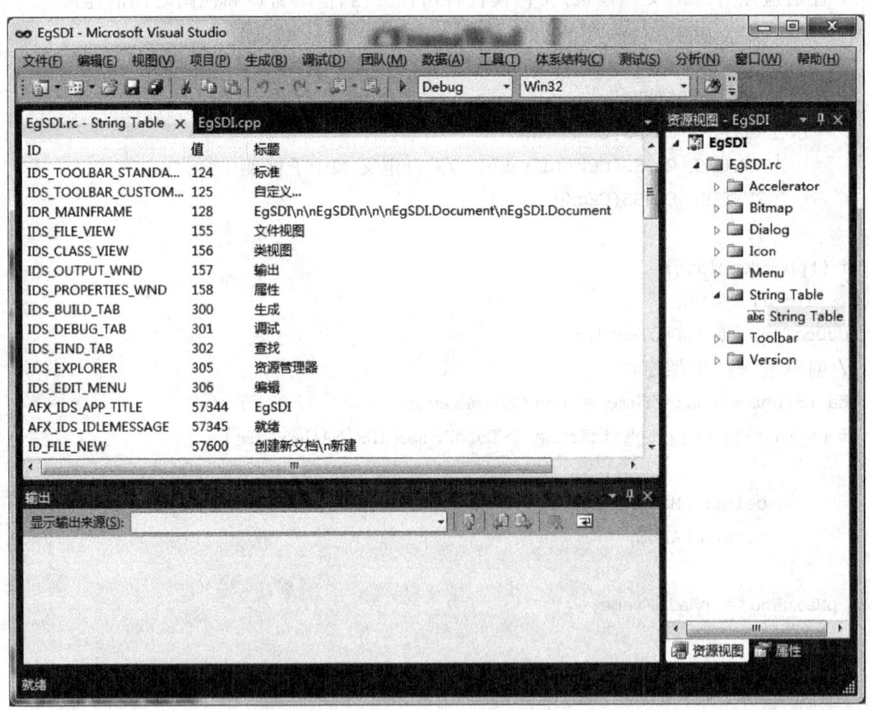

图 7.3　字符串表资源

没有某个子串，则“\n”作为一个占位字符出现，最后一个字符串后面不需要“\n”。标准格式如下。

```
<windowTitle>\n<docName>\n<fileNewName>\n<filterName>\ n<filterExt>\n<regFileTypeId>\n
<regFileTypeName>\n
```

这些子串描述了文档的类型。

(1) 窗口标题：如 Word 窗口的 Microsoft Word，该字符串仅出现在 SDI 程序中。对于多文档程序为空，因此 IDR_EgMDITYPE 以“\n”开头。

(2) 文档名：在用户从【文件】菜单选取【新建】命令时，建立新文档名。新的文档名使用这个文档名字符串作为前缀，后面添加一个数字，用作默认的新文件名。如 Word 的“文档 1”“文档 2”等。如果没有指定，则使用“无标题”作为默认值。

(3) 新建文档类型名：当应用程序支持多个文档类型时，该字符串显示在【文件】/【新建】对话框中。如果没有指定该项，则无法用【文件】/【新建】命令创建该类型的文档。

(4) 过滤器名：允许指定与这个文档类型相关的描述。该描述显示在打开对话框中的文件类型下拉列表中。

(5) 过滤器后缀：与过滤器名一起使用，指定与文档类型相关的文件的扩展名。

(6) 在 Windows 注册表中登记的文档类型 ID：应用程序运行时会将该 ID 加入到注册数据库中，这样 File Manager 就可以通过 ID 和下面的注册文档类型名打开相应的应用程序。

(7) 注册文档类型名：存放在注册数据库中，标识文档类型的名字。

例如，在单文档应用程序 EgSDI 中，文档模板的字串表为：

```
EgSDI\n\nEgSDI\n\n\nEgSDI.Document\nEgSDI.Document
```

而在多文档应用程序 EgMDI 中，文档模板的字串表有两个：IDR_MAINFRAME 和 IDR_EgMDITYPE，其中 IDR_MAINFRAME 表示窗口标题，而 IDR_EgMDITYPE 表示后面 6 项。

```
IDR_MAINFRAME: EgMDI
IDR_EgMDITYPE: \nEgMDI\nEgMDI\n\n\nEgMDI.Document\nEgMDI.Document
```

文档模板字串表可以通过【字串资源编辑器】进行创建或者修改，也可以在文档应用程序创建向导的【文档模板属性】页进行设置，如图 7.4 所示。

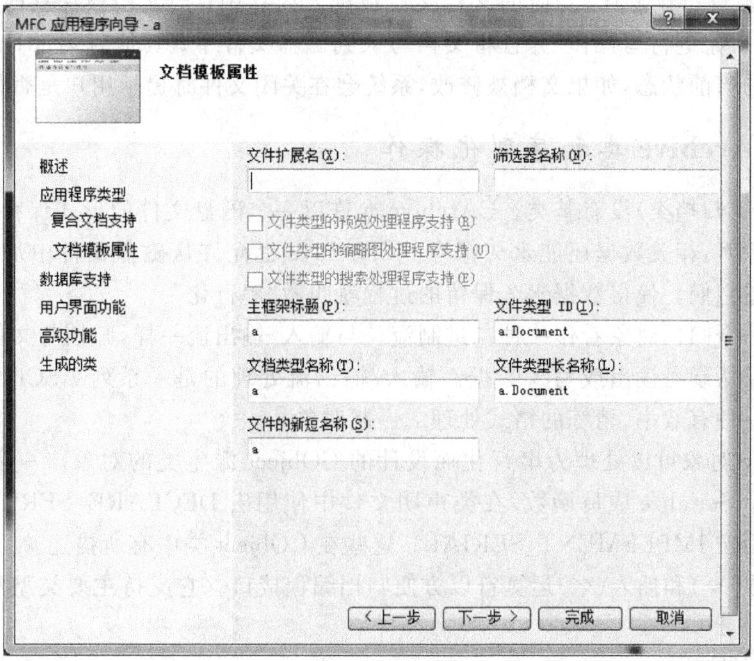

图 7.4　文档模板属性的设置

7.2 文档序列化

使用 MFC 应用程序向导生成的每个文档应用程序框架中都有一个文件菜单，其中包括【新建】、【打开】、【保存】和【另存为】等命令，这些命令能够完成对数据的存储操作。文档序列化(Serialize)是指将数据从应用程序写入数据文件或者把数据文件读入应用程序的过程。

7.2.1 序列化概述

在 MFC 中，对象的序列化功能主要是通过文档/视图结构中特有的文档对象的序列化机制来实现的。序列化，简单地说就是向持久化存储媒介(如磁盘文件)保存对象或读取对象的过程。序列化分为两部分，当把应用程序数据以文件形式存储在系统磁盘中时，叫做序列化；当从磁盘文件中恢复应用程序数据的状态时，叫做反序列化。这两个部分的组合构成了 Visual C++中的应用程序对象的序列化。

文档类在文档应用程序中主要用来管理数据，它可以完成大部分数据管理功能。当用户使用【新建】命令时，MFC 都会自动调用 OnNewDocument()函数对新建文档进行初始化。当用户打开一个文档或者保存一个修改的文档时，都会调用 Serialize()函数。一般来说，文档数据保存在文档类数据成员中，通过 MFC 提供的序列化功能及类 CDocument 提供的打开文件和保存文件功能来实现。

MFC 文档应用程序中使用序列化来保存和打开文档。当一个文档被保存或者加载时，MFC 会创建一个 CArchive 对象，通过它序列化该文档。当文档被打开时，系统创建一个 CArchive 对象进行读操作，对应的文档文件被读入内存中；当文档被保存时，系统创建一个 CArchive 对象进行写操作，并且将文档写入到磁盘文件中；其他时刻，CDocument 类跟踪文档数据的当前状态，如果文档被修改，系统会在关闭文件时提示用户是否保存。

7.2.2 CArchive 类和序列化操作

CArchive(归档类)没有基类。CArchive 允许以一个磁盘文件的形式保存一个对象，即使对象被删除时，相关数据还能永久保存。CArchive 也允许从磁盘文件中加载对象，在内存中重新构造它们。使得数据永久保留的过程就叫做“串行化”。

可以把一个归档对象看作一种二进制流。与输入/输出流一样，归档与文件有关并允许写缓冲区以及从硬盘读出或写入数据。输入/输出流处理的是一系列 ASCII 码字符，但是归档文件以一种有效率、精练的格式处理二进制对象。

CArchive 对象可以处理为串行化而设计的 CObject 派生类的对象。一个可串行化的类通常有一个 Serialize 成员函数，在类声明文件中使用宏 DECLARE_SERIAL，在类的实现文件中使用宏 IMPLEMENT_SERIAL。这些在 CObject 类中有所描述。

重载提取(>>)和插入(<<)运算符以方便归档编程接口。它支持主要类型和 CObject 派生类。

1. 保存文档

当用户选择【保存】或者【另存为】文档时，MFC 应用程序向导创建的 SDI 或者 MDI 代码中找不到【保存】或者【另存为】菜单项的处理函数，但它的功能却能实现。这是由于这些函数是由 CDocument 类提供的。应用程序的文档类继承了 CDocument 类的同时，也将这些处理函数完全继承下来。MFC 会调用 CDocument::OnSaveDocument 函数来序列化文档数据。在 OnSaveDocument 函数中创建了一个 CArchive 对象实例，并把它作为 Serialize 函数的参数，传递给应用程序的文档类中 Serialize 函数，在 Serialize 函数中序列化文档数据。序列化文档数据后，设置文件修改标志为假，清除文档修改标志。具体调用关系如下。

```
CWinApp:OnFileSave
{
    …
    pDoc -> OnSaveDocument();
    …
}
CDocument::OnSaveDocument()
{
    CArchive ar;
    …
    Serialize(ar);
    SetModifiedFlag(FALSE);
}
CDocument::Serialize(CArchive &ar)
{
    if(ar.IsStoring())                         // 保存文件
        ar << m_clr;                           // 将文档数据保存到文件中
    else                                       // 打开文件
        ar >> m_clr;                           // 从文档中读取数据到内存变量
}
```

2. 打开文档

当用户选择【打开】文档时，MFC 应用程序框架调用文档类的 OnOpenDocument()成员函数。该函数将首先调用 DeleteContents()函数清空文档类数据成员，然后调用 Serialize()函数装载文档数据，最后调用 SetModifiedFlag(FALSE)将文档修改标志清除。调用过程如下。

```
CWinApp::OnFileOpen()
{
    …
    pDoc -> OnOpenDocument();
    …
}
CDocument::OnOpenDocument()
{
    …
    DeleteContents();
    Serialize();
    SetModifiedFlag(FALSE);
    …
}
CDocument::Serialize(CArchive &ar)
{
```

```
    if(ar.IsStoring())                          // 保存文件
        ar << m_clr;                            // 将文档数据保存到文件中
    else                                        // 打开文件
        ar >> m_clr;                            // 从文档中读取数据到内存变量
}
```

7.2.3 文档序列化案例

在单文档应用程序 Eg7_1 中，根据文档中设定的颜色来绘制一个圆角矩形。在文档类中定义了一个 COLORREF 类型的颜色变量 m_clr，用于存储矩形的颜色。并修改文档模板的字串表用于设定保存文档的类型等。本例演示了文档序列化的过程，运行结果如图 7.5 所示。

图 7.5 应用程序 Eg7_1 运行结果

操作步骤如下。

(1) 创建一个默认的单文档应用程序 Eg7_1。

(2) 添加一个对话框资源，修改对话框属性，Caption 属性为“选择对话框颜色”，Font(Size)属性为字号 14，对话框布局如图 7.6 所示。其中三个编辑框控件的 ID 依次为：ID_RED，ID_GREEN，ID_BLUE。双击对话框空白处，为该对话框创建类，类名为 CColorDlg。在【类向导】中，依次为三个编辑框控件添加 CColorDlg 类的 UINT 型成员变量：m_red，m_green，m_blue，取值范围为 0～255。

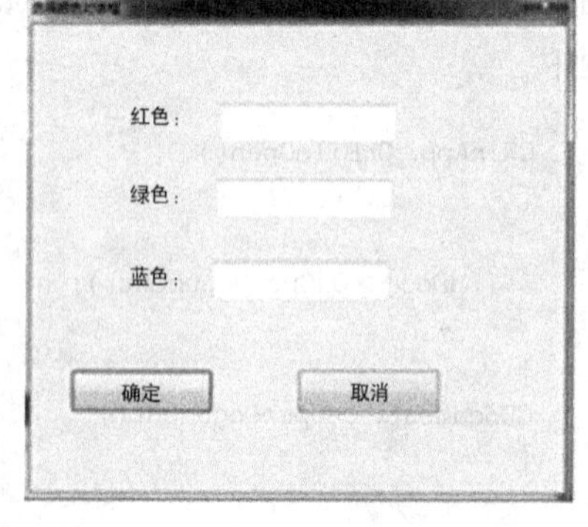

图 7.6 【选择颜色】对话框

(3) 在文件 Eg7_1View.h 中，为 CEg7_1View 类添加 public 型的对象定义：

```
CColorDlg dlg;
```

并在该文件的开头添加命令 #include "ColorDlg.h"。

(4) 在文件 Eg7_1Doc.h 中,为 CEg7_1Doc 类添加 public 型的成员变量,用于存储圆角矩形的颜色:

```
COLORREF m_clr;
```

(5) 在文件 Eg7_1Doc.cpp 中,为 CEg7_1Doc 类的构造函数中添加颜色成员变量初始化值,代码如下。

```
CEg7_1Doc::CEg7_1Doc()
{
    m_clr = RGB(255, 0,0);
}
```

(6) 在文档序列化函数 CEg7_1Doc::Serialize()中添加存储和读取颜色的代码。

```
void CEg7_1Doc::Serialize(CArchive& ar)
{
    if (ar.IsStoring())
    {
        ar << m_clr;
    }
    else
    {
        ar >> m_clr;
    }
}
```

(7) 打开【类向导】,为 CEg7_1View 类添加初始化函数,在【虚函数】选项卡中,选择 OnInitialUpdate,单击添加函数,在该函数中添加如下代码。

```
void CEg7_1View::OnInitialUpdate()
{
    CView::OnInitialUpdate();
    CEg7_1Doc * pDoc = GetDocument();
    dlg.m_blue = GetBValue(pDoc -> m_clr);
    dlg.m_green = GetGValue(pDoc -> m_clr);
    dlg.m_red = GetRValue(pDoc -> m_clr);
}
```

(8) 打开 Menu 资源编辑器,在【视图】菜单下面添加一个新的菜单项,ID 为 ID_COLOR,标题为"颜色"。在【类向导】中为 CEg7_1View 类中的 ID_COLOR 菜单项添加命令处理的函数,添加如下代码。

```
void CEg7_1View::OnColor()
{
    CEg7_1Doc * pDoc = GetDocument();
    if(dlg.DoModal() == IDOK)
    {
        pDoc -> m_clr = RGB(dlg.m_red,dlg.m_green,dlg.m_blue);
        pDoc -> SetModifiedFlag();
    }
    Invalidate();
    UpdateWindow();
}
```

(9) 在 CEg7_1View 类中的 OnDraw 函数中绘制图形，添加如下代码。

```
void CEg7_1View::OnDraw(CDC * pDC)
{
    CEg7_1Doc * pDoc = GetDocument();
    ASSERT_VALID(pDoc);
    if (!pDoc)
        return;
    CBrush br(pDoc->m_clr), * ob;
    ob = pDC->SelectObject(&br);
    pDC->RoundRect(200,100,500,300,15,15);
    pDC->SelectObject(ob);
    br.DeleteObject();
}
```

(10) 打开文档模板的字符串资源 IDR_MAINFRAME，将其内容修改为：

```
Eg7_1\n 文档序列化示例\nEg7_1\n 颜色文件( * .clr)\n.clr\n
Eg7_1.Document\n Eg7_1.Document
```

(11) 编译运行并进行测试，结果如图 7.5 所示。

本例运行时，注意保存文件时的默认文件名和文件类型，它们是由字串表设置的。打开文件时，观察文档序列化的操作。

本例注意事项，OnDraw 函数的默认参数是：CEg7_1View::OnDraw(CDC * / * pDC * /)，使用时需要删除参数中的“/ * ”和“ * /”。

运行窗口中，执行【视图】菜单中的【颜色】命令，在打开的选择颜色对话框中，修改颜色值为 RGB(0,0,255)，并保存在文件“文档序列化示例 1. clr”中。打开文件“文档序列化示例 1. clr”，文件内容如图 7.7 所示。

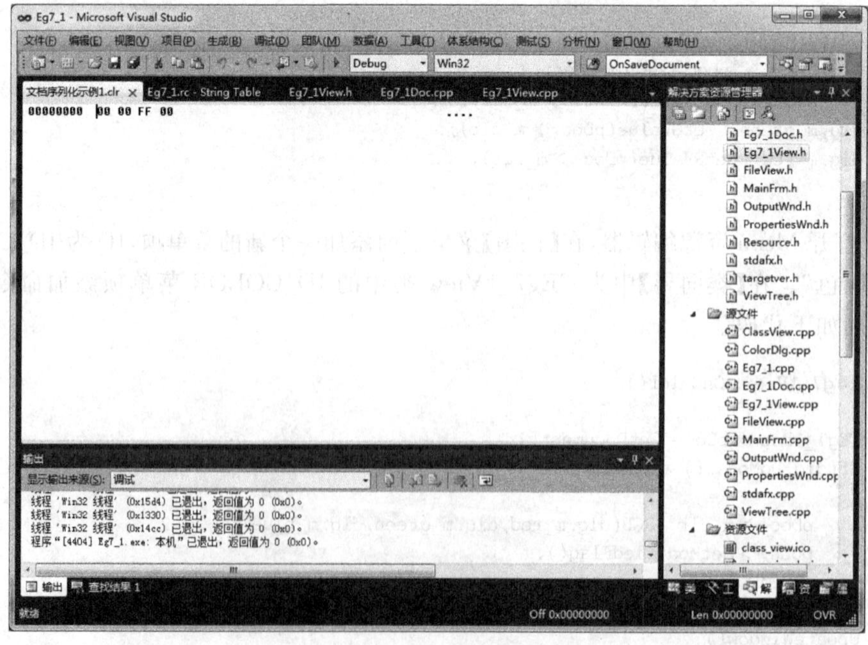

图 7.7　文档序列化示例 1 文件的内容

重新运行该程序，在运行界面下，打开保存过的文件“文档序列化示例 1.clr”，已经存储的圆角矩形的颜色会显示出来。

7.3 一般视图框架

视图类 CView 在物理上控制的是应用程序的客户区，在逻辑上代表的是文档类中包含的视图端口信息，该类允许用户通过鼠标和键盘输入应用程序需要的信息。视图类在基于文档/视图的应用程序中用于负责从文档对象中取出数据显示给用户，并接受用户的输入和编辑，将数据的改变反馈给文档对象，其作用是作为文档和用户的中介。一个视图只能与一个文档相连接，负责多种不同类型的输入。

视图类在显示文档对象数据时必须重写 CView 类的 OnDraw()函数，以完成文档在屏幕上的显示。当一个文档的数据发生变化时，与文档相连的视图类通常需要调用 CDocument:: UpdateAllViews 函数，该函数通过调用其他每个视图的 OnUpdate()成员函数来通知其他所有视图数据的变化。

MFC 提供了丰富的 CView 派生类，各种不同的派生类实现了对不同种类控件的支持，为用户提供多元化的显示界面。CView 类是所有视图类的基类，它提供了用户自定义视图类的公共接口。这些 CView 派生类包括：CScrollView 类、CCtrlView 类、CDaoRecordView 类、CEditView 类、CFormView 类、CListView 类、CRecordView 类、CRichEditView 类和 CTreeView 类。下面介绍其中主要的几个。

7.3.1 CEditView

CEditView 类是由 CView 类派生的，因此该类的对象可以用于文档和文档模板。每个 CEditView 类控制的文本保存在自己的全局对象中，应用程序可以拥有任意数量的 CEditView 类对象。

CEditView 类对象是一种视图，像 CEdit 类一样，它也提供窗口编辑控制功能，可以用来执行简单文本操作，如打印、查找、替换、剪贴板的剪切、复制和粘贴等。由于 CEditView 类自动封装上述功能的映射函数，因此只要在文档模板中使用 CEditView 类，那么应用程序的【编辑】菜单和【文件】菜单里的菜单项都可自动激活。

例 7.1 创建一个基于 CEditView 类的单文档应用程序 Eg7_2。

操作步骤如下：

(1) 创建一个基于单文档应用程序 Eg7_1。

(2) 在 MFC 创建应用程序向导中，选择【生成的类】选项卡，在 CEg7_2View 中的基类里，选择 CEditView 类，单击【完成】按钮，如图 7.8 所示。

(3) 修改字串表资源为：

```
Eg7_1\nCEditView 类示例\nEg7_1\n 文本文件( * .txt)\n.txt\n
Eg71.Document\nEg7_1.Document
```

(4) 编译并运行程序，在打开的文档中输入文字，并保存，结果如图 7.9 所示。

CEditView 类不具有所见即所得的编辑功能。CEditView 类只能将文本用单一字体显示

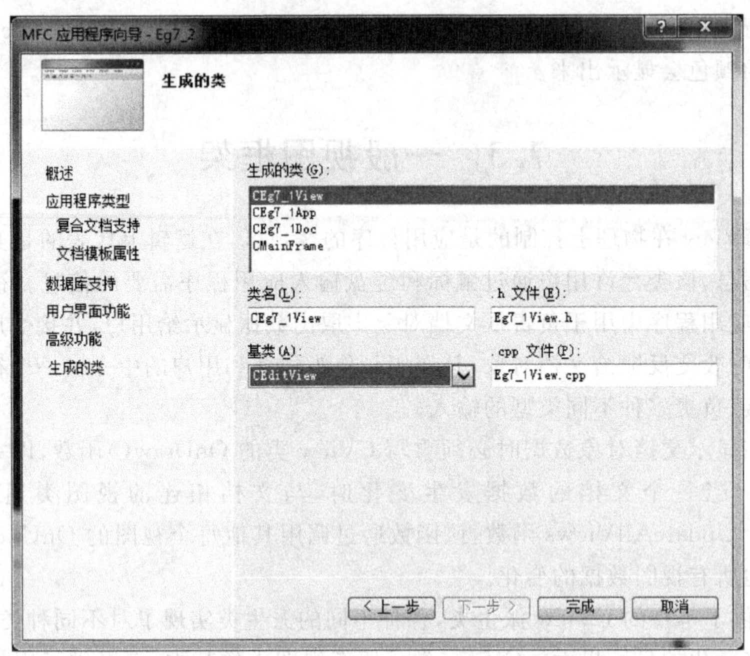

图 7.8 更改 CEg7_1View 类的基类

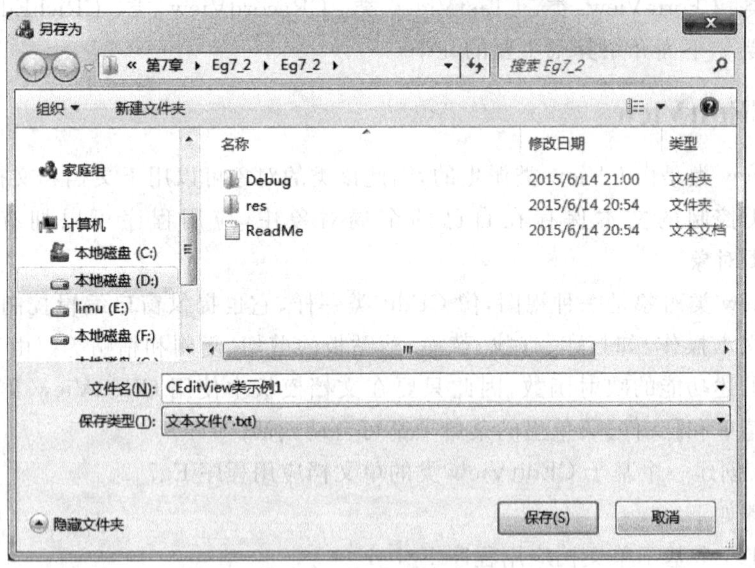

图 7.9 【另存为】对话框

出来,不支持特殊格式的字符。CEditView 类可以容纳的文本总数有限。这与 CEdit 类的控件是一样的。

7.3.2 CFormView

CFormView 类是一个非常有用的视图类,它具有许多无模式对话框的特点。像 CDialog 的派生类一样,CFormView 类的派生类也和相应的对话框资源相联系,它也支持对话框数据交换和对话框数据校验(DDX 和 DDV)。

CFormView 类是所有表单视图(如 CRecordView、CDaoRecordView、CHtmlView 等)的基类;一个基于表单的应用程序能让用户在程序中创建和使用一个或多个表单。

创建表单应用程序的基本方法:在 MFC【类向导】中的【生成的类】选项卡中,在基类里,选择 CFormView 类即可。

基于表单的应用程序与基于对话框的应用程序都可以在应用程序中直接使用控件,但二者有很多不同之处。基于对话框的应用程序是用一个对话框作为程序的主窗口,因而程序的主窗口的特性与对话框类似,如窗口的大小不能改变,程序没有菜单栏、工具条和状态栏等。基于表单的应用程序仍然是基于文档/视图框架结构的,只是视图被换成了表单视图,也就是说,应用程序的窗口可以改变大小,程序有菜单栏、工具条和状态栏,且应用程序仍然以文档/视图运行机制来处理文档。

7.3.3 CScrollView

CScrollView 类是一个具有滚动功能的视图类,它具有管理窗口和视口的大小以及映射方式的功能和响应滚动条消息而自动滚动的功能。

调用该类的成员函数 SetScrollSizes()可设置视图对象的大小,包括可滚动视图的尺寸以及在水平或垂直方向上滚动的尺寸,所有尺寸都以逻辑单位给出。

除了滚动之外,滚动视图类还可以将视图的大小比例变换成当前窗口的大小,在这种方式下,该视图没有水平滚动条且该逻辑视图被扩大或缩小以精确适合窗口的客户区,可以调用成员函数 SetScaleToFitSize()来完成这个功能。

7.4 列表视图框架

列表视图控件扩展了列表框控件的功能,是列表框控件的改进和延伸,用于显示并列级别的数据信息。它能够把任何字符串内容以列表的方式显示出来,这种显示方式的特点是整洁、直观,在实际应用中能为用户带来方便。这种控件在 Windows 程序中经常用到,如 Windows 操作系统的资源管理器就是列表视图控件的典型应用。

7.4.1 列表视图的样式

列表视图控件的列表项一般有图标(Icon)和标签(Label)两部分。图标是对列表项的图形描述,标签是文字描述。每个列表项还可以在图标和标签的右边显示其他相关的信息。

列表视图控件的风格有两类,一类是一般风格,另一类是扩展风格。列表视图控件的一般风格如下。

(1) LVS_ALIGNLEFT:用来确定列表项的大、小图标以左对齐方式显示。

(2) LVS_ALIGNTOP:用来确定列表项的大、小图标以顶部对齐方式显示。

(3) LVS_AUTOARRANGE:用来确定列表项的大、小图标以自动排列方式显示。

(4) LVS_EDITLABELS:设置列表项文本可以编辑,此时父窗口必须具有 LVN_ENDLABEL EDIT 风格。

(5) LVS_ICON:用来确定大图标的显示方式。

(6) LVS_LIST：用来确定列表视图方式显示。

(7) LVS_NOCOLUMNHEADER：用来确定在报表视图方式时不显示列表头。

(8) LVS_NOLABELWRAP：用来确定以单行方式显示图标的文本项。

(9) LVS_NOSCROLL：用来屏蔽滚动条。

(10) LVS_NOSORTHEADER：用来确定列表头不具有按钮功能。

(11) LVS_OWNERDRAWFIXED：在报表视图方式时允许自绘窗口。

(12) LVS_REPORT：用来确定以报表视图方式显示。

(13) LVS_SHAREIMAGELISTS：用来确定共享图像列表方式。

(14) LVS_SHOWSELALWAYS：用来确定一直显示被选中列表项方式。

(15) LVS_SINGLESEL：用来确定在某一时刻只能有一项被选中。

(16) LVS_SMALLICON：用来确定小图标显示方式。

(17) LVS_SORTASCENDING：用来确定列表项排序时是基于列表项文本的升序方式。

(18) LVS_SORTDESCENDING 用来确定表项排序时是基于列表项文本的降序方式。

列表视图控件的风格也可以是上述值的组合。

列表视图控件有 4 种样式：大图标、小图标、列表视图和报表视图。各自的特点如下。

大图标样式是指每个列表项显示时，图标通常为 32×32 像素，在图标的下面显示标签。用户可以拖动它到列表视图对话框中的任何位置，如图 7.10 所示。

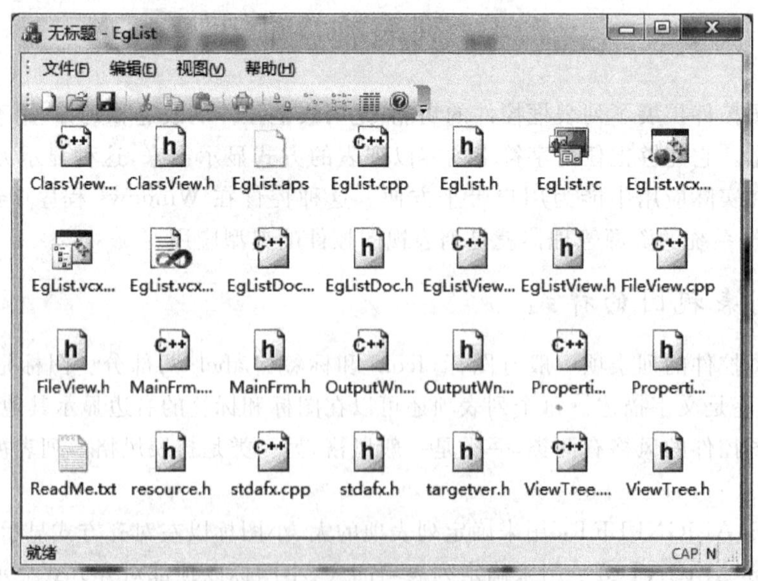

图 7.10　列表视图控件的大图标

小图标样式是指每个列表项显示时，图标通常为 16×16 像素，在图标的右面显示标签。用户可以拖动它到列表视图对话框中的任何位置，如图 7.11 所示。

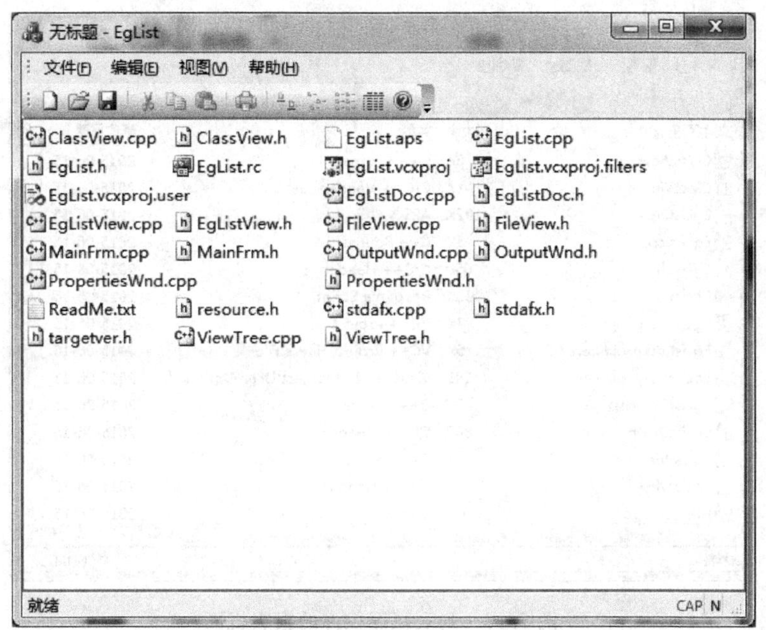

图 7.11　列表视图控件的小图标

列表视图样式是指每个列表项显示时，使用小图标显示，标签也在右边显示。用户不可以拖动它到列表视图对话框中的任何位置，如图 7.12 所示。

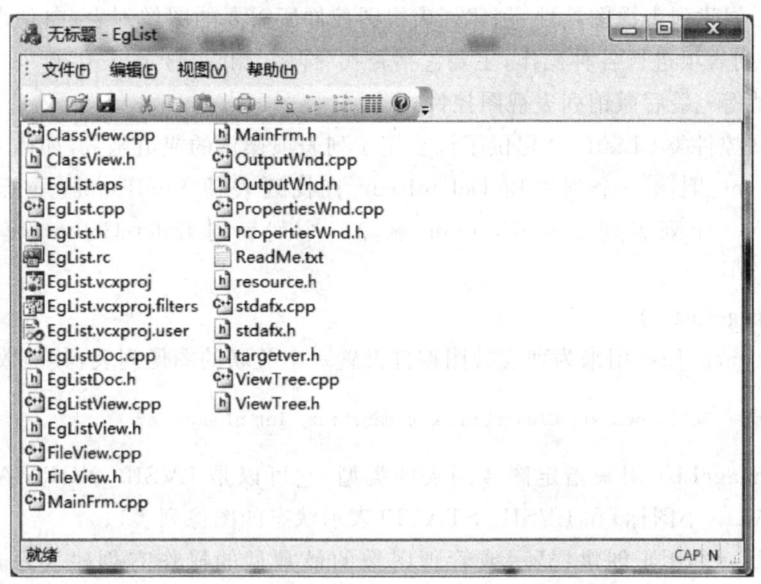

图 7.12　列表视图控件的列表视图

报表视图样式是指每个列表项显示时，使用小图标显示，标签也在右边显示，每个列表项显示在单独的一行上。但是每个列表项标签的右侧可以显示其他相关的信息。这种样式可以包含一个列表头来描述各列的含义，如图 7.13 所示。

图 7.13 列表视图控件的报表视图

7.4.2 列表项的基本操作

列表视图控件提供了对 Windows 列表功能操作的基本方法，操作一个列表视图控件的基本步骤为：创建列表视图控件、创建列表视图控件所需要的图像列表、向列表视图控件添加列表项、对列表项进行各种操作，主要包括查找、排序、删除、显示方式、排列方式以及各种消息处理功能等；最后撤销列表视图控件。

列表视图控件类 CListCtrl 提供了许多用于列表项操作的成员函数，如插入一个新的列表项 InsertItem、删除一个列表项 DeleteItem、查找列表项 FindItems、重新排列列表项 Arrange、插入一个列表列 InsertColumn、删除一个列表列 DeleteColumn 等。下面分别介绍。

1. SetImageList( )

函数 SetImageList 用来为列表视图控件设置一个关联的图像列表，其函数声明如下：

```
CImageList * SetImageList( CImageList * pImageList, int nImageList );
```

其中，nImageList 用来指定图像列表的类型，它可以是 LVSIL_NORMAL(大图标)、LVSIL_SMALL(小图标)和 LVSIL_STATE(表示状态的图像列表)。

CImageList 类用于创建、显示或管理图像的最常见的操作有创建和添加，函数原型如下：

```
BOOL CImageList::Create( int cx, int cy, UINT nFlags, int nInitial, int nGrow );
```

其中，cx 和 cy 用于指定图像的像素大小；nFlags 表示创建图像列表的类型，包括 4/8/16/24/32/位色等；nInitial 表示创建 ImageList 初始的图像个数；nGrow 为当初始分配的图像个数发生改变时图像可以增加的个数。

2. InsertItem( )

函数 InsertItem 用来向列表视图控件中插入一个列表项。该函数成功时返回新列表项的索引号,否则返回－1。其函数声明如下:

```
int InsertItem( const LVITEM * pItem );
int InsertItem( int nItem, LPCTSTR lpszItem );
int InsertItem( int nItem, LPCTSTR lpszItem, int nImage );
```

其中,nItem 用来指定要插入的列表项的索引号,lpszItem 表示列表项的文本标签,nImage 表示列表项图标在图像列表中的索引号;而 pItem 用来指定一个指向 LVITEM 结构的指针。

3. DeleteItem( )和 DeleteAllItems( )

函数 DeleteItem 和 DeleteAllItems 分别用来删除指定的列表项和全部列表项,其函数声明如下:

```
BOOL DeleteItem( int nItem );
BOOL DeleteAllItems( );
```

4. FindItem( )

函数 FindItem 用来查找列表项,函数成功查找时返回列表项的索引号,否则返回－1。其函数声明如下:

```
int FindItem( LVFINDINFO * pFindInfo, int nStart = -1 ) const;
```

其中,nStart 表示开始查找的索引号,－1 表示从头开始;pFindInfo 表示要查找的信息。

5. Arrange( )

函数 Arrange 用来按指定方式重新排列列表项,其函数声明如下:

```
BOOL Arrange( UINT nCode );
```

其中,nCode 用来指定排列方式,它可以是下列值之一。

LVA_ALIGNLEFT——左对齐;

LVA_ALIGNTOP——上对齐;

LVA_DEFAULT——默认方式;

LVA_SNAPTOGRID——使所有的图标安排在最接近的网格位置处。

6. InsertColumn( )

函数 InsertColumn 用来向列表视图控件插入新的一列,函数成功调用后返回新的列的索引,否则返回－1。其函数声明如下:

```
int InsertColumn( int nCol, const LVCOLUMN * pColumn );
int InsertColumn( int nCol, LPCTSTR lpszColumnHeading,
        int nFormat = LVCFMT_LEFT, int nWidth = -1, int nSubItem = -1 );
```

其中,nCol 用来指定新列的索引,lpszColumnHeading 用来指定列的标题文本,nFormat 用来指定列排列的方式,它可以是 LVCFMT_LEFT(左对齐)、LVCFMT_RIGHT(右对齐)和 LVCFMT_ CENTER(居中对齐);nWidth 用来指定列的像素宽度,－1 时表示宽度没有设置;nSubItem 表示与列相关的子项索引,－1 时表示没有子项。pColumn 表示包含新列信息的 LVCOLUMN 结构地址。

7. DeleteColumn( )

函数 DeleteColumn 用来从列表控件中删除一个指定的列，其函数声明如下：

```
BOOL DeleteColumn( int nCol );
```

除了上述操作外，还有一些函数是用来设置或获取列表控件的相关属性的。例如 SetColumnWidth()用来设置指定列的像素宽度，GetItemCount()用来返回列表控件中的列表项个数等。它们的声明如下：

```
BOOL SetColumnWidth( int nCol, int cx );
int GetItemCount( );
```

其中，nCol 用来指定要设置的列的索引号，cx 用来指定列的像素宽度，它可以是 LVSCW_AUTOSIZE，表示自动调整宽度。

7.4.3 列表控件的消息

当用户执行单击列标题、拖动图标以及编辑标签等操作时，列表视图控件会向父窗口发生通知消息。如果要响应用户的操作，则应该添加相应的消息处理函数。如用户单击列标题时，要按照此列内容进行排序，则应该在相应的消息处理函数中添加代码，实现该功能。常用的列表控件的消息如下。

LVN_BEGINDRAG——用户按鼠标左键拖动列表项。

LVN_BEGINLABELEDIT——开始编辑某列表项标签的文本。

LVN_COLUMNCLICK——单击某列。

LVN_ENDLABELEDIT——结束对某列表项标签文本的编辑。

LVN_ITEMACTIVATE——激活某列表项。

LVN_ITEMCHANGED——当前列表项已经发生变化。

LVN_ITEMCHANGING——当前列表项正在发生变化。

LVN_KEYDOWN——某个键被按下。

7.4.4 列表视图控件案例

列表显示当前文件夹下的所有文件。

操作步骤如下。

(1) 在 MFC AppWizard 中创建一个默认的单文档应用程序 Eg7_3，在【生成的类】选项卡中，基类选择为 CListView。

(2) 为 CEg7_3View 类添加下列成员变量和成员函数。

```
public:
    CImageList m_ImageList;
    CImageList m_ImageListSmall;
    CStringArray m_strArray;
    void SetCtrlStyle(HWND hWnd, DWORD dwNewStyle)
    {
        DWORDdwOldStyle;
```

```
    dwOldStyle = GetWindowLong(hWnd, GWL_STYLE);      //获取当前风格
    if ((dwOldStyle&LVS_TYPEMASK) != dwNewStyle)
    {
        dwOldStyle &= ~LVS_TYPEMASK;
        dwNewStyle |= dwOldStyle;
        SetWindowLong(hWnd, GWL_STYLE, dwNewStyle);  //设置新风格
    }
}
```

其中，成员函数 SetCtrlStyle 用来设置列表控件的一般风格。

(3) 在 CEg7_3View::OnInitialUpdate 函数中添加下列代码。

```
void CEg7_3View::OnInitialUpdate()
{
    CListView::OnInitialUpdate();
    // 创建图像列表
    m_ImageList.Create(32,32,ILC_COLOR8|ILC_MASK,1,1);
    m_ImageListSmall.Create(16,16,ILC_COLOR8|ILC_MASK,1,1);
    CListCtrl& m_ListCtrl = GetListCtrl();
    m_ListCtrl.SetImageList(&m_ImageList,LVSIL_NORMAL);
    m_ListCtrl.SetImageList(&m_ImageListSmall,LVSIL_SMALL);
    LV_COLUMN listCol;
    TCHAR* arCols[4]={_T("文件名"),_T("大小"),_T("类型"),_T("修改日期")};
    listCol.mask = LVCF_FMT|LVCF_WIDTH|LVCF_TEXT|LVCF_SUBITEM;
    // 添加列表头
    for (int nCol=0; nCol<4; nCol++)
    {   listCol.iSubItem = nCol;
        listCol.pszText = arCols[nCol];
        if (nCol == 1)
            listCol.fmt = LVCFMT_RIGHT;
        else
            listCol.fmt = LVCFMT_LEFT;
        m_ListCtrl.InsertColumn(nCol,&listCol);
    }
    // 查找当前目录下的文件
    CFileFind finder;
    BOOL bWorking = finder.FindFile(_T("*.*"));
    int nItem = 0, nIndex, nImage;
    CTime m_time;
    CString str, strTypeName;
    while (bWorking)
    {
        bWorking = finder.FindNextFile();
        if (finder.IsArchived())
        {
            str = finder.GetFilePath();
            SHFILEINFO fi;                              // 获取文件关联的图标和文件类型名
            SHGetFileInfo(str,0,&fi,sizeof(SHFILEINFO),SHGFI_ICON|

                    SHGFI_LARGEICON|SHGFI_TYPENAME);
            strTypeName = fi.szTypeName;
            nImage = -1;
            for (int i=0; i<m_strArray.GetSize(); i++)
```

```
            {
                if (m_strArray[i] == strTypeName)
                    {nImage = i;break;}
            }
            if (nImage<0)
            {   //添加图标
                nImage = m_ImageList.Add(fi.hIcon);
                SHGetFileInfo(str,0,&fi,sizeof(SHFILEINFO),
                SHGFI_ICON|SHGFI_SMALLICON );
                m_ImageListSmall.Add(fi.hIcon);
                m_strArray.Add(strTypeName);
            }
            //添加列表项
            nIndex = m_ListCtrl.InsertItem(nItem,finder.GetFileName(),nImage);
            DWORD dwSize = finder.GetLength();
            if (dwSize>1024)
                str.Format(_T("%dK"), dwSize/1024);
            else
                str.Format(_T("%d"), dwSize);
            m_ListCtrl.SetItemText(nIndex, 1, str);
            m_ListCtrl.SetItemText(nIndex, 2, strTypeName);
            finder.GetLastWriteTime(m_time) ;
            m_ListCtrl.SetItemText(nIndex, 3, m_time.Format(_T("%Y-%m-%d")));
            nItem++;
        }
    }
    SetCtrlStyle(m_ListCtrl.GetSafeHwnd(), LVS_REPORT);  //设置为报表方式
    m_ListCtrl.SetExtendedStyle(LVS_EX_FULLROWSELECT|LVS_EX_GRIDLINES);
        // 设置扩展风格,使得列表项一行,全项选择且显示出网格线
    m_ListCtrl.SetColumnWidth(0, LVSCW_AUTOSIZE);          //设置列宽
    m_ListCtrl.SetColumnWidth(1, 100);
    m_ListCtrl.SetColumnWidth(2, LVSCW_AUTOSIZE);
    m_ListCtrl.SetColumnWidth(3, 200);
}
```

(4) 编译并运行,其运行结果如图 7.14 所示。

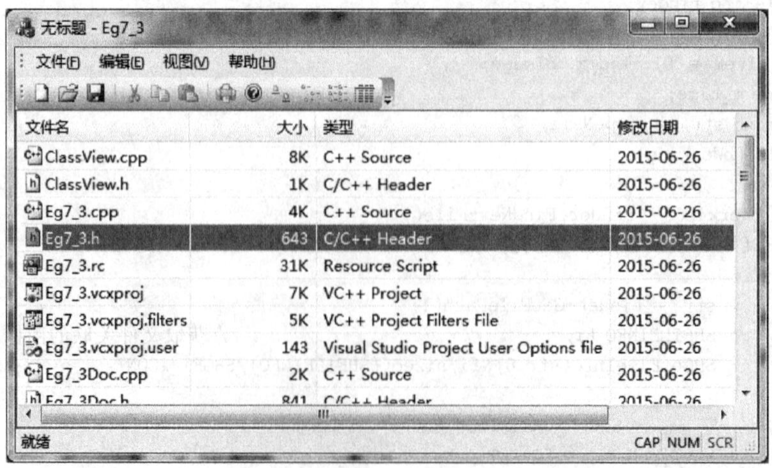

图 7.14　应用程序 Eg7_3 运行结果

7.5 文档视图结构

在文档/视图结构里,文档可以看作一个应用程序的数据元素的集合,MFC通过文档类提供了大量管理和维护数据的手段。视图是数据的用户界面,可将文档的部分或全部内容在其窗口中显示,或者通过打印机打印出来。视图还可以提供用户与文档中数据的交互功能,将用户的输入转化为对数据的操作。

7.5.1 文档与视图的相互作用

在MFC中,有两种类型的文档视图结构,即单文档应用程序和多文档应用程序。在使用MFC AppWizard创建文档应用程序时,其中第1步中默认选中了【文档/视图结构支持】复选框,就可以建立起文档视图结构的应用程序。

MFC的文档/视图结构机制与数据库管理系统提供的数据库与视图的关系一样,它把数据同它的显示以及用户对数据的操作分离开来。所有对数据的修改由文档对象来完成,用视图调用这个对象的方法来访问和更新数据。

文档/视图结构大大简化了多数应用程序的设计开发过程。其特点主要如下:

(1) 将对数据的操作与数据显示界面分离,放在不同类的对象中处理。这种思想使得程序模块的划分更加合理。文档对象只负责数据的管理,不涉及用户界面;视图对象只负责数据输出和与用户的交互,可以不考虑数据的具体组织结构的细节。

(2) MFC在文档/视图结构中提供了许多标准的操作界面,包括新建文件、打开文件、保存文件、文档打印等,大大减轻了程序员的工作量。程序员不必再书写这些标准处理的代码,从而可以把更多的精力放到完成应用程序特定功能的代码上。

(3) 支持打印、打印预览和电子邮件发送功能。程序员只需要编写很少的代码甚至根本无须编写代码,就可以为应用程序提供"所见即所得"式的打印和打印预览这类功能。

(4) 使用MFC AppWizard可生成基于文档/视图结构的SDI或MDI框架程序,程序员只需在其中添加与特定应用有关的部分代码,就可完成应用程序的开发工作。

在文档,视图和应用程序框架之间包含一系列非常复杂的相互作用过程,都是通过文档类和视图类的几个非常重要的成员函数来完成的,其中有的为虚函数,用户经常需要在派生类中对它们进行重载,而有的不是虚函数,经常需要在派生类中对它们进行调用。

1. 视图类的GetDocument函数

视图对象只有一个与之相联系的文档对象,它所包含的GetDocument( )允许应用程序在视图中得到与之相联系的文档。GetDocument( )返回的是指向文档的指针,利用这个指针就可以访问文档类或其派生类的成员函数及公有数据成员。可以在类视图下,CView类下面看到该函数。

当MFC AppWizard产生CView的用户派生类时,同时创建一个保护类型的GetDocument函数,返回的是指向派生文档类的指针。该函数是一个内联(inline)函数,函数代码如下。

```
CMyDoc * CMyView::GetDocument() // non-debug version is inline
{
```

```
    ASSERT(m_pDocument -> IsKindOf(RUNTIME_CLASS(CMyDoc)));
    //"断言"m_pDocument 指针可以指向的 CMyDoc 类是一个 RUNTIME_CLASS 类型
    return (CMyDoc * )m_pDocument;
}
```


2. 文档类的 UpdateAllViews 函数

如果文档数据发生了改变，那么所有的视图都必须被通知到，以便它们能够对显示的数据进行相应的更新。这时就要用到 CDocument 类的 UpdateAllViews( )函数。函数 UpdateAllViews 的声明如下：

```
void UpdateAllViews( CView * pSender , LPARAM lHint = 0L, CObject * pHint = NULL );
```

其中，pSender 为视图类指针，如果在文档派生类的成员函数中调用该函数，那么它应为 NULL；如果是在视图派生类的成员函数中被调用，那么它应该为 this。参数 lHint 通常表示更新视图时发送信息的提示标识值，pHint 表示存储信息的对象指针。

上述两个函数在文档和视图相互作用时的作用如下。

当用户在视图中对文档数据进行编辑时，视图类会调用自己的成员函数 GetDocument()来通知文档对象来更新其内部数据。

当文档对象修改数据之后，它会调用文档类的 UpdateAllViews 成员函数，通知所有与之联系的视图进行强制更新显示，如图 7.15 所示。

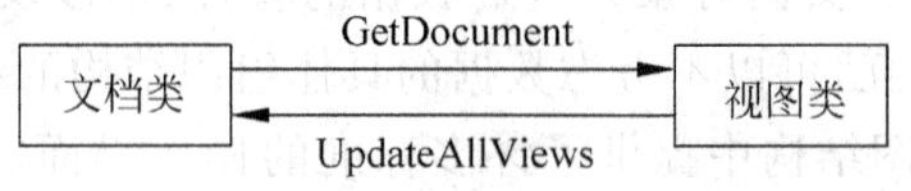

图 7.15　文档与视图相互作用

3. 视图类的 OnUpdate 函数

OnUpdate 函数是一个虚函数，当应用程序调用了文档类的 UpdateAllViews( )函数时，应用程序框架就会相应地调用所有视图的 OnUpdate( )函数，当然，也可以直接在派生类中调用它。通常视图派生类的 OnUpdate( )函数访问文档，读取数据，对视图的数据成员或控制进行更新。另外，还可以利用 OnUpdate( )函数使视图的某部分无效，触发视图的 OnDraw( )函数，利用文档数据来重新绘制窗口。该函数的声明如下：

```
virtual void OnUpdate( CView * pSender , LPARAM lHint , CObject * pHint );
```

4. 视图类的 OnInitialUpdate 函数

应用程序被启动时，或从【文件】菜单中选择了【新建】或【打开】命令时，CView 类的虚函数 OnInitialUpdate 都会被自动调用。该函数除了调用无提示参数(lHint = 0, pHint = NULL)的 OnUpdate 函数之外，不做其他任何事情。

可以重载此函数对文档所需信息进行初始化操作。如果应用程序中的文档大小是动态的，那么就可在文档每次改变时调用 OnUpdate 来更新视图的滚动范围。

7.5.2　应用程序对象指针的互调

文档、视图、框架结构中涉及的对象主要有：应用程序对象、文档模板对象、文档对象、视图对象和框架窗口对象等。文档/视图机制使得各种对象之间具有一定的联系，通过相应的函数可以实现各对象指针的互相调用。

1. 从文档类中获取视图对象指针

在文档类中有一个与其关联的各视图对象的列表，并可通过CDocument类的成员函数GetFirstViewPosition和GetNextView来定位相应的视图对象。GetFirstViewPosition函数用来获得与文档类相关联的视图列表中第一个可见视图的位置，GetNextView函数用来获取指定视图位置的视图类指针，并将此视图位置移动到下一个位置，若没有下一个视图，则视图位置为NULL。它们的声明如下：

```
virtual POSITION GetFirstViewPosition( ) const;
virtual CView * GetNextView( POSITION& rPosition ) const;
```

例如，下面的代码是使用GetFirstViewPosition()和GetNextView()重绘每个视图。

```
void CMyDoc::OnRepaintAllViews()
{
    POSITION pos = GetFirstViewPosition();
    while (pos != NULL)
    {
        CView * pView = GetNextView(pos);
        pView -> UpdateWindow();
    }
} //实现上述功能也可直接调用 UpdateAllViews(NULL);
```

2. 从视图类中获取文档对象和主框架对象指针

在视图类中获取文档对象指针是很容易的，只需调用视图类中的成员函数GetDocument即可。而函数CWnd::GetParentFrame可实现从视图类中获取主框架指针，其声明如下：

```
CFrameWnd * GetParentFrame( ) const;
```

该函数将获得父框架窗口指针，它在父窗口链中搜索，直到一个CFrameWnd(或其派生类)被找到为止。成功时返回一个CFrameWnd指针，否则返回NULL。

3. 在主框架类中获取视图对象指针

对于单文档应用程序来说，只需调用CFrameWnd类的GetActiveView成员函数即可，其声明如下：

```
CView * GetActiveView( ) const;
```

函数返回当前CView类指针，若没有当前视图，则返回NULL。

各种对象指针的互调方法如表7.1所示。

表7.1 各种对象指针的互调方法

所在的类	获取的对象指针	调用的函数	说　明
文档类	视图	GetFirstViewPosition GetNextView	获取第一个和下一个视图的位置
文档类	文档模板	GetDocTemplate	获取文档模板对象指针
视图类	文档	GetDocument	获取文档对象指针

续表

所在的类	获取的对象指针	调用的函数	说明
视图类	框架窗口	GetParentFrame	获取框架窗口对象指针
框架窗口类	视图	GetActiveView	获取当前活动的视图对象指针
框架窗口类	文档	GetActiveDocument	获得当前活动的文档对象指针
MDI 主框架类	MDI 子窗口	MDIGetActive	获得当前活动的 MDI 子窗口对象指针

7.5.3 一档多视

多数情况下,一个文档对应于一个视图,但有时一个文档可能对应于多个视图,这种情况称为“一档多视”。

MFC 对于“一档多视”提供下列三个模式。

(1) 在各自 MDI 文档窗口中包含同一个视图类的多个视图对象。用户有时需要应用程序能为同一个文档打开另一个文档窗口,以便能同时使用两个文档窗口来查看文档的不同部分内容。用 MFC AppWizard 创建的多文档应用程序支持这种模式,当用户选择【窗口】菜单中的【新建窗口】命令时,系统就会为第一个文档窗口创建一个副本。

(2) 在同一个文档窗口中包含同一视图类的多个视图对象。这种模式实际上是使用“切分窗口”机制使 SDI 应用程序具有多视的特征。

(3) 在单独一个文档窗口中包含不同视图类的多个视图对象。在该模式下,多个视图共享同一个文档窗口。它有点像“切分窗口”,但由于视图可由不同的视图类构造,所以同一个文档可以有不同的显示方法。例如,同一个文档可同时有文字显示方式及图形显示方式的视图。

在“一档多视”中,几个视图之间的数据传输是通过 CDocument::UpdateAllViews()和 CView::OnUpdate()的相互作用来实现的。而且,为了避免传输的相互干涉,采用提示标识符来区分。而为了能及时更新并保存文档数据,相应的数据成员应在用户文档类中定义。这样,由于所有的视图类都可与文档类进行交互,因而可以共享这些数据。

一个视图只有一个文档,但一个文档可以有多个视图,切分窗口即是表示多视的一种方法。切分窗口是通过类 CSplitterWnd 来实现的。对 Window 来说,CSplitterWnd 对象是一个真正的窗口,它完全占据了框架窗口的客户区域,而视图窗口则占据了切分窗口的窗格区域。切分窗口并不参与命令传递机制,(窗格中)活动的视图从逻辑上来看直接被连到了它的框架窗口中。切分窗口可以分为静态和动态两种。利用 CSplitterWnd 成员函数用户可以在文档应用程序的文档窗口中添加动态或静态切分功能。

7.5.4 一档多视案例 1——静态切分窗口

将单文档应用程序 Eg7_4 中的文档窗口静态分成 2×2 个窗格。

操作步骤如下。

(1) 用 MFC AppWizard 创建一个默认的单文档应用程序 Eg7_4。

(2) 打开框架窗口类 MainFrm. h 头文件,为 CMainFrame 类添加一个保护型的切分窗口的数据成员,定义如下。

```
protected:                                    //control bar embedded members
    CSplitterWnd m_wndSplitter;
```

(3) 用 MFC【类向导】创建一个新的视图类 CDemoView(基类为 CView)用于与静态切分的窗格相关联。

(4) 用 MFC ClassWizard 为 CMainFrame 类添加 OnCreateClient(当主框架窗口客户区创建的时候自动调用该函数)函数重载,并添加下列代码。

```
BOOL CMainFrame::OnCreateClient(LPCREATESTRUCT lpcs,CCreateContext * pContext)
{
    CRect rc;
    GetClientRect(rc);
    CSize paneSize(rc.Width()/2 - 16,rc.Height()/2 - 16);
    m_wndSplitter.CreateStatic(this,2,2);
    m_wndSplitter.CreateView(0,0,RUNTIME_CLASS(CDemoView),paneSize,pContext);
    m_wndSplitter.CreateView(0,1,RUNTIME_CLASS(CDemoView),paneSize,pContext);
    m_wndSplitter.CreateView(1,0,RUNTIME_CLASS(CDemoView),paneSize,pContext);
    m_wndSplitter.CreateView(1,1,RUNTIME_CLASS(CDemoView),paneSize,pContext);
    return TRUE;
}
```

(5) 在 MainFrm.cpp 源文件的开始处,添加视图类 CDemoView 的包含文件:

```
#include"DemoView.h"
```

(6) 编译并运行。运行界面如图 7.16 所示。

图 7.16 静态切分窗口运行界面

动态切分窗口的创建过程比静态切分简单得多,它不需要重新为窗格制定其他视图类。动态切分窗口的所有窗格共享同一个视图。若在文档窗口中添加动态切分功能,除了上述方法外,还可在 MFC AppWizard 创建文档应用程序的【用户界面功能】选项卡中选中【拆分窗口】来创建。

7.5.5 一档多视案例 2——动态切分窗口

将单文档应用程序 Eg7_5 中的文档窗口动态分成 2×2 个窗格。

操作步骤如下。

(1) 创建一个单文档的应用程序 Eg7_5。

(2) 在【用户界面功能】选项卡中，选中【拆分窗口】复选框，单击【完成】按钮。

在创建的应用程序中，会自动为 CMainFrame 类添加一个切分窗口的 m_wndSplitter 数据成员，并会自动在 MainFrame. cpp 文件中为函数 OnCreateClient 添加创建拆分窗口的相关信息。

```
BOOL CMainFrame::OnCreateClient(LPCREATESTRUCT /* lpcs */,CCreateContext* pContext)
{
    return m_wndSplitter.Create(this,
        2, 2,                                   // TODO: 调整行数和列数
        CSize(100, 100),                        // TODO: 调整最小窗格大小
        pContext);
}
```

(3) 修改 OnDraw 函数。

```
void CEg7_5View::OnDraw(CDC* pDC)
{
    CEg7_5Doc* pDoc = GetDocument();
    ASSERT_VALID(pDoc);
    CRect rc;
    GetClientRect(&rc);
    pDC->SetTextColor(RGB(255,0,0));
    pDC->TextOutW(5,(rc.bottom - rc.top)/2,_T("Visual C++!"));
}
```

(4) 编译并运行，用鼠标拖动垂直滚动条上方的折叠块，可展现水平分割线，拖动水平滚动条左侧的折叠块，可显现垂直分割线。运行界面如图 7.17 所示。

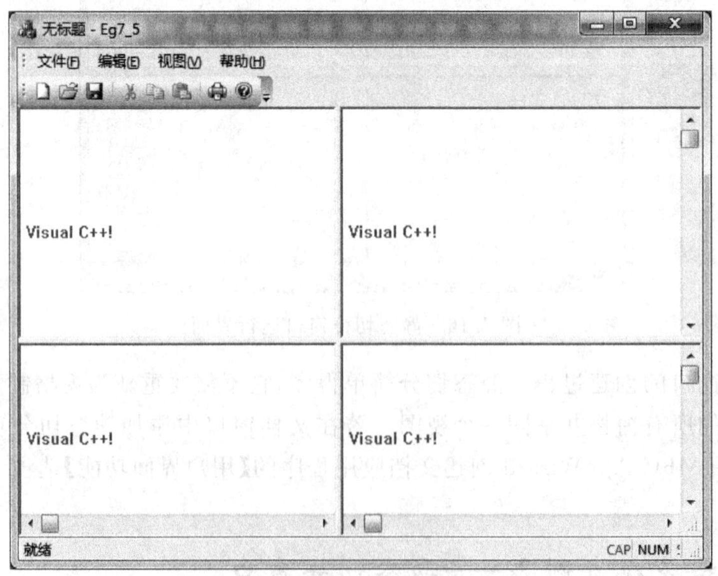

图 7.17 动态切分窗口运行界面

第8章 文本与图形

8.1 图形绘制基础

8.1.1 一个简单的图形绘制案例

应用 VC++ 2010 开发一个绘制简单图形的应用程序 Eg8_1,运行该程序将在单文档窗口中的适当位置绘制出边框绿色,内部填充红色的圆角矩形,如图 8.1 所示。

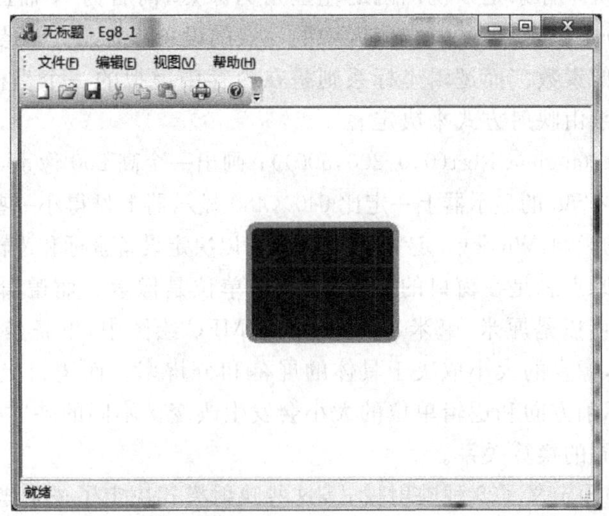

图 8.1 Eg8_1 运行结果

操作步骤如下。

(1) 在 Visual Studio 2010 下,选择【文件】→【新建】→【项目】命令,在【新建项目】对话框下,选择【MFC 应用程序】,输入名称"Eg8_1",单击【确定】按钮。

(2) 在【MFC 应用程序向导】中选择【单个文档】应用程序,其余默认。

(3) 在【解决方案资源管理器】窗口中,双击文件名 Eg8_1View.cpp,修改其中的 OnDraw(CDC * pDC)函数,在其定义中添加如下代码。

```
pDC -> SetMapMode(MM_ANISOTROPIC);
CPen newpen;
newpen.CreatePen(PS_SOLID,5,RGB(0,255,0));
pDC -> SelectObject(&newpen);
```

```
CBrush newbr;
newbr.CreateSolidBrush(RGB(128,0,0));
pDC -> SelectObject(&newbr);
pDC -> RoundRect(200,100,330,200,15,15);
```


(4) 选择【调试】→【开始执行】,运行结果如图 8.1 所示。

在这个输出图形示例中,可以看到,应用了 CDC * pDC,CDC 类的对象 pDC；应用了绘制工具对象 CPen newpen, CBrush newbr；还应用了颜色的设置 RGB(128,0,0)。

在 MFC 应用程序中,绘制图形操作通常涉及三类对象,一类是输出对象,亦即设备上下文对象,包括 CDC 类及其派生类；一类是绘制工具对象,即图形对象,如 CFont、CBrush 和 CPen 等；另一类属于 Windows 编程中需要用到的基本数据类型,如 CPoint、CSize 和 CRect 等。相关知识会在后面进行介绍。

8.1.2 坐标与映射模式

在平面上绘图或者输出文本时离不开坐标系,因为不管是绘制图形还是输出文本都要指出它们在屏幕上的位置。在 MFC 绘图中,存在着两种坐标系：一个是设备坐标系,一个是逻辑坐标系。设备坐标系是以视图区的左上角为原点,向右为 X 轴正方向,向下为 Y 轴正方向,其度量单位是像素数,所以视图区中的一点的设备坐标就是该点距视图区左上角的水平和垂直距离的像素数。而逻辑坐标系则是在内存中虚拟的一个坐标系,该坐标系与设备坐标系的对应关系由映射方式来决定。

语句 pDC -> Rectangle(CRect(0,0,200,500))；画出一个高 200 像素,宽 500 像素的矩形。但是它显示在 1024×768 的显示器上一定比 640×480 显示器上显得小一些。为了保证图形打印的结果不受设备的影响,Windows 定义了映射模式,以决定设备坐标和逻辑坐标的关系。

设备坐标系的原点总是在窗口的左上角,它的单位是像素。而逻辑坐标系的单位有多种,可以是像素,也可以是厘米、毫米、英寸等。在 MFC 绘图中,设备坐标系的 X 轴方向和 Y 轴方向是固定的,像素的大小取决于具体的屏幕和分辨率。而逻辑坐标系根据设置的映射模式不同,其坐标轴方向和逻辑单位的大小会发生改变。不同的映射模式下,逻辑坐标和设备坐标之间有不同的换算关系。

在 Windows 中预定义了 8 种映射模式,这些映射模式决定了逻辑坐标与设备坐标之间的关系,如表 8.1 所示。

表 8.1 坐标映射模式

类别	映射模式	X 轴方向	Y 轴方向	逻辑单位	数值
默认模式	MM_TEXT	向右	向下	像素	1
固定比例的映射模式	MM_LOMETRIC	向右	向上	0.1mm	2
	MM_HIMETRIC	向右	向上	0.01mm	3
	MM_LOENGLISH	向右	向上	0.01in	4
	MM_HIENGLISH	向右	向上	0.001in	5
	MM_TWIPS	向右	向上	1/1440 in	6
可变比例的映射模式	NN_ISOTROPIC	自定义	自定义	可调整(x=y)	7
	MM_ANISOTROPIC	自定义	自定义	可调整(x!=y)	8

其中最常用的是默认映射模式 MM_TEXT，坐标系如图 8.2 所示。

在设备环境对象中提供了可以用于设置和获取映射模式的函数。

SetMapMode 函数用于设置设备环境对象使用的映射模式，其函数声明如下：

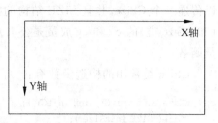

```
virtual int SetMapMode( int nMapMode);
```

其中，参数 nMapMode 指定了要使用的映射模式，其可选值见表 8.1。

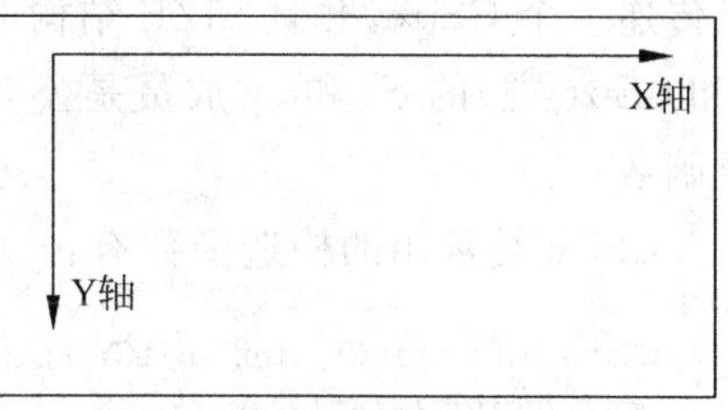

图 8.2　MM_TEXT 映射模式

GetMapMode 函数，用于返回设备环境对象的当前映射模式，其函数声明如下：

```
Int GetMapMode();
```

该函数返回值为上述映射模式表中的一个映射模式。

8.1.3　简单数据类 CPoint、CSize 和 CRect

在图形绘制操作中，经常要使用 MFC 中的简单数据类 CPoint、CSize 和 CRect。

1. CPoint 类

类 CPoint 表示屏幕上的一个二维点，是对 Windows 的 POINT 结构的封装，其结构如下。

```
typedef struct tagPOINT
{
    LONG x;          //点的 x 坐标
    LONG y;          //点的 y 坐标
}POINT;
```

CPoint 类的常用构造函数有：

```
CPoint( int initX, int initY );
CPoint( POINT initPt );
```

其中，参数 initX 用于指定 CPoint 的成员 x 的值，initY 用于指定 CPoint 的成员 y 的值；initPt 用于初始化 CPoint 的一个 POINT 结构或 CPoint 对象。

CPoint 类提供了一些重载运算符，使得 CPoint 的操作更加方便。如运算符“＋”“－”“＋＝”和“－＝”用于两个 CPoint 对象或一个 CPoint 对象与一个 CSize 对象的加减运算，运算符“＝＝”和“！＝”用于比较两个 CPoint 对象是否相等。

2. CSize 类

CSize 类表示一个矩形的长和宽。CSize 类与 Windows 中表示相对坐标或位置的 SIZE 结构类似。

```
typedef struct tagSIZE
{
    int cx;          //水平大小
    int cy;          //垂直大小
}SIZE;
```

注意：这个类是从 SIZE 结构派生而来的。这意味着在需要一个 SIZE 参数的调用中可以传递一个 CSize，并且 SIZE 结构的数据成员也是 CSize 类中可以访问的数据成员。SIZE（和 CSize 类）的 cx 和 cy 成员是公有成员。另外，CSize 类实现了用来处理 SIZE 结构的成员函数。

CSize 类常用的构造函数有：

```
CSize( int initCX, int initCY );
CSize( SIZE initSize );
```

其中，参数 initCX 设置 CSize 的 cx 成员，initCY 设置 CSize 的 cy 成员；initSize 用来初始化 CSize 的 SIZE 结构或 CSize 对象。

与 CPoint 类似，CSize 也提供了一些重载运算符。如运算符"＋""－""＋＝"和"－＝"，用于两个 CSize 对象或一个 CSize 对象与一个 CPoint 对象的加减运算，运算符"＝＝"和"！＝"用于比较两个 CSize 对象是否相等。

由于 CPoint 类和 CSize 类都包含两个整数类型的成员变量，它们可以进行相互操作。CPoint 对象的操作可以以 CSize 对象为参数。同样，CSize 对象的操作也可以以 CPoint 对象为参数。如可以用一个 CPoint 对象构造一个 CSize 对象，也可以用一个 CSize 对象构造一个 CPoint 对象，允许一个 CPoint 对象和一个 CSize 对象进行加减运算。

3. CRect 类

CRect 类表示一个矩形的位置和尺寸。CRect 类是对 Windows 结构 RECT 的封装，凡是能用 RECT 结构的地方都可以用 CRect 类代替。结构 RECT 表示一个矩形的位置和尺寸，其定义为：

```
typedef struct tagRECT
{
    LONG left;      //矩形左上角点的 x 坐标
    LONG top;       //矩形左上角点的 y 坐标
    LONG right;     //矩形右下角点的 x 坐标
    LONG bottom;    //矩形右下角点的 y 坐标
} RECT;
```

当定义一个 CRect 类时，必须符合如下规则，使其左坐标值小于右坐标值，使顶坐标值小于底坐标值。

CRect 类常用的构造函数如下。

```
CRect( int l, int t, int r, int b);
CRect( const RECT& srcRect);
CRect( LPCRECT lpSrcRect);
CRect( POINT point, SIZE size);
CRect( POINT topLeft, POINT bottomRight);
```

其中，参数 l，t，r，b 分别指定矩形的 left、top、right 和 bottom 成员的值。srcRect 是一个 RECT 结构的引用。lpSrcRect 是一个指向 RECT 结构的指针。point 指定矩形的左上角顶点的坐标，size 指定矩形的长度和宽度。topLeft 指定矩形的左上角顶点的坐标，bottomRight 指定矩形的右下角顶点的坐标。

CRect 重载的运算符包括赋值运算符、比较运算符、算术运算符、交并运算符等。

赋值运算符"＝"实现 CRect 对象间的复制。

比较运算符"＝＝"和"！＝"比较两个 CRect 对象是否相等(4 个成员都相等时,两个对象才相等)。

算术运算符包括"＋＝""－＝""＋""－",它们的第一个操作数是 CRect 对象,第二个操作数可以是 POINT、SIZE 或 RECT。当第二个操作数是 POINT 或 SIZE 时,"＋"和"＋＝"的运算结果使 CRect 矩形向 x 轴和 y 轴的正方向移动 POINT 或 SIZE 指定的大小。"－"和"－＝"的运算结果则使 CRect 矩形向 x 轴和 y 轴的负方向移动 POINT 或 SIZE 指定的大小。当第二个操作数是 RECT 时,"＋"和"＋＝"的运算结果使 CRect 矩形的左上角顶点向左上方向移动 RECT 前两个成员指定的大小,而 CRect 矩形的右下角顶点向右下方向移动 RECT 后两个成员指定的大小。"－"和"－＝"的运算结果则使 CRect 矩形的左上角顶点向右下方向移动 RECT 前两个成员指定的大小,而 CRect 矩形的右下角顶点向左上方向移动 RECT 后两个成员指定的大小。

运算符"&"和"&＝"得到两个矩形的交集(两个矩形的公共部分),运算符"|"和"|＝"得到两个矩形并集(包含两个矩形的最小矩形)。

CRect 类的常用成员函数如下。

(1) Width():返回矩形的宽度。

(2) Height():返回矩形的高度。

(3) Size():返回矩形的大小(高度和宽度)。

(4) TopLeft():返回矩形左上角顶点坐标。

(5) BottomRight():返回矩形右下角顶点坐标。

(6) PtInRect(POINT point):判断一个点 point 是否在矩形内,如是则返回真,否则返回假。

(7) IsRectEmpty():判断矩形是否为空(高度和宽度都是 0)。

(8) IsRectNull():判断矩形是否为 0(左上角和右下角坐标都是 0)。

(9) SetRect(int x1,int y1,int x2,int y2):设置矩形左上角点为(x1,y1),右下角点为(x2,y2)。

(10) NormalizeRect():使矩形符合规范。

一个规格化的矩形是指它的高度和宽度都是正值,即矩形的右边大于矩形的左边,矩形的底边大于矩形的上边。矩形的规格化函数 NormalizeRect(),比较矩形的 left 和 right 及 top 和 bottom,如果不满足规格化要求,则对换两个值。上面介绍的大部分运算符和成员函数,只有规格化的矩形才能得到正确结果。

8.1.4 MFC 中的颜色

在 MFC 中,为了使颜色选择更容易,提供了 COLORREF 类型,该类型的定义如下。

```
Typedef DWORD COLORREF;
```

COLORREF 数据类型用 4 个字节 32 位的值来表示 RGB 颜色,其中第 1 个字节的值代表 Alpha 值,为操作系统保留的,第 2,3,4 个字节的值分别代表红(R)、绿(G)和蓝(B)的数值。每个值的变化范围在 0～255 之间。这三个值合成在一起表示一种颜色，共可以表示 255×255×255=16 581 375 种颜色，这意味着大约有 0.16 亿种不同颜色。

COLORREF 可以使用十六进制格式表示颜色：0x00bbggrr，其中，bb 表示蓝色分量，gg 表示绿色分量，rr 表示红色分量，如红色为 0x000000ff，绿色为 0x0000ff00，蓝色为 0x00ff0000。

COLORREF 也可以使用在 Windows.h 中定义的宏 RGB 来选择颜色，格式如下。

```
COLORREF RGB
{
    BYTE byRed,      //红色分量
    BYTE byGreen,    //绿色分量
    BYTE byBlue,     //蓝色分量
};
```

如红色 RGB(255, 0, 0)(Intel CPU 低位字节在前)，绿色 RGB(0, 255, 0)，蓝色 RGB(0, 0, 255)。另外，RGB(0,0,0)表示黑色，RGB(255,255,255)表示白色等。

还可以使用下列宏操作从 RGB 值中提取无符号单字节的基色值。

```
GetRValue          //获得 32 位 RGB 颜色值中的红色分量
GetGValue          //获得 32 位 RGB 颜色值中的绿色分量
GetBValue          //获得 32 位 RGB 颜色值中的蓝色分量
```

8.1.5 MFC 中颜色应用案例

在 MFC 单文档应用程序 Eg8_2 中，视图区背景色修改为红色，如图 8.3 所示。

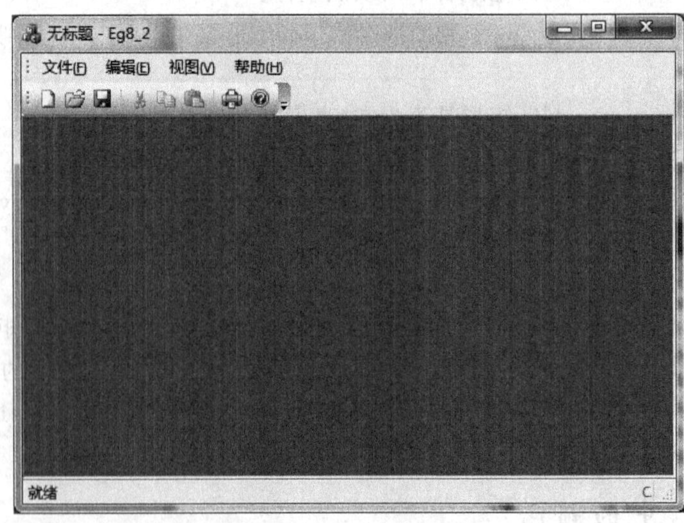

图 8.3 颜色设置示例

操作步骤如下。

(1) 在 Visual Studio 2010 下，选择【文件】→【新建】→【项目】命令，在【新建项目】对话框下，选择【MFC 应用程序】，输入名称“Eg8_2”，单击【确定】按钮。

(2) 在【MFC 应用程序向导】中选择【单个文档】应用程序，其余默认。

(3) 在【解决方案资源管理器】窗口的类视图中，双击文件名 Eg8_2View.cpp，修改其中的 OnDraw(CDC * pDC) 函数，在其定义中添加如下代码。

```
CRect rc;
GetClientRect(rc);
pDC -> FillSolidRect(rc,RGB(255,0,0));
```

(4) 选择【调试】→【开始执行】命令，运行该程序，其视图区域就是红色，如图 8.3 所示。

8.1.6 OnDraw 函数

一般情况下，应用程序的绘图工作都要在视图(CView)类中进行，由 AppWizard 生成的程序中，有一个视图类的成员函数 OnDraw，自动实现了在视图类中引用 CDC 类，这是由 MFC 程序内部的一个特殊机制实现的。在 MFC 应用程序中，绘图一般在视图类的(屏幕/打印机)绘图消息响应函数 OnDraw 中进行。

在 Eg8_2View.cpp 文件中可以找到 OnDraw 函数，其自动生成的代码如下。

```
// CEg8_2View 绘制
void CEg8_2View::OnDraw(CDC * pDC)
{
    Ceg8_2Doc * pDoc = GetDocument();
    ASSERT_VALID(pDoc);
    if (!pDoc)
        return;
    // TODO: 在此处为本机数据添加绘制代码
}
```

其中，pDC 就是一个设备描述表类 CDC 对象的指针，在此函数中，可以通过 pDC 指针调用 CDC 类的函数进行绘图。

OnDraw 函数是 CView 类中的一个虚函数，每次当实体需要重新绘制(如用户改变了窗口的大小或者窗口恢复先前被覆盖的部分)时，应用程序框架都会自动调用该函数。该函数的定义为：

```
virtual void OnDraw( CDC * pDC ) = 0;
```

应用程序中几乎所有的绘图都在视图类的 OnDraw 函数中完成，这时必须在视图类中重写该函数。

8.2 设备环境类

Windows 本身是一个图形界面的操作系统，进行 Windows 程序设计随时都会同设备环境打交道，在 8.1 节中的一些示例程序中已经用到了设备环境，只不过在当时回避了与设备环境有关的复杂概念。

设备环境(Device Context，DC，也叫设备上下文或设备描述表)，是一种 Windows 数据结构，它包括与一个设备(如显示器或打印机)的绘制属性相关的信息。所有的绘制操作都是通过一个设备环境对象进行的，该对象封装了实现绘制线条、形状和文本的 Windows

API 函数。设备环境可以用来向屏幕、打印机和图元文件输出结果。

Windows 应用程序绘图的过程如图 8.4 所示。

应用程序 → 设备环境 → 图形设备接口 → 设备驱动程序 → 物理设备

图 8.4　Windows 应用程序的绘图过程

8.2.1　CDC 类

CDC 类是 MFC 对 DC 结果及其相关绘图和状态设置的 C++类封装。CDC 是 CObject 的直接派生类，CDC 类自己也有若干派生类，其中包括：窗口客户区 DC 所对应的 CClientDC 类、OnPaint 和 OnDraw 消息响应函数的输入参数中使用的 CPaintDC 类、图元文件对应的 CMetaFileDC 类和整个窗口所对应的 CWindowDC 类，它们之间的关系如图 8.5 所示。

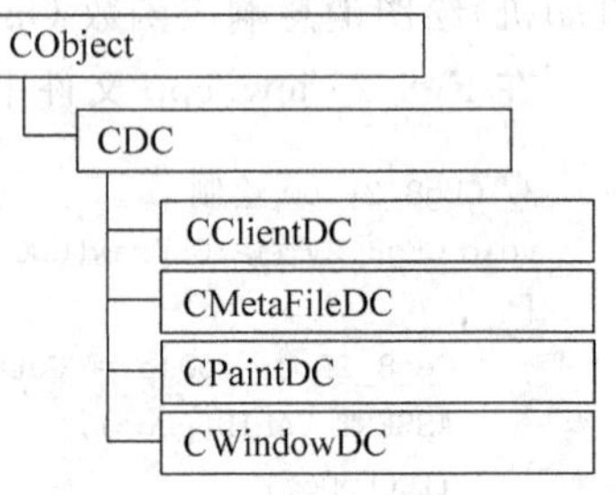

图 8.5　CDC 类及其子类

1. CDC 类

CDC 类是所有设备环境类的基类，对 GDI 的所有绘图函数进行了封装。除了一般的窗口显示外，还用于基于桌面的全屏幕绘制和非屏幕显示的打印机输出。CDC 类封装了所有图形输出函数，包括矢量、光栅和文本输出。

2. CClientDC 类

代表窗口客户区的设备环境。通常在需要直接在窗口客户区进行绘制时使用。在使用 CClientDC 绘图时，通常先调用窗口的 GetClientRect()来获取客户区的大小。

3. CMetaFileDC 类

代表 Windows 图元文件的设备环境。一个 Windows 图元文件包括一系列的图形设备接口命令，可以通过重放这些命令来创建图形。向 CMetaFileDC 对象进行的各种绘制操作可以被记录到一个图元文件中。

4. CPaintDC 类

用于响应窗口重绘消息（WM_PAINT）的绘图输出，一般用在 OnPaint()函数中，OnPaint()函数首先构造一个 CPaintDC 对象，再调用 OnPrepareDC()函数将其准备好，最后以这个准备好的 CPaintDC 对象指针为参数，来调用 OnDraw()函数进行绘图操作。

5. CWindowDC 类

代表整个窗口（客户区和非客户区）的设备环境。在使用 CWindowDC 绘图时，通常先调用 GetWindowRect()函数，获取窗口在屏幕坐标系中的外边框坐标。

8.2.2　用 CDC 类的成员函数绘图

在获得设备环境对象后，具体的绘图工作是由绘图函数完成的，CDC 类提供了一些基本的绘图函数供用户使用，如果进行复杂绘图的话，就需要通过算法来组织这些基本绘图函数来完成绘图。这里只介绍一些基本绘图函数。

1. SetPixel()和 GetPixel()

在绘图中,画点是最基本的操作之一,它是通过函数 SetPixel()来实现的。注意,函数 SetPixel()只是用于在指定的坐标上设置指定颜色的像素(Pixel)点。其函数声明如下。

```
COLORREF SetPixel( int x, int y, COLORREF crColor );
COLORREF SetPixel( POINT point, COLORREF crColor );
```

其中,x 与 y 分别为像素点的横坐标与纵坐标,crColor 为像素的颜色值,参数 point 也是用于指定要绘制的点的坐标。

另外,也可以用 CDC 的成员函数 GetPixel()来获得指定点的颜色。其函数声明如下。

```
COLORREF GetPixel( int x, int y ) const;
COLORREF GetPixel( POINT point ) const;
```

参数的意义与 SetPixel 相同。

修改 OnDraw 函数,添加如下代码。

```
CRect rc;
GetClientRect(rc);
pDC->FillSolidRect(rc,RGB(255,255,255));
for(int i=0;i<255;i+=5)
{ pDC->SetPixel(i+10,100,RGB(255,0,0));
}
for(int j=0;j<255;j+=5)
{ pDC->SetPixel(j+10,200,pDC->GetPixel(j+10,100));
}
```

运行程序,结果如图 8.6 所示。

2. LineTo()和 MoveTo()

画线也是特别常用的绘图操作之一。CDC 类的 LineTo()用于绘制从当前位置(起始点)到指定坐标点(x,y)(或者 point 点)(终点)的直线段,其函数声明如下。

```
BOOL LineTo( int x, int y );
BOOL LineTo( POINT point );
```

其中,参数 x,y 及参数 point 为指定的坐标点。

若 LineTo 函数画线成功返回 TRUE,否则返回 FALSE。

一条线段应该有两个端点,LineTo 函数只指定了一个点(终点),起始点的位置的设定可以使用函数 MoveTo()。

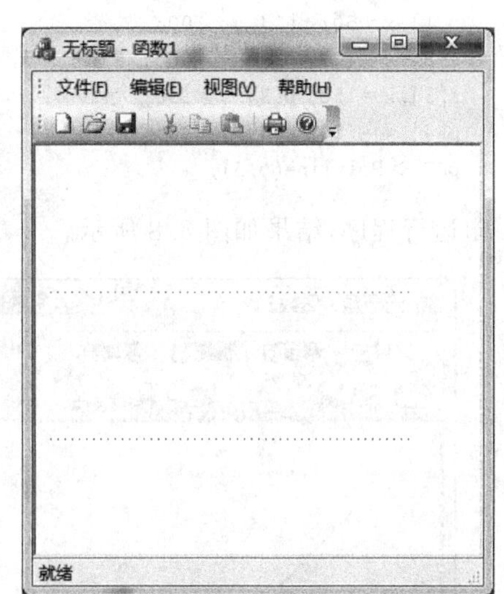

图 8.6 SetPixel 函数和 GetPixel 函数

MoveTo 函数用于将当前绘图位置移到指定的坐标点处。其函数声明如下。

```
CPoint MoveTo( int x, int y );
CPoint MoveTo( POINT point );
```

其中，参数 x，y 及参数 point 为指定的坐标点。

修改 OnDraw 函数，添加如下代码。

```
pDC -> MoveTo(50,50);
POINT p1;
p1.x = 100;p1.y = 100;
pDC -> LineTo(p1);
CPoint p2;
p2.x = 150;p2.y = 100;
pDC -> LineTo(p2);
```

运行程序，结果如图 8.7 所示。

3. Polyline()和 PolylineTo()

CDC 中提供了一些用于画折线的函数，函数 Polyline 和函数 PolylineTo 是其中的两个。

函数 Polyline 用于绘制一条由一系列指定的点连接而成的折线，其函数声明如下。

```
BOOL Polyline( LPPOINT lpPoints, int nCount );
```

其中，参数 lpPoints 是用于连接的 POINT 结构或 CPoint 对象的数组，nCount 表示数组中点的数目，其值必须要大于 1。该数组中按顺序存放折线连接点的坐标。

若 Polyline 函数画线成功返回 TRUE，否则返回 FALSE。

修改 OnDraw 函数，添加如下代码。

```
POINT p[5];
p[0].x = 50; p[0].y = 50;
p[1].x = 50; p[1].y = 100;
p[2].x = 100; p[2].y = 100;
p[3].x = 150; p[3].y = 150;
p[4].x = 100; p[4].y = 50;
pDC -> Polyline(p,5);
```

运行程序，结果如图 8.8 所示。

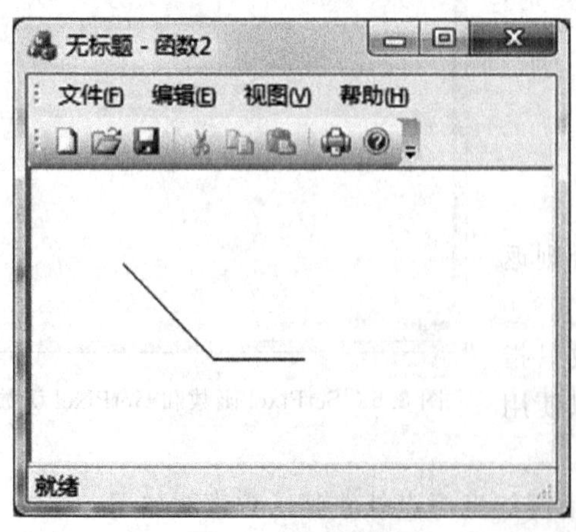

图 8.7　LineTo 函数和 MoveTo 函数

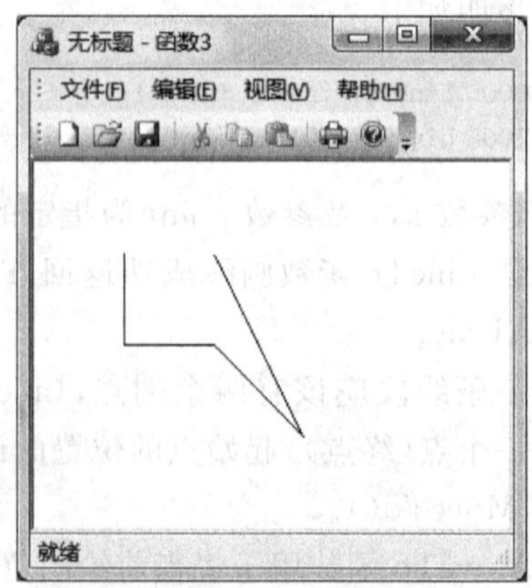

图 8.8　Polyline 函数

PolylineTo 函数也用于绘制折线，其函数声明如下。

```
BOOL PolylineTo( const POINT * lpPoints, int nCount );
```

该函数参数的意义与 Polyline 函数相同。

Polyline 函数和 PolylineTo 函数的区别有两点：一是 PolylineTo 函数绘制折线的起始点不是输入的数组点中的第一个，而是当前绘图位置，如果没有设置当前位置，设备环境的当前绘图位置默认为坐标系原点；二是 PolylineTo 函数绘图完成后，将当前位置移动到所绘制折线的最后一个点处，而 Polyline 函数并不改变当前绘图位置，默认当前绘图位置为坐标系原点。

修改 OnDraw 函数，添加如下代码。

```
POINT p[5];
p[0].x = 50; p[0].y = 50;
p[1].x = 50; p[1].y = 100;
p[2].x = 100; p[2].y = 100;
p[3].x = 150; p[3].y = 150;
p[4].x = 100; p[4].y = 50;
pDC -> Polyline(p,5);
pDC -> LineTo(200,50);
```

运行程序，结果如图 8.9 所示。

把上述程序中的 Polyline 函数改变为 PolylineTo 函数，运行程序后，结果如图 8.10 所示。

```
POINT p[5];
p[0].x = 50; p[0].y = 50;
p[1].x = 50; p[1].y = 100;
p[2].x = 100; p[2].y = 100;
p[3].x = 150; p[3].y = 150;
p[4].x = 100; p[4].y = 50;
pDC -> PolylineTo(p,5);
pDC -> LineTo(200,50);
```

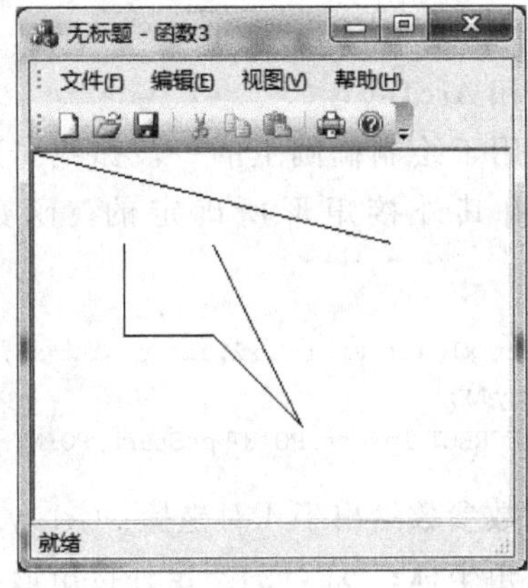

图 8.9 Polyline 函数

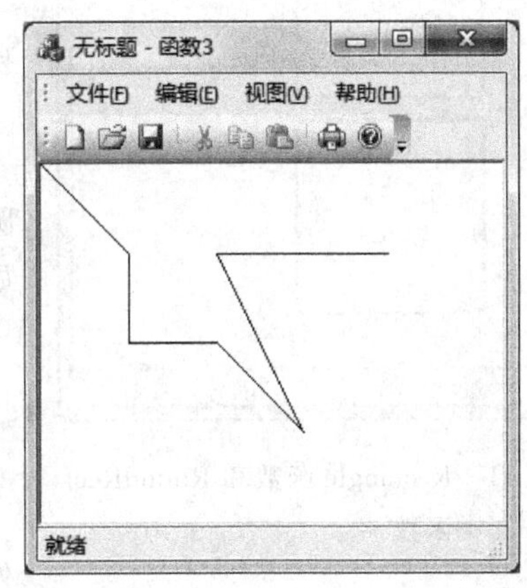

图 8.10 PolylineTo 函数

4. Rectangle()和 RoundRect()

Rectangle 函数用于绘制矩形,其函数声明如下。

```
BOOL Rectangle( int x1, int y1, int x2, int y2 );
BOOL Rectangle( LPCRECT lpRect );
```

其中,第一个函数参数给出了两组点的坐标,第一组为矩形的左上角点坐标,第二组为矩形的右下角点坐标;第二个函数使用了指向矩形区域结构的指针作为参数,也可以使用 CRect 类。

若 Rectangle 函数画线成功返回 TRUE,否则返回 FALSE。

RoundRect 函数用于绘制圆角矩形,即 4 个角椭圆化的矩形。其函数声明如下。

```
BOOL RoundRect( int x1, int y1, int x2, int y2, int x3, int y3 );
BOOL RoundRect( LPCRECT lpRect, POINT point );
```

其中,第一个函数的参数 x1 和 y1 指定了矩形的左上角点坐标,参数 x2 和 y2 指定了矩形的右下角点坐标,参数 x3 指定了用来绘制圆角的矩形的宽度,参数 y3 指定了用来绘制圆角的矩形的高度。第二个函数用矩形结构来存放矩形的左上角和右下角坐标,用 POINT 结构的 x 来存放圆角矩形的宽度,y 来存放圆角矩形的高度。

若 RoundRect 函数画线成功返回 TRUE,否则返回 FALSE。

修改 OnDraw 函数,添加如下代码。

```
pDC -> Rectangle(50,50,150,80);
pDC -> RoundRect(50,100,150,130,10,10);
CRect r1,r2;
r1.left = 50; r1.top = 150;
r1.right = 150; r1.bottom = 250;
r2.left = 50; r2.top = 260;
r2.right = 150; r2.bottom = 360;
POINT p;
p.x = 10; p.y = 10;
pDC -> Rectangle(r1);
pDC -> RoundRect(r2,p);
```

运行程序,结果如图 8.11 所示。

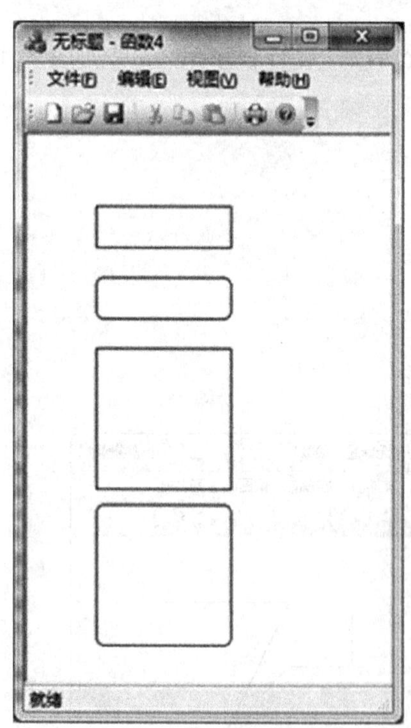

图 8.11 Rectangle 函数和 RoundRect 函数

5. Arc()和 ArcTo()

Arc 函数用于绘制椭圆上的一段弧线。这个椭圆的大小是由其外接矩形所确定的。函数声明如下。

```
BOOL Arc(int x1, int y1, int x2, int y2, int x3, int y3,
int x4, int y4);
BOOL Arc(LPCRECT lpRect, POINT ptStart, POINT ptEnd);
```

第一个函数参数给出了 4 对坐标:(x1,y1)指定外接矩形左上角坐标;(x2,y2)指定外接矩形右下角坐标;(x3,y3)是椭圆弧的起点(不一定在圆弧上);(x4,y4)是椭圆弧的终点(不一定在圆弧上)。在画圆弧时,默认的圆弧方向是逆时针,即圆弧是按逆时针方向从起点到终点的,如图 8.12 所示。

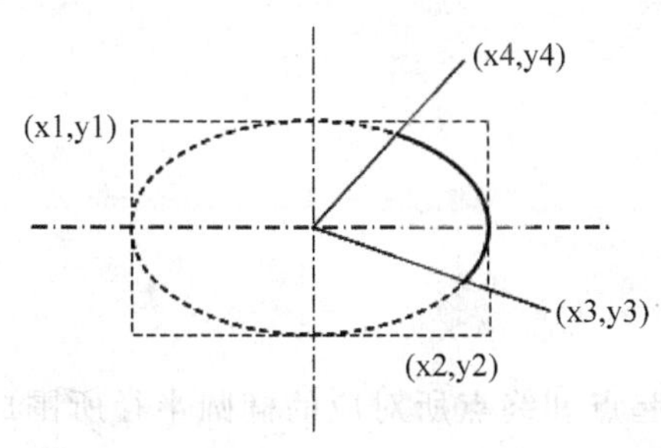

图 8.12　Arc 函数

第二个函数给出的参数中,lpRect 指定外接矩形,ptStart 是起点(不一定在圆弧上),ptEnd 是终点(不一定在圆弧上)。

若 Arc 函数绘图成功返回 TRUE,否则返回 FALSE。

ArcTo 函数也用于绘制椭圆上的一段弧线。它与 Arc 函数的区别类似于 Polyline 函数与 PolylineTo 函数的区别。ArcTo 函数绘制弧线后将当前绘图位置移动到终点,并且该函数的起点绘图位置并不是设定的起点,而是当前绘图位置。函数声明如下。

```
BOOL ArcTo(int x1,int y1,int x2,int y2,int x3,int y3,int x4,int y4);
BOOL ArcTo( LPCRECT lpRect, POINT ptStart, POINT ptEnd);
```

函数参数的意义与 Arc 函数相同。

修改 OnDraw 函数,添加如下代码。

```
pDC -> Arc(50,50,150,150,50,100,100,50);
CRect r;
r.left = 50; r.top = 250;
r.right = 250;r.bottom = 350;
POINT p1,p2;
p1.x = 50; p1.y = 300;
p2.x = 150; p2.y = 150;
pDC -> ArcTo(r,p1,p2);
```

运行程序,结果如图 8.13 所示。

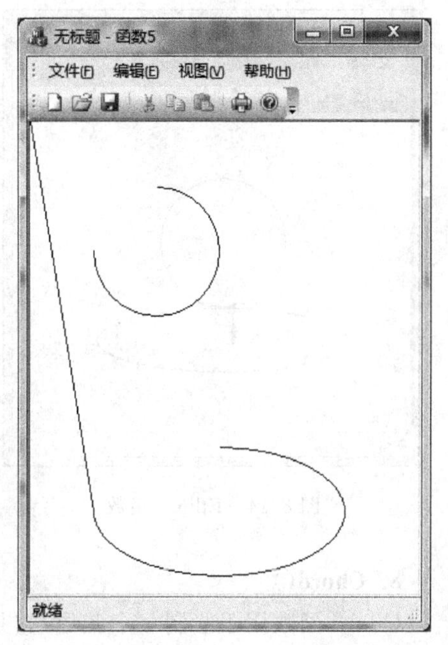

图 8.13　Arc 函数和 ArcTo 函数

想一想,如果只绘制 p1 到 p2 的椭圆弧线,如何修改程序?如果画封闭曲线,如何修改程序?

6. Ellipse()

Ellipse 函数用于绘制一个椭圆或者圆。其函数声明如下。

```
BOOL Ellipse( int x1, int y1, int x2, int y2 );
BOOL Ellipse( LPCRECT lpRect );
```

其中,第一个函数的参数 x1 和 y1 为椭圆或圆的外接矩形的左上角点坐标,参数 x2 和 y2 为椭圆或圆的外接矩形的右下角点坐标。第二个函数的参数使用了矩形区域结构,用来存放外接矩形的左上角坐标和右下角坐标。

若 Ellipse 函数绘图成功返回 TRUE,否则返回 FALSE。

修改 OnDraw 函数，添加如下代码。

```
CRect r;
r.left = 100; r.top = 50;
r.right = 200;r.bottom = 150;
pDC -> Ellipse(r);
pDC -> Ellipse(50,200,250,150);
```

运行程序，结果如图 8.14 所示。

7. Pie()

Pie 函数用于绘制扇形，它是由椭圆弧及扇形的起点和终点所对应的椭圆半径所围成的图形，其函数声明如下。

```
BOOL Pie( int x1, int y1, int x2, int y2, int x3, int y3, int x4, int y4 );
BOOL Pie( LPCRECT lpRect, POINT ptStart, POINT ptEnd );
```

其参数的含义与 Arc 函数相同，只是 Arc 函数仅绘制了椭圆弧，而 Pie 函数将椭圆弧所确定的扇形绘制出来。

若 Pie 函数绘图成功返回 TRUE，否则返回 FALSE。

修改 OnDraw 函数，添加如下代码。

```
pDC -> Pie(100,100,300,300,200,100,300,200);
```

运行程序，结果如图 8.15 所示。

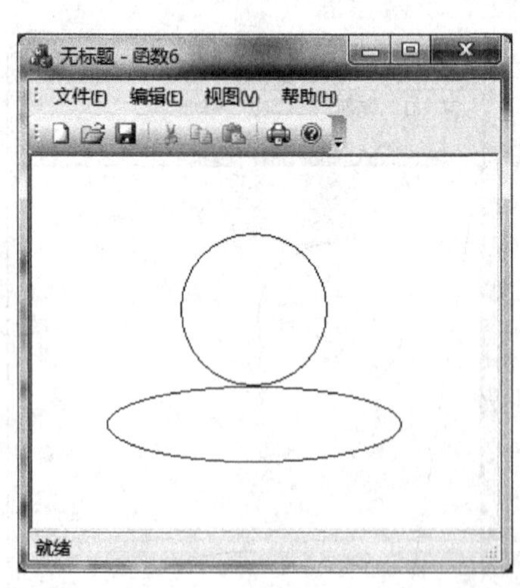

图 8.14　Ellipse 函数

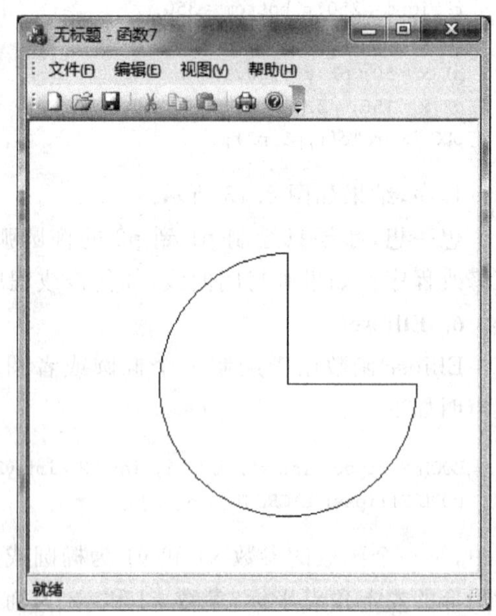

图 8.15　Pie 函数

8. Chord()

Chord 函数用于绘制一个弦形，它是由一个椭圆与一条直线相交所得到的图形。其函数声明如下。

```
BOOL Chord(int x1,int y1, int x3, int y3, int x4, int y4);
BOOL Chord( LPCRECT lpRect, POINT ptStart, POINT ptEnd );
```

其参数的含义与 Arc 函数和 Pie 函数相同。

注意：Chord 函数绘制的是起点和终点所在的直线与椭圆相交所得到的图形。

若 Chord 函数绘图成功返回 TRUE,否则返回 FALSE。

修改 OnDraw 函数,添加如下代码。

```
pDC->Chord(100,100,300,300,200,100,300,200);
```

运行程序,结果如图 8.16 所示。

9. Polygon()

Polygon 函数用于绘制一个封闭的多边形,它是由首尾相接的封闭折线所围成的图形。其函数声明如下。

```
BOOL Polygon( LPPOINT lpPoints, int nCount );
```

其中,参数 lpPoints 存放了多边形的顶点坐标；参数 nCount 是多边形的顶点个数,它的值必须大于 1。

若 Polygon 函数绘图成功返回 TRUE,否则返回 FALSE。

修改 OnDraw 函数,添加如下代码。

```
POINT p[5];
p[0].x = 50; p[0].y = 50;
p[1].x = 50; p[1].y = 100;
p[2].x = 100; p[2].y = 100;
p[3].x = 150; p[3].y = 150;
p[4].x = 100; p[4].y = 50;
pDC->Polygon(p,5);
```

运行程序,结果如图 8.17 所示。

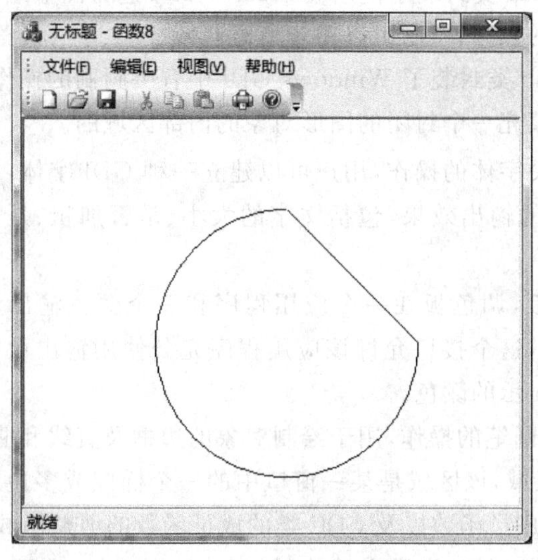

图 8.16　Chord 函数

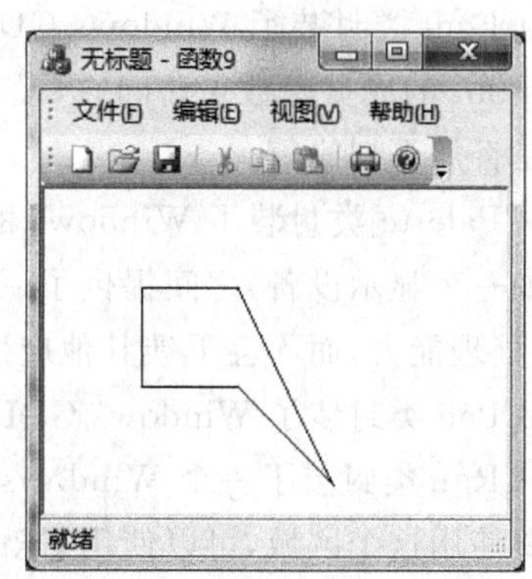

图 8.17　Polygon 函数

8.3 图形设备接口

8.3.1 GDI及其使用方法

Windows 操作系统可以配置不同的输出设备,如各种显示器、各种打印机等。它们有不同的打印驱动程序,当针对不同的设备编程时,要调用不同的设备驱动程序吗? GDI 提供这样一个平台,屏蔽了不同设备之间的差异,就像 Windows 操作系统屏蔽了硬件一样。

图形设备接口(Graphics Device Interface,GDI)是指这样一个可执行程序,它处理来自 Windows 应用程序的图形函数调用,然后把这些调用传递给合适的设备驱动程序,由设备驱动程序来执行与硬件相关的函数,并产生最后的输出结果。GDI 可以看作是一个应用程序与输出设备之间的中介,一方面,GDI 向应用程序提供了一个设备无关性的编程环境,另一方面,它又以设备相关的格式和具体的设备打交道。

Windows 操作系统通过图形设备接口,管理 Windows 程序的所有图形输出,包括显示在屏幕上的窗口、屏幕保护程序的运行、文档的打印。GDI 负责管理与不同的输出设备的连接,从而使应用程序开发者不需要去考虑基础硬件设备之间的不同。

为了支持 GDI 绘图,MFC 提供了两种重要的类:设备环境类,用于设置绘图属性和绘制图形;绘图对象类,封装了各种 GDI 绘图对象,包括画笔、画刷、字体、位图、调色板和区域。

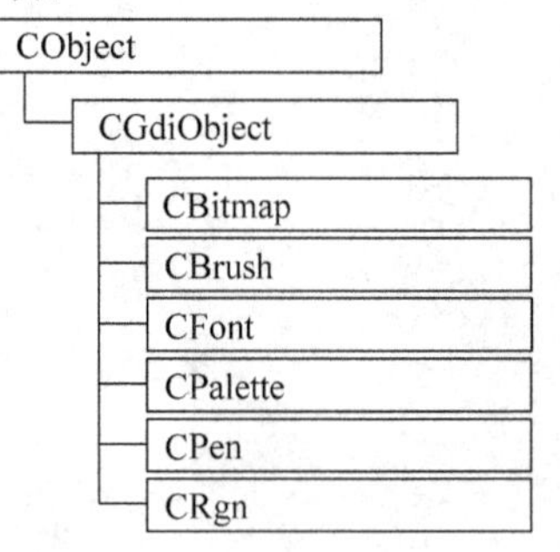

图 8.18 CGdiObject 类的构成

在 MFC 中,CGdiObject 类是 GDI 对象的基类,CGdiObject 类有 6 个直接的派生类,GDI 对象主要也是这 6 个,分别是:CBitmap、CBrush、CFont、CPalette、CPen 和 CRgn,如图 8.18 所示。

各派生类的作用如下。

CBitmap 类封装了使用 Windows GDI 进行图形绘制中关于位图的操作,位图可以用于填充区域。

CBrush 类封装了 Windows GDI 中有关画刷的操作,画刷是用来填充一个封闭的图形对象的内部区域的。

CFont 类封装了 Windows GDI 中有关字体的操作,用户可以建立一种 GDI 字体,并使用 CFont 的成员函数来访问它,设置文本的输出效果,包括文字的大小、是否加粗、是否斜体、是否加下划线等。

CPalette 类封装了 Windows 的调色板,调色板在一个应用程序和一个颜色输出设备(比如一个显示设备)之间提供了一个接口,这个接口允许该应用程序充分使用输出设备的颜色处理能力,而不会干涉其他应用程序显示的颜色。

CPen 类封装了 Windows GDI 中有关画笔的操作,用于绘制对象的边框及直线和曲线。

CRgn 类封装了一个 Windows GDI 区域,该区域是某一窗口中的一个椭圆或多边形区域,要使用这个区域,可以使用 CRgn 类的成员函数以及 CDC 类的成员函数的剪贴函数。

GDI 绘图过程包括以下步骤:获取设备环境,设置坐标映射,创建绘图工具,调用 CDC 绘图函数绘图。

1. 获取设备环境

用户在绘图之前，必须获取绘图窗口区域的一个设备环境，然后才能调用其绘图工具进行绘图。在 MFC 应用程序中获得设备环境的常用方法有以下几种。

(1) 如果要绘制图形的函数由视图类的 OnDraw 函数调用，则可以将 OnDraw 函数中的 CDC 对象指针作为该函数的一个参数传入。例如，本章以前的实例中使用的 OnDraw 函数都是如此。

```
void CXXXView::OnDraw(CDC * pDC)
{
        CXXXDoc * pDoc = GetDocument();
        ASSERT_VALID(pDoc);
        if (!pDoc)
        return;
    // TODO: 在此处为本机数据添加绘制代码
}
```

其中，函数的参数 pDC 就是用来获取设备环境的，在该函数运行结束后，系统会自动释放。

(2) 可以构造一个 CClientDC 对象，使用该对象进行绘图，其构造函数为：

```
CClientDC(CWnd * pWnd);
```

因为 CView 类是由 CWnd 类(所有窗口的基类)派生而来，所以在构造的时候传入当前视图类的指针即可。

(3) 可以通过调用从 CWnd 类继承的成员函数 GetDC()来获得当前窗口设备环境的指针，其函数声明如下。

```
CDC * GetDC();
```

该函数没有任何参数，用于获取一个窗口视图区指针。调用的时候通过当前视图类指针进行调用。

例如：

```
Void CDrawView::OnLButtonUp(UINT nFlags,CPoint point)
{
    CDC * pDC = GetDC();          //获取 DC
      …                           //设置参数、绘制图形
    ReleaseDC(pDC);               //释放 DC
    CDrawView::OnLButtonUp(nFlags,point);
}
```

因为 Windows 限制可用 DC 的数量，所以 DC 属于稀缺的公共资源。对每次获得的 DC，在使用完成后必须立即释放。

2. 设置坐标映射

使用 SetMapMode 函数设置设备环境对象使用的映射模式，使用 GetMapMode 函数获取设备环境对象的当前映射模式。

3. 创建绘图工具并选入设备环境

要绘图必须有画笔或者画刷等绘图工具。在 Windows 中有 HPEN、HBRUSH 等 GDI

对象，MFC 对 GDI 对象进行了很好的封装，提供了封装 GDI 对象的类，如 CPen、CBrush、CFont、CBitmap 和 CPalette 等，这些类都是 GDI 对象类 CGdiObject 的派生类。

一般先创建画笔(刷)，然后调用 CDC::SelectObject 函数将画笔(刷)选入设备环境成为当前绘图工具，绘图完毕恢复设备环境以前的画笔(刷)对象，最后调用 CGdiObject::DeleteObject 函数删除画笔(刷)对象。

这里需要注意的是，CGdiObject::DeleteObject 函数彻底删除底层 GDI 对象(CPen 和 CBrush 类的基类)。在 MFC 中，当对象销毁时会调用对象的析构函数自动删除对象，一般不必调用 CGdiObject::DeleteObject 删除 GDI 对象，因为如果设备环境还在使用一个 GDI 对象时，将引起应用程序崩溃或出现难以理解的运行错误。

8.3.2 画笔

在实际绘图中，往往希望能够绘制出不同线宽、不同线型、不同颜色的图形，就必须使用绘图工具，画笔就是最常用的一种绘图工具。画笔是 Windows GDI 提供的用来绘制直线和图形的对象，画笔对象代表了进行绘图时所用的线条。CPen 类用于控制绘图时线的样式、宽度、颜色等信息。

1. 画笔类型

在 Windows 程序中有装饰画笔和几何画笔两种类型的画笔。

(1) 装饰画笔：在设备单元中绘图而不理会当前绘图模式。

(2) 几何画笔：在逻辑单元中绘图，要受当前绘图模式的影响。

几何画笔要比装饰画笔有更多的类型和绘图属性。几何画笔定义复杂，不但具有装饰画笔的属性，还和画刷的样式、阴影线类型有关，通常在对绘图有较高要求的场合使用，使用时需要更多的 CPU 资源，因此使用画笔时应该尽可能使用装饰画笔。本书重点介绍装饰画笔。

2. 装饰画笔的属性

一个画笔对象有三个属性：画笔的样式或风格(Style)；画笔的宽度(Width)；画笔的颜色(Color)。

1) 画笔的样式

画笔的样式或风格(Style)是所绘制图形的线型，它通常有实线、虚线、点线、点划线、双点划线、不可见线和内框线等 7 种。这些样式在 Windows 中都是以"PS_"为前缀的预定义的标识，如表 8.2 所示。

表 8.2 装饰画笔样式及说明

样　式	说　明	图　例
PS_SOLID	实线	————————
PS_DASH	虚线	- - - - - - - -
PS_DOT	点线	··················
PS_DASHDOT	点划线	-·-·-·-·-·
PS_DASHDOTDOT	双点划线	-··-··-··-··
PS_NULL	不可见线	
PS_INSIDEFRAME	内框线	————————

2）画笔的宽度

画笔的宽度(Width)是所绘制图形的线条的宽度，它是用设备单位标示的。默认的画笔宽度是一个像素单位。

3）画笔的颜色

画笔的颜色(Color)是所绘制图形的线条颜色。画笔的颜色用 RGB 值来描述。

3. 创建画笔

CPen 类封装了 GDI 画笔，其对象可以被选入到设备环境中，作为当前画笔使用。在使用画笔之前，首先要定义一个画笔对象：

```
CPen pen;
```

接着才能创建画笔。画笔的创建有如下几种方法。

1）使用 CreatePen 函数创建画笔对象

创建画笔可以使用 CPen 类的 CreatePen 函数，该函数声明如下。

```
BOOL CreatePen( int nPenStyle, int nWidth, COLORREF crColor);
```

其中，参数 nPenStyle，nWidth，crColor 分别用于确定画笔的样式、宽度和颜色。

例如，pen. CreatePen(PS_SOLID，1，RGB(255，0，0))；创建了一个红色、宽度为 1 的实线画笔。

2）定义画笔对象时直接创建画笔对象

画笔的创建也可以使用画笔类 CPen 的带参数的构造函数中进行。该构造函数声明如下。

```
CPen( int nPenStyle, int nWidth, COLORREF crColor);
```

其中三个参数依次是画笔的样式、宽度和颜色。

例如，CPen pen(PS_SOLID，1，RGB(255，0，0))；创建了一个红色、宽度为 1 的实线画笔。

3）使用 CreatePenIndirect 函数创建画笔对象

函数 CreatePenIndirect 创建画笔对象，作用与 CreatePen 函数是完全一样的。只是画笔的三个属性不是直接出现在函数的参数中，而是通过一个 LOGPEN 结构间接地给出。函数声明如下。

```
BOOL CreatePenIndirect(LPLOGPEN lpLogPen);
```

LOGPEN 结构的具体定义如下。

```
typedef struct tagLOGPEN
{
    UNIT lopnStyle;              //画笔样式
    POINT lopnWidth;             //x 表示画笔宽度,y 不起作用
    COLORREF lopnColor;          //画笔颜色
}LOGPEN;
```

4）使用预定义画笔对象

在 Windows 中有一些已经预定义好了的画笔对象，如表 8.3 所示。可以使用 CDC 类

的成员函数 SelectStockObject 将其中的画笔选入到设备环境中。该函数声明如下。

```
virtual CGdiObject * SelectStockObject(int nIndex);
```

例如,pDC -> SelectStockObject(BLACK_PEN);创建了一个黑色画笔。

表 8.3 预定义画笔

预定义画笔类型	说　明	数　值
WHITE_PEN	白色画笔	6
BLACK_PEN	黑色画笔(默认)	7
NULL_PEN	空画笔	8

4. 使用画笔

使用自定义画笔工具的基本步骤如下。

(1) 定义画笔 CPen 类对象。

(2) 创建画笔对象。

(3) 把所创建的画笔对象选入到设备环境中。

(4) 调用绘图函数进行绘图。

其中,第(3)步把画笔对象选入到设备环境中,是使用 CPen 类的函数 SelectObject 来完成的。该函数声明如下。

```
CPen * SelectObject(CPen * pPen);
```

该函数传入已经定义好的画笔的指针,并将原来使用的画笔指针返回。一般可以保存返回的指针,在使用完自定义画笔后,可以把原来的画笔选择回来。

例如:

```
CPen  * OldPen = pDC -> SelectObject(&pen);
```

8.3.3 画笔应用案例

使用画笔画出一个红色的圆和一个绿色的正方形,在它们的下方画一条水平的黑色直线。

操作步骤如下。

(1) 创建 Eg8_3 单文档应用程序。

(2) 修改视图类的 OnDraw 函数,添加如下代码。

```
//创建画笔对象 pen1
CPen pen1(PS_DOT,2,RGB(255,0,0)),pen2;
pDC -> SelectObject(&pen1);
pDC -> Ellipse(10,10,100,100);
pen1.DeleteObject(); //删除 pen1
//创建画笔对象 pen2
pen2.CreatePen(PS_SOLID,4,RGB(0,255,0));
pDC -> SelectObject(&pen2);
pDC -> Rectangle(110,10,200,100);
//使用预定义画笔
```

```
pDC->SelectStockObject(BLACK_PEN);
pDC->MoveTo(10,110);
pDC->LineTo(210,110);
```

(3) 编译并运行程序,运行结果如图 8.19 所示。

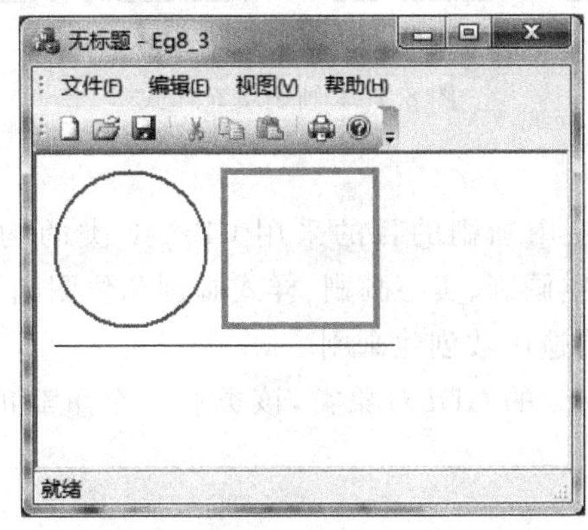

图 8.19 应用程序 Eg8_3 运行结果

8.3.4 画刷

利用画笔可以画图形的边框,而用画刷就可以在图形内着色。大多数的 GDI 绘图函数既使用画笔又使用画刷,它们用画笔绘制各种图形的周边,而用画刷填充图形,因而可以用一种颜色和风格去设置画笔,而用另一种颜色和风格去设定画刷,通过函数调用就可以绘制出形状复杂的图形。

在 Windows 编程时,画刷是用来填充一个控件、窗体或者其他区域的一个 GDI 对象。画刷与画笔非常相似,都是通过同一种方法来选择,并且一些属性也是相似的,只是使用画刷是填充一个区域而不是画直线或图形。

画刷在填充一个封闭图形的内部时,实际上是定义了一个 8×8 像素大小的位图,在绘制时,Windows 将多个这样的位图平铺起来填充封闭图形的内部。

1. 画刷的属性

画刷的属性通常包括填充色、填充图案和填充样式。画刷的填充色和画笔颜色一样,使用 COLORREF 类型。画刷的填充图案通常是用户定义的 8×8 位图。画刷的填充样式通常是 CDC 内部定义的、以"HS_"为前缀的阴影线样式,一共有 6 种,其取值如表 8.4 所示。画刷填充样式如图 8.20 所示。

表 8.4 画刷填充样式

填充样式	说明	数值
HS_HORIZONTAL	水平线	0
HS_VERTICAL	垂直线	1
HS_FDIAGONAL	正斜线	2
HS_BDIAGONAL	反斜线	3
HS_CROSS	十字线	4
HS_DIAGCROSS	斜十字线	5

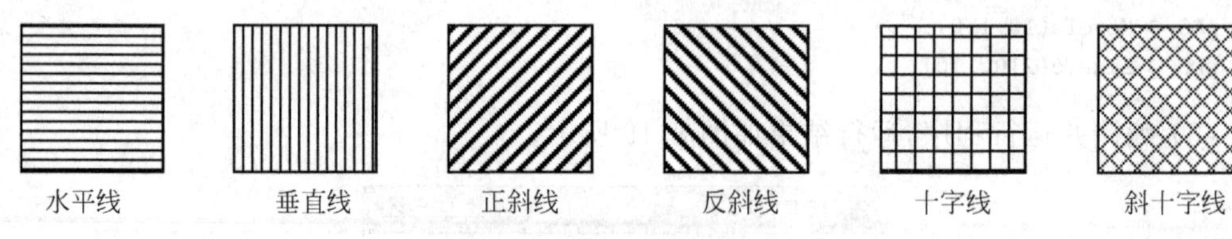

图 8.20　画刷填充样式

2. 创建画刷

画刷的创建可以根据使用画刷的目的采用 CBrush 类的构造函数来创建，可以使用 CBrush 类的构造函数创建空画刷、实心画刷、样式画刷和位图画刷。

1）使用 CBrush 类的构造函数创建画刷

CBrush 类也是 Windows 的 GDI 对象类，该类有 4 个重载的构造函数，其构造函数声明如下。

```
CBrush();
CBrush( COLORREF crColor );
CBrush( int nIndex, COLORREF crColor );
CBrush( CBitmap * pBitmap );
```

第一个构造函数构造了一个空画刷，即一个没有初始化的 CBrush 对象，在使用该对象之前需要另外初始化。

第二个构造函数构造了一个单色实心画刷。参数 crColor 用于指定填充的颜色。一般用来对封闭区域内用 crColor 指定的颜色进行完全填充。

第三个构造函数构造一个填充样式的画刷。参数 nIndex 指定了填充的样式，如表 8.4 和图 8.20 所示。参数 crColor 指定了填充的前景色，即样式线条的颜色。

第四个构造函数构造了一个使用位图填充的画刷。这个画刷用位图图像文件填充指定的区域。参数 pBitmap 是一个位图对象的指针。填充模式下的位图的最小尺寸为 8 像素×8 像素。

2）使用 CBrush 类封装的成员函数创建画刷

除了构造函数，CBrush 类还提供了以下几种方法创建画刷。

CreateSolidBrush 函数，用于创建一个实心画刷，用一种颜色填充一个内部区域。其函数声明如下。

```
BOOL CreateSolidBrush( COLORREF crColor );
```

其中，参数 crColor 为填充色。该函数和第二个构造函数所创建的画刷相同。函数创建成功，函数返回 TRUE，否则返回 FALSE。

CreateHatchBrush 函数，用于创建一个填充样式的画刷。其函数的声明如下。

```
BOOL CreateHatchBrush( int nIndex, COLORREF crColor );
```

其中，参数 nIndex 为填充样式，crColor 为填充样式的前景色。函数创建成功，函数返回 TRUE，否则返回 FALSE。

CreatePatternBrush 函数，用于创建一个填充位图的画刷。其函数声明如下。

```
BOOL CreatePatternBrush( CBitmap * pBitmap );
```

其中,画刷的位图由参数 pBitmap 指定,位图大小必须为 8×8。函数创建成功,函数返回 TRUE,否则返回 FALSE。

CreateBrushIndirect 函数,用于创建一个通过 LOGBRUSH 结构生成的画刷,也叫逻辑画刷。其函数的声明如下。

```
BOOL CreateBrushIndirect( const LOGBRUSH * lpLogBrush );
```

其中,参数 lpLogBrush 是指向 LOGBRUSH 结构的指针。在 LOGBRUSH 结构中定义了包含画刷的相关信息。

LOGBRUSH 结构的定义如下。

```
typedef struct tag LOGBRUSH
{
    UINT lbStyle;
    COLORREF lbColor;
    LONG lbHatch;
} LOGBRUSH;
```

其中,lbStyle 是画刷的类型,lbColor 是画刷的颜色,lbHatch 是画刷的填充样式。

例如:CBrush br;

```
br.CreateSolidBrush(RGB(255,0,0)) ; //创建一个红色的实心画刷
br.CreateHatchBrush(HS_VERTICAL, RGB(255,0,0));//创建一个十字线样式的红色画刷
```

3. 预定义画刷

Windows 有一组预定义画刷,这组预定义画刷都是实心画刷,如表 8.5 所示。

表 8.5 预定义实心画刷

画刷样式	说　　明	数值	画刷样式	说　　明	数值
WHITE_BRUSH	白画刷(默认)	0	BLACK_BRUSH	黑画刷	4
LTGRAY_BRUSH	浅灰色画刷	1	HOLLOW_BRUSH	空心画刷	5
GRAY_BRUSH	灰色画刷	2	NULL_BRUSH	空画刷	5
DKGRAY_BRUSH	深灰色画刷	3			

如果设备环境对象在选用预定义绘图工具之前,没有选择其他的画刷,则返回设备环境对象默认的白色画刷。

可以使用 CDC 类的成员函数 SelectStockObject 将其中的画刷选入到设备环境中。该函数声明如下。

```
Virtual CGdiObject * SelectStockObject(int nIndex);
```

例如:

```
pDC -> SelectStockObject(BLACK_BRUSH);
```

4. 画刷的使用

与画笔的使用方法一样,使用自定义画刷工具的基本步骤如下。

(1) 定义画刷 CBrush 类对象。

(2) 创建画刷对象。

(3) 把所创建的画刷对象选入到设备环境中。

(4) 调用绘图函数进行绘图。

其中,第(3)步把画刷对象选入到设备环境中,是使用 CBrush 类的函数 SelectObject 来完成的。该函数声明如下。

```
CBrush * SelectObject(CBrush * pBrush);
```

8.3.5 画刷应用案例

使用绿色的画刷在视图区(200,100)处画出一个宽为 130,高为 100 的圆角矩形;使用灰色画刷画一个扇形;使用红色画刷画一个扇形;画一个圆,用斜十字线画刷进行填充。运行结果如图 8.21 所示。

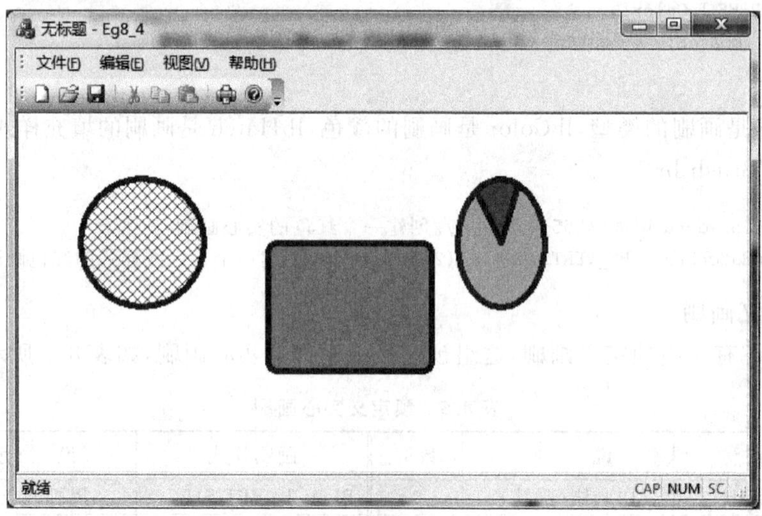

图 8.21 画刷的使用

操作步骤如下。

(1) 创建 Eg8_4 单文档应用程序。

(2) 修改视图类的 OnDraw 函数,添加如下代码。

```
pDC -> SetMapMode(MM_ANISOTROPIC);
CPen newpen,oldpen;
newpen.CreatePen(PS_SOLID,5,RGB(0,0,255));
pDC -> SelectObject(&newpen);

CBrush newbr1,newbr2,newbr3;
newbr1.CreateSolidBrush(RGB(0,255,0));
pDC -> SelectObject(&newbr1);
pDC -> RoundRect(200,100,330,200,15,15);

pDC -> SelectStockObject(LTGRAY_BRUSH);
```

```
pDC->Pie(350,50,420,150,360,50,400,50);
newbr2.CreateSolidBrush(RGB(255,0,0));
pDC->SelectObject(&newbr2);
pDC->Pie(350,50,420,150,400,50,360,50);

newbr3.CreateHatchBrush(HS_DIAGCROSS,RGB(255,0,0));
pDC->SelectObject(&newbr3);
pDC->Ellipse(50,50,150,150);
```

(3) 编译并运行程序,运行结果如图 8.21 所示。

8.4 绘制文本

在 Windows 中,文本也作为图形来处理,文本实际上是按照选定的字体格式绘制出来的。和画笔、画刷一样,字体也是一种 GDI 对象,用来定义 Windows 输出文本的字符、字符集及符号集,使用它的方法和其他的 GDI 绘图工具画笔、画刷类似。在应用程序的视图区也可以输出文本,设备环境提供了用于文本输出的函数。与绘图函数类似,MFC 也提供了 CFont 类(字体类)来决定文本的输出格式。用户除了可以使用 Windows 预定义的系统字体输出文本之外,还可以自己定义逻辑字体。

Windows 字体可分为两类,一类是与设备无关的 TrueType 逻辑字体,可精确设定它的大小和形状,提供“所见即所得”的输出效果。另一类是与设备相关的字体,如一些打印机的字体,例如 LaserJet LinePrinter。

8.4.1 CDC 类的文本输出函数

1. TextOut 函数

TextOut()是最常用的文本输出函数,是在指定的位置以当前选定的字体绘制一个字符串。其函数声明如下。

```
virtual BOOL TextOut( int x, int y, LPCTSTR lpszString, int nCount );
BOOL TextOut( int x, int y, const CString& str );
```

其中,第一个函数的参数 x 和 y 指定了输出文本的起始位置;参数 lpszString 指定了要输出的文本,该参数值可以是一个 CString 类的对象,或者直接是一个用双引号定义的字符串;参数 nCount 指定了要输出的字符个数,注意,中文是占两个字符位的。第二个函数的参数 x 和 y 指定了输出文本的起始位置;参数 str 指定了要输出的文本,该参数值可以是一个 CString 类的对象,或者直接是一个用双引号定义的字符串。

如果输出文本成功,函数返回值为 TRUE,否则返回 FALSE。

2. TabbedTextOut 函数

TabbedTextOut()在指定的位置处绘制字符串,并根据指定的制表位设置相应字符的位置。该函数支持制表位,使绘制出来的文本效果更好。当要绘制的文本是一个多列的列表形式时,可以使用该函数。该函数声明如下。

```
CSize TabbedTextOut ( int x, int y, const CString& str, int nTabPositions, LPINT
lpnTabStopPositions, int nTabOrigin );
```

其中,参数中 nTabPositions 表示 lpnTabStopPositions 数组的大小,lpnTabStopPositions 表示多个递增的制表位(逻辑坐标)的数组,nTabOrigin 表示制表位 x 方向的起始点(逻辑坐标)。如果 nTabPositions 值为 0,且 lpnTabStopPositions 值为 NULL,则制表符使用默认的制表位,8 个字符的宽度。

函数输出文本成功时,返回文本的大小。

3. DrawText 函数

DrawText()在指定的矩形区域内绘制格式化的字符串。该函数可以在一个矩形区域内绘制多行文本。其函数声明如下。

```
virtual int DrawText( LPCTSTR lpszString, int nCount, LPRECT lpRect, UINT nFormat );
int DrawText( const CString& str, LPRECT lpRect, UINT nFormat );
```

其中,第一个函数的参数 lpszString 指定了要输出的文本字符串,为输出文本字符串的指针;参数 nCount 指定了字符串中要输出的字符个数;参数 lpRect 是一个指向 RECT 结构体或者 CRect 类的对象的一个指针,为文本输出指定的一个矩形;参数 nFormat 指定了文本输出格式。第二个函数的参数 str 是一个 CString 类的对象,为要输出的字符串,而且输出字符串的全部。

该函数如果输出文本成功,返回值为文本的高度。否则,返回 0 值。

参数 nFormat 指定了格式化文本的方法。它可以是下列常用值的任意组合,如表 8.6 所示。

表 8.6　nFormat 的可选值

参 数 值	说　明
DT_BOTTOM	下对齐文本。该值必须和 DT_SINGLELINE 组合
DT_CENTER	使文本在矩形中水平居中
DT_VCENTER	使文本在矩形中垂直居中
DT_END_ELLIPSIS	使用省略号代替文本末尾字符
DT_WORDBREAK	自动换行
DT_EXPANDTABS	扩大 Tab 字符数,默认为 8 个字符数
DT_PATH_ELLIPSIS	使用省略号代替文本中间的字符
DT_TABSTOP	设置停止位,nFormat 的高位字节是每个制表位的数目
DT_RIGHT	文本右对齐
DT_LEFT	文本左对齐
DT_MODIFYSTRING	将文本调整为能显示的字符串
DT_NOCLIP	不裁剪
DT_SINGLELINE	指定文本的基准线为参考点
DT_NOPREFIX	不支持"&"转义字符
DT_TOP	文本上对齐

以上可选值可以组合使用,值之间用"|"连接。

例如,设置如下值:

```
DT_CENTER| DT_SINGLELINE|DT_NOCLIP
```

表示输出文本在矩形区域居中单行显示,如果文本超出矩形范围也不进行裁剪。

4. ExtTextOut 函数

ExtTextOut()在指定的矩形区域内使用当前选定的字体绘制字符串。其函数声明如下。

```
virtual BOOL ExtTextOut( int x, int y, UINT nOptions, LPCRECT lpRect, LPCTSTR lpszString, UINT
nCount, LPINT lpDxWidths );
BOOL ExtTextOut ( int x, int y, UINT nOptions, LPCRECT lpRect, const CString& str, LPINT
lpDxWidths );
```

其中,第一个函数的参数 x,y 为输出文本的起始位置;参数 nOptions 可以是下列值之一或它们的组合。

(1) ETO_CLIPPED:文本被矩形剪切。

(2) ETO_OPAQUE:使用当前的背景色填充矩形。

参数 lpRect 是文本输出的矩形。由于该函数指定了文本输出的起始位置,当指定的起始位置不在矩形区域内时,则文本将不会输出;如果指定的文本输出起始位置导致文本不全在矩形区域内,且 nOptions 选择了 ETO_CLIPPED,则在矩形区域外的部分会被剪切;如果 nOptions 选择了 ETO_OPAQUE,则使用当前设置的背景色填充指定的矩形区域。

参数 lpszString 为要输出的文本字符串。参数 nCount 为字符串中要输出的字符数。参数 lpDxWidths 指向一个数值数组,该数组元素为对应的字符间的间隔,如 lpDxWidths 数组的第一个值为要输出字符串中第一个字符和第二个字符之间的间隔宽度,而 lpDxWidths 数组的第二个值为要输出字符串中第二个字符和第三个字符之间的间隔宽度,……注意:两个字符的间隔宽度是相邻两个字符最左端之间的间隔,而不是前一个字符的最右端和当前字符最左端之间的间隔,所以两个字符的间隔宽度如果设置过小,会导致字符重叠。如果参数设置为 NULL,表示字符间隔使用系统默认值。

第二个函数与第一个函数相比,只是没有指定要输出的字符数,意味着整个字符串都要进行输出。

8.4.2 字体的基本类型、字体类与字体对话框

1. 字体的基本类型

根据字体的构造技术,可以把字体分为 4 种基本类型:光栅字体(Raster Font)、矢量字体(Vector font)、TrueType 字体和 OpenType 字体。

光栅字体(Raster Font)又称点阵字体,每个字符的原型都是以固定的位图形式存储在字库中,用于 Windows 系统中屏幕上的菜单、按钮等处文字的显示。它并不是以矢量描述的,放大以后会出现锯齿,只适合屏幕描述。不过它的显示速度非常快,所以作为系统字体而在 Windows 中使用。它保存在.FON 的资源文件中。

矢量字体(Vector font) 又叫 Outline font(轮廓字体),通常使用贝塞尔曲线、绘图指令和数学公式进行绘制。这样可以在对字体进行任意缩放的时候保持字体边缘依然光滑,字体实际尺寸可以任意缩放而不变形、变色。它保存在.FON 的资源文件中。

TrueType 字体是所有 Windows 字体中最复杂的一种字体,字符原型是一系列直线和曲线绘制命令的集合。TrueType 既可以作打印字体,又可以用作屏幕显示;由于它是由指令对字形进行描述,因此它与分辨率无关,输出时总是按照打印机的分辨率输出。无论放大

或缩小，字符总是光滑的，不会有锯齿出现。它是真正的所见即所得字体。也是人们日常操作中接触得最多的一种类型的字体。该字体在文字太小时，会表现得不是很清楚。每种 TrueType 字体保存在两个文件中：一个是.FON 文件中，一个是.TTF 文件中。

OpenType 字体也叫 Type 2 字体，是由 Microsoft 和 Adobe 公司开发的另外一种字体格式。它也是一种轮廓字体，比 TrueType 更为强大，最明显的一个好处就是可以在把 PostScript 字体嵌入到 TrueType 的软件中。并且还支持多个平台，支持很大的字符集，还有版权保护。可以说它是 Type 1 和 TrueType 的超集。

光栅字体依赖于特定的设备分辨率，是与设备有关的字体。与设备有关的字体又叫物理字体。

矢量字体、TrueType 字体和 OpenType 字体是与设备无关的，可以任意缩放。与设备无关的字体又叫逻辑字体，已经得到广泛的应用。

2. 字体类

字体类 CFont 是一个 Windows 的 GDI 对象类。CFont 类封装了一个 Windows 图形设备接口(GDI)字体，并为操作字体提供了成员函数。字体对象决定了设备环境中进行文本输出的字符样式。在使用 CFont 类对象的时候，一般先创建一个 CFont 对象，然后通过调用 CreateFont、CreateFontIndirect、CreatePointFont 或 CreatePointFontIndirect 之一的成员函数来对对象进行初始化。再用设备环境对象把初始化后的字体对象选入到当前设备环境中，调用文本输出函数，利用设置好的字体输出文本。最后还要把使用完的 CFont 对象删除(该对象会占用系统资源)。

1) CreateFont 函数

CreateFont 函数用于初始化一种具有指定属性的逻辑字体，其函数声明如下。

```
BOOL CreateFont(int nHeight, int nWidth, int nEscapement, int nOrientation, int nWeight, BYTE
bItalic, BYTE bUnderline, BYTE cStrikeOut, BYTE nCharSet, BYTE nOutPrecision, BYTE
nClipPrecision, BYTE nQuality, BYTE nPitchAndFamily, LPCTSTR lpszFacename);
```

该函数有许多参数，用于指定字体的各种属性，下面分别介绍每个参数。

参数 nHeight：指定字体高度(逻辑单位)。有三种取值：>0，字体映射器将高度值转换为设备单位，并与可用字体的字符高度进行匹配；=0，字体映射器使用默认的高度值；<0，字体映射器将高度值转换为设备单位，用其绝对值与可用字体的字符高度进行匹配。nHeight 转换后的绝对值不应超过 16 384 个设备单位。

参数 nWidth：指定字体中字符的平均宽度(逻辑单位)。

参数 nEscapement：指定偏离垂线和显示界面 X 轴之间的角度，以十分之一度为单位。偏离垂线是穿过一行文本中第一个字符和最后一个字符的直线。

参数 nOrientation：指定每个字符的基线和设备 X 轴之间的角度，以十分之一度为单位。

参数 nWeight：指定字体磅数(每 1000 点中墨点像素数)。可取 0～1000 之间的任意整数值。

参数 bItalic：指定字体是否为斜体。

参数 bUnderline：指定字体是否带有下画线。

参数 bStrikeOut：指定字体是否带有删除线。

参数 nCharSet：指定字体的字符集。

参数 nOutPrecision：指定输出精度。输出精度定义了输出与要求的字体高度、宽度、字符方向、移位和间距等的接近程度。它的取值如下(只能取其一，含义略)：OUT_CHARACTER_PRECIS；OUT_DEFAULT_PRECIS；OUT_DEVICE_PRECIS；OUT_OUTLINE_PRCIS；OUT_RASTER_PRECIS；OUT_STRING_PRECIS；OUT_STROKE_PRECIS；OUT_TT_ONLY_PRECIS；OUT_TT_PRECIS。

参数 nClipPrecision：指定裁剪精度。裁剪精度定义了怎样裁剪部分超出裁剪区域的字符。它的取值如下(可取一个或多个值，含义略)：CLIP_DEFAULT_PRECIS；CLIP_CHARACTER_PRECIS；CLIP_STROKE_PRECIS；CLIP_MASK；CLIP_EMBEDDED；CLIP_LH_ANGLES；CLIP_TT_ALWAYS。

参数 nQuality：指定字体的输出质量。输出质量定义了 GDI 将逻辑字体属性匹配到实际物理字体的细致程度。它的各个取值如下(取其一，含义略)：DEFAULT_QUALITY；DRAFT_QUALITY；PROOF_QUALITY。

参数 nPitchAndFamily：指定字体间距和字体族。低二位用来指定字体的间距，可取下列值中的一个：DEFAULT_PITCH，FIXED_PITCH，VARIABLE_PITCH。高 4 位指定字体族，取值如下(取其一，含义略)：FF_DECORATIVE；FF_DONTCARE；FF_MDERN；FF_ROMAN；FF_SCRIPT；FF_SWISS。

应用程序可以用运算符 OR 将字符间距和字体族组合起来给 nPitchAndFamily 赋值。

参数 lpszFacename：指定字体的字样名的字符串。此字符串的长度不应超过 30 个字符。Windows 函数 EnumFontFamilies 可以枚举出当前所有可用字体的字样名。如果 lpszFacename 为 NULL，则 GDI 使用一种与设备无关的字体。

该函数初始化字体成功则返回 TRUE，否则返回 FALSE。

CreateFont 函数初始化 CFont 对象后，此字体就能够被选作任何设备上下文的字体了。此函数并不会创建一个新的 Windows GDI 字体，只是从 GDI 的物理字体中选择了一个最匹配的字体。在创建一个逻辑字体时，大部分参数可以使用默认值，但一般情况下都会给出参数 nHeight 和 lpszFacename 的指定值，如果没有给 nHeight 和 lpszFacename 参数设定取值，则创建的逻辑字体与设备相关。当使用 CreateFont 函数初始化一个 CFont 对象完成后，就能够使用 CDC::SelectObject 函数来为设备上下文选择字体了，并且在不需要使用该 CFont 对象时删除它。

2) CreateFontIndirect 函数

CreateFontIndirect 函数用于初始化由 LOGFONT 结构体指定相关属性的逻辑字体。其函数声明如下。

```
BOOL CreateFontIndirect(const LOGFONT * lpLogFont);
```

其中，参数 lpLogFont 是指向 LOGFONT 结构体变量的指针，此 LOGFONT 结构体便定义了逻辑字体的特征。LOGFONT 结构体中包含字体的大部分特征，包括字体高度、宽度、方向、名称等。下面是此结构体的定义。

```
typedef struct tagLOGFONT {
    LONG lfHeight;
```

```
    LONG lfWidth;
    LONG lfEscapement;
    LONG lfOrientation;
    LONG lfWeight;
    BYTE lfItalic;
    BYTE lfUnderline;
    BYTE lfStrikeOut;
    BYTE lfCharSet;
    BYTE lfOutPrecision;
    BYTE lfClipPrecision;
    BYTE lfQuality;
    BYTE lfPitchAndFamily;
    TCHAR lfFaceName[LF_FACESIZE];
} LOGFONT;
```

该结构体中的各个成员变量与 CreateFont 函数中对应的参数含义相同，这里不再赘述。

该函数初始化字体成功则返回 TRUE，否则返回 FALSE。

3）CreatePointFont 函数

CreatePointFont 函数用于快速初始化逻辑字体对象，其函数声明如下。

```
BOOL CreatePointFont(int nPointSize,LPCTSTR lpszFaceName,CDC * pDC = NULL);
```

该函数提供了一种由指定字样和点数创建字体的简单方式。参数的意义如下。

nPointSize：指定字体高度，以十分之一点为单位。例如，nPointSize 为 120 则表示是 12 点的字体。

lpszFaceName：指定字体的字样名的字符串。此字符串的长度不应超过 30 个字符。Windows 函数 EnumFontFamilies 可以枚举出当前所有可用字体的字样名。如果 lpszFacename 为 NULL，则 GDI 使用一种与设备无关的字体。

pDC：指向 CDC 对象，用来将 nPointSize 指定的高度转换为逻辑单位，如果为 NULL，则使用屏幕设备上下文进行转换。

4）CreatePointFontIndirect 函数

CreatePointFontIndirect 函数原型如下：

```
BOOL CreatePointFontIndirect(const LOGFONT * lpLogFont,CDC * pDC = NULL);
```

该函数是通过指定的字样和点数创建字体的间接方式。参数 lpLogFont 指向一个 LOGFONT 结构体变量，该 LOGFONT 变量定义了逻辑字体的特征，它的 lfHeight 成员以十分之一点为单位，而不是逻辑单位。参数 pDC 指向 CDC 对象，用来将 lfHeight 表示的高度转换为逻辑单位，如果为 NULL，则使用屏幕设备上下文进行转换。

该函数与 CreateFontIndirect 很相似，但区别是 LOGFONT 变量中 lfHeight 成员的单位是十分之一点而不是逻辑单位。

3. 字体对话框

字体对话框的作用是用来选择字体，在对文本进行字体设置及颜色设置时经常使用它。MFC 使用 CFontDialog 类封装了标准的 Windows 字体对话框。CFontDialog 类提供了字体及其文本颜色选择的通用字体对话框，如图 8.22 所示。

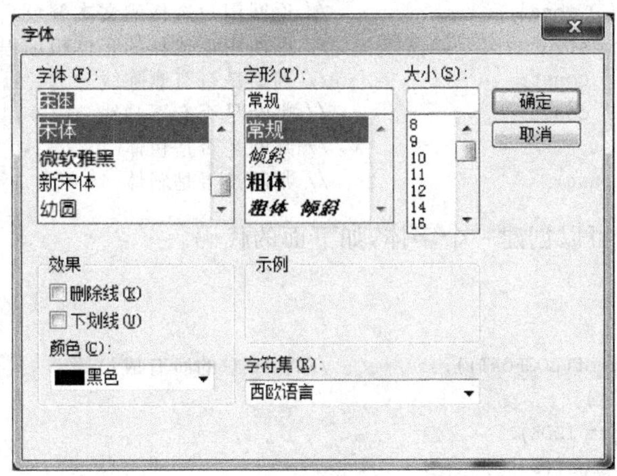

图 8.22　字体对话框

它的构造函数如下：

```
CFontDialog( LPLOGFONT lplfInitial = NULL,DWORD dwFlags = CF_EFFECTS | CF_SCREENFONTS, CDC *
pdcPrinter = NULL,CWnd * pParentWnd = NULL );
```

其中，参数 lplfInitial 是指向 LOGFONT 结构体数据的指针，可以通过它设置字体的一些特征；参数 dwFlags 用于指定选择字体的一个或多个属性；参数 pdcPrinter 是指向一个打印设备环境的指针；参数 pParentWnd 是指向字体对话框父窗口的指针。

在最简单的情况下，只要声明一个 CFontDialog 类的对象，然后通过该对象调用 CFontDialog 类的成员函数 DoModal，如果该成员函数返回 IDOK，则通过成员函数 GetCurrentFont 将用户所选择的字体信息填入一个 LOGFONT 结构体中，如下面的部分程序代码。

```
//获取当前选择字体属性
CFontDialog dlg;
If(dlg.DoModal() == IDOK)
{
  LOGFONT lf;
  dlg.GetCurrentFont(&lf);
  TRACE(_T("Face name of the selected font = % s\n"),lf.lfFaceName);
}
```

在字体对话框使用过程中，通常需要为字体对话框设置一些初始值，一种很简单的方法是在其构造函数中传递一个指向 LOGFONT 结构体对象的指针。然后在创建 CFontDialog 类对象之后，调用 DoModal 成员函数之前改变其类型为 CHOOSEFONT 的成员结构 m_cf 的各成员的值来为字体对话框进行初始设置。

当字体对话框 DoModal 返回 IDOK 后，可使用下列成员函数。

```
void GetCurrentFont( LPLOGFONT lplf );        // 返回用户选择的 LOGFONT 字体
CString GetFaceName( ) const;                 // 返回用户选择的字体名称
CString GetStyleName( ) const;                // 返回用户选择的字体样式名称
int GetSize( ) const;                         // 返回用户选择的字体大小
```

```
COLORREF GetColor( ) const;                 // 返回用户选择的文本颜色
int GetWeight( ) const;                     // 返回用户选择的字体粗细程度
BOOL IsStrikeOut( ) const;                  // 判断是否有删除线
BOOL IsUnderline( ) const;                  // 判断是否有下画线
BOOL IsBold( ) const;                       // 判断是否是粗体
BOOL IsItalic( ) const;                     // 判断是否是斜体
```

通过字体对话框可以创建一个字体,如下面的代码。

```
LOGFONT lf;
CFont cf;
memset(&lf, 0, sizeof(LOGFONT));            //将 lf 中的所有成员置 0
CFontDialog dlg(&lf);
if (dlg.DoModal() == IDOK)
{    dlg.GetCurrentFont(&lf);
     pDC -> SetTextColor(dlg.GetColor());
     cf.CreateFontIndirect(&lf);
     …
}
```

8.4.3 字符的几何尺寸

Windows 系统不管理窗口客户区,客户区在输出文本时,必须由应用程序管理换行、后继字符的位置等输出格式。由于文本字符的间隔不仅取决于用户指定的字体,而且取决于目标设备的分辨率,因此在绘制任何文本之前,需要计算文本坐标。应用程序在输出文本之前必须获取当前使用字体的有关信息,如当前使用的字符高度、宽度、字符间距及下一行字符的输出位置等。在打印和显示某段文本时,有必要了解字符的高度计算及字符的测量方式,才能更好地控制文本输出效果。CDC 类提供了如下的文本测量函数。

在 CDC 类中,GetTextMetrics(LPTEXTMETRIClpMetrics)是用来获得指定映射模式下相关设备环境的字符几何尺寸及其他属性的,其 TEXTMETRIC 结构描述如下。

TEXTMETRIC 结构有 20 个栏位:

```
typedef struct tagTEXTMETRIC {              //tm
LONG tmHeight;                              //字符高度
LONG tmAscent;                              //字符基线以上的高度
LONG tmDescent;                             //字符基线以下的高度
LONG tmInternalLeading,                     //字符内标高
LONG tmExternalLeading,                     //字符外标高,即行间距
LONG tmAveCharWidth,                        //字符的平均宽度
LONG tmMaxCharWidth,                        //字符的最大宽度
LONG tmWeight;                              //字符的粗度
LONG tmOverhang,                            //合成字体间附加的宽度
LONG tmDigitizedAspectX,                    //为输出设备设计的 x 轴尺寸
LONG tmDigitizedAspectY,                    //为输出设备设计的 y 轴尺寸
BCHAR tmFirstChar;                          //字体中第一个字符值
BCHAR tmLastChar;                           //字体中最后一个字符值
BCHAR tmDefaultChar;                        //替换字体中没有的字符
BCHAR tmBreakChar;                          //作为分隔符的字符
BYTE tmItalic,                              //非 0 则表示字体为斜体
```

```
    BYTE tmUnderlined,                        //非 0 则表示字体有下画线
    BYTE tmStruckOut,                         //非 0 则表示字符带有删除线
    BYTE tmPitchAndFamily,                    //字体间距(低 4 位)和字体族(高 4 位)
    BYTE tmCharSet;                           //字符集
}TEXTMETRIC;
```

TEXTMETRIC 的部分参数的实际意义如图 8.23 所示。

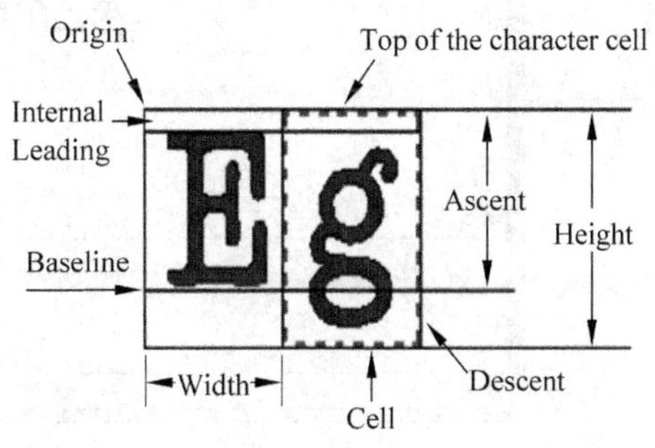

图 8.23　TEXTMETRIC 的主要参数

格式化文本一般包括两种：一种是确定文本行中后续文本的位置，另一种是确定换行时下一行文本的位置。

1. 确定后续文本的位置

为确定后续文本的位置，一般可以先获取当前字符串的宽度，根据此宽度确定文本行中后续文本的位置。当前字符串的宽度可以通过 API 函数 GetTextExtentPoint32 获得。GetTextExtentPoint32 函数的声明如下：

```
BOOL GetTextExtentPoint32(HDC hdc, LPCTSTR lpString, int cbString, LPSIZE lpSize);
```

其中，参数 hdc 为设备环境句柄；参数 lpString 为指向正文字符串的指针，该字符串不必以\0 结束，因为 cbString 指定了字符串的长度；参数 cbString 指向字符串中的字符数；参数 lpSize 为指向 SIZE 结构的指针，该结构中的 cx 为字符串的宽度，cy 为字符串的高度。

如果函数调用成功，返回值是非零值，如果函数调用失败，返回值是 0。

已知字符串的起始水平坐标和宽度，两者相加即是后续文本的起始坐标。

例如：

```
CSize size;
```

cx0 为起始坐标，cx1 为后继坐标，则：

```
cx1 = cx0 + size.cx;
```

2. 确定换行时下一行文本的位置

换行时文本的起始坐标是当前行文本字符的高度与行间距的和。GetTextMetrics 函数用来计算两行文本之间的间隔。文本中两行之间的间隔包括两部分，当前字体的高度和行间距。这两部分内容都包含在 TEXTMETRIC 结构体中。调用 GetTextMetrics 函数可以获得当前字体的 TEXTMETRIC 结构体的数据，并计算文本行的间隔如下。

```
TEXTMETRIC tm;
pDC -> GetTextMetrics(&tm);
cy = tm.tmHeight + tm.tmExternalLeading;
```

8.4.4　文本显示案例

在单文档应用程序窗口的客户区显示指定格式的文本，如图 8.24 所示。

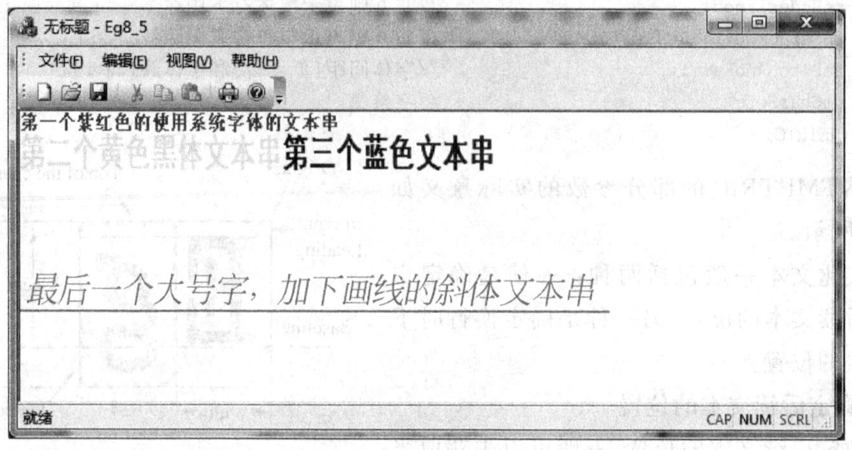

图 8.24　文本显示案例运行结果

操作步骤如下。

(1) 创建一个单文档应用程序 Eg8_5。

(2) 为视图类的派生类的 OnDraw 函数添加以下代码。

```
int y;int x;
CString outstr[4];
outstr[0] = "第一个紫红色的使用系统字体的文本串";
outstr[1] = "第二个黄色黑体文本串";
outstr[2] = "第三个蓝色文本串";
outstr[3] = "最后一个大号字,加下画线的斜体文本串";
x = 0;y = 0;
//输出第一行
pDC -> SetTextColor (RGB(255,0,255));
pDC -> TextOut (x,y,outstr[0]);
//输出第二行
TEXTMETRIC tm;
pDC -> GetTextMetrics (&tm);
y = y + tm.tmHeight + 100 * tm.tmExternalLeading ;
CFont NewFont1;
NewFont1.CreateFont (30,10,0,0,FW_HEAVY, false,false,false,ANSI_CHARSET,OUT_DEFAULT_
    PRECIS,CLIP_DEFAULT_PRECIS,DEFAULT_QUALITY,DEFAULT_PITCH|FF_DONTCARE,_T("黑体"));
CFont * pOldFont;
pOldFont = pDC -> SelectObject (&NewFont1);
pDC -> SetTextColor(RGB(255,255,0));
pDC -> TextOut(x,y,outstr[1]);
//输出第三个文本串
pDC -> GetTextMetrics (&tm);
pDC -> SetTextColor (RGB(0,0,255));
CSize strSize = pDC -> GetTextExtent (outstr[1],outstr[1].GetLength ());
x + = strSize.cx;
pDC -> TextOut (x,y,outstr[2]);
//输出第四个文本串
pDC -> GetTextMetrics (&tm);
x = 0;
```

```
y = y + tm.tmHeight + 20 * tm.tmExternalLeading ;
CFont NewFont2;
NewFont2.CreateFont (30,0,0,0,FW_NORMAL, true,true,false,
        ANSI_CHARSET,OUT_DEFAULT_PRECIS,
        CLIP_DEFAULT_PRECIS,DEFAULT_QUALITY,
        DEFAULT_PITCH|FF_DONTCARE, _T("大号字"));
pDC -> SelectObject (&NewFont2);
pDC -> SetTextColor(RGB(155,155,155));
pDC -> TextOut(x,y,outstr[3]);
pDC -> SelectObject (pOldFont);
pDC -> SelectObject (&NewFont2);
pDC -> SetTextColor(RGB(155,155,155));
pDC -> TextOut(x,y,outstr[3]);
pDC -> SelectObject (pOldFont);
```

（3）编译并运行程序，结果如图 8.24 所示。

第9章 数据库编程

Visual Studio 作为一种功能强大的应用软件开发平台，在数据库应用中的开发也是很方便的。本章主要介绍目前利用 Visual C++开发数据库应用程序的主要方法——ODBC 方法。通过应用实例，掌握最常用的数据库应用操作，如数据的添加、修改、删除和查询等，为今后的实际应用开发打下良好的基础。

9.1 MFC 中的 ODBC 类

开放数据库互连(Open DataBase Connectivity，ODBC)是 Microsoft 提出的数据库访问接口标准。ODBC 是微软公司开放服务结构(Windows Open Services Architecture，WOSA)中有关数据库的一个组成部分，它建立了一组规范，并提供了一组对数据库访问的标准 API(应用程序编程接口)。一个基于 ODBC 的应用程序对数据库的操作不依赖任何 DBMS，不直接与 DBMS 打交道，所有的数据库操作由对应的 DBMS 的 ODBC 驱动程序完成，即无论是 FoxPro、Access、SQL Server 还是 Oracle 数据库，均可用 ODBC API 进行访问。ODBC 的最大优点是能以统一的方式处理所有的数据库。

MFC 的 ODBC 类对较复杂的 ODBC API 进行了封装，提供了简化的调用接口，从而大大方便了数据库应用程序的开发。程序员不必了解 ODBC API 和数据库的具体细节，利用 ODBC 类即可完成对数据库的大部分操作。

MFC 的 ODBC 类主要包括：CDatabase 类、CRecordset 类、CRecordView 类、CFieldExchange 类和 CDBException 类。其中最重要的是 CDatabase 类、CRecordset 类、CRecordView 类这三个类，下面主要介绍这三个类。

9.1.1 CDatabase 类

MFC CDatabase 类(数据库类)封装了应用程序与需要访问的数据库之间的连接，控制事务的提交和执行 SQL 语句的方法，主要用来与一个数据源建立连接。

CDatabase 类在数据库应用中主要的成员函数有：与数据源建立连接的 Open()和 OpenEx()，关闭数据库的 Close()，用于执行事务的 BeginTrans()和用于执行 SQL 语句的 ExecuteSQL()。应用这些函数，在文件的开头要包含头文件：#include<afxdb.h>。

1. 建立连接

要建立与数据源的连接，首先应构造一个 CDatabase 对象，然后再调用 CDatabase 的

Open 成员函数,Open 函数负责建立连接,其函数声明如下。

```
virtual BOOL Open( LPCTSTR lpszDSN, BOOL bExclusive = FALSE, BOOL bReadOnly = FALSE, LPCTSTR
lpszConnect = "ODBC;",BOOL bUseCursorLib = TRUE );
throw( CDBException, CMemoryException );
```

该函数的返回值:若连接成功,Open 函数返回 TRUE,若返回 FALSE,则说明用户在数据源对话框中单击了 Cancel 按钮。若函数内部出现错误,则框架会产生一个异常。

其中:参数 lpszDSN 指定了数据源名(构造数据源的方法将在后面介绍),在 lpszConnect 参数中也可包括数据源名,此时 lpszDSN 必须为 NULL,若在函数中未提供数据源名且使 lpszDSN 为 NULL,则会显示一个数据源对话框,用户可以在该对话框中选择一个数据源。

参数 bExclusive 说明是否独占数据源,由于目前版本的类库还不支持独占方式,故该参数的值应该是 FALSE,这说明数据源是被共享的。

参数 bReadOnly 若为 TRUE 则对数据源的连接是只读的。

参数 lpszConnect 指定了一个连接字符串,连接字符串中可以包括数据源名、用户账号(ID)和口令等信息,字符串中的 ODBC 表示要连接到一个 ODBC 数据源上。

参数 bUseCursorLib 若为 TRUE,则会装载光标库,否则不装载,快照集需要光标库,动态集不需要光标库。

CDatabase 类的 OpenEx 成员函数也可以创建数据库的连接。函数声明如下。

```
virtual BOOL OpenEx(LPCTSTR lpszConnectString, DWORD dwOptions = 0);
throw(CDBException,CMemoryException);
```

该函数返回值:如果成功建立连接,则返回非零值;否则如果出现要求更多连接信息的对话框时,用户选择 Cancel,则为 0。在其他所有情况下框架产生一个异常。

其中,参数 lpszConnectString 指定一个 ODBC 连接字符串,该字符串包括数据源名字和用户 ID 与密码等其他任选信息,如果 lpszConnectString 值为 NULL,则将出现数据源对话框,提示用户选择一个数据源。

参数 dwOptions 指定了是否显示 ODBC 连接对话框,其取值如表 9.1 所示。默认值 0 表示以共享方式打开数据库,带有写访问,不装入 ODBC 游标库 DLL,并且只有在没有足够信息形成连接时显示 ODBC 连接对话框。

表 9.1 参数 dwOptions 的取值

dwOptions 的取值	含 义
CDatabase::OpenExclusive	此类库版本不支持。为共享(非排他)数据源总是打开的。如果选定此选项,断言失败
CDatabase::UseCursorLib	装入 ODBC 游标库 DLL。如果装入游标库,支持的唯一游标是静态快照和只能向前游标
CDatabase::noOdbcDialog	不管是否提供了足够的连接信息,不显示 ODBC 连接对话框
CDatabase::forceOdbcDialog	总是显示 ODBC 连接对话框

2. 关闭连接

如果要和数据源断开连接，调用 CDatabase 类的 Close 函数。该函数声明如下。

```
virtual void Close();
```

在调用该函数之前，必须关闭所有记录集与 CDatabase 对象。由于 Close 不销毁 CDatabase 对象，则可以通过打开与相同数据源或另一个数据源的新连接重用对象。

CDatabase 类的析构函数也会调用 Close 函数，所以只要删除了 CDatabase 对象也可以与数据源关闭连接。

CDatabase 类的 ExecuteSQL()函数和 BeginTrans()略。

上述函数应用举例：

```
CDatabase m_db;                              //在文档类中嵌入一个 CDatabase 对象
m_db.Open("Student");                        //连接到一个名为"Student"的数据源
m_db.Open(NULL,FALSE,FALSE,"ODBC;DSN = Student;UID = ZYF;PWD = 1234");
                                             //在连接数据源的同时指定了用户账号和口令
m_db.Open(NULL);                             //将弹出一个数据源对话框
m_db.Close();                                //关闭与数据源的连接
```

9.1.2 CRecordset 类

CRecordset 类(记录集类)代表一个记录集，是 MFC 的 ODBC 类中最重要、功能最强大的类。应用程序可以选择数据源中的某个表作为一个记录集，也可以通过对表的查询得到记录集，还可以合并同一数据源中多个表的列到一个记录集中。通过该类可对记录集中的记录进行查询、修改、增加和删除等操作。

1. 记录集的类型

在多任务操作系统或网络环境中，多个用户可以共享同一个数据源。共享数据的一个主要问题是如何协调各个用户对数据源的修改。例如，当某一个应用程序改变了数据源中的记录时，别的连接至该数据源的应用程序应该如何处理。对于这个问题，基于 MFC 的 ODBC 应用程序可以采取几种不同的处理办法，这将由程序采用哪种记录集决定。

记录集主要分为快照集(Snapshot) 和动态集(Dynaset)两种，CRecordset 类对这两者都支持。这两种记录集的不同表现在它们对别的应用程序改变数据源记录采取了不同的处理方法，如表 9.2 所示。

快照集提供了对数据的静态视图。当别的用户改变了记录时(包括修改、添加和删除)，快照中的记录不受影响，也就是说，快照不反映别的用户对数据源记录的改变，直到调用了 CRecordset::Requery 重新查询后，快照集才会反映变化。对于产生报告或执行计算这样的不希望中途变动的工作，快照集是很有用的。要指出的是，快照集的这种静态特性是相对于别的用户而言的，它会正确反映由本身用户对记录的修改和删除，但对于新添加的记录直到调用 Requery 后才能反映到快照集中。

表 9.2 记录集类型

类　型	含　义
AFX_DB_USE_DEFAULT_TYPE	使用默认值
CRecordset::dynaset	可双向滚动的动态集
CRecordset::snapshot	可双向滚动的快照集
CRecordset::dynamic	提供比动态集更好的动态特性,大部分 ODBC 驱动程序不支持这种记录集
CRecordset::forwardOnly	只能前向滚动的只读记录集

动态集提供了数据的动态视图。当别的用户修改或删除了记录集中的记录时,会在动态集中反映出来:当滚动到修改过的记录时对其所做的修改会立即反映到动态集中,当记录被删除时,MFC 代码会跳过记录集中的删除部分。对于其他用户添加的记录,直到调用 Requery 时,才会在动态集中反映出来。本身应用程序对记录的修改、添加和删除会反映在动态集中。当数据必须是动态的时候,使用动态集是最适合的。例如,在一个火车票联网售票系统中,显然应该用动态集随时反映出共享数据的变化。

2. CRecordset 类的数据成员和成员函数

CRecordset 类有 6 个重要的数据成员,如表 9.3 所示。

表 9.3 CRecordset 类的数据成员

数据成员	类　型	说　明
m_hstmt	HSTMT	记录集的 ODBC 语句句柄
m_nFields	UINT	记录集中字段数据成员总数
m_nParams	UINT	记录集中参数数据成员总数
m_pDatabase	CDatabase 类指针	指向 CDatabase 对象的指针
m_strFilter	CString	筛选条件字符串
m_strSort	CString	排序关键字字符串

CRecordset 类常用的成员函数如下。

AddNew():将一个新的记录添加到记录集中。

Delete():删除记录集中的当前记录。

DoFieldExchange():在记录集和数据源之间进行数据交换。

Edit():执行对当前记录的修改。

GetDefaultConnect():获得数据源的默认连接字符串。

GetDefaultSQL():获取默认的 SQL 字符串。

GetODBCFieldCount():获取记录集中字段的数目。

GetODBCFieldInfo():获取记录集中各字段的信息。

GetRecordCount():获取记录集的状态,读取记录集中的记录数目。

GetStatus():获取当前记录的索引。

IsBOF():判断是否定位于第一个记录之前。

IsEOF():判断是否定位于最后一个记录之后。

MoveFrist():将当前记录设置为记录集的第一个记录。

MoveLast()：将当前记录设置为记录集的最后一个记录。

MoveNext()：将当前记录设置为下一个记录。

MovePrev()：将当前记录设置为上一个记录。

Open()：打开记录集，在 CRecordset 类负责的一个表中，将该表看作是一个记录集，即一个数据库中的表的元组对应一个记录，表的所有元组就是一个记录的集合。

Update()：完成 AddNew() 或 Edit()操作之后，调用该函数在内存中的数据保存到磁盘数据库中。

9.1.3 CRecordView 类

CRecordView 类（记录集视图类）提供了一个表单视图与某个记录集直接相连，利用对话框数据交换机制（DDX）在记录集与表单视图的控件之间传输数据。该类支持对记录的浏览和更新，在撤销时会自动关闭与之相联系的记录集。

CRecordView 本身提供了对下面 4 个命令的支持。

```
ID_RECORD_FIRST                          //滚动到记录集的第一个记录
ID_RECORD_LAST                           //滚动到记录集的最后一个记录
ID_RECORD_NEXT                           //前进一个记录
ID_RECORD_PREV                           //后退一个记录
```

CRecordView 提供了 OnMove 成员函数处理这 4 个命令消息，OnMove 函数的功能是：如果当前记录已经改变，则在数据源上更新该记录，然后移动到指定记录（下一个，前一个，第一个或最后一个）。该函数声明如下。

```
BOOL CRecordView::OnMove(UINT nIDMoveCommand)
```

参数 nIDMoveCommand 的取值为上面 4 个命令之一。

9.2 创建 ODBC 数据库应用程序

MFC 通过 ODBC 类提供了对数据库访问的支持，使得利用 VC++编写数据库应用程序变得十分简单，使用 VC++的 AppWizard 和 ClassWizard，无须编写任何代码，即可生成一个数据库的查询程序。如果要编写复杂的数据库应用程序，还是需要对 ODBC 有一定的了解的。

9.2.1 创建 MFC ODBC 应用程序一般过程

一个基于 ODBC 的应用程序对数据库的操作不依赖任何数据库管理系统 DBMS，不直接与 DBMS 打交道，所有的数据库操作由对应的 DBMS 的 ODBC 驱动程序完成。也就是说，不论是 FoxPro、Access 还是 Oracle 数据库，均可用 ODBC API 进行访问。由此可见，ODBC 的最大优点是能以统一的方式处理所有的数据库。

ODBC 技术以 C/S 结构为设计基础，它使得应用程序与 DBMS 之间在逻辑上可以分离，使得应用程序具有数据库无关性。ODBC 定义了一个 API，每个应用程序利用相同的源代码就可以访问不同的数据库系统，存取多个数据库中的数据。与嵌入式 SQL 相比，

ODBC 一个最显著的优点是用它生成的应用程序与数据库或数据库引擎无关。ODBC 可使程序员方便地编写访问各 DBMS 厂商的数据库的应用程序，而不需要了解其产品的细节。

1. ODBC 的工作原理

一个完整的 ODBC 由下列几个部件组成。

(1) 应用程序(Application)。

(2) ODBC 管理器(Administrator)。该程序位于 Windows 控制面板(Control Panel)的 ODBC 内，其主要任务是管理安装的 ODBC 驱动程序和管理数据源。

(3) 驱动程序管理器(Driver Manager)。驱动程序管理器包含在 ODBC32.DLL 中，对用户是透明的。其任务是管理 ODBC 驱动程序，是 ODBC 中最重要的部件。

(4) ODBC API。是一批函数集，可提供一些通用的接口，用于访问各种数据库系统。

(5) ODBC 驱动程序。是一些 DLL，提供了 ODBC 和数据库之间的接口。

(6) 数据源。数据源包含数据库位置和数据库类型等信息，实际上是一种数据连接的抽象。

各部件之间的关系如图 9.1 所示。

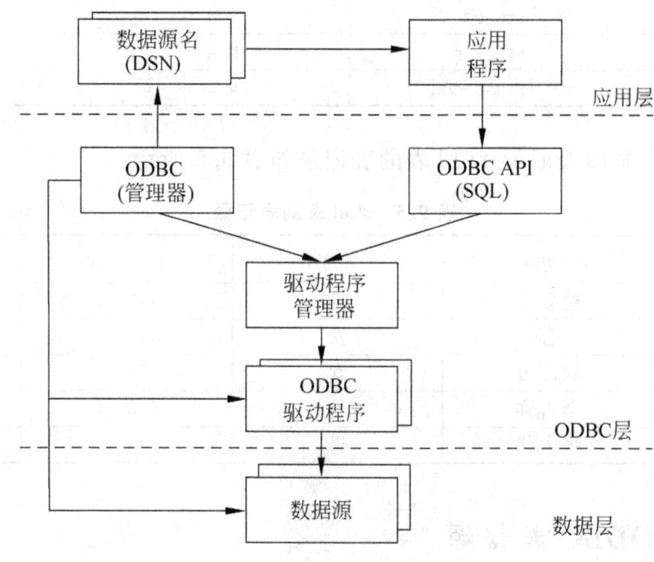

图 9.1　ODBC 各部件关系

应用程序要访问一个数据库，首先必须用 ODBC 管理器注册一个数据源，管理器根据数据源提供的数据库位置、数据库类型及 ODBC 驱动程序等信息，建立起 ODBC 与具体数据库的联系。这样，只要应用程序将数据源名提供给 ODBC，ODBC 就能建立起与相应数据库的连接。

在 ODBC 中，ODBC API 不能直接访问数据库，必须通过驱动程序管理器与数据库交换信息。驱动程序管理器负责将应用程序对 ODBC API 的调用传递给正确的驱动程序，而驱动程序在执行完相应的操作后，将结果通过驱动程序管理器返回给应用程序。

在访问 ODBC 数据源时，必须得到相应的 DBMS 的 ODBC 驱动程序的支持。

2. ODBC 向导过程

在 MFC 中使用 ODBC 的一般过程如下。

(1) 用 Access 或者其他数据库工具构造一个数据库。

(2) 在 Windows 中为这个数据库定义一个 ODBC 数据源。

(3) 在创建数据库处理的应用程序向导中选择这个数据源。

(4) 设计操作界面,使其中的控件与数据表字段关联。

下面会详细介绍 ODBC 的向导过程。

9.2.2 构造数据库

本书采用 Microsoft Access 数据库系统作为示例创建一个数据库。在 Access 2010 下创建一个数据库 data.accdb,其中包含 stud 数据表,用于描述学生的基本信息。stud 表结构如表 9.4 所示。

表 9.4 stud 表的结构

序号	字段名称	字段类型	字段大小
1	stunum	文本	8
2	stuname	文本	10
3	stusex	文本	2
4	stuscore	数字	单精度型
5	stuspecial	文本	10

给 stud 数据表添加表记录,stud 表的表记录如表 9.5 所示。

表 9.5 stud 表的表记录

stunum	stuname	stusex	stuscore	stuspecial
20140402	蔡立志	男	605.00	会计学
20140212	刘阳	女	569.00	电子商务
20140510	周四方	女	576.00	金融学
20140301	李百强	男	576.00	国贸
20140101	张大伟	男	585.00	工商管理

9.2.3 创建 ODBC 数据源

在创建数据库应用程序之前,要先准备好数据源。假设数据库应用程序要连接的数据库 data.accdb 存放在 D 盘根目录下,该数据库中包含 stud 表。

在 Windows 7 操作系统的控制面板中,选择【控制面板】→【系统和安全】→【管理工具】→【数据源(ODBC)】。也可以右击【开始】按钮→【属性】→【开始菜单】→【自定义】→【系统管理工具】→选择【在所有程序菜单和"开始"菜单上显示】,然后在【开始】菜单中就可以看到【管理工具】,级联菜单中可以找到【数据源(ODBC)】。由于所要连接的数据库是由 Microsoft Access 创建的,要求 ODBC 管理器中安装有 Microsoft Access 的 ODBC 驱动程序。一般只需要安装了 Microsoft Access 软件,相应的 ODBC 驱动程序就已经默认安装了。

双击 ODBC 图标,就会弹出【ODBC 数据源管理器】对话框,如图 9.2 所示。

在 ODBC 中有用户 DSN、系统 DSN 和文件 DSN 三种数据源。其中,DSN(Data Source Name)即数据源名称。三种数据源选项卡中都可以创建一个数据源,但它们所创建的数据源的应用范围是不同的,具体如下。

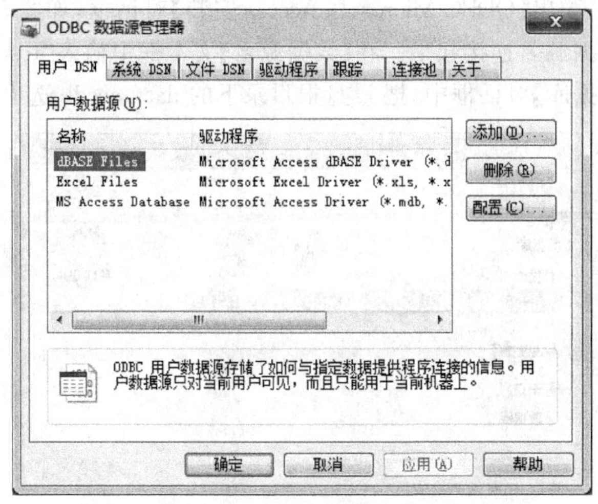

图 9.2 【ODBC 数据源管理器】对话框

用户 DSN 代表的含义是把相应的配置保存到 Windows 注册表中，仅供创建该 DSN 的用户可见，而且只能在当前机器上使用（用户 DSN 保存在注册表中 HKEY_CURRENT_USER 下）。

系统 DSN 代表的含义是把相应的配置保存到系统的注册表中，它与用户 DSN 不同的是允许当前机器上的所有用户使用（系统 DSN 保存在注册表 HKEY_LOCAL_MACHINE 下）。

文件 DSN 代表的含义是，把相应的配置保存到硬盘某个文件中，文件 DSN 允许所有登录过服务器的用户使用，并且为没有登录过的用户提供数据库的 DSN 的访问支持。此外文件 DSN 还可以复制到其他机器上（文件可以在网络范围内共享）。这样，用户可以不对系统注册表进行任何改动就可直接使用在其他机器上创建的 DSN。

可以根据所创建的数据源应用不同，而选择在不同选项卡下创建数据源，在本例中选择【用户 DSN】。单击【添加】按钮，新建一个数据源，弹出【创建新数据源】对话框，如图 9.3 所示。在 ODBC 驱动程序列表中选择 Microsoft Access Driver(*.mdb, *.accdb)。

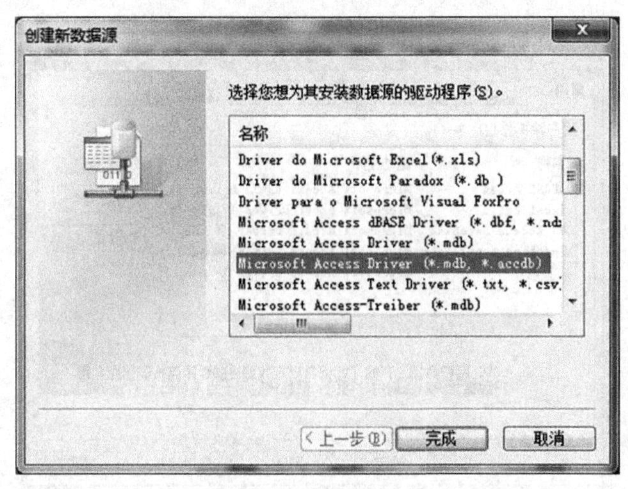

图 9.3 【创建新数据源】对话框

单击【完成】按钮，弹出【ODBC Microsoft Access 安装】对话框，如图 9.4 所示，该对话框用来把数据库与一个数据源名连接起来。在【数据源名】文本框中输入“test”，然后单击【选择】按钮，在弹出的【选择数据库】对话框中，把 D 盘根目录下的 data.accdb 选中，如图 9.5 所示。

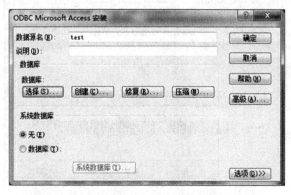

图 9.4 【ODBC Microsoft Access 安装】对话框

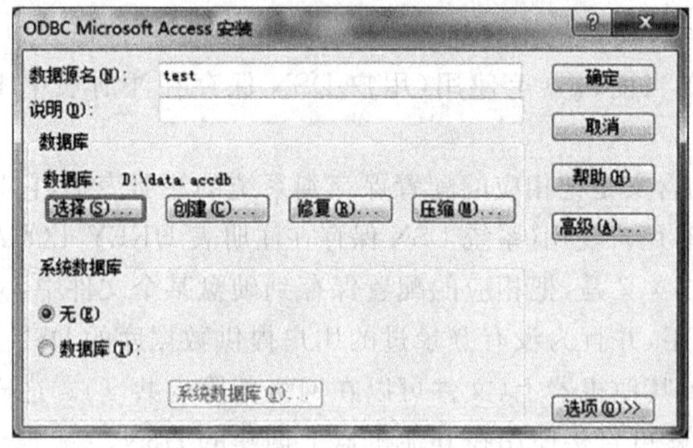

图 9.5 选择数据库

接着连续三次单击【确定】按钮后，一个名为 test 的新数据源就被注册到了管理器中，如图 9.6 所示。

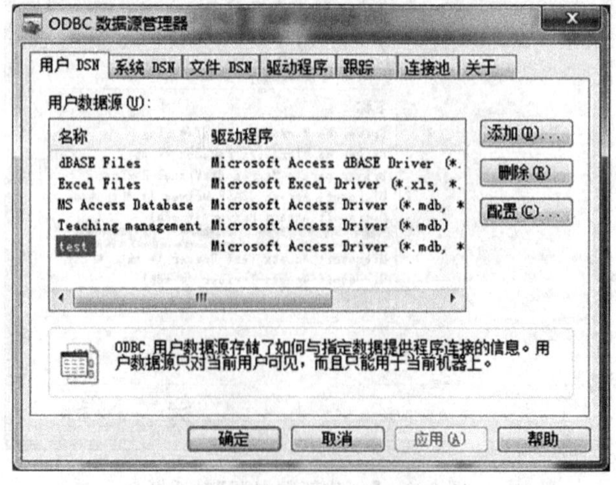

图 9.6 创建的 test 数据源

如果要为 dBase 或 FoxPro 数据库注册数据源，则应该选择一个文件夹而不是文件作为数据源。这是由于在 dBase 或 FoxPro 中，一个 DBF 文件只能对应一张表，一个数据库可能会包含多个 DBF 文件，所以可以认为一个包含多个 DBF 文件的文件夹是一个数据库。

9.2.4 数据库应用案例

使用 MFC AppWizard 创建一个单文档的数据库应用程序 Eg9_1，在数据库应用程序中选择已经创建的数据源。

操作步骤如下。

(1) 在 Visual Studio 2010 开发环境中，选择【文件】→【新建】→【项目】命令，在【新建项目】对话框中应用程序模板选择 Visual C++的【MFC 应用程序】，在【名称】文本框中输入应用程序名称“Eg9_1”，在【位置】文本框中输入应用程序所在的位置，如图 9.7 所示。

图 9.7 【新建项目】对话框

(2) 单击【确定】按钮后，弹出【MFC 应用程序向导】对话框，单击左侧【应用程序类型】，选择其中的【单个文档】单选按钮，如图 9.8 所示。

(3) 在【MFC 应用程序向导】对话框中，单击左侧的【数据库支持】，在右侧【数据库支持】区域选中其中的【不提供文件支持的数据库视图】单选按钮，【客户端类型】中选中 ODBC，【类型】选中【快照】，如图 9.9 所示。

在【数据库支持】选项区中，有 4 种数据支持类型，用于设置数据库选项。具体含义如下。

【无】：生成的应用程序不提供数据库支持。

【仅头文件】：生成的应用程序只包含定义了数据库类的头文件，但不生成对应特定表的数据库类或视图类，以后可以用手工或类向导添加。

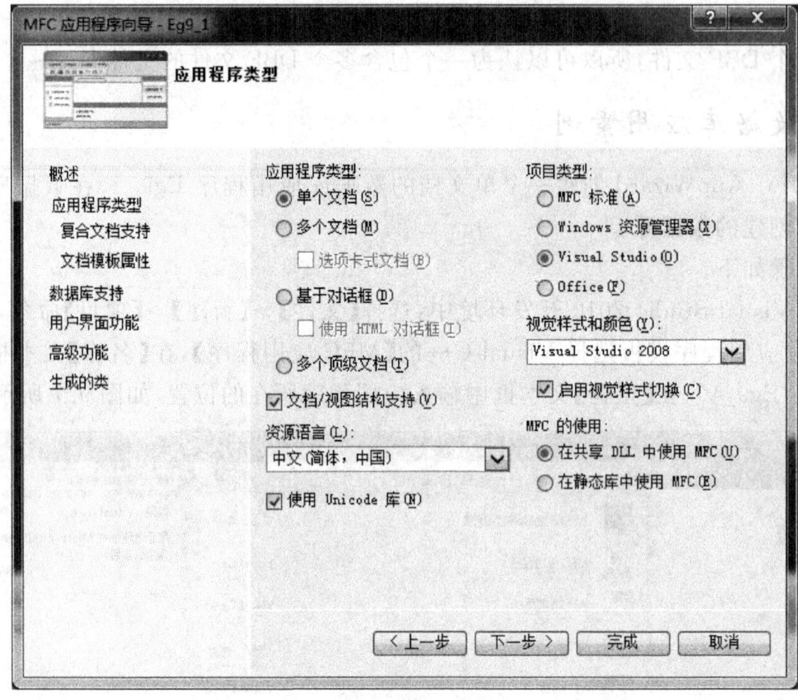

图 9.8 【应用程序类型】对话框

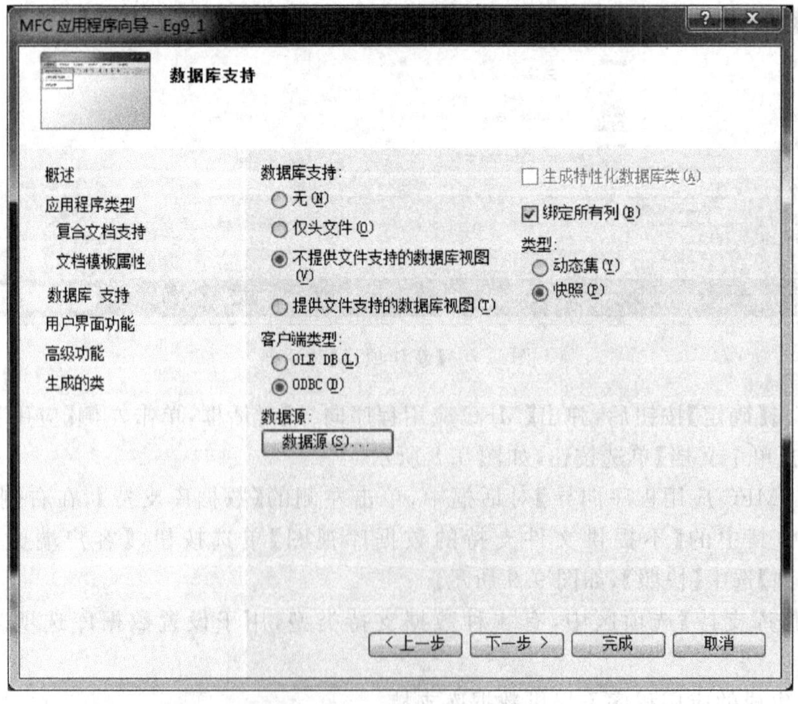

图 9.9 【数据库支持】对话框

【不提供文件支持的数据库视图】：生成的应用程序包含对应于指定数据表的数据集类和视图类，不附加标准文件支持。

【提供文件支持的数据库视图】：生成的应用程序不仅包含对应数据表的数据集类和视图类，而且提供标准的文件操作（新建、打开、保存）功能。

(4) 单击【数据源】按钮，在弹出的【选择数据源】对话框中，选择【机器数据源】选项卡，选择之前创建的数据源 test，单击【确定】按钮，如图 9.10 所示。

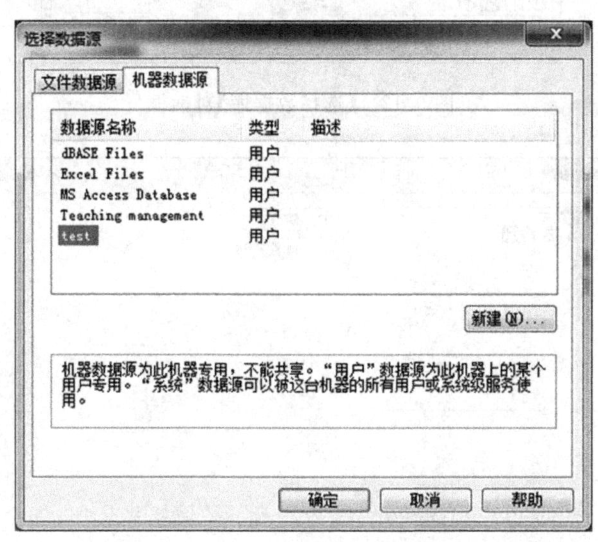

图 9.10 【选择数据源】对话框

在弹出的【登录】对话框中，输入使用数据源的用户名和密码（都设置为 odbc），单击【数据库】按钮，打开【选择数据库】对话框，在 d：根目录下选择 data.accdb 数据库，如图 9.11 和图 9.12 所示。

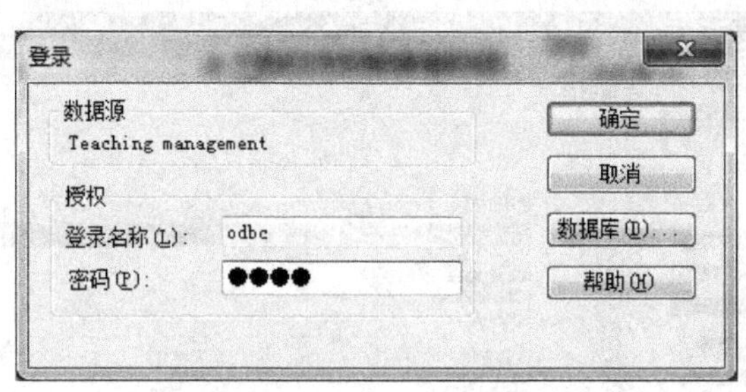

图 9.11 【登录】对话框

单击【确定】按钮后，会弹出【选择数据库对象】对话框，展开【表】节点，从列出的数据库所有表中选择 stud 表，如图 9.13 所示。

单击【确定】按钮，返回到【MFC 应用程序向导】。

(5) 单击向导左侧的【生成的类】选项卡，可以看到【应用程序向导】生成的类和普通单文档应用程序生成的类基本相同，主要区别在于生成了 CRecordset 类的派生类 CEg9_1Set 和 CRecordView 类的派生类 CEg9_1View，代表上面选择数据表的数据集记录视图，如图 9.14 所示。

图 9.12 【选择数据库】对话框

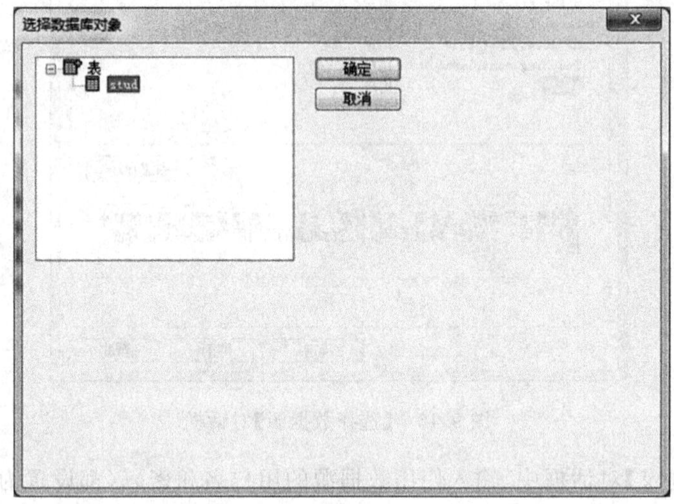

图 9.13 【选择数据库对象】对话框

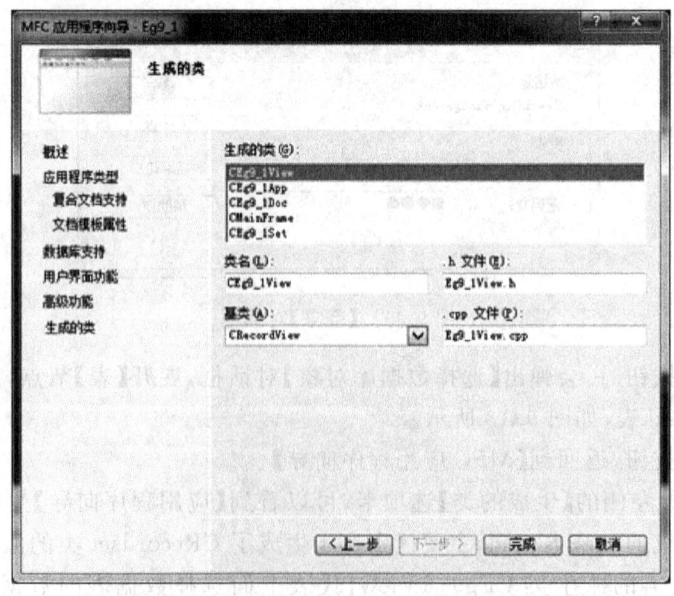

图 9.14 应用程序向导生成的有关数据库类

(6) 编译连接。单击菜单【调试】→【开始执行】命令，则会编译并运行应用程序。运行程序后，会出现如图 9.15 所示的错误提示信息。

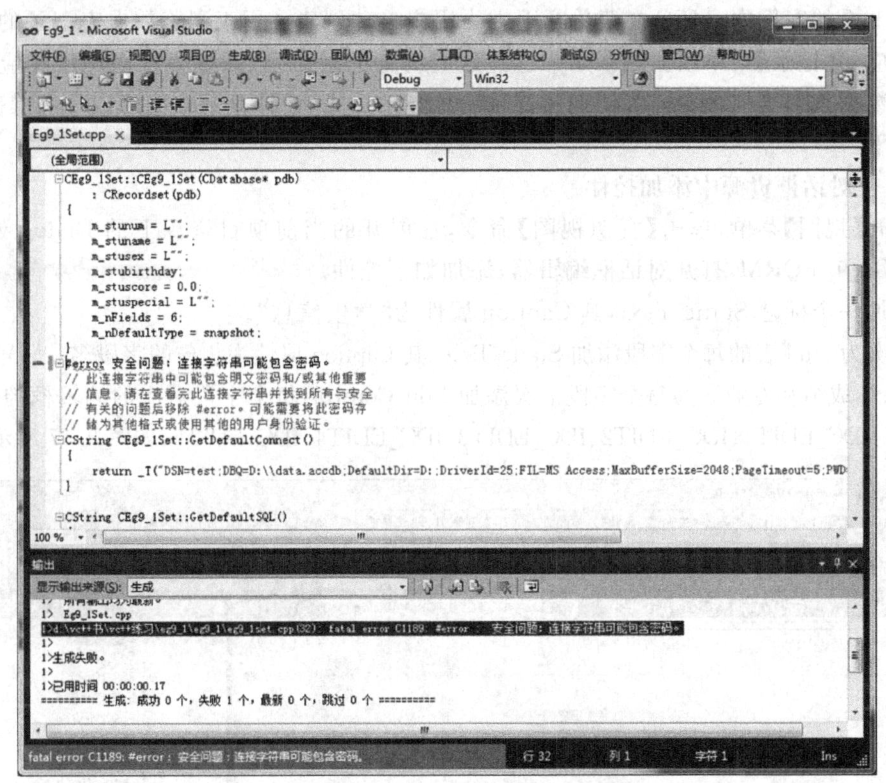

图 9.15 编译失败

如果出现"＃error 安全问题：连接字符串可能包含密码?"的错误提示，则双击错误提示行，删除或者注释掉上述内容，重新编译即可。这是由于之前设置了数据库登录密码为"odbc"，它被记录在 CEg9_1Set 类的成员函数 GetDefaultConnect()的参数中，而且是以明文的形式记录下来"PWD＝odbc"，为安全起见，系统提示程序包含明文密码的安全隐患。

运行程序，可以看到如图 9.16 所示的运行结果。

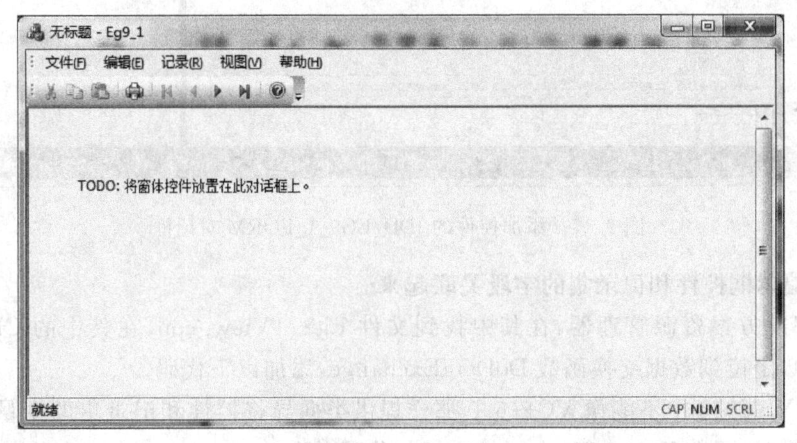

图 9.16 应用程序向导创建的单文档应用程序运行结果

9.2.5 设计操作界面

在上面的案例中，MFC 在菜单行下方为用户自动创建了用于浏览数据表记录的工具按钮和相应的【记录】菜单项。如果用户选择这些浏览记录命令，系统会自动调用相应的函数来移动数据表的当前位置。为了把表记录信息显示出来，设计显示数据库记录的操作界面，步骤如下。

1. 在对话框资源中添加控件

打开【视图】菜单，单击【资源视图】命令，在展开的当前项目资源下的 Dialog 处，双击 IDD_EG9_1_FORM，打开对话框编辑器，添加如下控件。

添加一个标题 Static Text，其 Caption 属性为“学生信息”。

依次为 stud 表的每个字段添加 Static Text，其 Caption 属性为相应的字段名：学号、姓名、性别、入学成绩和专业。为每个字段依次添加 Edit Control，每个字段对应的编辑框控件的 ID 分别为：IDC_EDIT1、IDC_EDIT2、IDC_EDIT3、IDC_EDIT4、IDC_EDIT5，如图 9.17 所示。

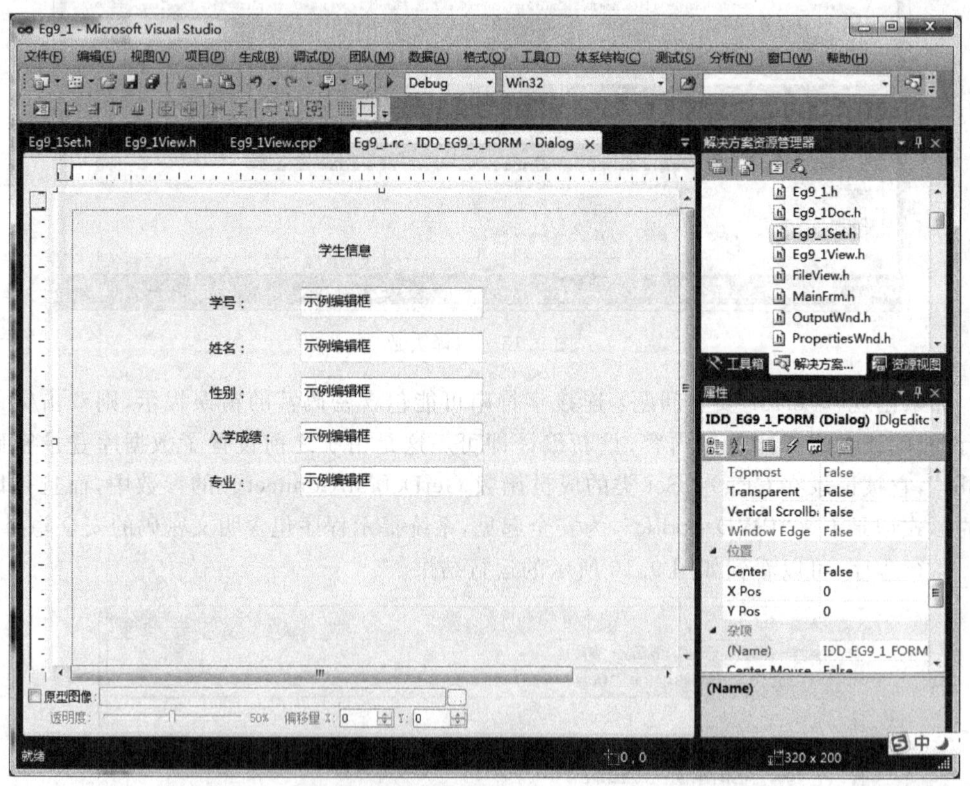

图 9.17 添加控件的 IDD_EG9_1_FORM 对话框

2. 把编辑框控件和记录集的字段关联起来

打开解决方案资源管理器，在其中找到文件 Eg9_1View. cpp，在其中的 CEg9_1View 类的实现中，定位到数据交换函数 DoDataExchange，添加以下代码。

注意：VS 2010 中不能像 VC++6.0 那样提供类向导将控件和记录集的变量关联起来。需要在数据交换函数 DoDataExchange 中添加代码关联。

```
void CEg9_1View::DoDataExchange(CDataExchange * pDX)
{
    CRecordView::DoDataExchange(pDX);
    // 可以在此处插入 DDX_Field * 函数以将控件"连接"到数据库字段,例如
    DDX_FieldText(pDX, IDC_EDIT1, m_pSet -> m_stunum, m_pSet);
    DDX_FieldText(pDX, IDC_EDIT2, m_pSet -> m_stuname, m_pSet);
    DDX_FieldText(pDX, IDC_EDIT3, m_pSet -> m_stusex, m_pSet);
    DDX_FieldText(pDX, IDC_EDIT4, m_pSet -> m_stuscore, m_pSet);
    DDX_FieldText(pDX, IDC_EDIT5, m_pSet -> m_stuspecial, m_pSet);
}
```

上述语句把记录集变量 m_stunum、m_stuname、m_stusex、m_stuscore 和 m_stuspecial 分别和 5 个 Edit 控件相关联起来,在文件 Eg9_1Set.h 中可以看到每个变量的数据类型。

重新编译运行该程序,结果如图 9.18 所示。程序现在可以显示 data 数据库中 stud 表的当前记录,并可以通过工具栏按钮进行数据库记录的移动,包括移动到第一条、上一条、下一条、最后一条记录等,当记录不能移动时,相应按钮自动变灰,以避免误操作。也可以通过【记录】菜单中的相应命令,移动记录。

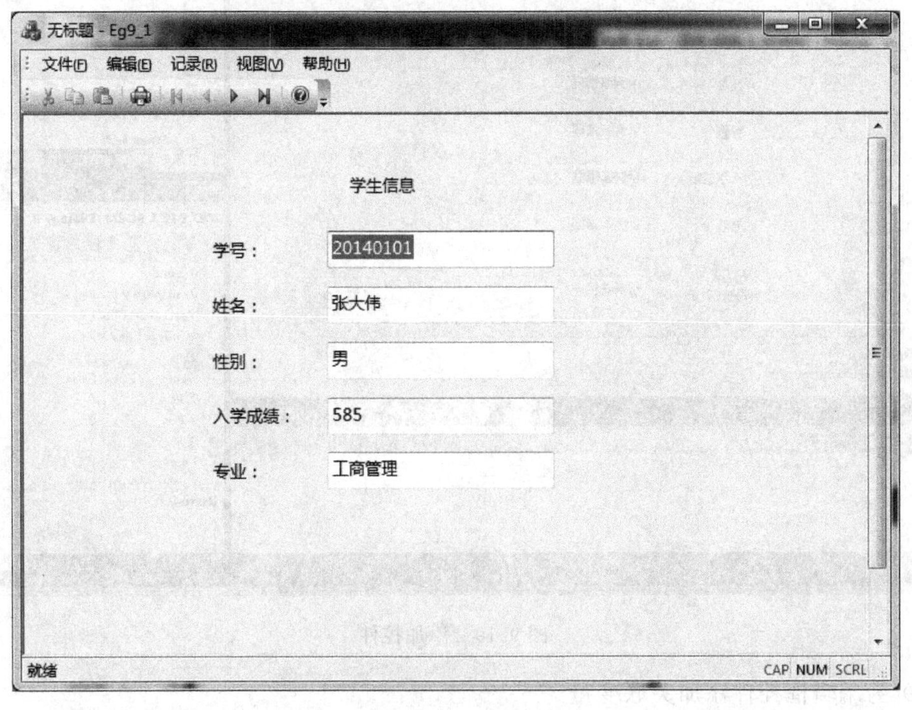

图 9.18 控件关联到记录集后的运行结果

9.2.6 数据的查询、添加和删除

在对数据库表记录进行操作的过程中,最常用的操作就是查询记录、添加记录、修改记录和删除记录。下面在上述案例的基础上,通过添加【查询】、【添加】、【修改】、【删除】按钮,来完成相应的功能。

1. 查询记录

在上面的案例中，增加查询功能，当输入学生的学号，单击【查询】按钮时，把该学生的所有信息显示出来。查询功能的完成主要是使用 CRecordset 类的成员变量 m_strFilter 和成员函数 open 对表记录进行查询的。操作步骤如下。

1）在对话框资源中添加控件

打开【视图】菜单中的【资源视图】命令，展开项目资源，展开 dialog 资源，双击 IDD_EG9_1_FORM，在对话框中添加一个静态文本控件，其 Caption 属性设置为“按学号查询：”；添加一个编辑框控件，其 ID 属性设置为 IDC_EDIT_QUERY；添加一个按钮控件，其 ID 属性设置为 IDC_BUTTON_QUERY，其 Caption 属性设置为“查询”，如图 9.19 所示。

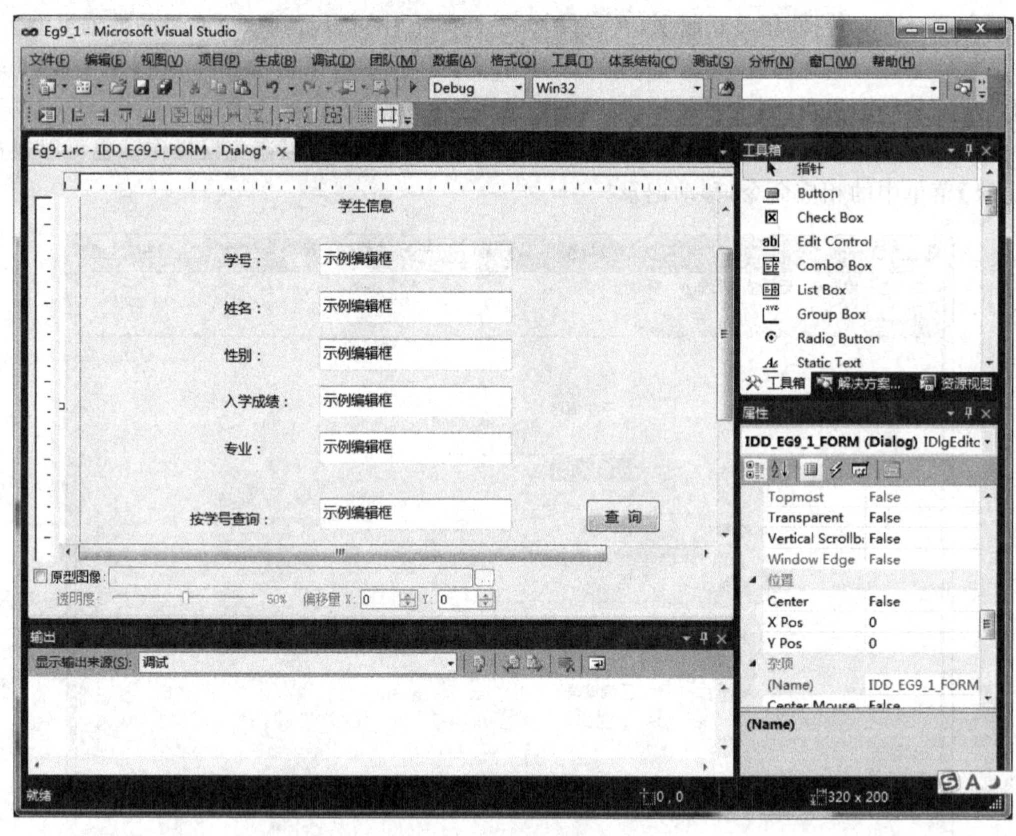

图 9.19　添加控件

2）为编辑框控件添加关联变量

打开【项目】菜单中的【类向导】命令，在【MFC 类向导】对话框中，选择【成员变量】选项卡，选择控件 ID 号为 IDC_EDIT_QUERY，单击【添加变量】按钮，在弹出的对话框中为编辑框控件添加关联变量 m_strQuery，如图 9.20 所示。

3）为【查询】按钮添加消息映射函数

在【MFC 类向导】对话框中，选择 CEg9_1View 类，添加按钮控件 IDC_BUTTON_QUERY 的 BN_CLICKED 消息映射函数 OnClickedButtonQuery()，并在消息映射函数中添加如下代码。

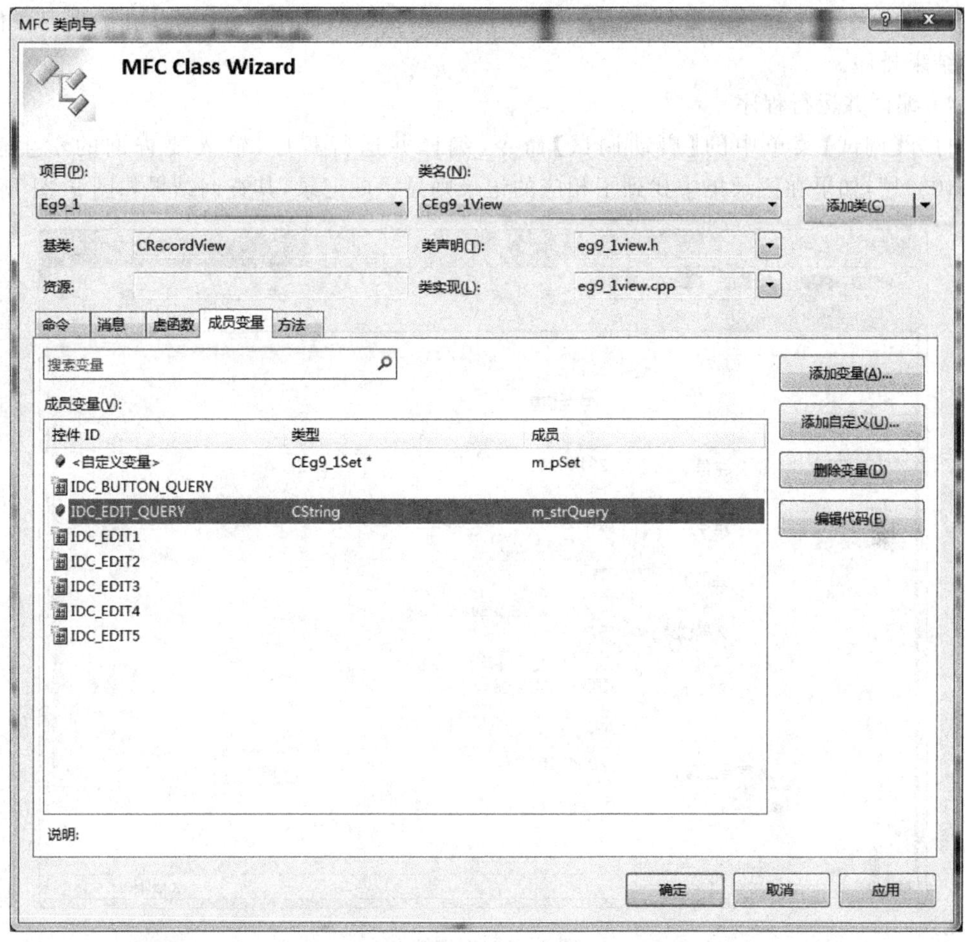

图 9.20　为编辑框控件添加关联变量

```
void CEg9_1View::OnClickedButtonQuery()
{
    UpdateData();                              //把控件中的数据传给字段关联变量
    m_strQuery.TrimLeft();
    if(m_strQuery.IsEmpty())                   //判断查询学号字段是否为空
    {
        MessageBox(_T("要查询的学号不能为空!"));
        return;
    }
    if(m_pSet->IsOpen())                       //如果已经打开记录集
        m_pSet->Close();                       //关闭记录集
    m_pSet->m_strFilter.Format(_T("stunum='%s'"),m_strQuery); //查询指定条件的记录
    m_pSet->m_strSort="stunum";                //记录集按照字段 stunum 排序
    m_pSet->Open();                            //打开记录集
    if(!m_pSet->IsEOF())                       //如果打开的记录集有记录
        UpdateData(FALSE);                     //把字段关联变量的值显示到相应的控件中
    else
        MessageBox(_T("没有查到要找的学号记录!"));
}
```

在上述代码中，m_strFilter 和 m_strSort 是 CRecordset 的成员变量，用于执行条件查询和结果排序。

4）编译并运行程序

打开【调试】菜单中的【启动调试】命令，编译并运行程序，输入要查询的学生学号“20140301”，如果在记录集中找到了相应的记录则显示此记录，其查询结果如图 9.21 所示。

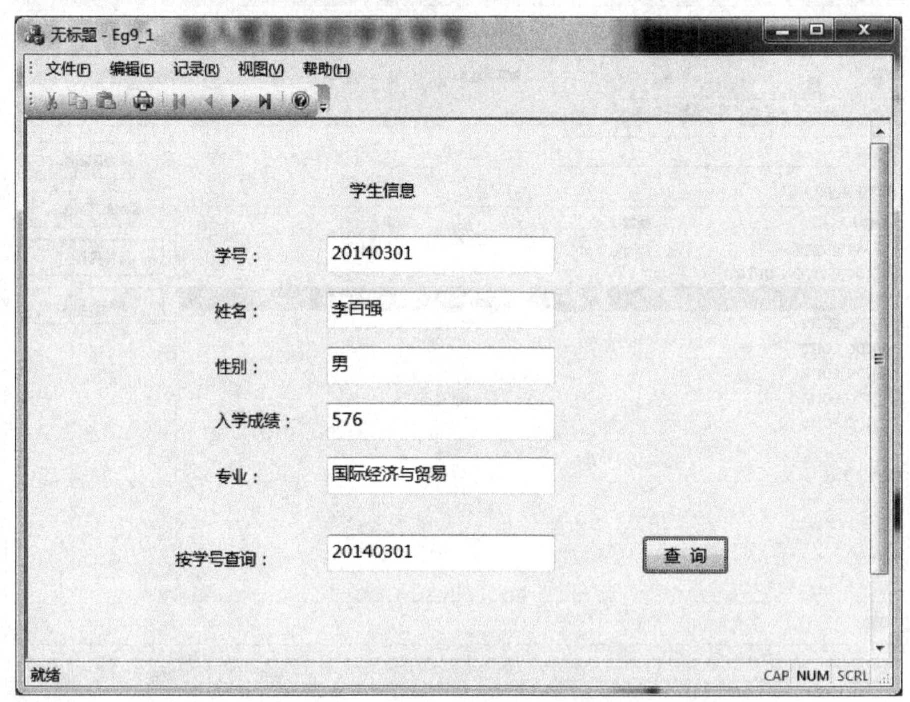

图 9.21　查询结果

当在查询编辑框中输入要查找的学生学号 20000510，由于记录集中没有该学生记录，在弹出的消息框中显示“没有查到要找的学号记录！”，查询结果如图 9.22 所示。

2. 添加记录

在上面的案例中，增加添加记录功能，在对话框中增加【添加】按钮，如图 9.23 所示。当用户单击【添加】按钮时，会弹出一个如图 9.24 所示的【学生信息】对话框，在对话框中输入学生信息后，单击【确定】按钮，就会把输入的该学生的信息添加到数据库中。操作步骤如下。

1）增加【添加】按钮

打开【视图】菜单中的【资源视图】命令，展开项目资源，展开 dialog 资源，双击 IDD_EG9_1_FORM，在对话框中增加一个按钮控件，其 Caption 属性为“添加”，其 ID 为 IDC_BOTTON_ADD，如图 9.23 所示。

2）添加输入学生信息对话框

在资源视图中，右击 Dialog，在弹出的快捷菜单中，选择【添加资源】命令，单击【新建】按钮，添加一个对话框资源。修改该对话框的属性，将它的 Font(Size) 设置为“微软雅黑 10 号”，Caption 设为“学生信息”，ID 号设为 IDD_STU_INFO。

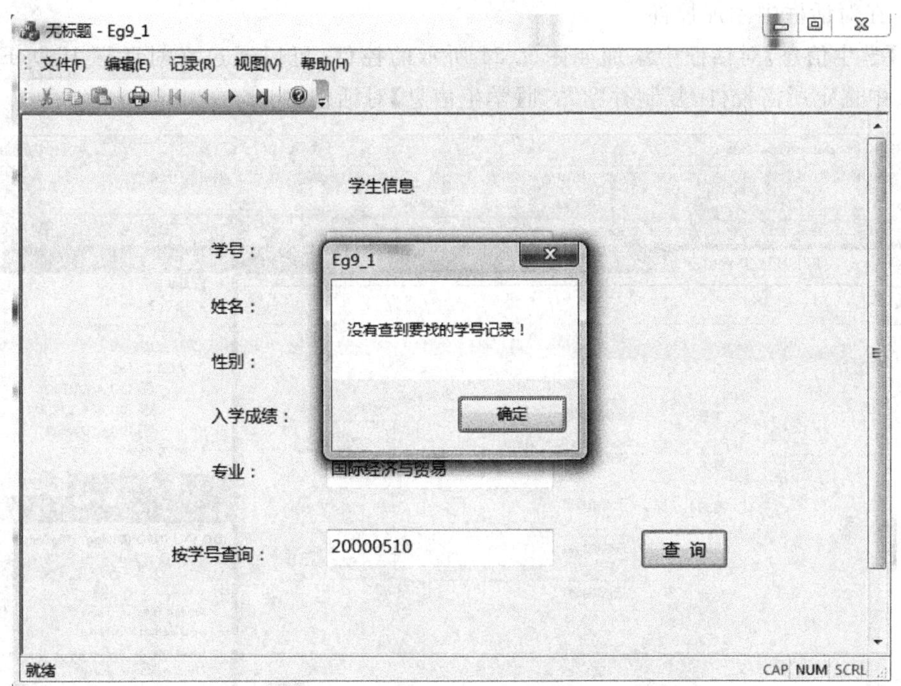

图 9.22　没有查询到学生记录

图 9.23　在对话框中增加【添加】按钮

3）在对话框中添加控件

在【学生信息】对话框中添加如图 9.24 所示的控件，可以通过在对话框 IDD_EG9_1_FORM 中选定所需控件，复制并粘贴到【学生信息】对话框中。

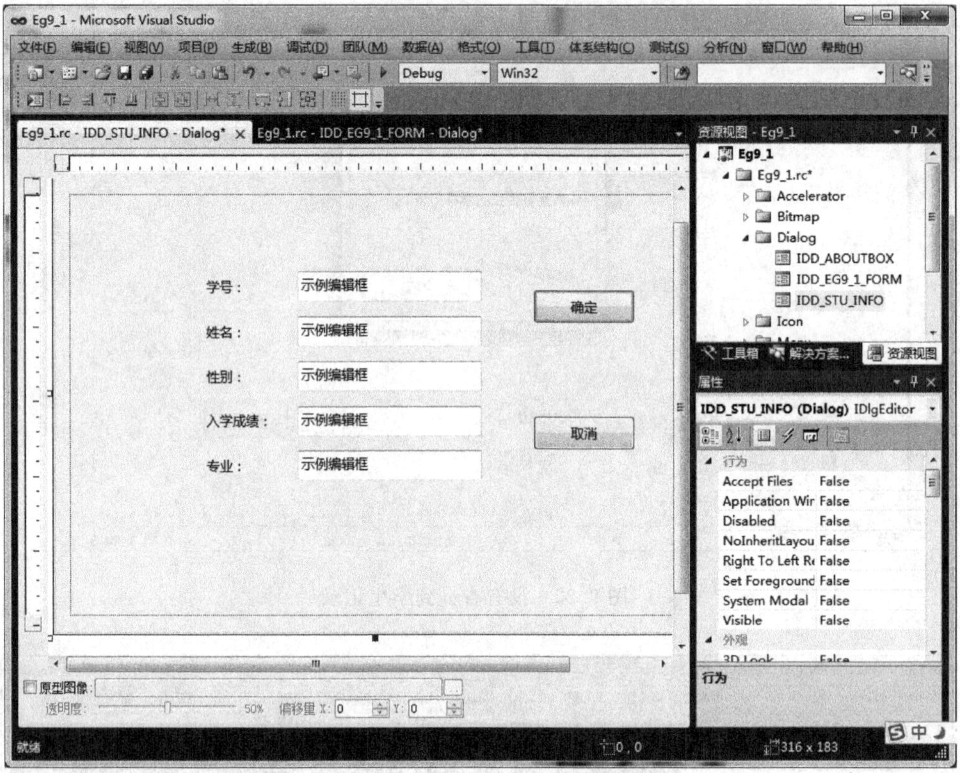

图 9.24 【学生信息】对话框

4）为【学生信息】对话框资源创建新类

双击【学生信息】对话框，为该对话框创建一个基类为 CDialog 类的新类：CStuInfoDlg。在【类向导】中，为该类的控件添加关联变量，如图 9.25 所示。

5）为【学生信息】对话框的【确定】按钮添加消息映射

在【类向导】中，为 CStuInfoDlg 类的【确定】按钮 IDOK 添加 BN_CLICKED 的消息映射函数 OnBnClickedOk，为该函数添加如下代码。

```
void CStuInfoDlg::OnBnClickedOk()
{
    UpdateData();
    m_Snum.TrimLeft();
    m_Sname.TrimLeft();
    m_Ssex.TrimLeft();
    m_Sspecial.TrimLeft();
    if(m_Snum.IsEmpty())
        MessageBox(_T("学号不能为空!"));
    else
        CDialog::OnOK();
}
```

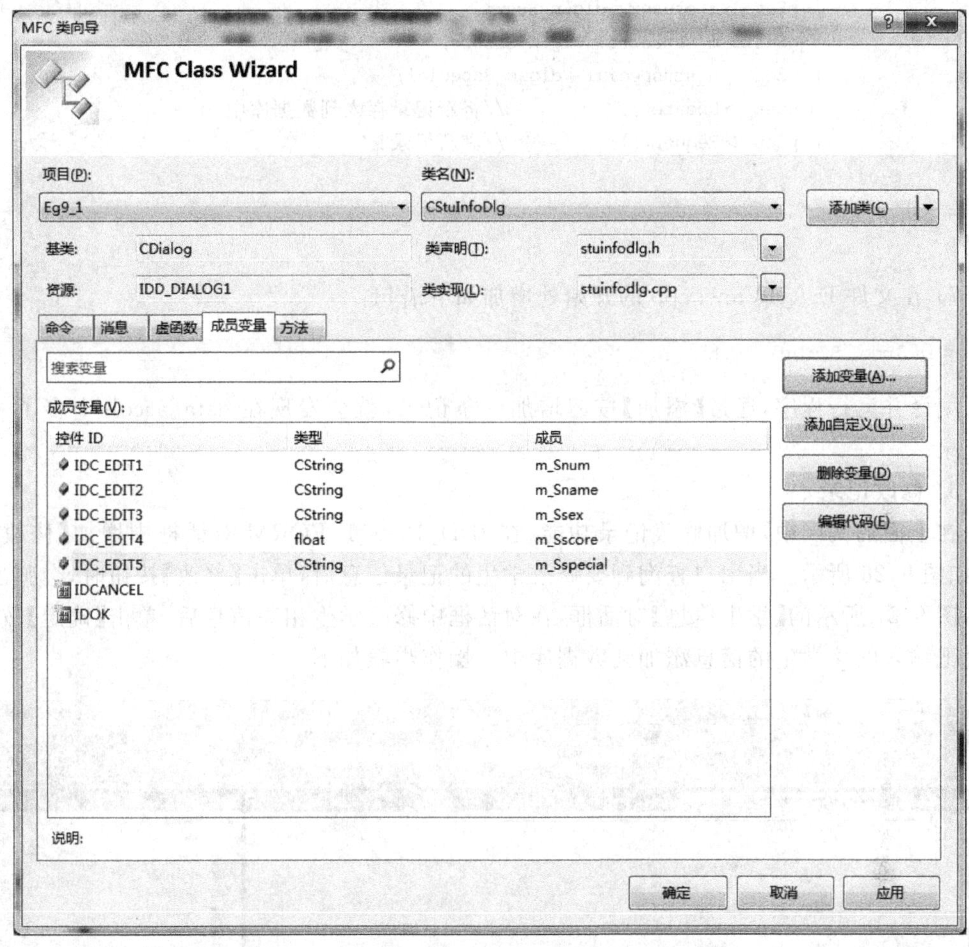

图 9.25　添加 CStuInfoDlg 类的控件关联变量

6）为【添加】按钮添加消息映射函数

在【类向导】中，为 CEg9_1View 类中的 IDC_BUTTON_ADD 添加 BN_CLICKED 的消息映射函数 OnClickedButtonAdd，并添加如下代码。

```
void CEg9_1View::OnClickedButtonAdd()
{
    CStuInfoDlg dlg;
    if(dlg.DoModal() == IDOK)
    {
        if(m_pSet -> IsOpen())
            m_pSet -> Close();
        if(m_pSet -> Open(CRecordset::dynaset,_T( "select * from stud ")))
                                                    //打开动态记录集
        {
            m_pSet -> AddNew();                   //在表的末尾添加新记录
            m_pSet -> m_stunum = dlg.m_Snum;   //为该记录各字段赋值
            m_pSet -> m_stuname = dlg.m_Sname;
```

```
            m_pSet -> m_stusex = dlg.m_Ssex;
            m_pSet -> m_stuscore = dlg.m_Sscore;
            m_pSet -> m_stuspecial = dlg.m_Sspecial;
            m_pSet -> Update();           //将新记录存入到数据库中
            m_pSet -> Requery();          //刷新记录集
        }
    }
}
```

7）在文件 Eg9_1View.cpp 的开始处增加如下语句：

```
#include "StuInfoDlg.h"
```

编译并运行程序，通过【添加】按钮增加一条记录，就会发现在 data.accdb 中多了一条新记录。

3. 修改记录

在上面的案例中，增加修改记录功能，在 IDD_EG9_1_FORM 对话框中增加【修改】按钮，如图 9.26 所示。当用户查询到要修改学生的记录信息后，单击【修改】按钮时，会弹出一个如图 9.27 所示的【学生信息】对话框，在对话框中修改学生相关信息后，单击【确定】按钮，就会把输入的该学生的信息添加到数据库中。操作步骤如下。

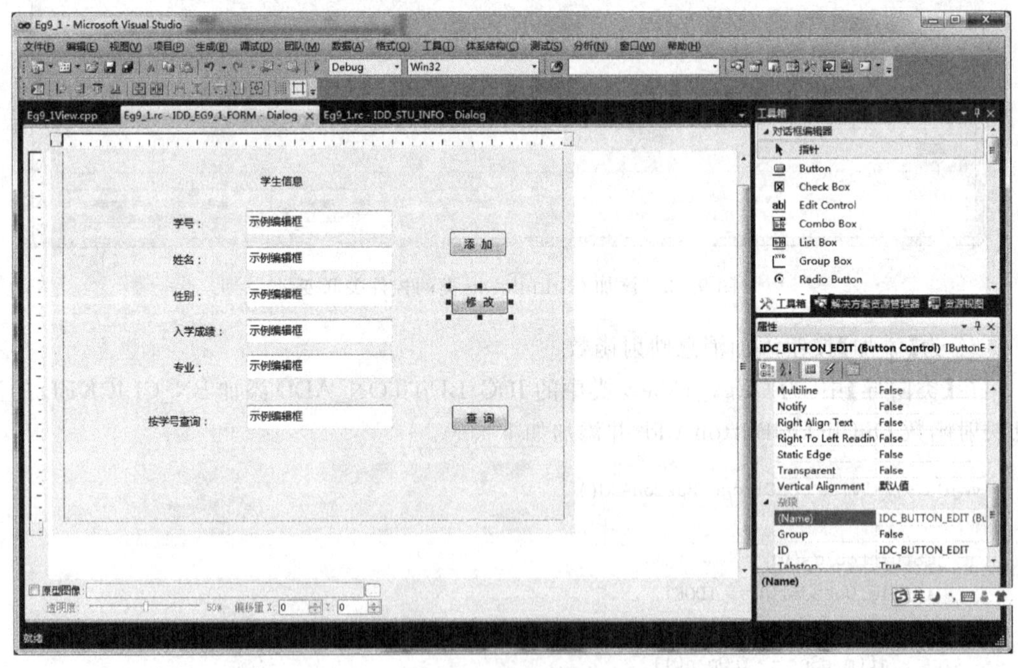

图 9.26　为对话框增加【修改】按钮

1）增加【修改】按钮

打开【视图】菜单中的【资源视图】命令，展开项目资源，展开 dialog 资源，双击 IDD_EG9_1_FORM，在对话框中增加一个按钮控件，其 Caption 属性为“修改”，其 ID 为 IDC_BOTTON_EDIT，如图 9.26 所示。

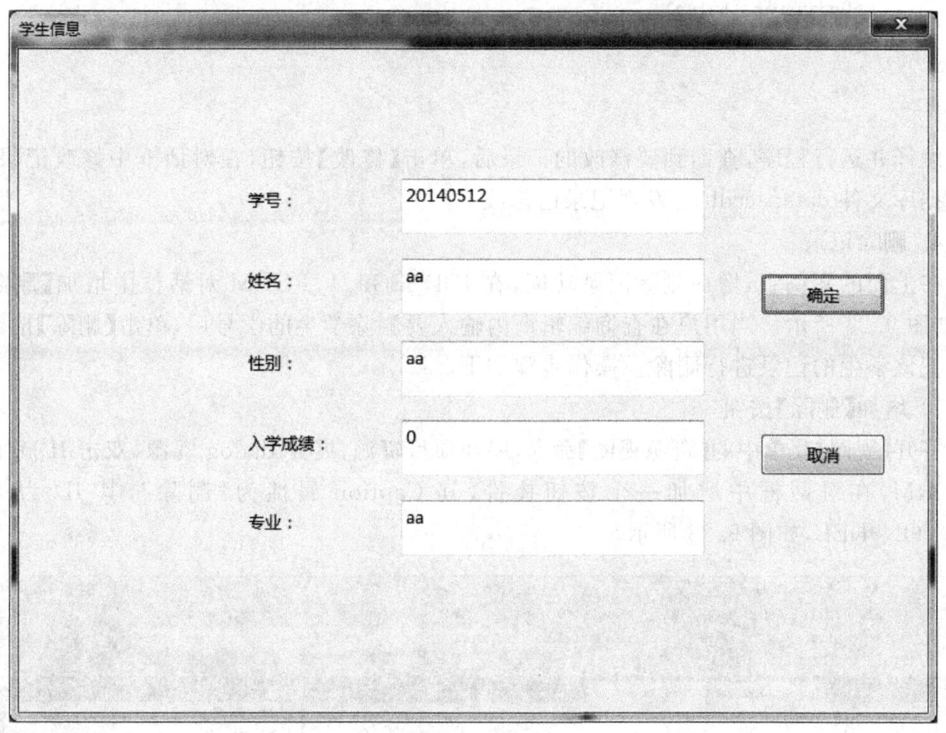

图 9.27　修改记录

2）为【修改】按钮添加消息映射函数

在【类向导】中，为 CEg9_1View 类中的 IDC_BUTTON_EDIT 添加 BN_CLICKED 的消息映射函数 OnClickedButtonEdit，并添加如下代码。

```
void CEg9_1View::OnClickedButtonEdit()
{
    CStuInfoDlg dlg;
    dlg.m_Snum = m_pSet -> m_stunum;
    dlg.m_Sname = m_pSet -> m_stuname;
    dlg.m_Ssex = m_pSet -> m_stusex;
    dlg.m_Sscore = m_pSet -> m_stuscore;
    dlg.m_Sspecial = m_pSet -> m_stuspecial;
    if(dlg.DoModal() == IDOK)
    {
     if(m_pSet -> IsOpen())
          m_pSet -> Close();
     if(m_pSet -> Open(CRecordset::dynaset,_T( "select * from stud ")))
     {
        m_pSet -> Edit();                      //修改当前记录
        m_pSet -> m_stunum = dlg.m_Snum;
        m_pSet -> m_stuname = dlg.m_Sname;
        m_pSet -> m_stusex = dlg.m_Ssex;
        m_pSet -> m_stuscore = dlg.m_Sscore;
        m_pSet -> m_stuspecial = dlg.m_Sspecial;
        m_pSet -> Update();
```

```
            UpdateData(false);
        }
    }
}
```


编译并运行程序，查询到要修改的记录后，单击【修改】按钮，在对话框中修改记录。打开数据库文件 data.accdb 会发现记录已修改。

4. 删除记录

在上面的案例中，增加删除记录功能，在 IDD_EG9_1_FORM 对话框中增加【删除】按钮，如图 9.28 所示。当用户在查询编辑框内输入要删除学生的学号后，单击【删除】按钮时，就会把该学生的记录进行删除。操作步骤如下。

1）增加【删除】按钮

打开【视图】菜单中的【资源视图】命令，展开项目资源，展开 dialog 资源，双击 IDD_EG9_1_FORM，在对话框中增加一个按钮控件，其 Caption 属性为"删除"，其 ID 为 IDC_BOTTON_DEL，如图 9.28 所示。

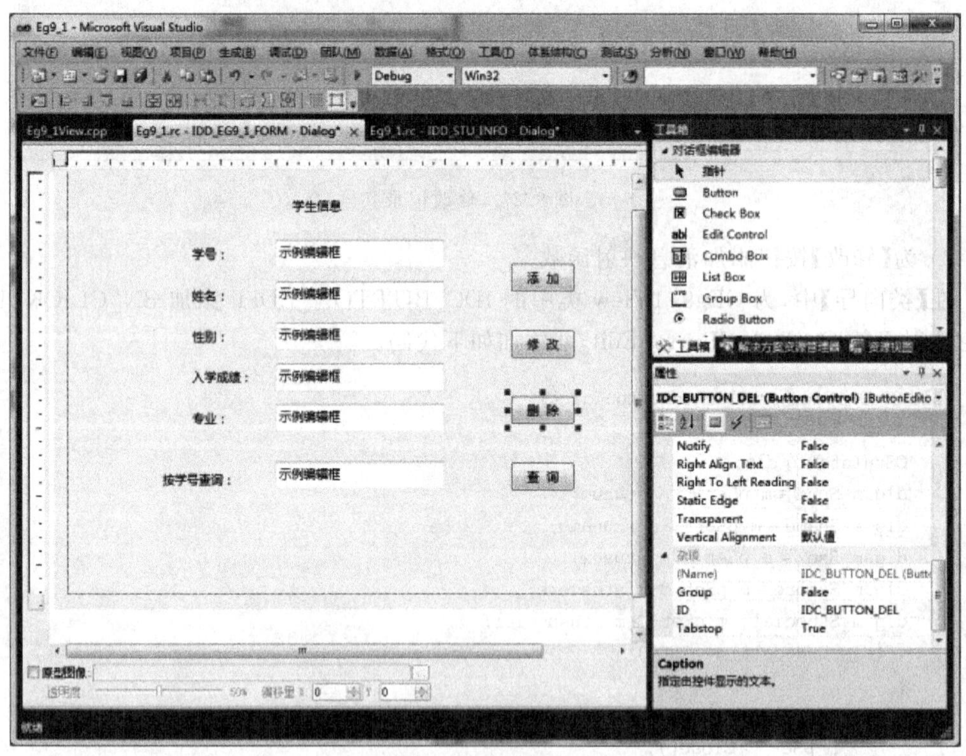

图 9.28　为对话框添加【删除】按钮

2）为【删除】按钮添加消息映射函数

在【类向导】中，为 CEg9_1View 类中的 IDC_BUTTON_DEL 添加 BN_CLICKED 的消息映射函数

```
void CEg9_1View::OnClickedButtonDel()
{
```

```
    UpdateData();
    if(m_pSet->IsOpen())
        m_pSet->Close();
    m_pSet->m_strFilter.Format(_T("stunum='%s'"),m_strQuery);
    if(m_pSet->Open(CRecordset::dynaset,_T("select * from stud")))
    {
        m_pSet->Delete();              //删除当前记录
        m_pSet->MoveNext();
        if(m_pSet->IsEOF())
            m_pSet->MoveLast();
        UpdateData(false);
    }
}
```

编译并运行程序，在查询编辑框内输入要删除学生的学号后，单击【删除】按钮，则数据库中对应的该学生记录就会被删除。打开数据库文件 data.accdb 会发现记录已删除。

9.2.7 排序与筛选

要实现对记录集的数据操作，就要用到 CRecordset 类。CRecordset 类定义了从数据库接收或者发送数据到数据库的成员变量，CRecordset 类定义的记录集可以是数据库表的所有列，也可以是其中的一列，这是由 SQL 语句决定的。

记录集的建立就是一个查询过程，SQL 的 SELECT 语句用来查询数据源。在建立记录集时，CRecordset 会根据一些参数构造一个 SELECT 语句来查询数据源，并用查询的结果创建记录集。

CRecordset 类有两个公共数据成员 m_strSort 和 m_strFilter 用来设置对记录的过滤和排序。在调用函数 Open 或函数 Requery 前，如果在这两个数据成员中指定了排序方式或过滤条件，那么函数 Open 和函数 Requery 将按这两个数据成员指定的排序方式和过滤条件来查询数据源。

成员 m_strSort 用于指定排序方式。m_strSort 实际上包含 ORDER BY 子句的内容，但它不含 ORDER BY 关键字。例如：

```
m_pSet->m_strSort="stunum";          //按照学号排序，默认升序，降序加 DESC
m_pSet->Requery();                   //重新查询
```

成员 m_strFilter 用于指定过滤器。m_strFilter 实际上包含 SQL 的 WHERE 子句的内容，但它不含 WHERE 关键字。

```
m_pSet->m_strFilter="stusex='女'";   //过滤条件为性别为女
m_pSet->Requery();
```

实际上，Open 函数或者 Requery 函数在构造 SELECT 语句时，会把 m_strFilter 和 m_strSort 的内容放入 SELECT 语句的 WHERE 和 ORDER BY 子句中。如果在 Open 函数的 lpszSQL 参数中已包括 WHERE 和 ORDER BY 子句，那么 m_strFilter 和 m_strSort 必须为空。

在上述案例中添加【按学号排序】按钮和【按性别排序】按钮，如图 9.29 所示。单击相应按钮后，实现记录集的排序。操作步骤如下。

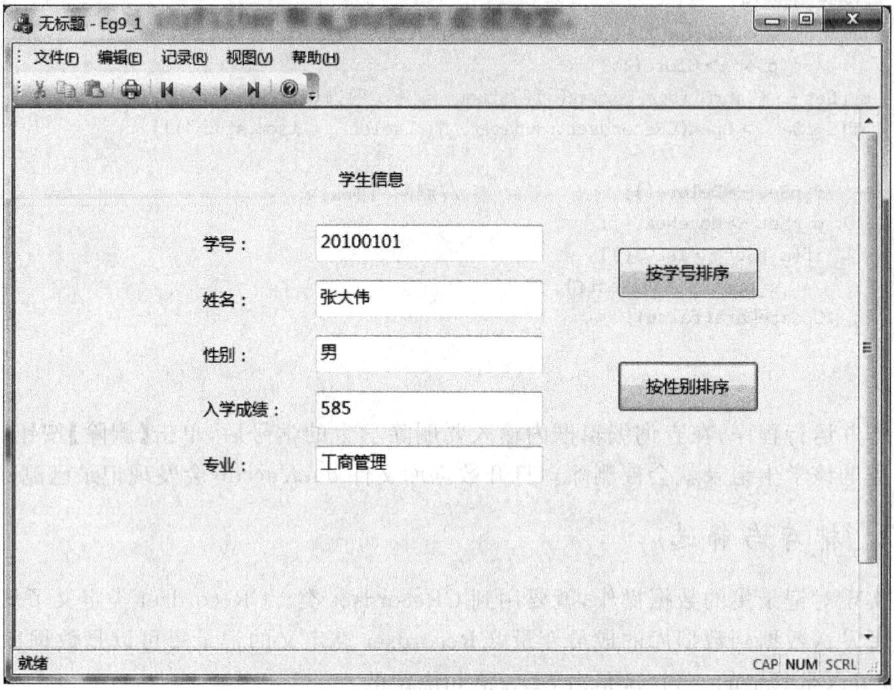

图 9.29 为对话框添加排序按钮

1. 添加排序按钮

打开资源视图，在 IDD_EG9_1_FORM 对话框中，添加两个按钮控件，其 Caption 属性分别设置为“按学号排序”和“按性别排序”，如图 9.29 所示。

2. 为两个按钮添加消息映射函数

在【类向导】中，为 CEg9_1View 类的【按学号排序】(IDC_BUTTON1) 按钮添加 BN_CLICKED 消息映射函数，在函数中实现按照学号排序。为 CEg9_1View 类的【按性别排序】(IDC_BUTTON2) 按钮添加 BN_CLICKED 消息映射函数，在函数中实现按照性别排序。函数如下。

```
void CEg9_1View::OnClickedButton1()
{
    m_pSet->m_strSort = "stunum";
    m_pSet->Requery();
    UpdateData(false);
}
void CEg9_1View::OnClickedButton2()
{
    m_pSet->m_strSort = "stusex";
    m_pSet->Requery();
    UpdateData(false);
}
```

编译并运行程序，可以通过数据库工具按钮来查看记录集中的记录顺序。

在上述案例中添加【筛选】按钮，如图 9.30 所示。单击【筛选】按钮后，弹出【筛选】对话框，在对话框中输入筛选条件，实现记录集的筛选。

操作步骤如下。

1）添加【筛选】按钮

在 IDD_EG9_1_FORM 对话框中，添加一个按钮控件，其 Caption 属性设置为“筛选”，如图 9.30 所示。

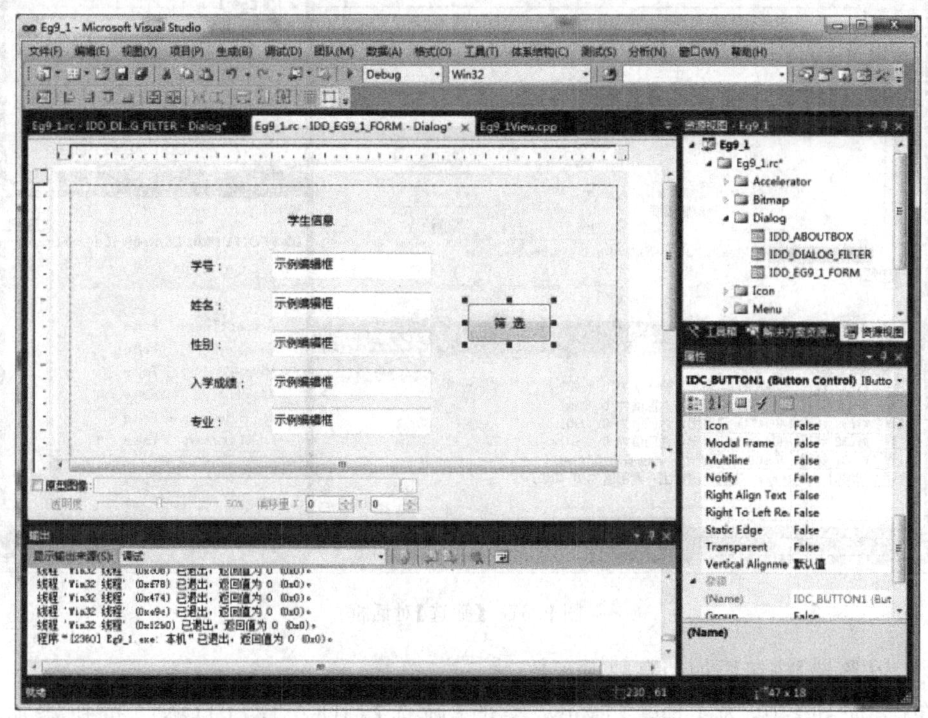

图 9.30　添加【筛选】按钮

2）添加输入筛选条件的对话框

在【资源视图】中，右击 Dialog，在快捷菜单中选择【添加资源】命令，在添加资源对话框中单击【新建】按钮，创建一个对话框资源。修改对话框的属性：Caption 为“筛选”，ID 为 IDD_DIALOG_FILTER，Font(Size)修改为微软雅黑(10)。为对话框创建一个新的对话框类 CFilterDlg。

在对话框中添加一个静态文本控件，一个编辑框控件，如图 9.31 所示。修改静态文本控件的 Caption 属性为“输入性别”。在【类向导】中，为 CFilterDlg 类的编辑框控件添加一个 CString 类型的成员变量 m_Filter。

在【类向导】中，为 CFilterDlg 类【确定】(IDOK)按钮添加 BN_CLICKED 消息映射函数。函数如下。

```
void CFilterDlg::OnBnClickedOk()
{
    UpdateData();
    CDialog::OnOK();
}
```

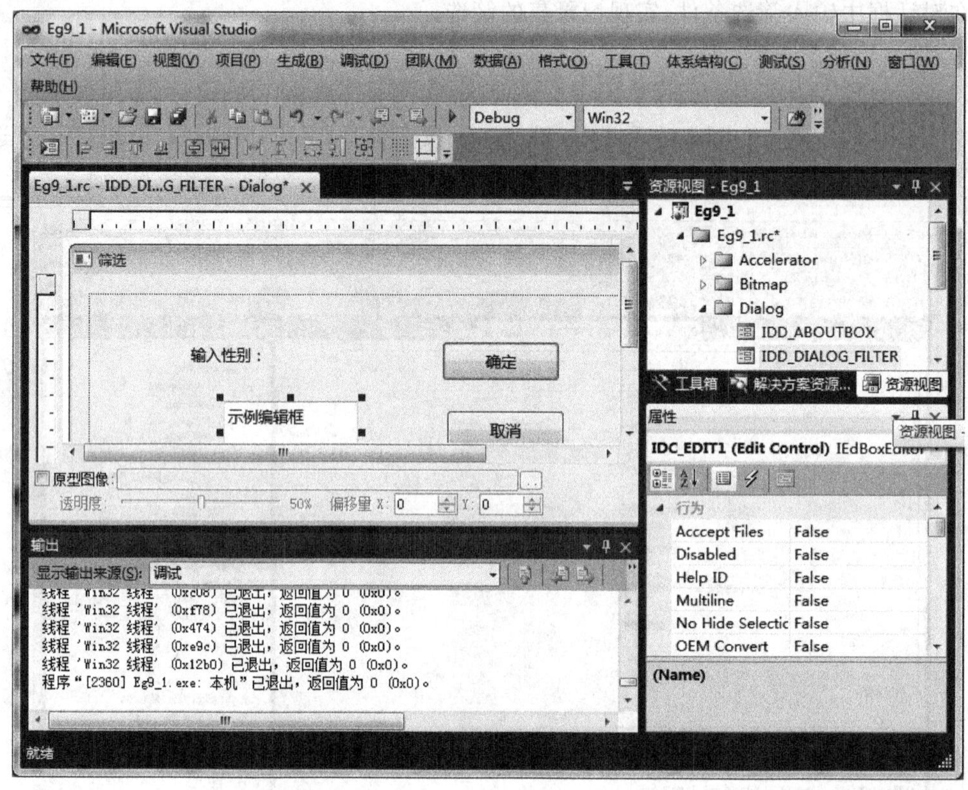

图 9.31 【筛选】对话框

3) 为【筛选】按钮添加消息映射函数

在【类向导】中，为 CEg9_1View 类的【筛选】(IDC_BUTTON1)按钮添加 BN_CLICKED 消息映射函数。在函数中实现，调用【筛选】对话框，并按照对话框返回的筛选条件字符串设置数据成员 m_strFilter 的值，实现筛选。函数如下。

```
void CEg9_1View::OnBnClickedButton1()
{
    CFilterDlg dlg;
    CString str;
    if(dlg.DoModal() == IDOK)
    {
        if(dlg.m_Filter.IsEmpty())
            str = L"";
        else
            str = _T("stusex = '") + dlg.m_Filter + _T("'");
        m_pSet -> m_strFilter = str;
        m_pSet -> Requery();
        UpdateData(false);
    }
}
```

并在 CEg9_1View 类的文件 Eg9_1View.cpp 的开头添加 #include "FilterDlg.h"。编译并运行程序，记录集就会得到筛选后的结果，如图 9.32 所示。

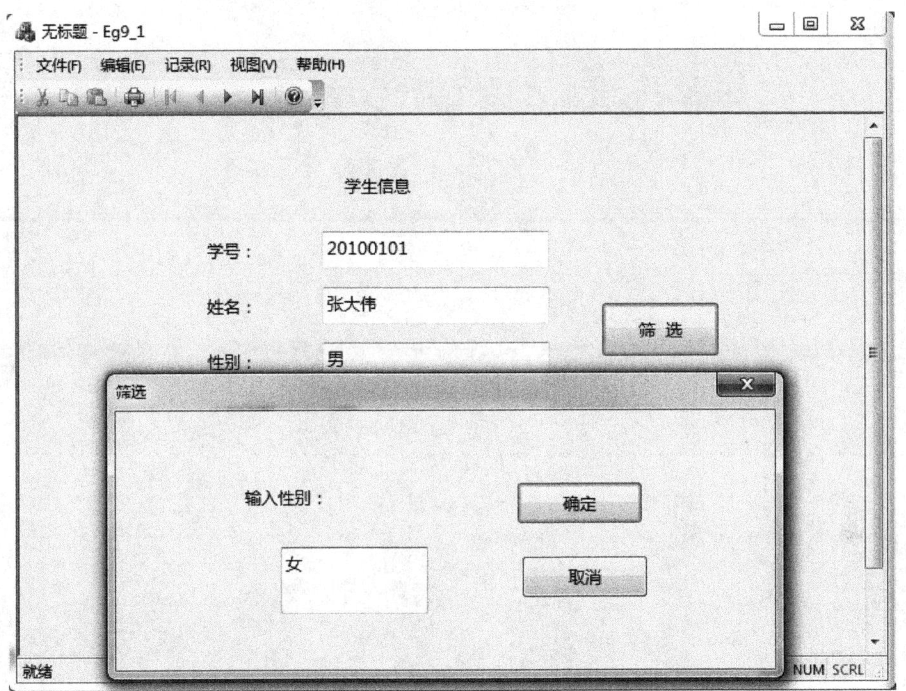

图 9.32　设置筛选条件

可以通过数据库工具按钮查看记录集中的记录信息。

第三部分　Windows Form 应用程序

第 10 章 Windows Form 编程基础

Visual C++ 2010 不仅能用 ISO 标准 C++和 MFC 开发运行于 Windows 操作系统之上的应用程序，也能设计基于.NET 平台的应用程序。微软公司对标准 C++进行了扩展，专门为.NET 平台设计了 C++/CLI，目的是使广大 Visual C++程序员可以用 C++语言方便地创建运行于.NET 框架之上的应用程序。从本章开始的三章，将主要讲述在.NET 框架之上 Windows Form 应用程序的设计和实现。

10.1 一个简单的 Windows Form 应用程序

本节通过一个简单示例，演示 Windows Form 应用程序的设计和实现过程。

10.1.1 Hello 应用程序

Hello 应用程序是一个用 VC++ 2010 开发的简单 Windows 窗体应用程序，运行该程序将显示如图 10.1(a)所示的窗口。

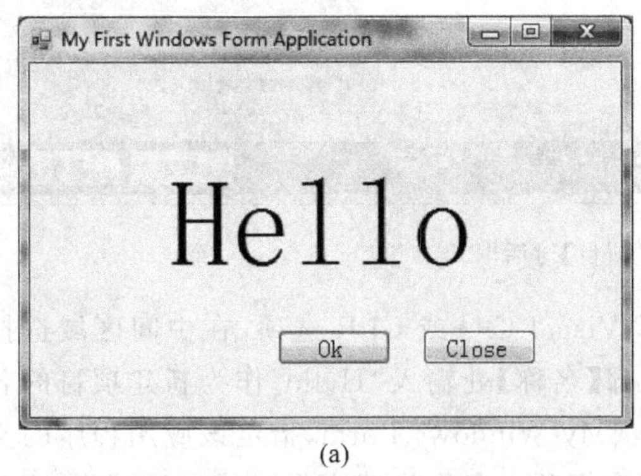

(a)

(b)

图 10.1 Hello 应用程序运行界面

单击 Ok 按钮时，窗口内显示的文字 Hello 将会变成 Welcome，如图 10.1(b)所示。反复单击此 Ok 按钮，则窗体界面上显示的文字将在“Hello”和“Welcome”之间来回切换。

单击 Close 按钮时，将关闭该窗口，退出此应用程序。

另外，该窗口还具有普通窗口所具有的全部功能，比如标题栏右侧有【最大化】、【最小化】、【关闭】按钮，单击标题栏左侧的图标会弹出窗口的控制菜单，双击标题栏，窗口会在最大化与还原之间切换，拖动窗口边框可缩放窗口的大小等。

10.1.2 新建 Windows 窗体应用程序

在开始前，要先准备一个文件夹，用来存放在开发过程中产生的各种文件。此例中文件的存放位置为 E:\My Windows Form。

打开 Visual Studio2010 开发环境主窗口，单击工具栏最左侧的【新建项目】图标，打开【新建项目】对话框，如图 10.2 所示。此操作也可以通过单击【起始页】上的 新建项目... 超链接实现。

图 10.2 【新建项目】对话框

在对话框左侧【已安装的模板】区域，选择 Visual C++或 CLR 选项，在中间区域选择【Windows 窗体应用程序】，选好后在对话框底部【名称】处输入“Hello”作为新建项目的名称，再在【位置】处选择刚刚准备好的文件夹 E:\My Windows Form，指定该应用程序的文件存放位置，【解决方案名称】处可以不填，系统会把项目名作为解决方案的默认名称，自动填入该区域。

单击【确定】按钮，系统开始进行项目的创建工作，建好后自动转入 Windows 窗体应用程序开发环境，如图 10.3 所示。

在开发环境中部打开的是窗体【设计器】，其中已经建好了一个标题为 Form1 的空白窗体。窗体【设计器】页面右侧有两个已经停靠好了的视图，分别是【工具箱】和【属性】窗口，这两个视图可以通过选择【视图】菜单中的【工具箱】选项和【其他窗口】→【属性窗口】选项打开，停靠操作可以通过单击视图标题条右侧的图钉图标实现。

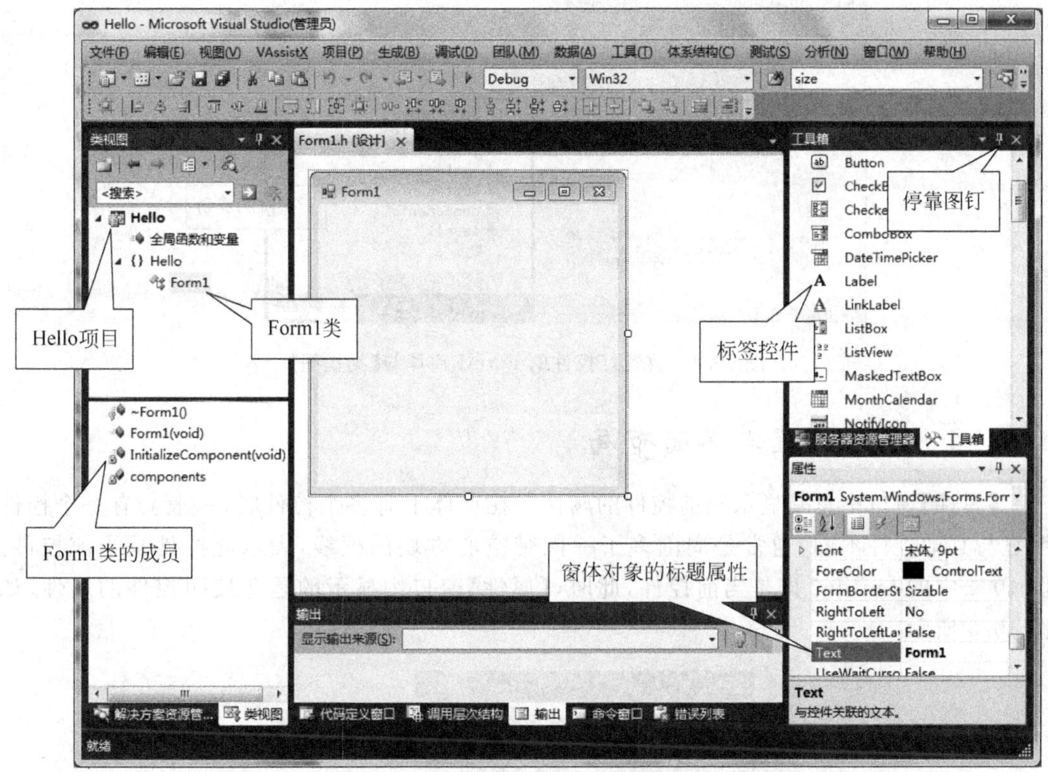

图 10.3 Windows 窗体应用程序开发环境

在窗体【设计器】页面左侧是【解决方案资源管理器】和【类视图】。【类视图】由上下两部分组成,上部主要用来显示项目及其中所包含的类,单击某个类时,下部将显示出该类的数据成员及成员函数。【类视图】也可以通过选择【视图】菜单的相应选项打开。

开发 Windows 窗体应用程序的主要工作是控件属性设置和程序代码的编写。其中,控件添加操作主要通过【工具箱】视图来完成,属性设置主要在【属性】窗口中实现,代码编写一般在【代码】编辑页面中完成,而编写代码的位置则通常要通过【类视图】来进行定位。

10.1.3 向窗体添加控件

在“Hello 应用程序”界面上有三个控件:一个标签控件,两个按钮控件。单击【工具箱】视图【公共控件】区中的 Label 控件,然后在空白窗体的中部再次单击,向 Form1 窗体添加一个标签控件 label1,此操作也可通过鼠标的拖曳来实现。在【工具箱】视图【公共控件】区中找到 Button 控件,直接拖曳到空白窗体的右下部分,形成 button1 控件,再拖曳一次,形成 button2 控件。保存后,【类视图】中会自动添加相应的类成员,如图 10.4 所示。

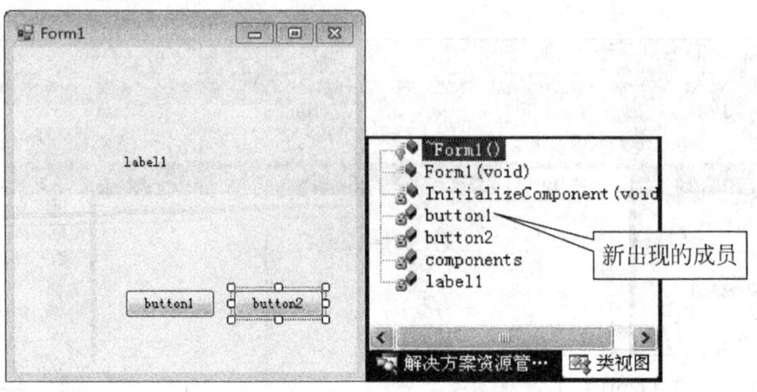

图 10.4 放置好控件的 Form1 窗体与【类视图】

10.1.4 属性设置与界面布局

【属性】窗口中总是显示当前控件的属性。在窗体上有多个控件时，一般会有一个控件明显与其他控件不同，通常是周围多了一圈带空心方块的框线，表示此控件是当前控件。图 10.4 中的 button2 即是当前控件，此时，【属性】窗口中显示的是此按钮控件的属性，如图 10.5 所示。

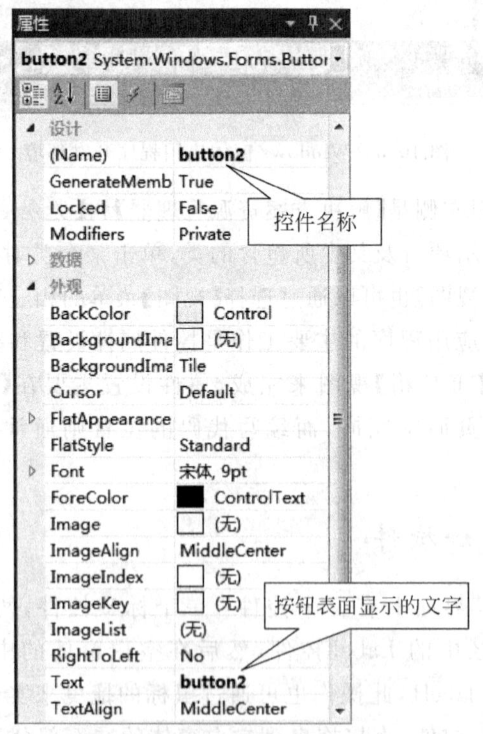

图 10.5 button2 按钮控件的属性

从图中可以看出，此按钮控件的名称(Name)属性和表面显示的文字 Text 属性均是“button2”。

选中 Text 属性右侧的“button2”文本，修改为“Close”。按 Enter 键确认，此时窗体上原来显示 button2 的控件，其文本已经变为“Close”了。此处仅修改了按钮控件表面显示的文字，没有修改按钮控件的名称。

单击窗体上的 button1 按钮控件，使其变为当前控件。然后用同样的方式，在【属性】窗口中，把 button1 控件的 Text 属性修改为“Ok”。再单击窗体上的 label1 标签控件，使其变为当前控件。在【属性】窗口中，把 label1 控件的 Text 属性修改为“Hello”，至此，控件属性已经设置完毕。

在窗体上没有放置控件的任意位置单击，选中窗体，此时【属性】窗口中显示的是窗体对象 Form1 的属性。用与控件类似的方式，把窗体的 Text 属性修改为“My First Windows Form Application”，修改完的窗体界面如图 10.6 所示。

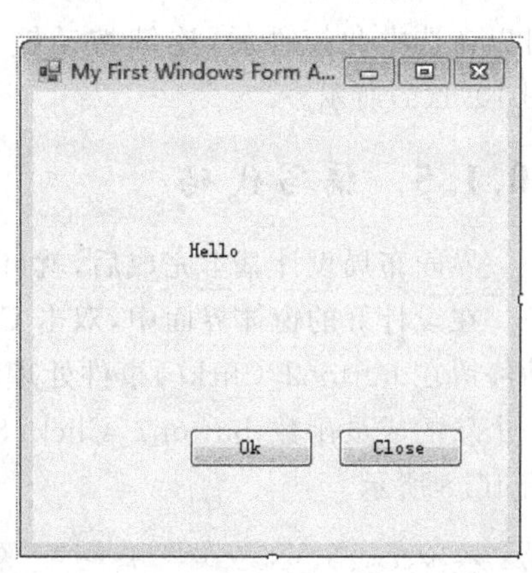

图 10.6 设置好 Text 属性后的窗体

到目前为止，此窗体已具备了 Hello 应用程序的雏形，但还有以下几个问题需要解决：①标题显示不完整；②窗体内所显示的文字太小，尤其是标签控件内的“Hello”文字；③控件位置摆放不合理。下面便来一一解决这些问题。

若要把标题文字完全显示出来，必须加宽窗体，使其标题条有足够的空间容纳全部文字，方法就是当【设计器】中的窗体处于选中状态时，向右拖动窗体右侧中部或右下角的空心方块，直到窗体宽度符合要求为止。此操作也可通过设置【属性】窗口中【布局】区域内 Size→Width 属性值来实现。

“Hello”文字的放大一般通过设置控件的 Font 属性实现。在【设计器】中单击选中显示 Hello 字样的标签控件，在【属性】窗口的【外观】区域选择 Font 属性，单击其右侧的 ... 图标，打开【字体】对话框，使用默认字体，并在【大小】框中直接输入“60”，然后单击【确定】按钮，关闭对话框。用同样的方式，设置 Ok 和 Close 按钮控件的 Font 属性，也使用默认字体，【大小】选择【小四】，字体设置生效后的窗体如图 10.7(a)所示。

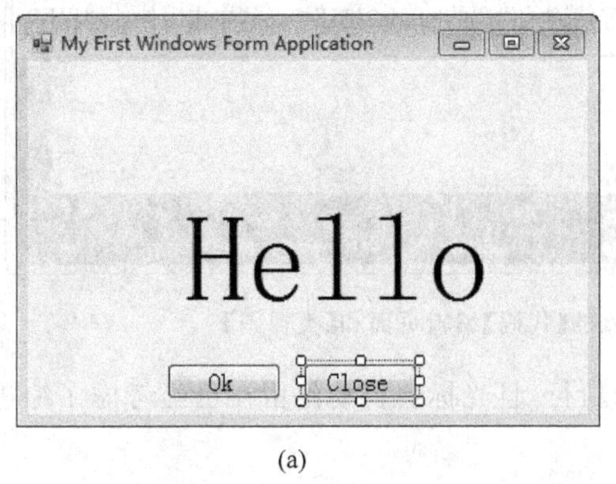

(a)

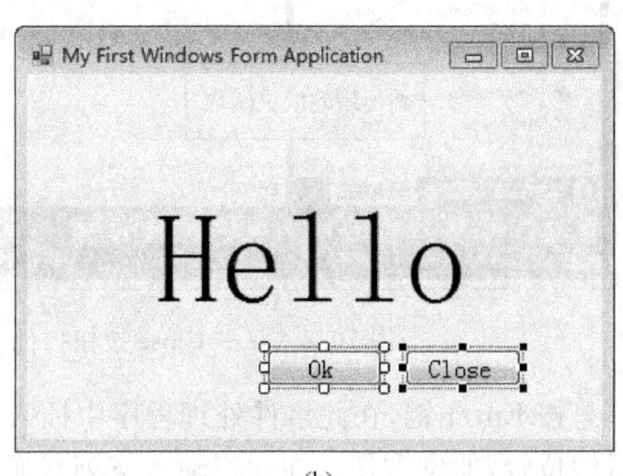

(b)

图 10.7 界面布局调整效果窗体

单击 Hello 标签，选中该控件，再在【布局】工具栏上单击【水平居中】和【垂直居中】图标，把此控件放在窗体中间位置。

用拖动的方式，框选中 Ok 和 Close 按钮控件，再把它们一起拖曳到窗体靠右下的位置，如图 10.7(b)所示。

此时,这两个按钮仍都处于选中状态,移动鼠标指针到按钮下方的方块上,当指针变成上下方向的双向箭头时,向下拖动鼠标,同时增加这两个按钮控件的高度。同理,移动鼠标指针到按钮右侧的方块上,当指针变成左右方向的双向箭头时,向右拖动鼠标,同时增加这两个按钮控件的宽度。满意后再在【布局】工具栏上单击【增加水平间距】图标和【减小水平间距】图标,调整这两个按钮控件间的距离。若觉得 Hello 标签控件的位置有些靠下,可以在选中此控件后,连续按动键盘的上箭头键【↑】,提高文字位置。调整后的界面如图 10.1(a)所示。

10.1.5 编写代码

界面布局设计基本完成后,就可以开始代码的编写工作了。

在设计好的窗体界面中,双击 Close 按钮控件,系统打开【代码】编辑页面,且光标会自动停留在 button2_Click()事件处理程序内等待输入代码。同时【类视图】中也会自动添加一个新的成员函数 button2_Click(System::Object^ sender, System::EventArgs^ e),如图 10.8 所示。

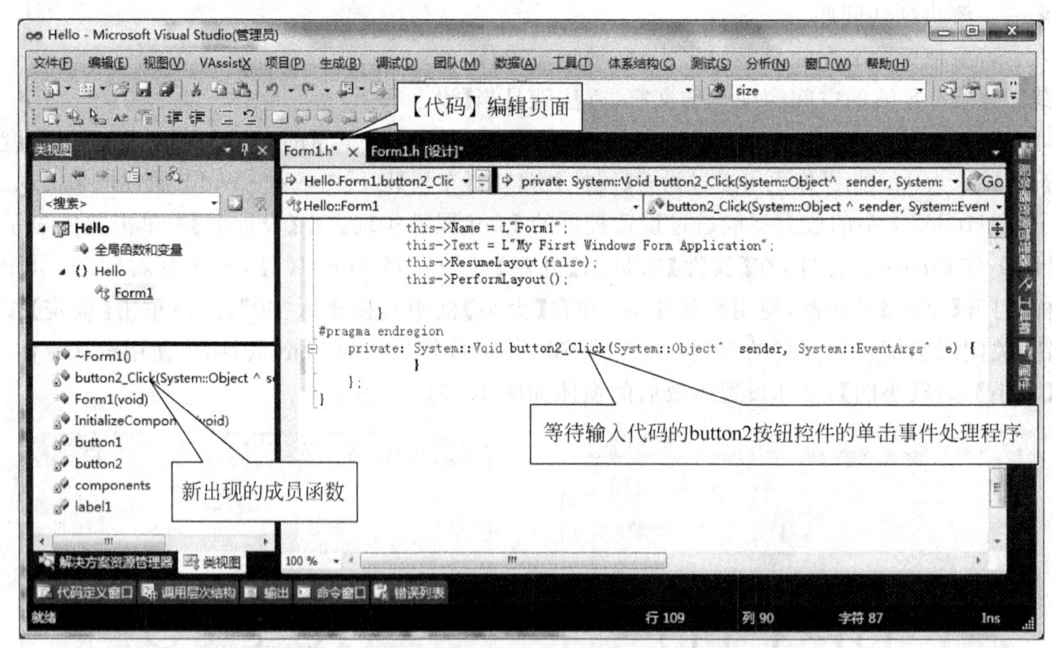

图 10.8 双击 Close 按钮控件后转入的【代码】编辑页面和【类视图】

按 Enter 键,在此事件处理程序中插入一个新行,且光标会自动停留在已经考虑了缩进后的位置,非常方便。在此行输入下列代码:

```
this->Close();                          //关闭窗体
```

将来当窗体处于运行状态时,单击该按钮控件,系统会自动执行此按钮的单击事件处理程序 button2_Click()中的代码,关闭此窗体。此处的 this 是指向 Form1 窗体对象的指针,Close()是 Form 类的成员函数,执行此函数则关闭 this 所指向的 Form1 窗体对象。

注意：显示 Close 字样的按钮控件其名称仍然是“button2”，在编码环境中，只要涉及到该按钮控件，应一律使用控件名“button2”，而不能使用显示的文本“Close”，控件的 Text 属性仅用于显示。同理，在编码时若用到其他两个控件，则应使用其名称“button1”或“label1”，而不是使用显示在窗体上的文字“Ok”或“Hello”。

单击【设计器】页面标签【Form1. h[设计]＊】，切换回窗体界面设计环境。双击显示 Ok 文字的按钮控件，系统再次返回【代码】编辑页面，且光标停留在 button1_Click()事件处理程序内等待输入代码。【类视图】中也自动添加一个新成员函数 button1_Click(System::Object^ sender, System::EventArgs^ e)，按 Enter 键，然后输入下列代码：

```
if (label1 -> Text == "Hello")
    label1 -> Text = "Welcome";
else
    label1 -> Text = "Hello";
```

代码输入完成后的【代码】编辑页面和【类视图】如图 10.9 所示。

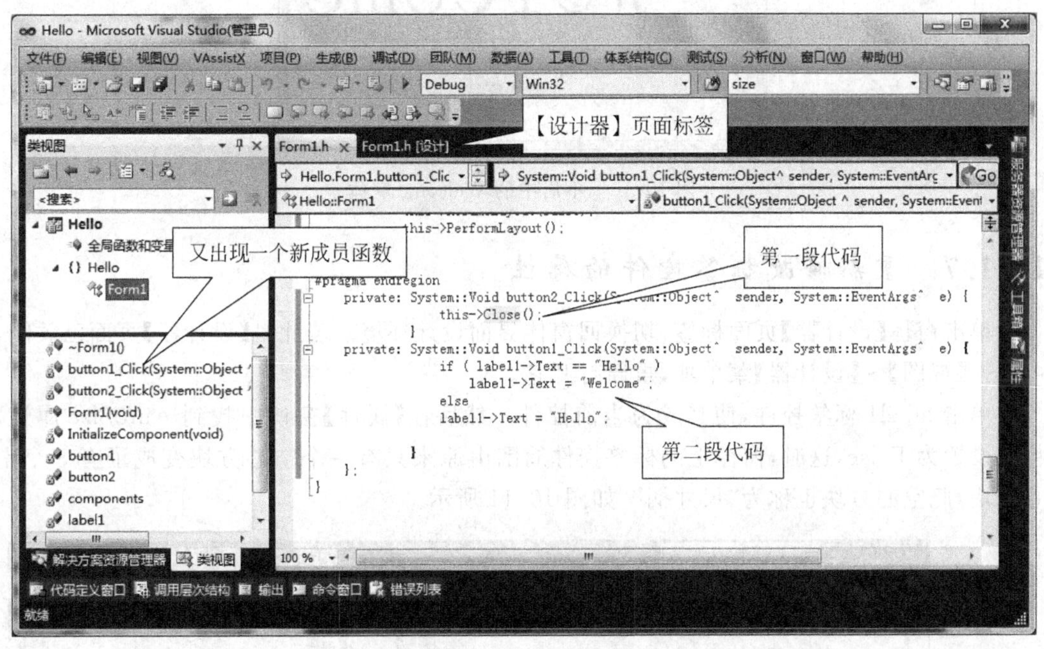

图 10.9　代码输入完成后的【代码】编辑页面和【类视图】

将来当窗体处于运行状态时，单击此 Ok 按钮控件，系统会自动执行此按钮的单击事件处理程序 button1_Click()中的代码。如果 label1 控件的 Text 值等于“Hello”，此时窗体界面上显示“Hello”字样，则将其修改为“Welcome”，若已经是“Welcome”，则将其修改为“Hello”。反复单击此 Ok 按钮，则窗体界面上显示的文字将在“Hello”和“Welcome”之间来回切换。

代码中的“label1”是指向标签 label1 控件的跟踪句柄变量，它有点儿类似于标准 C++中的指针变量，“->”表示跟踪句柄变量 label1 对其右侧 Text 属性成员的引用。在 Windows Form 应用程序中使用的是 C++/CLI 语言，它在传统 C++语言的基础上融入了.NET 的元素，是传统 C++的扩展。

10.1.6 第一次生成并执行窗体应用程序

选择【生成】→【生成解决方案】菜单项，或按快捷键 F7，生成 Hello 应用程序，若未遇到问题，在主窗口底部的【输出】视图内，会有"生成成功"提示。此时按快捷键 Ctrl+F5 或选择【调试】→【开始执行】菜单项，运行此 Hello 应用程序。

程序运行后打开如图 10.1(a)所示的窗口。单击 Ok 按钮，问候语 Hello 被替换成了 Welcome，单击 Close 按钮，关闭该应用程序。但有一点儿小问题，新出现的文字 Welcome 并未如图 10.1(b)所示那样在水平方向上居中，而是有一点儿偏右，如图 10.10 所示。

图 10.10 不居中的 Welcome 窗体

10.1.7 重新修改标签控件的属性

单击窗体【设计器】页面标签，切换回窗体界面设计环境。若此时【设计器】页面已关闭，可选择【视图】→【设计器】菜单项，重新打开它。

单击 label1 标签控件，使其成为当前控件。然后在【属性】窗口中找到 AutoSize 属性，将其设置为 False，这时，窗体上的标签控件周围由原来只有一个空心方块变成了有 8 个空心方块，此空心方块也称为"尺寸柄"，如图 10.11 所示。

图 10.11 修改 AutoSize 属性后的标签控件

标签控件的 AutoSize 属性为 True 时，该控件的大小随文字的改变而自动调整，设为 False 后，控件尺寸固定下来，将来程序运行过程中即使文字发生变化，控件的尺寸也不会随文字自动调整。但这样也有问题，Welcome 这个单词的宽度比 Hello 宽，将来运行时，在同样大小的范围内将显示不下 Welcome 这个单词。解决的办法是拖动该控件左右两侧的空心方块，使控件尺寸足够容纳下较宽大的那个单词，然后用 10.1.4 节的办法再次调整窗体的整体布局，调整过程中，可能会遇到 Hello 文字不在标签控件内居中的问题，这可以通过把其 TextAlign 属性值设置为 MiddleCenter 加以解决。该属性紧随在 Text 属性之后，参看图 10.5。

设置完成后，按 F7 键再次生成 Hello 应用程序，成功后按 Ctrl+F5 键运行。

10.1.8 最终的 Hello 应用程序

此时运行的 Hello 应用程序，从界面布局到软件功能，已经同 10.1.1 节所述完全相符，但还有一点点疑问，上述开发过程并没有描述与窗体控制菜单、【最小化】、【最大化】按钮及图标显示有关的任何内容，但这些功能已经完全好用了，这是为什么呢？这是因为与这些功能有关的窗体属性默认设置正好提供这些功能，相关属性及其默认设置如图 10.12 所示。

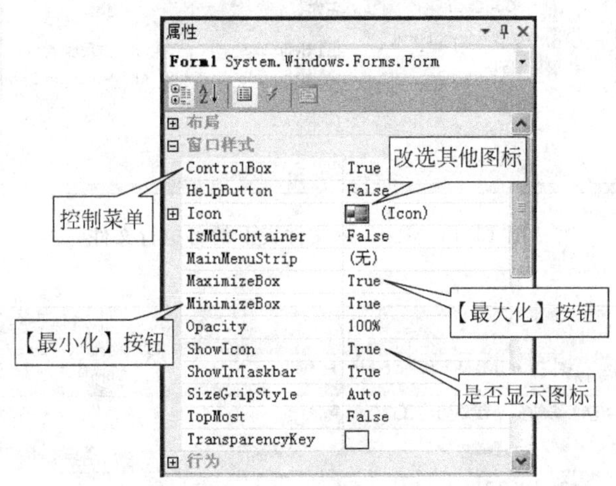

图 10.12 窗体重要属性的默认值

至此，Hello 应用程序的开发工作已全部完成。打开 E:\My Windows Form\Hello\Debug 文件夹，会发现其中有一个名为 Hello.exe 的文件，如图 10.13 所示。

在 Windows 环境下运行 Hello 应用程序，只要双击此 Hello.exe 文件即可。

事实上，上述\Debug 文件夹中的三个文件，是在【解决方案配置】为 Debug 状态下执行"生成"操作时生成的结果。若在生成 Hello 应用程序前，【解决方案配置】选择的是 Release 项，则应用程序文件会出现在\Release 文件夹下，如图 10.14 所示。

可以看出，Release 文件夹下的文件更小，文件数量也变少了，但运行后发现软件功能并没有受影响。这是因为\Debug 文件夹中的文件还要多包含一些调试用的信息，而 Release 文件夹下的文件已经是发布版，删除了这些用于调试的内容。

开发过程中产生的解决方案文件主要放在 E:\My Windows Form\Hello 文件夹中，如图 10.15 所示。

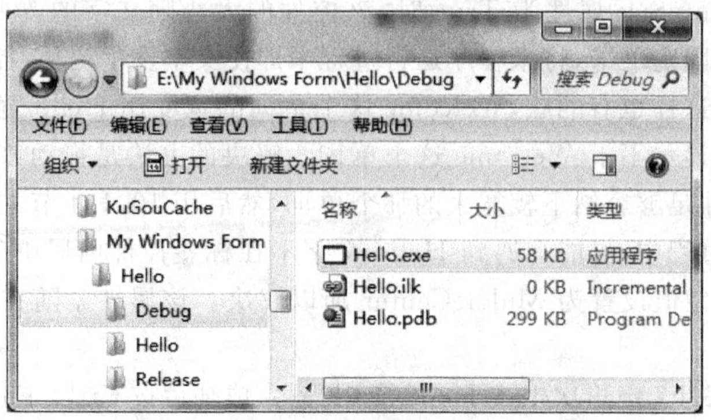

图 10.13　资源管理器中的可执行文件

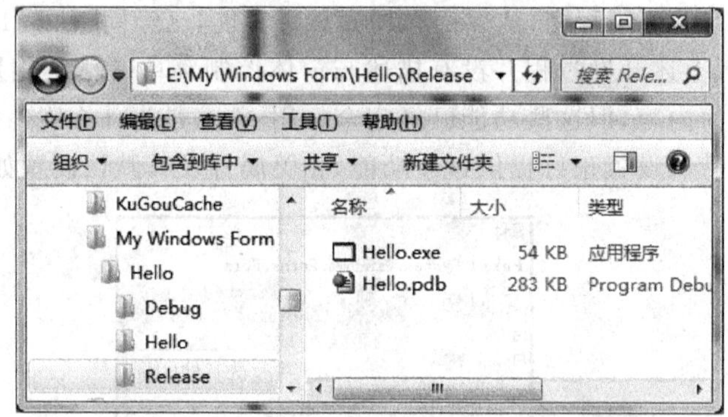

图 10.14　Release 文件夹下的可执行文件

图 10.15　Hello 文件夹下的解决方案文件

项目、资源及源代码文件主要放在 E:\My Windows Form\Hello\Hello 文件夹中，如图 10.16 所示。

图 10.16 Hello\Hello 文件夹下的项目、资源及源代码文件

这些文件在 Visual Studio【解决方案资源管理器】视图中的分类安排如图 10.17 所示。

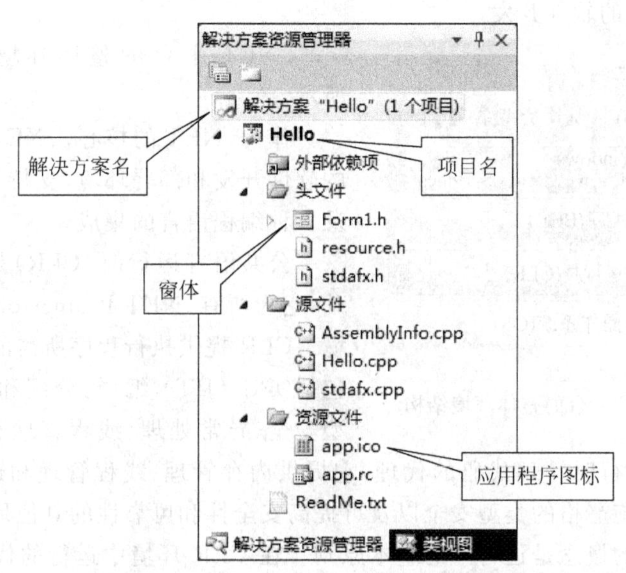

图 10.17 【解决方案资源管理器】视图中的资源及源代码文件

10.2 Windows Form 基础

10.2.1 .NET 与 Windows Form 概述

1. .NET 概述

.NET 平台是微软公司基于开放互联网标准和协议，为简化在第三代互联网的分布式环境下应用程序的开发，实现异质语言和平台高度交互性而创建的新一代计算和通信平台。.NET 平台主要由 5 个部分构成：Windows .NET、.NET 企业级服务器、.NET Web 服务构件、.NET 框架和 Visual Studio .NET。

(1) Windows .NET 是可以运行 .NET 程序的操作系统的统称，主要包括 Windows XP、Windows Server 2003、Windows 7 等操作系统和各种应用服务软件。

(2) .NET 企业级服务器是微软公司推出的进行企业集成和管理的所有基于 Web 的各种服务器应用的系列产品，包括 Application Center 2000、SQL Server 2008、BizTalk Server 2000 等。

(3) .NET Web 服务构件是保证.NET 正常运行的公用性 Web 服务组件。

(4) .NET 框架(.NET Framework)是.NET 的核心部分，是支持生成和运行下一代应用程序和 Web 服务的内部 Windows 组件。.NET 框架的关键组件为公共语言运行时(Common Language Runtime，CLR)和 .NET 基础类库(Basic Class Library，BCL)。BCL 中包括大量用于支持 ADO.NET、ASP.NET、Windows Form(Windows 窗体)和 Windows Presentation Foundation 应用开发的类。

(5) Visual Studio .NET 是用于建立 .NET 框架应用程序而推出的应用软件开发工具，其中包含 C# .NET、C++.NET、VB .NET 和 J# 等开发环境，支持多种程序设计语言的单独和混合方式的软件开发。

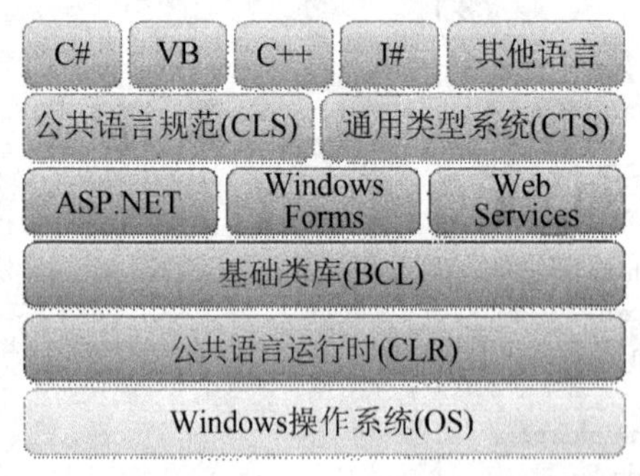

图 10.18 .NET 平台的整体环境结构

.NET 平台的整体环境结构如图 10.18 所示。

作为.NET 的核心，.NET 框架提供了简化的软件开发和部署环境，支持托管代码的执行以及多种编程语言的集成。

公共语言运行时(CLR)是 .NET 框架的基础，它为所有 .NET Framework 代码提供执行环境。CLR 提供执行程序所需的各种函数和服务，包括实时 (JIT) 编译、分配和管理内存、强制类型安全、异常处理、线程管理和安全性。可以将其看作是一个在执行时管理代码的代理，它提供内存管理、线程管理和远程处理等核心服务，并且还强制实施严格的类型安全以及可提高安全性和可靠性的其他形式的代码准确性。事实上，代码管理的概念是运行时的基本原则。在 CLR 环境中运行的代码称为托管代码，否则称为非托管代码。

.NET 框架的另一个主要组件是类库(BCL)，它是一个综合性的面向对象的可重用类型的集合,可以使用它开发多种应用程序,这些应用程序包括传统的命令行或图形用户界面(Graphical User Interface)应用程序,也包括基于 ASP.NET 的网络服务应用程序,如 Web 窗体和 XML Web 服务。

.NET 框架可由非托管组件承载,这些组件将 CLR 加载到它们的进程中并启动托管代码的执行,从而创建一个可以同时利用托管和非托管功能的软件环境。

CLR 为多种高级语言提供了标准化的运行环境,在 Visual Studio .NET 中能用于开发的语言就有 Visual Basic、C#、C++和 J#。

CLR 的规范由公共语言基础结构(Common Language Infrastructure,CLI)描述,其中包括了数据类型、对象存储等与程序设计语言相关的设计规范。CLI 的标准化工作由欧洲计算机制造商协会(European Computer Manufacturers Association,ECMA)完成并成为 ISO 标准,它们分别是 ECMA-335 和 ISO/IEC 23271。

本质上,CLI 提供了一套可执行代码和它运行所需要的虚拟执行环境的规范,虚拟机运行环境能使各种高级语言设计的应用软件不修改源代码即能在不同的操作系统上运行。CLR 是微软对 CLI 的一个实现,也是目前最好的实现,另一个实例是 Novell 公司的一个开放源代码的项目 Mono。

CLI 主要包括通用类型系统(Common Type System,CTS)、元数据(Metadata)、公共语言规范(Common Language Specification,CLS)、通用中间语言(Common Intermediate Language,CIL)和虚拟执行系统(Virtual Execution System,VES)几个部分。

2. Windows Form 应用程序

Windows Form(窗体)也称为窗口,是 Windows 平台上,应用程序与用户进行信息交互的可视图面,它是 Windows 应用程序的基本单元。使用窗体可以显示信息、请求用户输入以及通过网络与远程计算机通信。在.NET 开发中,基于 Windows Form 的 Windows GUI (Graphical User Interface)应用程序称为"Windows 窗体"(或 WinForms)应用程序。

基于.NET 的 Windows Form 应用程序与基于 Windows 基础类库的 MFC 应用程序从软件界面的角度看十分相似,都是以图形化的窗口和控件为人机界面基本元素,只是基于.NET 的 Windows Form 应用程序界面表现形式更丰富、编程工作更简单、软件开发速度更快。Windows Form 应用程序的运行和设计环境是 CLR 托管环境,具有更好的安全性。其软件开发过程中大量使用 BCL 类库中的类,这些类可以用 C++/CLI、C#、VB、J#等多种语言来访问,实现跨语言开发。

本书使用 C++/CLI 语言进行 Windows Form 应用程序的开发,此语言是在 ISO 标准 C++基础上发展而来,可以简单理解为它是符合了 CLI 规范,并能在托管环境下工作的 C++语言,或者说,C++/CLI 就是能在.NET 环境下使用的 C++语言。

使用 Visual C++/CLI 开发 Windows 窗体项目,与使用任何其他.NET 语言(如 Visual Basic .NET 或 C#)进行开发一样,通常都需要通过下面几个步骤来完成。

- 创建新的 Windows 窗体项目。
- 向窗体添加控件。
- 设置窗体和控件的属性。
- 编写事件处理程序代码以处理事件。
- 生成并运行程序。

Visual Studio 提供了窗体【设计器】、【代码】编辑器、【属性】窗口等集成开发环境，用以实现 Windows 窗体应用程序的快速开发。

10.2.2 托管

CLR 提供了托管代码的运行环境。从功能上来看，CLR 很像操作系统，它对运行在它上面的程序负有文件加载、内存管理、代码安全、线程控制等一系列管理责任，它实质上是个应用程序管理者。

也就是说，如果在一个计算机系统中安装了.NET，那么在该系统中就会有两个应用程序的管理者：本地系统和 CLR。于是，运行在本地系统之上的应用程序就叫做“本地代码”，而运行在 CLR 之上的代码就叫做“托管代码”，意思是说，这种代码被本地系统委托给 CLR 来管理了。于是那些符合 CLS 规范的代码就（被）叫做托管代码，而那些不符合该规范的就叫做非托管代码。顺理成章地，CLR 这个软件层也就被叫做了“托管环境”，如图 10.19 所示。

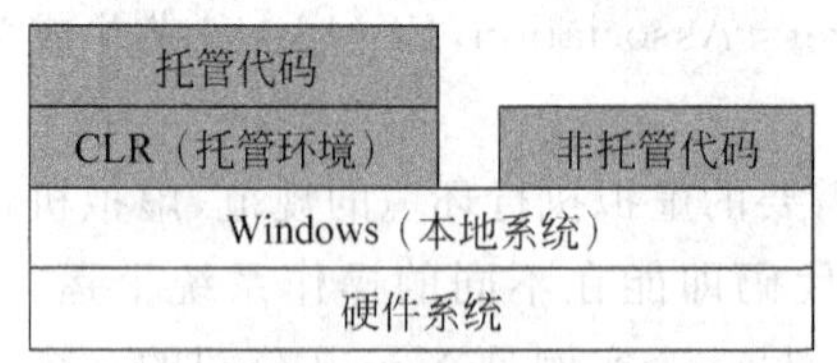

图 10.19 托管与非托管代码

那么，运行在托管环境中的代码究竟会享受到什么特殊待遇呢？大体上来说，托管环境为托管代码提供了三项服务：代码安全检查、类型安全和垃圾自动收集。

由于.NET 经常要运行从网络上下载的程序代码，因此为了防止恶意代码的入侵，CLR 的一个重要工作就是要对下载的代码进行严格的安全性检查。

.NET 的另一个很重要的特性就是类型安全。编译器在对程序进行编译时会严格检查所有对象的类型，这样就会避免在运行时出现类型不匹配的错误，从而保证不会出现错误的类型转换和非法的越界操作。

为了防止用户因错误地销毁对象而使系统崩溃，CLR 设置了一个自动垃圾回收器（Garbage Collector，GC），对托管内存堆进行管理。CLR 的垃圾回收器会定期运行，当收集器的一个回收周期到来时，会对系统中的所有对象进行检查，如果发现某些对象已不再被应用程序所使用，垃圾回收器会立即销毁这些对象以释放它们所占用的内存。垃圾回收器使得程序员不必担心对象是否释放。

其实，垃圾回收器不仅用于收回那些已不再使用的内存空间，它还负责内存“碎片”的整理，以提高内存的使用效率。

由于垃圾回收器的执行，通常 CLR 程序的执行速度要稍慢于人工管理内存的程序。但是，这仅仅在实时性要求高的应用程序中才是问题，对于大多数对速度不是十分挑剔的程序，自动内存管理所带来的优势是十分明显的。

10.2.3 .NET 类库中的常用命名空间与常用类

.NET Framework 类库（BCL）是一个由 Microsoft .NET Framework SDK 中包含的类、接口和值类型组成的库。该库提供对系统功能的访问，是建立.NET Framework 应用程序、组件和控件的基础。

在 BCL 中，类（以及接口、值类型）的数目极其庞大，为了不出现重名，BCL 采用层次结构的命名空间技术来防止命名冲突。在 C++/CLI 中，用作用域运算符（::）来标识类所属的命名空间，如 System::Random，它表示 Random 类（随机数类）所属的是 System 命名空间。而 System::Random 则称为 Random 类的全名。当一个类属于嵌套的命名空间时，全名的第一部分（最右边的::之前的内容）是命名空间名，全名的最后一部分是类名。例如，类全名 System::Windows::Forms::Button 中的 Button 是类名，表示按钮类，其前面的 System::Windows::Forms 是命名空间名，它的含义是在 System 命名空间中有一个叫做 Windows 的命名空间，而在此 Windows 命名空间中又有一个叫做 Forms 的命名空间。全名 System::Windows::Forms::Button 的含义是：Button 类是在 System 命名空间中的 Windows 子命名空间的 Forms 子命名空间中进行定义的，或者说，在嵌套的三级命名空间 System::Windows::Forms 中有一个叫做 Button 的类的定义。

可以看出，当一个类处在一个多层嵌套命名空间的较深位置时，这个类的名称会很长，使用起来并不方便。命名空间技术提供 using 关键字，允许程序员在程序的开头位置先指出被引用类的命名空间名，从而使程序中的类名变短。例如，在程序的开头写上：

```
using namespace System::Windows::Forms;
```

然后，在以后的编程过程中，所有需要代码 System::Windows::Forms::Button 的地方都可以简写为代码 Button 了。

其实，在.NET 技术之前，早已有了命名空间的概念，但该技术一直没有得到大量使用，即使是在大名鼎鼎的 MFC 中也是如此，显得很是鸡肋。直到在.NET Framework 类库（BCL）中，命名空间技术才得到广泛使用。

下面简单介绍本书中常用的命名空间和相关的类。

1. System 命名空间

System 命名空间是.NET Framework 中基本类型的根命名空间。主要包含基础类，用于定义基本数据类型变量、字符串、数组、事件处理程序参数等，而有些类则专用于数学计算、数据类型转换等基本操作，如 Object 类、String 类、Array 类、Math 类、Random 类、Convert 类、EventArgs 类，以及 Int32 结构、Double 结构、DateTime 结构等。

此外，System 命名空间还包含一百多个类，范围从处理异常的类到处理核心运行时概念的类，如应用程序域和垃圾回收器等。

System 命名空间还包含许多二级命名空间。

2. System::Windows::Forms 命名空间

System::Windows::Forms 命名空间中包含大量用于创建 Windows Form 应用程序的类，这些类大多都有两种使用方式：可视控件方式和文字代码表示方式。比如按钮控件，在开发界面的【工具箱】视图中有一个可以拖曳的图标 ab Button，可以把此图标拖曳到窗体界面上形成一个可视的按钮，并可以在【属性】窗口中设置其属性，此种方式适用于窗体打开前各个控件属性的初始化；而另一种使用方式则是在程序代码中使用 Button 类名，比如可以使用以下代码在托管堆上创建按钮对象，并把它的地址赋给跟踪句柄变量 button1：

```
System::Windows::Forms::Button^ button1;
button1 = gcnew System::Windows::Forms::Button();
```

然后，可以用下面的代码修改 button1 所指向的按钮对象的 Text 属性：

```
button1-> Text = L"Exit";
```


执行此语句后，在窗体界面上，button1 按钮上显示的文字将变为 Exit，此种方式适用于在程序执行过程中动态创建对象或修改对象的属性值，实现动态变化效果。上述代码的语法知识将在 10.2.5 节中做进一步讲解。

表 10.1 给出了按类别分组的 System::Windows::Forms 命名空间中的常用类。

表 10.1　System::Windows::Forms 命名空间中的常用类

类的类别	详 细 信 息
控件和窗体	System::Windows::Forms 命名空间中的大多数类都是从 Control 类派生的，Control 类为在 Form 中显示的所有控件提供基本功能。 Form 类表示应用程序内的窗口，包括对话框，无模式窗口和多文档界面(MDI)客户端窗口及父窗口
菜单和工具栏	用户可以使用 ToolStrip 类、MenuStrip 类、ContextMenuStrip 类和 StatusStrip 类创建工具栏、菜单栏、上下文菜单以及状态栏
控件	System::Windows::Forms 命名空间提供各种控件类，如用于数据输入的 TextBox 和 ComboBox 控件类，用于显示数据的 Label 和 ListView 类，还有用于接受命令的 Button 按钮类等
布局	FlowLayoutPanel 类以顺序方式对它包含的所有控件进行布局，TableLayoutPanel 类让用户可以在固定的网格上为布局控件定义单元格和行。SplitContainer 类将用户的显示图面分成两个或多个可调整的部分
数据和数据绑定	DataGridView 控件为显示数据提供了可自定义的表，允许用户自定义单元格、行、列和边框。BindingNavigator 控件代表了在窗体上导航和使用数据的一种标准化方式；BindingNavigator 通常与 BindingSource 控件一起使用，用于在窗体上的数据记录中移动并与这些数据进行交互
组件	某些不是从 Control 派生的类，如使用 Help 和 HelpProvider 类，可以向应用程序的用户显示帮助信息
通用对话框	OpenFileDialog 和 SaveFileDialog 类显示文件打开和保存对话框。FontDialog 类显示【字体】对话框，让用户更改应用程序所使用的字体元素。PageSetupDialog、PrintPreviewDialog 和 PrintDialog 类显示对话框，以便允许用户控制文档打印的各个方面。MessageBox 类，用于显示消息框，该消息框可以显示和检索用户提供的数据

System::Windows::Forms 命名空间内还有许多类，它们为前面的摘要中提及的类提供支持。支持类的例子有枚举类、事件参数类，以及控件和组件内的事件使用的委托等。

3. System::Drawing 命名空间

System::Drawing 命名空间提供了对 GDI+ 基本图形功能的访问。其二级子命名空间 System::Drawing::Drawing2D、System::Drawing::Imaging 和 System::Drawing::Text 中提供了更高级的功能。

System::Drawing 命名空间定义了几个重要的与图形绘制相关的类和结构。Graphics 类提供了绘制到显示设备的方法。Pen 类用于绘制直线和曲线，从抽象类 Brush 派生出的类用于填充形状的内部。Font 类用于定义特定的文本格式，包括字体、字号和字形特性。Point 结构提供有序的 x 坐标和 y 坐标整数对，该坐标对在二维平面中定义一个点。Size 结构存储一个有序整数对，它指定 Height 和 Width。而 Rectangle 结构则是存储一组整数，共 4 个，表示一个矩形的位置和大小。Color 结构表示一种 ARGB 颜色（alpha、红色、绿色、蓝色），其中，alpha 值表示透明度。

10.2.4 C++/CLI 的基本数据类型

ISO 标准 C++中的基本数据类型（如 int、double、char 和 bool）在 C++/CLI 程序中可以继续使用，但是它们已被编译器映射到在 System 命名空间中定义的 CLI 值类类型（Value Class Type）。ISO 标准 C++基本类型名称是 CLI 中相对应的值类类型的简略形式。

表 10.2 中给出了基本数据类型和对应的值类类型，以及为它们分配的内存大小。

表 10.2 C++/CLI 的基本数据类型

C++基本数据类型	C++/CLI 值类类型	大小/B
bool	System::Boolean	1
char、singed char	System::SByte	1
unsigned char	System::Byte	1
short	System::Int16	2
unsigned short	System::UInt16	2
int、long	System::Int32	4
unsigned int、unsigned long	System::UInt32	4
long long	System::Int64	8
unsigned long long	System::UInt64	8
float	System::Single	4
double、long double	System::Double	8
wchar_t	System::Char	2

在 C++/CLI 程序中，用基本数据类型定义变量与用 C++/CLI 的简单值类类型定义变量等价。例如语句：

```
double value = 2.5;
```

定义了 double 型变量 value，并赋初值 2.5，它与下面的语句等价：

```
System::Double value = 2.5;
```

10.2.5 引用类型、跟踪句柄及托管对象的使用

1. 值类型（Value Type）与引用类型（Reference Type）

区别于本地 C++的数据类型，C++/CLI 的数据类型称为托管类型。托管类型分为值类型和引用类型两类。

用值类型定义的变量默认情况下是在堆栈（stack）上分配空间，把要存储的数据值直接存放在变量中，变量的值就代表数据本身。用表 10.2 中的数据类型声明的变量均属于值类型。值类型的数据具有较快的存取速度。

一个具有引用类型的数据并不驻留在栈中，而是存储于托管堆（managed heap）中，即是在 CLR 托管堆中分配储存空间。该储存机制并不直接存储所包含的数据值，而是用一个引

用变量指向所要存储的数据，该引用变量中存放的是所要访问的数据的地址，而该引用变量是在栈上分配储存空间的。当访问一个具有引用类型的数据时，先要到栈中获取相应引用变量的内容，通过该引用变量来引用托管堆中的一个实际数据。在 C++/CLI 中，称此引用变量为跟踪句柄。

引用类型的数据通常是用 BCL 类库中的类定义的对象。例如，System 命名空间中的 String 类是引用类型，用 String 类声明的某对象是引用类型的数据，而使用该 String 对象时，则必须通过指向该对象的跟踪句柄变量。

.NET 框架结构本可以将所有类型设为引用类型，支持值类型的目的是避免处理整型和其他基本数据类型时产生不必要的开销。引用类型的数据比值类型的数据具有更大的存储规模和较低的访问速度。

2. 跟踪句柄与 gcnew

1）跟踪句柄变量

在 C++/CLI 中，通常用跟踪句柄变量来使用引用类型数据。定义跟踪句柄变量的语法与定义普通变量的形式相似，格式如下：

```
<数据类型> ^ <句柄名 1>[, ^ <句柄名 2>, … ];
```

注意，“^”符号（发音 hat）加在数据类型名后面或变量名前面均可。例如：

```
String^ handlename;                          // ^在类型名后面
String  ^handlename;                         // ^在变量名前面
```

上述语句定义了一个字符串跟踪句柄变量 handlename，也称引用变量。该跟踪句柄变量中存放的将是托管堆中字符串类型数据的跟踪句柄，即该字符串的地址，用于托管堆中字符串数据的访问（此处尚未赋值）。由于 CLR 的垃圾回收器会对托管堆进行压缩整理，可能移动存储在托管堆中的对象，所以此地址值有可能不是某一个固定值，好在垃圾回收器会自动更新句柄所包含的地址，这也正是跟踪句柄名称中“跟踪”二字的由来。

在 Windows Form 应用程序代码中，经常会看到类似下面的语句。

```
private: System::Windows::Forms::Button^ button1;
private: System::Windows::Forms::Button^ button2;
private: System::Windows::Forms::Label^ label1;
```

实际上，上述三个语句是在向窗体对象上添加控件时系统自动生成的。打开“Hello 应用程序”，切换到【代码】编辑器视图，用滚动条滚动到 Form1. h 文件的开始部分，就会看到类似上面的三个语句了。注意，上面语句中的 System::Windows::Forms 就是前文刚讲过的命名空间名，而 Button 和 Label 则是该空间中的两个类，上述语句用这两个类声明了三个跟踪句柄变量，分别命名为 button1、button2 和 label1，准备将来用于对窗体界面上三个可视控件的访问。

2）在托管堆上动态分配内存

引用类型数据通常是 System 命名空间中各个类的实例，一般用 gcnew 关键字为其分配空间。gcnew 与标准 C++中 new 关键字相对应，用于数据的动态储存，实现内存空间的动态分配。

本地 C++用 new 关键字为对象在本地堆上分配内存，并且返回一个新分配内存的指针。类似地，托管 C++/CLI 用 gcnew 关键字为托管对象在托管堆上分配内存，并且返回一个指向这块新内存的跟踪句柄。如同 new 返回的地址需要一个指针变量保存它一样，gcnew 返回的跟踪句柄值也需要有相应的跟踪句柄变量进行存储。

例如，语句：

```
DateTime^ myHandle = gcnew DateTime(2010,4,19);
```

表示在托管堆上创建 DateTime 结构的实例，并由跟踪句柄变量 myHandle 保存返回的跟踪句柄值。将来对该 DateTime 结构实例的访问，一律使用跟踪句柄变量 myHandle。

在 10.1 节的"Hello 应用程序"中，窗体界面上放置了两个按钮控件和一个标签控件，这三个控件虽然是设计时在窗体界面上通过拖动放置的，但它们也可以通过以下三个语句创建。

```
this->button1 = (gcnew System::Windows::Forms::Button());
this->button2 = (gcnew System::Windows::Forms::Button());
this->label1 = (gcnew System::Windows::Forms::Label());
```

此处使用的 button1，button2 和 label1 即是上面刚刚声明的跟踪句柄变量。

实际上，这三个语句也是在向窗体对象上添加控件时系统自动生成的。在"Hello 应用程序"【代码】编辑器视图中，在变量 button1、button2 和 label1 声明语句稍下面一点儿，就会看到类似上面的三个语句了。

上述语句在 CLR 托管堆上申请了三块空间，分别存放三个类对象，前两个存放按钮控件，后一个存放标签控件。为了访问这三个控件，系统把这三块空间的地址，即跟踪句柄分别放到了三个跟踪句柄变量 button1，button2 和 label1 中。将来若想要访问窗体界面上这三个可视控件，只要使用 button1，button2 和 label1 这三个跟踪句柄变量就可以了。

注意，button1 只是本地栈上的跟踪句柄变量，其内存放的只是并不占用多少空间的地址值。而通过它所使用的引用类型数据、Button 类的实例对象，却存放在 CLR 的托管堆中，占用的空间相比于 button1 而言，却要多出很多很多。

CLR 上的托管堆称为垃圾回收堆(Garbage-collected Heap)，用于在其上分配空间的关键字 gcnew 中的"gc"前缀的含义即是指垃圾回收。由于 CLR 有垃圾自动回收功能，所以程序员再也不必为对象是否已经释放而忧心了。

注意，系统规定，在托管堆上分配的对象都不能在全局作用域内声明，也就是说，全局或静态变量的类型不能是托管类型。

3. 托管对象成员的访问

在 C++/CLI 中，想要访问存放在 CLR 的托管堆中的对象，需要通过使用指向该对象的跟踪句柄变量来实现。

比如前文的按钮控件，在界面上，它是一个可视的实体，但我们并不能用此控件实体的名字来访问它，甚至都不知道它的名字，注意 button1 并不是它的名字。.NET 提供给的方式是，尽管不知道它的名字，但知道它的地址，它的地址就存储在跟踪句柄变量 button1 中。所以，只要使用 button1 就可以实现对该按钮的访问了。换言之，button1 就是该按钮控件的代表，使用 button1，其实就是在使用该按钮控件，甚至有时候直接就使用"button1 按钮"这样的表述形式了。

由于跟踪句柄变量中存储的是地址值，这有点儿类似标准 C++里的指针，所以，使用跟踪句柄变量访问对象的成员时，需要使用"->"运算符。例如，在 Windows Form 应用程序代码中，经常会看到类似下面的代码。

```
this -> button1 -> Location = System::Drawing::Point(202, 199);
this -> button1 -> Size = System::Drawing::Size(94, 28);
this -> button1 -> Name = L"button1";
this -> button1 -> Text = L"Ok";
```

上面各语句中 button1 的含义与前文相同，还是按钮控件的跟踪句柄变量，Location、Name、Size 和 Text 分别是该按钮控件的位置属性、名称属性、大小属性和文本属性。执行以上语句，分别设置此按钮控件的位置、大小、名称和控件表面显示的文字。这些语句可以在向窗体对象上添加按钮控件时由系统自动生成，也可以由程序员在需要时自己编写。

编码说明：

(1) 此处的"this"是指向当前窗体对象的指针。由 button1 的定义可知，它是在当前窗体内声明的私有成员变量，所以可以使用"this -> button1"这样的形式来表示当前窗体的 button1 成员。而 button1 作为指向某按钮对象的跟踪句柄变量，其中存放的是该按钮对象的地址，所以要使用该按钮对象的成员时，可以使用类似 this -> button1 -> Text 的形式。此表达式可以简单地理解为：当前窗体中的 button1 按钮的 Text 属性。其实仔细理解起来，此处的 this 与标准 C++中的含义并不冲突。

(2) ASCII 字符与 Unicode 字符。代码中字符串常量"Ok"和"button1"左侧的大写字符"L"，表示字符串"Ok"和"button1"将使用 Unicode 字符集中的字符，这种字符集是目前使用较为广泛的一种字符集，它是宽字符格式中的一种。使用时，若在字符串常量前加上前缀"L"，则表示此字符串是 Unicode 字符序列，否则为 ASCII 字符序列。

(3) Point 结构与 Size 结构都是 System::Drawing 命名空间中定义的结构体类型，用于表示对象的位置和大小。此处直接用该结构体类型的构造函数初始化了一个 Point 值和一个 Size 值，并分别赋给 button1 按钮对象的 Location 属性和 Size 属性，确定了该按钮的位置和大小。

上面的例句实现的是对托管对象属性的访问，下面的语句实现对窗体对象的方法的调用：

```
this -> Close();
```

Close()是 Form 类的方法，调用该方法时，将关闭窗体对象。

由于 C++/CLI 中使用的对象几乎都是托管对象，所以在后面的代码编写过程中，很少使用". "表示法。

10.2.6 字符串

在 C++/CLI 中，字符串是 System 命名空间中 String 类的对象，属于引用类型数据，在托管堆上分配内存。

C++/CLI 中用 String 类类型来定义字符串，所定义的字符串是 Unicode 字符的有序集合，用于表示文本。每个 Unicode 字符占用内存中的两个字节。String 对象的值是不可变的，一旦创建了该对象，就不能修改该对象的值。看似修改了 String 对象的方法或函数实际上是返回一个包含修改内容的新 String 对象，而原字符串对象若没有其他跟踪句柄引用，则原字符串对象将自动回收。如果需要修改字符串对象的实际内容，应使用 System::Text::StringBuilder 类。

与其他引用类型对象的声明相同，String 对象使用类似如下的方式定义及初始化。

```
String^ msg = "Welcome to C++/CLI programming!";
String^ errorStr = gcnew String("输入错误!");
```

例如，以下语句定义了 4 个字符串变量 s1，s2，s3，s4，并分别对 s1，s2 和 s3 进行了初始化。

```
String^ s1 = "This will ";
String^ s2 = "be a ";
String^ s3 = "String", ^s4;
```

从本质上来说，这些字符串变量应该称为 String 类对象的跟踪句柄变量，这些 String 类对象储存在 CLR 托管堆上，跟踪句柄变量 s1，s2，s3 只是保存了这些 String 类对象的地址。但通过下面对这几个字符串变量的使用，会发现称它们为字符串变量显得更为贴切。所以，有时类似“字符串变量 s3”这样的说法也普遍被大家所接受。

下面的语句实现以上三个字符串的连接。

```
s4 = s1 + s2 + s3;                          //s4 指向字符串“This will be a String”.
```

下面的语句实现字符串的替换，它把 s4 中的字符“i”替换成“*”，替换后让 s5 指向新字符串“Th*s w*llbe aStr*ng”。

```
String^ s5 = s4->Replace("i","*");
```

下面的语句实现字符串的插入操作，它往 s3 指向的字符串"String"中插入了另一个字符串"ange Str"，然后把新形成的字符串地址赋值给 s6，此时 s6 指向新字符串“Strange String”。

```
String^ s6 = s3->Insert(3,"ange Str");//往第三和第四字符之间插
```

下面的语句从现有字符串中删除一些文本。

```
    s2 = s2->Remove(0,3);               // 把 s2 从开始位置去掉"be"三个字符.
    s1 = s1->Remove(4,5);               // 从第 4 个字符后面的字符开始,去掉" will"5 个字符
```

下面的语句返回 s3 所指向的字符串的长度。

```
int len = s3->Length;
```

注意，上面例句中用到的 Replace()，Insert()，Remove()均是 String 类的方法，而 Length 是 String 类的属性，所以 Length 后面没像替换、插入等操作那样有圆括号“()”标识。

String 类提供了许多成员函数和运算符重载函数，用于实现字符串的复制、合并、比较、查找和替换等操作。有关详细信息请参阅 MSDN String 类的相关内容。

10.2.7 数组

C++/CLI 数组与 String 一样是引用类型，在托管堆上程序可以定义一维数组、多维数组和不规则数组。与其他引用类型相同，托管堆中的数组也需要通过句柄来访问。

C++/CLI 中使用 array 关键字定义托管数组，一维数组可采用类似下面的方式进行定义。

```
array< int>  ^a = gcnew array< int>(10);
```

该语句定义了具有 10 个数组元素的整型数组，它可以通过跟踪句柄变量 a 进行访问，每个数组元素的值均为 0。再比如：

```
array< int>  ^b = {1,3,5,7,9};
```

此语句定义了具有 5 个元素的整型数组，它可以通过跟踪句柄变量 b 进行访问，数组元素值依次初始化为 1、3、5、7、9。而下面的语句则定义了具有 20 个元素的实型数组，它可以通过跟踪句柄变量 c 进行访问，每个元素均初始化为默认值 0.0。

```
array< double>  ^c (gcnew array< double>(20));
```

一维托管数组元素的访问方式与本地 C++数组一样，使用方括号中加下标的方式引用单个数组元素，并且下标的初值也是 0。例如，a[0]和 a[3]分别表示访问数组的第 1 和第 4 个数组元素。

多维数组的定义方法与一维数组类似。一维数组实际上是维数为 1 的多维数组，默认情况下，托管数组定义语句中的维数值即为 1。多维数组的最大维数值为 32。多维托管数组可采用类似下面的方式进行定义。

```
array< int,2>  ^a = gcnew array< int,2>(4,5);
```

该语句定义了 4 行 5 列，共 20 个元素的二维整型数组。

多维数组元素的访问方式与本地 C++数组不同，采用在一个方括号内用逗号分隔索引值的方法，如 a[0,0]。

与本地 C++数组类似，所有数组若越界访问，则会引发异常。

10.2.8 自定义引用类型类

用 C++/CLI 声明引用类型类，可采用类似下面的方式进行定义。

```
ref class Square
{
public:
    int Width,Height;
    int Area( )
    {
        return Width * Height;
    }
};
```

可以看出，用 C++/CLI 声明引用类型类的方法与标准 C++极其相似，只是在类名声明部分的最前面加上了关键字"ref"，其他部分保持不变。

将来在程序中可使用如下的代码，在 CLR 托管堆上创建此 Square 类的实例，并用跟踪句柄变量 rect 实现对该对象及其成员的访问。

```
Square ^rect = gcnew Square();
rect -> Height = 5;
rect -> Width = 6;
int a = rect -> Area();
```

当然，传统的对象创建及使用方式仍然可用，尽管并不提倡。比如：

```
Square rc;
rc.Height = 3;
rc.Width = 6;
int a = rc.Area();
```

由于对象 rc 是创建在本地堆栈上，而不是托管堆上的，所以该方法采用". "表示法来实现对象成员的访问。

10.2.9 事件及事件处理程序

在图形用户界面的应用程序中，每个窗体和控件都公开一组预定义事件，用户的各种操作，如单击按钮、菜单的选定、鼠标的移动等操作，在系统看来，就是发生了某种用户输入事件。如单击按钮时，发生 Button 控件的 Click 事件，鼠标指针移过某组件时，发生 MouseMove 事件等。

程序对事件进行响应的整个过程称为事件处理。事件处理程序是绑定到事件的方法。当引发事件时，事件处理程序内的代码得以执行。Windows Form 编程的大部分代码都写在窗体及控件的事件处理程序中，比如 10.1 节中的"Hello 应用程序"，其关闭窗体和改变显示文本内容的代码便是分别编写在两个按钮控件的事件处理程序 button2_Click()和 button1_Click()中，具体内容详见 10.1.5 节。

在 C++/CLI 中，每个事件处理程序均提供两个参数供程序员使用。比如前文中提到的名为 Button1 的按钮控件的事件处理程序 button1_Click()，其未添加代码时的形式如下：

```
private: System::Void button1_Click(System::Object^ sender, System::EventArgs^ e) {
        }
```

第一个参数是 Object 类型的跟踪句柄变量 sender，第二个参数是 EventArgs 类型的跟踪句柄变量 e，这两个引用类型都是在 System 命名空间中定义的。

尽管事件处理程序提供了这样两个参数供大家使用，但在编码时并不一定要使用这两个参数。事实上，多数事件处理程序代码都不使用这两个参数，但也已经很好地满足了编码的需要。比如 10.1 节中的"Hello 应用程序"，在整个程序的编码过程中，就完全未使用到这两个参数。

上面事件处理程序中的第一个参数 sender，提供对引发事件的对象的引用。比如用户单击某按钮时，sender 提供的是对该按钮对象的引用。当然，具体使用时还需要把 sender

的类型做一些转换才行。第二个参数 e 传递特定于要处理的事件的对象。通过引用该对象的属性或方法,可获得一些待处理的数据信息,如鼠标事件中鼠标的位置或拖放事件中传输的数据等。

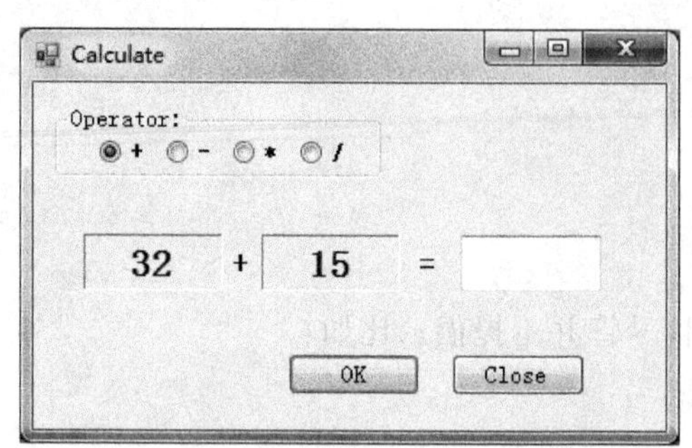

图 10.20　事件处理程序参数 sender 使用示例窗体

下面是这两个参数使用的示例。

示例一:事件处理程序第一个参数 sender 的使用。

在图 10.20 中,4 个 RadioButton 单选按钮控件的 Click 事件均绑定到了 Operator_Clicked() 事件处理程序(具体操作见下节)。下面的代码实现当单击【+】、【-】、【*】或【/】中的某一个单选按钮时,窗体中部两个整数间的运算符将变成刚刚单击选定的运算符。比如现在窗体中显示的是单击【+】号按钮后的状态,准备做加法运算。

```
private: System::Void Operator_Clicked(System::Object^  sender,System::EventArgs^ e) {
        RadioButton^  RBtn = (RadioButton^  )sender;     //获得被单击的单选按钮
        this -> label3 -> Text = RBtn -> Text;            //把单选按钮上的文本显示到标签控件上
    }
```

上面的代码中,参数 sender 提供对引发事件的对象的引用,它是一个跟踪句柄变量。此例中,引发事件的对象即是所单击的单选按钮(加、减、乘、除中的某一个)。但 sender 被声明成 System::Object ^类型,RadioButton 类型是 Object 类型的派生类型,所以要想使用某单选按钮的 Text 属性,需要使用强制类型转换,把对 Object 类型实例的引用转换为对 RadioButton 类型实例的引用,实现代码如下。

```
RadioButton^  RBtn = (RadioButton^  )sender;
```

它声明了一个 RadioButton 类型的跟踪句柄变量或引用变量 RBtn,并初始化为对引发事件的单选按钮对象的引用。有了上面语句的铺垫,那么再想要使用被单击单选按钮的属性值就变得简单了。下面的语句用 RBtn -> Text 表达式获取被单击单选按钮的 Text 属性,并把它赋给表示运算类型的标签控件 label3 的 Text 属性,实现四则运算类型的选择。

```
this -> label3 -> Text = RBtn -> Text;
```

示例二:事件处理程序第二个参数"e"的使用。

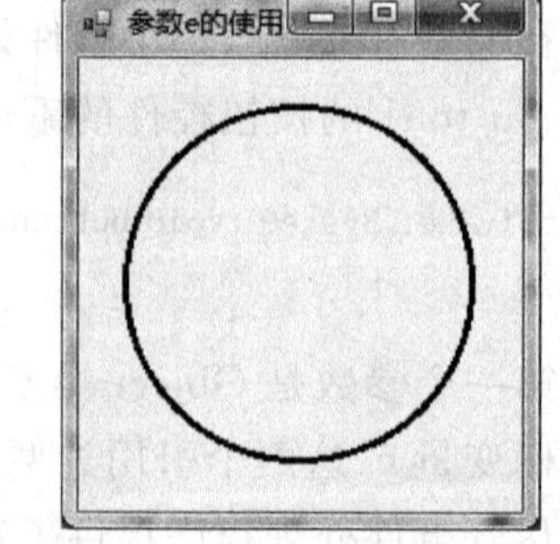

图 10.21　事件处理程序参数 e 使用示例窗体

图 10.21 是在窗体背景上画了个圆。实现此功能的代码添加在窗体的绘制事件处理程序 Form1_Paint() 中(具体添加操作见下节)。

```
private:System::Void Form1_Paint(System::Object^  sender,System::Windows::Forms::PaintEventArgs^  e)
{
```

```
    Pen^ blackPen = gcnew Pen( Color::Black,3.0f );             //定义画笔颜色及粗细
    e->Graphics->DrawEllipse(blackPen,20,20,150,150);           //画圆
}
```

事件处理程序中，第二个参数 e 传递的是特定于要处理的事件的对象。在此示例中，这个要处理的事件便是窗体的绘制事件 Paint，该事件在重新绘制窗体时发生。而 e 传递的便是专门与此 Paint 事件配合使用的特定对象。此对象是绘制事件参数类(PaintEventArgs)的一个实例。PaintEventArgs 是定义在 System::Windows::Forms 命名空间上的一个类，主要用于为 Paint 事件提供数据。PaintEventArgs 类有两个重要属性，其中，Graphics 属性主要用于进行图形的绘制，而 ClipRectangle 属性主要用于获取要在其中进行绘画的矩形。在第 12 章中将会讲到，图形绘制主要靠使用图形绘制类 Graphics 完成，该类中封装了大量与图形绘制有关的属性和方法。而此处的参数 e 所指向的 PaintEventArgs 类的实例，其属性便是此 Graphics 类。因此，通过使用 e->Graphics 表达式，便可进一步实现图形的各种绘制操作。

此例 Form1_Paint()事件处理程序中的第二行语句，使用 Graphics 类的 DrawEllipse()方法在窗体中绘制了一个圆。该 DrawEllipse()方法要求提供绘制时所用的笔和所绘图形的位置及大小，这些数据以参数的形式提供给它。而此处的笔则是在第一行语句中定义的，它被直接初始化为黑色，且粗细为 3 个像素。

在鼠标事件中使用参数 e 传递鼠标指针位置的方法请参看第 12 章的“时钟应用程序 Clock”。在该程序中，使用了控件的 MouseDown 和 MouseUp 事件，在与这两个事件绑定的事件处理程序中，参数 e 指向的是 System::Windows::Forms::MouseEventArgs 类实例，MouseEventArgs 类有 Location、X、Y 等表示鼠标指针位置、坐标的属性。可以使用 e->X 和 e->Y 等形式来获取鼠标指针当前位置。

10.2.10 几个常用类和常用结构

编写 Windows Form 界面，主要靠使用各种控件类和图形类的属性和方法实现。

System::Windows::Forms 命名空间提供了大量的控件类，如标签(Label)类、按钮(Button)类、文本框(TextBox)类、图片(PictureBox)类、单选按钮(RadioButton)类、复选框(CheckBox)类、滚动条(HScrollBar、VScrollBar)类、列表框(ListBox)类、下拉式列表框(ComboBox)类等。而在 System::Drawing 命名空间及其子空间中则定义了几个重要的与图形绘制相关的类和结构。如图形(Graphics)类、钢笔(Pen)类、画刷(Brush)类、字体(Font)类以及点(Point)结构、尺寸(Size)结构、矩形(Rectangle)结构、Color 结构等。以上各个控件类和图形绘制类的使用将在第 11 章和 12 章中进行介绍。

除以上各类外，Windows Form 编程过程中还会经常遇到几个常用类，如窗体(Form)类、对象(Object)类、数据类型转换(Convert)类、日期时间(DateTime)结构、随机数(Random)类、数学(Math)类等，下面对这几个常用类和结构加以简单介绍。

1. 窗体(Form)类

Form 是应用程序中所显示的任何窗口的表示形式。Form 类可用于创建标准窗口、工具窗口、无边框窗口和浮动窗口。还可以使用 Form 类创建模式窗口，例如对话框。一种特殊类型的窗体，即多文档界面（MDI）窗体可包含其他称为 MDI 子窗体的窗体。通过将 IsMdiContainer 属性设置为 true 来创建 MDI 窗体。通过将 MdiParent 属性设置为将包含

MDI 子窗体的 MDI 父窗体来创建 MDI 子窗体。

1）Form 类的常用属性

通常设置窗体都是通过窗体的属性进行的。使用 Form 类中的属性，可以确定所创建窗口或对话框的外观、大小、颜色，实现窗口管理功能。例如，Text 属性允许在标题栏中指定窗口的标题，Size 和 DesktopLocation 属性允许定义窗口在显示时的大小和位置。使用 ForeColor 颜色属性可以更改窗体上放置的所有控件的默认前景色。FormBorderStyle 属性可以设置窗体边框样式，MinimizeBox 和 MaximizeBox 属性则用于控制运行时窗体是否可以最小化、最大化。

表 10.3 中给出了部分常用 Form 类的属性。

表 10.3　Form 类的常用属性

Form 类的属性	说　明
AcceptButton	把该属性设置为窗体上的某按钮后，当用户按 Enter 键时相当于单击此按钮
AutoScaleDimensions	获取或设置窗体的设计比例尺寸
AutoScaleMode	获取或设置窗体的自动缩放模式
BackColor	获取或设置窗体的背景色
BackgroundImage	获取或设置在窗体中显示的背景图像
CancelButton	把该属性设置为窗体上的某按钮后，当用户按 Esc 键时相当于单击此按钮
ClientRectangle	获取表示窗体的工作区的矩形
ClientSize	获取或设置窗体工作区的大小
Controls	获取包含在窗体内的控件的集合
Cursor	获取或设置当鼠标指针位于窗体上时显示的光标
DesktopLocation	获取或设置 Windows 桌面上窗体的位置
Enabled	获取或设置一个值，该值指示窗体是否可以对用户交互做出响应
ForeColor	获取或设置窗体的前景色
Font	获取或设置窗体显示的文字的字体
FormBorderStyle	获取或设置窗体的边框样式
Location	获取或设置以屏幕坐标表示的代表 Form 左上角的 Point
MaximizeBox	获取或设置一个值，该值指示是否在窗体的标题栏中显示【最大化】按钮
MinimizeBox	获取或设置一个值，该值指示是否在窗体的标题栏中显示【最小化】按钮
Name	获取或设置窗体的名称
Opacity	获取或设置窗体的不透明度级别（值：0.0～1.0）
StartPosition	获取或设置运行时窗体的起始位置
Size	获取或设置窗体大小
Text	获取或设置窗体的标题文本
TransparencyKey	获取或设置将表示窗体透明区域的颜色

如果在 Form 可见之前将 Enabled 属性设置为 false，比如在【设计器】中将 Enabled 设置为 false，则【最小化】、【最大化】和【关闭】按钮保持启用状态。如果在 Form 可见后（例如发生 Load 事件时）将 Enabled 设置为 false，则拒绝一切用户交互操作。

设置窗体属性可先在窗体【设计器】中单击窗体背景，选中窗体，然后通过类似图 10.5 的【属性】窗口进行设置。也可以在【代码】编辑页面中用类似下面的语句进行。

```
this->Name = L"Form1";
this->Text = L"My First Visual C++ Program";
this->AutoScaleDimensions = System::Drawing::SizeF(6,12);
```

```
this -> AutoScaleMode = System::Windows::Forms::AutoScaleMode::Font;
this -> ClientSize = System::Drawing::Size(447,269);
this -> Controls -> Add(this -> textBox1);
this -> Controls -> Add(this -> button2);
this -> Controls -> Add(this -> button1);
```

说明：

第1、2行语句分别设置窗体名称和标题文本，所用字符串采用 Unicode 宽字符格式。

第3行语句把窗体的设计比例尺属性设置为用 System::Drawing 命名空间中 SizeF(6, 12)结构表示的矩形，这样，运行时显示的窗体宽度将是高度的二倍。

第4行语句把窗体的自动缩放模式属性设置为枚举常量 Font，它表示“根据 Form 类使用的字体(通常为系统字体)的维度控制缩放”，它是大多数应用程序都使用的自动缩放模式。该属性是 AutoScaleMode 枚举数据类型的变量，其可选的枚举常量还有 None 和 Dpi，分别表示禁用自动缩放和根据显示分辨率控制缩放，常用分辨率为 96 和 120 DPI。

注意，枚举常量的表示形式，除了要使用此常量名外，通常还要在该常量名前面加上相应的命名空间名和枚举数据类型名，并用作用域运算符“::”分隔开。类似的枚举类型的窗体常用属性还有 FormBorderStyle 等，对应的属性设置语句如下：

```
this -> FormBorderStyle = System::Windows::Forms::FormBorderStyle::Fixed3D;
```

第5行语句把窗体的客户区大小设置为用 Size(447,269)结构表示的矩形，即宽度为 447 像素，高度为 269 像素的矩形。客户区是指窗体中不含标题和边框的区域。

最后三行语句使用窗体的 Controls 属性向窗体对象的控件集中添加了一个文本框和两个按钮。这三行语句的作用是让这三个控件显示在窗体上。如果删除其中的某一行语句，则窗体运行后，该语句中相应跟踪句柄变量所指向的控件将不会显示在窗体界面上。

窗体的 Controls 属性是指向控件集合类(Control::ControlCollection)实例对象的跟踪句柄变量。Control::ControlCollection 类在 System::Windows::Forms 命名空间中定义。它使用 Add()、Remove()和 RemoveAt()方法向窗体的控件集合中添加或移除单个控件。也可以使用 AddRange()或 Clear()方法向窗体的控件集合中添加或移除所有控件。

由于 Controls 属性是指向 Control::ControlCollection 类对象的跟踪句柄变量，所以在使用 Add()方法向窗体的控件集合对象中添加控件时，应使用“->”运算符。

2) Form 类的常用方法

除了属性之外，还可以使用 Form 类的方法来操作窗体对象。例如，可以使用 ShowDialog()方法将窗体显示为模式对话框，也可以使用 SetDesktopLocation()方法在桌面上定位窗体。表 10.4 中给出了部分常用 Form 类的方法。

表 10.4 Form 类的常用方法

名　称	说　明
Activate()	激活窗体并给予它焦点
Close()	关闭窗体
Focus()	为控件设置输入焦点(继承自 Control)
Hide()	对用户隐藏控件(继承自 Control)
Invalidate()	使控件的整个图面无效并导致重绘控件(继承自 Control)

续表

名　　称	说　　明
OnClick()	引发 Click 事件(继承自 Control)
OnClosed()	引发 Closed 事件
OnDoubleClick()	引发 DoubleClick 事件(继承自 Control)
OnEnter()	引发 Enter 事件(重写 Control::OnEnter(EventArgs))
OnPaint()	引发 Paint 事件(重写 Control::OnPaint(PaintEventArgs))
PerformLayout()	强制控件将布局逻辑应用于其所有子控件(继承自 Control)
ResumeLayout()	恢复正常的布局逻辑(继承自 Control)
Select()	激活控件(继承自 Control)
SetDesktopLocation()	以桌面坐标设置窗体的位置
Show()	向用户显示控件(继承自 Control)
ShowDialog()	将窗体显示为模式对话框
SuspendLayout()	临时挂起控件的布局逻辑(继承自 Control)
ToString()	获取表示当前窗体实例的字符串(重写 Component::ToString())

将多个控件添加到窗体时,通常在初始化要添加的控件之前先调用 SuspendLayout()方法,临时挂起控件的布局逻辑,这样,因窗体控件的布局变化而引发的事件将不被引发。待将控件添加到父控件之后,再调用 ResumeLayout()方法,恢复正常的布局逻辑。这样就可以提高带有许多控件的应用程序的性能。

下面是窗体方法使用的示例代码。

```
this->Close();          //用于实现窗体的关闭
this->Invalidate();     //使窗体无效并重绘整个窗体画面
```

3) Form 类的常用事件

Form 类的事件用于响应对窗体执行的操作。比如,在双击窗体背景时将发生窗体的 DoubleClick 事件,程序员可以在该事件对应的事件处理程序中添加适当代码,实现对此双击操作的响应。表 10.5 中给出了部分 Form 类的常用事件。

表 10.5　Form 类的常用事件

名　　称	说　　明
Click	在单击控件时发生(继承自 Control)
Closed	关闭窗体后发生
DoubleClick	在双击控件时发生(继承自 Control)
DragDrop	拖放操作完成时发生(继承自 Control)
GotFocus	在控件接收焦点时发生(继承自 Control)
KeyDown	在控件有焦点的情况下按下键时发生(继承自 Control)
KeyUp	在控件有焦点的情况下释放键时发生(继承自 Control)
Load	在第一次显示窗体前发生
LostFocus	在控件失去焦点时发生(继承自 Control)
MouseDown	当鼠标指针位于控件上并按下鼠标键时发生(继承自 Control)
MouseEnter	在鼠标指针进入控件时发生(继承自 Control)
MouseHover	在鼠标指针停放在控件上时发生(继承自 Control)

续表

名　　称	说　　明
MouseLeave	在鼠标指针离开控件时发生(继承自 Control)
MouseMove	在鼠标指针移到控件上时发生(继承自 Control)
MouseUp	在鼠标指针在控件上并释放鼠标键时发生(继承自 Control)
MouseWheel	在控件有焦点的同时鼠标轮移动时发生(继承自 Control)
Paint	在重绘控件时发生(继承自 Control)
Resize	在调整控件大小时发生(继承自 Control)
TextChanged	在 Text 属性值更改时发生(继承自 Control)

(1) 窗体的载入事件 Load：第一次加载窗体时引发该事件。

通常在 Load()事件处理程序中进行变量、对象的初始化，此事件只执行一次，而且是窗体事件中拥有最高优先权的事件。

(2) 窗体的激活事件 Activated：窗体被激活时引发该事件。

启动窗体时，更新窗体控件中所显示的数据，一般设为“活动”窗体，它的优先权仅次于 Load 事件。当窗体第一次加载时，先执行 Load 事件，然后就会打开窗体执行 Activated 事件。

(3) 窗体的单击事件 Click：用户在窗体上单击鼠标左键时引发该事件。

(4) 窗体的绘制事件 Paint：重绘窗体时将引发该事件。比如窗体打开时或执行前面刚刚讲过的 Invalidate()方法时均可以触发该事件。该事件将 PaintEventArgs 类的实例传递给用来处理 Paint 事件的方法，相关内容参见 10.2.9 节“事件及事件处理程序”示例二。

2. 对象(Object)类

在 C++/CLI 中，Object 类是 .NET 框架中类继承的根，是一切 .NET 类型的父类。Object 类提供如表 10.6 所示的通用方法。

表 10.6　Object 类的方法

名　　称	说　　明
Object()	构造函数，用来创建一个新的对象实例
Equals()	判断两个对象是否相等
Finalize()	允许对象在被当作垃圾回收之前尝试释放资源并执行其他清理操作
GetHashCode()	获取一个对象的散列码
GetType()	获取该对象的数据类型
MemberwiseClone()	创建当前 Object 的浅表副本
ReferenceEquals()	检查对象的两个实例是否一样
ToString()	返回表示当前对象的字符串

因为 .NET Framework 中的所有类均从 Object 派生，所以 Object 类中定义的各个方法可用于系统中的所有对象，其中的 ToString()方法尤为常用。

3. 数据类型转换(Convert)类

Convert 类是在 System 命名空间中定义的数据类型转换类，主要用于将一个基本数据类型转换为另一个基本数据类型。Convert 类提供大量静态方法来实现 .NET Framework 中基本数据类型之间的转换。受支持的基本数据类型包括 Boolean、Char、SByte、Byte、

Int16、Int32、Int64、UInt16、UInt32、UInt64、Single、Double、Decimal、DateTime 和 String 等。表 10.7 中给出了部分 Convert 类的常用方法。

表 10.7 Convert 类常用方法

名　称	说　明
ToInt32(Single)	将指定的单精度浮点数的值转换为等效的 32 位带符号整数
ToInt32(Double)	将指定的双精度浮点数的值转换为等效的 32 位带符号整数
ToInt32(String)	将数字的指定字符串表示形式转换为等效的 32 位带符号整数
ToDouble(Int32)	将指定的 32 位带符号整数的值转换为等效的双精度浮点数
ToDouble(Int64)	将指定的 64 位带符号整数的值转换为等效的双精度浮点数
ToDouble(Single)	将指定的单精度浮点数的值转换为等效的双精度浮点数
ToDouble(String)	将数字的指定字符串表示形式转换为等效的双精度浮点数
ToString(Int32)	将指定的 32 位带符号整数的值转换为其等效的字符串表示形式
ToString(Int64)	将指定的 64 位带符号整数的值转换为其等效的字符串表示形式
ToString(Single)	将指定的单精度浮点数的值转换为其等效的字符串表示形式
ToString(Double)	将指定的双精度浮点数的值转换为其等效的字符串表示形式
ToString(DateTime)	将指定的 DateTime 的值转换为其等效的字符串表示形式
ToString(Object)	将指定对象的值转换为其等效的字符串表示形式

由于这些方法多是在其他类中使用，所以，使用时通常需在其前面加上 Convert 类名及作用域运算符“::”。下面的语句把当前窗体上文本框控件 textBox1 中的文本串转换成 32 位带符号整数，并放入同类型的变量 c 中。

```
Int32 c = Convert::ToInt32(this -> textBox1 -> Text);
```

下面的语句把 Double 型变量 number1 中的数值转换成字符串并显示到当前窗体的标签控件 label1 中。

```
this -> label1 -> Text = Convert::ToString(number1);
```

在 C++/CLI 中，除了 Convert 类能实现数据类型转换外，某些基本数据类型也提供自己的方法，实现常用的数据类型转换。比如 Int32 结构是定义在 System 命名空间中用于表示 32 位无符号整数的这样一种数据类型，它有一个 Parse()方法，用于把数字的字符串表示形式转换为它的等效 32 位带符号整数。下面的语句把当前窗体上文本框控件 textBox2 中的文本串转换成整数放入整型变量 a 中。

```
a = Int32::Parse(this -> textBox2 -> Text);
```

类似地，Double 结构也提供 Parse()方法，实现相似的类型转换。下面的语句把标签控件 label1 中的文本串转换成双精度浮点数并放入变量 number2 中。

```
number2 = Double::Parse(this -> label1 -> Text);
```

反之，若需要把数值型数据转换成字符串，则可以使用 Int32 结构或 Double 结构的 ToString()方法。下面的语句把 Double 型变量 number2 中的数值转换成字符串并显示到当前窗体的标签控件 label1 中。

```
this -> label1 -> Text = number2.ToString();
```

注意，由于 number2 只是一个普通变量，其中存放的是数值，不是指针，也不是句柄，所以此处使用“.”表示法。

4. 时间日期(DateTime)结构

DateTime 结构是 System 命名空间上定义的一种数据结构，它表示时间上的一刻，通常以日期和当天的时间表示。时间值以 100 纳秒为单位(该单位称为计时周期)进行计量。

表 10.8 中给出了部分 DateTime 结构的常用属性。

表 10.8 DateTime 结构常用属性

名　称	说　明
Date	获取此实例的日期部分
Day	获取此实例所表示的日期为该月中的第几天
DayOfWeek	获取此实例所表示的日期是星期几
DayOfYear	获取此实例所表示的日期是该年中的第几天
Hour	获取此实例所表示日期的小时部分
Millisecond	获取此实例所表示日期的毫秒部分
Minute	获取此实例所表示日期的分钟部分
Month	获取此实例所表示日期的月份部分
Now	获取一个 DateTime 对象，该对象设置为此计算机上的当前日期和时间，表示为本地时间
Second	获取此实例所表示日期的秒部分
Ticks	获取表示此实例的日期和时间的计时周期数
TimeOfDay	获取此实例的当天的时间
Today	获取当前日期
Year	获取此实例所表示日期的年份部分

由于多是在其他类中使用这些属性，所以，使用时通常需在其前面加上 DateTime 结构名及作用域运算符“::”。比如可以使用表达式“DateTime::Today”获取本地计算机的当前日期。而表达式 DateTime::Now 则是获取一个 DateTime 对象，此对象中既包括本地计算机的当前日期，还包括当前时间，其时间甚至可精确到毫秒。

注意，由于 Now 属性值是一个 DateTime 对象，故编码时，可用“.”表示法来进一步引用其成员。下面各语句分别获取系统当前时间的时、分、秒及毫秒值。

```
int NowHour = System::DateTime::Now.Hour;
int NowMinute = System::DateTime::Now.Minute;
int NowSecond = DateTime::Now.Second;        //省略命名空间名
int NowMilliSecond = DateTime::Now.Millisecond;
```

DateTime 结构提供大量函数和运算来处理 DateTime 类型数据。表 10.9、表 10.10 中给出了部分 DateTime 结构构造函数和常用方法。

表 10.9 DateTime 结构常用构造函数

名　称	说　明
DateTime(Int32, Int32, Int32)	将 DateTime 结构的新实例初始化为指定的年、月和日
DateTime (Int32, Int32, Int32, Int32, Int32, Int32)	将 DateTime 结构的新实例初始化为指定的年、月、日、小时、分钟和秒

表 10.10 DateTime 结构常用方法

名　称	说　明
DaysInMonth()	返回指定年和月中的天数
IsLeapYear()	返回指定的年份是否为闰年的指示
Parse(String)	将日期和时间的字符串表示形式转换为其等效的 DateTime
Subtract(DateTime)	从此实例中减去指定的日期和时间
ToLongDateString()	将当前 DateTime 对象的值转换为其等效的长日期字符串表示形式
ToLongTimeString()	将当前 DateTime 对象的值转换为其等效的长时间字符串表示形式
ToShortDateString()	将当前 DateTime 对象的值转换为其等效的短日期字符串表示形式
ToShortTimeString()	将当前 DateTime 对象的值转换为其等效的短时间字符串表示形式
ToString()	将当前 DateTime 对象的值转换为其等效的字符串表示形式

可使用 ToString()方法返回日期和时间值的字符串表示形式。而使用 Parse()方法能将日期和时间的字符串转换为 DateTime 值。下面的语句把系统当前日期及时间值转换成字符串并显示到当前窗体的标签控件 label1 中。

```
this -> label1 -> Text = DateTime::Now.ToString();
```

5. 随机数(Random)类

Random 类是在 System 命名空间中定义的一个伪随机数生成器,它是一种能够产生满足某些随机性统计要求的数字序列的设备。

伪随机数是以相同的概率从一组有限的数字中选取的。所选数字并不具有完全的随机性,因为它们是用一种确定的数学算法选择的,但是从实用的角度而言,其随机程度已足够了。Random 类的当前实现基于 Donald E. Knuth 的减法随机数生成器算法。

随机数的生成是从种子值开始。如果反复使用同一个种子,就会生成相同的数字系列。产生不同序列的一种方法是使种子值与时间相关,从而对于 Random 的每个新实例,都会产生不同的系列。默认情况下,Random 类的无参数构造函数使用系统时钟生成其种子值,而参数化构造函数可采用一个 Int32 类型的数作为其种子值,此 Int32 类型的数可依据当前时间的计时周期数生成。但是,因为时钟的分辨率有限,所以,如果使用无参数构造函数连续创建不同的 Random 对象,就有可能会创建生成相同随机数序列的随机数生成器。

Random 类的常用方法如表 10.11 所示。

表 10.11 Random 类常用方法

名　称	说　明
Random()	使用与时间相关的默认种子值,初始化 Random 类的新实例
Random(Int32)	使用指定的种子值初始化 Random 类的新实例
Next()	返回一个非负随机整数
Next(Int32)	返回一个小于所指定最大值的非负随机整数
Next(Int32, Int32)	返回在指定范围内的任意整数
NextBytes()	用随机数填充指定字节数组的元素
NextDouble()	返回一个介于 0.0～1.0 之间的随机浮点数
Sample()	返回一个介于 0.0～1.0 之间的随机浮点数

下面语句的第一行使用系统时钟生成的种子值创建一个伪随机数生成器 a。第二、第三行语句调用 a 的 Next()方法生成了两个 100 以内的随机整数，并在把它们转换成字符串后分别显示在两个文本框控件 textBox2 和 textBox3 中。

```
Random^ a = gcnew Random();
this -> textBox2 -> Text = a -> Next(100).ToString();
this -> textBox3 -> Text = a -> Next(100).ToString();
```

注意，尽管第二、第三行语句语法完全相同，但这两个整数通常并不相同。

上面第一行语句也可改成下面的形式，即采用系统当前时间的毫秒属性作种子值。

```
System::Random^ a = gcnew Random(System::DateTime::Now.Millisecond);
```

6. 数学函数(Math)类

Math 类是定义在 System 命名空间中的数学函数类，它为三角函数、对数函数和其他通用数学函数提供常数和静态方法，如表 10.12 和表 10.13 所示。

表 10.12 Math 类的字段

名　称	说　明
E	表示自然对数的底，它由常数 e 指定
PI	表示圆的周长与其直径的比值，由常数 π 指定

表 10.13 Math 类的常用方法

名　称	说　明
Abs()	返回指定数字的绝对值
Acos()	返回余弦值为指定数字的角度
Asin()	返回正弦值为指定数字的角度
Atan()	返回正切值为指定数字的角度
Ceiling(Double)	返回大于或等于指定的双精度浮点数的最小整数值
Cos()	返回指定角度的余弦值
Cosh()	返回指定角度的双曲余弦值
Exp()	返回 e 的指定次幂
Floor()	返回小于或等于指定数的最大整数
Log(Double)	返回指定数的自然对数(底为 e)
Log10()	返回指定数值以 10 为底的对数
Max()	返回两个数中较大的一个
Min()	返回两个数中较小的一个
Pow()	返回指定数的指定次幂
Round(Double)	将双精度浮点值舍入为最接近的整数值
Round(Double, Int32)	将双精度浮点值按指定的小数位数舍入
Sign()	返回表示数字的符号的值
Sin()	返回指定角度的正弦值
Sinh()	返回指定角度的双曲正弦值
Sqrt()	返回指定数字的平方根
Tan()	返回指定角度的正切值
Tanh()	返回指定角度的双曲正切值
Truncate(Double)	计算指定双精度浮点数的整数部分

由于使用这些数学函数时，多是在其他类的方法中，所以，通常需在其前面加上 Math 类名及作用域运算符“::”。下面是 Min()方法、Cos()方法和字段 PI 的使用示例。

```
SquareLength = Math::Min(ClientSize.Width,ClientSize.Height);
```

该语句取窗体客户区宽度和高度中的最小值作为正方形的边长。

下面的语句计算 Cos(π/3)的值并将结果显示到文本框控件 textBox1 中。

```
System::Double a = Math::Cos(Math::PI/3.0);
textBox1 -> Text = a.ToString();
```

10.3 Windows Form 编程常用操作

10.3.1 Windows Form 编程环境简介

Windows Form 编程环境与 MFC 编程环境非常相似，此处仅对比较重要和差别较大的部分加以介绍。其余部分请参阅第 3 章和第 5 章相关内容。

1. 窗体【设计器】与窗体界面设计

在 Windows Form 编程环境中，窗体界面的设计工作主要在窗体【设计器】视图中进行。这一点与 MFC 编程差别较大。在 MFC 编程环境中，窗体界面是以资源的形式参与到编程工作中来的。相关内容请参阅 MFC 编程部分。

在进行 Windows Form 编程时，首先在窗体【设计器】视图中打开一个窗体对象，然后依次向此窗体中添加各种控件，这些控件和窗体对象一样，都是 System::Windows::Forms 命名空间中各种类的可视实例。这些实例对象中的每一个都有各自的属性和方法，随时都可以单独设置和单独处理。也就是说，每个控件的大小和样式都可以单独设置。比如 10.1 节的“Hello”应用程序中，Label1 控件上文字的大小比另外两个按钮控件上的文字大很多，这使得此窗体界面显得更具有表现力，而这在 MFC 编程环境中几乎是不可能的。MFC 编程方式下，窗体上所有界面元素都使用统一的字体和字号，要大所有文字一起大，要小所有文字一起小。

窗体【设计器】通常与【工具箱】、【属性】窗口和【布局】工具栏一起工作，共同完成窗体界面的设计。

【工具箱】内按类别罗列了大量控件，可随时按需拖放到窗体【设计器】视图中的窗体上。当然单击选中【工具箱】内所需控件，再到【设计器】视图中的窗体上适当位置单击，也可实现相同的效果。

单击选中【设计器】中窗体上的某个控件，这时【属性】窗口中将显示该控件的属性列表。左侧一列是各个属性名，右侧位置上的数据则是左侧对应属性的默认值。适当修改各个控件的必要属性值，实现窗体界面的初步设计。相关示例请参看 10.1 节“Hello”应用程序的“向窗体添加控件”与“属性设置”部分。

【设计器】视图中，窗体上各个控件的位置、大小、对齐、间距、Tab 键顺序等内容的设计称为控件的布局设计。控件的布局设计可用各【布局】工具栏图标实现。默认情况下，当窗体【设计器】打开时，【布局】工具栏即处于打开状态。若在工具栏上找不到【布局】工具栏图标，可在工具栏空白处右击，然后在弹出的快捷菜单中选择【布局】命令，打开【布局】工具栏。图 10.22 给出了【布局】工具栏上的各个图标及部分主要图标的功能。

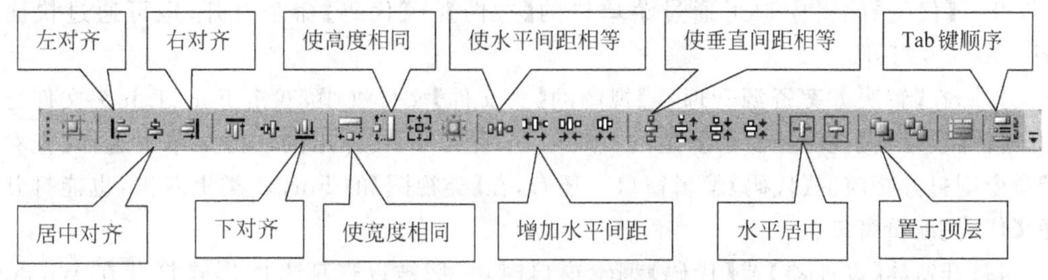

图 10.22 【布局】工具栏图标

在进行控件的布局时需要选定单个或多个控件，多数情况下，需要选择一个以上的控件。当选定一个控件时，它的周围有虚线框以及实心或空心“尺寸柄”出现，“尺寸柄”也即出现在虚线框上的小方块。当选定多个控件时，主导控件有空心尺寸柄，所有其他选定的控件有实心尺寸柄。

可用下面方法选定多个控件：拖动指针，在窗体上要选择的控件周围画一个选框，当释放鼠标按键后，选框内和与该框相交的所有控件都被选定。也可以先单击第一个要选中的控件，然后按住 Ctrl 键依次单击想要选中的各个控件，都选好后，释放 Ctrl 键。

从一组选定的控件中移除控件或将控件添加到一组选定的控件的方法是：按住 Shift 键或 Ctrl 键并单击要添加或移除的控件。

当调整多个控件的大小或对齐时，一般以“主导控件”为基准来确定如何调整其他控件。默认情况下，主导控件是第一个选定的控件。更改主导控件的方法：在多个选定的控件中，直接单击该控件。

控件选择好后，单击【布局】工具栏上的相应按钮，实现对应的布局功能。相关示例请参看 10.1 节“Hello”应用程序的“界面布局”部分。

2. 【代码】编辑窗口与 Form1 类

Windows Form 编程环境的【代码】编辑窗口与 MFC 编程环境类似，但 Windows Form 编程的代码主要是在窗体的头文件 Form1.h 中编写，且大量使用命名空间的表示形式。事实上，整个 Form1.h 文件，从头到尾仅由一个命名空间构成，换句话说，几乎全部代码都被放在了某一个命名空间中，然后再把此命名空间放到 Form1.h 文件中保存起来。

Windows Form 编程区别于 MFC 编程的另一个主要特征就是 Form1 类的使用。在上述命名空间中，除了几行 using namespace 语句之外，几乎全部都是 Form1 类的内容。换言之，Form1 类的定义、成员变量声明、成员函数定义以及事件处理程序等内容便构成了上述命名空间的主体。从系统自动生成的 Form1 类的代码可以看出，窗体上的各个控件实际上都是 Form1 类的成员。在【设计器】中向窗体添加一个按钮控件，实际上就对应着在【代码】编辑窗口中向 Form1 类中添加一个 Button1 成员。

一般地，Windows Form 编程的主要编码工作都集中在对窗体及其上各个控件的事件处理程序进行编码。图形界面的 Windows 应用程序是基于事件驱动模式的，所以，对控件事件的选择以及对事件的响应便成为 Windows Form 编码的主要工作。当然，若适当的成员变量和成员函数的使用能为编码工作带来便利，那么它们的使用也是应该的。

3. 窗体【设计器】和【代码】编辑窗口的打开、关闭及切换

窗体【设计器】可通过菜单栏的【视图】→【设计器】命令打开，也可通过快捷键 Shift ＋F7 打开。【代码】编辑窗口可通过菜单栏的【视图】→【代码】命令打开，也可通过快捷键 Ctrl＋Alt＋0 打开。

另外，在【解决方案资源管理器】视图的【头文件】文件夹中，双击 Form1. h 头文件也能打开窗体【设计器】视图。右击上述的 Form1. h 头文件，在弹出的快捷菜单中选择【查看代码】命令则打开相应的【代码】编辑窗口。还有，在【类视图】的 Form1 类上双击，也能打开相应的【代码】编辑窗口。

当打开窗体【设计器】或【代码】编辑窗口时，它们被以选项卡的形式打开在 Windows Form 开发环境的中部。当二者均被打开时，只有最前面的选项卡处于活动状态，可以通过单击选项卡标签的方式对其进行切换。窗体【设计器】的标签是"Form1. h[设计]"，【代码】编辑窗口的标签是"Form1. h"。单击标签右上角的【关闭】图标 ×，可关闭此选项卡。

值得一提的是，在窗体【设计器】和【代码】编辑窗口间切换时，系统会自动进行重新生成。

当从窗体【设计器】页面进入到【代码】编辑窗口时，系统会根据窗体界面上各个控件的大小、位置、显示文字等内容以及进入到【代码】编辑窗口时的操作自动生成【代码】编辑窗口中的 Form1 类的代码。若以前已经有了某些代码，则用新生成的代码覆盖原有代码。

当从【代码】编辑窗口切换到窗体【设计器】页面时，系统会根据当前代码内容重新生成窗体【设计器】中的窗体界面。若代码内容有误，则生成过程不成功，显示错误提示界面。通常，这都是代码修改得不合理造成的，此时最好立刻回到【代码】编辑窗口，用工具栏上的【恢复】图标 ，恢复刚刚所做的修改，在确保能正确切换到窗体【设计器】页面后，再返回【代码】编辑窗口，正确修改代码。

10.3.2 成员函数和成员变量的添加与删除

1. 成员函数的添加

与 MFC 应用程序类似，Windows Form 应用程序也是在【类视图】中，添加类的成员函数。下面以向窗体类中添加 Draw_Rectangle(System:: Windows:: Forms:: PaintEventArgs^ e)成员函数为例，说明成员函数的添加方法。

(1) 在【类视图】中，展开项目节点以显示项目中的类。若要打开【类视图】，可在菜单栏上选择【视图】→【类视图】命令。

(2) 右击 Form1 类，在弹出的快捷菜单中依次选择【添加】→【添加函数】命令，弹出【添加成员函数向导】对话框。

(3) 在此对话框中输入有关成员函数的详细信息，包括函数名 Draw_Rectangle、返回值 void、参数 e、参数类型 System:: Windows:: Forms:: PaintEventArgs^ 、访问方式 public 等。填好后单击【添加】按钮，在参数列表和函数签名区将出现根据输入内容生成的相关内容，如图 10.23 所示。

注意，在【参数类型】下拉选项中，只有简单数据类型，没有复杂数据类型，而我们希望把形参 e 定义成指向 System:: Windows:: Forms 命名空间中 PaintEventArgs 类的跟踪句柄变量，这种情况下，只能自己手动一个字符一个字符输入。当然，从其他地方复制并粘贴到此处是最好的了。

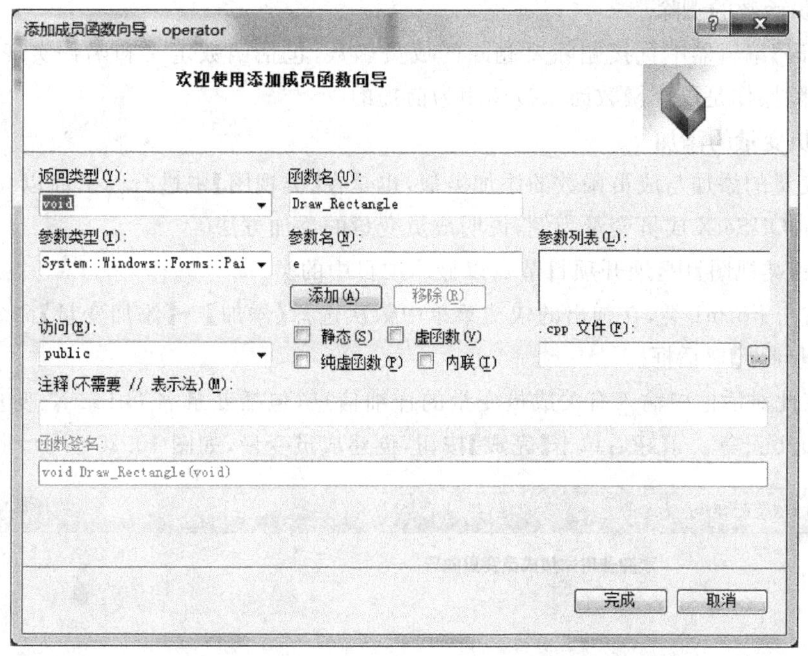

图 10.23 【添加成员函数向导】对话框

(4) 单击【完成】按钮,创建成员函数。此时,开发环境会自动打开或切换到【代码】编辑器页面,并且把光标自动定位在新创建的 Draw_Rectangle()成员函数处,等待进一步编辑函数体部分的代码,如图 10.24 所示。另外,【类视图】中也出现了新添加的成员函数名,可以使用此函数名在【代码】编辑器中快速定位到相应的函数实现部分。

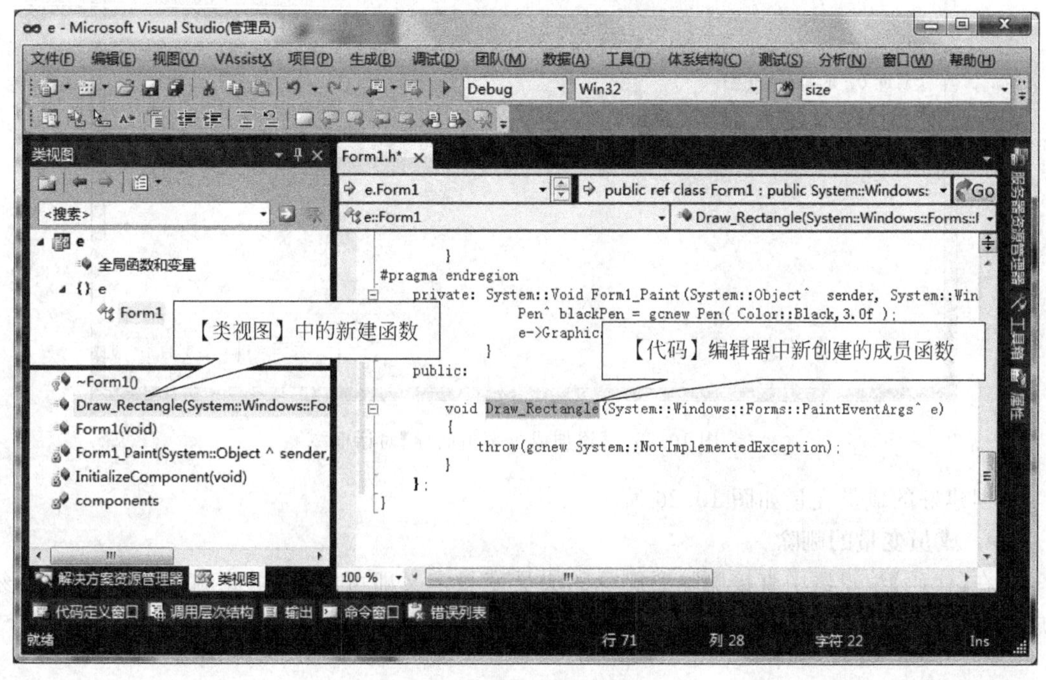

图 10.24 新添加的成员函数

2. 成员函数的删除

在【代码】编辑器中直接删除要删除的成员函数,包括函数定义和函数实现代码即可。当然,此删除操作是以该函数尚未被调用为前提的。

3. 成员变量的添加

成员变量的添加与成员函数的添加类似,也是在【类视图】中进行。下面以向 Form1 窗体类中添加 OffSetX 成员变量为例,说明成员变量的添加方法。

(1) 在【类视图】中,展开项目节点以显示项目中的类。

(2) 右击 Form1 类,在弹出的快捷菜单中依次选择【添加】→【添加变量】命令,弹出【添加成员变量向导】对话框。

(3) 在此对话框中输入有关成员变量的详细信息,包括变量名 OffSetX、变量类型 int、访问方式 public 等。填好后单击【完成】按钮,创建成员变量,如图 10.25 所示。

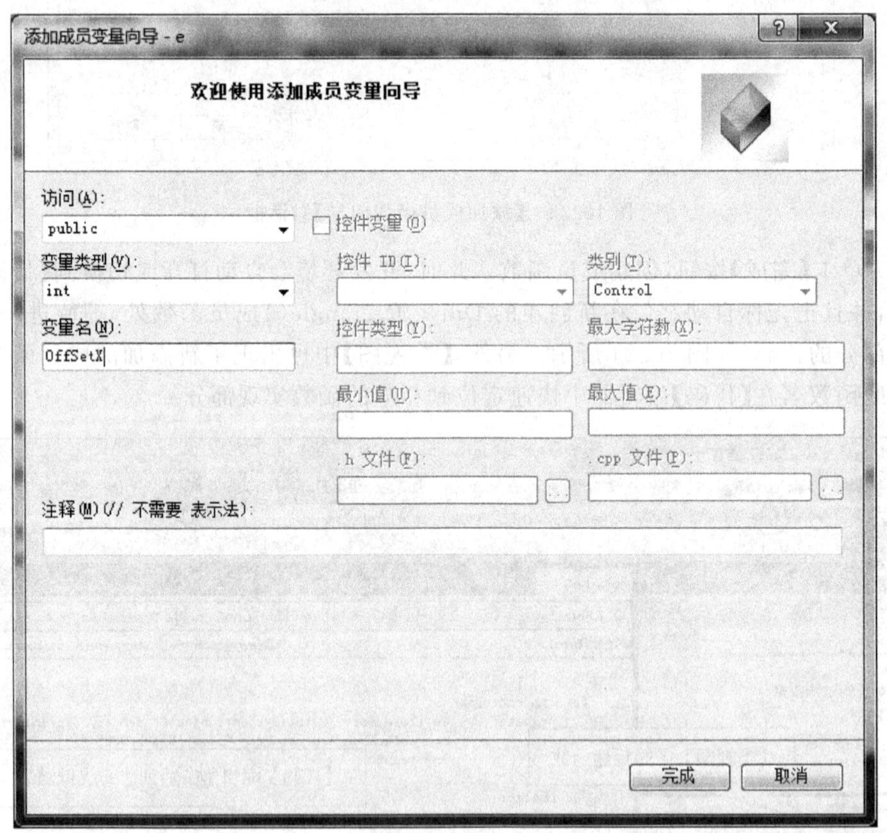

图 10.25 【添加成员变量向导】对话框

创建好的成员变量如图 10.26 所示。

4. 成员变量的删除

在【代码】编辑器中直接删除要删除的成员变量定义即可。当然,此删除操作也是以该成员变量尚未被调用为前提的。

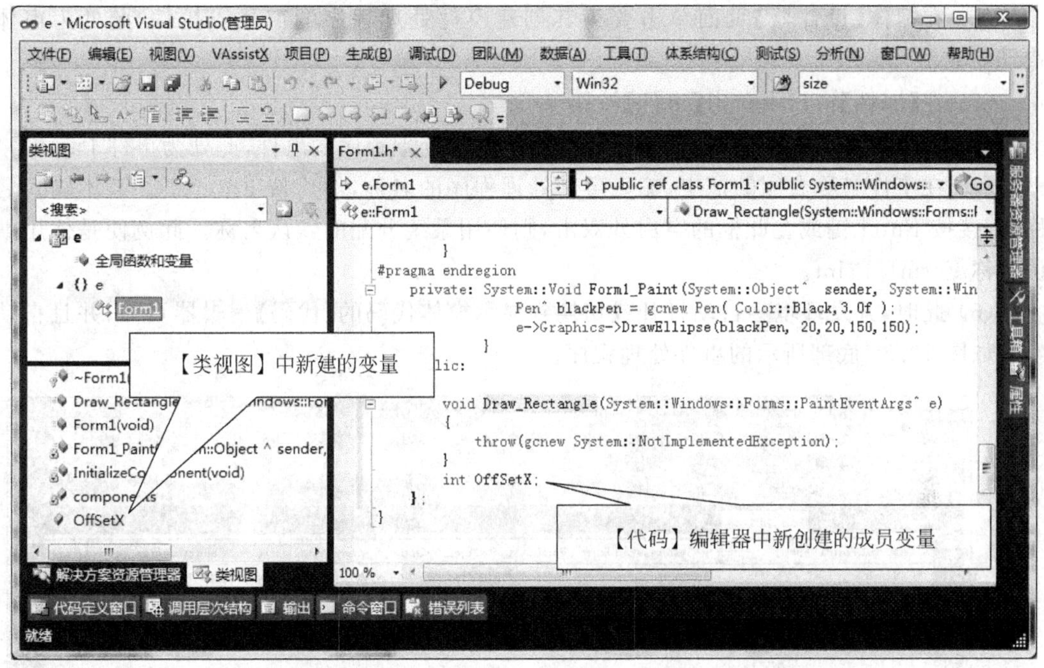

图 10.26　新添加的成员变量

10.3.3　事件处理程序的创建与删除

1. 事件处理程序的创建

每个窗体和控件都公开一组预定义事件，事件处理程序是绑定到事件的方法。通常使用【属性】窗口创建事件处理程序。下面以 10.2.9 节示例二中的"参数 e 的使用"程序为例，叙述为窗体的 Paint 事件创建事件处理程序 Form1_Paint()的过程，如图 10.27 所示。

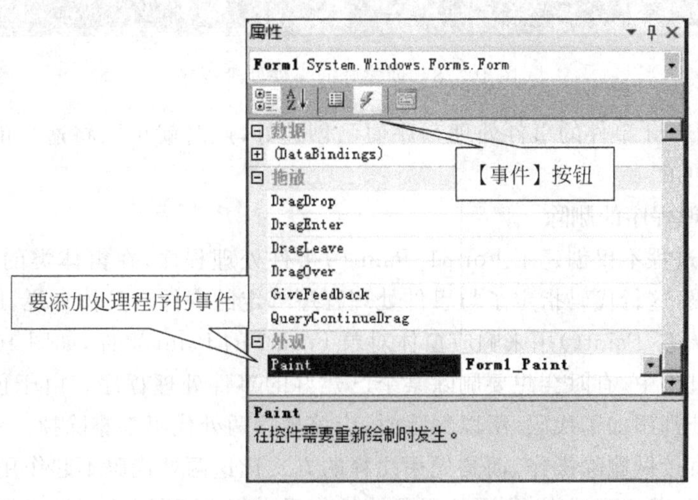

图 10.27　创建事件处理程序的【属性】窗口

操作过程如下。

(1) 在窗体【设计器】页面单击要为其创建事件处理程序的窗体或控件,此处为窗体背景。

(2) 在【属性】窗口中单击【事件】按钮。

(3) 在可用事件的列表中,单击要为其创建事件处理程序的事件,此处为事件 Paint。

(4) 在事件名称右侧的框中,输入事件处理程序的名称,然后按 Enter 键。若不输入名称,直接按 Enter 键或在此框的空白处双击,则使用系统分配的默认名称。此例便是使用默认名称 Form1_Paint。

(5) 此时,开发环境会自动打开或切换到显示窗体代码的【代码】编辑器页面,并且自动生成如图 10.28 底部所示的事件处理程序。

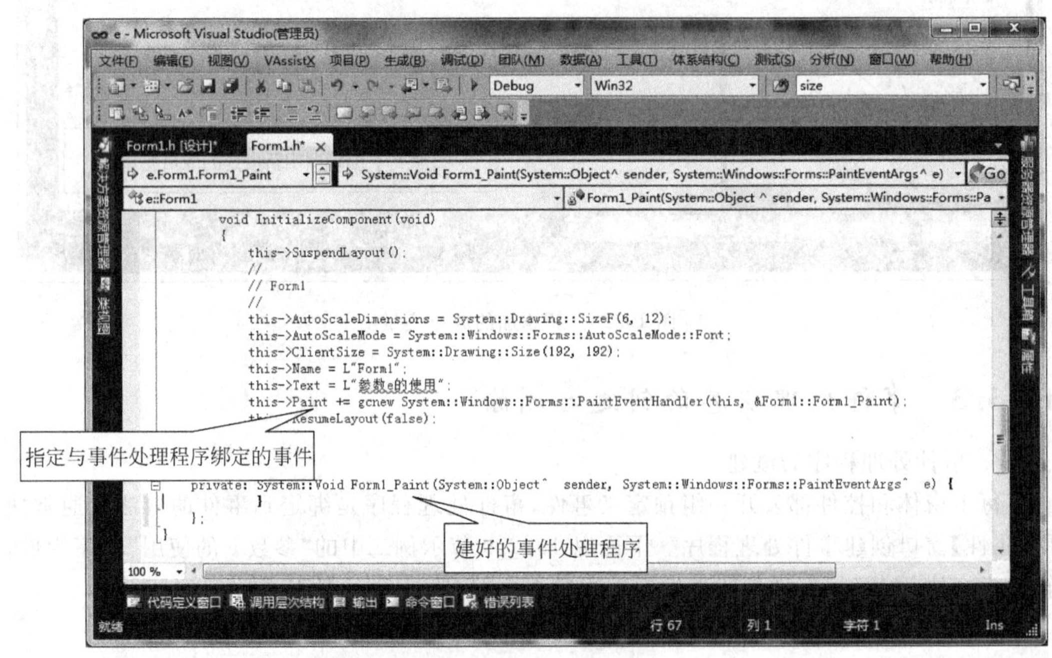

图 10.28 创建好的事件处理程序

(6) 至此,Paint 事件的事件处理程序便已创建好,此时就可以将适当的代码添加到该事件处理程序中了。

2. 事件处理程序的删除

其实,上述过程不仅创建了 Form1_Paint()事件处理程序,在窗体类的某个方法中,还添加了一行代码,这行代码指定了与事件处理程序绑定的事件。具体来说,此代码指定了事件处理程序 Form1_Paint()用来响应窗体对象 Form1 的 Paint 事件,如图 10.28 所示。

程序创建过程中,有时会想要删除某个已建好的事件处理程序。由于创建此事件处理程序时是在两处都添加了代码,所以删除时,应该把这两处代码都删除掉。

建议不要直接做删除操作,而是先用注释的方式让这两处代码不起作用,然后编译或执行整个应用程序,若出现错误,则可能是删除操作没做好,应返回注释处仔细检查,直到编译或执行时不再出错,才可真正删除这些代码。

3. 创建默认事件处理程序

每个窗体和控件都有一组预定义的事件，但通常只有一个事件是最常用的，比如 Button 控件的 Click 事件，TextBox 控件的 TextChanged 事件，窗体 Form 对象的 Load 事件等。与这些最常用事件绑定的事件处理程序称为该控件或窗体的默认事件处理程序。

在 Windows 窗体【设计器】内，直接双击要添加事件处理程序的窗体或控件，便会为该窗体或控件创建默认事件处理程序。比如，直接双击窗体背景，开发环境会自动打开或切换到【代码】编辑器页面，并把光标定位在刚刚创建好的 Form1_Load()事件处理程序处，等待输入事件处理代码。

4. 将多个事件连接到单个事件处理程序

在应用程序设计过程中，可能需要将单个事件处理程序用于多个事件或者说需要让不同控件的同一事件响应同一个事件处理程序。例如，若在窗体上有一组 RadioButton 控件，可创建单个 Click 事件的事件处理程序，并将每个控件的 Click 事件都绑定到该事件处理程序上。

下面以 10.2.9 节示例一中的 Calculate 程序为例，叙述将多个事件连接到单个事件处理程序的过程，如图 10.29 所示。

(1) 配合 Ctrl 键，用鼠标选中所有要将事件处理程序连接到的 RadioButton 控件。

(2) 在【属性】窗口中，单击【事件】按钮，切换到事件操作界面。

(3) 单击要处理的事件的名称 Click。

(4) 在事件名称旁边的值区域中，输入事件处理程序名称 Operator_Clicked。然后双击该事件，切换到【代码】编辑窗口。将适当的代码添加到该事件处理程序中。

(5) 若要将该事件绑定到现有事件处理程序，则在事件名称旁边的值区域中单击下拉按钮，显示现有事件处理程序列表，这些事件处理程序与要处理的事件的方法签名匹配。从该列表中选择适当的事件处理程序，将该事件绑定到现有事件处理程序。

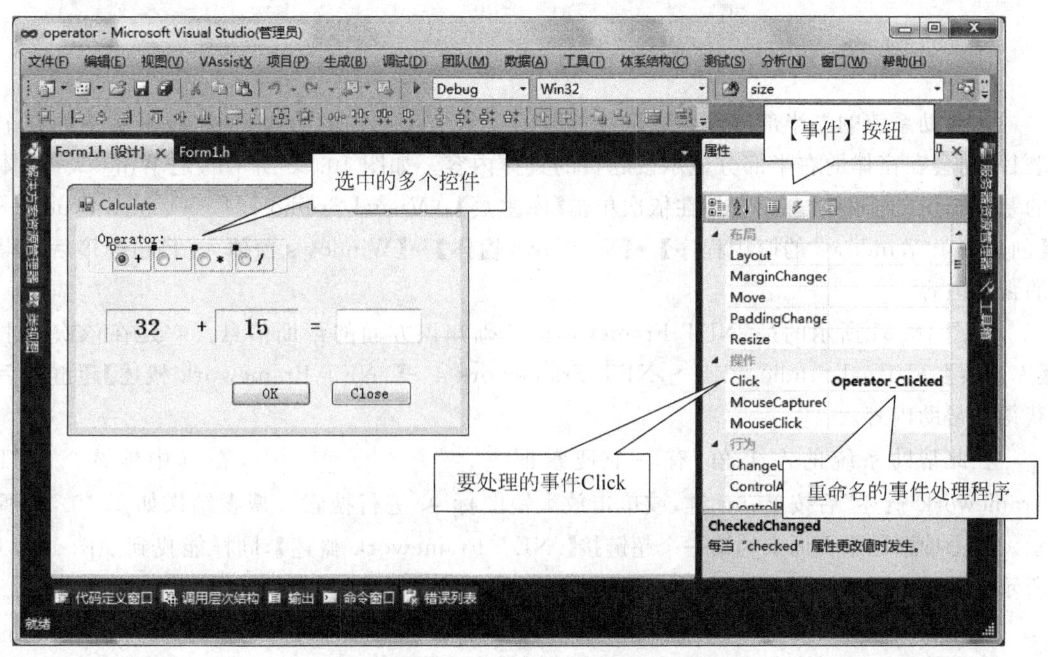

图 10.29　将多个事件连接到单个事件处理程序

10.3.4 如何获得帮助

安装 Visual Studio 2010 集成开发环境时，如果也一起安装了本地帮助系统，则可以在此开发环境的菜单栏上选择【帮助】→【查看帮助】命令，在浏览器中查看本地帮助系统，如图 10.30 所示。

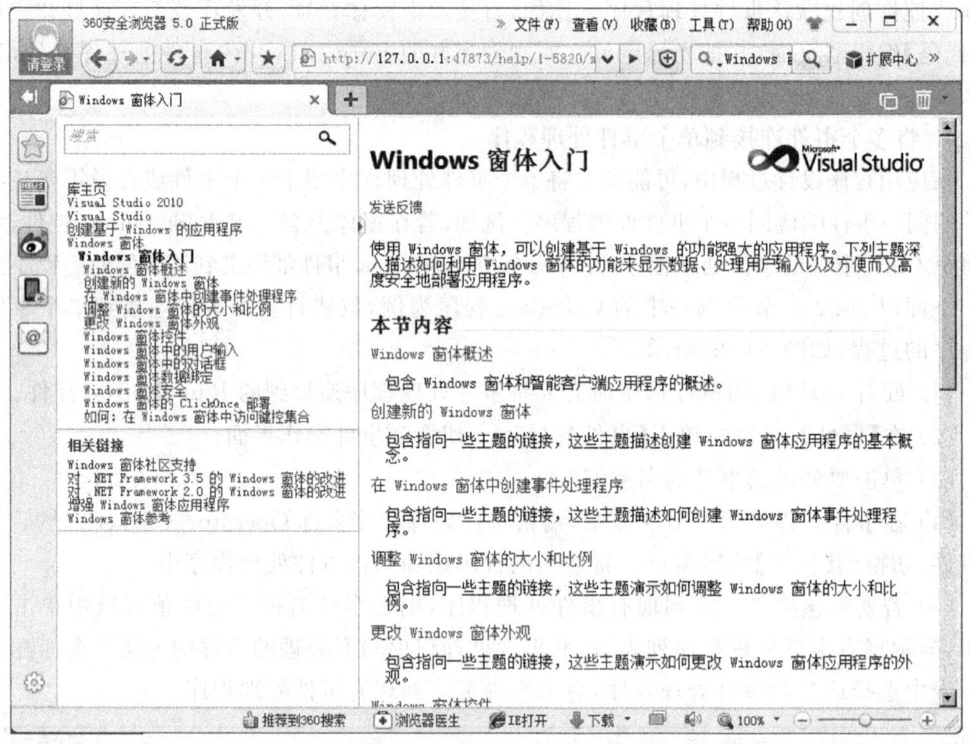

图 10.30 用本地帮助系统查询窗体基础知识

此帮助系统的左半部分是可以依次展开的类似树状结构的分级目录，单击其中的某个题目，则会在窗体的右半部分显示该题目的具体内容。如图 10.30 所示的是 Windows 窗体的基础知识的帮助信息。它是在依次单击【库主页】→Visual Studio 2010→Visual Studio→【创建基于 Windows 的应用程序】→【Windows 窗体】→【Windows 窗体入门】超链接后获得的帮助内容。

如图 10.31 所示的是.NET Framework 基础知识方面的帮助信息。它是在依次单击【库主页】→Visual Studio 2010→.NET Framework 4→【.NET Framework 概述】超链接后获得的帮助内容。

在此帮助系统的左上角，有一个搜索框 搜索 ，在其中输入".NET Framework 概述"后按 Enter 键，或单击放大镜图标进行搜索。搜索结果如图 10.32 所示。单击搜索结果页面上的第一个超链接【.NET Framework 概述】，同样能找到如图 10.31 所示的帮助内容。

如果在安装 Visual Studio 2010 集成开发环境时，没有安装本地帮助系统，但开发者的计算机能使用 Internet 连接，则可以到微软开发人员网络(MSDN)中去查找相关的帮助信

图 10.31 用本地帮助系统查询.NET Framework 基础知识

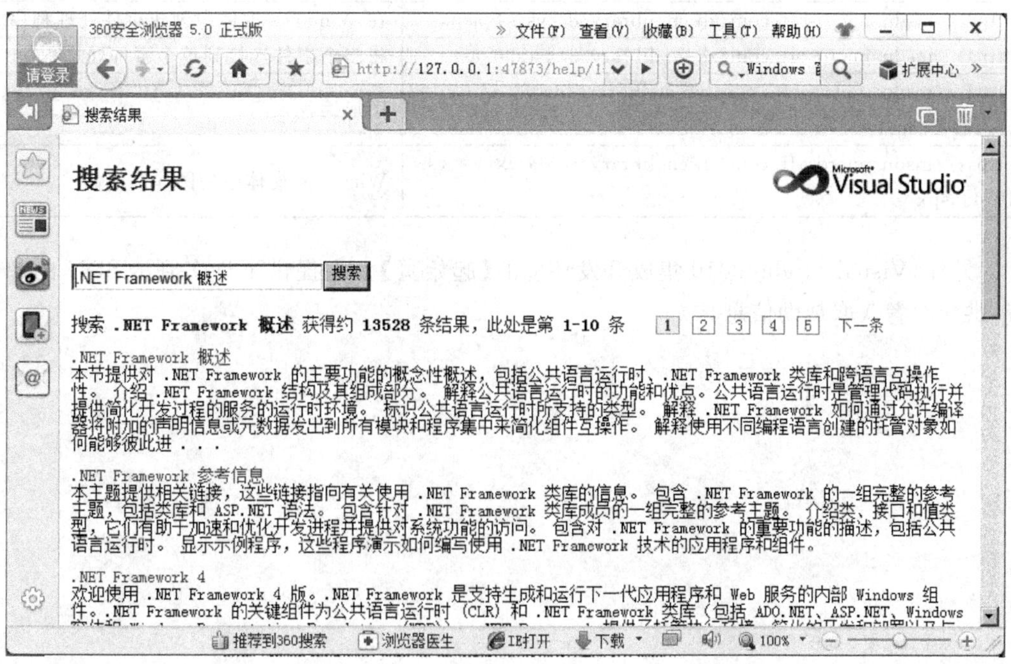

图 10.32 本地帮助系统的搜索功能

息。表 10.14 列出了部分与 Windows Form 编程有关的网址，在浏览器中输入下表左侧一列中的网址，可以查询到与右侧列内容相关的帮助信息。

表 10.14　部分与 Windows Form 编程有关的网址

网　址	内　容
https://msdn.microsoft.com/zh-cn/library/zw4w595w(v=vs.80).aspx	.NET Framework 概念概述
https://msdn.microsoft.com/zh-cn/library/hfa3fa08(v=vs.80).aspx	.NET Framework 类库概述
https://msdn.microsoft.com/zh-cn/library/system(v=vs.85).aspx	System 命名空间中的类
https://msdn.microsoft.com/zh-cn/library/system.windows.forms(v=vs.85).aspx	System::Windows::Forms 命名空间
https://msdn.microsoft.com/zh-cn/library/system.drawing(v=vs.85).aspx	System::Drawing 命名空间中的类
https://msdn.microsoft.com/zh-cn/library/ms229601(v=vs.110).aspx	Windows 窗体入门
https://msdn.microsoft.com/zh-cn/library/ms229599(v=vs.110).aspx	创建新的 Windows 窗体
https://msdn.microsoft.com/zh-cn/library/ms229601(v=vs.100).aspx	如何创建 Windows 窗体应用程序
https://msdn.microsoft.com/zh-cn/library/zftbwa2b(v=vs.100).aspx	Windows 窗体演练
https://msdn.microsoft.com/zh-cn/library/be6fx1bb.aspx	事件处理程序概述
https://msdn.microsoft.com/zh-cn/library/dacysss4.aspx	在 Windows 窗体中创建事件处理程序
https://msdn.microsoft.com/zh-cn/library/3exstx90.aspx	将多个事件连接到单个事件处理程序
https://msdn.microsoft.com/zh-cn/library/da0f23z7(v=vs.100).aspx	图形编程入门
https://msdn.microsoft.com/zh-cn/library/a36fascx(v=vs.100).aspx	Windows 窗体中的图形和绘制

另外，Visual Studio 2010 集成开发环境的【起始页】上也提供了许多到 MSDN 的超链接，供开发者获取帮助信息。

第 11 章　Windows Form 控件与对话框

11.1　控　　件

想要更好地编写 Windows 应用程序，就需要详细地了解工具箱中的控件。在这里针对公共控件，依据其功能，介绍了用于显示信息、文字编辑、具有选取功能的相关控件，如图 11.1 所示为常用控件。控件的添加方法在 10.1 节中已经介绍了，这里主要说明控件的属性及设置方法，控件属性设置通常有两种方法，通过【属性】窗口进行设置或者使用程序代码进行设置。

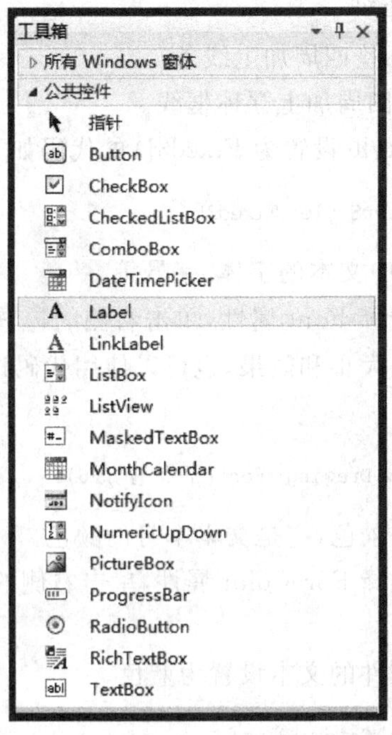

图 11.1　常用控件

11.1.1　标签与图片

1. 标签

标签控件(Label)用于显示信息，它是 Windows 应用程序最常用控件之一，在标签中无法输入信息。

在窗体中添加标签后，标签的【属性】窗口会自动显示出来。下面介绍标签的常用属性。

(1) Name：标签的名称，指示代码中用来标识该对象的名称。

(2) Text：标签控件上所显示的文本，默认情况下与标签的名称相同，此属性是标签控件的最重要属性，所要显示的信息就放在该属性中。该属性的设置可以在【属性】窗口中的 Text 属性处直接赋初值，也可以用类似下面的语句在软件执行过程中修改该属性的值。

```
this -> label1 -> Text = "Hello";
```

(3) AutoSize：根据字符个数和字号自动调整标签的大小，默认值为 True；若将属性设置为 False 就不会自动调整标签的大小。注意：这里只对文本不换行的标签控件有效。

将标签设置为宽度会随字符串长度调整的代码如下。

```
label1 -> AutoSize = true;
```

说明：【属性】窗口显示的 True 或 False 在程序中用代码表示时一律写成 true 或 false，都用小写字母表示；这里的 label1 是标签的名称。

(4) BorderStyle：用来设定标签的边框样式。有 None、FixedSingle 和 Fixed3D 三种状态，默认为 None。

① None：表示不加任何框线。

② FixedSingle：表示在标签四周加上线条。

③ Fixed3D：表示在标签四周加上立体框线。

将标签边框样式 BorderStyle 设置为 Fixed3D 的代码如下。

```
label1 -> BorderStyle =  BorderStyle::Fixed3D;
```

(5) Font：用于显示控件中文本的字体、字号等。

在标签的【属性】窗口中选择 Font 属性，单击右侧的 ... 按钮，打开字体设置对话框。可以使用对话框设置字体、字形、大小和效果，也可以使用代码进行设置。设置字体为隶书，字号为 36 的代码如下。

```
this -> label1 -> Font = gcnew Drawing::Font(L"隶书",36);
```

(6) ForeColor：控件的前景色，它是文本本身的颜色。

在标签的【属性】窗口中选择 ForeColor 属性，单击右侧的下拉箭头，选择其中提供的颜色，设定标签控件前景色。

可用如下代码将 label1 控件的文本设置为蓝色。

```
this -> label1 -> ForeColor =  Color::Blue;
```

也可用 Color 结构的 FromArgb()方法自定义颜色，下面的代码也是将文本设置为蓝色。

```
this -> label1 -> ForeColor = Color::FromArgb(0,0,255);
```

(7) BackColor：控件的背景色。

BackColor 的设置方法与 ForeColor 相同，将标签 label1 背景色设置为黄色的代码如下。

```
this->label1->BackColor= Color::Yellow;
```

(8) TextAlign：标签中文本的位置，即对齐方式。

设置文本的对齐方式，就需要使用 TextAlign 属性。对齐方式共分为 9 种。

水平方向有三种方式：Left、Center、Right，分别为左对齐、居中、右对齐。垂直方向也有三种方式：Top、Middle、Bottom，分别为上对齐、居中、下对齐。默认为 TopLeft，即垂直靠上水平靠左。设置标签内文本在垂直和水平两个方向上都居中的代码如下。

```
this->label1->TextAlign=ContentAlignment::MiddleCenter;
```

(9) Visible：标签控件是否可见。

设置标签在执行时是否可见，若为 True，表示执行时会显示；若为 False，表示执行时不会显示。

将标签控件设置为不可见的代码如下。

```
this->label1->Visible=false;
```

2. 图片

PictureBox 控件用于显示图片，它把图片作为前景或背景添加到窗体中，可以使用的图片格式包括：BMP、JPG、GIF 和 WMF。下面介绍图片控件的常用属性。

(1) Image：在 PictureBox 中添加图像。

单击 Image 属性右侧的 ⋯ 按钮，在打开的对话框中选择图片，单击【打开】按钮，将图片添加到控件中。

(2) Size：PictureBox 控件的大小属性，用一对表示宽度 Width 和高度 Height 的整型数值表示，单位是像素。

下面的语句设置 pictureBox1 控件的宽度为 300 像素，高度为 200 像素。

```
this->pictureBox1->Size=Drawing::Size(300,200);
```

下面的语句使得图片控件 pictureBox1 的大小与窗体的大小等大，即完全覆盖窗体。

```
this->pictureBox1->Size=this->ClientSize;
```

(3) SizeMode：调整 PictureBox 控件与图像的大小。

SizeMode 有以下 5 种模式。

① Normal：图片大小不做调整。

② StretchImage：图片随控件大小调整，如图 11.2 所示。

③ AutoSize：控件随图片大小调整。

④ CenterImage：图片居中。

⑤ Zoom：图片缩小。

设置图片随控件大小调整的代码如下。

```
this->pictureBox1->SizeMode = PictureBoxSizeMode::StretchImage;
```

可以通过单击控件边框上箭头显示 Picture 任务，在这里可以进行模式设置，如图 11.2 所示。

图 11.2　SizeMode 属性设置

(4) BackgroundImage：控件的背景图像。单击 BackgroundImage 属性右侧的□按钮，在打开的对话框中选择图片，单击【打开】按钮，将图片添加到控件中。

(5) BackgroundImageLayout：组件的背景图片布局。有以下 5 种情况。

① Tile：背景图片重复。

② None：原样显示。

③ Center：图片居中显示。

④ Stretch：图片随控件大小调整。

⑤ Zoom：图片缩小。

设置背景图片随控件大小调整的代码如下。

```
this -> pictureBox1 -> BackgroundImageLayout = ImageLayout::Stretch;
```

11.1.2　按钮

按钮(Button)是对话框中的一种图形元素，它允许用户通过单击按钮或者当按钮获得焦点时按下 Enter 键来触发该按钮的 Click 事件，进而执行与此按钮 Click 事件绑定的事件处理程序中的代码，它也是 Windows 应用程序中最常用控件之一。下面对按钮的属性及事件进行介绍。

1. 属性

在窗体中添加按钮后，按钮属性会自动显示出来，下面介绍按钮的常用属性。

(1) Name：按钮的名称，指示代码中用来标识该对象的名称。

(2) Text：按钮显示的文本，默认与按钮的名称相同。

(3) AutoSize：根据字号自动调整按钮的大小，默认值为 False。

设置按钮宽度不随字符串长度做调整的代码如下。

```
button1 -> AutoSize = false;
```

(4) Font：用于显示控件中文本的字体、字号等。

可以用对话框进行字体设置，也可以用代码表示如下。

```
this -> button1 -> Font = gcnew System::Drawing::Font(L"隶书",18);
```

2. 事件

(1) Click 事件：在单击控件时发生。此事件是按钮控件的最常用事件，也是按钮控件的默认执行事件，如果希望某些代码在单击某按钮时被执行，那么，只要把这些代码放在与此按钮绑定的事件处理程序中就可以了。

(2) DoubleClick 事件：当用户双击控件时发生。

(3) GotFocus 事件：在控件接收焦点时发生。

(4) LostFocus 事件：在控件失去焦点时发生。

(5) Resize 事件：在调整控件大小时发生。

(6) Paint 事件：在重绘控件时发生。

如果某个按钮控件具有焦点，则可以使用鼠标、Enter 键或空格键单击该按钮。

设置 Form 对象的 AcceptButton 或 CancelButton 属性，使用户能够通过按 Enter 或 Esc 键来单击按钮(即使该按钮没有焦点)。这使该窗体具有对话框的行为。

以上事件并不是只有按钮控件才有，多数控件都有几十个甚至更多个事件，但只有少数事件会在编码过程中使用到，且基本上只有一个事件最常用。因此下面在介绍控件内容时，基本上只介绍最常用的默认执行事件。

11.1.3 文本框和富文本框

1. 文本框

文本框(TextBox)提供了文本输入功能，当然它也具有文本显示功能。此外，还可以根据需要进行单行文本和多行文本的编辑等操作，文本框控件也是 Windows 应用程序最常用控件之一。下面介绍文本框的常用属性、事件及方法。

1) 属性

文本框控件的最重要属性也是 Text 属性，从键盘输入的文本就保存在此 Text 属性中，且是以字符串类型保存的。在软件执行过程中，可以使用类似下面的代码获取用户的键盘输入信息。它把从文本框控件 textBox1 上输入的字符串用表达式 this -> textBox1 -> Text 取出，经数据类型转换后赋值给了 int 型变量 a。

```
int a = Convert::ToInt32(this -> textBox1 -> Text);
```

也可以使用类似下面的语句把处理结果显示到窗体界面上。该语句把新生成的整型随机数转换成字符串后赋值给了文本框控件 textBox2 的 Text 属性，让它显示到窗体界面上。

```
this -> textBox2 -> Text = Convert::ToString(r -> Next(100));
```

文本框与标签相同的属性在此不再进行介绍，下面对文本框的特有属性进行说明。

(1) MaxLength：设定文本框允许输入的最大字符数。

MaxLength 默认值为 32 767。用户可以根据需要再进行设置，用来限定文本框输入的字符数。超出最大字符数后，不能输入字符。设置最多只能输入 10 个字符的代码如下。

```
this -> textBox1 -> MaxLength = 10;
```

(2) PasswordChar：设置单行密码输入显示的字符。

通常情况下，在输入密码时不想显示输入的内容，这时需要在 PasswordChar 属性中设置其他符号字符来代替，最常见的是输入密码时显示"*"。例如，设置以"*"代替输入的密码字符的代码如下。

```
this -> textBox1 -> PasswordChar = '*';
```

(3) UseSystemPasswordChar：设置编辑控件中的文本是否以默认的密码字符显示。

UseSystemPasswordChar 默认为 False。如果设置为 True，输入字符时自动显示密码字符"●"，这时不需要设置 PasswordChar 属性。设置以系统默认密码字符显示的代码如下。

```
this -> textBox1 -> UseSystemPasswordChar = true;
```

(4) ReadOnly：设置能否编辑文本框中的文本。

ReadOnly 默认为 False，即允许对文本框中的文本进行编辑，文本框用来输入时通常设置为此种状态。如果用于显示时，这时不允许进行编辑，通常将 ReadOnly 设置为 True。设置为只读的代码如下。

```
this -> textBox1 -> ReadOnly = true;
```

(5) MultiLine：设置文本框是否要以多行显示。

MultiLine 默认为 False，此时文本框为单行文本框；若设置为 True，则文本框为多行文本框，这时才允许文本框高度调整为多行，允许显示多行文本。设置文本框为多行显示的代码如下。

```
this -> textBox1 -> Multiline = true;
```

(6) WordWrap：设置文本框多行显示时是否自动换行。

WordWrap 默认值为 True，文本框中文本超过宽度时自动换行。WordWrap 属性在 MultiLine 设置为 True 时才有效，否则无效。WordWrap 为 False 时，不能自动换行，需按回车键才能换行。设置不允许自动换行的代码如下。

```
this -> textBox1 -> WordWrap = false;
```

(7) ScrollBars：设置文本框是否要显示滚动条。

ScrollBars 属性只有在 MultiLine 设置为 True 时才有效，用来设置多行文本框是否需要水平或垂直滚动条。属性值分为以下 4 种。

① None：无滚动条，默认值。

② Horizontal：显示水平滚动条。

③ Vertical：显示垂直滚动条。

④ Both：同时显示水平和垂直滚动条。

使用 ScrollBars 属性时，WordWrap 属性为 True 时会影响效果。如果想让 ScrollBars 属性产生作用，WordWrap 属性应该设置为 False。而且水平方向和垂直方向的文本都超出文本框的范围时才能看到明显效果。设置同时显示水平垂直滚动条的代码如下。

```
this->textBox1->WordWrap = false;
this->textBox1->ScrollBars = ScrollBars::Both;
```

如果没有文本或文本很少，这时滚动条处于无效状态；输入很多文本后，滚动条处于有效状态。在此需要将 MaxLength 属性值设置足够大，文本在文本框中不能完全显示，这时滚动条才会处于有效状态。

(8) TextAlign：设置文本的对齐方式。

文本框中提供以下三种水平对齐方式。

① Left：文本左对齐，默认方式。

② Right：文本右对齐。

③ Center：文本居中对齐。

设置文本框的水平对齐方式为居中对齐的代码如下。

```
this->textBox1->TextAlign = HorizontalAlignment::Center;
```

2) 方法

文本框中有一些常用方法，这些方法使用起来很方便。表 11.1 中列出了常用的方法。

表 11.1 文本框控件常用方法

方　法	说　明
Clear()	清除文本框中所有文字
ClearUndo()	将最近执行的程序从文本框的复原缓冲区清除
Copy()	将文本框选择的文字复制到"剪贴板"
Cut()	将文本框选择的文字移动到"剪贴板"
Paste()	将"剪贴板"中内容粘贴到文本框中
Focus()	为文本框控件设置输入焦点(继承自 Control)
Undo()	撤销文本框中上次的编辑操作

3) 事件

文本框中提供了一些事件，下面对常用事件进行简单介绍。

(1) TextChange 事件：当文本框的 Text 属性被更改时引发此事件，此事件是文本框控件的默认执行事件。如果希望当文本框上显示的值发生变化时，相关的内容也跟着改变，则可以把相关代码放在与此事件绑定的事件处理程序中。

(2) Getfocus 事件：当文本框获得焦点，成为窗体上的活动控件时引发该事件。

2. 富文本框

富文本框控件(RichTextBox)也能进行文字的输入和编辑，而且比 TextBox 提供更多的格式化功能。下面介绍 RichTextBox 常用属性、方法。

1) 属性

(1) SelectionFont：设置字体、字号和修饰。

(2) SelectionColor：设置文字颜色。

(3) SelectionIndent：设置缩进效果。

(4) Dock：定义要绑定到容器的控件边框。比如设置为 Bottom 时，此控件位于容器的底部位置。

2）方法

(1) LoadFile()：打开文件。

RichTextBox 控件使用 LoadFile()方法打开文件，它支持 RTF 格式或标准的 ASCII 码文件。LoadFile()函数的语法格式如下。

```
LoadFile(String^ path);
```

path 是加载文件的文件路径名。

(2) SaveFile()：保存文件。

RichTextBox 控件使用 SaveFile()方法保存文件，它可以用来保存 RTF 格式或标准的 ASCII 码格式文件。SaveFile()函数语法格式如下。

```
SaveFile(String^ path,RichTextBoxStreamType fileType);
```

path 是被保存文件的路径，fileType 用来指定输入输出文件的类型，有如下几种类型。

① PlainText：用空格代替对象链接与嵌入(OLE)对象的纯文本流。

② RichNoOleObjs：用空格代替 OLE 对象的富文本格式(RTF 格式)流。该值只在用于 RichTextBox 控件的 SaveFile 方法时有效。

③ RichText：RTF 格式流。

④ TextTextOleObjs：具有 OLE 对象的文本表示形式的纯文本流。该值只在用于 RichTextBox 控件的 SaveFile 方法时有效。

⑤ UnicodePlainText：包含用空格代替对象链接与嵌入（OLE）对象的文本流。该文本采用 Unicode 编码。

(3) Find()：查找字符串。

RichTextBox 提供了字符串查找功能，通过 Find()函数来实现。Find()格式如下：

```
Find(String^ str, RichTextBoxFinds options);
```

参数 str 代表要查找的字符串，options 是查找选项，要求它必须是 RichTextBoxFinds 枚举类型常量，此枚举类型共有 5 个常量值。

① MatchCase：匹配大小写。

② NoHighLight：如果找到搜索文本，不突出显示它。

③ None：定位搜索文本的所有实例，而不论在搜索中找到的实例是否是全字。

④ Reverse：查找方向从文件尾开始，到文件开头结束。

⑤ WholeWord：仅定位是全字的搜索文本的实例。

11.1.4 标签、按钮及文本框控件应用案例

1. "算一算"应用程序

如图 11.3 所示，这是一个小学生整数加法计算能力练习软件。程序运行后，能自动生成"="号左侧的试题，然后等待用户在"="号右侧输入自己的心算结果，输入完成后，按 Enter 键或单击【确定】按钮，系统会以对话框形式给出答案正确与否的提示信息，如果不正

确，返回原界面等待重新输入，如果正确，可以按提示选择自动生成下一道试题，继续练习，也可以选择不做了，返回后单击【关闭】按钮，结束程序。

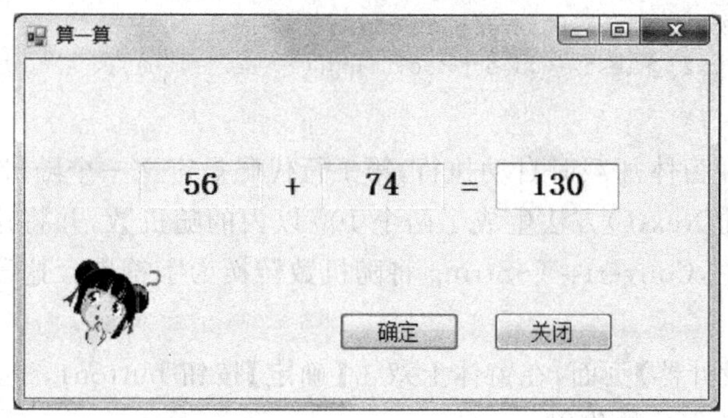

图 11.3　算一算

2. 设计步骤

(1) 创建解决方案、项目及窗体。

创建解决方案、项目及窗体。解决方案及项目命名为“计算”，窗体名使用默认的 Form1。

(2) 窗体设计。

在窗体上添加一个图片控件 pictureBox1，两个标签控件 label1、label2，三个文本框控件 textBox1、textBox2、textBox3，两个按钮控件 button1、button2。

(3) 属性设置。

参照表 11.2，在【属性】窗口中设置各控件属性，并按图 11.3 的位置排布以上各控件。

表 11.2　控件属性

控　　件	属　　性	值	说　　明
Form1	AcceptButton	Button1	默认按钮
	Text	算一算	窗体标题
pictureBox1	Image	根据图片位置设置	添加图片
	SizeMode	StretchImage	大小模式
label1	Font	宋体，15.75pt，style=Bold	字体、字号、加粗
label2	Text	+、=	文本
textBox1	Font	宋体，15.75pt，style=Bold	字体、字号、加粗
textBox2	Text	空	初值
textBox3	ReadOnly	textBox1、textBox2 为 True	只读属性
button1	Font	宋体，10.5pt	字体、字号
button2	Text	确定、关闭	文本

(4) 添加代码。

① 在窗体背景上双击，打开【代码】编辑页面，输入如下背景为灰色部分的代码，其余代码是系统自动生成的。程序中“//”为注释标识，表示其后面文字是解释说明前面代码的，这部分文字可以不输入。

```
#pragma endregion
```

```
private: System::Void Form1_Load(System::Object^  sender, System::EventArgs^  e)
{
     System::Random^  r = gcnew Random(System::DateTime::Now.Millisecond);
     this -> textBox1 -> Text = Convert::ToString(r -> Next(100));
     this -> textBox2 -> Text = Convert::ToString(r -> Next(100));
}
```

这段程序代码在窗体加载时自动执行，第1行代码是定义一个随机数生成器r，第2行、第3行代码利用r的Next()方法生成了两个100以内的随机数，并将这两个随机数分别显示在文本框中。其中，Convert::ToString将随机数转换为字符串。这段代码自动生成第一道测试题。

② 返回窗体【设计器】页面，在窗体上双击【确定】按钮button1，进入【代码】编辑页面，输入如下背景为灰色部分的代码。

```
private: System::Void button1_Click(System::Object^  sender, System::EventArgs^  e)
{
     int a,b,c;
     a = Convert::ToInt32(this -> textBox1 -> Text);      //将对话框文本转换为整型
     b = Convert::ToInt32(this -> textBox2 -> Text);
     c = Convert::ToInt32(this -> textBox3 -> Text);
     if( a + b == c)                                      //判断运算结果是否正确
       if(MessageBox::Show("太棒了,接着来?","Information",
         MessageBoxButtons::YesNo) == System::Windows::Forms::DialogResult::Yes)
       {
         System::Random^  r = gcnew Random(System::DateTime::Now.Millisecond);
         this -> textBox1 -> Text = Convert::ToString(r -> Next(100));
         this -> textBox2 -> Text = Convert::ToString(r -> Next(100));
         this -> textBox3 -> Text = "";
         this -> textBox3 -> Focus();                     //获得焦点,等待输入新数值
       }
       else
         this -> button2 -> Focus();
     else
     {
       MessageBox::Show("别灰心,继续加油!");
       this -> textBox3 -> Text = "";
       this -> textBox3 -> Focus();
     }
}
```

这段代码实现了程序的主要功能，它首先将三个文本框中的文本转换为三个整型数，然后把从前两个文本框中得来的整数相加，并与用户输入的第三个数做比较，判断运算结果是否正确，并将结果用对话框进行显示。MessageBox::Show()是对话框显示函数，在11.2.1节有详细介绍。如果不正确，给出“别灰心，继续加油!”提示信息，并清空用户输入的旧数据，让焦点处于textBox3文本框控件上等待用户重新输入。如果正确，弹出“太棒了，接着来?”对话框，用户可以按提示单击【是】按钮，生成下一道试题，继续练习，也可以单击【否】按钮，让焦点处于【关闭】按钮控件button2上，并返回程序主界面。此时可按Enter键或单击【关闭】按钮，结束此“算一算”应用程序。

如果继续练习，此应用程序会自动生成新试题。新试题的生成算法与 Form1_Load()事件处理程序中的方法类似，均由伪随机数生成器生成。由于系统提供的伪随机数生成器算法比较经典，故这些试题一般不会重复。

③ 切换到窗体【设计器】界面，双击【关闭】按钮，打开【代码】编辑页面，输入如下背景为灰色部分的代码。

```
private: System::Void button2_Click(System::Object^ sender, System::EventArgs^ e) {
    Close();                                                    //关闭窗体
}
```

(5) 生成并运行应用程序。

按 F7 键生成应用程序，成功后单击【调试】菜单下的【开始执行】命令运行程序，运行界面如图 11.3 所示。若生成不成功，返回上面各步骤仔细检查、修改，然后再重新生成、执行，直到满意为止。

11.1.5 单选按钮与复选框

1. 单选按钮

单选按钮(RadioButton)用于从多个互斥的选项中单选出一项，完成单选功能。一般情况下，多是几个单选按钮作为一组共同使用，这时通常把它们添加到具有分组功能的容器中，GroupBox 控件是常用的容器控件。在窗体中添加单选按钮组时，首先需要添加 GroupBox 控件，然后在此容器控件中添加单选按钮控件。下面介绍单选按钮的常用属性及事件。

1) 属性

(1) Appearance：设置单选按钮的外观。

Appearance 属性有以下两个值。

① Normal：一般单选按钮，默认状态。

② Button：单选按钮显示成普通按钮。

单选按钮设置为普通按钮的代码如下。

```
this -> radioButton1 -> Appearance = System::Windows::Forms::Appearance::Button;
```

(2) Checked：单选按钮被选中与否的标识，此属性是单选按钮控件的最重要属性。

Checked 属性默认值为 False，表示单选按钮没有被选中。如果单选按钮被选中，Checked 属性值为 True。将单选按钮设置为选中状态的代码如下。

```
this -> radioButton1 -> Checked = true;
```

(3) RightToLeft：设置文字和控件的对齐方式。

RightToLeft 属性的默认值为 No，这时单选按钮就是通常状态，按钮在左侧，文字在右侧。如果将 RightToLeft 属性设置为 Yes，这时文字在左侧，单选按钮在右侧。

(4) AutoCheck：判断单选按钮状态。

默认值为 True，维持只有一个按钮被选中；若把属性设置为 False，则单选按钮的选择功能会失效。

2）事件

CheckChange 事件：此事件是单选按钮控件的默认执行事件，当单选按钮的 Checked 属性值发生改变时引发该事件。

2. 复选框

复选框(CheckBox)也具有选择功能，与单选按钮功能类似，不同的是复选框彼此不互斥，可以一项不选，也可以选择多项。复选框有多项时，也可以加入到具有分组功能的 GroupBox 容器控件中。下面介绍复选框的常用属性。

(1) Appearance：设置复选框的外观。

Appearance 属性有以下两个值。

① Normal：一般复选框。

② Button：复选框显示成普通按钮。

(2) Checked：复选框被选中与否的标识，此属性是复选框控件的最重要属性。

Checked 属性默认值为 False，表示复选框没有被选中。如果复选框被选中，Checked 属性值为 True。设置复选框被选中的代码如下。

```
this -> checkBox1 -> Checked = true;
```

(3) RightToLeft：设置文字和控件的对齐方式。

RightToLeft 属性的默认值为 No，这时显示通常复选框，复选框在左侧，文字在右侧。如果将 RightToLeft 属性设置为 Yes，这时文字在左侧，复选框在右侧。

将复选框设置为文字在左侧，复选框在右侧的代码如下。

```
this -> checkBox1 -> RightToLeft = System::Windows::Forms::RightToLeft::Yes;
```

(4) ThreeState：设置是否允许三种选中状态。

ThreeState 属性默认值为 False，此时复选框有选中、未选中两种状态。ThreeState 属性值为 True 时，则会有三种状态。此时必须与 CheckState 属性配合使用才能看到效果。

(5) CheckState：显示控件是否选中。

当 ThreeState 属性值为 False，此时复选框的 CheckState 属性有 Checked、Unchecked 两种状态。ThreeState 属性值为 True 时，此时复选框的 CheckState 属性有 Checked、Unchecked、Indeterminate 三种状态，Indeterminate 表示不确定是否选中。

单选按钮和复选框属性比较简单，下面通过网上购物问卷调查的实例说明这两个控件的应用。

11.1.6 单选按钮、复选框及分组框应用案例

1. 网上购物问卷调查信息收集窗体

"网上购物问卷调查"应用程序是一个供网络经销商了解购物群体、购物能力及购物倾向的软件。如图 11.4 所示的窗体负责对参与调查的用户的年龄、月收入和购物种类信息进行收集。用户在选择窗体界面上的各个选项后，单击【提交】按钮，这些被选中的选项信息就被记录到相应的变量中备用。在此案例中，仅对如何识别并适当储存这些被选中信息加以介绍，对这些信息的处理需要用到数据库等相关知识，在此就不进行介绍了。此处仅用对话框把这些信息显示出来。不想参加调查的用户可以单击【退出】按钮，结束此应用程序。

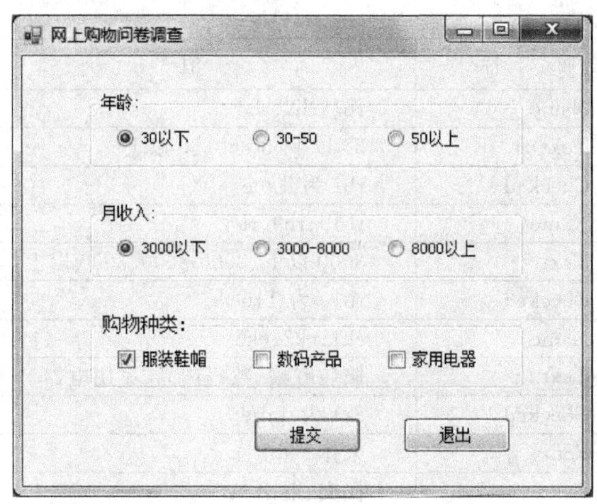

图 11.4 网上购物问卷调查

2. 设计步骤

(1) 创建解决方案、项目及窗体。

创建解决方案、项目及窗体。解决方案及项目命名为“问卷调查”,窗体名仍使用默认的 Form1。

(2) 窗体设计。

在窗体上添加一个 GroupBox 控件 groupBox1,然后在 groupBox1 内添加三个单选按钮,并按如图 11.5 所示排布它们。按此方法添加另外两组单选和复选控件,最后再添加两个按钮控件 button1、button2。

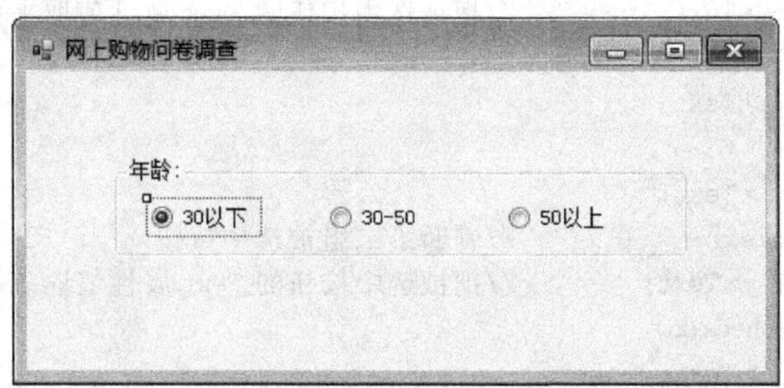

图 11.5 添加分组框和单选按钮

(3) 属性设置。

参照表 11.3,在【属性】窗口中设置各控件属性,并按如图 11.4 所示进行界面布局。

表 11.3 控件属性

控　　件	属　　性	值	说　　明
Form1	AcceptButton	Button1	默认按钮
	Text	网上购物问卷调查	窗体标题
groupBox1 groupBox2 groupBox3	Text	年龄:、月收入:、购物种类:	分组名称
	Font	宋体,10.5pt	字体、字号

续表

控　　件	属　　性	值	说　　明
radioButton(组 1)	Name	rb1、rb2、rb3	三个单选按钮
	Text	30 以下、30-50、50 以上	初值
	Checked	rb1 为 True	选中
radioButton(组 2)	Name	rb10、rb9、rb8	三个单选按钮
	Text	3000 以下、3000-8000、8000 以上	初值
	Checked	rb10 为 True	选中
CheckBox(组)	Name	ck1、ck2、ck3	三个复选框
	Text	服装鞋帽、数码产品、家用电器	初值
	Checked	ck1 为 True	选中
button1	Font	宋体，9pt	字体、字号
button2	Text	提交、退出	文本

(4) 添加代码。

① 在窗体背景上双击【提交】按钮，添加 button1_Click()事件处理程序并切换到【代码】编辑页面，在其中输入如下背景为灰色部分的代码。

```
private: System::Void button1_Click(System::Object^ sender, System::EventArgs^ e)
{
    System::String^ str1,^str2,^str3,^str4,^str5,^str6,^str7;     //定义字符串变量
    str1 = "\n 年龄:";
    str3 = "\n 月收入:";
    str5 = "\n 购物种类:";
    if(rb1 -> Checked)                    //判断第一组被选中按钮
        str2 = rb1 -> Text;               //把被选中按钮的 Text 属性值取来放到字符串变量中备用
    else if(rb2 -> Checked)
        str2 = rb2 -> Text;
    else
        str2 = rb3 -> Text;
    if(rb10 -> Checked)                   //判断第二组被选中按钮
        str4 = rb10 -> Text;              //把被选中按钮的 Text 属性值取来放到字符串变量中备用
    else if(rb9 -> Checked)
        str4 = rb9 -> Text;
    else
        str4 = rb8 -> Text;
    if (ck1 -> Checked)                   //判断复选框控件是否被选中
        str6 = this -> ck1 -> Text + " ";
                                          //若选中则把其 Text 属性值取来放到字符串变量中备用
    if (ck2 -> Checked)
        {str7 = this -> ck2 -> Text + " ";
        str6 = str6 + str7;}
    if (ck3 -> Checked)
        {str7 = this -> ck3 -> Text;
        str6 = str6 + str7;}
    str7 = str1 + str2 + str3 + str4 + str5 + str6;      //变量串接,得到问卷调查结果
    if(MessageBox::Show(str7 + "\n\n 继续参与?","问卷调查",
    MessageBoxButtons::YesNo) == System::Windows::Forms::DialogResult::Yes)
```

```
    {   rb1 -> Checked = true;                 //重新初始化各个选项
        rb10 -> Checked = true;
        ck1 -> Checked = true;
        ck2 -> Checked = false;
        ck3 -> Checked = false;
    }
    else
        this -> button2 -> Focus();        //获得焦点,以使用键盘的 Enter 键触发其 Click 事件
}
```

这段代码看起来很长,但并不复杂,它主要通过使用单选按钮和复选框控件的 Checked 属性值来获取用户所做选择信息,并把这些信息保存到各个字符串变量中备用。Checked 属性值为 true,表示用户选中了此选项,此时把该控件的 Text 属性取来保存到 String 类型的变量中,就得到了用户的选中信息。代码后半部分对这些取来的信息做了个串接并使用 MessageBox 把它们一起显示了出来。最后,通过对 Checked 属性赋初值还实现了窗体界面控件的再次初始化。

② 切换到窗体【设计器】界面,双击【退出】按钮,添加 button2_Click()事件处理程序并切换到【代码】编辑页面,在其中输入如下背景为灰色部分的代码。

```
private: System::Void button2_Click(System::Object^ sender, System::EventArgs^ e)
{
    Close();                                //关闭窗体
}
```

(5) 生成并运行此应用程序。

按 F7 键生成此应用程序,若生成不成功,返回上面各步骤仔细检查、修改,然后再重新生成、执行,直到正确为止。生成成功后按 Ctrl+F5 键或单击【调试】菜单下的【开始执行】命令运行此程序,运行界面如图 11.4 所示。选择中意的单选和复选选项,然后按 Enter 键或单击【提交】按钮,执行 button1_Click()事件处理程序内代码,将问卷调查结果以对话框的形式显示出来,这时单击对话框中的【是】按钮,继续调查;如果单击【否】按钮,回到窗体。此时可单击【退出】按钮执行 button2_Click()事件处理程序内代码,退出此应用程序。

11.1.7 进度条、滚动条、滑块

1. 进度条

进度条(ProgressBar)通常用来表示一个操作的进度,并在操作完成时从左到右填充进度条,这个过程可以清楚看到还有多少要完成。下面介绍进度条的常用属性及函数。

1) 属性

(1) Maximum:进度条的最大值,默认值为 100。

(2) Minimum:进度条的最小值,默认值为 0。

(3) MarqueeAnimationSpeed:滚动字幕的速度以 ms 为单位,默认为 100。

(4) Value:进度条的当前值。

Value 属性默认值为 0,表示 ProgressBar 的当前进度,在最小值和最大值属性的范围内变化。可使用类似 progressBar1 -> Value 的表达式形式获取进度条控件的当前进度。

(5) Style:进度条的样式。

Style 属性有以下三个值。

① Block：以数值刻度来表示，为该属性的默认值。

② Continuous：只显示进度，没有刻度。

③ Marquee：以滚动字幕方式显示。

2）方法

Increment()方法：按指定的数量增加进度栏的当前位置。如 Increment(5)表示让当前进度值增加 5。

2. 水平滚动条与垂直滚动条

滚动条控件通常用来定位，分为水平滚动条（HScrollBar）和垂直滚动条（VScrollBar）两种，它们的属性、事件、使用方法等基本相同。下面是这两种滚动条控件的常用属性和事件。

1）属性

(1) Maximum：滚动条的最大值，默认值为 100。

(2) Minimum：滚动条的最小值，默认值为 0。

(3) LargeChange：单击滚动条或按 PageUp、PageDown 键时滚动条滑块位置变化幅度。

(4) SmallChange：单击滚动箭头或按方向箭头时的变化幅度。

(5) Value：滚动条滑块的当前位置值，此属性是滚动条控件的最重要属性。其值在 Minimum 属性和 Maximum 属性的范围内变化，默认值为 0。

可使用类似下面的语句获取滚动条滑块当前位置并赋给整型变量备用。

```
int red = this -> hScrollBar1 -> Value ;
```

2）事件

Scroll 事件：此事件是滚动条控件的默认执行事件，当滚动条滑块移动时触发该事件。

3. 滑块

滑块(TrackBar)也是用来表示定位的控件，与滚动条非常相似，不同点是滑块有刻度。下面介绍滑块的常用属性和事件。

1）属性

(1) Maximum：滑块位置的最大值，默认值为 10。

(2) Minimum：滑块位置的最小值，默认值为 0。

(3) LargeChange：滑块在鼠标单击或按 PageUp、PageDown 键时移动的位置数。

(4) SmallChange：滑块在按下方向键时移动的位置数。

(5) Value：滑块的当前值。

Value 属性默认值为 0，表示滑块的当前位置，在最小值和最大值属性的范围内变化。

(6) TickStyle：刻度线显示风格。

TickStyle 属性有以下 4 个值。

① None：无刻度。

② TopLeft：刻度显示在滑块上方。

③ BottomRight：刻度显示在滑块下方，为该属性的默认值。

④ Both：滑块上下均有刻度显示。

2）事件

Scroll 事件：此事件是滑块控件的默认执行事件，当滑块移动时触发该事件。

滚动条、滑块都是比较简单的控件，下面以调色板应用程序为例说明滚动条的使用方法，滑块的使用方法可参照滚动条自己练习。

11.1.8 滚动条、文本框、按钮及颜色应用案例

1. 调色板应用程序

用红、绿、蓝三种原色可以调配出任何颜色。调色板应用程序动态演示出用不同的三原色混合出来的混合色的效果。如图 11.6 所示，该应用程序用 Color 类的 FromArgb()方法实现三原色的混合。本案例用三个滚动条各自滑块的位置值为 FromArgb()方法提供红、绿、蓝三个参数，混合出来的颜色在窗体左上角的标签控件中显示出来。拖动各滚动条滑块，标签控件上显示出来的混合色便会跟着发生连续变化。另外，直接修改滚动条右侧对应文本框中的值也能调整三原色的值，实现颜色的混合。单击【确定】按钮时，实现颜色的复制，把刚刚调配出来的颜色复制到窗体上中部的标签控件中。单击【退出】按钮，结束程序。

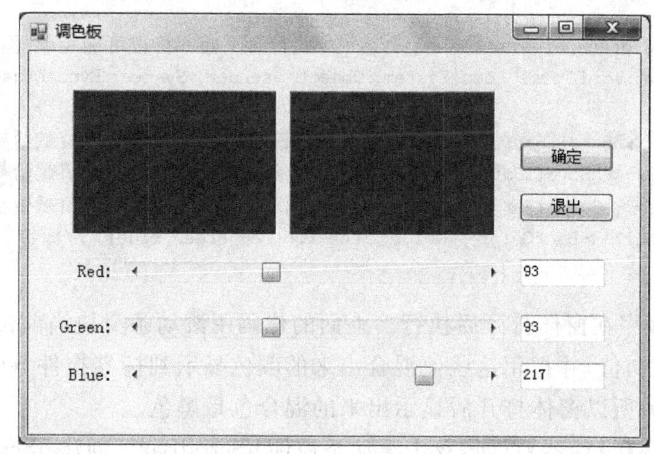

图 11.6 调色板

2. 设计步骤

(1) 创建解决方案、项目及窗体。

创建解决方案、项目及窗体。解决方案及项目命名为“调色板”，窗体名仍使用默认的 Form1。

(2) 窗体设计。

在窗体上添加 5 个标签控件 label1、label2、label3、label4 和 label5，三个文本框控件 textBox1、textBox2、textBox3，三个滚动条控件 hScrollBar1、hScrollBar2、hScrollBar3，两个按钮控件 button1、button2。

(3) 属性设置。

参照表 11.4，在【属性】窗口中设置各控件属性，并按如图 11.6 所示布局窗体界面。

表 11.4 控件属性

控　　件	属　　性	值	说　　明
Form1	Text	调色板	窗体标题
label1、label2	AutoSize	False	允许调整大小
label3、4、5	Text	Red、Green、Blue	文本
textBox1、2、3	Text	0	初值
button1、2	Text	确定、退出	文本
hScrollBar1、2、3	Maximum	264	颜色最大值 255，再加 9(滑块本身宽度)

(4) 添加代码。

① 打开【代码】编辑页面，在如下所示位置处输入灰色背景部分的代码，为窗体对象 Form1 声明三个成员变量 red、green、blue，分别代表三原色的值。

```
#pragma endregion
private:int red,green,blue;
…
```

② 回到【设计器】页面，双击窗体背景，创建窗体默认事件处理程序 Form1_Load()并切换到【代码】编辑页面，然后输入如下灰色背景部分的代码。

```
private:int red,green,blue;                //此行与下面一行很可能相邻,但不是必须相邻
private: System::Void Form1_Load(System::Object^ sender, System::EventArgs^ e)
{
    red = this -> hScrollBar1 -> Value ;      //把滚动条 1 的滑块位置值赋给变量 red
    green = this -> hScrollBar2 -> Value;     //把滚动条 2 的滑块位置值赋给变量 green
    blue = this -> hScrollBar3 -> Value;      //把滚动条 3 的滑块位置值赋给变量 blue
    this -> label1 -> BackColor  = Color::FromArgb(red,green,blue); //标签 1 中显示合成色
}
```

该事件处理程序在窗体打开后执行。上面的代码用滚动条滑块当前位置值为成员变量 red、green、blue 赋初值，并把用这些值混合出来的颜色显示到标签控件 label1 上，由于三个滑块默认值都是 0，所以窗体打开后显示出来的混合色是黑色。

③ 切换到窗体【设计器】页面，双击滚动条控件 hScrollBar1，创建 hScrollBar1 的默认事件处理程序 hScrollBar1_Scroll()并切换到【代码】编辑页面，然后输入如下灰色背景部分的代码。

```
private:Void hScrollBar1_Scroll(System::Object^ sender,Windows::Forms::ScrollEventArgs^ e)
{
    red = this -> hScrollBar1 -> Value ;       //得到 red 分量值
    this -> textBox1 -> Text = Convert::ToString(red); //将 red 值显示在文本框 1 中
    this -> label1 -> BackColor  = Color::FromArgb(red,green,blue); //显示混合后颜色
}
```

该事件处理程序在滑块位置发生变化时执行。第一行代码获取滚动条滑块当前位置值并把它保存在代表红色成分多少的变量 red 中。第二行代码把此红色成分值显示到了窗体界面上的 textBox1 控件中，因数据类型不同，此处使用 Convert 类的 ToString()方法对 int 型变量 red 进行了类型转换。第三行代码使用此变化后的红色成分值及原有的蓝绿颜色成

分值重新生成混合色并把它显示到标签控件 label1 上。

Color 类的 FromArgb()方法有三个颜色参数，依次代表红、绿、蓝三个颜色分量，其值要求在 0～255 之间，对应地，模拟这些参数的滚动条滑块位置值也应在 0～255 之间变化。FromArgb()方法的返回值即是生成后的混合色。

代表蓝绿两种颜色的滚动条的设计及编码与此非常相似，相关事件处理程序及其内编码如下。

```
private:Void hScrollBar2_Scroll(System::Object^ sender,Windows::Forms::ScrollEventArgs^ e)
{
    green = this -> hScrollBar2 -> Value;                    //得到 green 分量值
    this -> textBox2 -> Text = Convert::ToString(green); //将 green 值显示在文本框 2 中
    this -> label1 -> BackColor  = Color::FromArgb(red,green,blue);
}
private:Void hScrollBar3_Scroll(System::Object^ sender,Windows::Forms::ScrollEventArgs^ e)
{
    blue = this -> hScrollBar3 -> Value;                     //得到 blue 分量值
    this -> textBox3 -> Text = Convert::ToString(blue ); //将 blue 值显示在文本框 3 中
    this -> label1 -> BackColor  = Color::FromArgb(red,green,blue);
}
```

④ 切换到窗体【设计器】页面，双击文本框控件 textBox1，创建 textBox1 的默认事件处理程序 textBox1_TextChanged ()并切换到【代码】编辑页面，然后输入如下灰色背景部分的代码。

```
private: System::Void textBox1_TextChanged(System::Object^ sender, System::EventArgs^ e)
{
    red =  Convert::ToInt32(this -> textBox1 -> Text); //把文本框的 Text 属性值赋给变量 red
    if (Convert::ToInt32(this -> textBox1 -> Text)> 255) //输入出界处理
    {
        this -> textBox1 -> Text = "255";
        red = 255;
    }
    this -> label1 -> BackColor  = Color::FromArgb(red,green,blue);
    this -> hScrollBar1 -> Value = red;      //使滚动条的位置值与文本框值同步
}
```

软件运行后，手动修改 textBox1 控件上显示的值并确认后，此事件处理程序内的代码被执行。

这段代码实现用手动修改 textBox1 控件的 Text 属性值的方式调整红色分量值，进而改变重新计算出的混合色。由于颜色分量值不能大于 255，故若 textBox1 控件中输入的值大于 255 时，则把它当成 255 来处理。为了让文本框与滚动条的数据同步，此段代码还把此红色分量赋值给了滚动条滑块的位置值。代码中还使用了 Convert 类的 ToInt32 ()方法进行了数据类型转换。

代表蓝、绿两种颜色值的文本框的设计及编码与此非常相似，相关事件处理程序及其内编码如下。

```
private: System::Void textBox2_TextChanged(System::Object^ sender, System::EventArgs^ e)
{
```

```
        green = Convert::ToInt32(this->textBox2->Text);   //文本框值赋给 green 变量
        if (Convert::ToInt32(this->textBox2->Text)>255)  //输入出界处理
        {
            this->textBox2->Text = "255";   //文本框 2 中输入值大于 255 时,赋值 255
            green = 255;
        }
        this->label1->BackColor = Color::FromArgb(red,green,blue);
        this->hScrollBar2->Value = green;
    }
private: System::Void textBox3_TextChanged(System::Object^ sender, System::EventArgs^ e)
    {
        blue = Convert::ToInt32(this->textBox3->Text);  //文本框值赋给 blue 变量
        if (Convert::ToInt32(this->textBox3->Text)>255)
        {
            this->textBox3->Text = "255";   //文本框 3 中输入值大于 255 时,赋值 255
            blue = 255;
        }
        this->label1->BackColor = Color::FromArgb(red,green,blue);
        this->hScrollBar3->Value = blue;
    }
```

⑤ 切换到窗体【设计器】页面,双击【确定】按钮,为按钮 button1 添加默认事件处理程序并切换到【代码】编辑页面,然后输入如下灰色背景部分的代码。

```
private: System::Void button1_Click(System::Object^ sender, System::EventArgs^ e)
    {
        label2->BackColor = label1->BackColor;     //让标签 2 与标签 1 同色,实现颜色复制
    }
```

⑥ 切换到窗体【设计器】页面,双击【退出】按钮,切换到【代码】编辑页面,输入如下灰色背景部分的代码。

```
private: System::Void button2_Click(System::Object^ sender, System::EventArgs^ e)
    {
        Close();
    }
```

(5) 生成并运行此应用程序。

按 F7 键生成此应用程序,若生成不成功,返回上面各步骤仔细检查、修改,然后再重新生成、执行,直到正确为止。生成成功后按 Ctrl+F5 键运行此程序,运行界面如图 11.6 所示。分别拖动三个滚动条的滑块便可调整 label1 控件上显示的颜色,且此被拖动滚动条右侧的文本框控件中的颜色分量值也应同步变化。直接在这些文本框中输入新数值,也应能调整 label1 控件上显示的颜色,且被输入数据文本框左侧的滚动条滑块位置也会跟着移动到新位置。颜色调好后,单击【确定】按钮,此颜色被复制到窗体中上部的标签控件中。单击【退出】按钮,结束程序。

11.1.9 与时间有关的控件

通常在文本框中输入日期型数据时,输入过程中容易产生错误。使用掩码文本框错误几率减少了,输入起来仍然比较麻烦。与日期有关的控件很好地解决了这些问题。

1. 月历控件

MonthCalendar 控件提供了一个可视化界面来选择日期，免去手动输入的麻烦。下面介绍其常用属性。

(1) SelectionRange：选择日期范围。

SelectionRange 属性用来设置一段时间范围，有以下两个值。

① Start：设置起始时间。

② End：设置终止时间。

Start、End 默认都是当天日期。并且 Start、End 两个日期相差天数必须小于属性中设定值。

(2) MaxSelectionCount：设置该控件允许选择的天数。

MaxSelectionCount 属性默认值为 7，说明最多可以选择一周的时间；如果设置为 20，则最多可以选择 20 天。

(3) Maxdate：设置日期的最大值。

设置最大日期为 2015 年 12 月 31 日的代码如下。

```
this -> monthCalendar1 -> MaxDate = System::DateTime(2015, 12, 31, 0, 0, 0, 0);
```

(4) Mindate：设置日期的最小值。

设置最小日期为 2015 年 1 月 1 日的代码如下。

```
this -> monthCalendar1 -> MinDate = System::DateTime(2015, 1, 1, 0, 0, 0, 0);
```

(5) CalendarDimensions：设置显示月历的行数和列数。

CalendarDimensions 属性值是一对坐标，默认值为(1,1)，显示一个月日历。如果设置为(2,1)，显示两个月日历。

(6) ShowWeekNumbers：设置显示周数。

ShowWeekNumbers 属性默认值为 False，通常不显示周数，如果将属性值设置为 True，这时在最左侧显示周数。

(7) FirstDayOfWeek：设置每周的第一天。

FirstDayOfWeek 属性默认值为 Default，此时每周从星期日开始显示。如果需要修改，单击 FirstDayOfWeek 属性右侧的下拉箭头，可以设置任意一天为每周第一天。

(8) BoldedDates：设置加粗的日期。

有些日期需要有特别意义，需要特别强调，可以设置加粗，显示时以粗体显示。设置方法如下。

① 单击 BoldedDates 属性右侧的 ... 按钮，打开如图 11.7 所示对话框。

② 单击【添加】按钮，在成员下面的文本框中出现空行。

③ 单击图中右侧的 Value。

④ 再单击 Value 右侧的下拉箭头，打开月历。

⑤ 在月历中选择日期，单击【确定】按钮，则选择日期 3 月 8 日加粗显示。

MonthlyBoldedDates 和 AnnuallyBoldedDates 也用来设置加粗显示，设置方法与 BoldedDates 相同。MonthlyBoldedDates 设置为 3 月 5 日后，每月的 5 日均加粗显示。AnnuallyBoldedDates 设置为 3 月 5 日后，每年的 3 月 5 日均加粗显示。

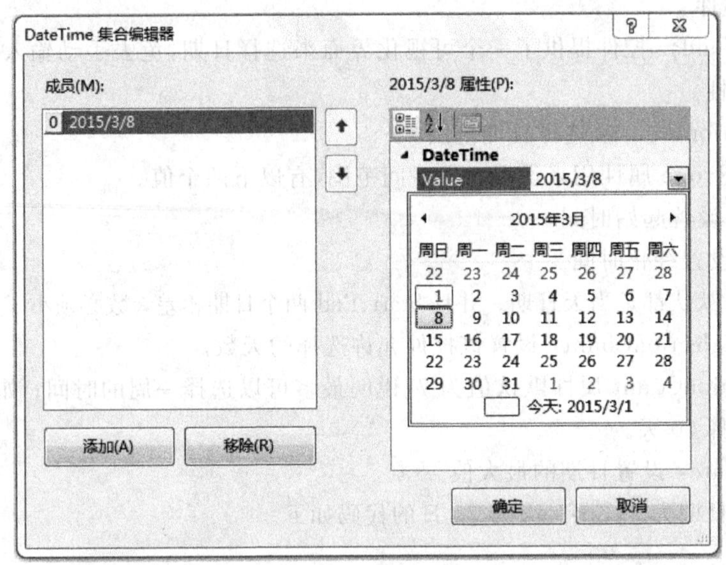

图 11.7　设置加粗日期

2. 日期时间选择控件

DateTimePicker 控件提供一个下拉列表供用户选择希望的日期或时间。其功能与 MonthCalendar 控件相类似，下面介绍一些控件的常用属性。

(1) Format：此属性确定显示日期时使用的日期/时间格式。

Format 属性提供了以下 4 种日期格式。

① Long：长日期格式，为此属性默认值，用类似"2015 年 3 月 1 日"的格式显示日期值。

② Short：短日期格式，用类似"2015/3/1"的格式显示日期。

③ Time：时间格式，显示当前时间，格式使用类似"13:18:30"的形式。

④ Custom：自定义格式。

设置为时间格式的代码如下。

```
dateTimePicker1 -> Format = DateTimePickerFormat::Time;
```

(2) ShowUpDown：设置控件的显示格式。

ShowUpDown 属性的默认值为 False，此时控件以下拉列表显示。当属性值为 True 时，以文本框的形式显示，文本框右侧有上下箭头。此时日期修改需要逐项进行。先选择修改项，例如月份，再按上下箭头键修改值。

(3) ShowCheckBox：设置是否以复选框形式显示。

ShowCheckBox 属性默认值为 False，当 ShowCheckBox 属性值为 True 时，以复选框形式显示。

(4) Value：获取或设置分配给控件的日期/时间值，此值为 DateTime 类型数据常量。Value 属性默认值是系统当前的日期和时间 DateTime::Now。可用如下的表达式获取用户在此控件上选定的日期时间值，且此日期时间值已经被转换成长日期格式的字符串了。

```
dateTimePicker1 -> Value.ToLongDateString()
```

3. 计时器控件

Timer 控件是一个计时器，它可以按用户定义的时间间隔定时引发 Tick 事件。用户想要按照固定时间间隔反复执行某段代码时，宜使用此控件。在窗体【设计器】页面把 Timer 控件添加到窗体上后，该控件并不显示在窗体上，而是在窗体下方的空白区域内，它是一个背景之下的组件。程序执行后，该控件也不会在窗体中显示出来。

下面是 Timer 控件的常用属性、方法和事件。

(1) Interval 属性：该属性用来设置计时器的间隔时间，以千分之一秒为单位，若 Interval 的值为 1000，则表示每隔 1s 执行一次该控件的 Tick 事件。

(2) Start()方法：启动计时器。让计时器开始计时，并按事先设置好的 Interval 属性值定时触发 Tick 事件。

(3) Stop()方法：关闭计时器，停止触发 Tick 事件。

(4) Tick 事件：被定时触发的事件，它是 Timer 控件的默认执行事件，也是 Timer 控件的唯一一个事件。与此事件绑定的事件处理程序将被反复执行，执行的时间间隔是 Timer 控件的 Interval 属性值。

下面以进度条为例介绍 Timer 控件的使用方法。

11.1.10 进度条与计时器应用案例

1. 进度条应用程序

进度条应用程序是一个类似软件复制过程中用于复制进度提示的小程序，如图 11.8 所示。单击【开始】按钮，进度条启动，然后以图形和文字两种方式动态显示"文件复制"进度，此时全部按钮均处于不可用状态。"文件复制"过程结束后，解除按钮禁用，等待下一步操作，单击【退出】按钮，结束应用程序。

此例的技术重点在于对工作进度的动态、图形化展示，具体所做工作内容在此并不真的进行处理。

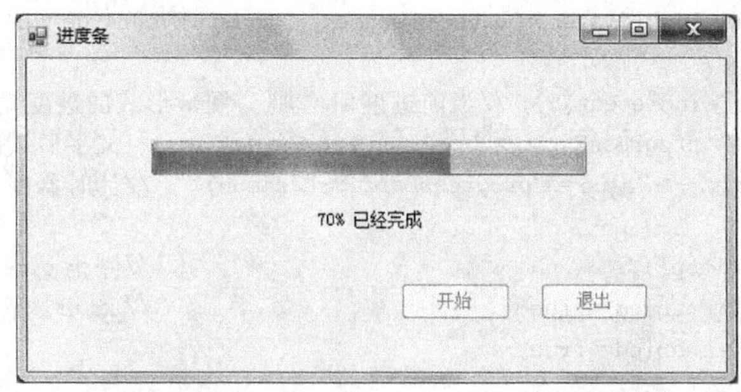

图 11.8 进度条

2. 设计步骤

(1) 创建解决方案、项目及窗体。

创建解决方案、项目及窗体。解决方案及项目命名为"进度条"，窗体名仍使用默认的 Form1。

(2) 添加控件。

在窗体上添加一个进度条控件 progressBar1，一个计时器控件 timer1，一个标签控件

label1，两个按钮控件 button1、button2。

(3) 设置属性。

参照表 11.5，在【属性】窗口中设置各控件属性，并按照图 11.8 进行界面布局。

表 11.5 控件属性

控　件	属　性	值	说　明
Form1	Text	进度条	窗体标题
button1、button2	Text	开始、退出	文本
label1	Text		文本

(4) 添加代码。

① 在窗体上双击【开始】按钮，添加 button1 控件的默认事件处理程序 button1_Click()并切换到【代码】编辑页面，输入如下灰色背景部分的代码。

```
System::Void button1_Click(System::Object^ sender, System::EventArgs^ e)
{
    timer1 -> Start();                          //启动计时器 timer1
    button1 -> Enabled = false;                 //按钮设置为无效状态
    button2 -> Enabled = false;
}
```

在软件执行状态下，单击【开始】按钮，触发其 Click 事件，执行上面的事件处理程序。上面的第一行代码启动计时器 timer1，然后用默认的 Interval 属性值 1000ms 反复触发此计时器的 Tick 事件，也就是说每隔 1s 要执行一次 timer1_Tick()事件处理程序。后两行代码使按钮控件 button1 和 button2 失效，不能使用。

② 切换回窗体【设计器】页面，在窗体上双击 timer1 控件，添加 timer1_Tick()事件处理程序并切换到【代码】编辑页面，输入如下灰色背景部分的代码。

```
System::Void timer1_Tick(System::Object^ sender, System::EventArgs^ e)
{
    progressBar1 -> Increment(5); //当前进度值增加 5,图形形式的进度变化
    label1 -> Text = progressBar1 -> Value + "% 已经完成";  //文字形式的进度提示
    if (progressBar1 -> Value == progressBar1 -> Maximum)    //计时器停止条件
    {
        timer1 -> Stop();                               //停止 timer1
        button1 -> Enabled = true;                      //timer1 停止后要处理的事务
        button2 -> Enabled = true;
    }
}
```

上面第一行代码让进度条上显示的进度标识增加 5 个刻度。由于此代码是写在 timer1 控件的 timer1_Tick()事件处理程序中，所以它会被反复执行，使得当前进度值不断增加，显示到界面上，就是进度条控件上的绿色区域不断向右变长。第二行则把当前进度值取出，在尾部串接字符串“% 已经完成”后显示在 label1 控件上，用文字的形式显示进度情况。注意，此行代码中的 progressBar1 -> Value 是数值数据类型，而“% 已经完成”是字符串，把它们作“+”运算，实际上是先把 progressBar1 -> Value 隐式转换成了字符串，然后再进行字符

串连接操作。其余部分的代码实现计时器的停止操作,包括停止条件、停止命令和停止后相关事务的处理。通常在当进度条的当前值达到最大值时停止计时器,不再触发其 Tick 事件。

③ 在窗体上双击【退出】按钮,为其添加事件处理程序并切换到【代码】编辑页面,输入如下灰色背景部分的关闭窗体代码。

```
System::Void button2_Click(System::Object^ sender, System::EventArgs^ e)
{
    Close();
}
```

(5) 生成及运行此应用程序。

执行【调试】菜单下的【开始执行】命令运行程序,打开如图 11.8 所示的窗体。单击【开始】按钮,进度条控件开始显示进度,标签控件也同时显示进度完成的百分比值,此期间【开始】和【退出】按钮均处于无效状态。进度条进度完成后,【开始】和【退出】按钮恢复有效状态,这时单击【退出】按钮,退出应用程序。

11.1.11 下拉列表框与列表框

1. 下拉列表框

下拉列表框(ComboBox)提供下拉式项目列表,可以在列表中选择需要的选项。列表中无项目可以选择时,可以自行输入。下面介绍下拉列表框的常用属性。

(1) DropDownStyle:设置下拉列表框的外观和功能。

DropDownStyle 属性值有以下三种:

① Simple:没有下拉列表,直接将列表项显示,单击选择项目,可以编辑。

② DropDown:下拉列表框,此项为默认值。在下拉列表中选择相应项,可以编辑。

③ DropDownList:下拉列表框,在下拉列表中选择相应选项,不可以编辑。

(2) Items:列表项集合。用于输入下拉出来的各个列表项。

单击 Items 右侧的 ... 按钮,打开如图 11.9 所示的字符串集合编辑器。输入项目,每行结束按回车键换行。

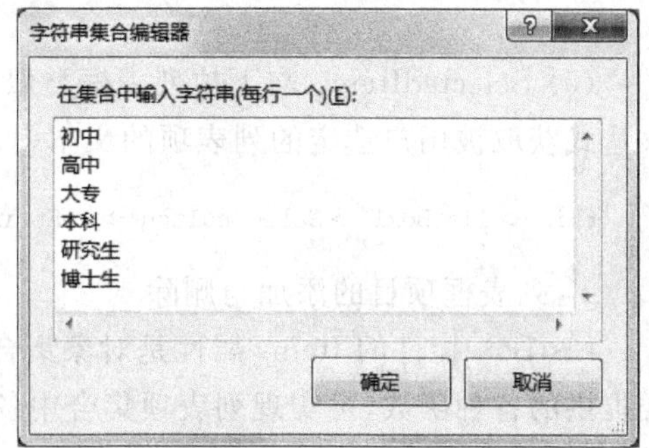

图 11.9 ComboBox 字符串集合编辑器

(3) MaxDropDownItems:设置下拉列表框中能显示项目个数。

(4) SelectedIndex:被选中列表项的索引值,依次为 0、1、2、…。

(5) SelectedItem:被选中列表项的项目内容。可用如下的表达式获取被用户选定的列表项的文本串。

```
this -> comboBox1 -> SelectedItem -> ToString()
```

此语句中的 SelectedItem 作为 comboBox1 控件的一个属性,它本身又是所选中列表项的对象句柄,故可使用类似 SelectedItem -> ToString()这样的表达式把被选中列表项转换为相应的字符串形式。

(6) Text：与此控件关联的文本，用此属性可设置该控件上所显示的文本串。比如下面的语句可用来给 comboBox1 控件界面上显示的文本赋初值。

```
this -> comboBox1 -> Text = L"汉族";
```

2. 列表框

列表框(ListBox)用来显示列表项目，并从中选择项目。其功能与 ComboBox 控件类似，只不过 ComboBox 提供下拉列表，还允许自行输入项目内容；而 ListBox 只提供项目选择，无法进行编辑操作。下面介绍列表框的常用属性及函数。

1) 属性

(1) Items：列表项集合，用于输入各列表项的值。

单击 Items 右侧的 ... 按钮，打开字符串集合编辑器，输入项目的方法参照下拉列表框。

(2) SelectionMode：设置列表框的选择方式。

SelectionMode 有以下 4 种方式。

① None：无法选择。

② One：每次只能选择一个项目，此项为默认值。

③ MultiSimple：每次可以选择多个项目，利用鼠标直接选择。

④ MultiExtended：每次可以选择多个项目，必须用鼠标配合 Shift 或 Ctrl 键进行连续或不连续选择。

(3) MultiColumn：设置显示水平滚动条。

MultiColumn 属性默认值为 False，如果列表项目大于列表高度，会自动出现垂直滚动条；当 MultiColumn 属性值为 True 时，会显示水平滚动条。

(4) SelectedIndex：与下拉列表框类似，也表示被选中列表项的索引值，依次为 0、1、2、…。可用如下的语法判断是否有列表项被选中。

```
if (listBox1 -> SelectedIndex >= 0)
    …
```

(5) SelectedItem：与下拉列表框类似，也表示被选中列表项的项目内容。可用如下的表达式获取被用户选定的列表项的文本串。

```
this -> listBox1 -> SelectedItem -> ToString()
```

2) 列表框项目的添加与删除

ListBox 控件的 Items 属性是对象集合类 ObjectCollection 的实例，用 ObjectCollection 类提供的各种函数，可实现列表项集合中各列表项的添加和删除操作。

(1) Add()：添加列表项目。

例如，在图 11.9 中添加【小学】项目，代码如下。

```
listBox1 -> Items -> Add("小学");
```

(2) Insert()：插入列表项目。

例如，在图 11.9 中将【小学】项目添加在第一条，代码如下。

```
listBox1 -> Items -> Insert(0,"小学");
```

(3) Remove()：删除列表项目。

例如，在图 11.9 中删除【小学】项目，代码如下。

```
listBox1 -> Items -> Remove("小学");
```

(4) RemoveAt()：删除索引值对应的列表项目。

例如，在图 11.9 中删除索引值为 0 的项目，代码如下。

```
listBox1 -> Items -> RemoveAt(0);
```

(5) Clear()：删除列表中所有项目。

```
this -> listBox1 -> Items -> Clear();
```

11.1.12 列表框、下拉列表框及日期时间选择控件应用案例

1. 学生信息录入窗体

如图 11.10 所示窗体是模拟的学生信息管理软件中信息录入界面，在窗体左侧添加或选择一名学生的基本信息后，单击【添加】按钮，将刚刚输入的学生信息添加到窗体右侧的学生信息列表中。每名学生的信息都在该列表中占一行，反复执行前面的学生信息录入及添加操作，此列表中就会显示越来越多的学生信息。单击选中此列表中的某一行学生信息，然后单击【删除】按钮，则将此行学生信息从列表中删除。单击【退出】按钮，结束程序。

此窗体所含控件类别较多，窗体右侧显示学生信息列表的是列表框控件 ListBox，窗体左侧部分用于信息输入，用于输入姓名的是文本框 TextBox 控件，用于输入性别的是单选按钮控件 RadioButton，用于输入出生日期的是日期时间选择控件 DateTimePicker，用于输入特长信息的是复选框控件 CheckBox，用于输入民族信息的是下拉列表框控件 ComboBox。下拉列表框控件 ComboBox 的列表项通常在设置控件初始属性时一次性填写完，无须为其做复杂的编码工作。

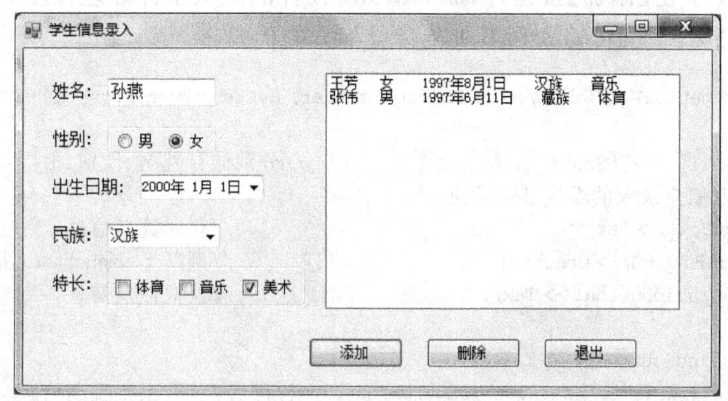

图 11.10 学生信息录入

2. 设计步骤

(1) 创建解决方案、项目及窗体。

创建解决方案、项目及窗体。解决方案及项目命名为“学生信息”，窗体名仍使用默认的 Form1。

（2）添加控件。

在窗体上添加 5 个标签控件 label1、label2、label3、label4 和 label5，一个文本框控件 textBox1，一组单选按钮 radioButton1、radioButton2、groupBox1，一个日期时间选择控件 dateTimePicker1，一个下拉列表框控件 comboBox1，一组复选框控件 checkBox1、checkBox2、checkBox3、groupBox2，一个列表框控件 listBox1，三个按钮控件 button1、button2 和 button3。

（3）设置属性。

参照表 11.6，在【属性】窗口中设置各控件属性，并按照图 11.10 进行界面布局。

表 11.6　控件属性

控　　件	属　　性	值	说　　明
Form1	AcceptButton	Button1	默认按钮
	Text	学生信息录入	窗体标题
label1～label5	Text	姓名、性别、出生日期、民族、特长	文本
textBox1	Text		输入姓名
radioButton1、radioButton2	Text	男、女	文本
	Checked	radioButton1 为 True	默认值
dateTimePicker1	Value	2000/1/1	默认值
comboBox1	Text	汉族	默认值
	Items	汉族、藏族、回族、苗族、蒙古族	添加列表项
checkBox1～checkBox3	Text	体育、音乐、美术	文本
	Checked	checkBox1 为 True	默认值
button1～button3	Text	添加、删除、退出	文本
listBox1	此处不做属性设置，只要在窗体上调整好其大小和位置即可		

（4）添加代码.

① 在窗体上双击【添加】按钮，添加 button1 控件的默认事件处理程序 button1_Click() 并切换到【代码】编辑页面，输入如下灰色背景部分的代码。

```
System::Void button1_Click(System::Object^ sender, System::EventArgs^ e)
{
    String^ s1,^ s2,^ s3,^ s4,^ s5;              //分别储存姓名、性别、出生日期、民族及特长
      //获取用户录入的学生基本信息
    s1 = textBox1 -> Text;                          //获取姓名信息
    if (radioButton1 -> Checked)                    //判断 radioButton1 是否选中
        s2 = radioButton1 -> Text;                  //获取性别信息
    else
        s2 = radioButton2 -> Text;
    s3 = dateTimePicker1 -> Value.ToLongDateString();   //获取出生日期信息
    s4 = comboBox1 -> SelectedItem -> ToString();   //获取民族信息
    if (checkBox1 -> Checked)                       //判断是否有体育特长
        s5 = checkBox1 -> Text;                     //体育特长处理
    if (checkBox2 -> Checked)                       //判断是否有音乐特长
        s5 + = checkBox2 -> Text;                   //音乐特长处理
    if (checkBox3 -> Checked)                       //判断是否有美术特长
        s5 + = checkBox3 -> Text;                   //美术特长处理
```

```
    //将学生基本信息字符串添加到列表框
    listBox1 -> Items -> Add(s1 + " " + s2 + " " + s3 + " " + s4 + " " + s5);
        //重新初始化学生信息界面
    textBox1 -> Text = "";
    radioButton1 -> Checked = true;
    dateTimePicker1 -> Value = System::DateTime(2000,1,1,0,0,0,0); //日期时间选择控件的初
始化
    comboBox1 -> Text = L"汉族";                          //下拉列表框的初始化
    checkBox1 -> Checked = true;
    checkBox2 -> Checked = false;
    checkBox3 -> Checked = false;
    textBox1 -> Focus();                          //使 textBox1 控件有输入焦点,等待输入姓名
}
```

这段代码将用户输入或选择的学生信息添加到列表框控件中进行显示，并且重新初始化窗体界面，恢复各项数据的初值，等待继续输入。

这段代码看起来有些长，但并不太难，大致上可分为三部分，第一部分负责从窗体界面获取用户输入的学生信息，依次为姓名、性别、出生日期、民族及特长 5 个方面，原始数据不是字符串的也经过类型转换后保存到对应的字符串变量里了。第二部分负责向列表框控件中添加学生信息。第三部分是为下一次添加信息做准备，再次初始化表示学生信息的各个变量。

向列表框控件中添加学生信息的操作是由对象集合类 ObjectCollection 的 Add()方法实现的，该函数负责把其参数中的字符串作为列表项添加到 listBox1 控件的列表项集合中并显示到列表框控件上。此函数要求被添加的参数是一个字符串，所以在代码中把学生姓名、性别、出生日期、民族和特长这 5 方面信息连接成了一个长字符串，然后把此长字符串作为 Add()方法的参数，添加到了 listBox1 的列表项集合 Items 中，进而显示到列表框控件上。

注意，Add()方法是 ObjectCollection 类的函数，不是 ListBox 类的，所以不能写成类似 this -> listBox1 -> Add()的形式。换句话说，新添加的列表项不是直接放到了 listBox1 控件里，而是放到了 listBox1 的 Items 属性里。

上面代码调试无误后，已能实现用户输入信息的添加功能。

② 在窗体上双击【删除】按钮，添加 button2 控件的默认事件处理程序 button2_Click()并切换到【代码】编辑页面，输入如下灰色背景部分的代码。

```
System::Void button2_Click(System::Object^ sender, System::EventArgs^ e)
{
    if (listBox1 -> SelectedIndex >= 0)
    this -> listBox1 -> Items -> Remove(listBox1 -> SelectedItem -> ToString());
}
```

这段代码将删除列表框中选中的列表项。若无选中列表项，则不执行任何操作。

代码中的 Remove()方法也是 ObjectCollection 类的函数，它负责从列表项集合中删除与其参数内容相同的列表项。

③ 双击【退出】按钮，输入如下灰色背景部分的代码。

```
System::Void button3_Click(System::Object^ sender, System::EventArgs^ e)
```

```
{
    this->listBox1->Items->Clear();                //清除列表框的内容
    Close();
}
```


这段代码删除列表项集合中的所有列表项，清空列表框，并关闭窗体。

(5) 生成并运行此应用程序。

按 F7 键生成此应用程序，若生成不成功，返回上面各步骤仔细检查、修改，尤其是【添加】按钮的代码部分，然后再重新生成、执行，直到正确为止。生成成功后按 Ctrl＋F5 键运行此程序，运行界面如图 11.10 所示。在窗体上录入学生信息，然后单击【添加】按钮或按 Enter 键，将录入的学生信息添加到窗体右侧的列表框中，且窗体界面上的各个控件均恢复为窗体刚刚打开时的状态，等待继续录入下一个学生的信息，用不同的选项多录入几个学生信息，观察右侧列表框控件中显示的内容是否符合要求，若有问题，再次返回【添加】按钮的代码部分进行修改，直到满意为止。如果要在列表框中删除不需要的列表项，要先选中该列表项，然后单击【删除】按钮。单击【退出】按钮，退出此应用程序。

说明：ComboBox 控件与 ListBox 控件的功能非常相似，都主要用于数据录入，差别就是一个已经把列表项显示出来，而另一个需要把列表项下拉出来。在使用方法方面二者也基本相同，比如列表项的添加，二者均可通过代码和【属性】窗口两种方式实现。本例把 ListBox 控件用作数据显示，这在现实编码中并不常见，毕竟该控件的表现能力有限，格式控制能力不强。

11.1.13 常用控件综合应用案例

1. 计算器应用程序

如图 11.11 所示，这是一个能在实数范围内实现加减乘除四则运算的简易计算器软件。

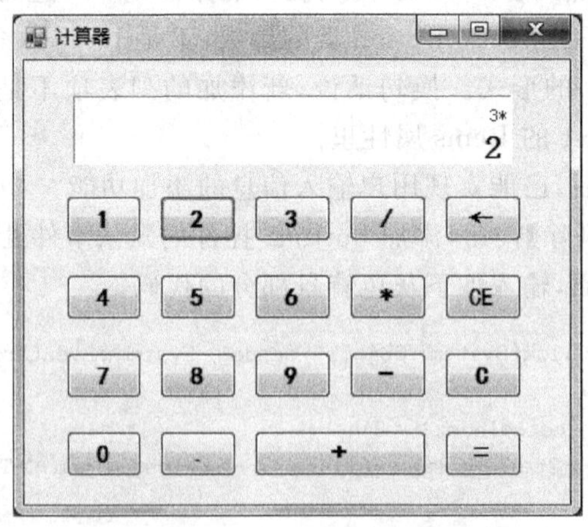

图 11.11　简易计算器

该计算器由显示屏和操作按钮两大部分组成。显示屏可以用来显示当前正在输入的运算数，也可以用来显示运算的结果，且此运算结果还可以当作新运算数参与下一次运算。另外，在显示屏的右上角还划分出了一块区域，用于显示刚刚输入完成的运算数和运算符。为方便起见，称用来显示运算数和运算结果的区域为主显示区，用来显示已输入完成的运算数和运算符的区域为辅显示区。

操作按钮分为数字按钮、运算符按钮和功能按钮三类。数字按钮有 11 个，分别表示数字 0～9 和小数点"."；运算符按钮有 4 个，分别表示加减乘除运算。

功能按钮也有 4 个，各自的名称及功能如下。

(1)【=】按钮：该按钮使用已准备好的运算数和运算符进行计算操作，并把运算结果显示到显示屏上。

(2)【←】按钮：也称【回退】按钮，用来删除显示屏上运算数尾部的数字。

(3) CE 按钮：此按钮用来删除当前运算数，主显示区上的当前运算数变为"0"。

(4) C 按钮：单击此按钮，执行 CE 按钮的全部功能并清空辅显示区，且辅显示区不可见。

运行软件，窗体打开后的初始屏幕状态是：主显示区显示数字"0"，辅显示区不可见。

2. 操作示例与使用说明

1) 运算数与运算符的输入

运行该软件，在窗体界面上连续单击数字按钮【3】、乘法运算符按钮【*】和数字按钮【2】，此时显示屏上显示的信息将为：辅显示区显示第一个运算数与运算符构成的字符串"3*"，主显示区显示当前正在输入的第二个运算数，如图 11.11 所示。如果在单击完数字按钮【3】后，不单击乘法运算符按钮【*】，而是单击数字按钮【5】，系统认为此时第一个运算数的输入尚未完毕，数字"5"应添加到第一个运算数尾部，形成数值"35"，如果此后一直都在单击数字按钮，那么这些被输入的数字都会被依次添加到第一个运算数的尾部，参与第一个运算数的构成。当用户认为第一个运算数输入已经完成后，直接单击乘法运算符按钮【*】，此时系统根据此操作，判定第一个运算数已输入完毕，把第一个运算数和此"*"运算符一起显示到辅显示区。如果此刻单击数字按钮，系统认为用户开始输入第二个运算数，会把此数字当作第二个运算数的第一个数字来处理。此时再单击各个数字按钮，这些操作一直都会被认为是在输入第二个运算数，直到单击【=】按钮进行运算。换句话说，运算符按钮的输入操作是划分第一个和第二个运算数的标志。

2) 运算符的修改

若在单击【*】按钮后，单击【+】按钮，软件系统会认为前面选择乘法运算符的操作是误操作，直接把辅显示区尾部的"*"运算符改为"+"运算符，将来也会使用新选择的"+"运算符作加法计算。

3) 功能按钮的使用

若已经正确输入完第一个运算数、运算符和第二个运算数，单击【=】按钮，将执行计算操作，并把计算结果显示到显示屏上。

若在输入运算数过程中单击【←】按钮，运算数中刚刚输入的最后一个数字会被删除，连续单击此按钮，则删除当前运算数尾部的多个数字。注意，若当前运算数只由一个数字组成，则单击此按钮后，当前运算数变为数字"0"，而不是不显示任何符号。

若刚刚做完某个运算，显示屏上显示的是运算结果，此时单击【←】按钮，则系统不做任何处理。

要删除当前运算数，即删除组成当前运算数的所有数字，单击 CE 按钮。

要清除所有运算痕迹，重新开始新运算，单击 C 按钮。

4) 连续运算

本软件支持把前一个运算的运算结果当作本次运算的运算数来进行后续运算，从而实现连续运算功能。比如要算出 2 * 5 + 3 的值，可按如下方式按键：【2】、【 * 】、【5】、【=】、【+】、【3】、【=】，注意，一定要为每次运算单击【=】按钮。本软件不支持按如下的方式计算前述表达式的值：【2】、【 * 】、【5】、【+】、【3】、【=】。

3. 设计思路

(1) 为 Form1 类声明三个成员变量 Number1、Number2 和 Operator，分别表示第一个运算数、第二个运算数和运算符，以便在整个软件范围内能随时随地使用它们。Number1、Number2 为 double 型，Operator 为字符串类型。

(2) 把两个标签控件叠放，通过属性设置，构成如图 11.11 所示的显示屏。用 label1 存放主显示区的数据，即当前运算数。用 label2 存放辅显示区的数据，即第一个运算数和所选运算符构成的字符串。

(3) 把所有数字按钮的 Click 事件绑定到同一个事件处理程序 numButton_Click()，在此事件处理程序中对所有数字按钮做统一处理。要获取所单击数字按钮上的数字，可用如下灰色背景部分的代码来实现。

```
private: System::Void numButton_Click(System::Object^ sender, System::EventArgs^ e)
{
    Button^ Btn = (Button^ )sender;                    //声明按钮类型跟踪句柄变量
    …
    this -> label1 -> Text = Btn -> Text;              //获取输入的数字
    …
}
```

(4) 从被单击的数字按钮中取来的数字在参与构成运算数时有以下两种情况。

① 此数字是运算数的第一个数字，此时可直接用此数字替换主显示区中显示的文本，可用下面的代码实现。

```
this -> label1 -> Text = Btn -> Text;
```

② 原来已有运算数，此数字应追加到主显示区中所显示文本的尾部，这可以用下面的代码实现。

```
this -> label1 -> Text + = Btn -> Text;
```

但何时使用第①种情况的表达式，又何时使用第②种情况的表达式呢？可以设计一个标志变量 Flag，当其值为 0 时，使用第①种情况的表达式，当其值为 1 时，使用第②种情况的表达式。并在以下情况下把此 Flag 标志置 0。

- 窗体打开时的初始状态，此时在等待输入第一个运算数。
- 单击运算符按钮后，此时在等待输入第二个运算数。
- 单击【=】按钮并进行完相关的计算处理后，此时可以输入第一个运算数。
- 单击 C 按钮并进行完相关的清空处理后，此时在等待输入第一个运算数。
- 单击 CE 按钮并进行完相关的清空处理后，此时在等待重新输入当前运算数。
- 连续单击【←】按钮，当前运算数被回退变成数字“0”时，此时在等待重新输入当前运算数。

仅在以下情况下把此 Flag 标志置 1：每次向当前运算数追加所单击按钮上的数字后。

鉴于以上考虑，此 Flag 标志宜定义为 Form1 类的 int 型成员变量。

(5) 把所有运算符按钮的 Click 事件绑定到同一事件处理程序 operatorButton_Click()，对所有运算符按钮做统一处理。要获取所单击运算符按钮上的运算符，可用如下灰色背景部分的代码来实现。原理同上。

```
private: System::Void operatorButton_Click(System::Object^ sender, System::EventArgs^ e)
{
    Button^ Btn = (Button^ )sender;
    Operator = Btn -> Text;                                     //获取输入的运算符
    …
}
```

(6) 单击运算符按钮时，第一个运算数输入完毕，此时可用(4)中所述方法把选好的运算符保存到成员变量 Operator 中，并使用类似下面的语句获得第一个运算数。

```
Number1 = Convert::ToDouble(this -> label1 -> Text);
```

(7) 在(5)的前提下，输入第二个运算数，然后单击【=】按钮，系统认为此时第二个运算数输入完毕，可用类似获得第一个运算数的方法获得第二个运算数。

```
Number2 = Convert::ToDouble(this -> label1 -> Text);
```

4. 设计步骤

(1) 创建解决方案、项目及窗体。

创建解决方案、项目及窗体。解决方案及项目命名为"计算器"，窗体名仍使用默认的 Form1。

(2) 窗体设计。

在窗体上添加两个标签控件 label1、label2，19 个按钮 button1～button19。

(3) 属性设置。

参照表 11.7，在【属性】窗口中设置各控件属性。

表 11.7 控件属性

控　件	属　性	值	说　明
Form1	Text	计算器	窗体标题
	AcceptButton	button19	【=】按钮
	Size	371, 316	
label1	Font	宋体，15.75pt，style=Bold	字体
	BackColor	ControlLightLight	背景色
	Location	33,23	位置
	Size	292,45	大小
	BorderStyle	Fixed3D	边框
	Text	0	第一个运算数初值
	TextAlign	BottomRight	文本位置

续表

控　　件	属　　性	值	说　　明
label2	Font	宋体，9pt	字体
	BackColor	ControlLightLight	背景色
	ForeColor	ControlDarkDark	前景色
	Location	78,25	与 Label1 位置重叠
	Size	247,23	大小
	TextAlign	MiddleRight	文本位置
button1～button19	Text	依照图 11.11 窗体界面所示设置	
	Font	楷体，12pt，style＝Bold	所有按钮字体相同
	Size	51,30	【＋】按钮是(114,30)
	Location 及 Size 属性根据界面布局自行调整		

控件属性设置完毕后，按照如图 11.11 所示界面进行布局，由于该窗体界面上控件较多，且位置、大小等要求较严格，所以，最好使用 10.3.1 节介绍的布局工具栏按钮进行各种布局操作。

(4) 为运算数和运算符定义变量。

打开【代码】编辑页面，在如下所示位置处输入灰色背景部分的代码，为窗体对象 Form1 声明 4 个成员变量 Number1、Number2、Operator 和 Flag，分别表示第一个运算数、第二个运算数、运算符及标志变量。

```
#pragma endregion
private:doubleNumber1,Number2;            //准备两个实型变量,分别存放参与运算的两个数
    String^ Operator;                     //字符串变量,存放运算符,比如"+"号
    int Flag;                             //是否开始输入新运算数的标识
…
```

(5) 为数字按钮添加事件处理程序。

按照下面的步骤把所有数字按钮的 Click 事件绑定到同一个事件处理程序 numButton_Click()。

① 在窗体【设计器】页面，用鼠标配合 Ctrl 键选中所有 11 个数字按钮【0】、【1】、…、【9】及【.】，如图 11.12 所示。

② 单击【属性】窗口中的【事件】按钮，进入事件操作界面。

③ 选择 Click 事件，在其右侧的事件处理程序名称位置输入 numButton_Click，然后双击该事件，切换到【代码】编辑窗口，等待为此 numButton_Click()事件处理程序编码。

(6) 为数字按钮编写代码。

在 numButton_Click()事件处理程序中输入如下灰色背景部分的代码。

```
private: System::Void numButton_Click(System::Object^ sender, System::EventArgs^ e)
{
    System::Windows::Forms::Button^ Btn = (Button^ )sender; //声明按钮类型跟踪句柄变量
    if (Flag == 0)                               //开始一个新的运算数
    {
        label1 -> Text = Btn -> Text;            //输入新运算数的第一个数字
        Flag = 1; //不再是新运算数了,下一次输入的数字将添加到现有运算数的尾部
```

```
    }
    else                                          //不是新运算数
        label1 -> Text + = Btn -> Text;       //把数字添加到现有运算数的尾部
}
```

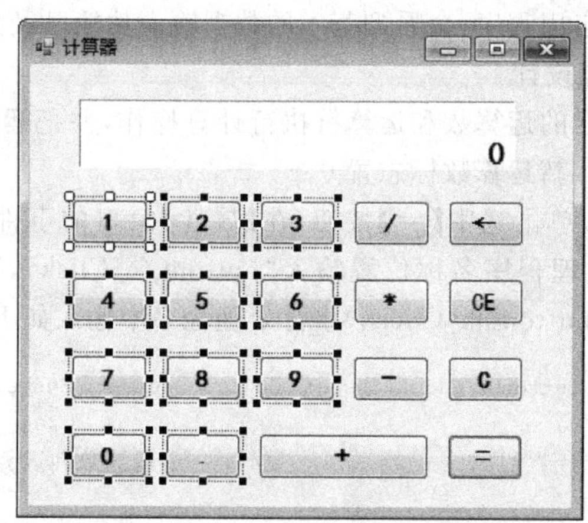

图 11.12　同一事件处理程序设置

该事件处理程序中的第一行代码，声明了一个按钮类型的跟踪句柄变量 Btn，并初始化为(Button ^)sender，这样就可以用 Btn -> Text 来取得所单击按钮界面上的文本了。

Flag 变量作为一个标识符，用来表示是否开始输入一个新的运算数，其值为 0 或 1。Flag 为 0 时，表示要开始输入一个新运算数，此时所输入的数字是新运算数的第一个数字；此值为 1 时，表示所输入的数字参与构成当前运算数，此数字应连接到现有数字串的尾部。

对上面代码的进一步理解请参看“设计思路”(3)和(4)部分的相关内容。

(7) 为运算符按钮添加事件处理程序并编写代码。

单击运算符按钮，需执行以下功能：输入运算符、确定第一个运算数、把运算数和运算符显示到显示屏的辅显示区、新运算数标志置 0。

参照为数字按钮添加事件处理程序的方法，把 4 个运算符按钮【+】、【-】、【*】、【/】的 Click 事件绑定到同一个事件处理程序 operatorButton_Click()上，然后在此事件处理程序中输入如下灰色背景部分的代码。

```
private: System::Void operatorButton_Click(System::Object^ sender, System::EventArgs^ e)
{
    System::Windows::Forms::Button^ Btn = (Button ^)sender;
    Operator = Btn -> Text;                              //获取输入的运算符
    Number1 = Convert::ToDouble(label1 -> Text);  //得到第一个运算数
    label2 -> Text = label1 -> Text + Operator;       //把第一个运算数和运算符显示到 label2 上
    Flag = 0;                                            //新数据标识置 0,准备开始输入第二个运算数
}
```

(8) 为 Flag 标志赋初值。

回到【设计器】页面，双击窗体背景，创建窗体默认事件处理程序 Form1_Load()并切换到【代码】编辑页面，然后输入如下灰色背景部分的代码。

```
private: System::Void Form1_Load(System::Object^ sender, System::EventArgs^ e)
{
    Flag = 0;                                    //窗体刚打开,准备输入第一个运算数
}
```

此时生成并运行此应用程序,会看到基本的数据输入功能已经具备了。

(9)【=】按钮的功能设计。

该按钮使用已准备好的运算数和运算符执行计算操作,并把运算结果显示到显示屏的主显示区,辅显示区清空,新运算数标志置 0。

回到【设计器】页面,单击选中【=】按钮,在【属性】窗口的事件操作界面选择 Click 事件,并在其右侧的事件处理程序名称位置输入“buttonOk_Click”,双击该事件,切换到【代码】编辑窗口,然后在此 buttonOk_Click()事件处理程序中输入如下灰色背景部分的代码。

```
private: System::Void buttonOk_Click(System::Object^ sender, System::EventArgs^ e)
{
    if (label2 -> Text!= "")                       // 第一个运算数和运算符已经存在
    {
        Number2 = Convert::ToDouble(label1 -> Text); //得到第二个运算数
        if (Operator == " + ")                     //若前面输入的是" + "号
            Number1 = Number1 + Number2;           //执行加法运算
        if (Operator == " - ")
            Number1 = Number1 - Number2;           //减法运算
        if (Operator == " * ")
            Number1 = Number1 * Number2;           //乘法运算
        if (Operator == "/")
            Number1 = Number1/Number2;             //除法运算
        label1 -> Text = Number1.ToString();       //把运算结果显示到主显示区
        label2 -> Text = "";                       //清空辅显示区
        Flag = 0;                                  //新数据标识置 0,准备开始输入第二个运算数
    }
}
```

(10) C 按钮的功能设计。

单击此按钮,重置计算器,显示屏主显示区置 0、清空辅显示区、两个运算数均置 0、运算符置空、新运算数标志也置 0。

回到【设计器】页面,单击选中 C 按钮,在【属性】窗口的事件操作界面选择 Click 事件,并在其右侧的事件处理程序名称位置输入“buttonC_Click”,双击该事件,切换到【代码】编辑窗口,然后在此 buttonC_Click()事件处理程序中输入如下灰色背景部分的代码。

```
private: System::Void buttonC_Click(System::Object^ sender, System::EventArgs^ e)
{
    label1 -> Text = "0";                          //显示屏主显示区置 0
    label2 -> Text = "";                           //清空辅显示区
    Number1 = Number2 = 0;                         //两个运算数均置 0
    Operator = "";                                 //运算符置空
    Flag = 0;                                      //新运算数标志也置 0
}
```

(11) CE 按钮的功能设计。

此按钮用来删除当前运算数，主显示区上的当前运算数变为 0，新运算数标志也置 0。

在【设计器】页面，单击选中 CE 按钮，在【属性】窗口的事件操作界面选择 Click 事件，并在其右侧的事件处理程序名称位置输入“buttonCE_Click”，双击该事件，切换到【代码】编辑窗口，然后在此 buttonCE_Click()事件处理程序中输入如下灰色背景部分的代码。

```
private: System::Void buttonCE_Click(System::Object^ sender, System::EventArgs^ e)
{
    label1 -> Text = "0";                      //显示屏主显示区置 0
    Flag = 0;                                  //新运算数标志也置 0
}
```

(12)【←】按钮的功能设计。

该按钮用来删除显示屏上运算数尾部的数字。若当前运算数只由一个数字组成，则单击此按钮后，当前运算数变为数字 0，且新运算数标志也应置 0。

在【设计器】页面，单击选中【←】按钮，在【属性】窗口的事件操作界面选择 Click 事件，并在其右侧的事件处理程序名称位置输入“buttonBack_Click”，双击该事件，切换到【代码】编辑窗口，然后在此 buttonBack_Click()事件处理程序中输入如下灰色背景部分的代码。

```
private: System::Void buttonBack_Click(System::Object^ sender, System::EventArgs^ e)
{
    if(Flag == 1)                              //是运算数而不是运算结果时才做如下处理
        if(label1 -> Text -> Length > 1)       //运算数数字位数大于等于 2 时
            label1 -> Text = label1 -> Text -> Remove(label1 -> Text -> Length - 1, 1 );  //删除尾部数字
        else                                   //运算数只有一位数字
        {
            label1 -> Text = "0";              //显示屏主显示区置 0
            Flag = 0;                          //新运算数标志也置 0
        }
}
```

上面的代码中，Remove()方法是 String 类的字符串处理函数，用于删除字符串中的某些字符，Length 是 String 类的属性，返回字符串的长度，更详细内容请参看 10.2.6 节。

(13) 生成并运行此应用程序。

按 F7 键生成此应用程序，若生成不成功，按出错提示返回上面各步骤仔细检查、修改，然后再重新生成、执行，直到正确为止。生成成功后按 Ctrl＋F5 运行此程序，运行界面如图 11.11 所示。在窗体上按照操作示例与使用说明的内容使用此软件，若发现输入内容不正确，请返回(1)～(8)步检查修改，若是结果不正确，请返回第(9)步检查修改，若是功能按钮实现不了预定的功能，请返回(10)～(12)步检查修改，直到正确为止。

11.2 常用对话框

对话框是 Windows 应用程序中最重要的用户界面元素之一，是与用户交互的重要手段，对话框提供了人机交流的一种方式。下面对常用的显示消息对话框、文件对话框、字体与颜色对话框进行介绍。

11.2.1 消息对话框

在操作计算机时，如果操作不正确，系统会弹出一个警告或错误信息对话框，这个对话框就是消息对话框。.NET Framework 提供 MessageBox 类来处理提示信息，显示相应的消息对话框。消息对话框结构如图 11.13 所示。

消息对话框结构包括 4 部分：标题栏、图标、信息和响应按钮。

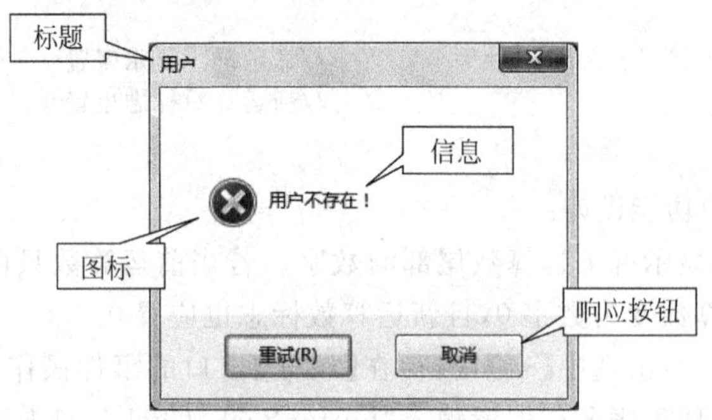

图 11.13 消息对话框

MessageBox 类通常使用 Show()方法来弹出对话框，进行信息的显示，语法如下。

```
MessageBox:: Show ( String ^  text [, String ^  caption [, MessageBoxButtons  buttons [,
MessageBoxIconicon]]])
```

(1) text(信息)：必选参数，对话框中显示的提示信息。

(2) caption(标题)：消息对话框的标题栏文字，即对话框名称。可选参数。

(3) buttons(响应按钮)：用于获取用户的反应信息，以便根据用户提出的要求进行下一步的操作。可选参数。

(4) icon(图标)：表示消息对话框的类别。可选参数。

注意，要使用响应按钮，那么它前面的两个参数就必不可少，同理，要使用图标参数，那么就必须给出全部 4 个参数。

下面是以上 4 种情况的示例代码。

```
MessageBox::Show("用户不存在");                //只显示信息
MessageBox::Show("用户不存在","用户");         //显示信息、标题
MessageBox::Show("用户不存在","用户",MessageBoxButtons::RetryCancel);
//显示信息、标题和响应按钮
MessageBox::Show ( " 用 户 不 存 在"," 用 户", MessageBoxButtons:: RetryCancel, MessageBoxIcon::
Error);
//显示信息、标题、响应按钮和图标
```

MessageBox 类 Show()方法的前两个参数均是 String 类型，只要提供字符串即可。而后两个参数要求都必须是给定类型的枚举常量，下面对 Show()方法的后两个参数及返回值给予简单介绍。

1. 响应按钮 buttons

消息对话框的响应按钮为用户提供信息反馈选项，用户单击其中的某个按钮后，程序会

根据用户所做选择，进行针对此特定选项的后续处理工作。

这些响应按钮是 MessageBoxButtons 枚举类型常量，每种枚举常量都对应一种消息对话框界面上按钮的样式，选择不同的枚举常量作参数，就会在消息对话框界面上显示不同的按钮组合。

响应按钮可用枚举常量共有 6 个，其名称及对应的界面显示样式如表 11.8 所示。

表 11.8　消息对话框响应按钮

MessageBoxButtons 枚举成员	响 应 按 钮
MessageBoxButtons::OK	确定 只显示【确定】按钮
MessageBoxButtons::OKCancel	确定　取消 显示【确定】和【取消】按钮
MessageBoxButtons::YesNo	是(Y)　否(N) 显示【是】和【否】按钮
MessageBoxButtons::YesNoCancel	是(Y)　否(N)　取消 显示【是】、【否】和【取消】按钮
MessageBoxButtons::AbortRetryIgnore	中止(A)　重试(R)　忽略(I) 显示【终止】、【重试】和【忽略】按钮
MessageBoxButtons::RetryCancel	重试(R)　取消 显示【重试】和【取消】按钮

2. 消息对话框的图标 icon

icon 选项确定所弹出对话框上将显示的图标。这些图标以图形的形式向用户展示该消息对话框的类别，比如是警告还是出错信息等。

对话框图标是 MessageBoxIcon 枚举类型常量，共有 5 种，表 11.9 给出了可用的图标名称及界面显示样式。编程时，可根据不同情况使用不同图标，以给用户一个醒目、直观的提示信息。

表 11.9　消息对话框的图标

MessageBoxIcon 枚举成员	图　　标
MessageBoxIcon::None	信息框中没有图标
MessageBoxIcon::Error	图标由红色圆形中间加个白色×组成
MessageBoxIcon::Information	图标由蓝色圆形中间加个白色字母 i 组成
MessageBoxIcon::Question	图标由蓝色圆形中间加个白色 ? 组成
MessageBoxIcon::Warning	图标由黄色三角形中间加个黑色 ! 组成

3. 消息对话框的返回值

消息对话框上的响应按钮共有 7 种，每种都对应着一个不同的返回值。单击消息对话框上的响应按钮时，系统会把这些返回值返回到程序调用处。适当使用这些返回值，比如让这些返回值参与分支语句条件表达式的构成，便可编写出交互性良好的程序编码了。消息对话框返回值名称及其对应的响应按钮如表 11.10 所示。

表 11.10　消息对话框的返回值

DialogResult 枚举的返回值	按　钮
DialogResult::OK	单击【确定】按钮 确定
DialogResult::Cancel	单击【取消】按钮 取消
DialogResult::Abort	单击【终止】按钮 中止(A)
DialogResult::Retry	单击【重试】按钮 重试(R)
DialogResult::Ignore	单击【忽略】按钮 忽略(I)
DialogResult::Yes	单击【是】按钮 是(Y)
DialogResult::No	单击【否】按钮 否(N)

11.2.2　文件的打开与关闭对话框

在 Windows 操作系统中，无论使用哪种应用程序，文件的打开与保存都是必不可少的功能。Windows Form 应用程序使用对话框 OpenFileDialog 和 SaveFileDialog 来实现这两个功能。

1. 文件打开对话框

OpenFileDialog 对话框用来打开文件，【打开文件】对话框如图 11.14 所示，可以看到该对话框上有标题、文件存储位置以及所显示文件类型等信息。

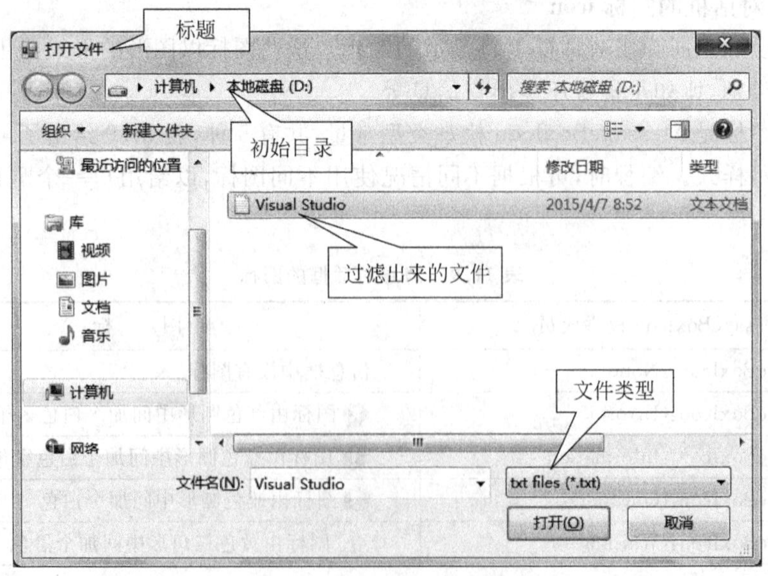

图 11.14　【打开文件】对话框

【打开文件】对话框常用属性及方法如表 11.11 所示。

表 11.11　OpenFileDialog 常用属性及方法

OpenFileDialog 成员	说　明
Filter	设置文件类型
DefaultExt	取得或设置文件的扩展名
FileName	取得或设置文件名称、显示文件的类型
FileIndex	获取或设置文件对话框中当前选定筛选器的索引
Title	取得或设置对话框的标题名称
InitialDirectory	取得或设置文件的初始目录
RestoreDirectory	是否在关闭前取得或设置文件对话框的原有目录
MultiSelect	是否允许选择多个文件
ShowReadOnly	决定对话框中是否出现只读复选框
ReadOnlyCheck	是否出现只读复选框，true 表示文件为只读
OpenFile()函数	用来打开属性设为只读的文件
ShowDialog()函数	用默认的参数运行通用对话框

通过 Filter 属性可以设置文件的类型，用此属性值过滤出来的文件名将在【打开文件】对话框中的文件显示区域中显示出来，且此过滤属性的语法也会在【文件类型】下拉列表中显示出来，以便用户进行文件筛选操作。Filter 语法格式如下。

```
openFileDialog1 -> Filter = "说明文字(*.扩展名)|*.扩展名";
```

若要一次使用多个筛选条件，可以使用“|”分隔符把多个筛选字符串连接起来，比如要打开类型为 txt 和 RTF 的文件，可用类似下面的代码设置其 Filter 属性。

```
openFileDialog1 -> Filter = "TXT 格式|*.txt|RTF 格式|*.rtf|所有文件(*.*)|*.*";
```

上面的语句，除了能实现对 txt 和 RTF 格式文件的筛选外，还提供显示所有文件的功能。

通常使用 OpenFileDialog 类的 ShowDialog()方法显示【打开文件】对话框。该函数的返回值类型为 System::Windows::Forms::DialogResult 枚举类型，如果用户在对话框中单击【确定】按钮，则返回值为 DialogResult::OK；否则为 DialogResult::Cancel。

下面的语句使用 ShowDialog()方法弹出【打开文件】对话框，供用户寻找并选定要打开的文件。用户选好要打开的文件后，单击【确定】按钮，执行文件打开处理操作，否则执行“取消”文件打开的处理工作。

```
if(openFileDialog1 -> ShowDialog() == Windows::Forms::DialogResult::OK )
    …//文件打开处理
else
    …//单击【取消】按钮后的处理
```

使用上面代码取得的将被打开文件的文件路径名信息被存放在 openFileDialog1 对象的 FileName 等属性中，可用类似 openFileDialog1 -> FileName 的表达式来取得此文件名，下面的语句使用富文本框 RichTextBox 类的 LoadFile()方法把刚刚选定的文件载入并显示到了富文本框控件 richTextBox1 的界面上，实现了文件的打开与显示。

```
richTextBox1 -> LoadFile(openFileDialog1 -> FileName,RichTextBoxStreamType::PlainText);
```

该 LoadFile()方法要求两个参数，第一个参数便是被打开文件的文件名，这里使用的便是刚刚提到的 openFileDialog1 -> FileName 形式，第二个参数指定用纯文本流这种类型来加载 RichTextBox 控件的数据。除了纯文本流 PlainText 这种加载类型外，类似的还有 RTF 格式流(RichText)和纯 Unicode 编码文本流(UnicodePlainText)等。

当然，也可使用其他方式来读取文件，比如使用数据流。下面的代码使用 System::IO 命名空间中定义的 StreamReader 类来实现文件的读取。

```
IO::StreamReader^ sr = gcnew IO::StreamReader(openFileDialog1 -> FileName);
richTextBox1 -> Text = sr -> ReadToEnd();
```

它首先用 StreamReader 类定义一个流式文件读取器 sr，让此 sr 对象与用参数 FileName 指定的磁盘文件内容建立关联，这样，对文件的读取操作就变成了对 sr 的函数调用，进而实现了文件内容的读取。

2. 文件保存对话框

SaveFileDialog 对话框用来保存文件，属性及用法与 OpenFileDialog 对话框基本相同，下面是一些特殊的属性。

(1) AddExtension：保存文件时是否自动加入扩展名。

AddExtension 属性默认值为 True，会自动添加扩展名；属性值为 False 时，不会自动添加扩展名。

(2) OverwritePrompt：另存为新文件时，如文件名已经存在，是否显示提示信息。

OverwritePrompt 属性默认值为 True，覆盖之前会显示提示信息；属性值为 False 时，不会显示提示信息，直接覆盖。

与读取文件相类似，保存文件时通常也使用数据流。

利用 System::IO 命名空间中定义的 StreamWriter 类可以实现文件内容的保存。该类的构造函数语法格式如下。

```
StreamWriter(String path,Boolean append,Encoding encoding);
```

(1) path：文件路径。

(2) append：文件是否以附加方式进行处理。如文件已经存在，此值为 false 会覆盖原来文件，为 true 则不进行覆盖，新内容追加到原来文件内容的尾部；如文件不存在，则通过 StreamWriter 类的构造函数产生一个新的文件。

(3) encoding：编码方式，如 ASCII、Unicode、UTF32 等，如果没有特别指定，会使用 UTF-8 编码格式。

下面的语句定义一个 StreamWriter 数据写入流对象 sw，利用它可以把指定的字符串数据保存到由 FileName 指定的文件中。

```
IO:: StreamWriter ^ sw = gcnew IO:: StreamWriter ( FileName, false, System:: Text:: Encoding::
Default);
```

定义好写入流对象 sw 后，就可以使用 StreamWriter 类的 Write()方法，用类似下面的语法把字符串写入流 sw 了。

```
sw->Write("Hello");
```

该语句把文本串按照给定的保存方式和编码方式写到 sw 中，其实也就是写入到由 sw 的第一个参数指定的 FileName 文件中。

文件读写流对象使用完毕后，通常要用 Close()方法把它关闭。关闭 sw 对象的语法如下。

```
sw->Close();
```

11.2.3 文件打开与保存应用案例

1. 文件打开保存窗体

如图 11.15 所示，这是一个演示文件打开与保存功能的简易窗体，其上有一个富文本框 RichTextBox 控件、两个按钮 Button 控件、一个文件打开对话框 OpenFileDialog 和一个保存文件对话框 SaveFileDialog。

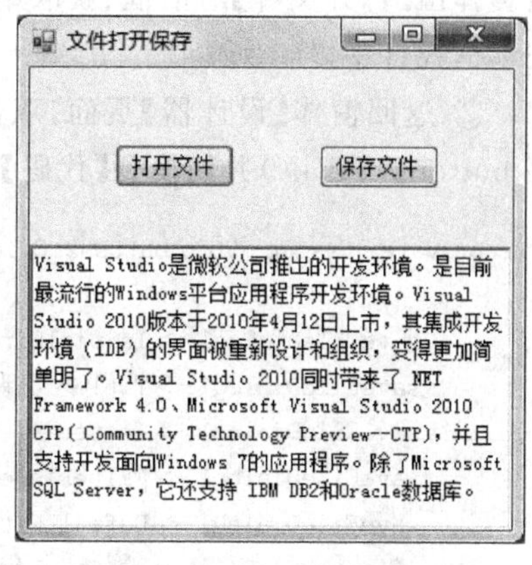

图 11.15 文件打开与保存

窗体打开后，单击【打开文件】按钮，打开选定文件并将文件内容显示在富文本框中。修改完成后，单击【保存文件】按钮，弹出【保存文件】对话框，输入文件名后，单击对话框中的【保存】按钮，把修改结果保存到指定文件中。

2. 设计步骤

(1) 创建解决方案、项目及窗体。

创建解决方案、项目及窗体。解决方案及项目命名为"文件对话框"，窗体名仍使用默认的 Form1。

(2) 添加控件。

在窗体上添加一个富文本框控件 richTextBox1，两个按钮 button1、button2，一个文件打开对话框 openFileDialog1，一个保存文件对话框 saveFileDialog1。软件运行状态下，窗体上的这两个对话框并不可见，设计时，它们被放置在【设计器】界面底部的灰色背景区域。

(3) 设置属性。

参照表 11.12，在【属性】窗口中设置各控件属性，并按照图 11.15 进行界面布局。

表 11.12 控件属性

控 件	属 性	值	说 明
Form1	Text	文件打开保存	窗体标题
button1、button2	Text	打开文件、保存文件	文本
richTextBox1	Dock	Bottom	定义绑定到容器的控件边框

(4) 添加代码。

① 在窗体【设计器】页面，双击【打开文件】按钮，创建此按钮控件的默认事件处理程序 button1_Click()并切换到【代码】编辑页面，然后输入如下灰色背景部分的代码。

```
private: System::Void button1_Click(System::Object^ sender, System::EventArgs^ e)
```

```
{
    openFileDialog1 -> InitialDirectory = "D:\\"; //设置初始目录
    openFileDialog1 -> Title = "打开文件"; //设置对话框名称
    openFileDialog1 -> Filter = "txt files ( * .txt)| * .txt|All files ( * . * )| * . * "; //被打开文件的类型
    openFileDialog1 -> FilterIndex = 1; //值为 1 时表示当前筛选器使用( * .txt),为 2 使用( * . * )
    if(openFileDialog1 -> ShowDialog() == Windows::Forms::DialogResult::OK )
    richTextBox1 -> LoadFile(openFileDialog1 -> FileName,RichTextBoxStreamType::PlainText);
}
```

上面代码的前 4 行用来设置【打开文件】对话框的属性,包括文件路径初始位置、对话框标题、文件类型筛选器语法、多个筛选语法中当前起作用的筛选语法编号等。最后一条语句负责弹出【打开文件】对话框、获取用户选定的文件名、载入用户选定的文件并把它显示到富文本框控件中。

② 返回窗体【设计器】页面,双击【保存文件】按钮,创建此按钮控件的默认事件处理程序 button2_Click()并切换到【代码】编辑页面,然后输入如下灰色背景部分的代码。

```
private: System::Void button2_Click(System::Object^ sender, System::EventArgs^ e)
{
    saveFileDialog1 -> InitialDirectory = "D:\\";      //设置保存文件路径
    saveFileDialog1 -> Title = "保存文件";
    saveFileDialog1 -> Filter = "txt files ( * .txt)| * .txt|All files ( * . * )| * . * ";
    saveFileDialog1 -> FilterIndex = 1;
    saveFileDialog1 -> DefaultExt = " * .txt"; //设置所保存文件的默认扩展名
    if(saveFileDialog1 -> ShowDialog() == Windows::Forms::DialogResult::OK )
    {
        IO::StreamWriter^ sw = gcnew IO::StreamWriter
        (saveFileDialog1 -> FileName,false,System::Text::Encoding::Default); //定义写入流
        sw -> Write(richTextBox1 -> Text);    //将字符串写入流,即写入文件
        sw -> Close();                        //关闭当前的 StreamWriter 对象
    }
}
```

上面代码的前 5 行用来设置【保存文件】对话框的属性,包括对话框打开时文件路径的初始位置、对话框标题、文件类型筛选器语法、多个筛选语法中当前起作用的筛选语法编号及默认文件扩展名等。最后一条 if 语句负责弹出【保存文件】对话框、获取用户选定的文件位置及输入的文件名、把显示在富文本框控件中的文本串保存到用户指定的文件中。

(5) 生成并运行此应用程序。

按 F7 键生成此应用程序,若生成不成功,返回上面各步骤仔细检查、修改,然后再重新生成,直到正确为止。生成成功后按 Ctrl+F5 键运行此程序,运行界面如图 11.15 所示。这时单击【打开文件】按钮,弹出【打开文件】对话框,在相应的磁盘文件夹中选定要打开的文件,单击对话框中的【打开】按钮,文件内容便显示在 richTextBox1 控件中。文件修改完成后,单击【保存文件】按钮,弹出【保存文件】对话框,输入文件名,单击对话框中的【保存】按钮,按新文件名把文件保存到指定位置。

11.2.4 字体与颜色对话框

1. 字体对话框

FontDialog 对话框用来显示并设置字体及与字体有关的样式。FontDialog 的常用属性如表 11.13 所示。

表 11.13 FontDialog 属性

FontDialog 属性	说　明
Font	取得或设定对话框中所指定的字体
Color	取得或设定对话框中所指定的颜色
ShowColor(默认值：False)	设定对话框是否显示颜色选择,True 时显示
ShowEffects(默认值：True)	指示对话框是否允许指定删除线、下画线和文字颜色控件
ShowApply(默认值：False)	指示对话框是否包含【应用】按钮
ShowHelp(默认值：False)	指示对话框是否包含【帮助】按钮

2. 颜色对话框

ColorDialog 供用户选取调色板上提供的颜色,也可以将自定义颜色加入到调色板中。ColorDialog 的常用属性如表 11.14 所示。

表 11.14 ColorDialog 属性

ColorDialog 属性	说　明
Color	取得或设定颜色对话框中所指定的颜色
AllowFullOpen(默认值：True)	设定是否可以通过对话框来自定义颜色
FullOpen(默认值：False)	打开对话框时,是否可以看到用来自定义颜色的控件
AnyColor(默认值：False)	对话框是否显示所有可用的基本颜色
SolidColorOnly	对话框是否限制只能选取纯色

第 12 章　Windows Form 图形绘制初步

12.1　图形设备接口 GDI+

若想在 Windows 应用程序中绘制各种颜色的图形和各种字体的文字，需要通过 Windows 图形设备接口(Graphics Devices Interface，GDI)。这里 CLR 使用是 GDI+，它是 GDI 的扩充版本。GDI+强化了 GDI 功能，对于绘图路径功能、图形文件格式提供了更多的支持。利用 GDI+可以创建图形、绘制文字，并可将图形图像当作对象管理，在 Windows Form 和控件上显示图形图像。

12.1.1　System::Drawing 命名空间中的常用类和数据结构

GDI+的 API 是经过部署的托管(Managed)程序代码类，称为 GDI+的托管类接口，由下列命名空间组成。

(1) System::Drawing：提供对 GDI+基本绘图功能的访问。

(2) System::Drawing::Drawing2D：提供高级的 2D 和向量图形功能。

(3) System::Drawing::Imaging：提供高级的 GDI+图像处理功能。

(4) System::Drawing::Text：提供高级的 GDI+印刷功能。

(5) System::Drawing::Printing：提供与打印相关的服务。

使用 GDI+时，通过屏幕或打印机显示信息，可以不必考虑设备的细节，只要使用 GDI+类提供的函数，就能调用相应设备的驱动程序。GDI+函数的特色在于它会隔离应用程序与图形硬件，让程序设计人员能够创建与设备无关的应用程序。

操作窗口时，可将 Windows Form 图形分为三类：二维(2D)向量图形、图像处理和印刷样式。

1. 窗体应用程序图形

1) 二维向量图形

2D 向量图形由坐标系统 X、Y 组成。除此之外，包括绘图基本项目中的线条、曲线和图形等。最简单的观念：两个端点和线条对象会构成直线；路径是由点数组串连而成的直线；贝塞尔曲线是由 4 个控制点来完成的复杂曲线。在 2D 向量绘图方面，GDI+提供了基本项目类和结构，这些常用组件大多数位于命名空间 System::Drawing 和 System::Drawing::Drawing2D 中，表 12.1 和表 12.2 介绍了 System::Drawing 命名空间的常用类和结构，表 12.3 介绍了 System::Drawing::Drawing2D 常用类。

表 12.1　System::Drawing 命名空间常用类

类	说　明
Brush	定义填充图形形状内部的对象，例如矩形、椭圆形、多边形和路径
Brushes	标准颜色的笔刷
Font	字体
FontFamily	定义具有相似和特定样式变化的字体组
Graphics	拥有绘制线条、矩形、路径和其他图形的方法
Icon	定义 Windows 小型位图图像，图标大小由系统决定
Image	提供功能给 Bitmap 和 Metafile 子类的抽象基类
Pen	存储线条颜色、线条宽度、线条样式的相关信息
Pens	所有标准颜色的画笔
Region	描述由矩形和路径构成的图形形状内部

表 12.2　System::Drawing 命名空间常用结构

结　构	说　明
CharacterRange	指定字符串中字符位置范围
Color	表示 ARGB 颜色
Point	以整数 X、Y 坐标来定义二维平面的点
Rectangle	存储矩形的位置和大小
Size	用来指定矩形的宽度和高度
FontStyle	指定要应用到文字的样式信息

表 12.3　System::Drawing::Drawing2D 常用类

类	说　明
Blend	定义 LinearGradientBrush 对象的渐变样式
ColorBlend	定义渐变的颜色变化
GraphicsContainer	表示图形容器的内部数据
GraphicsPath	表示一系列连接的直线和曲线
GraphicsState	表示 Graphics 对象的状态
HatchBrush	使用样式、前景颜色和背景颜色来定义矩形笔刷

2）图像处理

Windows 应用程序中，工具栏的按钮图片很难用向量图形进行显示，通过位图存储图像会比较简单。位图是屏幕上代表每个点的颜色的数字数组。GDI＋提供 Bitmap 类用于显示、管理和存储位图。

3）印刷样式

印刷样式可以用来制定显示文字的各种字体、大小和样式。通过 GDI＋的 Font 类提供文字的特定格式，包括字体、大小和样式的属性设定。而子像素反锯齿功能，可在 LCD 屏幕上提供文字更平滑的外观。此外，Windows Form 还提供 TextRenderer 类来绘制文字。

2. 认识设备上下文

编写 Windows 应用程序时，无法将数据直接写到屏幕上，所以提供 GDI＋来显示数据。因此，要把 Windows 应用程序的数据或图形显示到屏幕上时，必须先把要显示的数据或图形放入设备上下文(Device Contexts,DC)中,然后以GDI显示。对于GDI+来说,则利用IDeviceContext接口设备作为Windows的设备上下文,通过Graphics类来实现IDeviceContext接口。IDeviceContext接口提供两个函数:一个是GetHdc()函数,用来返回Windows设备上下文的句柄;另一个是ReleaseHdc()函数,用来释放Windows设备上下文的句柄。

3. 绘图类Graphics

System::Drawing命名空间中定义的Graphics类提供了一系列将对象绘制到显示设备的方法。可以使用Graphics对象绘制许多不同的形状和线条。表12.4给出了Graphics类的常用方法,表12.5给出了Graphics类的常用属性。

表12.4 Graphics类常用方法

Graphics类常用方法	说　明
Blend()	定义LinearGradientBrush对象的渐变样式
BeginContainer()	打开及使用新的图形容器,用来存储Graphics的目前状态
EndContainer()	关闭目前的图形容器
Clear()	清除整个绘图接口,并指定背景颜色进行填充
Dispose()	释放Graphics所使用的资源
DrawArc()	绘制弧形,由X、Y坐标、宽度和高度所指定
DrawBezier()	绘制由4个点组成的贝塞尔曲线
DrawClosedCurve()	绘制封闭的基本曲线
DrawEllipse()	绘制椭圆
DrawIcon()	绘制Icon图像
DrawImage()	绘制Image
DrawLine()	绘制直线
DrawPath()	绘制路径
DrawPolygon()	绘制多边形
DrawRectangle()	绘制矩形
DrawString()	利用Brush和Font对象,在指定位置绘制字符串
FillClosedCurve()	填充封闭曲线
FillEllipse()	填充椭圆
FillPath()	沿路径填充,如果路径未闭合,则在最后一个点和第一个点之间添加一条额外的线段来闭合该路径
FillRectangle()	填充矩形
FillRegion()	填充任意区域,如果该区域未闭合,则在最后一个点和第一个点之间添加一条额外的线段来将其闭合
Save()	存储Graphics目前状态
SetClip()	设定剪切区域

表12.5 Graphics类常用属性

Graphics类常用属性	说　明
Clip	获取或设置Region,该对象限定此Graphics的绘图区域
ClipBounds	获取一个Rectangle结构,该结构限定Graphics的剪辑区域
SmoothingMode	获取或设置此Graphics的呈现质量
TextRenderingHint	获取或设置与此Graphics关联的文本的呈现模式
Transform	获取或设置此Graphics的几何坐标全局变换的副本

SmoothingMode 属性用于对直线、曲线和已填充区域的边缘进行平滑处理,消除锯齿。SmoothingMode 属性有 6 个枚举值,分别如下。

(1) AntiAlias:指定抗锯齿的呈现。

(2) Default:指定不抗锯齿。

(3) HighQuality:指定抗锯齿的呈现。

(4) HighSpeed:指定不抗锯齿。

(5) Invalid:指定一个无效模式。

(6) None:指定不抗锯齿。

设置消除锯齿效果可使用如下代码。

```
e -> Graphics -> SmoothingMode = Drawing::Drawing2D::SmoothingMode::AntiAlias;
```

使用 Graphics::SmoothingMode 属性时,它不会影响文本。若要设置文本呈现质量,使用 Graphics::TextRenderingHint 属性设置。

TextRenderingHint 属性也有 6 个枚举值,分别如下。

(1) AntiAlias:在无提示的情况下使用字符的抗锯齿效果标志符号位图来绘制字符。

(2) AntiAliasGridFit:在有提示的情况下使用字符的抗锯齿效果标志符号位图来绘制字符。

(3) ClearTypeGridFit:在有提示的情况下使用字符的标志符号 ClearType 位图来绘制字符。这是质量最高的设置。

(4) SingleBitPerPixel:使用字符的标志符号位图来绘制字符,不使用提示。

(5) SingleBitPerPixelGridFit:使用字符的标志符号位图来绘制字符。提示用于改善字符在主干和弯曲部分的外观。

(6) SystemDefault:在有系统默认呈现提示的情况下使用字符的标志符号位图来绘制字符。

设置文本抗锯齿代码如下。

```
e -> Graphics -> TextRenderingHint = Drawing::Text::TextRenderingHint::AntiAlias;
```

12.1.2 坐标与颜色

1. 坐标

GDI+使用三种坐标空间(Coordinate Space):全局、页面和设备。全局坐标(World Coordinate)属于绘制自然模型的坐标,在.NET Framework 中是坐标传递的方法;页面坐标(Page Coordinate)是绘制界面(例如窗体或控件)使用的坐标系统;设备坐标(Device Coordinate)则是绘制的实体设备(例如屏幕或纸张)坐标。

绘制直线时,GDI+会调用 Graphics 类的 DrawLine()方法,通过全局坐标来传递坐标点。而在屏幕上绘制直线之前,GDI+会将坐标系统经过转换;利用“全局转换”将全局坐标转换为页面坐标,或者通过“页面转换”将页面坐标转换为设备坐标。

例如,使用 DrawLine(0,0,75,125)绘制直线时,若在窗体上的工作区不以左上角为原点,而是以距离窗体左侧 50pixel、距离上方 75pixel 的位置为原点来绘制直线,就需要进行坐标转换,转换后结果如表 12.6 所示。

表 12.6 坐标转换

坐　　标	位　　置
全局坐标	(0,0)～(75,125)
页面坐标	(50,75)～(125,200)
设备坐标	(50,75)～(125,200)

2. 颜色

GDI＋提供的颜色为 ARGB，共有 32 位值，各以 8 位来表示 Alpha、Red、Green、Blue。其中，Alpha 代表颜色的透明度，也就是颜色与背景色的混合程度，范围 0～255，0 表示完全透明的颜色，255 表示不透明的颜色。Red、Green、Blue 为红色、绿色、蓝色三种基本颜色，范围也在 0～255 之间。

使用 Color 结构中的 FromArgb()函数来确定这些颜色，语法如下。

```
Color FromArgb(int alpha, int red, int green, int blue);
```

4 个参数分别表示 Alpha 和 Red、Green、Blue 三种颜色值。程序中也可以使用 Color 结构访问系统定义好的颜色，例如“Color::Blue”。

12.1.3 图形绘制常用数据类型

图形绘制过程中，经常会用到表示点的位置坐标、图形的尺寸、矩形等这样一些数据，System::Drawing 命名空间中定义了 Point、Size、Rectangle 等结构，分别用来描述以上数据。下面就对这几种基本数据类型加以简要介绍。

1. Point

Point 结构提供有序的 X 坐标和 Y 坐标整数对，该坐标对应在二维平面中定义的一个点。Point 结构提供如下格式的构造函数。

1) Point(Int32,Int32)

第一个参数表示该点的水平坐标，第二个参数表示该点的垂直坐标。下面的语句定义点 point1，其横纵坐标值均为 50 像素。

```
Point point1(50,50);
```

2) Point (Size)

用 Size 结构的实例初始化 Point 结构的对象。使用此种方法定义一个点的语法如下。

```
Point point2 = Point(System::Drawing::Size(100,100));          //坐标 X = 100,Y = 100
```

2. Size

Size 结构存储一个有序整数对，用来指定宽度 Width 和高度 Height。Size 结构提供如下格式的构造函数。

1) Size (Int32,Int32)

例如，可用如下的 Size 结构初始化文本框控件 textBox1 的大小。

```
textBox1 -> Size = System::Drawing::Size( 100,50 );
```

执行此语句后，textBox1 控件的 Width 值为 100 像素，Height 值为 50 像素。

2) Size (Point)

根据指定的 Point 类型数据初始化 Size 结构实例。

3. Rectangle

Rectangle 结构存储一组整数，共 4 个，用来表示一个矩形的位置和大小。Rectangle 结构提供如下格式的构造函数。

1) Rectangle (Int32,Int32,Int32,Int32)

前两个参数表示矩形左上角点的 X 坐标和 Y 坐标。后两个参数表示矩形的宽度和高度。下面的语句定义了一个名为 rect 的矩形，其左上角点位于(50,50)坐标处，其宽度为 200 像素，高度为 150 像素。

```
Rectangle rect = Rectangle(50,50,200,150);
```

2) Rectangle (Point,Size)

此构造函数通过矩形左上角的横纵坐标及其 Width、Height 来定义矩形。

12.2 用 Graphics 和 Pen 绘制图形

12.2.1 图形绘制步骤及创建方式

利用 GDI+绘制图形对象时，必须首先创建 Graphics 对象。Graphics 对象代表的是 GDI+绘图界面，用来创建图形图像的对象。

1. 使用图形对象的操作步骤

(1) 创建 Graphics 对象。

(2) 使用 Graphics 对象提供的函数，绘制线条和形状、文字。也可与其他对象配合使用。

2. 创建图形对象的方式

创建图形对象方式，有以下三种方式。

(1) 使用窗体或控件的 Paint 事件：通过与 Paint 事件绑定的事件处理程序中的第二个参数 e 取得图形对象的引用，此参数 e 是 PaintEventArgs^ 类型的跟踪句柄变量。程序设计过程中，可使用表达式“e -> Graphics”来实现对 Graphics 对象的引用。

(2) 调用窗体或控件的 CreateGraphics( )方法：在窗体或控件上进行绘图，调用 CreateGraphics()方法可以取得该窗体或控件绘图界面的 Graphics 对象引用。

(3) 使用继承于 Image 的任何对象：若要通过 Image 创建 Graphics 对象，必须调用 FromImage(System::Drawing::Image)方法，创建 Graphics 对象的变量名称。

12.2.2 用 Pen 类设置线条属性

利用画笔可以绘制简单的线条，也可以用多个线条构成三角形、矩形、椭圆形等多种几何图案。绘制时除要有 Graphics 类，还必须加入 Pen 类。Graphics 类创建的对象提供实际的绘制，Pen 类对象则存储属性，例如线条的颜色、宽度和样式等。

Pen 类的构造函数有如下几种格式。

1. Pen(Brush)

Brush 类型的参数用来确定该 Pen 对象的填充属性。绘制出来的直线就好像是填充的矩形，具有指定的 Brush 的特征。Pen 的 Width 属性默认值为 1。

2. Pen(Brush ^brush, float width)

用 brush 参数指定颜色，用 width 参数指定粗细。

3. Pen(Color)

用 Color 类型的参数设置画笔的颜色，Width 属性默认值为 1。

4. Pen(Color color, float width)

color 参数指定笔的颜色，width 参数指定笔的粗细。width 为 0 将导致 Pen 的绘图效果呈现为宽度为 1 的形式。常用类似下面的语句形式定义画笔。

```
Pen^ mypen = gcnew Pen(Color::Blue,3.0f);            //创建画笔,蓝色,宽度 3.0
```

表 12.7 给出了 Pen 类的常用属性。

表 12.7　Pen 类的常用属性

属　　性	说　　明
Alignment	获取或设置此 Pen 的对齐方式
Brush	用来设定画笔填充属性
Color	设定或取得画笔的颜色
DashStyle	用来设定线条的虚线样式
EndCap	获取或设置在绘制的直线终点使用的线帽样式
LineJoin	设定接合的两条线末端的样式
PenType	设定或取得直线样式
StartCap	获取或设置在绘制的直线起点使用的线帽样式
Width	设定或取得画笔宽度

12.2.3　利用 Graphics 类绘制图形和文字

利用 Pen 类定义了画笔的颜色、宽度后，就可以使用 Graphics 类提供的方法进行图形的绘制。图形绘制包括直线、曲线等几何图形和文字的绘制。

1. 绘制直线

使用 Graphics 类的 DrawLine()方法，可以绘制一条直线段，此方法要求提供绘制时所用的 Pen 对象以及该线段两个端点的坐标。DrawLine()方法的语法格式如下。

1) DrawLine (Pen, Point1, Point2)

Pen 确定线条的颜色、宽度和样式，Point1、Point2 表示要连接的两个点。Point1、Point2 的坐标值是整型数。

绘制一条直线的示例代码如下。

```
Pen^ mypen = gcnew Pen(Color::Blue,3.0f);              //创建画笔
Point pt1 = Point(20,20);                               //创建起点
Point pt2 = Point(200,20);                              //创建终点
e->Graphics->DrawLine(mypen,pt1,pt2);                   //画一条直线
```

2) DrawLine (Pen,PointF1,PointF2)

Pen 确定线条的颜色、宽度和样式,PointF1、PointF2 表示要连接的两个点。与第一种格式的不同点在于 PointF1,PointF2 的坐标值是实数。

3) DrawLine (Pen,Int32,Int32,Int32,Int32)

Pen 确定线条的颜色、宽度和样式,另外 4 个参数指定两个端点的坐标。用此格式绘制一条直线的示例代码如下。

```
Pen^ mypen = gcnew Pen(Color::Blue,3.0f);              //创建画笔
e -> Graphics -> DrawLine(mypen, 50,50,200,200);       //画一条从(50,50)到(200,200)的直线
```

4) DrawLine (Pen,Single,Single,Single,Single)

Pen 确定线条的颜色、宽度和样式,另外 4 个参数指定两个端点的坐标,但这 4 个坐标参数为实型数据。

2. 绘制曲线

使用 Graphics 类提供的 DrawCurve()方法绘制曲线,语法如下。

1) DrawCurve(Pen,array<Point>)

array<Point>用来定义曲线的 Point 数组结构,数组中各点坐标可以为整型数,也可以为实数。创建时至少有三个点才能产生曲线。使用 DrawCurve()方法绘制曲线的代码如下。

```
Pen^ curpen = gcnew Pen(Color::Red,3.0f);              //定义画笔
Point p1 = Point(100,60);                              //定义曲线上的点
Point p2 = Point(150,100);
Point p3 = Point(200,160);
Point p4 = Point(250,180);
array < Point >^ CurPoints = {p1,p2,p3,p4};            //定义曲线数组
e -> Graphics -> DrawCurve(curpen,CurPoints);          //绘制曲线
```

2) DrawCurve(Pen,array<Point>,Single)

此种语法用来绘制具有张力的曲线,Single 代表一个实数,值大于或等于 0.0F,该值指定曲线的张力,其值确定曲线的形状。如果值为 0.0F,则以直线连接这些点;否则以弧线连接。通常该数值小于或等于 1.0F,超过 1.0F 的值会产生异常结果。创建具有张力的曲线程序代码如下。

```
Pen^ curpen = gcnew Pen(Color::Red,3.0f);              //定义画笔
Point p1 = Point(100,60);                              //定义曲线的点
Point p2 = Point(150,100);
Point p3 = Point(200,160);
Point p4 = Point(250,180);
array < Point >^ CurPoints = {p1,p2,p3,p4};            //定义曲线数组
e -> Graphics -> DrawCurve(curpen,CurPoints,0.2f);     //绘制具有张力曲线
```

3. 绘制几何图形

1) 绘制矩形

使用 Graphics 类提供的 DrawRectangle()方法绘制矩形,语法如下。

(1) DrawRectangle(Pen,Rectangle)

其中,Rectangle 类型对象由左上角点 XY 坐标值、矩形宽度和高度描述。用此格式绘

制矩形的程序代码如下。

```
Pen^ pen = gcnew Pen(Color::Red,3.0f);                        //定义画笔
Rectangle rect = Rectangle(50,50,200,150);                    //定义矩形
e -> Graphics -> DrawRectangle(pen,rect);                     //绘制矩形
```

(2) DrawRectangle(Pen,Int32,Int32,Int32,Int32)

第一个参数给出画笔，后面的 4 个参数分别表示矩形左上角点的 X 坐标，Y 坐标，矩形的宽度和矩形的高度。用此格式绘制矩形的程序代码如下。

```
Pen^ pen = gcnew Pen(Color::Red,3.0f);                        //定义画笔
e -> Graphics -> DrawRectangle(pen, 50, 50, 150, 200);        //参数为整型数的矩形
```

(3) DrawRectangle(Pen,Single,Single,Single,Single)

参数含义同上，但使用实数来描述坐标位置、宽度和高度。用此格式绘制矩形的程序代码如下。

```
Pen^ pen = gcnew Pen(Color::Red,3.0f);                        //定义画笔
e -> Graphics -> DrawRectangle(pen, 50.5f, 50.8f, 150.0f, 200.0f); //参数为实数的矩形
```

2）绘制椭圆

使用 Graphics 类提供的 DrawEllips()方法绘制椭圆，语法如下。

(1) DrawEllipse(Pen,Rectangle)

绘制一个椭圆，此椭圆的大小及位置由 Rectangle 参数指定的外接矩形定义。用此格式绘制椭圆的程序代码如下。

```
Pen^ pen = gcnew Pen(Color::Blue,6.0f);                       //定义画笔
Rectangle rect = Rectangle(50,50,200,150);                    //定义矩形
e -> Graphics -> DrawEllipse(pen, rect);                      //绘制椭圆
```

(2) DrawEllipse(Pen,RectangleF)

绘制一个椭圆，此椭圆的外接矩形由 RectangleF 参数描述，RectangleF 各参数均为实数。用此格式绘制椭圆的程序代码如下。

```
Pen^ pen = gcnew Pen(Color::Blue,6.0f);                       //定义画笔
Rectangle rect = Rectangle(50.0f,50.0f,200.0f,150.0f); //定义矩形
e -> Graphics -> DrawEllipse(pen, rect);                      //绘制椭圆
```

(3) DrawEllipse(Pen,Int32,Int32,Int32,Int32)

绘制一个由外接矩形定义的椭圆，该外接矩形由矩形的左上角坐标、高度和宽度指定。

第二、三两个数是 XY 坐标值，表示图形左上角点，第四、五两个数分别表示矩形的宽度和高度，当宽度和高度相等时，绘制的是圆形。用此格式绘制椭圆的程序代码如下。

```
Pen^ pen = gcnew Pen(Color::Blue,6.0f);                                  //定义画笔
e -> Graphics -> DrawEllipes(pen,50,50,200,200);                         //绘制圆形，半径为 100
```

(4) DrawEllipse(Pen,Single,Single,Single,Single)

绘制一个由外接矩形定义的椭圆，该外接矩形由矩形的左上角坐标、高度和宽度指定。此 4 个参数均为实数。用此格式绘制椭圆的程序代码如下。

```
Pen^ pen = gcnew Pen(Color::Blue,6.0f);                              //定义画笔
e -> Graphics -> DrawEllipse(pen, 50.5f, 50.8f, 150.0f, 200.0f);     //绘制椭圆
```

4. 绘制文字

使用 Graphics 类提供的 DrawString()方法可以绘制文字。其语法格式如下。

1) DrawString (String,Font,Brush,PointF)

该语法在指定的坐标位置,用指定的 Brush 和 Font 对象绘制文本字符串。其中,String 表示要绘制的字符串,属于 System::String 类型。Font 用来定义字符串的文本格式,包括字体、字号等,使用 System::Drawing::Font 定义。Brush 用来确定所绘制文本的颜色和纹理,使用 System::Drawing::Brush 定义。PointF 指定所绘制文本左上角点的坐标,坐标可以为整数,也可以为实数。用此格式绘制字符串的程序代码如下。

```
Drawing::Font^ font = gcnew System::Drawing::Font("Arial",14 );      //字体、字号
SolidBrush^ brush = gcnew Drawing::SolidBrush(Color::Black);        //字符颜色
PointFpoint1(100.0f,100.0f);
e -> Graphics -> DrawString("A",font,brush,point1);                 //绘制字符 A
```

2) DrawString (String,Font,Brush,Rectangle)

该语法在指定矩形内,用指定的 Brush 和 Font 对象绘制文本字符串。Rectangle 指定所绘制文本的矩形区域,矩形参数可以为整数,也可以为实数。如果矩形内无法容纳文本,将在最近的单词处截断。用此格式绘制字符串的程序代码如下。

```
Drawing::Font^ font = gcnew System::Drawing::Font("Arial",30 );      //字体、字号
SolidBrush^ brush = gcnew Drawing::SolidBrush(Color::Black);        //字符颜色
Rectanglerect = Rectangle(50,50,200,150);                           //定义矩形
e -> Graphics -> DrawString("Hello",font,brush,rect);               //显示字符串 Hello
```

3) DrawString (String,Font,Brush,Point,StringFormat)

该语法使用 StringFormat 格式,用指定的 Brush 和 Font 对象在指定的位置绘制文本字符串。StringFormat 用于指定所绘制文本的显示格式,如行距和对齐方式等。该格式需使用 System::Drawing::StringFormat 来定义。用此格式绘制字符串的程序代码如下。

```
Drawing::Font^ font = gcnew System::Drawing::Font("Arial",30 );      //字体、字号
SolidBrush^ brush = gcnew Drawing::SolidBrush(Color::Black);        //字符颜色
Point point1(100,100);                                              //定义 point1
StringFormat^ format1 = gcnew StringFormat();                       //定义字符串格式 format1
format1 -> LineAlignment = StringAlignment::Near;                   //设置行距
format1 -> Alignment = StringAlignment::Center;                     //设置水平方向居中对齐
e -> Graphics -> DrawString("Hello",font,brush,point1,format1);     //按指定格式显示字符串
```

4) DrawString (String,Font,Brush,Single,Single,StringFormat)

该语法使用 StringFormat 格式,用指定的 Brush 和 Font 对象在指定的位置绘制文本字符串。参数中的“Single,Single”用来描述所绘字符串左上角点的坐标,它们是一对实数坐标值。用此格式绘制字符串的程序代码如下。

```
Drawing::Font^ font = gcnew System::Drawing::Font("Arial",30 );      //字体、字号
SolidBrush^ brush = gcnew Drawing::SolidBrush(Color::Black);        //字符颜色
StringFormat^ format1 = gcnew StringFormat();                       //定义字符串格式 format1
```

```
format1 -> LineAlignment = StringAlignment::Near;                   //设置行距
format1 -> Alignment = StringAlignment::Center;                     //设置水平方向居中对齐
e -> Graphics -> DrawString("Hello",font,brush,50,100,format1);     //按指定格式显示字符串
```


12.2.4 简单图形绘制案例

上面介绍了各种几何图形及文字的绘制，下面用一个简例来演示说明平面图形的绘制步骤和方法。

1. ClockFace 应用程序

本案例在窗体背景上绘制了一个如图 12.1 所示的时钟表盘。它由圆形的时钟外框、表示分钟的小刻度线、表示小时的大刻度线和表示小时的数字字符 4 部分组成。下面分别介绍各个组成部分的设计思路和实施步骤。

图 12.1　时钟表盘

2. 表盘外框的绘制

设计思路：

表盘外框是一个圆，可以使用 Graphics 类的 DrawEllipse( )方法进行绘制。使用此方法前，应先根据窗体客户区情况考虑好此圆形的大小、位置和粗细，进而确定此圆所在矩形的大小、位置和画笔的粗细。比如创建窗体时，设置窗体的 Size 属性值是(350,350)，即长和宽都是 350 个像素，考虑到窗体边框、标题及时钟周边留白情况，可以设置此圆所在矩形参数为(50,50,250,250)，即此矩形是从(50,50)坐标位置开始向右下面，长宽尺寸均是 250 个像素，这样，即使时钟边框稍粗，也不会把时钟图形画到窗体外面。经过实验，在此例中，把画笔粗细设置为 6 个像素，效果如图 12.1 所示。

操作步骤如下。

(1) 新建解决方案和项目名均为 ClockFace 的窗体应用程序。

(2) 在【属性】窗口中修改窗体的 Size 属性值为(350,350)，即窗体将是一个长、宽都为 350 个像素的正方形。

(3) 在【属性】窗口中单击【事件】按钮，在事件操作界面的底部，找到 Paint 事件并双

击，系统会自动创建 Form1_Paint()事件处理程序，并切换到【代码】编辑页面准备输入代码。

(4) 在 Form1_Paint()事件处理程序中输入如下背景为灰色部分的代码。

```
…
#pragma endregion
private: System:: Void Form1 _ Paint ( System:: Object ^  sender, System:: Windows:: Forms::
PaintEventArgs^ e) {
    Pen^ myPen = gcnew Pen(Color::Black,6.0f);              //定义画笔为黑色,粗细为 6 个像素
    e -> Graphics -> DrawEllipse(myPen,50,50,250,250);   //绘制表盘外框
}
};                                                          //Form1 类结束标识
}// ClockFace 命名空间结束标识
```

此段代码使用 Graphics 类的 DrawEllipse( )方法，在参数为(50,50,250,250)的矩形中，用 myPen 画笔绘制了一个正圆。从本质上来说，myPen 画笔是 Pen 类对象的跟踪句柄变量，它指向托管堆上的 Pen 类实例(颜色为黑色、粗细为 6 个像素)，通过此跟踪句柄变量就可以使用托管堆上的 Pen 类画笔实例进行图形绘制了。由于 Pen 类画笔实例是在托管堆上定义的，所以用完后不必考虑回收问题，CLR 会自动回收它的。

另外，请注意，本例中并未创建 Graphics 类对象，它是通过窗体 Paint 事件的事件处理程序第二个参数 e 取得的，有关事件处理程序参数及 PaintEventArgs 类的内容请参看 10.2.9 节的示例二部分。简单来说就是，此窗体的 Graphics 类实例在窗体对象打开后就已经存在了，它是窗体绘制事件参数 PaintEventArgs 类对象 e 的一个属性成员，所以可直接用 e -> Graphics 的形式来使用此 Graphics 类对象。当然，此处的 e 通常是在 Paint 事件中的 PaintEventArgs 类的对象才行。其实，许多绘图应用程序都是通过 Paint 事件参数 e 来使用 Graphics 类对象，进而实现绘图功能的。

(5) 按 F7 键生成成功后，按 Ctrl＋F5 键运行。若不成功，返回到前面(2)、(3)、(4)步仔细检查修改，然后再次生成、运行，直到满意为止。

3. 表盘刻度线的绘制

设计思路：

图 12.1 中的表盘刻度线实际上是一些短直线，所以这些刻度线均可以使用 Graphics 类的 DrawLine( )方法进行绘制。上面的表盘刻度线分为大小两种，大刻度线稍粗稍长，用来标识小时，小刻度线稍短稍细，用来标识分钟。大刻度线有 12 条，小刻度线有 48 条。每间隔 4 个小刻度线绘制 1 个大刻度线。

使用 DrawLine( )方法时，它要求提供线段两个端点的坐标，此坐标是以窗体左上角为坐标原点的。以此原点为基准，向右为 X 轴正方向，向下为 Y 轴正方向。这样，由上面步骤画出的表盘中心点 C 的坐标则应为(250/2＋50,250/2＋50)。各个表盘刻度线端点以某固定半径围绕此中心点均匀分布。相对于此中心点来说，每个表盘刻度线都有远端和近端两个端点，各个刻度线的远心端点就在以此表盘半径 r 为半径的圆上，且每隔 $2\pi/60$ 弧度一个点，共 60 个。这样，通过表盘半径 r 和这些点相对于水平轴的张角 θ，就能计算出这些端点相对于中心点的水平距离 $r\cos\theta$ 和垂直距离 $r\sin\theta$，进而得到这些端点相对于窗体左上角的水平和垂直距离，也即这些远心端点的 X、Y 坐标值，如图 12.2 所示。此图中远心端点 A

的横坐标 $x=X_c+r\cos\theta$，纵坐标 $y=Y_c+r\sin\theta$，其中 $\theta=n\times2\pi/60(n=1\sim60)$。类似地，计算大刻度线的近心端点坐标时，只要把上面算式中的 r 替换成 r－20 即可，其余各量不用变。计算小刻度线的近心端点坐标时，只要把上面算式中的 r 替换成 r－10，其余各量不变。此处的常量 20 和 10 其实就是大刻度线和小刻度线的长，参见下文。

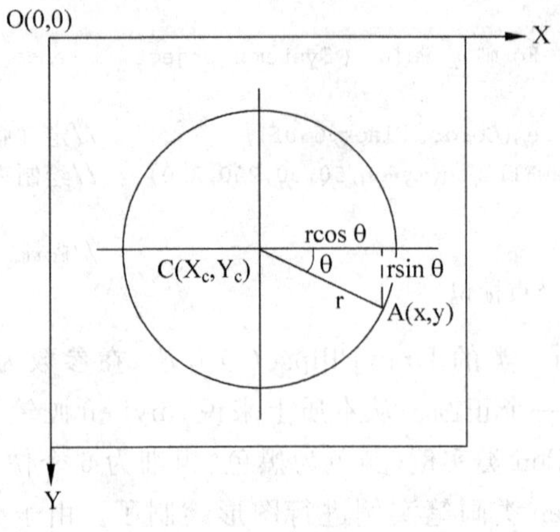

图 12.2　远心端点坐标

编程时，先定义几个点的坐标：圆心 C 坐标(x,y)，远心端点 A 坐标(x1,y1)，近心端点 B 坐标(x2,y2)。再定义几个计算坐标值时要用到的变量：半径 r、两个临近刻度线间的夹角 AnglePerMinute。图 12.2 中的张角 θ 用表达式 n×AnglePerMinute 计算，其中 n 可以看作是刻度线的编号，其取值范围是[0,59]。

然后再把画笔准备好。根据表盘与刻度线大小的比例关系，本例设计小刻度线的长度为 10 个像素，粗细为一个像素，画笔颜色也为黑色，大刻度线的长度为 20 个像素，粗细为两个像素，画笔颜色也为黑色。

以上准备工作做好后，就可以计算端点坐标并用 Graphics 类的 DrawLine( )方法绘制刻度线了。

具体操作步骤如下。

(1) 打开或切换到【代码】编辑页面，在 Form1_Paint()事件处理程序尾部，输入如下灰色背景部分的代码。

```
private: System:: Void Form1 _ Paint ( System:: Object ^  sender,  System:: Windows:: Forms::
PaintEventArgs^ e)
{
    …
    e->Graphics->DrawEllipse(myPen,50,50,250,250);              //绘制表盘外框

    doubleAnglePerMinute = 2 * Math::PI/60.0f;                   //定义两个临近刻度线间的夹角
    doublex,y,x1,y1,x2,y2;                                       //定义圆心及刻度线端点坐标
    doubler                                                      //定义表盘半径
    int n;                                                       //定义刻度线序号

    x = 50 + 250/2;                                   //根据表盘所在矩形的大小及位置,计算圆心坐标
    y = 50 + 250/2;
```

```
    r = 250/2;                                    //根据表盘所在矩形的大小计算表盘半径

    //准备画笔
    Pen^ blackPen1 = gcnew Pen( Color::Black,1.0f );          //用于绘制小刻度线
    Pen^ blackPen2 = gcnew Pen( Color::Black,2.0f );          //用于绘制大刻度线

    //开始计算刻度线端点坐标并绘制刻度线
    for(n = 0;n < 60;n++)                                     // 60 个刻度线
    {
        x1 = x + r * Math::Cos(n * AnglePerMinute);           //计算远心端点坐标
        y1 = y + r * Math::Sin(n * AnglePerMinute);
        if(n % 5!= 0)                                         //是小刻度线
        {
            x2 = x + (r - 10) * Math::Cos(n * AnglePerMinute); //计算小刻度线近心端点坐标
            y2 = y + (r - 10) * Math::Sin(n * AnglePerMinute);
            e -> Graphics -> DrawLine( blackPen1, Point(x1,y1), Point(x2,y2) );//绘制小刻度线
        }
        else                                                  //是大刻度线
        {
            x2 = x + (r - 20) * Math::Cos(n * AnglePerMinute); //计算大刻度线近心端点坐标
            y2 = y + (r - 20) * Math::Sin(n * AnglePerMinute);
            e -> Graphics -> DrawLine( blackPen2, Point(x1,y1), Point(x2,y2) ); //绘制大刻度线
        }
    }
}
...
```

(2) 按 F7 键重新生成应用程序。生成成功后,按 Ctrl＋F5 键运行。若不成功,返回到【代码】编辑页面,仔细检查修改,然后再次生成、运行,直到满意为止。

上面的代码使用 Graphics 类 DrawLine( )方法绘制短直线,它要求三个参数,第一个参数提供画线时使用的画笔,后两个参数提供所绘线段的端点坐标。其实,这段代码中的大部分内容都在准备这些参数,以供 DrawLine( )方法使用。此处,描述 DrawLine( )方法端点坐标的是 Point 结构实例,它要求横、纵坐标的数据类型都是整型,但由于有 π 和返回值为 double 类型的数学函数等数据参与运算,故这里把端点坐标都声明成了 double 类型,以使计算结果尽量准确。当用这些数据作为端点坐标绘制线段时,系统会自动把它们转换为整型数据,然后再使用。

上面的代码使用表达式 n%5! =0 来区分大、小刻度线,当 n 不是 5 的倍数时绘制小刻度线,是 5 的倍数时画大刻度线。即当 n 是 0、5、10、15、20、… 这些值时画大刻度线,正好符合题意要求。

另外,代码中还使用了一个 Math 类属性 PI 和两个 Math 类方法: Sin( )方法及 Cos( )方法。相关使用要求及格式等内容请参看 10.2.10 节 Math 类部分。

4. 表盘数字字符的绘制

设计思路:

表盘上表示小时的数字字符可以通过数据类型转换把 1～12 的整数转换成 12 个数字字符串,然后使用 Graphics 类的 DrawString( )方法在适当位置绘制这些字符串。使用此

方法前，应先根据已绘制好的表盘及刻度线情况设计好这些数字字符串的字体、字号、颜色和位置，其中字号和位置尤为重要。图 12.1 中数字字符的大小是 14 磅，不确定字号到底多大合适时，可以先任意找几个值试试，视觉上看着好即可。

表盘数字字符串位置与大刻度线一一对应，所以，此处使用类似计算大刻度线位置的方法计算表盘数字字符串位置。为了不让字符和刻度线重叠，此处取排布数字字符的圆的半径为 r－30。注意，此方法计算出的位置只是整个字符串的左上角的坐标，由于每个字符都有自己的宽度和高度，所以直接在此位置显示数字字符效果并不理想，结合字符大小，适当左移和上移一定距离后，效果就出来了。下面的代码中，表盘数字字符位置是在计算出的坐标位置基础上进一步左移 10 个像素，上移也是 10 个像素。

操作步骤如下。

(1) 打开或切换到【代码】编辑页面，在 Form1_Paint()事件处理程序尾部，输入如下灰色背景部分的代码。

```
private: System:: Void Form1 _ Paint ( System:: Object ^  sender, System:: Windows:: Forms::
PaintEventArgs^ e)
{
  …
        e -> Graphics -> DrawLine( blackPen2, Point(x1,y1), Point(x2,y2) );  //绘制大刻度线
     }
   }
   Drawing::Font^ drawFont = gcnew System::Drawing::Font("Arial",14 );   //设置数字字符的
字体、字号
   SolidBrush^ drawBrush = gcnew Drawing::SolidBrush(Color::Black); //设置数字字符的颜色
   double AnglePerHour = 2 * Math::PI/12.0f;                      //邻近数字字符间夹角
   for(int i = 1;i <= 12;i++)                                     // 12 个表盘数字字符串
   {
       x2 = x - 10 + (r - 30) * Math::Cos(i * AnglePerHour); //计算表盘数字串左上角坐标
       y2 = y - 10 + (r - 30) * Math::Sin(i * AnglePerHour);
       String^ drawString = i.ToString();                        //生成被绘制的表盘数字字符串
       e -> Graphics -> DrawString(drawString,drawFont,drawBrush,x2,y2);  //绘制表盘数字
   }
}
…
```

(2) 按 F7 键重新生成应用程序。生成成功后，按 Ctrl＋F5 键运行。若不成功，返回到【代码】编辑页面，仔细检查修改，然后再次生成、运行，直到成功为止。

成功运行后，可以看出上面的设计基本成功，但有一个非常明显的问题：整个表盘被顺时针旋转了 90°，比如标识 12 点钟的数字字符跑到了本应是 3 点钟的位置，标识 1 点钟的数字字符跑到了本应是 4 点钟的位置等。仔细理解一下图 12.2 中 θ 角的含义，它是半径与水平轴正方向的夹角，且随着 θ 的增大，半径将向 Y 轴正方向旋转，注意，在屏幕坐标系中，Y 轴正方向是向下的。这样当 i＝1 时，θ＝i * AnglePerHour 是 π/6，所以，表盘数字字符“1”便被绘制到了水平轴正方向向下旋转 π/6 后的方向上，也即本应是 4 点钟的位置上。解决的办法也很简单，把所有用到 θ 角的地方替换为 θ－π/2 即可，即每次使用 θ 角时都使用其逆时针旋转 π/2 后的值，这样各个表盘数字字符就旋转到应有的位置去了。具体操作如下。

(3) 打开或切换到【代码】编辑页面，在 Form1_Paint()事件处理程序中，添加如下灰色

背景部分的代码。

```
private: System:: Void Form1 _ Paint ( System:: Object ^  sender, System:: Windows:: Forms::
PaintEventArgs^ e)
{
    …
    for(int i = 1;i <= 12;i++)                                      // 12个表盘数字字符串
    {
        x2 = x - 10 + (r - 30) * Math::Cos(i * AnglePerHour - Math::PI/2); //计算表盘数字串
左上角坐标
        y2 = y - 10 + (r - 30) * Math::Sin(i * AnglePerHour - Math::PI/2);
        …
}
```

(4) 按 F7 键重新生成应用程序。生成成功后,按 Ctrl+F5 键运行。若不成功,返回到【代码】编辑页面,仔细检查修改,然后再次生成、运行,直到满意为止。

上述实例实现了简单图形和文字的绘制,这些功能的实现主要归功于图形绘制类 Graphics,该类提供了大量的绘图函数,使得绘图操作变得简单高效。当然与之配套的各种辅助类和结构也是必不可少的,如 Pen 类、Font 类、Rectangle 结构等。这就要求读者尽量熟悉这些类和结构的常用方法,以便在将来的编程工作中灵活应用。

在编写图形绘制应用程序时,被绘制图形的位置、大小、形状等信息通常要先准备好,这些信息的准备可能会有一定的复杂度,进而为编程工作带来一定的难度。上面示例中各个时钟界面元素的大小、形状、位置坐标的计算、画笔宽度及字符字号的选取等便属此列。

图形绘制应用程序通常与 Paint 事件相关,图形绘制编码通常会添加到与此 Paint 事件绑定的事件处理程序中去。

12.3 用 Brush 类填充颜色

12.3.1 Brush 类的派生类

要对所绘制图形对象的内部进行填充,可以使用 Brush 类提供的笔刷。在绘制图形对象时,通常使用画笔绘制外框,而内部则用笔刷进行填充。笔刷能提供各种不同的填充效果,但是必须使用 Brush 的派生类,表 12.8 给出了常用的 Brush 派生类。

表 12.8 Brush 的派生类

常用笔刷类	说 明
SolidBrush	定义单一颜色的笔刷
HatchBrush	通过规划样式、前景颜色、背景颜色定义矩形笔刷
TextureBrush	用来填充图形的内部
LinearGradientBrush	设定线性渐变
PathGradientBrush	设定路径渐变

12.3.2 填充单一颜色

SolidBrush 类用来设置单一颜色的填充效果,其构造函数的语法如下。

```
SolidBrush(Color color);
```

函数中只有一个参数 color，利用它来定义单色笔刷的填充效果。

如果要填充单一颜色的矩形，必须调用 Graphics 类的 FillRectangle()方法，其语法格式如下。

```
FillRectangle(Brush brush, Rectangle rect);
```

其中的 brush 代表笔刷，rect 为矩形对象。使用 FillRectangle()函数填充矩形的示例代码如下。

```
SolidBrush^ brush1 = gcnew SolidBrush(Color::YellowGreen);      //定义笔刷
e->Graphics->FillRectangle(brush1,50,50,200,200);               //绘制带填充色的矩形
```

12.3.3 用样式填充

这里的样式指的是规划样式，比如在绘制对象上产生线条效果。HatchBrush 类的构造函数包含三个参数：规划样式、规划线条的颜色、背景颜色。语法如下。

```
HatchBrush(HatchStyle hatchstyle,Color foreColor, Color backColor);
```

其中，foreColor 代表前景色，backColor 代表背景色，而 hatchStyle 则提供不同的图案样式，表 12.9 给出了几种常用样式。

表 12.9 HatchStyle 枚举样式

HatchStyle 枚举成员	说　明
BackwardDiagonal	产生右上到左下的斜线线条花纹
Cross	产生交叉的水平和垂直线条
DiagonalBrick	产生从顶点到底点向左斜的层次砖形外观
ForewardDiagonal	产生左上到右下的斜线线条花纹
Horizontal	水平线花纹
Percent10	表示前景色与背景色的比例为 10：100
Vertical	垂直线花纹
Weave	具有编织材质的外观

12.3.4 渐变式填充

GDI＋提供两种渐变效果：线性渐变和路径渐变。

线性渐变由 LinearGradientBrush 类提供，可以产生双色渐变和自定义多色渐变。路径渐变由 PathGradientBrush 类提供，随着路径内部和界限移动时更改颜色。

双色线性渐变是沿着指定线条从开始颜色到结束颜色的平滑水平线性渐变，它能以水平、垂直或以指定斜线来平行移动而更改颜色。

LinearGradientBrush 类构造函数语法如下。

```
LinearGradientBrush(Point point1, Point point2,Color color1, Color color2);
```

其中，point1、point2 是线性渐变的起点和终点；color1、color2 是线性渐变的开始颜色和终止颜色。

12.4 绘图应用程序综合案例

下面用一个实例具体演示 Windows Form 绘图应用程序的设计制作过程。

12.4.1 时钟应用程序 Clock

如图 12.3 所示是时钟应用程序 Clock,该应用程序具有以下功能。

(1) 静态表盘上的指针,包括时针、分针和秒针均根据本地系统时间,每秒钟更新其位置一次。

(2) 拖动窗体边框调整窗体大小的同时,自动重绘时钟界面,并保持其所指示的时间与系统时间同步。

(3) 双击时钟界面,窗体背景消失,只留下正常运行的时钟界面。即包括标题、边框、背景在内的窗体界面元素均不可见,只保留圆形时钟边框及其内的时钟界面元素,且时钟功能没受任何影响。

(4) 用鼠标拖曳时钟,时钟被拖动到屏幕上的新位置。注意,拖曳操作是在时钟界面上进行的,不是在窗体标题上。

图 12.3 时钟应用程序

此时钟应用程序设计思想如下。

(1) 在窗体背景上绘制静态的时钟边框、刻度及表盘数字,相应编码放在窗体的 Form1_Paint()事件处理程序中,只执行一次。

(2) 在窗体上添加一个透明的 PictureBox 控件,在此 PictureBox 控件上绘制静态的时、分、秒指针,并使得这三个指针的指示位置正好与当前系统时间相一致。

(3) 用 timer 控件控制此时钟每秒钟更新一次,主要是 PictureBox 控件上的时、分、秒指针位置的更新。

(4) 用窗体或控件的各个事件处理程序实现时钟窗体背景的透明、缩放及拖动。

为便于理解,下面把此时钟应用程序分成三个大部分,分别加以叙述。

12.4.2 绘制静态的时钟表盘

此部分内容除了要实现 ClockFace 应用程序的功能外,还有一些其他内容要做。

(1) 表盘外框加宽并改为深蓝色,盘面填充浅黄色,使其看起来更真实。

(2) 消除锯齿效果,实现边缘平滑。

(3) 把大段代码按功能拆分成几个函数,提高代码可读性。

下面具体叙述这些内容的实现过程。

1. 创建解决方案、项目及窗体

按照 ClockFace 应用程序的设计步骤,设计本应用程序的解决方案、项目及窗体。解决方案及项目命名为 Clock,窗体名使用默认的 Form1,窗体的 Text 属性修改为“时钟”,窗体的 Size 属性与 ClockFace 应用程序相同,还是(350,350)。

2. 为窗体的 Paint 事件绑定事件处理程序并添加代码

按照 ClockFace 应用程序的方法和步骤，为窗体的 Paint 事件添加事件处理程序 Form1_Paint( )，然后在此事件处理程序中粘贴 ClockFace 应用程序中同名事件处理程序 Form1_Paint( )内的全部代码。按 Ctrl+F5 键运行此应用程序，运行效果应与 ClockFace 应用程序相同。若不成功，请仔细检查被复制代码以及所粘贴到的位置是否正确。当然，按照 ClockFace 应用程序的方法和步骤重新制作此部分内容也可。

3. 修改表盘外框、填充盘面颜色、设置边缘平滑效果

把事件处理程序 Form1_Paint( )的前两行代码改写为如下内容。

```
private: System::Void Form1_Paint(System::Object^ sender, System::Windows::Forms::PaintEventArgs^ e) {
    Pen^ myPen = gcnew Pen(Color::MidnightBlue,25.0f); //画笔颜色为午夜蓝,粗细为 25 像素
    e->Graphics->SmoothingMode = Drawing2D::SmoothingMode::AntiAlias; //设置平滑模式,消除锯齿效果
    e->Graphics->DrawEllipse(myPen,50,50,250,250);      //绘制表盘外框
    SolidBrush^ myBrush = gcnew SolidBrush(Color::LightYellow); //定义填充笔刷,颜色为浅黄色
    e->Graphics->FillEllipse(myBrush, 50,50,250,250);    //填充表盘内部颜色

    double AnglePerMinute = 2 * Math::PI/60.0f;
    …
}
```

上面灰色背景部分的代码与原来相比有如下内容的改变。

(1) 画笔颜色由 Black 改为了 MidnightBlue，粗细由 6 个像素改为 25 个像素，粗了很多。这两个内容的变化是在定义画笔时，通过设置 Pen 类的构造函数参数实现的。

(2) 在使用 Graphics 类的 DrawEllipse( )方法绘制表盘外框前，用设置 Graphics 类的 SmoothingMode 属性的方式，消除了表盘外框的锯齿，使得所绘制的图形显得很光滑。

由于该 SmoothingMode 属性的值是在 System::Drawing::Drawing2D 命名空间定义的 SmoothingMode 枚举类型常量，所以需要使用类似上面第二行的语法进行引用。上面语句没有使用命名空间全名的原因，是在该 Form1.h 文件的首部有了如下的 using namespace 语句：

```
using namespace System::Drawing;
```

(3) 使用 Graphics 类的 FillEllipse( )方法，给表盘外框内部区域填充了颜色。注意此被填色区域的范围也由参数为(50,50,250,250)的矩形确定。所填颜色则由上面的单色画刷 SolidBrush 类实例给出，该画刷实例被初始化成了 LightYellow 颜色。

另外，由于绘制表盘外框的画笔有一定的宽度，那么，用 DrawEllipse( )方法在给定的方框区域(50,50,250,250)内画圆时，是圆环外边缘与此区域边框相切，还是圆环内边缘与此区域边框相切，还是其他什么情况呢？答案是距此圆环的内外边缘等距的圆形与此区域边框相切。所以当绘制完此表盘外框然后再在相同的方框区域内用 FillEllipse( )方法填充颜色时，实际上是覆盖了一部分已经绘制出来的表盘边框的，换句话说，最后的显示效果中只是显示了粗细为 25/2 个像素宽度的圆环。

4. 把代码拆分为多个函数，提高可读性

为提高代码可读性，下面把这大段代码按功能拆分成三个函数，每个函数完成一个简单

功能，然后再在窗体的 Form1_Paint( )事件处理程序中调用这三个函数。这三个函数分别命名为 Draw_ClockPanel( )、Draw_PanelMarks( )和 Draw_HourDigitals( )，分别完成绘制时钟面板、绘制表盘刻度、绘制表盘数字功能。

由于这三个函数的核心语句均是使用 Graphics 类的方法进行图形、文本绘制，而上面代码中 Graphics 类的使用均是通过使用窗体的 Form1_Paint( )事件处理程序参数 e 来完成的，这样，就可以把此参数 e 用函数参数的形式传递到这三个函数中，然后再在这些函数中使用类似 e->Graphics 这样的表达式，实现对 Graphics 类的方法的调用，进而实现图形和文本的绘制。

下面是这三个函数的具体内容。关于函数的声明方法可参看 10.3.2 节成员函数添加部分。当然，若已经熟悉【代码】编辑窗口中各个组成部分及它们之间的相互关系，那么，直接在适当位置输入这些函数代码也可以。自己直接输入时应注意，这三个函数都是 Form1 类的成员函数，因为它们都是用来在 Form1 窗体对象界面上进行绘制操作的。

```
private:void Draw_ClockPanel(System::Windows::Forms::PaintEventArgs^ e)
{
    Pen^ myPen = gcnew Pen(Color::MidnightBlue,25.0f);
    e->Graphics->SmoothingMode = Drawing2D::SmoothingMode::AntiAlias;
    e->Graphics->DrawEllipse(myPen,50,50,250,250);
    SolidBrush^ myBrush = gcnew SolidBrush(Color::LightYellow);
    e->Graphics->FillEllipse(myBrush, 50,50,250,250);
}
```

可以看出，此函数的函数体就是原来 Form1_Paint( )事件处理程序中代码的前 5 行。下面是 Draw_PanelMarks( )函数和 Draw_HourDigitals( )函数的内容。

```
private:void Draw_PanelMarks(System::Windows::Forms::PaintEventArgs^ e)
{
    doubleAnglePerMinute = 2 * Math::PI/60.0f;
    Pen^ blackPen1 = gcnew Pen( Color::Black,1.0f );
    Pen^ blackPen2 = gcnew Pen( Color::Black,2.0f );

    for(int n = 0;n<60;n++)
    {
      doublex1 = x + r * Math::Cos(n * AnglePerMinute);
      doubley1 = y + r * Math::Sin(n * AnglePerMinute);
      if(n % 5!= 0)
      {
          doublex2 = x + (r - 10) * Math::Cos(n * AnglePerMinute);
          doubley2 = y + (r - 10) * Math::Sin(n * AnglePerMinute);
          e->Graphics->DrawLine( blackPen1, Point(x1,y1), Point(x2,y2) );
      }
      else
      {
          doublex2 = x + (r - 20) * Math::Cos(n * AnglePerMinute);
          doubley2 = y + (r - 20) * Math::Sin(n * AnglePerMinute);
          e->Graphics->DrawLine( blackPen2, Point(x1,y1), Point(x2,y2) );
      }
    }
```

```
}
private:void Draw_HourDigitals(System::Windows::Forms::PaintEventArgs^ e)
{
    Drawing::Font^ drawFont = gcnew System::Drawing::Font("Arial",14 );
    SolidBrush^ drawBrush = gcnew Drawing::SolidBrush(Color::Black);
    double AnglePerHour = 2 * Math::PI/12.0f;
    for(int i = 1;i <= 12;i++)
    {
        doublex2 = x - 10 + (r - 30) * Math::Cos(i * AnglePerHour - Math::PI/2);
        doubley2 = y - 10 + (r - 30) * Math::Sin(i * AnglePerHour - Math::PI/2);
        String^ drawString = i.ToString();
        e -> Graphics -> DrawString(drawString,drawFont,drawBrush,x2,y2);
    }
}
```

注意，上面两个函数中都使用了表盘中心点坐标 x、y 和表盘半径 r，故不应该把它们定义成这两个成员函数内部的局部变量，而应该定义成 Form1 类的成员变量，并在调用这两个成员函数前给它们赋好值。关于成员变量的定义方法可参看 10.3.2 节成员变量的添加部分。当然，在 Form1 类的适当位置直接输入这些成员变量的定义代码也可以。

另外，类似 x1，y1，i，n 这样一些局部变量的定义位置，借此机会也一并加以调整：采用第一次使用时定义的方式，也就是说，啥时候用，啥时候定义，这样代码的可读性会变得更好些。

下面是这些成员变量的定义及修改后的 Form1_Paint( )事件处理程序。

```
private: double x,y,r;                                    //表盘中心点坐标 x、y 和表盘半径 r
private: System:: Void Form1 _ Paint ( System:: Object ^  sender, System:: Windows:: Forms::
PaintEventArgs^ e)
    {
        x = 50 + 250/2;
        y = 50 + 250/2;
        r = 250/2;
        Draw_ClockPanel(e);                               //绘制时钟面板
        Draw_PanelMarks(e);                               //绘制刻度线
        Draw_HourDigitals(e);                             //绘制表盘数字
    }
```

在此 Form1_Paint( )事件处理程序中，首先对上面三个成员变量进行了初始化，然后在这些基本数据的基础上，依次调用前面已经定义好的时钟面板绘制函数 Draw_ClockPanel()、表盘刻度绘制函数 Draw_PanelMarks( ) 及表盘数字绘制函数 Draw_HourDigitals()，实现了时钟表盘的绘制。调用这些成员函数时，把此 Form1_Paint( )事件处理程序的参数 e 作为实参传给了这三个成员函数，以方便在这些成员函数内部使用 Graphics 类的方法进行图形绘制。

由于在 Draw_ClockPanel( ) 函数中，用给 Graphics 类的 SmoothingMode 属性赋 AntiAlias 枚举值的方式对所绘图形进行了消除锯齿处理，且在其后面执行的 Draw_PanelMarks()和 Draw_HourDigitals()函数中也没有修改此属性值，所以直到 Form1_Paint( ) 事件处理程序结束，其消除锯齿能力一直在起作用。从本质上来说，此属性值是参数 e 的多级子属性，故应随着 PaintEventArgs 类对象 e 的存在而存在，并随着 e 的消亡而消亡。

此时运行此应用程序，显示出来的窗体界面应与图 12.3 基本相同，但还没有中间的指针部分，且时钟位置不居中，稍偏右下。

12.4.3 绘制动态的时钟指针

此部分内容实现时钟时、分、秒指针的绘制，并让它们按系统时间每秒钟更新一次。

这部分内容是整个时钟应用程序的核心，是时钟具有动态运行能力的关键。

下面是此部分内容的设计思路。

(1) 在窗体上添加一个与窗体客户区等大的 PictureBox 控件，并通过设置其背景属性让其透明，这样，窗体背景上的静态时钟表盘就不会被遮挡住了。当然，使用符合设计能力要求的其他控件也可以。

(2) 在此 PictureBox 控件上绘制时、分、秒指针，并使得这三个指针的指示位置正好与当前系统时间相一致。

(3) 用 timer 控件控制步骤(2)中的 PictureBox 控件每秒钟重绘一次，实现时、分、秒指针位置的更新。

(4) 在 PictureBox 控件上绘制时钟指针，而不是在窗体背景上直接绘制的原因，是尽量减少绘制内容，控制重绘时间，防止重绘时的闪烁现象。

下面具体叙述这些内容的实现过程。

1. 添加 PictureBox 控件并设置相关属性

(1) 在窗体上添加一个 PictureBox 控件，使用其默认名称 pictureBox1。

(2) 将 pictureBox1 控件的位置属性 Location 设置为(0,0)，并在窗体【设计器】上拖曳此控件右下角的尺寸柄，使得此控件大小完全覆盖窗体工作区，这样便可以在整个工作区范围内绘制时钟指针了，也就是说，所绘指针不会因为控件太小或位置不合适而显示不出来。

(3) 将 pictureBox1 控件的 BackColor 属性设置为 Transparent，意为透明，这样便可以透过此控件看到窗体背景上的表盘了。这样，运行此应用程序，打开窗体后，将既能看到 pictureBox1 控件上绘制的时钟指针，又能看到窗体背景上的时钟表盘。

2. 绘制当前时刻秒针

为简便起见，采用绘制过表盘中心点的红色细直线来表示秒针，如图 12.3 所示，这样就可以用类似绘制表盘刻度线的办法来绘制此秒针了。假定此直线的远心端点与中心点距离是表盘半径的 8/10，近心端点与中心点距离是表盘半径的 2/10，这样，只要再知道此秒针与 12 点钟方向间的夹角便可以计算出秒针端点位置的坐标了。此夹角由系统当前时间的秒值决定。每秒钟秒针都旋转一个固定的角度，60s 后转回原来位置，这样 ns 旋转的角度则可表示为 $n\times 2\pi/60$，n 的取值范围是[0,59]。这样秒针远中心端点位置就可以这样计算：横坐标 $x1=X_c+0.8r\sin(n\times 2\pi/60)$，纵坐标 $y1=Y_c-0.8r\cos(n\times 2\pi/60)$；而近中心端点位置则为：横坐标 $x2=X_c-0.2r\sin(n\times 2\pi/60)$，纵坐标 $y2=Y_c+0.2r\cos(n\times 2\pi/60)$，其中，$X_c$、$Y_c$ 是表盘中心点位置坐标。

思路整理清楚后，就可以编码了。

用与前面类似的方法，添加成员函数 Draw_SecondPointer( )，然后在其内输入下面灰色背景部分的函数体代码。

```
void Draw_SecondPointer(System::Windows::Forms::PaintEventArgs^ e)
{
    double AnglePerSecond = 2 * Math::PI/60.0f;                         //每秒钟对应的指针偏转角
    int NowSecond = DateTime::Now.Second;                               //当前时间秒数
    double SecondPointerAngle = NowSecond * AnglePerSecond;             //当前秒数对应角度
    double x1 = x  + 0.8 * r * Math:: Sin (SecondPointerAngle);         //秒针远中心点坐标
    double y1 = y  -  0.8 * r * Math:: Cos (SecondPointerAngle);
    double x2 = x  -  0.2 * r * Math:: Sin (SecondPointerAngle);        //秒针近中心点坐标
    double y2 = y  +  0.2 * r * Math:: Cos (SecondPointerAngle);
    Pen^  RedPen  =  gcnew Pen( Color::DarkRed,3 );                     //定义秒针画笔
    e -> Graphics -> SmoothingMode  =  Drawing2D::SmoothingMode::AntiAlias; //消除锯齿
    e -> Graphics -> DrawLine( RedPen, Point(x1,y1), Point(x2,y2) );  //绘制秒针
}
```

上面函数体的前三行把当前时间的秒分量值转换为指针相对于 12 点钟方向的角度值，接下去的 4 行用此角度值计算出了秒针的两个端点坐标，然后定义了一个粗细为 3 个像素的暗红色画笔，并用 Graphics 类的 SmoothingMode 属性指定了用平滑模式绘制，这些准备工作都做好后，再用 Graphics 类的 DrawLine( )方法绘制直线，完成了秒针的绘制。

为了将来能够清楚地看到此秒针是围绕表盘中心点旋转的，下面再设计一个函数，用来在表盘中心点绘制一个小红点，作为时钟指针的盖帽。

用与前面类似的方法，添加绘制指针盖帽成员函数 Draw_PointerCap( )，然后在其内输入下面灰色背景部分的函数体代码。

```
void Draw_PointerCap(System::Windows::Forms::PaintEventArgs^  e)
{
    SolidBrush^  myBrush = gcnew SolidBrush(Color::Crimson);    //定义指针帽填充笔刷
    e -> Graphics -> FillEllipse(myBrush,Rectangle(x - 5,y - 5,10,10)); //绘制指针帽
}
```

此时可以按 F7 键生成、运行应用程序了。但即使生成成功，运行时也不会显示出秒针和盖帽来。这是因为这两个成员函数还没有被调用。可以在 pictureBox1 控件的 Paint 事件处理程序 pictureBox1_Paint( )中添加上面两个函数的调用代码，实现秒针和盖帽的绘制。具体操作如下。

在窗体【设计器】页面选中 pictureBox1 控件，到【属性】窗口的事件操作界面，找到 Paint 事件并双击，添加 pictureBox1_Paint( )事件处理程序，然后在其内输入下面灰色背景部分的代码。

```
private: System::Void pictureBox1_Paint(System::Object^  sender, System::Windows::Forms::
PaintEventArgs^  e)
    {
        Draw_SecondPointer(e) ;                         //调用秒针绘制成员函数
        Draw_PointerCap(e);                             //调用指针帽绘制成员函数
    }
```

上面事件处理程序将在 pictureBox1 控件第一次显示以及将来重绘时被执行。执行时，先绘制秒针，然后绘制盖帽。注意，这样的顺序决定了盖帽要覆盖掉已先绘制好的秒针的部分区域，这样，看起来就真有点儿给时钟指针拧上盖帽的感觉了。

此时再运行此应用程序,显示出来的窗体界面就有秒针和盖帽了,且秒针所指位置也确实是当前时刻的秒分量值。但秒针并不转动,且时钟位置稍偏右下的问题也没解决。

3. 实现秒针转动

使用计时器控件 Timer,可以实现对象或控件的动态更新,下面使用通过 Timer 控件,实现 pictureBox1 控件的动态更新,进而实现秒针的转动。具体操作如下。

(1) 添加一个 Timer 控件,使用其默认名称 timer1。

(2) 将 timer1 控件的时间间隔属性 Interval 设置为 1000,意为设置触发 timer1 控件 Tick 事件的时间间隔为 1000ms,即 1s 触发一次。

(3) 在窗体【设计器】页面选中 timer1 控件,到【属性】窗口的事件操作界面,找到 Tick 事件并双击,添加 timer1_Tick( )事件处理程序,然后在其内输入下面灰色背景部分的代码。

```
private: System::Void timer1_Tick(System::Object^ sender, System::EventArgs^ e)
{
    pictureBox1 -> Invalidate(); //使 pictureBox1 控件失效,触发此控件的 Paint 事件
}
```

上面事件处理程序将在计时器 timer1 启动后,按照前面做的 Interval 属性设置,每 1000ms 执行一次。执行时,用 PictureBox 类的 Invalidate()方法,使 pictureBox1 控件失效,触发此控件的重绘事件 Paint,进而执行 pictureBox1_Paint( )事件处理程序的程序体,实现秒针和盖帽的重绘。简单来说就是用计时器控件 timer1 实现了对 pictureBox1 控件每秒一次的重绘操作,而此控件上只有秒针和盖帽,且盖帽的大小和位置始终保持不变,所以看起来就像是只有秒针在转动。但到目前为止,此事件处理程序并不会真的每秒执行一次,因为计时器 timer1 还没有启动。

(4) 切换回窗体【设计器】页面,双击窗体背景,添加窗体默认事件处理程序 Form1_Load( ),然后在其内输入下面灰色背景部分的代码。

```
private: System::Void Form1_Load(System::Object^ sender, System::EventArgs^ e)
{
    timer1 -> Start();                                //启动计时器
}
```

这样,运行此软件打开窗体后,计时器便已启动,然后马上就会进行 pictureBox1 控件每秒重绘一次的操作了。至此,秒针按系统时间每秒转动一格的功能就完成了。

4. 添加时针和分针

时针和分针的实现方法与秒针非常类似,差别主要在于这两个指针更短、更粗,还有就是指针偏转角度的计算稍有差别。

下面先分析一下时针偏转角度的含义及其计算方法。比如系统时间 3 点 30 分,此时时针应指向哪儿?显然让时针简单指向表示 3 点钟的大刻度线是不合适的,正确的指向应该是指向 3 点与 4 点之间的正中间位置,也就是说,30 分对时针的偏转角度也是有贡献的。实际上,分针转一圈,时针旋转 $\pi/6$ 的角度,所以,系统时间 m 点 n 分这一时刻,时针的偏转角度可以用 $m\times 2\pi/12+n\times(\pi/6)/60$ 来表示。类似地,分针的偏转角度与某一时刻的秒分量值也有关系,秒针旋转一圈,分针旋转 $2\pi/60$ 的角度,这样,系统时间 i 分 j 秒这一时刻,分

针的偏转角度则可以用 i×2π/60+j×(2π/60)/60 表示。知道了指针偏转角度，再设计一下指针的长度，就可以求出指针的位置坐标了。下面也用窗体 Form1 类的成员函数来实现时针和分针的绘制。

在类视图中添加 Draw_MinutePointer( )成员函数，并把窗体 Paint 事件的第二个参数 e 传给它，以便在绘制分针时使用 Graphics 类的属性和方法，其函数定义和实现代码如下。

```
void Draw_MinutePointer(System::Windows::Forms::PaintEventArgs^ e)
{
    double AnglePerSecond = 2 * Math::PI/3600.0f;                //每秒钟对应角度
    double AnglePerMinute = 2 * Math::PI/60.0f;                  //每分钟对应角度
    int NowSecond = DateTime::Now.Second;                        //当前时刻秒数
    int NowMinute = DateTime::Now.Minute;                        //当前时刻分钟数
     //计算分针偏转角
    double MinutePointerAngle = NowMinute * AnglePerMinute + NowSecond * AnglePerSecond;
    double x1 = x + 0.6 * r * Math::Sin(MinutePointerAngle);    //分针远中心点坐标
    double y1 = y - 0.6 * r * Math::Cos(MinutePointerAngle);
    double x2 = x - 0.15 * r * Math::Sin(MinutePointerAngle);   //分针近中心点坐标
    double y2 = y + 0.15 * r * Math::Cos(MinutePointerAngle);
    Pen^ BlackPen = gcnew Pen( Color::Black,5 );                 //定义黑色画笔,粗细为5个像素
    e->Graphics->SmoothingMode = Drawing2D::SmoothingMode::AntiAlias; //消除锯齿
    e->Graphics->DrawLine( BlackPen, Point(x1,y1), Point(x2,y2) ); //绘制分针
}
```

上面函数中，分针总长度设置为 0.75r，其中长端为 0.6r，短端为 0.15r，画笔定义为黑色，粗细为 5 个像素。绘制分针之前还设置了使用平滑效果模式。

类似地，设计成员函数 Draw_HourPointer( )，实现时针的绘制，其函数定义和实现代码如下。

```
void Draw_HourPointer(System::Windows::Forms::PaintEventArgs^ e)
{
    double AnglePerMinute = Math::PI/6/60.0f;                    //每分钟对应角度
    double AnglePerHour = 2 * Math::PI/12.0f;                    //每小时对应角度
    int NowMinute = DateTime::Now.Minute;                        //当前时刻分钟数
    int NowHour = DateTime::Now.Hour;                            //当前时刻小时数
    //计算时针偏转角度
    double HourPointerAngle = NowHour * AnglePerHour + NowMinute * AnglePerMinute;
    double x1 = x + 0.45 * r * Math::Sin(HourPointerAngle);     //时针远中心点坐标
    double y1 = y - 0.45 * r * Math::Cos(HourPointerAngle);
    double x2 = x - 0.1 * r * Math::Sin(HourPointerAngle);      //时针近中心点坐标
    double y2 = y + 0.1 * r * Math::Cos(HourPointerAngle);
    Pen^ BlackPen = gcnew Pen( Color::Black,7 );                 //定义画笔
    e->Graphics->SmoothingMode = Drawing2D::SmoothingMode::AntiAlias; //消除锯齿
    e->Graphics->DrawLine( BlackPen, Point(x1,y1), Point(x2,y2) ); //绘制时针
}
```

下面 pictureBox1_Paint( )事件处理程序中灰色背景部分的代码是时针和分针绘制函数的调用代码，添加好后，就可以进行生成及运行操作了。

```
private: System::Void pictureBox1_Paint(System::Object^ sender, System::Windows::Forms::
```

```
PaintEventArgs^ e)
    {
        Draw_HourPointer(e);                                    //调用时针绘制成员函数
        Draw_MinutePointer(e);                                  //调用分针绘制成员函数
        Draw_SecondPointer(e) ;                                 //调用秒针绘制成员函数
        Draw_PointerCap(e);                                     //调用指针帽绘制成员函数
    }
```

生成并运行此应用程序，可以看出，此时时钟的基本功能已全部完成了。但位置偏右下的问题还没解决。此问题将在12.4.4节设计时钟随窗体尺寸变化而自动缩放功能时一并加以处理。

12.4.4 实现时钟所在窗体的透明、缩放及拖动功能

本节内容利用窗体及控件的各种事件，实现几种简单的人机交互功能。

1. 让时钟所在的窗体透明

该部分内容通过设置窗体属性，实现窗体标题、边框和背景的隐藏或显示。双击时钟或窗体背景时，实现背景窗体的透明，这时只显示时钟，不显示窗体；再次双击时钟，恢复原来的状态，正常显示窗体及时钟。重复以上操作，时钟及窗体在如上两种状态间切换。

由于pictureBox1控件完全覆盖其后面的窗体工作区，所以此双击操作实际上触发的是pictureBox1控件的DoubleClick事件，故此，实现此功能的编码应放在pictureBox1控件的DoubleClick事件处理程序pictureBox1_DoubleClick( )中。

两种状态的反复切换，可以通过使用静态局部变量实现。比如设此静态局部变量名为Flag，然后通过“Flag++”运算和“Flag%=2”运算，让其值始终在0和1之间切换，此时再配合上窗体属性的设置，让Flag值为0时窗体处于第一种状态，为1时处于第二种状态，这样便可实现窗体状态的反复切换了。

窗体标题和边框的显隐可通过设置窗体的FormBorderStyle属性实现，窗体背景的透明可通过设置窗体对象的TransparencyKey和BackColor属性实现。

在【设计器】页面选中pictureBox1控件，然后在【属性】窗口的事件操作界面，找到DoubleClick事件并双击，创建pictureBox1_DoubleClick( )事件处理程序，然后输入下面灰色背景部分的编码。

```
private: System::Void pictureBox1_DoubleClick(System::Object^ sender, System::EventArgs^ e)
{
    static int Flag = 1;
    if (Flag)
    {
        this -> FormBorderStyle = Windows::Forms::FormBorderStyle::None;  //窗体边框和标题
栏不显示
        this -> TransparencyKey = System::Drawing::Color::Transparent;  //窗体设置为透明
        this -> BackColor = System::Drawing::SystemColors::Window;
    }
    else                                                          //窗体恢复正常状态
    {
        this -> FormBorderStyle = Windows::Forms::FormBorderStyle::Sizable;
        this -> BackColor = Drawing::SystemColors::Control;
```

```
    }
    Flag++;
    Flag % = 2;
}
```


注意,实现窗体背景的透明仅使用 TransparencyKey 属性还不够,还需要 BackColor 属性的配合才行,具体内容请查阅 MSDN 关于 Form 类 TransparencyKey 属性的含义及使用方法。

生成并运行此应用程序,反复双击时钟界面,检验时钟窗体背景状态是否符合要求,若有问题,请仔细检查事件处理程序名称及程序体编码,比如 Flag 要声明为 static int 类型等,直至正确为止。

其实,此部分内容的真正意义在于无窗体时钟界面的实现。

2. 在桌面上拖动时钟

该部分内容通过鼠标事件及窗体位置属性的配合使用,实现了时钟的拖动。在此应用程序处于运行状态时,当鼠标指针指向时钟界面任意部位时按住鼠标左键,移动鼠标指针到任意新位置后松开,此时时钟会自动出现在新位置,也就是说,时钟被拖动到了新位置处。注意,此处拖曳的是时钟,不是时钟所在窗体标题,所以此功能在窗体处于透明状态时仍然可以使用。其实这也正是此功能的意义所在。

系统为每个控件或对象都提供一组鼠标事件,这些事件通常需要配合使用。此处使用 pictureBox1 控件的 MouseDown 和 MouseUp 事件来完成上述功能。MouseDown 事件在鼠标左键按下时被触发,MouseUp 事件在鼠标左键被释放时触发。这两个鼠标事件的第二个参数 e 是 Windows::Forms::MouseEventArgs^类型的句柄变量,它的 X、Y 属性便是当前鼠标指针位置坐标,可使用类似 e -> X 这样的表达式来使用此坐标值。此坐标位置是相对于屏幕左上角而言的,一般称此种坐标为屏幕坐标。用于表示窗体位置的 Location 属性的 X、Y 分量也是屏幕坐标,分别表示窗体对象左上角与屏幕左上角的水平和垂直距离,由于 Location 属性已经是 Point 类型变量,并没有分配在托管堆上,所以可使用类似 this -> Location. X 这样的表达式来使用此坐标值。

实现本部分功能的设计思路是:在 MouseDown 事件处理程序中,算出鼠标按下位置与此时窗体对象左上角间的水平和垂直距离。然后在 MouseUp 事件处理程序中使用这两个数据,算出窗体对象移动后的新位置并把窗体对象移动到此新位置。

下面是实现上述功能的 pictureBox1 控件的两个鼠标事件处理程序及相关代码。

```
    int OffsetX,OffsetY;                                    //鼠标按下位置与窗体左上角距离
private: System:: Void pictureBox1 _ MouseDown ( System:: Object ^  sender, Windows:: Forms::
MouseEventArgs^ e)
    {
        OffsetX = e -> X - this -> Location. X;              //鼠标水平方向位置
        OffsetY = e -> Y - this -> Location. Y;              //鼠标竖直方向位置
    }
private: System:: Void pictureBox1 _ MouseUp ( System:: Object ^  sender, Windows:: Forms::
MouseEventArgs^ e)
    {
        this -> Location = Point(e -> X - OffsetX, e -> Y - OffsetY);
    }
```

注意，系统不接受用 this -> Location. X=300 的形式修改窗体位置。

另外，即使窗体处于透明状态，它也只是不能被看到而已，并不是不存在了，所以其位置属性 Location 仍然可以正常使用。

生成并运行此应用程序，在时钟界面任意位置按住鼠标左键拖动时钟，检验时钟是否能够被拖动到希望的新位置，若有问题，请仔细检查事件处理程序名称及程序体编码，直至正确为止。

3. 时钟大小随窗体尺寸的调整而自动缩放

此部分内容实现时钟尺寸大小的按比例缩放。软件运行过程中，窗体变大，其上的时钟也按比例变大，窗体变小，其上的时钟也按比例变小。窗体大小的调整可能是通过拖动窗体边角的尺寸柄实现，也可能是通过双击窗体标题等其他操作实现。

窗体大小发生改变时，会触发窗体的 Resize 事件。所以，只要在窗体对象的事件处理程序 Form1_Resize( )中适当编码，然后重绘整个时钟界面，那么在用户看起来，就是时钟尺寸在随着窗体大小的调整而自动缩放了。以上内容可用类似下面的 Form1_Resize( )事件处理程序及代码实现。

```
System::Void Form1_Resize (System::Object^ sender, System::EventArgs^ e)
{
    …                          //重绘前需处理的事情，比如 pictureBox1 控件大小的调整
    this -> Invalidate(); //使窗体失效，触发窗体的 Form1_Paint 事件，重绘时钟面板
    pictureBox1 -> Invalidate(); //使 pictureBox1 控件失效，触发其 Paint 事件，重绘指针
}
```

那么，窗体大小发生变化时，到底是哪些属性值决定着其内时钟的大小呢？是 Size 属性吗？前文设置窗体大小属性时，确实使用的是此属性，且设置其初值为(350,350)，也就是说为窗体准备了一个宽高均为 350 的正方形。但事实上，每次调试、运行前面刚刚编写好的程序代码段时，都会发现所绘时钟并不居中，而是稍偏右下。原因在于 Size 属性是对窗体所占区域大小的描述，但此区域并不全部用来显示时钟，窗体标题和边框也在此区域内。去掉窗体标题和边框后的区域称为窗体的客户区，此区域才是真正允许时钟元素显示的范围，也就是说时钟直径既应小于此区域的宽度也应小于此区域的高度，而且若要时钟居于此区域的正中间位置，则时钟中心点也应设置在此区域的中心点上。

为美观起见，绘制时钟时，时钟边框与窗体客户区边缘间通常会留有一定距离，这样，时钟半径 r 便可以用 $0.8\times \min(w,h)/2$ 来表示，即时钟半径 r 是窗体客户区宽度和高度中较小值的 0.4 倍，而时钟中心点坐标则可以表示为(w/2,h/2)。另外，绘制表盘边框和填充表盘颜色时用到的矩形区域也可以用类似(w/2 -r,h/2 -r,2r,2r)的形式表达了。

根据以上分析，应对窗体绘制事件处理程序 Form1_Paint( )中表盘半径和中心点坐标的计算方法进行修改，下面编码中灰色背景部分是修改后的时钟半径及中心点坐标计算代码。

```
private: System:: Void Form1 _ Paint ( System:: Object^  sender, System:: Windows:: Forms::
PaintEventArgs^ e)
    {
        r = 0.8 * Math::Min(this -> ClientSize.Width, this -> ClientSize.Height)/2; //时钟半径
        x = this -> ClientSize.Width/2; //时钟表盘中心点就是窗体客户区中心点
```

```
    y = this -> ClientSize.Height/2;
    Draw_ClockPanel(e);                          //绘制时钟面板
    ...
}
```


类似地,用于绘制时钟面板的 Draw_ClockPanel( )函数也需做适当修改,下面函数中灰色部分代码对绘制表盘边框和填充表盘颜色时用到的矩形区域做了前文所述的修改。

```
private:void Draw_ClockPanel(System::Windows::Forms::PaintEventArgs^ e)
{
    ...
    Rectangle rect(ClientSize.Width/2 - r,ClientSize.Height/2 - r,2 * r,2 * r); //定义绘制表盘面板所用矩形
    e -> Graphics -> DrawEllipse(myPen,rect);
    SolidBrush^ myBrush = gcnew SolidBrush(Color::LightYellow);
    e -> Graphics -> FillEllipse(myBrush,rect);
}
```

以上函数和事件处理程序都会因为窗体 Form1 的 Resize 事件中的 Invalidate()方法而得以执行,所以这些代码并不用放到 Form1_Resize( )事件处理程序中。事实上,所有在窗体及控件 pictureBox1 上绘制的内容都会因 Invalidate()方法的执行而重绘,所以,调整窗体大小后只要保证 pictureBox1 控件始终能够覆盖住整个窗体客户区就可以了。

最终的 Form1 窗体 Resize 事件处理程序如下。

```
private: System::Void Form1_Resize(System::Object^ sender, System::EventArgs^ e)
{
    this -> pictureBox1 -> Size = this -> ClientSize;  //pictureBox1 控件应永远与窗体客户区等大
    this -> Invalidate(); //使窗体失效,触发窗体的 Form1_Paint 事件,重绘时钟面板
    pictureBox1 -> Invalidate(); //使 pictureBox1 控件失效,触发其 Paint 事件,重绘指针
}
```

上面的使 pictureBox1 控件失效这一行语句也可以不写,因为计时器 timer1 每隔 1s 就会执行一次此语句。

至此,时钟大小随窗体尺寸的调整而自动缩放的功能基本上就算完成了。但是,运行此应用程序后,若把此窗体调到很大或很小时,时钟上各个界面元素间的比例会严重失调,影响界面效果。

出现上述现象的原因是时钟上各个界面元素的属性值都被设置成了常数,比如大刻度线的长度为 20 个像素、表盘数字的字号为 14 磅、时针的粗细为 7 个像素等。不管窗体大小多大,这些值都始终保持不变,所以就出现了各个界面元素间的比例会严重失调的情况。解决的办法也很简单,让时钟上所有界面元素属性值都直接或间接地依赖于表盘半径 r,这样当窗体大小调整时,时钟上所有界面元素就都会按比例跟着变了。具体涉及的函数和语句如下,灰色背景部分是调整后的代码。

```
private:void Draw_ClockPanel(System::Windows::Forms::PaintEventArgs^ e)
{
    Pen^ myPen = gcnew Pen(Color::MidnightBlue,r/4.0f); //表盘边框粗细
    ...
}
```

```
private:void Draw_PanelMarks(System::Windows::Forms::PaintEventArgs^ e)
{
    doubleAnglePerMinute = 2 * Math::PI/60.0f;
    Pen^ blackPen1 = gcnew Pen( Color::Black,r/120.0f ); //小刻度线粗细
    Pen^ blackPen2 = gcnew Pen( Color::Black,r/60.0f ); //大刻度线粗细
          …
        doublex2 = x + (r - r/12) * Math::Cos(n * AnglePerMinute); //小刻度线长
        doubley2 = y + (r - r/12) * Math::Sin(n * AnglePerMinute);
          …
        doublex2 = x + (r - r/6) * Math::Cos(n * AnglePerMinute); //大刻度线长
        doubley2 = y + (r - r/6) * Math::Sin(n * AnglePerMinute);
          …
}
private:void Draw_HourDigitals(System::Windows::Forms::PaintEventArgs^ e)
{
    Drawing::Font^ drawFont = gcnew System::Drawing::Font("Arial",r/9 );
    …                                                   //表盘数字大小
        doublex2 = x - r/12 + (r - r/4) * Math::Cos(i * AnglePerHour - Math::PI/2);
        doubley2 = y - r/12 + (r - r/4) * Math::Sin(i * AnglePerHour - Math::PI/2);
    …// r/12: 字符偏移量,r/4: 表盘数字所占径向长度
}
void Draw_SecondPointer(System::Windows::Forms::PaintEventArgs^ e)
{
          …
    Pen^ RedPen = gcnew Pen( Color::DarkRed,r/40 );  //秒针粗细
          …
}
void Draw_PointerCap(System::Windows::Forms::PaintEventArgs^ e)
{
          …// r/24: 指针帽半径长度 r/12: 指针帽直径长度
    e->Graphics->FillEllipse(myBrush,Rectangle(x - r/24,y - r/24,r/12,r/12));
}
    void Draw_MinutePointer(System::Windows::Forms::PaintEventArgs^ e)
    {
          …
    Pen^ BlackPen = gcnew Pen( Color::Black,r/24 );  //分针粗细
          …
}
void Draw_HourPointer(System::Windows::Forms::PaintEventArgs^ e)
{
          …
    Pen^ BlackPen = gcnew Pen( Color::Black,r/18 );  //时针粗细
          …
}
```

至此,时钟大小随窗体尺寸的调整而自动缩放的功能便全部完成了。若希望设置窗体对象的初始大小,则可以在窗体对象的 Load 事件中重新给定窗体客户区的尺寸,如下面的灰色背景部分代码所示。

```
private: System::Void Form1_Load(System::Object^ sender, System::EventArgs^ e)
{
```

```
    this -> ClientSize = Drawing::Size(500,500);            //初始窗体大小
    timer1 -> Start();
}
```


至此,时钟应用程序 Clock 便设计完成了。

从总体情况上看,此时钟应用程序是一个图形绘制方面的 Windows Form 应用程序,它通过使用图形绘制类 Graphics 的 DrawLine( )、DrawEllipse( )、DrawString( )等图形绘制函数,在窗体及控件上绘制了各种样式的直线、椭圆和字符,从而完成了一系列时钟界面元素的绘制。绘制过程中,各种图形绘制辅助类也得以大量使用,如画笔 Pen 类、实心画刷 SolidBrush 类、字体类 Font、矩形区域描述结构 Rectangle、点的坐标位置描述结构 Point、区域大小描述结构 Size、颜色结构 Color 等。以上各图形绘制类及结构均在 System::Drawing 命名空间及其子空间中定义。

图形绘制应用程序中,所绘图形的坐标位置、大小、长短、粗细、角度、颜色等各种数据的计算和使用通常是此图形绘制应用程序的关键所在,直接决定着应用程序设计的成功与否。

图形绘制应用程序编码通常会直接或间接与窗体或控件的 Paint 事件相关,并通过与其绑定的事件处理程序得以执行。

Paint 事件处理程序中的代码在窗体显现时得以执行,并通过 Invalidate()方法得以再次执行。

从软件设计过程中所涉及的内容来看,此时钟应用程序是一个综合性的 Windows Form 应用程序,它涉及 Windows Form 应用程序设计的诸多方面。窗体、控件、属性、方法、事件、事件处理程序、窗体类成员函数、数学常量及函数、不可视计时器控件、日期时间数据等知识在此应用程序中都有所涉及,通过对此应用程序的仔细理解和深入研究,能够更好地把握这些知识的精髓,对提高应用程序设计能力将有较大帮助。

第四部分　习　　题

第1章 C++基础习题

一、选择题

1. C++语言中,函数的隐含存储类型是(　　)。

   A. auto　　B. static　　C. extern　　D. 无存储类别

2. 下列(　　)的调用方式是引用调用。

   A. 形参是指针,实参是地址　　B. 形参和实参都是变量

   C. 形参是数组名,实参是数组名　　D. 形参是引用,实参是变量

3. 下列关于类型转换的描述中,错误的是(　　)。

   A. 类型转换运算符是(<类型>)

   B. 类型转换运算符是单目运算符

   C. 类型转换运算符通常用于保值转换中

   D. 类型转换运算符作用于表达式左边

4. 要求通过函数来实现一种不太复杂的功能,并且要求加快执行速度,应选用(　　)。

   A. 重载函数　　B. 内联函数　　C. 递归调用　　D. 嵌套调用

5. 说明一个内联函数时,应加关键字(　　)。

   A. inline　　B. static　　C. void　　D. extern

6. 下列关于字符串的描述中,错误的是(　　)。

   A. 一维字符数组可以存放一个字符串

   B. 二维字符数组可以存放多个字符串

   C. 可以使用一个字符串给二维字符数组赋值

   D. 可以用一个字符串给二维字符数组初始化

7. 下列设置函数参数默认值的说明语句中,错误的是(　　)。

   A. int fun(int x ,int y=10);　　B. int fun(int x=5,int y);

   C. int fun(int x=5,int =10);　　D. int fun(int x ,int y=a+b);

   (其中,a 和 b 是已定义过具有有效值的变量)

8. 已知:int fun (int &a),m=10;,下列调用 fun()函数的语句中,正确的是(　　)。

   A. fun(&m);　　B. fun (m * 2);

   C. fun (m);　　D. fun (m++);

9. 下列关于创建一个 int 型变量的引用,正确的是(　　)。

   A. int a(3),&ra=a;　　B. int a(3),&ra=&a;

   C. double d(3.1); int &rd=d;　　D. int a(3),ra=a;

10. 下列选择重载函数的不同实现的判断条件中，错误的是(　　)。

A. 参数类型不同　　B. 参数个数不同

C. 参数顺序不同　　D. 函数返回值不同

二、填空题

1. C++中默认 main 函数的返回类型是________。

2. 使用 cin 和 cout 进行输入输出操作的程序必须包含头文件________。

3. 两个函数的函数名________，但参数的个数或对应参数的类型________时，则称为重载函数。

4. 函数 intToFloat，它有一个整型参数，返回一个 double 类型的值，其函数原型为________；函数 sum，它有 5 个整型参数，分别是 x、y、z 以及 a 和 b，其中 a 的默认值是 1，b 的默认值是 5。该函数的返回值是整数类型，其函数原型为________。

5. 已知：int ab[ ][3] = {{1,5,6},{3},{0,2}};，数组元素 ab[1][1]的值为________，ab[2][1]的值为________。

三、简答题

1. 使用 cout 和插入符(<<)输出字符串常量时应注意什么？

2. 内联函数与一般函数有何不同？

3. 什么是引用？引用有哪些特征？

4. 什么是友元函数和友元类？

5. 什么是函数重载？C++中函数重载的作用是什么？怎样进行函数重载？

四、分析下列程序的输出结果

1.

```
#include <iostream>
using namespace std;
int sum(int a, int b = 5, int c = 10);
void main()
{
  int x(5),y(2),z(4);
  int s;
  s = sum(x,y,z);
  cout <<"s = "<< s << endl;
  s = sum(x,y);
  cout <<"s = "<< s << endl;
  s = sum(x);
  cout <<"s = "<< s << endl;
}
int sum(int a, int b, int c)
{
  cout <<"a = "<< a <<"\tb = "<< b <<"\tc = "<< c << endl;
  return(a + b + c);
}
```

2.

```
#include <iostream>
```

```
using namespace std;
int maxtwo(int x,int y);
int maxthree(int x,int y,int z);
void main()
{
  int a,b,c;
  cout<<"请输入三个整型值: ";
  cin>>a>>b>>c;
  cout<<"三个数"<<a<<","<<b<<","<<c<<"中的最大数是: "<<maxthree(a,b,c)<<endl;
}
int maxtwo(int x,int y)
{
  cout<<"对求解两个整数中的最大值函数调用"<<endl;
  if(x>y)
  return x;
  return y;
}
int maxthree(int x,int y,int z)
{
  cout<<"对求解三个整数中的最大值函数调用"<<endl;
  int max;
  max=maxtwo(x,y);
  max=maxtwo(max,z);
  return max;
}
```

3.

```
#include<iostream>
using namespace std;
int add(int,int);
double add(double,double);
void main()
{
  cout<<"参数类型上不同的重载函数: "<<endl;
  int i;
  double d;
  i=add(3,4);
  d=add(4.55,2.8);
  cout<<"两个整数之和是: "<<i<<endl;
  cout<<"两个双精度数之和是: "<<d<<endl;
}
int add(int x,int y)
{
  return x+y;
}
double add(double x,double y)
{
  return x+y;
}
```

4.

```
#include <iostream>
#include <string>
using namespace std;
int main ()
{
  string mystring;
  mystring = "第一次给字符串变量 mystring 赋值";
  cout << mystring << endl;
  mystring = "第二次给字符串变量 mystring 赋值";
  cout << mystring << endl;
  return 0;
}
```

5.

```
#include <iostream>
void prevnext (int x, int& prev, int& next)
{
  prev = x - 1;
  next = x + 1;
}
int main ()
{
  int x = 100, y, z;
  prevnext (x, y, z);
  cout << "Previous = " << y << ", Next = " << z;
  return 0;
}
```

6.

```
#include <iostream>
using namespace std;
int main ()
{
  int fun1();
  int fun2();
  for(int i = 0;i < 5;i++)
  cout << fun1()<<" ";
  cout << endl;
  for(int i = 0;i < 5;i++)
  cout << fun2()<<" ";
  cout << endl;
  return 0;
}
int fun1()
{
  static int temp = 5;
  temp++;
  return temp;
```

```
}
int fun2()
{
  int temp = 5;
  temp++;
  return temp;
}
```

五、编程题

1. 在管理系统中，一般用户需要输入正确的密码才能登录，编写一个用户猜密码的程序，要求每个用户可以有三次机会，每猜错一次，程序暂停 2s，密码正确或超过三次，给出相应提示信息后终止程序。（假设原始密码为 88888。）

2. 求下列分数序列前 15 项之和。

```
2/1,3/2,5/3,8/5,13/8,…
```

3. 输入一个整数，将各位数字反转后输出，要求用自定义函数实现对任意大小的整数进行反转输出，而且要求用变量的引用作函数的参数。

4. 编程计算 1!＋2!＋3!＋…＋n!，n 的值由运行程序时从键盘给出。要求用自定义函数求阶乘。

5. 编写程序，分别输出整型数、字符和字符串的值，要求用重载函数实现不同类型数据的输出。

第2章 面向对象的C++ 习题

一、单选题

1. 假设类A是类B的基类，当对B类对象进行初始化时(　　)的构造函数。

A. 仅调用A类　　B. 先调用A再调用B

C. 先调用B再调用A　　D. 仅调用B类

2. Void Set(A&a)；是类A中一个成员函数的说明，其中A&a的含义是(　　)。

A. 类A的对象引用a作该函数的参数

B. 类A的对象a的地址值作函数的参数

C. 表达式变量A与变量a按位与作函数参数

D. 指向类A对象指针a作函数参数

3. 下列关于this指针的叙述中，正确的是(　　)。

A. 任何与类相关的函数都有this指针

B. 类的成员函数都有this指针

C. 类的友元函数都有this指针

D. 类的非静态成员函数才有this指针

4. s0是一个string类字符串，定义字符串sl错误的是(　　)。

A. string s1(3,"A")；　　B. string s1(s0,0,3)；

C. string s1("ABC",0,3)；　　D. string s1="ABC"；

5. 假设要对类Test定义加号运算符重载成员函数，实现两个Test对象的相加，并返回相加结果，则该成员函数在类内的声明语句为(　　)。

A. Test operator+(Test &a,Test &b)　　B. Test operator+(Test &a)

C. operator+(Test a)　　D. Test &operator+()

6. C++是用(　　)实现接口重用的。

A. 内联函数　　B. 模板函数　　C. 重载函数　　D. 虚函数

7. 设置虚基类的目的是(　　)。

A. 简化程序　　B. 使程序按动态联编方式运行

C. 提高程序运行效率　　D. 消除二义性

8. 下列关于静态成员的描述中，错误的是(　　)。

A. 静态成员都是使用static来说明的

B. 静态成员是属于类的，不是属于某个对象的

C. 静态成员只可以用类名加作用域运算符来引用，不可用对象引用

D. 静态数据成员的初始化是在类体外进行的

9. 下列关于常成员的描述中，错误的是(　　)。

A. 常成员是用关键字 const 说明的

B. 常成员有常数据成员和常成员函数两种

C. 常数据成员的初始化是在类体内定义它时进行的

D. 常数据成员的值是不可以改变的

10. 已知：const A a；其中 A 是一个类名，指向常对象指针的表示为(　　)。

A. const * A pa;　　　　B. const A * pa;

C. A * const pa;　　　　D. const * pa A;

二、填空题

1. 默认复制构造函数只能完成对象成员的赋值，可能会造成重复释放，默认的析构函数可能会产生________。“=”运算也会产生对象________。因此需要自定义复制构造函数完成对象的。

2. 当动态分配失败时，系统采用返回 NULL 来表示发生了异常。如果 new 返回的指针丢失，则所分配的自由存储区空间将无法收回，称为________。这部分空间必须在计算机重启后才能找回，这是因为无名对象的生命期为________。

3. 静态成员是属于________的，它除了可以通过对象名来引用外，还可以使用________来引用。

4. 假设类 A 已经定义，则定义一个对象指针数组 pa，它有 5 个元素，每个元素是类 A 对象指针，应该是________。

5. 假设类 A 已经定义，使用 new 创建一个类 A 的堆对象，一个实参值为 5，应该是________。

三、简答题

1. 一个类中是否必须有用户定义的构造函数？如果用户没有定义构造函数，又如何对创建的对象初始化？

2. 比较类的三种继承方式 public(公有继承)、protected(保护继承)、private(私有继承)之间的差别。

3. 派生类构造函数执行的次序是怎样的？

4. 如果在派生类 B 中已经重载了基类 A 的一个成员函数 fn1()，没有重载成员函数 fn2()，如何调用基类的成员函数 fn1()，fn2()？

5. 什么叫做虚基类？它有何作用？

四、分析下列程序的输出结果

1.

```
//this 指针
#include <iostream>
using namespace std;
class A
{      int x;
public:
      void setx(int m)
      {
```

```
            this -> x = m;
        }
        int getx()
      { return this -> x;}
};
void main()
{       A obja;
        obja.setx(10);
        cout << obja.getx()<< endl;
}
```

2.

```
//静态成员
#include < iostream >
using namespace std;
class A
{
  private:
     double weight;
     static double total_weight;
     static double total_number;
  public:
        A(double w)
          {     weight = w;
                total_weight += w;
                total_number++;
          }
           void display()
          {     cout <<"货物的重量是: "<< weight <<"千克"<< endl;     }
          static void total_disp()
          {  cout << total_number <<"件货物的总重量是: "<< total_weight <<"千克"<< endl;  }
};
double A::total_weight = 0;
double A::total_number = 0;
void main()
{       A a1(2.5),a2(2.6),;
        a1.display();
        a2.display();
        A::total_disp();
}
```

3.

```
//构造函数和析构函数
#include < iostream >
using namespace std;
class Test
{
 public:
     Test()
     {  cout <<"构造函数被调用"<< endl;  }
```

```
    ~Test()
    {  cout<<"析构函数被调用"<<endl;  }
};
Test onj1();
int main()
{
  cout<<"声明对象 obj2 之前"<<endl;
  Test obj2;
  cout<<"声明对象 obj2 之后"<<endl;
  Test *pobj = new Test;
  cout<<"声明动态对象之前"<<endl;
  delete pobj;
  cout<<"删除动态对象之后…"<<endl;
  return 0;
}
```

4.

```
//基类指针访问派生类成员函数
#include<iostream>
using namespace std;
class Base
{
  public:
    virtual void f1 (double x)
    {  cout<<"Base::f1(double)"<<x<<endl;}
    void f2(double x)
    {  cout<<"Base::f2(double)"<<2*x<<endl;}
    void f3(double x)
    {  cout<<"Base::f3(double)"<<3*x<<endl;}
};
class Deri:public Base
{
  public:
    virtual void f1(double x)
    {  cout<<"Deri::f1(double)"<<x<<endl;}
    void f2(double x)
    {  cout<<"Deri::f2(double)"<<2*x<<endl;}
    void f3(double x)
    {  cout<<"Deri::f3(double)"<<3*x<<endl;}
};
int main()
{
  Deri d;
  Base *pb = &d;
  Deri *pd = &d;
  pb->f1(1.23);
  pb->f1(1.23);
  pb->f2(1.23);
  pb->f3(1.23);
  pb->f3(3.14);
```

```
  return 0;
}
```

5.

```
// 构造函数重载,常对象参数
#include <iostream>
using namespace std;
class Square
{
  private:
    double length,area;
  public:
    Square(double);
    Square(const Square &);
    double getArea() const ;
};
Square::Square(double d=0):length(d),area(length*length)
{  cout<<"在 Square(double)中"<<endl;}
Square::Square(const Square &s):length(s.length),area(s.area)
{  cout<<"在 Square(const Square &)中"<<endl;}
double Square::getArea()const
{  return area;}
int main()
{
    Square s(10);
    Square t=s;
    cout<<"s.getArea()="<<s.getArea()<<endl
        <<"t.getArea()="<<t.getArea()<<endl
        <<"&s="<<&s<<endl
        <<"&t="<<&t<<endl;
    return 0;
}
```

五、编程题

1. 根据要求完成以下的类定义：

```
class MyTest
{
  private:
    int n;
    double v;
  public:
    MyTest();                    // 构造函数 1
    MyTest(int);                 // 构造函数 2
    MyTest(int,double);          // 构造函数 3
};
```

(1) 给出构造函数 1 的定义,将私有的数据成员初始化为 0；

(2) 给出构造函数 2 的定义,将私有的数据成员 n 初始化为相应的参数值,数据成员 v 采用默认值 0；

(3) 给出构造函数 3 的定义，将私有的数据成员分别初始化为相应的参数值；

(4) 编写主函数，建立对象实例，输出数据成员值，理解各构造函数的调用过程。

2. 编一个关于求某门功课总分和平均分的程序。具体要求如下。

(1) 每个学生信息包括姓名和某门功课成绩。

(2) 假设共 5 个学生。

(3) 使用静态成员计算 5 个学生的总成绩和平均分。

3. 实现一个类 A，在 A 中有两个私有的整型变量 a 和 b，定义构造函数对 a 和 b 进行初始化，并实现成员函数 geta()取得 a 的值和 getb()取得 b 的值。实现类 B 从 A 继承，覆盖 geta()，使其返回 a 的二倍。

4. 生成一个 Object 抽象类，在其中声明 CalArea()、IsIn()纯虚函数，从 Object 派生出 Rect 类、Circle 类，实现这些函数。编程进行具体图形面积的计算。

5. 设计一个用于人事管理的 People(人员)类。数据成员包括：number(编号)、sex(性别)、birthday(出生日期)、id(身份证号)等。其中，“出生日期”定义为一个“日期”类内嵌子对象。用成员函数实现对人员信息的录入和显示。编程时要求使用构造函数和析构函数、拷贝构造函数、内联成员函数等。

第3章 MFC编程基础习题

一、选择题

1. 使用类向导可实现(　　)。

A. 添加对话框　　B. 添加菜单

C. 添加按钮　　D. 添加消息处理函数

2. 类名经常使用大写的(　　)字母作为标识符的开始。

A. C　　B. R　　C. F　　D. H

二、简答题

1. 每一个类的源代码均保存在同名的扩展名分别为什么的文件中?

2. MFC应用程序向导创建的三种基本应用程序类型是什么?MFC的中文含义是什么?

3. UpdateData()函数决定了控件和其关联的数据成员之间的数据交换,写出分别用TRUE和FALSE这两个参数调用此函数时的数据交换方向。

4. 一般一个单文档应用程序框架由哪些类构成?

5. 什么是DDX/DDV技术?

第4章 资源与对话框习题

一、简答题

1. 程序中显示对话框用什么函数？这一函数有两种可能的返回值分别是什么？

2. 对话框的功能被封装在什么类中？

二、编程题

1. 创建一个对话框类 CScoreDlg，要求完成如下程序，当单击单文档中的【显示】菜单时(OnShDlg)，显示 CScoreDlg 对话框。在 MainFrm.cpp 文件中写出包含 CScoreDlg 类头文件的代码。

在 MainFrm.cpp 文件中写出包含 CScoreDlg 类头文件的代码。

```
    ____________________________________________________________;

    void CMainFrame::OnShDlg()
{
    CScoreDlg dlg;

    ____________________________________________________________;
}
```

2. 编写如习题图 4.1 所示问卷程序，在提问“喜欢踢足球吗”消息框中，单击【是】按钮，则弹出如习题图 4.2 所示消息框，否则弹出如习题图 4.3 所示消息框。

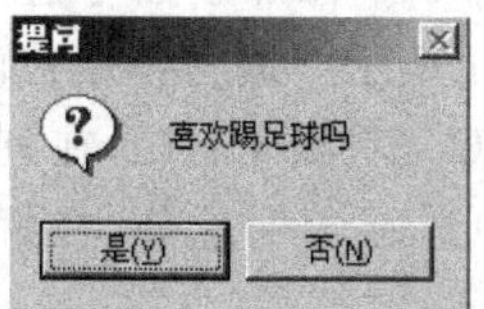

习题图 4.1 提问消息框

习题图 4.2 “喜欢”消息框

习题图 4.3 “不喜欢”消息框

第5章 控件习题

一、选择题

1. 获得一组单选按钮中选中按钮项的函数是(　　)。

A. GetCheckedRadioButton　　B. CheckRadioButton

C. SetCheckedRadioButton　　D. SelectCheckRadioButton

2. 设置进展条的当前位置的函数是(　　)。

A. SetPos　　B. GetPos　　C. SetRange　　D. SetStep

3. 静态控件是用来显示一个文本串或图形信息的控件,它不包括(　　)。

A. 静态文本　　B. 图片控件　　C. 组框　　D. 编辑框

4. 设置滚动条的范围的函数是(　　)。

A. SetScrollRange　　B. GetScrollRange　　C. SetScrollPos.　　D. GetScrollPos

二、简答题

1. 获得一组单选按钮中选中按钮项的函数是什么? 将一组单选按钮中某个按钮设置为选中的函数是什么?

2. 将一组单选按钮放在一个组框中,为了实现在一组互相排斥的选项中选择其中一项,必须为同组中的第一个(Tab 键顺序)单选按钮的什么属性设置什么值?

3. 按钮包括哪三种类型? 封装按钮控件的 MFC 类是什么?

三、编程题

1. 已经用 MFC 应用程序向导创建一个默认的对话框应用程序 ave,添加了如习题图 5.1 所示的控件。并已经为控件增加了关联的成员变量,如习题表 5.1 所示。编写程序代码,要求当用户输入学生姓名、语文和数学成绩后,单击【计算】按钮(IDC_BUTTON1),在列表框(IDC_LIST1)中显示学生姓名和总分,在编辑框(IDC_EDIT4)中显示学生总分,在编辑框(IDC_EDIT5)中显示各科的平均分。

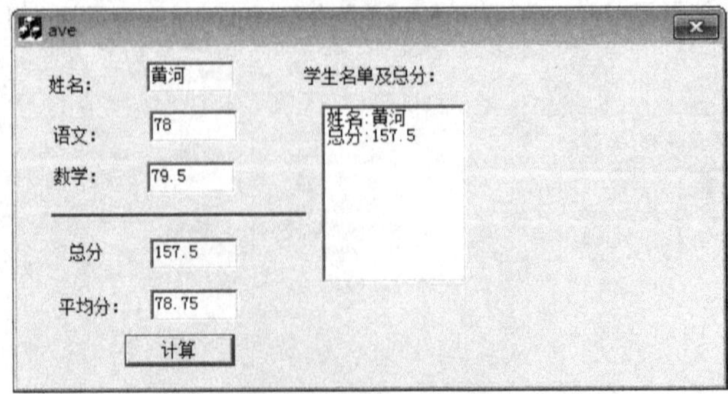

习题图 5.1　运行结果

习题表 5.1　成员变量

控　　件	控件 ID 号	变量类别	变量类型	变量名
编辑框	IDC_EDIT1	Value	CString	m_strname
编辑框	IDC_EDIT2	Value	float	m_yuwen
编辑框	IDC_EDIT3	Value	float	m_shuxue
编辑框	IDC_EDIT4	Value	float	m_zongfen
编辑框	IDC_EDIT5	Value	float	m_pingjun
列表框	IDC_LIST1	Control	CListBox	m_list
按钮	IDC_BUTTON1			

2. 编写一个计算货物剩余数量和价格的程序。运行结果如习题图 5.2 所示。要求：程序运行后，填写货品号、库存数量、销售数量和单价。

(1) 编写【计算数量】按钮代码。单击【计算数量】按钮，如果库存数量小于销售数量弹出消息框显示“库存数量不足，不能销售。”；否则将库存数量减去销售数量的结果显示在窗体剩余数量的编辑框控件中。

(2) 编写【计算价格】按钮代码。单击【计算价格】按钮，将单价乘销售数量的结果显示在价格的编辑框控件中。

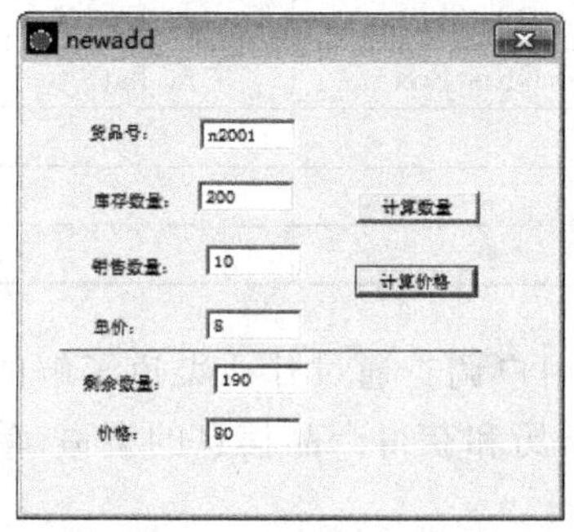

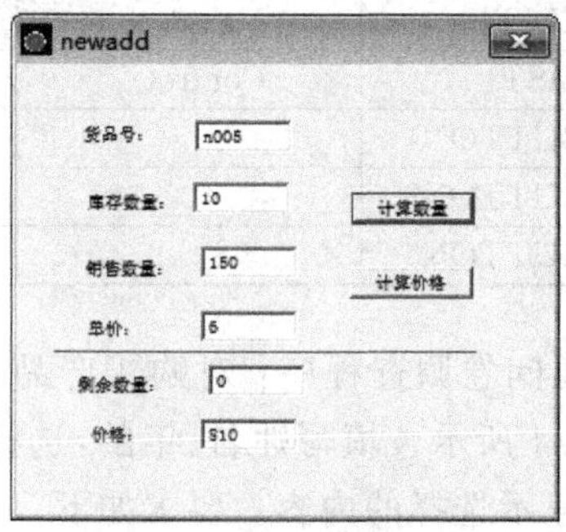

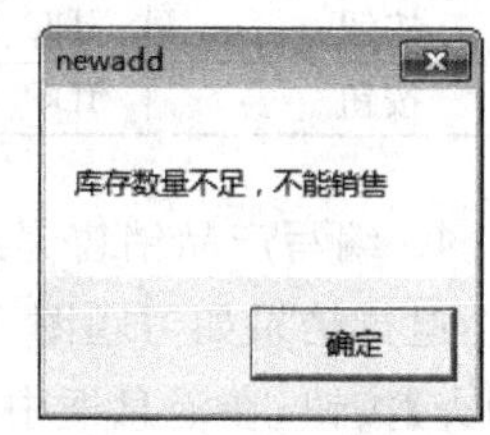

习题图 5.2　运行结果

成员变量如习题表 5.2 所示。

习题表 5.2　成员变量

控件	控件 ID 号	备注	变量类别	变量类型	变量名
编辑框	IDC_EDIT1	货物号	Value	CString	m_num
编辑框	IDC_EDIT2	库存数量	Value	float	m_kucun
编辑框	IDC_EDIT3	销售数量	Value	float	m_xiaoshou
编辑框	IDC_EDIT4	单价	Value	float	m_danjia
编辑框	IDC_EDIT5	剩余数量	Value	float	m_shengyu
编辑框	IDC_EDIT6	价格	Value	float	m_jiage
按钮	IDC_BUTTON1	计算数量			
按钮	IDC_BUTTON2	计算价格			

3. 编写一个程序完成当单击【添加品牌】按钮(IDC_BUTTON1)时，将编辑框控件(IDC_EDIT1)中内容添加到列表框控件(IDC_LIST1)中，如果在列表框控件中已有此手机品牌，则弹出消息框显示“该手机品牌已经存在，不能重复添加”。当单击【删除选择的品牌】

按钮(IDC_BUTTON2)时,删除列表框控件(IDC_LIST1)中选择的品牌。当单击【清除所有品牌】按钮(IDC_BUTTON3)时清空品牌列表控件(IDC_LIST1)中所有内容。运行结果如习题图 5.3 所示。

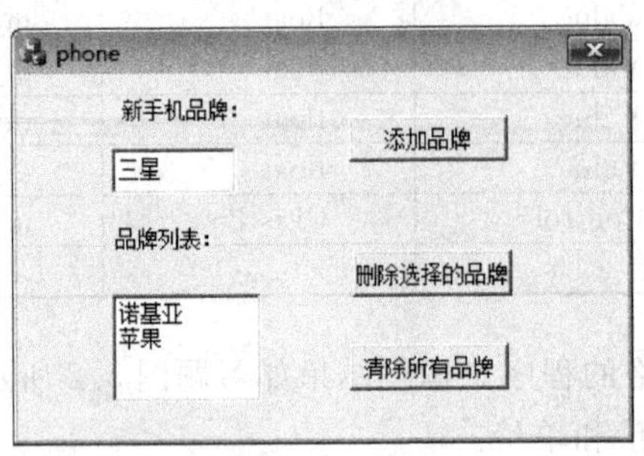

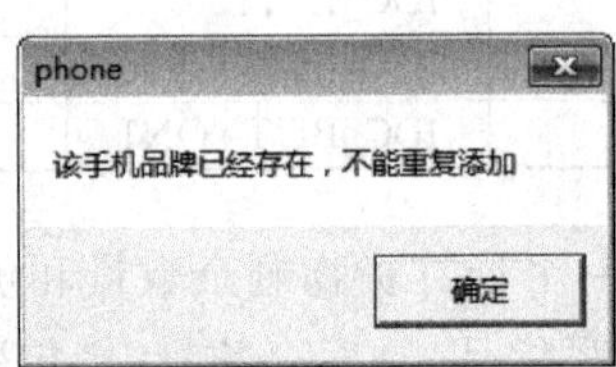

习题图 5.3　运行结果

成员变量如习题表 5.3 所示。

习题表 5.3　成员变量表

控件	控件 ID 号	变量类别	变量类型	变量名
编辑框	IDC_EDIT1	Value	CString	m_shouji
列表框	IDC_LIST1	Control	CListBox	m_list
按钮	IDC_BUTTON1			
按钮	IDC_BUTTON2			
按钮	IDC_BUTTON3			

4. 编写产品销售渠道问卷调查程序:对购买产品的用户调查通过什么渠道了解的产品。运行结果如习题图 5.4 所示。填写姓名、年龄,选择学历和获得产品信息的渠道,单击【调查】按钮,在消息框中显示选择的内容。要求如下。

(1) 写出设计界面所需的控件。

(2) 为控件定义关联变量名及类型。

(3) 在 OnInitDialog()函数中用程序代码初始化数据,填写“小学及以下”,“中学”,“本科”,“硕士”,“博士及以上”。

(4) 编写【调查】按钮代码。单击【调查】按钮,弹出消息对话框,显示姓名,年龄,学历及获得产品信息的渠道,【问卷】对话框的标题为“问卷”。

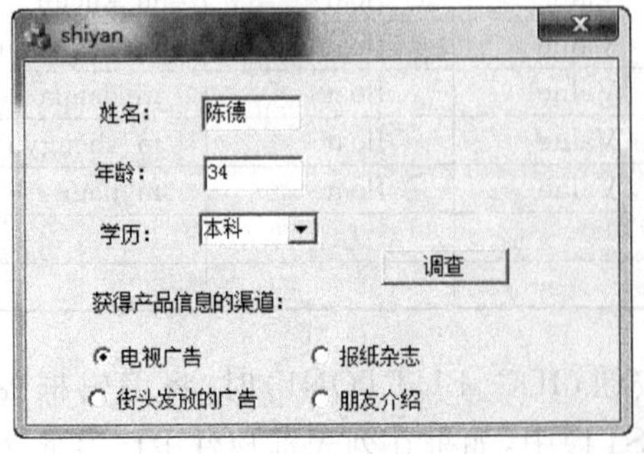

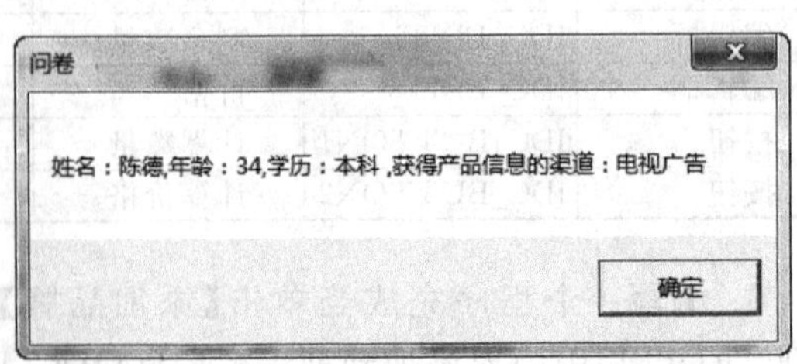

习题图 5.4　运行结果

第 6 章 菜单、工具栏和状态栏习题

一、选择题

1. 弹出快捷菜单的命令函数是（　　）。

   A. GetMenu　　B. GetSubMenu

   C. TrackPopupMenu　　D. SetMenu

2. 选择菜单会发送（　　）的消息。

   A. COMMAND　　B. COMMAND_UPDATE

   C. WM_KEYUP　　D. WM_KEYDOWN

3. 设置菜单项是否有效的函数是（　　）。

   A. Enable()　　B. SetCheck()　　C. SetRadio()　　D. SetText()

二、简答题

1. 如何将工具栏按钮和菜单项命令相结合？即当选择工具按钮或菜单命令时，进行相同的操作？

2. 获得应用程序主菜单和子菜单的函数分别是什么？

3. 状态栏的窗口分为哪两种？

第7章　文档与视图习题

一、选择题

1. 关于函数 OnNewDocument，下面哪个说法是正确的？(　　)

   A. 创建文档时调用

   B. 打开文档时调用

   C. 修改文档时调用

   D. 视图第一次连接到文档后，初始显示视图前调用该函数

2. 关于函数 OnInitialUpdate，下面哪个说法是正确的？(　　)

   A. 创建文档时被调用

   B. 打开文档时被调用

   C. 修改文档时被调用

   D. 视图第一次连接到文档后，初始显示视图前调用该函数

3. 一个视图对象能连接(　　)文档对象，一个文档对象能连接(　　)视图对象。

   A. 一个，多个　　B. 多个，一个　　C. 一个，一个　　D. 多个，多个

4. MFC 应用程序向导 AppWizard 可以创建三种类型的应用程序，以下不是 AppWizard 能够创建的应用程序是(　　)。

   A. 单个文档应用程序　　B. 基于对话框应用程序

   C. 视图应用程序　　D. 多个文档应用程序

5. 文档负责将数据存储到永久存储介质中，通常是磁盘文件或者数据库，存取过程称为(　　)。

   A. 文件访问　　B. 串行化　　C. 文件读写　　D. 格式化

6. 所有的文档类都派生于(　　)，所有的视图类都派生于(　　)。

   A. CView　　B. CWindow　　C. CDocument　　D. CFormView

二、简答题

1. 文档模板的字串表包含 7 个子串，每个含义是什么？如何编辑字串表资源？
2. 什么是文档序列化？简述其过程。
3. 构成文档/视图结构应用程序框架的 MFC 派生类有哪些？简述它们的功能。
4. 简述单文档应用程序和多文档应用程序的区别。
5. 视图类 CView 的派生类有哪些？如何使用它们？
6. 列表视图控件有几种样式？如何切换？

7. 在文档/视图结构的应用程序中，视图类对象是如何获取文档类对象中的数据的？

8. 文档类的成员函数 UpdateAllViews 的作用是什么？

9. 如何用 MFC 提供的应用程序向导实现具有可拆分窗口的界面程序？

三、操作题

在单文档应用程序 ExSDI 中，若通过文档字串表资源使【打开】或者【保存】对话框中的文件类型显示为“字符串(＊.str)”，应该如何修改字串表？

第8章 文本与图形习题

一、选择题

1. 使用 GetWindowDC( )和 GetDC( )获取的设备上下文在退出时,必须调用(　　)释放设备上下文。

A. DeleteDC( )　　B. delete( )　　C. ReleaseDC( )　　D. Detach( )

2. (　　)代表窗口客户区的显示设备上下文,(　　)代表整个窗口的显示设备上下文。

A. CPaintDC　　B. CClientDC　　C. CWindowDC　　D. CmetaFileDC

3. 在进行绘图时,(　　)用于指定图形的填充样式,(　　)用于指定图形的边框样式。

A. 画笔　　B. 画刷　　C. 区域　　D. 位图

4. 使用(　　)获取的设备上下文,在退出时,必须调用 ReleaseDC( )释放设备上下文。

A. GetWindowRect( )　　B. GetDC( )

C. BeginPaint( )　　D. GetClientRect( )

5. 定义逻辑字体的结构变量,下面哪个定义是正确的?(　　)

A. CFont cf　　B. LOGFONT lf

C. COLORREF rc　　D. LOGBRUSH cp

6. 设有定义 CRect re(10,20,50,60),下面哪个说法是正确的?(　　)

A. 定义的矩形左上角顶点坐标是(10,20),右下角顶点坐标是(50,60)

B. 定义的矩形左下角顶点坐标是(10,20),右上角顶点坐标是(50,60)

C. 定义的矩形右上角顶点坐标是(10,20),左下角顶点坐标是(50,60)

D. 定义的矩形右下角顶点坐标是(10,20),左上角顶点坐标是(50,60)

7. 关于函数 OnDraw,下面哪个说法是正确的?(　　)

A. 窗口首次生成时自动调用　　B. 窗口生成后调用

C. 窗口消失前调用　　D. 窗口消失后调用

二、简答题

1. 什么是设备环境(DC)? 什么是设备环境类(CDC)?

2. CDC 类的派生类有哪些? 简述它们的作用。

3. 什么是图形设备接口(GDI)? MFC 提供了哪些 GDI 类? 如何使用它们?

4. 以画笔为例,说明如何把绘图工具载入到设备环境中?

5. 如何使用 CDC 类提供的绘图函数绘图?

6. 视图类 CView 有一个很重要的可重载虚函数 OnDraw(CDC * pDC),一般真正的绘图代码都是在这里完成的。该函数的参数是一个指向设备环境的指针,那么该函数被调用时传递过来的实参是什么？它是在什么地方被调用的？查看 MFC 的源代码 viewcore.cpp(在 VC98\MFC\SRC 目录下)可以找到该函数的调用处如下。

```
void CView::OnPaint()
{
    //standard paint routine
    CPaintDC dc(this);
    OnPrepareDC(&dc);
    OnDraw(&dc);
}
```

由此可见，OnDraw()函数是在 OnPaint()中调用的，而该函数是 WM_PAINT 消息的响应函数。因此该消息出现时，OnDraw( )间接调用。请分析 OnPaint()的实现代码中每条语句的含义。

7. 什么是字体？如何定义字体？

8. CDC 类中文本输出有哪些函数？什么情况下使用它们？

三、操作题

1. 创建一个单文档的应用程序，程序运行时，在客户区(100,100)处画一个颜色为 RGB(128,128,128)的空心矩形，矩形的宽度为 200，高度为 150。

2. 创建一个单文档的应用程序，程序运行时，在窗口的客户区画一个红色的实心矩形。

3. 创建一个单文档的应用程序，使用常用的文本输出函数输出"WELCOME TO SHENYANG"和"WE WILL MEET IN UNIVERCITY"两个字符串，并在相邻两行输出。

第 9 章 数据库编程习题

一、选择题

1. (　　)支持与 ODBC 数据源的连接。

A. CRcordset 类　　B. CRecordView 类

C. CFieldExchange 类　　D. CDatabase 类

2. 下面各项中(　　)不是构成 ODBC 层的三个部件。

A. 驱动程序管理器　　B. ODBC 驱动程序

C. 数据源　　D. ODBC 管理器

3. ODBC 数据源管理器中提供三种数据源,下面各项中(　　)不是 ODBC 提供的数据源。

A. 用户 DSN　　B. 文件 DSN

C. ODBC 的 DSN　　D. 系统 DSN

4. 下面各项中(　　)不是 ODBC 编程必须用到的类。

A. CListBox 类　　B. CRecordset 类

C. CRecordView 类　　D. CDatabase 类

二、简答题

1. MFC 的 ODBC 类包括哪些? 各自的作用是什么?

2. 简述 MFC 用 ODBC 进行数据库编程的一般过程。

3. 什么是动态集和快照集? 二者的区别是什么?

4. 把教材中的数据库 data. mdb,通过 ODBC 数据源管理器配置一个 ODBC 数据源,命名为 example,简述其过程。

5. 如何使用 CRecordset 的成员变量 m_strSort 和 m_strFilter 对一个数据表进行排序和筛选?

第 10 章 Windows Form 编程基础习题

一、单选题

1. 使用 C++/CLI 创建类对象时,必须使用(　　)运算符。

   A. new　　B. delete　　C. gcnew　　D. struct

2. 使用 C++/CLI 创建引用类时,必须使用(　　)关键字。

   A. class　　B. ref class　　C. constructor　　D. gcnew

3. 创建 Windows Form 应用程序时,【属性】窗口主要提供(　　)。

   A. 查看类内容　　B. 调用函数

   C. 查看项目的属性　　D. 设定窗体和对象的属性

4. 在窗体上添加一个标签控件,其 Name 属性有(　　)作用。

   A. 用来设定标签控件外观　　B. 提供此控件的识别名称

   C. 提供此控件的输入焦点　　D. 以上皆是

5. 如果要改变窗体的窗口标题,应修改(　　)属性。

   A. ForeColor　　B. BackColor　　C. Text　　D. Name

二、简答题

1. 简述设计一个简单 Windows Form 应用程序的一般步骤。
2. .NET Framework 与 Windows Form 应用程序有什么关系?
3. 什么是 CLR? 它有什么用处? 什么是 BCL? 它又有什么用处?
4. 托管是什么含义? 使用托管有什么好处?
5. BCL 中有哪些常用命名空间和常用类?
6. 跟踪句柄变量有什么用处? 如何使用?
7. 如何定义和使用字符串?
8. 如何实现简单的数据类型转换?
9. 如何获取日期、时间信息,并把它们显示到窗体界面上?
10. 什么是随机数? 试生成一组随机数并把它们显示到窗体界面上。
11. 如何调用常用数学函数?
12. 假如有一个简单的 Windows Form 应用程序,其解决方案和项目名均为 Clock,则在此应用程序【代码】编辑窗口中可以看到,应用程序命名空间名被自动命名为了 Clock。若默认头文件名为 Form1.h,那么,此头文件 Form1.h 与命名空间 Clock 还有 Form1 类之间的包含关系是怎么样的? 代码的主要内容通常放在哪儿?

13. 什么是默认事件处理程序？如何创建？

14. 简述将多个事件连接到单个事件处理程序的过程。

三、编程题

1. 在窗体上添加一个 PictureBox 控件，并为此控件分别添加 MouseDown 事件和 MouseUp 事件的事件处理程序。然后参看 10.2.9 节的示例二，实现以下功能：通过拖动此 PictureBox 控件实现窗体的拖动。

提示：

(1) 鼠标按下或抬起时的位置坐标可使用事件处理程序的第二个参数 e 取得，如 e -> X 表示此时的 X 坐标值，e -> Y 表示此时的 Y 坐标值。

(2) 窗体位置坐标可使用窗体的 Location 属性描述，比如 Location. X 表示窗体左上角的 X 坐标值，Location. Y 表示窗体左上角的 Y 坐标值。

(3) Location 属性的赋值形式示例：

```
this -> Location = Point(200,150);
```

2. 设计如习题图 10.1 所示的窗体，并完成以下要求。

(1) 将显示文本为数字“0～9”和小数点“.”的 11 个按钮绑定到同一个事件处理程序，并把此事件处理程序命名为 Digital_Click( )。

(2) 将显示文本为“+”“-”“*”“/”的 4 个按钮绑定到同一个事件处理程序，并把此事件处理程序命名为 Operator_Click( )。

(3) 为 Digital_Click( )事件处理程序编写代码，实现计算器的数值录入功能。

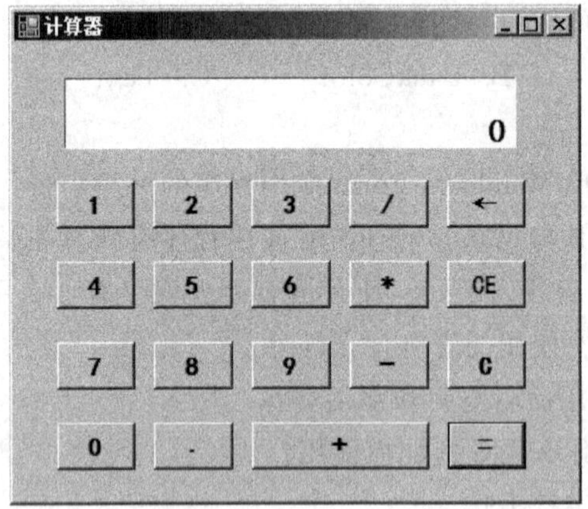

习题图 10.1　计算器的数值录入

第 11 章 Windows Form 控件与对话框习题

一、选择题

1. 在标签属性中,随着文字内容自动调整大小的是(　　)。

A. ForeColor　　B. BackColor　　C. Font　　D. AutoSize

2. 在标签属性中,TextAlign 提供(　　)。

A. 前景颜色　　B. 背景颜色　　C. 文字对齐方式　　D. 框线样式

3. 下列程序代码表示的文字对齐方式是(　　)。

A. 垂直向上,水平居中　　B. 垂直居中,水平靠右

C. 垂直向下,水平居左　　D. 垂直向上,水平居左

```
label1 -> TextAlign = ConterntAlignme::TopMiddle
```

4. 下列对文本框的描述,(　　)是错误的。

A. 能输入文字　　B. 文本框可以设置为只读

C. 只能输入单行文字　　D. 利用 WordWarp 提供换行

5. 如果设置文本框多行,利用(　　)属性设置。

A. MaxLength　　B. ReadOnly　　C. MultiLine　　D. AutoSize

6. RichTextBox 中,(　　)可用来加载文件。

A. SaveFile()　　B. ToString()　　C. AppendText()　　D. LoadFile()

7. DateTimePicker 控件中,Format 属性提供(　　)功能。

A. 日期和时间格式设定　　B. 自对应日期的掩码格式

C. 设定控件的外观　　D. 设定前景样式

8. 使用 RadioButton 控件,(　　)属性改变会引发 CheckChanged()事件。

A. Appearance　　B. AutoCheck　　C. AutoSize　　D. Checked

9. FontDialog 对话框要显示颜色,需要使用(　　)属性。

A. ShowEffects　　B. ShowColor　　C. ShowApply　　D. ShowHelp

10. 消息对话框会调用(　　)函数显示。

A. Hide()　　B. Display()　　C. Show()　　D. Focus()

二、填空题

1. 进度条控件通过图形化界面显示某些动作的进度,其中的 Style 属性可用来显示进度条的样式,共分为三种:________、________、________。

2. RadioButton 和 CheckBox 控件的 Appearance 属性共分为两种:________和________。

3. 如果要移除 ComboBox 控件的某一项目时，需要使用________函数。

4. ColorDialog 对话框打开____________________。

5. MessageBox:: Show (" Welcome "," 显 示 "); 显 示 了 消 息 对 话 框 的 ________ 和________。

6. OpenFileDialog 对话框中，用来过滤文件类型的是________。

7. SaveFileDialog 对话框中，OverWritePrompt 属性的作用是________。

8. OpenFileDialog 对话框中，FileName 属性的作用是________。

三、简答题

1. 单选按钮和复选框有什么不同?

2. Timer 控件中 Interval 属性和 Tick()事件的作用是什么?

3. 消息对话框以 Show()显示信息，它包含哪些参数?

四、编程题

试在【算一算】应用程序基础上，扩展其运算能力，实现 100 以内正整数的四则运算，如习题图 11.1 所示。

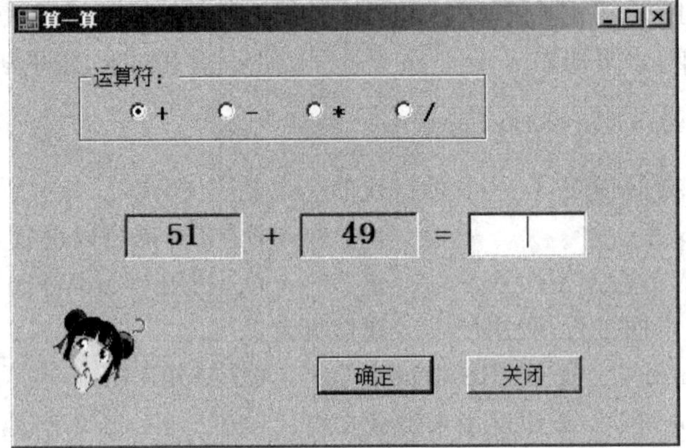

习题图 11.1　100 以内正整数的四则运算

第 12 章 Windows Form 图形绘制初步习题

一、选择题

1. 下列类中，( )不属于 System::Drawing 的命名空间。

   A. Blend B. Font C. Brush D. Image

2. 如果要在屏幕上绘制字符串，需要使用( )函数。

   A. DrawIcon() B. DrawImage()

   C. DrawRectangle() D. DrawString()

3. 在 Pen 类中，Brush 属性提供( )作用。

   A. 设定颜色 B. 指定笔刷

   C. 设定线条样式 D. 设定画笔宽度

4. 要在矩形内填充单一颜色，必须使用 Brush 的( )派生类。

   A. SolidBrush B. TextureBrush

   C. LinearGradientBrush D. HatchBrush

5. 为了让图形产生渐变效果，需要使用 Brush 的( )派生类。

   A. SolidBrush B. TextureBrush

   C. LinearGradientBrush D. HatchBrush

二、填空题

1. Windows Form 的图形分为三大类：________、________、________。

2. GDI+使用三种坐标空间：________、________和________。

3. 利用 GDI+绘制图形对象时，必须首先创建________对象，代表 GDI+________，用来创建图像对象。

4. 在 Graphics 类中，绘制椭圆使用________函数，绘制矩形使用________函数。

第五部分　实　　验

实验一 基本输入输出、变量声明及函数的默认参数

一、实验目的

1. 掌握C++语言数据类型，熟悉如何定义一个整型、字符型、实型变量，以及对它们赋值的方法，了解以上类型数据输出时所用的格式转换符。

2. 掌握数据的输入输出的方法。

3. 掌握函数默认参数的设置方法。

二、实验内容

1. 熟悉C++的标准输入、输出流操作，熟悉常用数据类型格式控制。对已定义的下列变量：char str[20]="hello world!"; int n=12; float f=1.234;写出符合下列要求的输入、输出语句，并上机检验。

(1) 输出字符串 str。

(2) 输出字符串 str 的地址。

(3) 以科学记数法显示 f。

(4) 使科学记数法的指数字母以大写输出。

(5) 以八进制输出 n。

(6) 输出整数时显示基数。

(7) 设置显示宽度为 10，填充字符为'*'，右对齐方式显示。

(8) 分别设置精度为 2、3、4 显示 f。

(9) 按十六进制输入整数，然后按 10 进制输出。

(10) 从流中读取 10 个字符到 str，遇到'!'字符停止操作。

2. 输入一行字符，分别统计出其中英文字母、空格、数字字符和其他字符的个数。要求从键盘上输入一个字符给变量 c，直到输入回车换行字符"\n"为止。(提示：用 cin.get(c)从键盘上输入一个字符给变量 c。)

3. 编写自定义函数，求三个整数的最大值。在此基础上，再将函数修改为带默认参数的函数，可以分别改为一个默认参数、两个默认参数、三个默认参数，编写完整程序并上机验证。

三、实验步骤

1. 参考程序：

```
#include <iostream>
using namespace std;
int main()
{
    char str[20] = "hello world!";
    int n = 12;
    float f = 1.234;
    cout << str;
    cout <<(long)str;
    cout << setiosflags(ios::scientific)<< f;
    cout << setiosflags(ios::uppercase)<< f;
    cout << oct << n;
    cout << setiosflags(ios::showbase)<< n;
    cout << setfill('*')<< setw(10)<< setiosflags(ios::right)<< n;
    cout << setprecision(2)<< f;
    cout << setprecision(3)<< f;
    cout << setprecision(4)<< f;
    cin >> hex >> n;
    cout << dec << n;
    cin.getline(str,10,'!');
    return 0;
}
```

2. 参考程序：

```
#include <iostream>
using namespace std;
int main()
{
  char c;
  int letter = 0, number = 0, blank = 0, other = 0;
  cout <<"请输入字符串:";
  cin >> c;
  while(c!= '\n')
  {
    if ('a'<= c && c <= 'z' || 'A'<= c && c <= 'Z')
        letter++;
    else if('0'<= c && c <= '9')
            number++;
        else if(c == '')
            blank++;
        else other++;
    cin.get(c);
  }
  cout <<"letter = "<< letter << endl;
  cout <<"number = "<< number << endl;
  cout <<"blank = "<< blank << endl;
```

```
    cout <<"other = "<< other << endl;
}
```

3. 参考程序：

```
#include <iostream>
using namespace std;
int max(int a, int b, int c)
{
    if(b>a) a=b;
    if(c>a) a=c;
    return a;
}
int main()
{
    int i1,i2,i3,i;
    cin>>i1>>i2>>i3;
    i=max(i1,i2,i3);
    cout<<i1<<","<<i2<<","<<i3<<"中最大值为: "<<i<<endl;
    return 0;
}
```

函数默认参数设置略。

四、思考题

1. C++中可以采用什么方法进行字符串的输入输出？

2. 将函数 void fun(int a,int b,int c)的两个参数设为默认值 0，该如何设置？写出所有可能的调用该函数的形式。

实验二　函数重载、引用传递与内存动态分配

一、实验目的

1. 学习并了解重载函数的基本概念。
2. 掌握引用的概念、特性及引用传递。
3. 掌握用 new 和 delete 进行动态内存分配的方法。

二、实验内容

1. 求三个整数、浮点数或双精度数的最大值，要求使用重载函数。

2. 定义一个函数，比较两个数的大小，形参分别使用指针和引用。编写完整程序，上机调试。

3. 编写用 new 和 delete 进行动态内存分配与释放的程序，上机验证。

三、实验步骤

1. 三个重载函数可参考如下代码，编写完整程序，上机验证。

参考代码：

```
int max(int a, int b, int c)
{
    int
    temp = (a > b)?a:b;
    if (temp > c)
       return temp;
    else
    return c;
}
double max(double a ,double b, double c)
{
    double
    temp = (a > b)?a:b;?
    if(temp > c)
      return temp;
    else
      return c;
}
float max(float a, float b, float c)
{
```

```
    float temp
    temp = (a > b)?a:b;
    if(temp > c)
      return temp;
    else
      return c;
}
```

2. 参考代码：

```
int max1(in * a, int * b)
{
    if( * a > * b)
      return * a;
    else
      return * b;
}
int & max2(in &a, int &b)
{
    if(a > b)
      return a;
    else
      return b;
}
```

3. 参考程序：

```
# include < iostream >
using namespace std;
int main()
{
    int * p = new int;
    * p = 10;
    cout << * p;
    delete p;
    return 0;
}
```

四、思考题

1. 何时应该选用函数重载？
2. new 和 delete 是函数吗？new[]和 delete[]又是什么？什么时候使用它们？

实验三 类与对象

一、实验目的

1. 理解类和对象的概念，掌握声明类和定义对象的方法。
2. 掌握构造函数和析构函数的实现方法。
3. 掌握类对象作为类的成员的使用方法。
4. 掌握静态数据成员和静态成员函数的使用方法。

二、实验内容

1. 设计日期类，具体要求：

(1) Date类的私有数据成员包括年、月、日。

(2) Date类具有以下成员函数：print()用于输出日期；setDate(int y,int m,int d)用于设置日期。

(3) 注意月数和日期不能超出合法范围。

根据以上要求，写出各个成员函数的具体实现，并编写完整程序进行验证。

```
class Date
{
    public:
      void setDate(int y, int m, int d)
      void print();
    private:
      int year;
      int month;
      int day;
};
```

(4) 在日期类中增加一个带有三个参数的构造函数，用于对象的初始化。适当修改主函数，分析程序运行结果。

2. 在下列程序段中，定义了类A和类B，在类B中的数据成员中有两个类A的对象one,two。而且，在类B的构造函数中应该包含对两个类A的子对象的初始化项，被放在成员初始化列表中；在类B的默认构造函数中隐含着子对象的初始化项；在类B的析构函数中也隐含着子对象的析构函数。

(1) 编写主函数，在其中定义类B的对象，调用函数print()输出相关信息。

(2) 分析该例中构造函数和析构函数的执行顺序。

```
class A
{
    public:
    A()
    { cout <<"In A0.\n"; }
    A(int i)
    { a = i; cout <<"In A1."<< a << endl; }
    ~A()
    { cout <<"In A2."<< a << endl; }
    int a;
};
class B
{
  public:
    B()
    { cout <<"In B0.\n"; }
    B(int i,int j,int k):two(j),one(k)
    { b = i; cout <<"In B1.\n"; }
    void Print()
    { cout << b <<','<< one.a <<','<< two.a << endl; }
    ~B()
    { cout <<"In B2.\n"; }
  private:
    int b;
    A one,two;
};
```

3. 在下列程序段中声明了一个 Student 类，在该类中包括一个数据成员 score(分数)、两个静态数据成员 total_score(总分)和 count(学生人数)；还包括一个成员函数 account()用于设置分数、累计学生成绩之和、累计学生人数，一个静态成员函数 sum()用于返回学生的成绩之和，另一个静态成员函数 average()用于求全班成绩的平均值。

(1) 在类的定义中，将成员函数补充完整。

(2) 在 main 函数中，输入某班同学的成绩，并调用上述函数求出全班学生的成绩之和和平均分。学生人数和成绩在运行程序时由用户输入。

(3) 将学生成绩用动态可变数组来保存，改写主函数。

```
class Student
{
    private:
    float score;
    static int count;
    static float total_score;
    public:
    void account(float score1)
    {  //补充函数体  }
    static float sum()
    {  //补充函数体  }
    static float average()
    {  //补充函数体  }
```

```
};
//静态成员初始化代码
```


三、实验步骤

1. 参考教材例 2.1 的程序。

2. 主函数参考程序段：

```
void main()
{
    cout <<"构造函数的调用情况：\n";
    static B bb0;
    B bb(1,2,3);
    cout <<"输出对象 bb 的数据成员值：\n";
    bb.Print();
    cout <<"析构函数的调用情况：\n";
}
```

3. 参考程序段：

(1)

```
class Student
{…
    public:
    void account(float score1)
    {    score = score1;
         ++count;
         total_score = total_score + score;
    }
    static float sum()
    {  return total_score;  }
    static float average()
    {  return total_score/count;  }
};
int Student:: count = 0;
float Student:: total_score = 0.0;
```

(2)

```
int main()
{
    int n;
    cout <<"请输入学生数：";
    cin >> n;
    float ss, sum1, aver;
    for (int i = 0; i < n; i++)
    {    Student s;
         cin >> ss;
         s.account(ss);
    }
    cout << endl <<"学生的总分数为：";
```

```
    cout << Student::sum()<< endl;
    cout << endl <<"学生的平均分数为: ";
    cout << Student::average()<< endl;
    return 0;
}
```

(3)

```
int main()
{
    int n;
    cout <<"请输入学生数: ";
    cin >> n;
    float *p = new float[n];
    for(int i = 0;i < n;i++)
    {  cin >> *(p + i);  }
    for (int i = 0;i < n;i++)
    {
        Student ss;
        ss.account( *(p + i));
    }
    cout <<"学生的分数分别为: "<< endl;
    for(int i = 0;i < n;i++)
    {  cout << *(p + i)<<"  ";  }
    cout << endl <<"学生的总分数为: ";
    cout << sum1 << endl;
    cout <<"学生的平均分数为: ";
    cout << aver << endl;
    delete[ ] p;
    return 0;
}
```

四、思考题

1. 构造函数和析构函数的作用是什么？构造函数可否重载？
2. 在程序中如何初始化类的静态数据成员？非静态成员函数能否访问静态数据成员？

实验四 继承与派生

一、实验目的

1. 理解类的继承的概念，能够定义和使用类的继承关系。
2. 掌握派生类的声明与定义方法。
3. 掌握不同继承方式下，基类成员在派生类中的访问属性。
4. 掌握在继承方式下，构造函数与析构函数的执行顺序与构造规则。

二、实验内容

1. 下列代码定义了一个学生类 Student，要由其派生一个研究生类 GraduateStudent，研究生类新增一个保护数据成员 qualifierGrade，表示专业年级；新增公有成员函数 getQualifier()用于返回专业年级值。在主函数中定义基类和派生类对象，输出相关信息。

```
class Student
{
  public:
     Student(char * pName = "no name")
     {
        strcpy(name,pName,sizeof(name));
        average = semesterHours = 0;
     }
    void addCourse(int hours,float rade)
    {
        average = (semesterHours * average + grade);          //总分
        semesterHours += hours;                               //总修学时
        average/ = semesterHours;                             //平均分
    }
    int getHours(){ return semesterHours;}
    float Average(){ return verage;}
    void display()
    {
        cout <<"name = \""<< name <<"\""<<", hours = "<< semesterHours <<", average = "<< average
<< endl;
    }
protected:
    char name[40];
    int semesterHours;
    float average;
```

```
};
class GraduateStudent:public Student
{
    public:
        getQualifier(){return qualifierGrade;}
    protected:
        int qualifierGrade;
};
```

2. 下列代码段为类 A 的定义，类 B 为类 A 的公有派生类，新增两个私有数据成员：int b 和类 A 的对象 obj；类 B 新增公有成员函数 void Print()用于输出 a、b 的值，B 的构造函数的两个整型参数默认值都为 0。

(1) 写出派生类 B 的定义，并在主函数中定义对象，输出相关信息。

(2) 将类 A、B 构造函数的函数体内增加一条输出语句，如：cout≪"执行 A 的构造函数"≪endl。

cout≪"执行 B 的构造函数"≪endl; cout≪"执行 A 的析构函数"≪endl; cout≪"执行 B 的析构函数"≪endl;，分析类的继承关系，派生类中含有基类对象成员时，构造函数、析构函数的执行顺序。

类 A 的定义：

```
class A
{
    public:
    A(int i):a(i) { }
    ~A() { }
    void Print()
    { cout << a << endl; }
    int Geta()
    { return a; }
    private:
    int a;
};
```

3. 参考教材和实验三定义的时间类 Time 和日期类 Date，用这两个类作为基类，公有派生出描述日期和时间的类 DateTime。在主函数中进行相关类的实例化，并输出日期时间。如果将类 DateTime 改为由基类 Date 和 Time 私有派生，程序能否正确编译和执行？为什么？

三、实验步骤

1. 略。

2. 参考程序：

```
#include <iostream>
using namespace std;
class A
{
    public:
```

```
    A(int i):a(i) { }
    ~A() { }
    void Print()
    { cout << a << endl; }
    int Geta()
    { return a; }
    private:
    int a;
};
class B:public A
{
    public:
    B(int i = 0,int j = 0):A(i),a(j),b(i + j) { }
    ~B() { }
    void Print()
    {
        A::Print();
        cout << b << "," << a.Geta() << endl;
    }
    private:
    int b;
    A a;
};
void main()
{
    B b1(8),b2(12,15);
    b1.Print();
    b2.Print();
}
```

3. 参考程序：

```
#include < iostream.h >
#include < string.h >
#include < stdlib.h >
class Date
{
    int Year,Month,Day;                                    //分别存放年、月、日
    public:
    Date(int y = 0, int m = 0,int d = 0)
    { Year = y; Month = m; Day =  d;}
    void SetDate(int ,int ,int );
    void GetDate(char * );
};
void Date::SetDate(int y,int m,int d )
{
    Year =  y; Month  = m; Day  = d;
}
void Date::GetDate(char * s)
{
    char t[20];
```

```
    _itoa(Year,s,10); strcat(s,"/");
    _itoa(Month,t,10); strcat(s,t);
    strcat(s,"/");
    _itoa(Day,t,10); strcat(s,t);
}
class Time
{
    int Hours,Minutes,Seconds;
    public:
    Time(int h = 0,int m = 0, int s = 0)
    {  Hours  =  h; Minutes  =  m; Seconds  =  s;  }
    void SetTime(int h,int m, int s)
    {  Hours  =  h; Minutes  =  m;Seconds  =  s; }
    void GetTime(char * );
};
void Time::GetTime(char * s)
{
    char t[20];
    _itoa(Hours,s,10); strcat(s,":");
    _itoa(Minutes,t,10); strcat(s,t);
    strcat(s,":");_itoa(Seconds,t,10); strcat(s,t);
}
class DateTime:public Date,public Time
{//公有派生
    public:
    DateTime():Date(),Time(){ }
    DateTime(int y,int m,int d,int h,int min,int s):
    Date(y,m,d),Time(h,min,s){}
    void GetDateTime(char * );
    void SetDateTime(int y,int m,int d,int h,int min,int s);
};
void DateTime::GetDateTime(char * s)
{
    char s1[100],s2[100];
    GetDate(s1);
    GetTime(s2);
    strcpy(s,"日期和时间分别是: ");
    strcat(s,s1);
    strcat(s,"; ");
    strcat(s,s2);
}
void DateTime::SetDateTime(int y,int m,int d,int h,int min,int s)
{ SetDate(y,m,d); SetTime(h,min,s); }
void main(void )
{
    Date d1(2015,3,30);
    char s[200];
    d1.GetDate(s);
    cout<<"日期是: "<<s<<'\n';
    Time t1(12,25,50);
    t1.GetTime(s);
```

```
    cout <<"时间是: "<< s <<'\n';
    DateTime dt1(2015,4,5, 8,20,15);
    dt1.GetDateTime(s);
    cout << s <<'\n';
    dt1.SetDateTime(2003,12,30,23,50,20);
    dt1.GetDateTime(s);
    cout << s <<'\n';
}
```

四、思考题

1. 在派生类中能访问基类的成员吗?
2. 在不同派生方式下,派生类对象可以访问基类私有成员吗?

实验五　虚函数与运算符重载

一、实验目的

1. 了解多态性的概念。
2. 掌握虚函数的定义和使用方法。
3. 掌握运算符重载的基本方法。
4. 掌握纯虚函数和抽象类的概念和用法。

二、实验内容

1. 虚函数允许子类重新定义成员函数，但要实现多态还有个关键之处就是要用指向基类的指针或引用来操作对象，即将派生类对象赋值给基类指针。上机调试下列程序，理解虚函数的用法。

```
#include <iostream.h>
class A
{
    public:
    void Print()
    { cout <<"In A.\n"; }
    virtual void fun()
    { cout <<"virtual A.\n"; }
};
class B:public A
{
    public:
    void Print()
    { cout <<"In B.\n"; }
    virtual void fun()
    { cout <<"virtual B.\n"; }
};
void text(A &a)
{   a.fun();   }
void main()
{
    A a;
    B b;
    a.Print();
    b.Print();
```

```
    text(b);
}
```

2. 定义一个向量(一维数组)类,编程通过重载运算符实现向量之间的加法和减法。设向量为：X=(x1,x2,…,xn)和 Y=(y1,y2,…,yn),它们之间的加、减分别定义为：

X+Y=(x1+y1,x2+y2,…,xn+yn)；　X−Y=(x1−y1,x2−y2,…,xn−yn)

要求：

(1) 用成员函数重载运算符"+""−",实现向量之间的加、减运算。

(2) 用友元函数重载运算符"»""«",用于向量的输入、输出操作。

三、实验步骤

1. 略。

2. 对于长度固定的一维数组,参考程序为：

```
#include<iostream>
using namespace std;
class Vector
{
    int vec[10];
public:
    Vector(int v[10]);
    Vector();
    Vector(Vector&);
    Vector operator+(Vector&);
    Vector operator-(Vector&);
    friend ostream& operator<<(ostream& out, Vector&);
    friend istream& operator>>(istream& in, Vector&);
};
Vector::Vector(int v[10])
{
    int i;
    for(i=0;i<10;i++) vec[i]=v[i];
}
Vector::Vector()
{
    int i;
    for(i=0;i<10;i++) vec[i]=0;
}
Vector::Vector(Vector& v)
{
    int i;
    for(i=0;i<10;i++) vec[i]=v.vec[i];
}
Vector Vector::operator+(Vector& v)
{
    Vector z;
    int i;
    for(i=0;i<10;i++) z.vec[i]=vec[i]+v.vec[i];
```

```
    return z;
}
Vector Vector::operator - (Vector& v)
{
    Vector z;
    int i;
    for(i = 0;i < 10;i++)
        z.vec[i] = vec[i] - v.vec[i];
    return z;
}
ostream& operator <<(ostream& out, Vector &v)
{
    for(int i = 0;i < 10;i++)
        cout << v.vec[i]<<",";
    return out;
}
istream& operator >>(istream& in, Vector &v)
{
    for(int i = 0;i < 10;i++)
        cin >> v.vec[i] ;
    return in;
}
void main()
{
    Vector v1,v2,v3,v4;
    cin >> v1;
    cin >> v2;
    v3 = v1 + v2;
    v4 = v2 - v1;
    cout << v3 << endl;
    cout << v4 << endl;
}
```

四、思考题

1. 对于长度可变的一维数组,如何改写程序?

2. 运算符重载时一般将抽取和插入操作符定义为友元函数,而不是直接定义为成员函数,为什么?

实验六 MFC 应用程序与对话框

一、实验目的

1. 掌握使用 MFC 应用程序向导创建应用程序的方法。
2. 掌握新建对话框资源的方法。
3. 掌握生成对话框类的方法。

二、实验内容

用应用程序向导创建一个默认的对话框应用程序，在对话框中添加一个【测算】按钮，实现单击【测算】按钮时显示【测算对话框】功能，【测算对话框】完成计算总价的功能，总价等于单价乘以数量。运行效果如实验图 6.1 所示。

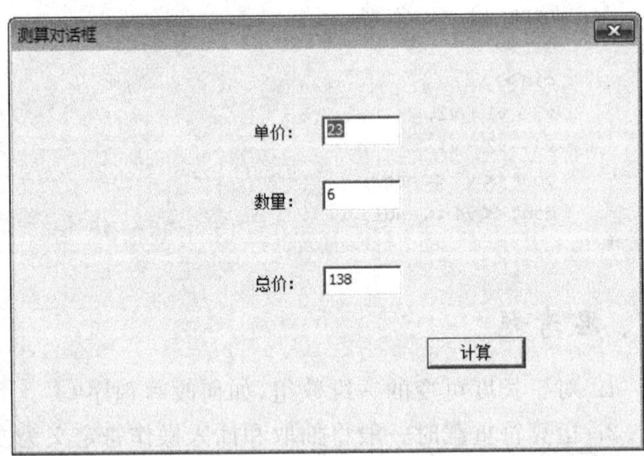

实验图 6.1 运行效果

三、实验步骤

1. 新建一个基于对话框的应用程序

(1) 打开 Visual Studio 2010 开发环境主窗口，在【文件】菜单上单击【新建】菜单，在弹出的菜单上，单击【项目】菜单。

(2) 在【新建项目】对话框中：

单击【已安装模板】下方的 Visual C++。

从中间窗口中选择【MFC 应用程序】项目模板。

在【名称】框中输入新项目的名称“mfcdlg”。

在【位置】框中，选择保存位置“D:\myvc”。

在【解决方案名称】中，保持默认值。

选中【为解决方案创建目录】复选框。

单击【确定】按钮。

(3) 在【欢迎使用 MFC 应用程序向导】对话框中，单击【下一步】按钮。

(4) 在【应用程序类型】对话框中，【应用程序类型】选择【基于对话框】，【项目类型】选择为【MFC 标准】，将【使用 Unicode 库】选项去掉，单击【完成】按钮。

2. 添加按钮控件

打开【资源视图】，展开 mfcdlg. rc 文件夹，展开 Dialog 文件夹，双击 IDD_MFCDLG_DIALOG 对话框，在 IDD_MFCDLG_DIALOG 对话框中添加一个按钮控件(IDC_BUTTON1)，在 IDC_BUTTON1 按钮上单击鼠标右键，在弹出的右键菜单中选择【属性】命令，在打开的【属性】窗口中修改 Caption 改为“测算”。

3. 生成新的对话框模板

在【资源视图】的 Dialog 文件夹上单击鼠标右键，在右键菜单中选择【插入 Dialog】命令，生成新的对话框模板 IDD_DIALOG1。

4. 设置对话框属性

在【资源视图】中的 IDD_DIALOG1 对话框上单击鼠标右键，然后在右键菜单中选择【属性】命令，在打开的【属性】窗口中修改其 ID 为“IDD_COMPUTE_DIALOG”，Caption 改为“测算对话框”。

5. 创建对话框类

选中 IDD_COMPUTE_DIALOG 对话框模板，单击鼠标右键，在右键菜单中选择【添加类】命令。在【添加类】对话框中，【类名】下的编辑框中输入“Cmydlg”类名，最后单击【完成】按钮。

6. 添加【测算】按钮的单击事件处理程序

双击【测算】按钮。

7. 编写处理程序代码

在 void CmfcdlgDlg::OnBnClickedButton1()函数中的“// TODO: 在此添加控件通知处理程序代码”语句后定义添加如下代码。

```
void CmfcdlgDlg::OnBnClickedButton1()
{
    // TODO: 在此添加控件通知处理程序代码
    Cmydlg dlg;                                        //定义 Cmydlg 类的对象 dlg
    dlg.DoModal();                                     //显示对话框
}
```

为了访问 Cmydlg 类，在 mfcdlgDlg. cpp 文件中包含 Cmydlg 的头文件：

```
#include "Cmydlg.h"
```

8. 在 IDD_COMPUTE_DIALOG 对话框上添加控件

删除对话框窗口中的【确定】和【取消】按钮。添加三个编辑框(Edit Control)控件，三个静态正文(Static Text)控件,一个命令按钮(Button)控件。

9. 设置 IDD_COMPUTE_DIALOG 对话框上控件属性

鼠标右键单击 IDC_STATIC1 控件,在弹出的菜单中选择【属性】命令,在【属性】窗口中,设置 Caption 属性为“单价”。以此类推按如实验表 6.1 所示设置其他控件的属性。

实验表 6.1 控件属性表

控　件	名称(NAME)	属　性	属性值
静态文本	IDC_STATIC1	Caption	单价
静态文本	IDC_STATIC2	Caption	数量
静态文本	IDC_STATIC3	Caption	总价
编辑框	IDC_EDIT1		
编辑框	IDC_EDIT2		
编辑框	IDC_EDIT3		
命令按钮	IDC_ BUTTON1	Caption	计算

10. 为 IDD_COMPUTE_DIALOG 对话框上控件添加成员变量

在 IDD_COMPUTE_DIALOG 对话框编辑器中,鼠标右击 IDC_EDIT1 控件,在弹出的菜单上,单击【添加变量】命令,显示【添加成员变量向导】对话框,如实验图 6.2 所示。

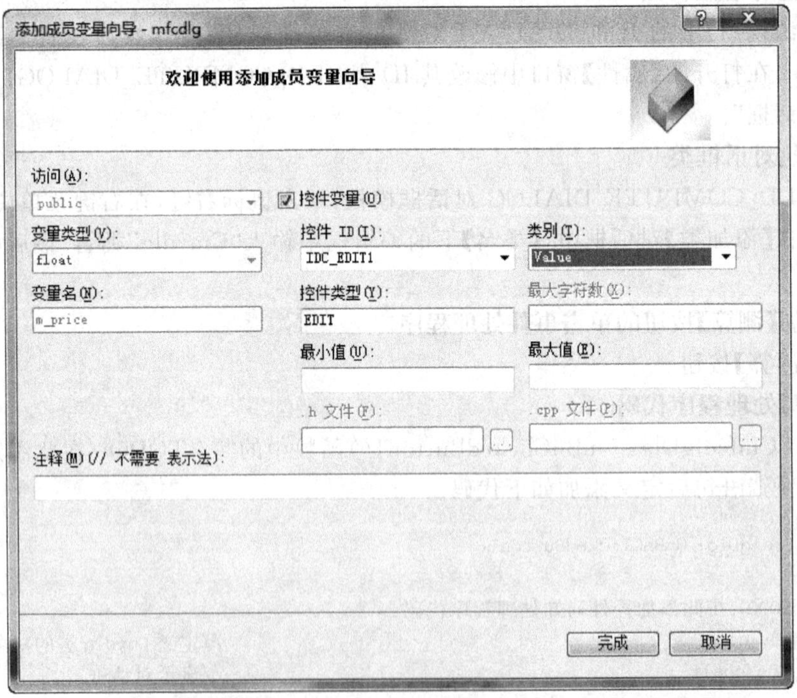

实验图 6.2 添加成员变量向导

【类别】选择 Value,【访问】选择 public,【变量类型】选择 float,【变量名】输入“m_price”,单击【完成】按钮。

用类似的方法定义 IDC_EDIT2 关联的变量名为“m_number”,IDC_EDIT3 关联的变量名为“m_total”，如实验表 6.2 所示。

实验表 6.2　控件的成员变量

控件 ID	类　别	变量类型	变量名
IDC_EDIT1	Value	float	m_price
IDC_EDIT2	Value	float	m_number
IDC_EDIT3	Value	float	m_total

11. 为 IDD_COMPUTE_DIALOG 对话框上【计算】按钮添加事件代码

双击 IDC_BUTTON1 按钮控件。

在 void Cmydlg::OnBnClickedButton1()函数中的“// TODO：在此添加控件通知处理程序代码”的下一行输入如下代码。

```
void Cmydlg::OnBnClickedButton1()
{
    // TODO: 在此添加控件通知处理程序代码
        UpdateData(true);
        m_total = m_price * m_number;
        UpdateData(false);
}
```

12. 生成解决方案并运行

单击【生成】→【生成解决方案】菜单或按 F7 键，单击【调试】→【开始执行】菜单或按 Ctrl＋F5 键。

四、思考题

完善上面的程序，添加一个【库存数量】编辑框，当数量大于库存数量时，单击【计算】按钮时，弹出消息对话框显示“库存数量不足！”，如实验图 6.3 所示。

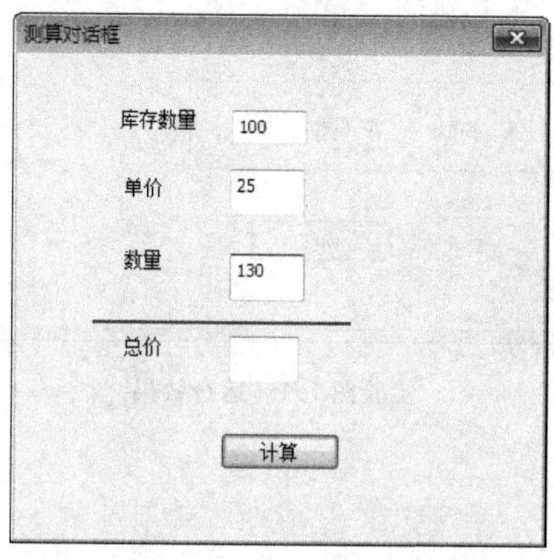

实验图 6.3 运行效果

实验七　控件（一）

一、实验目的

1. 掌握控件的创建和使用方法。

2. 掌握静态控件、编辑框控件、命令按钮、复选框和单选按钮控件的使用方法。

二、实验内容

编写一个基于对话框的购物问卷应用程序，要求添加相关控件实现如下的功能：调查不同年龄、不同性别的人群的购物方式。在对话框中填写姓名，选择性别、年龄段和购物方式，单击【问卷】按钮时，弹出显示被调查者的姓名、性别、年龄段和购物方式的消息框。运行效果如实验图 7.1 所示。

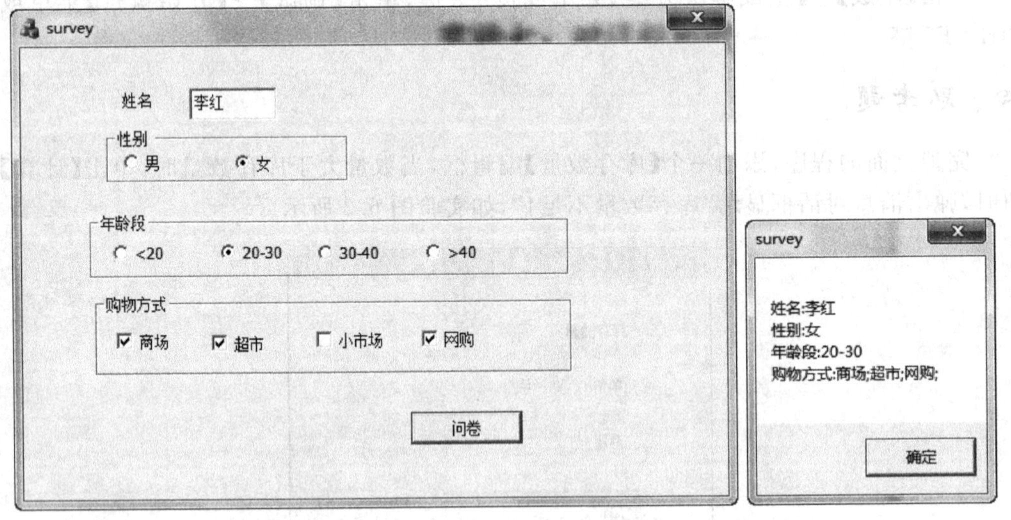

实验图 7.1　运行效果

三、实验步骤

1. 新建一个基于对话框的应用程序

(1) 打开 Visual Studio 2010 开发环境主窗口，在【文件】菜单上单击【新建】菜单，在弹出的菜单上，单击【项目】菜单。

(2) 在【新建项目】对话框中：

单击【已安装模板】下方的 Visual C++。

从中间窗口中选择【MFC 应用程序】项目模板。

在【名称】框中输入新项目的名称“survey”。

在【位置】框中，选择保存位置“D:\myvc”。

在【解决方案名称】中，保持默认值。

选中【为解决方案创建目录】复选框。

单击【确定】按钮。

(3) 在【欢迎使用 MFC 应用程序向导】对话框中，单击【下一步】按钮。

(4) 在【应用程序类型】对话框中，【应用程序类型】选择【基于对话框】，【项目类型】选择为【MFC 标准】，将【使用 Unicode 库】选项去掉，单击【完成】按钮。

2. 在对话框中添加控件

删除对话框上原有的【TODO: 在此放置对话框控件】静态文本控件、【确定】和【取消】按钮控件。分别添加一个静态文本，一个编辑框、六个单选按钮、四个复选框、一个命令按钮、三个组框控件。

3. 修改控件的属性

鼠标右击要设置属性的控件，单击【属性】命令，打开控件的【属性】对话框，设置如实验表 7.1 所示的属性值。

实验表 7.1 控件属性

控　件	ID	控件属性	属性值
编辑框	IDC_EDIT1		
静态文本	IDC_STATIC2	Caption	姓名
单选按钮	IDC_RADIO1	Caption	男
单选按钮	IDC_RADIO1	Group	True
单选按钮	IDC_RADIO2	Caption	女
单选按钮	IDC_RADIO3	Caption	<20
单选按钮	IDC_RADIO3	Group	True
单选按钮	IDC_RADIO4	Caption	20-30
单选按钮	IDC_RADIO5	Caption	30-40
单选按钮	IDC_RADIO6	Caption	>40
复选框	IDC_CHECK1	Caption	商场
复选框	IDC_CHECK2	Caption	超市
复选框	IDC_CHECK3	Caption	小市场
复选框	IDC_CHECK4	Caption	网购
组框	IDC_STATIC3	Caption	性别
组框	IDC_STATIC4	Caption	年龄段
组框	IDC_STATIC5	Caption	购物方式
命令按钮	IDC_BUTTON1	Caption	问卷

4. 添加控件的成员变量

鼠标右击 IDC_EDIT1 控件，单击【添加变量】命令，打开【添加成员变量向导】对话框，设置 IDC_EDIT1 编辑框控件的成员变量如实验图 7.2 所示。同理添加如实验表 7.2 所示的成员变量。

实验图 7.2　添加成员变量向导

实验表 7.2　控件的成员变量

控件 ID	类　别	变量类型	变量名
IDC_EDIT1	Value	CString	m_name
IDC_RADIO1	Control	CButton	m_sex
IDC_CHECK1	Control	CButton	m_ market
IDC_CHECK2	Control	CButton	m_ Super
IDC_CHECK3	Control	CButton	m_ small
IDC_CHECK4	Control	CButton	m_online

5. 为控件添加相应函数和代码

双击 IDC_BUTTON1 命令按钮，在 void CsurveyDlg::OnBnClickedCheck1()函数中的"// TODO：在此添加控件通知处理程序代码"语句后填写如下代码。

```
void CsurveyDlg::OnBnClickedButton1()
{
    // TODO: 在此添加控件通知处理程序代码
    CString str,mystr;
    UpdateData(true);
    str = "姓名:" + m_name;
    if (m_sex.GetCheck() == 1)
        str = str + "\n 性别:男";
    else
```

```
        str = str + "\n 性别:女";
    UINT NID = GetCheckedRadioButton(IDC_RADIO3, IDC_RADIO6);
    GetDlgItemText(NID, mystr);
    str = str + "\n 年龄段:" + mystr;
        str = str + "\n 购物方式:";
    if (m_market.GetCheck() == 1)      str = str + "商场;";
    if (m_super.GetCheck() == 1)      str = str + "超市;";
    if (m_small.GetCheck() == 1)      str = str + "小市场;";
    if (m_online.GetCheck() == 1)      str = str + "网购;";
    MessageBox(str);
}
```

6. 生成解决方案并运行

单击【生成】→【生成解决方案】菜单或按 F7 键,单击【调试】→【开始执行】菜单或按 Ctrl+F5 键。

四、思考题

完善上面的购物问卷应用程序,要求添加职业选项,可选项为【公务员】,【学生】,【企事业单位】和【自由职业】,如实验图 7.3 所示。

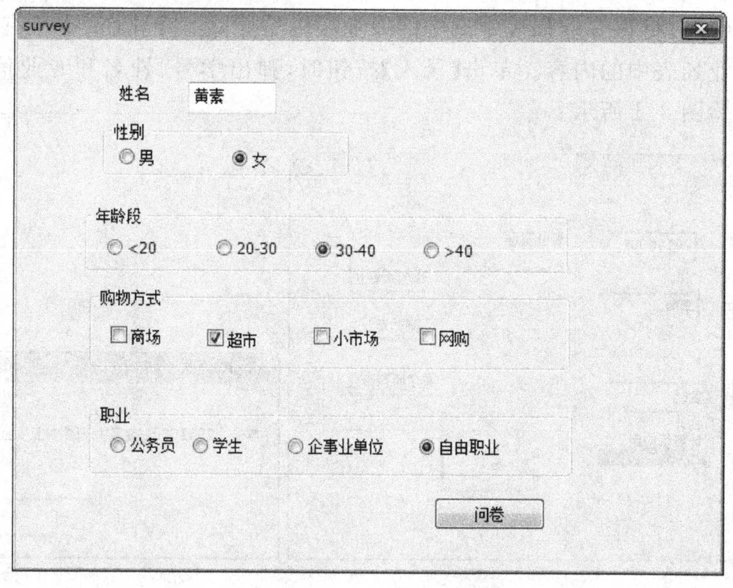

实验图 7.3　运行效果

实验八　控件(二)

一、实验目的

1. 掌握控件的创建和使用方法。

2. 掌握静态控件、按钮控件、编辑控件、组框控件和组合框控件的应用。

二、实验内容

编写一个基于对话框的应用程序,要求添加相关控件实现如下的功能:专业信息的添加、删除和清空功能。单击【添加新专业】按钮时,将新的专业名添加到专业列表中。单击【删除专业】按钮时,将在专业列表中选中的专业项内容删除。单击【清空所有专业】按钮时,删除所有的专业列表中的内容。单击【录入】按钮时,弹出学号、姓名和专业信息的消息框。运行效果如实验图 8.1 所示。

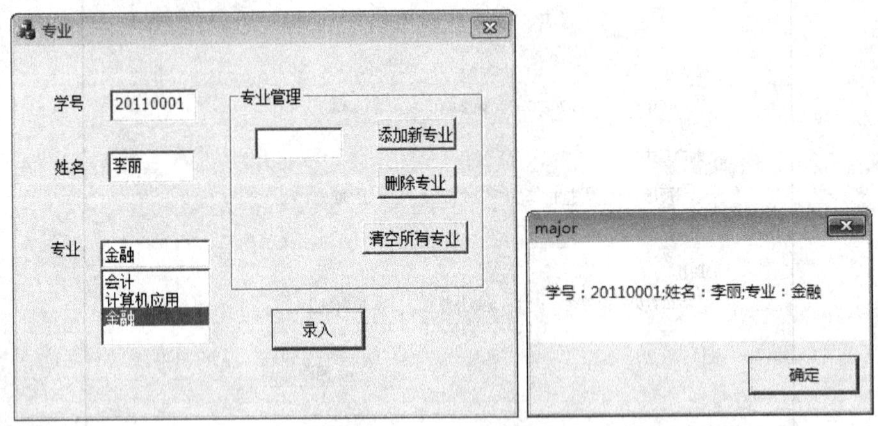

实验图 8.1　运行效果

三、实验步骤

1. 新建一个基于对话框的应用程序

(1) 打开 Visual Studio 2010 开发环境主窗口,在【文件】菜单上单击【新建】菜单,在弹出的菜单上,单击【项目】菜单。

(2) 在【新建项目】对话框中:

单击【已安装模板】下方的 Visual C++。

从中间窗口中选择【MFC 应用程序】项目模板。

在【名称】框中输入新项目的名称“major”。

在【位置】框中，选择保存位置“D:\myvc”。

在【解决方案名称】中，保持默认值。

选中【为解决方案创建目录】复选框。

单击【确定】按钮。

(3) 在【欢迎使用 MFC 应用程序向导】对话框中，单击【下一步】按钮。

(4) 在【应用程序类型】对话框中，【应用程序类型】选择【基于对话框】，【项目类型】选择为【MFC 标准】，将【使用 Unicode 库】选项去掉，单击【完成】按钮。

2. 在对话框中添加控件

删除对话框上原有的【TODO：在此放置对话框控件】静态文本控件、【确定】和【取消】按钮控件。分别添加三个静态文本，三个编辑框、四个命令按钮、一个组框控件和一个组合框控件。

3. 修改控件的属性

鼠标右击要设置属性的控件，单击【属性】命令，打开控件的【属性】对话框，设置其属性，如实验表 8.1 所示。

实验表 8.1 控件的属性

控　件	名称(NAME)	控件属性	属性值
静态文本	IDC_STATIC2	Caption	学号
静态文本	IDC_STATIC3	Caption	姓名
静态文本	IDC_STATIC4	Caption	专业
编辑框	IDC_EDIT1		
编辑框	IDC_EDIT2		
编辑框	IDC_EDIT3		
组框	IDC_STATIC5	Caption	专业管理
组合框控件	IDC_COMBO1	Type	Simple
命令按钮	IDC_BUTTON1	Caption	添加新专业
命令按钮	IDC_BUTTON2	Caption	删除专业
命令按钮	IDC_BUTTON3	Caption	清空所有专业
命令按钮	IDC_BUTTON4	Caption	录入

4. 添加控件的成员变量

鼠标右击要设置成员变量的控件，单击【添加变量】命令，打开【添加成员变量向导】对话框，设置其成员变量，需要添加的成员变量如实验表 8.2 所示。

实验表 8.2 成员变量

控件 ID	类别	变量类型	变量名
IDC_EDIT1	Value	CString	m_num
IDC_EDIT2	Value	CString	m_name
IDC_EDIT3	Value	CString	m_maj
IDC_COMBO1	Value	CString	m_zy
IDC_COMBO1	Control	CComboBox	m_combo

5. 为控件添加相应函数和代码

1）添加新专业功能的代码实现

双击 IDC_BUTTON1 命令按钮，在 void CmajorDlg::OnBnClickedButton1()函数中的“// TODO：在此添加控件通知处理程序代码”语句后填写如下代码。

```
void CmajorDlg::OnBnClickedButton1()
{
    // TODO: 在此添加控件通知处理程序代码
    UpdateData();
    if (m_maj.IsEmpty())
    {   MessageBox("专业不能为空!");return;   }
    int nIndex = m_combo.FindString( -1, m_maj );
    if (nIndex != LB_ERR )
    {   MessageBox("该专业已添加,不能重复添加!");     return;   }
    nIndex = m_combo.AddString( m_maj );
    m_maj = "";
    UpdateData(false);
}
```

2）删除所选的专业功能的代码实现

双击 IDC_BUTTON2 命令按钮，在 void CmajorDlg::OnBnClickedButton2()函数中的“// TODO：在此添加控件通知处理程序代码”后填写如下代码。

```
void CmajorDlg::OnBnClickedButton2()
{
    // TODO: 在此添加控件通知处理程序代码
    int nIndex = m_combo.GetCurSel();
    if (nIndex != LB_ERR ) m_combo.DeleteString( nIndex );
}
```

3）清空所有专业功能的代码实现

双击 IDC_BUTTON3 命令按钮，在 void CCourseDlg::OnBnClickedButton3()函数中的“// TODO：在此添加控件通知处理程序代码”语句后填写如下代码。

```
void CmajorDlg::OnBnClickedButton3()
{
    // TODO: 在此添加控件通知处理程序代码
    m_combo.ResetContent();
}
```

4）录入功能的代码实现

双击 IDC_BUTTON4 命令按钮，在 void CmajorDlg::OnBnClickedButton4()函数中的“// TODO：在此添加控件通知处理程序代码”语句后填写如下代码。

```
void CmajorDlg::OnBnClickedButton4()
{
    // TODO: 在此添加控件通知处理程序代码
    CString str;
    UpdateData();
    str = "学号: " + m_num + ";姓名: " + m_name + ";专业: " + m_zy;
```

```
    MessageBox(str);
}
```

6. 生成解决方案并运行

单击【生成】→【生成解决方案】菜单或按 F7 键，单击【调试】→【开始执行】菜单或按 Ctrl+F5 键。

四、思考题

如果将上面程序中显示专业名称的组合框控件(IDC_COMBO1)改为列表框控件，如何修改程序?

实验九　菜单与工具栏

一、实验目的

1. 掌握 Visual C++的资源编辑器的使用。
2. 掌握菜单资源的创建及应用。

二、实验内容

编写分别用菜单、工具栏和弹出式菜单的方式，显示“你单击了加法、减法、乘法和除法运算”的消息框程序。运行效果如实验图 9.1 所示。

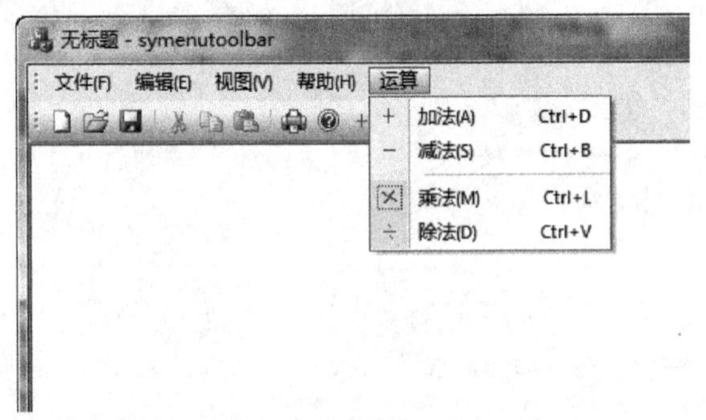

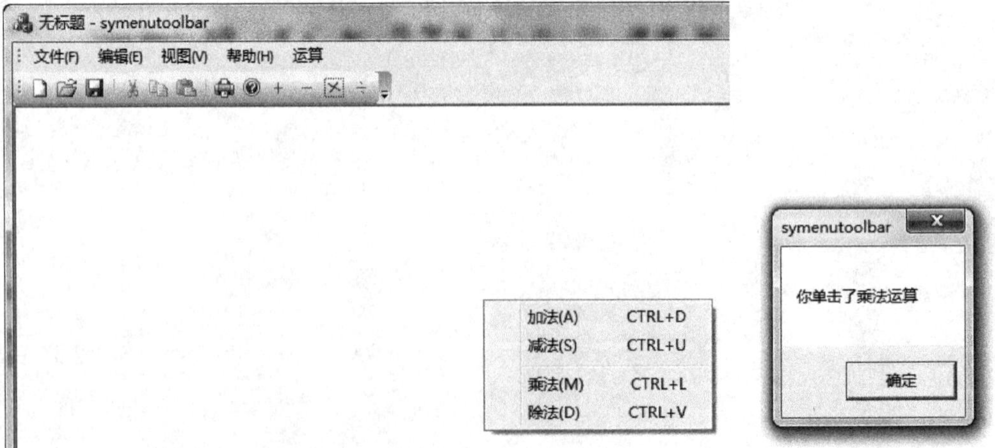

实验图 9.1　运行效果

三、实验步骤

1. 新建一个基于单文档的应用程序

(1) 打开 Visual Studio 2010 开发环境主窗口,在【文件】菜单上单击【新建】菜单,在弹出的菜单上,单击【项目】菜单。

(2) 在【新建项目】对话框中:

单击【已安装模板】下方的 Visual C++。

从中间窗口中选择【MFC 应用程序】项目模板。

在【名称】框中输入新项目的名称"symenutoolbar"。

在【位置】框中,选择保存位置"D:\myvc"。

在【解决方案名称】中,保持默认值。

选中【为解决方案创建目录】复选框。

单击【确定】按钮。

(3) 在【欢迎使用 MFC 应用程序向导】对话框中,单击【下一步】按钮。

(4) 在【应用程序类型】对话框中,【应用程序类型】选择【单个文档】,【项目类型】选择为【MFC 标准】,将【使用 Unicode 库】选项去掉,单击【完成】按钮。

2. 添加菜单资源

打开【资源视图】,展开 Menu 文件夹,单击 IDR_MAINFRAME,选择菜单栏上【帮助】菜单后的【新建项】框,输入"运算",在【运算】菜单下的【新建项】框中输入"加法"、"减法"、"乘法"和"除法",在"乘法"菜单上单击鼠标右键,单击【插入分隔符】命令。

(1) 修改菜单的属性值,如实验表 9.1 所示。

实验表 9.1 菜单属性值

菜单属性	属性值
Caption	运算(&K)
ID	ID_OPER
Caption	加法(&A)\tCtrl+D
Prompt	加法运算
ID	ID_ADD
Caption	减法(&S)\tCtrl+B
Prompt	减法运算
ID	ID_SUB
Caption	乘法(&M)\tCtrl+L
Prompt	乘法运算
ID	ID_MUL
Caption	除法(&D)\tCtrl+V
Prompt	除法运算
ID	ID_DIV

(2) 创建快捷键对应项,并为其分配与菜单命令相同的标识符。

双击【资源视图】中的 Accelerator 文件夹,双击打开 IDR_MAINFRAME。

单击快捷键对应表底部的空行，从 ID 列的下拉列表中选择 ID_ADD，从【修饰符】下拉列表中选择 Ctrl，在【键】列输入要用作快捷键的“D”。同理，为菜单 ID_SUB、ID_MUL 和 ID_DIV 添加快捷键，如实验图 9.2 所示。

ID	修饰符	键	类型
ID_EDIT_COPY	Ctrl	C	VIRTKEY
ID_EDIT_COPY	Ctrl	VK_INSERT	VIRTKEY
ID_EDIT_CUT	Shift	VK_DELETE	VIRTKEY
ID_EDIT_CUT	Ctrl	X	VIRTKEY
ID_EDIT_PASTE	Ctrl	V	VIRTKEY
ID_EDIT_PASTE	Shift	VK_INSERT	VIRTKEY
ID_EDIT_UNDO	Alt	VK_BACK	VIRTKEY
ID_EDIT_UNDO	Ctrl	Z	VIRTKEY
ID_FILE_NEW	Ctrl	N	VIRTKEY
ID_FILE_OPEN	Ctrl	O	VIRTKEY
ID_FILE_PRINT	Ctrl	P	VIRTKEY
ID_FILE_SAVE	Ctrl	S	VIRTKEY
ID_NEXT_PANE	无	VK_F6	VIRTKEY
ID_PREV_PANE	Shift	VK_F6	VIRTKEY
ID_ACCELERATOR32779	无	VK_RETURN	VIRTKEY
ID_ACCELERATOR32780	无	VK_RETURN	VIRTKEY
ID_add	Ctrl	D	VIRTKEY
ID_SUB	Ctrl	B	VIRTKEY
ID_MUL	Ctrl	L	VIRTKEY
ID_DIV	Ctrl	V	VIRTKEY

实验图 9.2　添加菜单快捷键

(3) 添加菜单消息处理函数。

在【加法】菜单上单击鼠标右键，在弹出的下拉菜单中，单击【添加事件处理程序】命令。在【事件处理程序向导】对话框中，【消息类型】选择 COMMAND，【类列表】中选择 CsymenutoolbarView，保留默认的【函数处理程序名称】，单击【添加编辑】按钮，如实验图 9.3 所示。

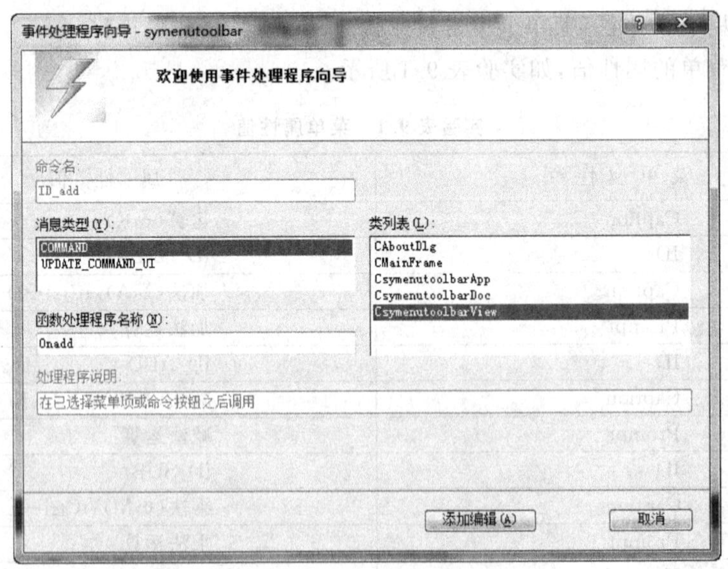

实验图 9.3　事件处理程序向导

同理为【减法】、【乘法】和【除法】菜单添加消息处理函数。

在 void CsymenutoolbarView::Onadd()函数中的“// TODO: 在此添加命令处理程序代码”语句后添加如下代码。

```
void CsymenutoolbarView::Onadd()
```

```
{
    // TODO: 在此添加命令处理程序代码
    MessageBox("你单击了加法运算");
}
```

同理，添加如下代码：

```
void CsymenutoolbarView::OnSub()
{
    // TODO: 在此添加命令处理程序代码
    MessageBox("你单击了减法运算");
}
void CsymenutoolbarView::OnMul()
{
    // TODO: 在此添加命令处理程序代码
    MessageBox("你单击了乘法运算");
}
void CsymenutoolbarView::OnDiv()
{
    // TODO: 在此添加命令处理程序代码
    MessageBox("你单击了除法运算");
}
```

3. 生成工具栏

1）添加工具栏按钮

展开【资源视图】中的 Toolbar 文件夹，双击下面的 ID 号为 IDR_MAINFRAME256 的工具栏资源，在窗口的右侧出现了【工具栏编辑器】窗口，单击【工具栏编辑窗口】中工具栏后面的空白按钮，在编辑器右边的分隔窗口中编辑位图，在该位图上画一个红色＋字形，同理画一个红色－字形、红色×字形和红色÷字形。

2）修改工具栏按钮的属性

加法按钮的属性设置如下。

ID 属性：单击 ID 属性后面的下拉组合框选择 ID_ADD。

减法按钮的属性设置如下。

ID 属性：单击 ID 属性它后面的下拉组合框选择 ID_SUB。

乘法按钮的属性设置如下。

ID 属性：单击 ID 属性后面的下拉组合框选择 ID_MUL。

除法按钮的属性设置如下。

ID 属性：单击 ID 属性后面的下拉组合框选择 ID_DIV。

4. 制作弹出式菜单

1）添加消息处理函数

在【类视图】中右键单击 CsymenutoolbarView 类，在弹出的菜单中，单击【属性】命令。在【属性】窗口中，单击【消息】按钮，单击 WM_RBUTTONDOWN 消息右列单元格的向下的小箭头，在弹出的列表中单击【＜Add＞OnRButtonDown】。

2）添加消息处理函数的程序代码

在 void CsymenutoolbarView::OnRButtonDown 消息处理函数中的“// TODO：在此添加消息处理程序代码和/或调用默认值”语句后添加如下代码。

```
void CsymenutoolbarView::OnRButtonDown(UINT nFlags, CPoint point)
{
    // TODO: 在此添加消息处理程序代码和/或调用默认值
    ClientToScreen(&point);
    CMenu myMenu ;
      myMenu.LoadMenu( IDR_MAINFRAME ) ;
      CMenu * pMenu = myMenu.GetSubMenu(4) ;
      pMenu -> TrackPopupMenu(TPM_LEFTALIGN, point.x, point.y, this ) ;
    CView::OnRButtonDown(nFlags, point);
}
```

删除 void CsymenutoolbarView::OnContextMenu 函数中的如下语句：

```
theApp.GetContextMenuManager() -> ShowPopupMenu(IDR_POPUP_EDIT, point.x, point.y, this,
TRUE);
void CsymenutoolbarView::OnContextMenu(CWnd * /* pWnd */, CPoint point)
{
#ifndef SHARED_HANDLERS
    //theApp.GetContextMenuManager() -> ShowPopupMenu(IDR_POPUP_EDIT, point.x, point.y,
this, TRUE);
#endif
}
```

5. 生成解决方案并运行

单击【生成】→【生成解决方案】菜单或按 F7 键，单击【调试】→【开始执行】菜单或按 Ctrl+F5 键。

说明：如果项目运行后，快捷键不能运行，解决方案：单击状态栏中的【开始】按钮，在【运行】中输入“regedit”，进入注册表编辑区，找到 HKEY_CURRENT_USER\Software\【应用程序向导生成的本地应用程序】，里面都是运行过的 VS 的项目。删掉现在的项目，然后重新编译程序，就可以了。

四、思考题

修改上面的程序，当单击【减法】菜单时弹出一个对话框如实验图 9.4 所示，能够进行减法运算。

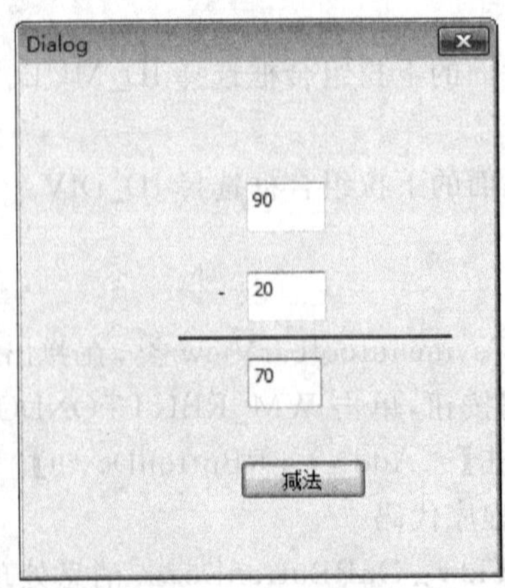

实验图 9.4　减法运算对话框

实验十　文档与视图

一、实验目的

1. 掌握字串表资源的含义和修改方法。

2. 了解文档序列化过程。

3. 理解文档视图结构。

二、实验内容

1. 仿照例 Eg7-1，创建一个单文档应用程序 Eg10-1，根据文档中设定的颜色来绘制一个椭圆。在文档类中定义了一个 COLORREF 类型的颜色变量 m_clr，用于存储椭圆的颜色。并修改文档模板的字串表，使得文档窗口的标题为"文档序列化实例"，保存文档的类型为 str。观察保存文档和打开文档的过程，进一步了解文档序列化。

提示：把 OnDraw 函数中的语句 pDC -> RoundRect(200,100,500,300,15,15)；修改为 pDC -> Ellipse(50,200,250,150)；。

2. 仿照例 Eg7-4，将单文档应用程序中的文档窗口静态分成 2×2 个窗格。

3. 仿照例 Eg7-5，将单文档应用程序中的文档窗口动态分成 2×2 个窗格，并在每个窗格里显示自己的班级信息。

三、实验步骤

内容 1 的实验步骤参见 7.2 节。

内容 2 的实验步骤参见 7.5 节。

内容 3 的实验步骤参见 7.5 节。

四、思考题

1. 内容 1 中保存文档后，在操作系统下查看文档存放的位置和文档类型，并打开文档，查看文档中存放了什么？

2. 内容 1 中修改文档模板的字串表的方法有哪些？你喜欢哪一种方法？

实验十一 文本与图形

一、实验目的

1. 掌握画笔的使用方法。
2. 掌握画刷的使用方法。
3. 掌握常用绘图函数参数的含义和使用方法。
4. 掌握字体的创建和文字输出的基本方法。

二、实验内容

1. 在单文档应用程序的 Ondraw 函数中添加如下代码,分析程序并观察程序运行结果。理解画笔和画刷的应用。

```
pDC->SetMapMode(MM_ANISOTROPIC);
CPen newpen,oldpen;
newpen.CreatePen(PS_SOLID,5,RGB(0,0,255));
pDC->SelectObject(&newpen);

CBrush newbr1,newbr2;
newbr1.CreateSolidBrush(RGB(0,0,128));
pDC->SelectObject(&newbr1);
pDC->RoundRect(200,100,330,200,15,15);

pDC->SelectStockObject(LTGRAY_BRUSH);
pDC->Pie(350,50,420,150,360,50,400,50);
newbr2.CreateHatchBrush(HS_DIAGCROSS,RGB(125,125,125));
pDC->SelectObject(&newbr2);
pDC->Ellipse(50,50,150,150);
```

2. 在单文档应用程序的 Ondraw 函数中添加如下代码,分析程序并观察程序运行结果。理解文本输出的方法。

```
CFont NewFont;
NewFont.CreateFont (65,65,0,0,FW_DONTCARE,true,false,false,DEFAULT_CHARSET,
OUT_CHARACTER_PRECIS,CLIP_CHARACTER_PRECIS, DEFAULT_QUALITY,
DEFAULT_PITCH|FF_DONTCARE,_T( "黑体"));
CFont * pOldFont;
pOldFont = pDC->SelectObject (&NewFont);
pDC->TextOut(10,10,_T("字体效果"));
```

3. 创建一个单文档的应用程序 PenP,程序运行时,在视图窗口中画一个绿色的空心圆。

4. 创建一个单文档的应用程序 BrushP。程序运行时,在视图窗口中画一个红色的实心矩形。

5. 创建一个单文档的应用程序 FuncP,仿照教材中的例 Eg8_5,使用 4 个常用的文本输出函数输出自己的班级和姓名。

6. 创建一个基于对话框的应用程序 a,在对话框中放置一个【字体选择】按钮和一个编辑框。单击【字体选择】按钮将弹出字体对话框。编辑框用于显示所选字体名,并以选定的字体来显示字体名字符串,例如,如果选择了宋体,则在编辑框中以宋体显示字符串“宋体”。

三、实验步骤

内容 1 的实验步骤:

(1) 创建一个基于单文档的应用程序 Eg10-1。

(2) 在项目工作区,打开 Eg10-1View. cpp 文件,给 Eg10-1View:: Ondraw() 函数添加如下代码。

```
pDC -> SetMapMode(MM_ANISOTROPIC);
CPen newpen, oldpen;
newpen.CreatePen(PS_SOLID,5,RGB(0,0,255));
pDC -> SelectObject(&newpen);

CBrush newbr1,newbr2;
newbr1.CreateSolidBrush(RGB(0,0,128));
pDC -> SelectObject(&newbr1);
pDC -> RoundRect(200,100,330,200,15,15);

pDC -> SelectStockObject(LTGRAY_BRUSH);
pDC -> Pie(350,50,420,150,360,50,400,50);
newbr2.CreateHatchBrush(HS_DIAGCROSS,RGB(125,125,125));
pDC -> SelectObject(&newbr2);
pDC -> Ellipse(50,50,150,150);
```

(3) 编译并运行程序即可。

(4) 观察程序运行结果,了解画笔和画刷的使用方法。

内容 2 的实验步骤:

(1) 创建一个基于单文档的应用程序 Eg10-2。

(2) 在项目工作区,打开 Eg10-2View. cpp 文件,给 Eg10-2View:: Ondraw() 函数添加如下代码。

```
CFont NewFont;
NewFont.CreateFont (65,65,0,0,FW_DONTCARE,true,false,false,DEFAULT_CHARSET,
OUT_CHARACTER_PRECIS,CLIP_CHARACTER_PRECIS, DEFAULT_QUALITY,
DEFAULT_PITCH|FF_DONTCARE,_T( "黑体"));
CFont * pOldFont;
pOldFont = pDC -> SelectObject (&NewFont);
```

```
pDC->TextOut(10,10,_T("字体效果"));
```

(3) 编译并运行程序即可。

(4) 观察程序运行结果,了解字体的属性的设置方法。

内容 3 的实验步骤:

(1) 创建一个单文档的应用程序 PenP。

(2) 在项目工作区,打开 PenPView.cpp 文件,给 PenPView::Ondraw()函数添加如下代码。

```
CPen newpen,oldpen;
newpen.CreatePen(PS_SOLID,5,RGB(0,255,0));
pDC->SelectObject(&newpen);
pDC->Ellipse(50,50,150,150);
```

(3) 编译并运行程序即可。

内容 4 的实验步骤参见 8.3 节。

内容 5 的实验步骤参见 8.4 节。

内容 6 的实验步骤:

(1) 创建一个基于对话框的应用程序 a。

(2) 在自动生成的对话框 IDD_A_DIALOG 的模板中,删除 TODO: Place dialog controls here 静态文本框,添加一个按钮控件,ID 设为 IDC_FONT_BUTTON,Caption 设为"字体选择",用于显示字体对话框来选择字体,再添加一个编辑框,ID 设为 IDC_FONT_EDIT,用来以所选字体显示字体名字符串。

(3) 在 aDlg.h 中为 CaDlg 类添加 private 成员变量 CFont m_font;,用来保存编辑框中选择的字体。

(4) 单击【项目】→【类向导】命令,在 CaDlg 类中为按钮 IDC_FONT_BUTTON 添加单击的消息处理函数 CaDlg::OnBnClickedFontButton()。

(5) 修改消息处理函数 CaDlg::OnBnClickedFontButton()如下。

```
void CaDlg::OnClickedFontButton()
{
    // TODO: 在此添加控件通知处理程序代码
    CString strFontName;                                    // 字体名称
    LOGFONT lf;                                             // LOGFONT 变量
    // 将 lf 所有字节清零
    memset(&lf, 0, sizeof(LOGFONT));
    // 将 lf 中的元素字体名设为"宋体"
    _tcscpy_s(lf.lfFaceName, LF_FACESIZE, _T("宋体"));
// 构造字体对话框,初始选择字体名为"宋体"
    CFontDialog fontDlg(&lf);
   if (IDOK == fontDlg.DoModal())                           // 显示字体对话框
    {
        // 如果 m_font 已经关联了一个字体资源对象,则释放它
        if (m_font.m_hObject)
        {
            m_font.DeleteObject();
```

```
        }
        // 使用选定字体的 LOGFONT 创建新的字体
        m_font.CreateFontIndirect(fontDlg.m_cf.lpLogFont);
        // 获取编辑框 IDC_FONT_EDIT 的 CWnd 指针,并设置其字体
        GetDlgItem(IDC_FONT_EDIT) -> SetFont(&m_font);
        // 如果用户单击了字体对话框的 OK 按钮,则获取被选择字体的名称并显示到编辑框里
        strFontName = fontDlg.m_cf.lpLogFont -> lfFaceName;
        SetDlgItemText(IDC_FONT_EDIT, strFontName);
    }
}
```

(6) 编译运行程序即可。

四、思考题

1. 内容 1 中的语句 CreateHatchBrush(HS_DIAGCROSS,RGB(125,125,125))的含义是什么?

2. 内容 1 中的语句 RoundRect(200,100,330,200,15,15)是圆角矩形,它的 6 个参数代表的含义是什么?

3. 画笔和画刷的使用过程中,为什么要使用函数 SelectObject( )? 它的作用是什么?

4. 内容 2 中的函数 TextOut(10,10,_T("字体效果"))中,参数的意义是什么?

实验十二　数据库编程

一、实验目的

1. 熟练掌握 ODBC 数据库编程方法。
2. 熟练掌握 ODBC 数据源创建方法。

二、实验内容

对于学生信息管理系统，常常需要处理学生的基本信息、课程成绩以及课程信息等，这些信息可以用数据库表的形式来描述。本实验将在列表视图的显示视图中显示学生的基本信息内容。

1. 用 Microsoft Access 2010 创建一个数据库 main.mdb，含有 4 个数据表：学生基本信息表 student、课程信息表 course、课程成绩表 score 和专业数据表 special。

2. 把已经创建的数据库 main.mdb 建立 ODBC 连接，命名为 mainaccess。

3. 把数据库 main.mdb 中的 course 表以列表的方式显示在单文档应用程序的客户区，如实验图 12.1 所示。

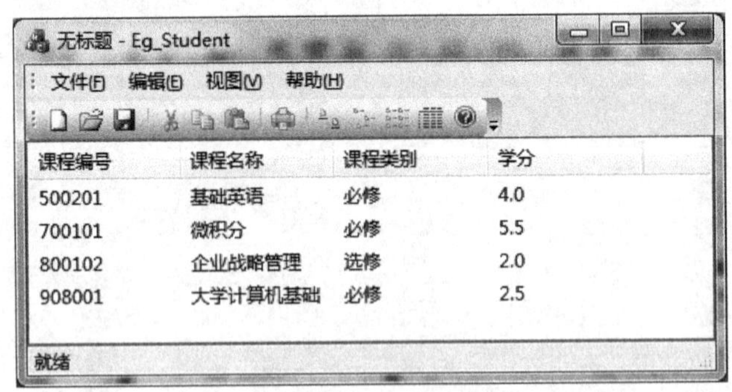

实验图 12.1　在文档窗口的客户区显示 course 表信息

4. 在状态栏中显示当前记录号和记录总数，如实验图 12.2 所示。

三、实验步骤

内容 1 的实验步骤：

这里以 Microsoft Access 2010 为例说明数据库和数据表的创建过程。

(1) 启动 Microsoft Access 2010。

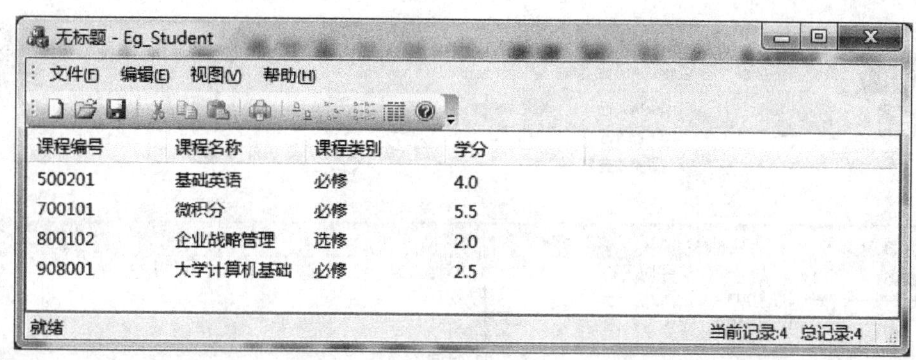

实验图 12.2　自定义状态栏信息

(2) 选择【文件】菜单中的【新建】命令，在右边任务窗格中单击【空数据库】，弹出一个对话框，将文件路径指定到"…\Visual C++程序\实验"，指定数据库名 main.mdb。单击【创建】按钮，出现如实验图 12.3 所示的数据库设计窗口。

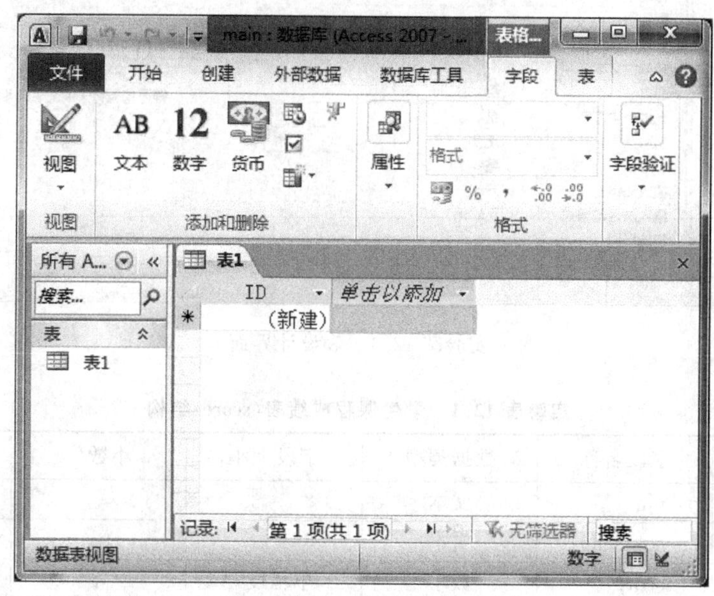

实验图 12.3　数据库设计窗口

(3) 单击【开始】选项卡的【视图】下方向下箭头，选择【设计视图】命令，在弹出的【另存为】对话框中，为当前表命名为 student，出现如实验图 12.4 所示的表设计界面。其中，单击【数据类型】框的下拉按钮，可在弹出的列表中选择适当的数据类型。在下方的【常规】选项卡中可以设置字段大小、格式等内容。

(4) 按实验表 12.1 添加字段名和数据类型，关闭表设计界面，弹出一个消息对话框，询问是否保存刚才设计的数据表，单击【是】按钮，出现如实验图 12.5 所示的对话框，在表名称输入为 score，单击【确定】按钮。此时出现一个消息对话框，用来询问是否要为表创建主关键词，单击【否】按钮。注意：若单击【是】按钮，则系统会自动为表添加另一个字段 ID。

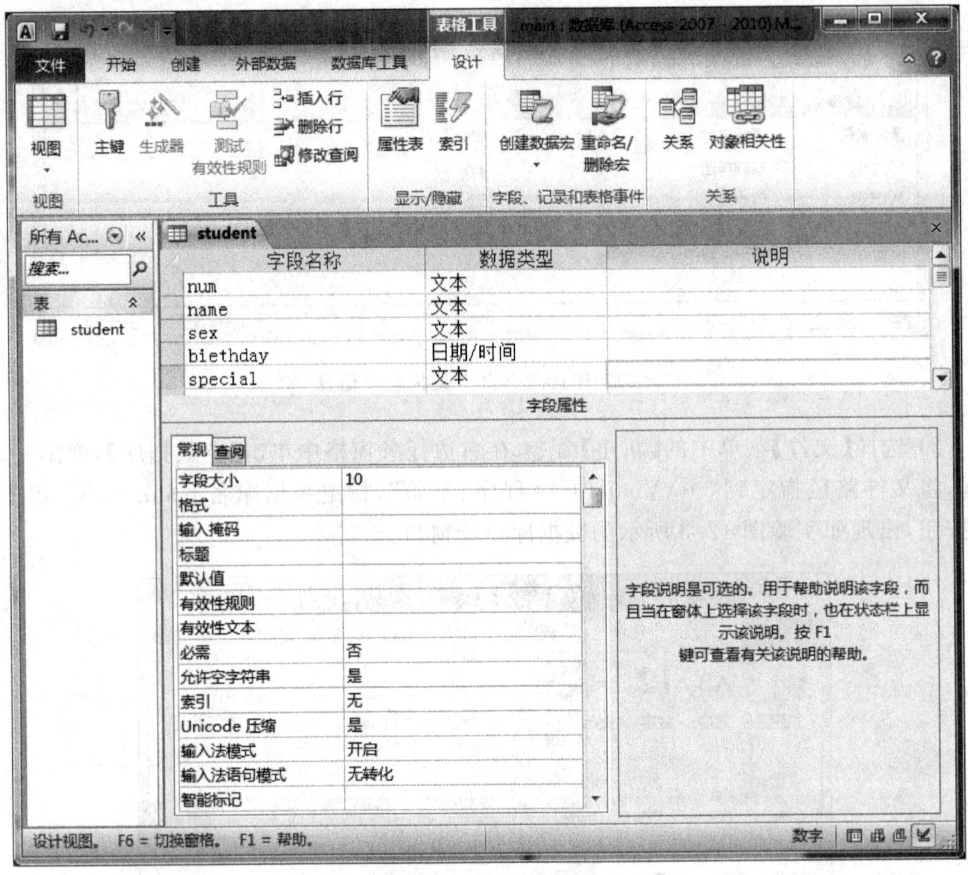

实验图 12.4　表设计界面

实验表 12.1　学生课程成绩表(score)结构

序号	字段名称	数据类型	字段大小	小数位	字段含义
1	nm	文本	8		学号
2	courseno	文本	6		课程号
3	score	数字	单精度	1	成绩

(5) 在数据库设计窗口中,双击 score 表,可向数据表中输入记录数据。如实验图 12.6 所示是记录输入的结果。

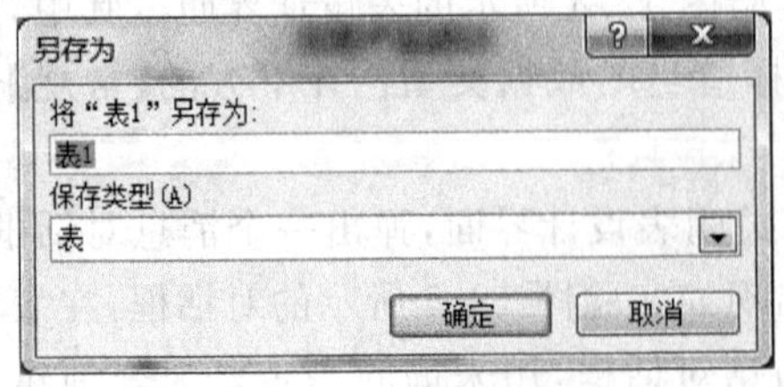

实验图 12.5　保存数据表

实验图 12.6　在 score 表中添加的记录

(6) 按照上面的过程，添加学生基本信息表 student、课程信息表 course 和专业数据表 special，并输入如实验图 12.7 所示的记录。

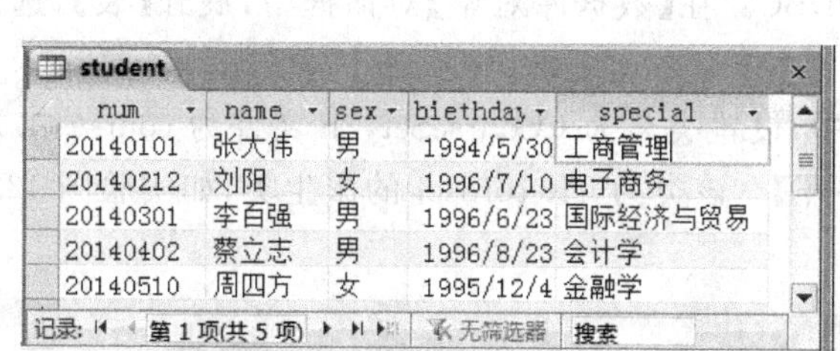

student

num	name	sex	biethday	special
20140101	张大伟	男	1994/5/30	工商管理
20140212	刘阳	女	1996/7/10	电子商务
20140301	李百强	男	1996/6/23	国际经济与贸易
20140402	蔡立志	男	1996/8/23	会计学
20140510	周四方	女	1995/12/4	金融学

记录: 第 1 项(共 5 项)　无筛选器　搜索

score

num	courseno	score
20100101	500201	89
20100101	700101	88
20100101	908001	90
20100212	500201	96
20100301	500201	75
20100301	800102	90
20100402	500201	65
20100510	500201	90
20100510	700101	92

记录: 第 9 项(共 9 项)　无筛选器　搜索

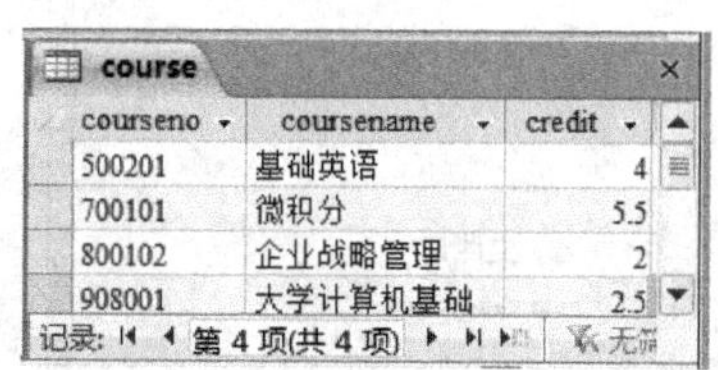

course

courseno	coursename	credit
500201	基础英语	4
700101	微积分	5.5
800102	企业战略管理	2
908001	大学计算机基础	2.5

记录: 第 4 项(共 4 项)　无筛

special

specialname	estyear	introduct
电子商务	2001	
工商管理	1981	
国际经济与贸易	1991	
会计学	1981	
金融学	1988	
市场营销	1991	

记录: 第 1 项(共 6 项)　无筛选器　搜

实验图 12.7　各数据表添加的记录

(7) 关闭 Microsoft Access 2010。

内容 2 的实验步骤：

(1) 打开【控制面板】，选择【系统和安全】，双击【管理工具】，双击【数据源(ODBC)】，运行 ODBC 组件，进入 ODBC 数据源管理器。

(2) 单击【添加】按钮，弹出有一驱动程序列表的【创建新数据源】对话框，在该对话框中选择 Microsoft Access Driver。

(3) 单击【完成】按钮，进入指定驱动程序的安装对话框，数据源名称设为"mainaccess"，单击【选择】按钮选择本实验中的 main.mdb 数据库。

(4) 单击【确定】按钮，刚才创建的用户数据源被添加在【ODBC 数据源管理器】的【用户数据源】列表中。

内容 3 的实验步骤：

(1) 启动 Visual Studio 2010 系统。用 MFC AppWizard 创建一个单文档应用程序 Eg_Student，在向导的【生成的类】选项卡中，将 CEg_StudentView 的基类由 CView 改为 CListView。

(2) 将项目工作区窗口切换到【解决方案资源管理器】页面，展开【头文件】所有项，双击 stdafx.h，打开该文件。在 stdafx.h 中添加 ODBC 数据库支持的头文件包含＃include <afxdb.h>，在如下代码后面添加命令：＃include <afxdb.h>。

```
# ifndef _AFX_NO_AFXCMN_SUPPORT
# include < afxcmn.h >
// MFC support for Windows Common Controls
# endif // _AFX_NO_AFXCMN_SUPPORT

# include < afxdb.h >
```

(3) 在【项目】菜单中单击【类向导】命令，在打开的【MFC 类向导】对话框中，单击【添加类】后面的向下的按钮，选择【MFC ODBC 使用者…】，则打开【MFC ODBC 使用者向导】对话框。在该对话框中首先设置数据源为【机器数据源】→mainaccess，在弹出的登录对话框中，设置【登录密码】和【登录口令】都为 ODBC。在【数据库对象】对话框中，展开【表】，选择 course 表，单击【确定】按钮。

在【MFC ODBC 使用者向导】对话框中，设置类名为 CCourseSet，. h 文件为 courseset. h，. cpp文件为 courseset. cpp，类型设置为【快照】。该类为 CRecordset 的派生类，如实验图 12.8 所示。

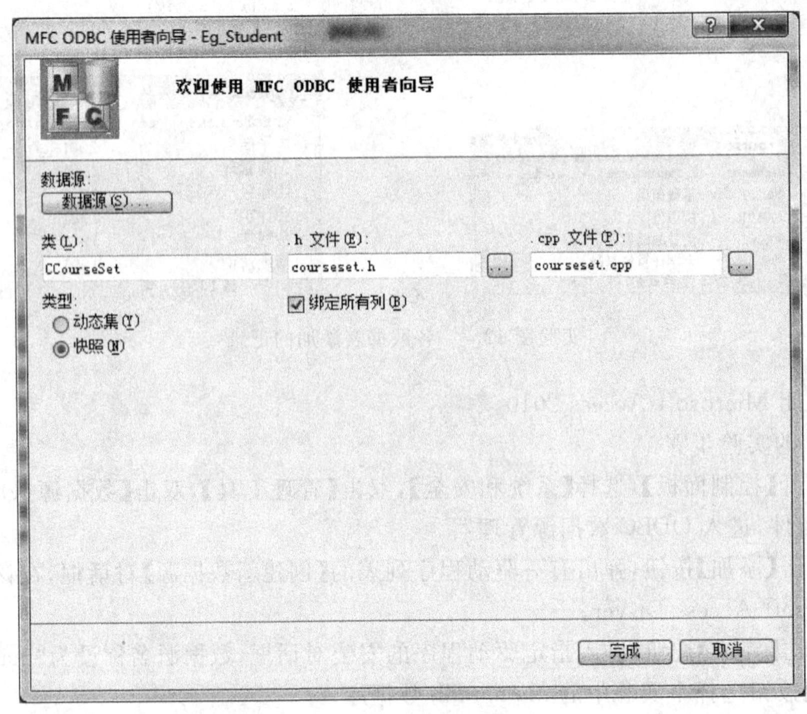

实验图 12.8 添加 CcourseSet 类

(4) 在 CEg_StudentView::PreCreateWindow 函数中添加修改列表视图风格的代码。

```
BOOL CEg_StudentView::PreCreateWindow(CREATESTRUCT& cs)
{
    cs.style &= ~LVS_TYPEMASK;
    cs.style |= LVS_REPORT;                              // 报表方式
    return CListView::PreCreateWindow(cs);
}
```

(5) 在 CEg_StudentView::OnInitialUpdate 函数中添加下列代码。

```
void CEg_StudentView::OnInitialUpdate()
{
    CListView::OnInitialUpdate();
    // TODO: 调用 GetListCtrl() 直接访问 ListView 的列表控件,
    // 从而可以用项填充 ListView.
```

```
    CListCtrl& m_ListCtrl = GetListCtrl();          // 获取内嵌在列表视图中的列表控件
    CCourseSet cSet;
    cSet.Open();                                    // 打开记录集
    CODBCFieldInfo field;
      // 创建列表头
    for (UINT i = 0; i < cSet.m_nFields; i++)
     {
        cSet.GetODBCFieldInfo( i, field );
         m_ListCtrl.InsertColumn(i,field.m_strName,LVCFMT_LEFT,100);
    }
     int nItem = 0;                                 // 添加列表项
     CString str;
     while (!cSet.IsEOF())
      {
          for (UINT i = 0; i < cSet.m_nFields; i++)
{     cSet.GetFieldValue(i, str);
   if ( i == 0) m_ListCtrl.InsertItem( nItem, str );
        else  m_ListCtrl.SetItemText( nItem, i, str );
      }
       nItem++;
     cSet.MoveNext();
   }
    cSet.Close();                                   // 关闭记录集
}
```

(6) 在 Eg_StudentView.cpp 文件的前面添加 CCourseSet 类的头文件包含：

```
#include "CourseSet.h"
```

(7) 编译并运行程序，结果如实验图 12.9 所示。

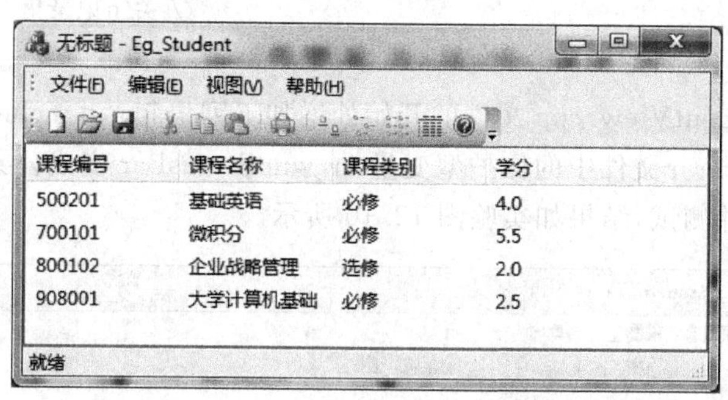

实验图 12.9　用 ListView 显示 course 表

内容 4 的实验步骤：

(1) 在 MainFrm.cpp 文件中，向原来的 indicators 数组添加一个元素（ID_SEPARATOR,// 第二个信息行窗格），用来在状态栏上增加一个窗格，修改的结果如下。

```
static UINT indicators[] =
{    ID_SEPARATOR,                                 // 第一个信息行窗格
     ID_INDICATOR_CAPS,
     ID_INDICATOR_NUM,
     ID_INDICATOR_SCRL,
};
```

(2) 在 Eg_StudentView.cpp 文件的前面添加一个全局函数 DispRecNum 成员函数，其代码如下。

```
void DispRecNum(CCourseSet * pSet)
{  CString str;
   CMainFrame * pFrame = (CMainFrame * )AfxGetApp() -> m_pMainWnd;
                                                    // 获得主框架窗口的指针
   CMFCStatusBar * pStatus = &pFrame -> m_wndStatusBar;
                                                    // 获得主框架窗口中的状态栏指针
   if (pStatus)
   {     CRecordsetStatus rStatus;
     pSet -> GetStatus(rStatus);                    // 获得当前记录信息
          str.Format(_T("当前记录: %d 总记录: %d"),
                         1 + rStatus.m_lCurrentRecord, pSet -> GetRecordCount());
     pStatus -> SetPaneText(1, str);                // 更新第二个窗格的文本
   }
}
```

该函数先获得状态栏对象的指针，然后调用 SetPaneText 函数更新第二个窗格的文本。

(3) 在 CEg_StudentView 的 OnInitialUpdate 函数处添加下列代码。

```
void CEx_FieldView::OnInitialUpdate()
{   ...
  CString str;
  while (!cSet.IsEOF())
    {    ...   }
  ::DispRecNum( &cSet );
  cSet.Close();                                     // 关闭记录集
}
```

(4) 在 Eg_StudentView.cpp 文件的开始处增加下列语句：#include "MainFrm.h"。

(5) 将 MainFrm.h 文件中的保护型变量 m_wndStatusBar 变成公共变量。

(6) 编译运行并测试，结果如实验图 12.10 所示。

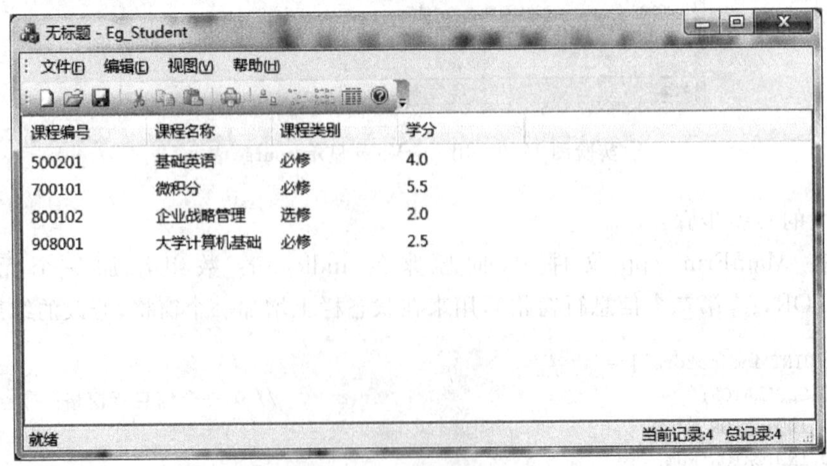

实验图 12.10 状态栏显示自定义信息

实验十三　Windows Form 编程基础

一、实验目的

1. 熟悉 Windows Form 编程环境，了解 Windows Form 编程基本步骤和方法。

2. 初步了解 Windows Form 编程的特点、C++/CLI 与标准 C++的差别。

3. 学会窗体【设计器】、【代码】编辑窗口、【属性】窗口、【工具箱】和【布局】工具栏的使用方法。

4. 理解并掌握窗体及控件属性的含义及使用方法。

5. 学会控件布局的方法。

6. 理解并掌握事件处理程序的含义和使用方法。

7. 了解 Windows Form 应用程序文件的种类及用处。

二、实验内容

1. 按 10.1 节给出的步骤，制作"Hello"应用程序。

2. 在"Hello"应用程序的基础上，完成以下功能。

(1) 双击窗体背景，窗体上显示文本"Hello"或"Welcome"的控件变得不可见。Ok 按钮和 Close 按钮变得不可用，即单击这些按钮时，没有任何反应。

(2) 再次双击窗体背景，窗体上显示文本的控件再次出现。Ok 按钮和 Close 按钮也恢复正常。

三、实验步骤

内容 1 的实验步骤参见 10.1 节。

内容 2 的实验步骤：

(1) 在窗体【设计器】页面单击窗体背景选中窗体对象。

(2) 为窗体对象添加 DoubleClick 事件的事件处理程序 Form1_DoubleClick( )。具体操作如下。

在【属性】窗口中，单击【事件】按钮 ，在下面的可用事件列表中，找到 DoubleClick 事件并双击。系统会自动创建与此事件绑定的事件处理程序 Form1_DoubleClick( )，并切换到【代码】编辑窗口。此时光标自动定位在此事件处理程序的语句体位置，等待输入代码。

(3) 在此 Form1_DoubleClick( )事件处理程序中编写代码，编写完代码的事件处理程序及其中的代码如下。

```
private: System::Void Form1_DoubleClick(System::Object^ sender, System::EventArgs^ e) {
    if (label1 -> Visible == true)
    {     label1 -> Visible = false;
          button1 -> Enabled = false;
          button2 -> Enabled = false;
    }
    else
    {     label1 -> Visible = true;
          button1 -> Enabled = true;
          button2 -> Enabled = true;
    }
}
```

(4) 程序调试与运行。

按快捷键 F7 或选择【生成】菜单中的【生成解决方案】命令再次生成此“Hello”应用程序。

若生成不成功,则应返回【代码】编辑窗口,检查是否有编码错误。

查错时主要注意两个方面的内容:一个是事件处理程序方面的,如名称、参数、返回值、访问方式等,尤其是名称,从这能看出绑定的事件是否正确。其实,如果没对这些内容做过任何修改,那就不可能是这方面的问题。如果修改过,最好重新添加事件处理程序。

另一个要查错的地方就是函数体部分的代码。包括分支语句逻辑是否合理、控件属性名使用是否正确,赋给控件属性的值是否正确等。

注意,在安装 Visual Studio 2010 后若没安装 VAssistX 软件,则以上代码的输入要十分细心,尤其注意字符的大小写不要写错,比如“true”不能写成“True”,因为它们代表两个不同的含义,用处不同。同样,“Visible”也不能写作“visible”。若已安装了 VAssistX 软件,则在代码输入过程中,会有智能提示出现,到时候只要在给出的提示选项中选择需要的选项即可,这种输入方式通常不会出现代码输入错误。还有,输入“ ->”时,只要按一下大于号键即可。

生成成功后,按快捷键 Ctrl+F5 或选择【调试】菜单中的【开始执行(不调试)】命令,运行此“Hello”应用程序。按照实验内容 2 的功能要求操作,看看软件功能是否符合要求,若不符合要求,再次返回【代码】编辑窗口或窗体【设计器】,继续检查错误,修改后再次按 Ctrl+F5 键运行,直到满意为止。

四、思考题

1. 为什么代码中使用控件的属性时,一直都在使用引用运算符“ ->”,而不是“.”表示法呢?

2. 若把上述“Hello”应用程序的界面改成如实验图 13.1 所示的样子,让上面实验内容 2 的功能在反复单击 Hide/Show 按钮时实现,即:

(1) 单击实验图 13.1 中的 Hide 按钮,窗体上显示文本“Hello”或“Welcome”的控件变得不可见;Ok 按钮和 Close 按钮变得不可用,即单击这些按钮时,没有任何反应;然后此 Hide 按钮上的文字变为“Show”。

(2) 再单击此 Show 按钮,窗体上显示文本的控件再次出现;Ok 按钮和 Close 按钮恢复正常；且此 Show 按钮上显示的文字再次变为“Hide”。

实验图 13.1　带 Hide/Show 按钮的 Hello 应用程序

那么，上述应用程序应如何实现呢？

实验十四 Windows Form 控件与对话框(一)

一、实验目的

1. 熟练掌握标签、按钮、文本框控件的添加方法及窗体的布局。
2. 熟练掌握标签、按钮、文本框控件的常用属性设置方法。
3. 熟练掌握标签、按钮、文本框控件的常用事件的使用方法。
4. 掌握滚动条控件的常用属性设置和事件处理方法。
5. 掌握图片控件的使用方法。

二、实验内容

1. 设计如实验图 14.1 所示窗体,单击【确定】按钮,弹出对话框显示运算结果是否正确;单击【关闭】按钮,弹出对话框显示题目总数,以及对、错题目数。

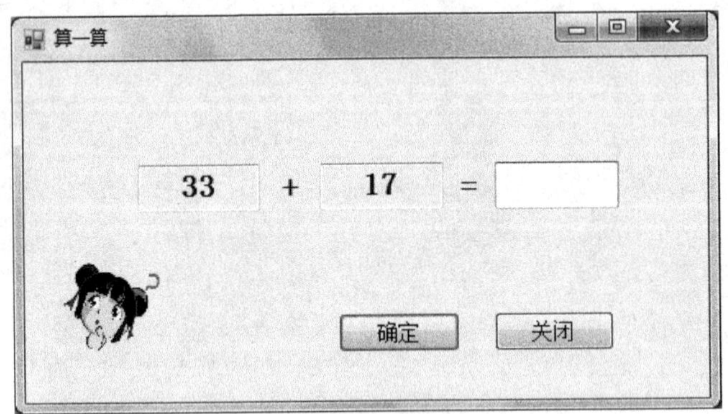

实验图 14.1　算一算

2. 设计如实验图 14.2 所示【调色板】窗体,可以使用滚动条或文本框的值进行调色。左侧为调色区,调色完成后,选择右侧墨盒,单击【确定】按钮,将调色区的颜色添加到墨盒中;单击【退出】按钮,结束程序。

三、实验步骤

1. 实验内容 1 操作步骤

(1) 新建项目,命名为“计算”。窗体对象使用默认名称 Form1。

(2) 窗体设计。

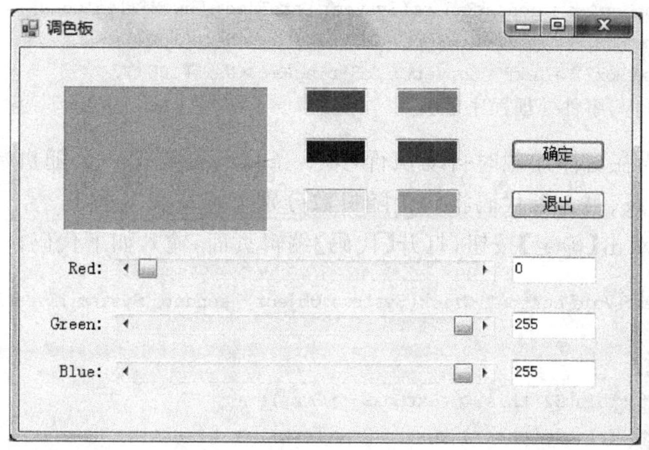

实验图 14.2　调色板

设计如实验图 14.1 所示窗体,在窗体上添加一个图片控件 pictureBox1,两个标签控件 label1、label2,三个文本框控件 textBox1、textBox2、textBox3,两个按钮 button1、button2。

(3) 属性设置。

参照实验表 14.1,在【属性】窗口中设置各控件属性。

实验表 14.1　控件属性

控　　件	属　　性	值	说　　明
Form1	AcceptButton	Button1	默认按钮
	Text	算一算	窗体标题
pictureBox1	Image	根据图片位置设置	添加图片
	SizeMode	StretchImage	大小模式
label1 label2	Font	宋体,15.75pt,style=Bold	字体、字号、加粗
	Text	+、=	文本
textBox1 textBox2 textBox3	Font	宋体,15.75pt,style=Bold	字体、字号、加粗
	Text	空	初值
	ReadOnly	textBox1、textBox2 为 True	只读属性
button1 button2	Font	宋体,10.5pt	字体、字号
	Text	确定、关闭	文本

(4) 添加代码。

① 在窗体上双击,打开【代码】编辑页面,输入如下背景为灰色部分的代码,其余代码是系统自动生成显示。程序代码中"//"为注释标识,其后面文字是解释说明前面代码,不需要输入代码中。在代码开始处输入如下代码。

```
#pragma once
int n=0,m=0,s=0;                    //声明变量 m,n,s,用来统计正确、错误及题目总数
```

② 在窗体上双击,打开【代码】编辑页面,输入如下代码。

```
    #pragma endregion
private: System::Void Form1_Load(System::Object^ sender, System::EventArgs^ e) {
```

```
        System::Random^ a = gcnew Random(System::DateTime::Now.Millisecond);
        this -> textBox1 -> Text = Convert::ToString(a -> Next(100));
        this -> textBox2 -> Text = Convert::ToString(a -> Next(100));
} // Form1_Load( )事件处理程序结束
```

这段程序代码在窗体加载时自动执行,第 1 条代码是定义一个随机数组 a 产生 100 以内的随机数,第 2 条、第 3 条代码将两个随机数分别显示在文本框中。

③ 在窗体上双击【确定】按钮,打开【代码】编辑页面,输入如下代码。

```
private: System::Void button1_Click(System::Object^ sender, System::EventArgs^ e)
{
    int a,b,c;
    a = Convert::ToInt32(this -> textBox1 -> Text);
    b = Convert::ToInt32(this -> textBox2 -> Text);
    c = Convert::ToInt32(this -> textBox3 -> Text);
    if( a + b == c)
    {  n = n + 1;                         //正确题目数
      s = s + 1;                          //题目总数
      if(MessageBox::Show("太棒了,接着来?","Information",MessageBoxButtons::YesNo)
                 == System::Windows::Forms::DialogResult::Yes)
        {  System::Random^ a = gcnew Random(System::DateTime::Now.Millisecond);
           this -> textBox1 -> Text = Convert::ToString(a -> Next(100));
           this -> textBox2 -> Text = Convert::ToString(a -> Next(100));
           this -> textBox3 -> Text = "";
           this -> textBox3 -> Focus();
        }
        else
            this -> button2 -> Focus();
    }
    else
    {  m = m + 1;                         //错误题目数
       s = s + 1;
       if(MessageBox::Show("别灰心,接着来?","Information",MessageBoxButtons::YesNo)
          == System::Windows::Forms::DialogResult::Yes)
       {  System::Random^ a = gcnew Random(System::DateTime::Now.Millisecond);
          this -> textBox1 -> Text = Convert::ToString(a -> Next(100));
          this -> textBox2 -> Text = Convert::ToString(a -> Next(100));
          this -> textBox3 -> Text = "";
          this -> textBox3 -> Focus();
       }
       else
         this -> button2 -> Focus();
    }
}// button1_Click ( )事件处理程序结束
```

这段代码实现了程序的主要功能,将三个文本框中文本转换为整型,统计题目总数和正确、错误的题目数。如果继续运算,这里又产生新的随机数。Form1_Load()中产生文本框的初值,继续运算的随机数均由此部分产生。

④ 双击【关闭】按钮，打开【代码】编辑页面，输入如下代码。

```
private: System::Void button2_Click(System::Object^ sender, System::EventArgs^ e) {
    MessageBox::Show("\n 计算题目：" + Convert::ToString(s) + "\n 正确："
    + Convert::ToString(n) + "\n 错误：" + Convert::ToString(m));          //对话框显示结果
    Close();
}// button2_Click ( )事件处理程序结束
```

(5) 程序调试。

执行【调试】菜单下的【开始执行】命令运行程序，如实验图 14.1 所示。在文本框中输入运算结果，这时单击【确定】按钮或按 Enter 键，如果结果正确，弹出对话框显示“太棒了，接着来?”，如果结果不正确，弹出对话框显示“别灰心，接着来?”。这时单击对话框中的【是】按钮，重新产生试题，继续计算；如果单击【否】按钮，回到窗体，单击【关闭】按钮弹出对话框显示题目总数以及正确、错误题目数，退出程序。

2. 实验内容 2 操作步骤

(1) 新建项目，命名为“调色板”。窗体对象使用默认名称 Form1。

(2) 窗体设计。

设计如实验图 14.2 所示窗体，在窗体上添加 4 个标签控件 label1、label2、label3 和 label4，9 个文本框控件(其中 textBox1、textBox2、textBox3 用来显示颜色值，textBox4～textBox9 用作墨盒)，三个滚动条控件 hScrollBar1、hScrollBar2、hScrollBar3，两个按钮 button1、button2。

(3) 属性设置。

参照实验表 14.2，在【属性】窗口中设置各控件属性。

实验表 14.2　控件属性

控　　件	属　　性	值	说　　明
Form1	Text	调色板	窗体标题
label1	Text		用作调色板
label2～label4	Text	Red、Green、Blue	文本
textBox1～textBox3	Text	0	红、绿、蓝三色初值
textbox4～textBox9	Text		用作墨盒
	Enter 事件	textbox(4-9)_getfocus	在对应文本框中设置
button1、button2	Text	确定、退出	文本
hScrollBar1～hScrollBar3	Maximum	264	颜色最大值 255，再加 9

(4) 添加代码。

① 在窗体上双击，打开【代码】编辑页面，输入如下代码。

在代码开始处，声明变量：

```
#pragma once
int red,green,blue;                                   //声明变量，存放颜色值
```

在中间处声明变量：

```
#pragma endregion
String^ focused_textbox;                              //用来保存得到焦点的文本框名称
```

② 在窗体上双击，打开【代码】编辑页面，输入如下代码。

```
private: System::Void Form1_Load(System::Object^ sender, System::EventArgs^ e)
{
    red = this -> hScrollBar1 -> Value ;                    //滚动条 1 的值赋给 red 变量
    green = this -> hScrollBar2 -> Value;                   //滚动条 2 的值赋给 green 变量
    blue = this -> hScrollBar3 -> Value;                    //滚动条 3 的值赋给 blue 变量
}
```

③ 在窗体上双击 hScrollBar1，打开【代码】编辑页面，输入如下代码。

```
private: Void hScrollBar1 _ Scroll ( System:: Object ^ sender, System:: Windows:: Forms::
ScrollEventArgs^ e)
{
    red = this -> hScrollBar1 -> Value ;                    //滚动条 1 的值赋给变量 red
    this -> textBox1 -> Text = Convert::ToString(red); //将 red 值显示在文本框 1 中
    this -> label1 -> BackColor = Color::FromArgb(red, green, blue);  //标签 1 中显示颜色
}
```

这段代码实现用滚动条调整颜色。Color::FromArgb(red,green,blue)显示当前的颜色。每当三种颜色滚动条位置变化时，颜色就改变。下述④、⑤两段代码功能与此段代码功能相同。

④ 在窗体上双击 hScrollBar2，打开【代码】编辑页面，输入如下代码。

```
    private: Void hScrollBar2 _ Scroll ( System:: Object ^ sender, System:: Windows:: Forms::
ScrollEventArgs^ e) {
    green = this -> hScrollBar2 -> Value;
    this -> textBox2 -> Text = Convert::ToString(green);   //将 green 值显示在文本框 2 中
    this -> label1 -> BackColor = Color::FromArgb(red, green, blue);
}
```

⑤ 在窗体上双击 hScrollBar3，打开【代码】编辑页面，输入如下代码。

```
private: Void hScrollBar3 _ Scroll ( System:: Object ^ sender, System:: Windows:: Forms::
ScrollEventArgs^ e)
{
    blue = this -> hScrollBar3 -> Value;
    this -> textBox3 -> Text = Convert::ToString(blue );    //将 blue 值显示在文本框 2 中
    this -> label1 -> BackColor = Color::FromArgb(red, green, blue);
}
```

⑥ 在窗体上双击 textBox1，打开【代码】编辑页面，输入如下代码。

```
private: System::Void textBox1_TextChanged(System::Object^ sender, System::EventArgs^ e)
{
    red = Convert::ToInt32(this -> textBox1 -> Text);
    if (Convert::ToInt32(this -> textBox1 -> Text)> 255)
    {
        this -> textBox1 -> Text = "255";
        red = 255;
    }
    this -> label1 -> BackColor = Color::FromArgb(red, green, blue);
```

```
    this -> hScrollBar1 -> Value = red;                    //设置滚动条的值与文本框值相同
}
```

这段代码用文本框的值调整颜色，文本框值改变时颜色同时改变。颜色值在 0～255 之间变化，文本框 1 中输入值大于 255 时，将对应变量赋值 255，否则发生错误。文本框的值改变时，滚动条的值同时随着改变。下述⑦、⑧两段代码功能与此段代码功能相同。

⑦ 在窗体上双击 textBox2，打开【代码】编辑页面，输入如下代码。

```
private: System::Void textBox2_TextChanged(System::Object^ sender, System::EventArgs^ e)
{
    green = Convert::ToInt32(this -> textBox2 -> Text);
    if (Convert::ToInt32(this -> textBox2 -> Text)> 255)
     {
        this -> textBox2 -> Text = "255";                //文本框 2 中输入值大于 255 时,赋值 255
        green = 255;
     }
    this -> label1 -> BackColor = Color::FromArgb(red,green,blue);
    this -> hScrollBar2 -> Value = green;
}
```

⑧ 在窗体上双击 textBox3，打开【代码】编辑页面，输入如下代码。

```
private: System::Void textBox3_TextChanged(System::Object^ sender, System::EventArgs^ e)
{
    blue = Convert::ToInt32(this -> textBox3 -> Text);
    if (Convert::ToInt32(this -> textBox3 -> Text)> 255)
    {
        this -> textBox3 -> Text = "255";                //文本框 3 中输入值大于 255 时,赋值 255
        blue = 255;
    }
    this -> label1 -> BackColor = Color::FromArgb(red,green,blue);
    this -> hScrollBar3 -> Value = blue;
}
```

⑨ 双击【确定】按钮，打开【代码】编辑页面，输入如下代码。

```
private: System::Void button1_Click(System::Object^ sender, System::EventArgs^ e)
{
    if (focused_textbox == "textbox4")
        this -> textBox4 -> BackColor = this -> label1 -> BackColor;
    if (focused_textbox == "textbox5")
        this -> textBox5 -> BackColor = this -> label1 -> BackColor;
    if (focused_textbox == "textbox6")
        this -> textBox6 -> BackColor = this -> label1 -> BackColor;
    if (focused_textbox == "textbox7")
        this -> textBox7 -> BackColor = this -> label1 -> BackColor;
    if (focused_textbox == "textbox8")
        this -> textBox8 -> BackColor = this -> label1 -> BackColor;
    if (focused_textbox == "textbox9")
        this -> textBox9 -> BackColor = this -> label1 -> BackColor;
}
```

这段代码用来判断 textBox4～textBox9 文本框哪个获得焦点，并将调好的颜色添加到相应的文本框中。

⑩ 选中 textBox4 文本框，在【属性】窗口的事件操作界面，找到 Enter 事件并双击，打开【代码】编辑页面，输入如下代码。

```
private: System::Void textbox4_getfocus(System::Object^ sender, System::EventArgs^ e)
{
    focused_textbox = "textbox4";  //得到焦点的文本框名称赋值给字符串变量 focused_textbox
}
```

textBox4～textBox9 每个文本框获得焦点时，在相同的事件下都需要执行这条代码。在此仅以 textBox4 为例，textBox5～textBox9 文本框参照 textBox4 写入代码。

⑪ 双击【退出】按钮，打开【代码】编辑页面，输入如下代码。

```
private: System::Void button2_Click(System::Object^ sender, System::EventArgs^ e)
{
    Close();
}
```

(5) 程序调试。

执行【调试】菜单下的【开始执行】命令运行程序，如实验图 14.2 所示。可以使用滚动条或文本框的值进行调色。左侧为调色区，调色完成后，选择右侧墨盒，单击【确定】按钮，将调色区的颜色添加到墨盒中；单击【退出】按钮，结束程序。

四、思考题

1. 如果算一算程序中 textBox1、textBox2 改用标签控件是否可行？
2. 如果调色板程序中使用滑块控件代替滚动条，如何实现？

实验十五 Windows Form 控件与对话框(二)

一、实验目的

1. 熟练掌握单选按钮、复选框控件的常用属性和设置方法。
2. 熟练掌握单选按钮和复选框控件的常用事件和代码写入方法。
3. 掌握时间控件的使用方法。
4. 掌握列表框控件常用方法的应用。
5. 掌握下拉列表框控件的使用。

二、实验内容

1. 设计如实验图 15.1 所示网上购物问卷调查窗体,单击【提交】按钮,弹出对话框显示选择的信息;单击【退出】按钮,结束程序。

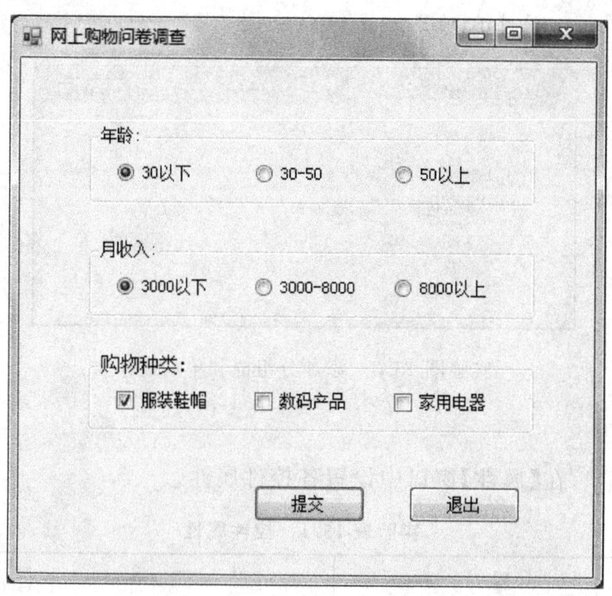

实验图 15.1　网上购物问卷调查

2. 设计如实验图 15.2 所示学生信息录入窗体,单击【添加】按钮,将学生信息添加到列表框中;单击【删除】按钮,将列表框中选择记录删除;单击【退出】按钮,结束程序。

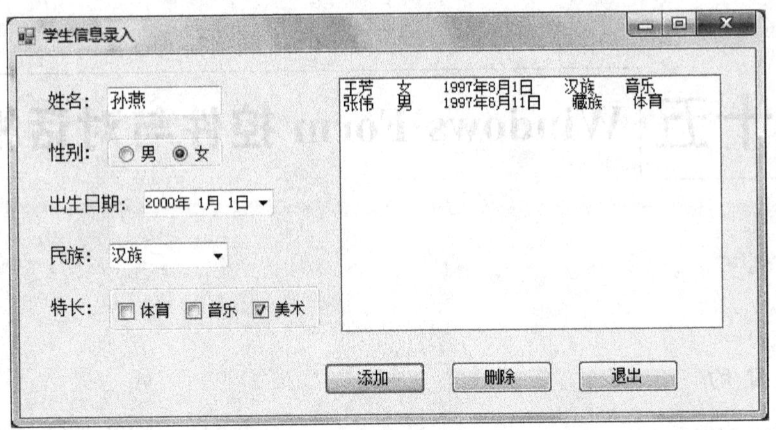

实验图 15.2　学生信息录入

三、实验步骤

1. 实验内容 1 操作步骤

(1) 新建项目，命名为“问卷调查”。窗体对象使用默认名称 Form1。

(2) 窗体设计。

设计如实验图 15.1 所示窗体。首先在窗体上添加一个 GroupBox 控件 GroupBox1，然后在 GroupBox1 内添加三个单选按钮，如实验图 15.3 所示。以此方法添加另外两组控件，最后添加两个按钮 button1、button2。

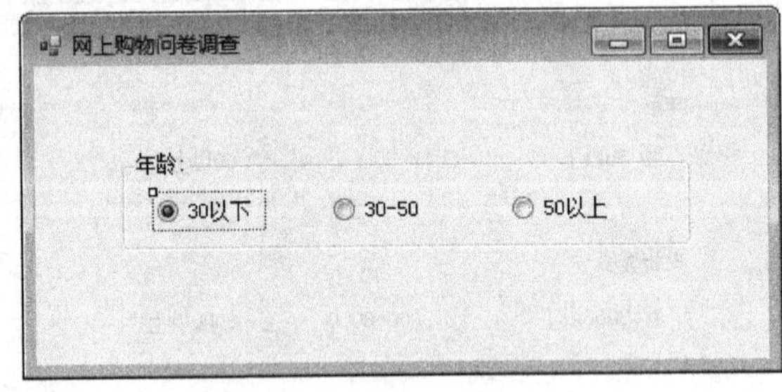

实验图 15.3　添加分组框和单选按钮

(3) 属性设置。

参照实验表 15.1，在【属性】窗口中设置各控件属性。

实验表 15.1　控件属性

控　　件	属　　性	值	说　　明
Form1	AcceptButton	Button1	默认按钮
	Text	网上购物问卷调查	窗体标题
groupBox1 groupBox2 groupBox3	Text	年龄：、月收入：、购物种类：	分组名称
	Font	宋体，10.5pt	字体、字号

续表

控　　件	属　　性	值	说　　明
radioButton (组 1)	Name	rb1、rb2、rb3	三个单选按钮
	Text	30 以下、30-50、50 以上	初值
	Checked	rb1 为 True	选中
radioButton (组 2)	Name	rb10、rb9、rb8	三个单选按钮
	Text	3000 以下、3000-8000、8000 以上	初值
	Checked	rb10 为 True	选中
CheckBox (组)	Name	ck1、ck2、ck3	三个复选框
	Text	服装鞋帽、数码产品、家用电器	初值
	Checked	ck1 为 True	选中
button1	Font	宋体,9pt	字体、字号
button2	Text	提交、退出	文本

(4) 添加代码。

① 在窗体上双击【确定】按钮,输入如下代码。

```
private: System::Void button1_Click(System::Object^ sender, System::EventArgs^ e)
{
    System::String^ str1,^ str2,^ str3,^ str4,^ str5,^ str6,^ str7;    //定义字符串变量
    str1 = "\n 年龄:";
    str3 = "\n 月收入:";
    str5 = "\n 购物种类:";
    if(rb1 -> Checked)                                          //判断第一组被选中按钮
        str2 = rb1 -> Text;                                     //把选中按钮值赋值给变量
    else if(rb2 -> Checked)
        str2 = rb2 -> Text;
    else
        str2 = rb3 -> Text;
    if(rb10 -> Checked)                                         //判断第二组被选中按钮
        str4 = rb10 -> Text;                                    //把选中按钮值赋值给变量
    else if(rb9 -> Checked)
        str4 = rb9 -> Text;
    else
        str4 = rb8 -> Text;
    if (ck1 -> Checked)                                         //判断第三组被选中按钮
        str6 = this -> ck1 -> Text + " ";                       //把选中按钮值赋值给变量
    if (ck2 -> Checked)
        {str7 = this -> ck2 -> Text + " ";
         str6 = str6 + str7;}
    if (ck3 -> Checked)
        {str7 = this -> ck3 -> Text;
        str6 = str6 + str7;}
    str7 = str1 + str2 + str3 + str4 + str5 + str6;             //变量连接,获得问卷调查结果
    if(MessageBox::Show(str7 + "\n\n 继续参与?","问卷调查",
            MessageBoxButtons::YesNo) == System::Windows::Forms::DialogResult::Yes)
        {rb1 -> Checked = true;                                 //所有选项初始化
        rb10 -> Checked = true;
```

```
        ck1 -> Checked = true;
        ck2 -> Checked = false;
        ck3 -> Checked = false;}
    else
        this -> button2 -> Focus();                        //获得焦点
}
```

这段代码实现了程序的主要功能，判断问卷调查各项是否选中，将选择的最后结果进行处理，将问卷调查结果提交并用对话框进行显示。如果继续调查，将问卷调查界面初始化，重新开始填写；否则退出程序。

② 双击【退出】按钮，输入如下代码。

```
private: System::Void button2_Click(System::Object^  sender, System::EventArgs^  e)
{
    Close();                                               //关闭窗体
}
```

(5) 程序调试。

执行【调试】菜单下的【开始执行】命令运行程序，如实验图 15.1 所示，这时单击【提交】按钮或按 Enter 键，执行 button1_Click()事件响应函数内代码。将问卷调查结果显示，这时单击对话框中的【是】按钮，继续调查；如果单击【否】按钮，回到窗体，单击【退出】按钮执行 button2_Click()事件响应函数内代码，退出程序。

2. 实验内容 2 操作步骤

(1) 新建项目，命名为"学生信息"。窗体对象使用默认名称 Form1。

(2) 窗体设计。

设计如实验图 15.2 所示窗体，在窗体上添加 5 个标签控件 label1、label2、label3、label4 和 label5，一个文本框控件 textBox1，一组单选按钮，一个日期时间控件 dateTimePicker1，一个下拉列表框 comboBox1，一组复选框，一个列表框控件 listBox1，三个按钮 button1、button2 和 button3。

(3) 属性设置。

参照实验表 15.2，在【属性】窗口中设置各控件属性。

实验表 15.2　控件属性

控　件	属　性	值	说　明
Form1	AcceptButton	Button1	默认按钮
	Text	学生信息录入	窗体标题
label1～label5	Text	姓名、性别、出生日期、民族、特长	文本
textBox1	Text		输入姓名
radioButton1、radioButton2	Text	男、女	文本
	Checked	radioButton1 为 True	默认值
dateTimePicker1	Value	2000/1/1	默认值
comboBox1	Text	汉族	默认值
	Items	汉族、藏族、回族、苗族、蒙族	添加列表项

续表

控　　件	属　　性	值	说　　明
checkBox1～checkBox3	Text	体育、音乐、美术	文本
	Checked	checkBox1 为 True	默认值
button1～button3	Text	添加、删除、退出	文本
listBox1	此处不做属性设置，只要在窗体上调整好其大小和位置即可		

(4) 添加代码。

① 在窗体上双击【添加】按钮，打开【代码】编辑页面，输入如下代码。

```
System::Void button1_Click(System::Object^ sender, System::EventArgs^ e){

    String^ str1,^ str2,^ str3;                          //定义字符串变量
    str2 = "";
    if (this -> radioButton1 -> Checked)                 //判断 radioButton1 是否选中
        str1 = this -> radioButton1 -> Text;             //取得性别的值
    else
        str1 = this -> radioButton2 -> Text;
    if (checkBox1 -> Checked)                            //判断 checkBox1 是否选中
        {str3 = this -> checkBox1 -> Text;
         str2 = str2 + str3;}
    if (checkBox2 -> Checked)
        {str3 = this -> checkBox2 -> Text;
         str2 = str2 + str3;}
    if (checkBox3 -> Checked)
        {str3 = this -> checkBox3 -> Text;
         str2 = str2 + str3;}
    this -> listBox1 -> Items -> Add(textBox1 -> Text + " " + str1 + "  "
        + (dateTimePicker1 -> Value.ToLongDateString()) + "  "
       + this -> comboBox1 -> SelectedItem -> ToString() + "  " + str2); //信息添加到列表框
    this -> comboBox1 -> Text = L"汉族";                  //初始化界面
    this -> dateTimePicker1 -> Value = System::DateTime(2000, 1, 1, 0, 0, 0, 0);
    this -> radioButton1 -> Checked = true;
    this -> textBox1 -> Text = "";
    this -> checkBox1 -> Checked = true;
    this -> checkBox2 -> Checked = false;
    this -> checkBox3 -> Checked = false;
}
```

这段程序代码将窗体录入的学生信息添加到列表框中进行显示，并且初始化界面，各项恢复初值，以便继续输入。

② 在窗体上双击【删除】按钮，输入如下代码。

```
System::Void button2_Click(System::Object^ sender, System::EventArgs^ e)
{
    this -> listBox1 -> Items -> Remove(listBox1 -> SelectedItem -> ToString());
}
```

这段代码将列表框中选中列表项删除。

③ 双击【退出】按钮，输入如下代码。

```
System::Void button3_Click(System::Object^ sender, System::EventArgs^ e)
{
    this->listBox1->Items->Clear();                    //清除列表框的内容
    Close();
}
```

(5) 程序调试。

执行【调试】菜单下的【开始执行】命令运行程序，如实验图 15.2 所示，在窗体上录入学生信息，这时单击【添加】按钮或按 Enter 键，将录入学生信息添加到列表框进行显示。如果要在列表框中删除列表项，只要选中相应列表项，单击【删除】按钮，删除列表项。如果想要退出程序，单击【退出】按钮。

四、思考题

1. 如果不用对话框显示问卷调查结果，可以如何显示？
2. 如果将列表框中选中记录值显示在左侧对应位置，如何实现？

实验十六 Windows Form 图形绘制

一、实验目的

1. 理解 Windows Form 图形应用程序的基本概念。

2. 了解制作 Windows Form 图形应用程序的一般过程。

3. 熟悉 Graphics 类、Pen 类等基本图形绘制类的语法，熟练掌握用这些基础类绘制直线、椭圆、字符的绘制技巧。

4. 掌握坐标和颜色的使用方法。

5. 掌握窗体及控件 Paint 事件的使用方法。

6. 掌握 DateTime 类及计时器控件 Timer 的使用方法。

二、实验内容

设计一个如实验图 16.1 所示的简单时钟应用程序。

实验图 16.1 简单时钟

三、实验步骤

(1) 新建项目，名为 Exp16。窗体对象使用默认名称 Form1。

(2) 在【属性】窗口中将窗体的 Size 属性设置为(350,350)。

(3) 在【属性】窗口的事件操作界面，找到 Paint 事件并双击，添加窗体 Paint 事件处理程序，然后在打开的【代码】编辑窗口中添加如下代码。

```
private: System:: Void Form1 _ Paint ( System:: Object ^  sender, System:: Windows:: Forms::
PaintEventArgs^ e)
{
    //初始化常量、变量
    const static double PI = 3.14159265;
    float AnglePerMinute = 1/60.0f * 2 * PI;                    //相邻刻度线间夹角
    int x,y,x1,y1,x2,y2,r,j;
    //绘制椭圆
    Pen^ myPen = gcnew Pen(Color::Black,6.0f);                  //定义时钟边框颜色及宽度
    e -> Graphics -> DrawEllipse(myPen,50,50,250,250);          //绘制时钟边框
    //填充椭圆
    SolidBrush^ fillBrush = gcnew SolidBrush(Color::SkyBlue);   //定义填充色
    e -> Graphics -> FillEllipse(fillBrush,53,53,244,244);      //填充时钟表盘
    //计算表盘中心点坐标和半径
    x = 50 + 250/2;
    y = 50 + 250/2;
    r = 250/2;
    //绘制时钟刻度
    Pen^ blackPen1 = gcnew Pen( Color::Black,1.0f );            //定义小刻度线颜色及粗细
    Pen^ blackPen2 = gcnew Pen( Color::Black,2.0f );            //定义大刻度线颜色及粗细
    for(j = 0;j < 360;j++)
    {
        x1 = x + r * Math::Cos(j * AnglePerMinute);
        y1 = y + r * Math::Sin(j * AnglePerMinute);
        if(j % 5!= 0)                                           //绘制小刻度线
        {
            x2 = x + (r - 10) * Math::Cos(j * AnglePerMinute);
            y2 = y + (r - 10) * Math::Sin(j * AnglePerMinute);
            e -> Graphics -> DrawLine( blackPen1, Point(x1,y1), Point(x2,y2) );
        }
        else                                                    //绘制大刻度线
        {
            x2 = x + (r - 20) * Math::Cos(j * AnglePerMinute);
            y2 = y + (r - 20) * Math::Sin(j * AnglePerMinute);
            e -> Graphics -> DrawLine( blackPen2, Point(x1,y1), Point(x2,y2) );
        }
    }
    //绘制表盘数字
    Drawing::Font^ drawFont = gcnew System::Drawing::Font("Arial",14 );  //字体及字号
    SolidBrush^ drawBrush = gcnew Drawing::SolidBrush(Color::Black);  //字符颜色
    for(j = 1;j <= 12;j++)
    {
        x2 = x - 10 + (r - 30) * Math::Cos(j/12.0f * 2 * PI - PI/2); //计算字符显示坐标
        y2 = y - 10 + (r - 30) * Math::Sin(j/12.0f * 2 * PI - PI/2);
        String^ drawString = j.ToString();                      //将被绘制的字符
        e -> Graphics -> DrawString(drawString,drawFont,drawBrush,x2,y2);  //绘制字符
    }
}    // Form1_Paint( )事件处理程序结束
```

(4) 按 F7 键生成成功后，按 Ctrl＋F5 键运行，此时窗体上应显示不含指针的时钟表盘。若不成功，返回到前面(2)、(3)步仔细检查修改，然后再次生成、运行，直到满意为止。

(5) 回到【设计器】页面，在窗体上添加一个 PictureBox 控件，使用默认名称 pictureBox1。

(6) 在【属性】窗口中将 pictureBox1 控件的 BackColor 属性设置为透明 Transparent，Location 属性设置为(0,0)，Size 属性设置为(340,320)，让此控件完全覆盖窗体客户区。

(7) 在【属性】窗口的事件操作界面，找到 Paint 事件并双击，添加此 pictureBox1 控件的 Paint 事件处理程序，然后在打开的【代码】编辑窗口中添加如下代码。

```
private: System::Void pictureBox1_Paint(System::Object^ sender, System::Windows::Forms::PaintEventArgs^ e)
{
    const static double PI = 3.14159265;
    int x,y,x1,y1,x2,y2,x3,y3,r,j;
    //计算表盘中心点坐标和半径
    x = 50 + 250/2;
    y = 50 + 250/2;
    r = 250/2;
    //绘制秒针
    float AnglePerSecond = 1/60.0f * 2 * PI;                    //每秒对应角度
    int NowSecond = System::DateTime::Now.Second;               //当前时刻秒数
    float SecondPointerAngle = NowSecond * AnglePerSecond;      //当前时刻秒针转角
    x1 = x + (r - 30) * Math::Sin(SecondPointerAngle);          //秒针端点坐标
    y1 = y - (r - 30) * Math::Cos(SecondPointerAngle);
    Pen^ RedPen = gcnew Pen( Color::DarkRed,4.0f );             //秒针颜色,红色
    e->Graphics->DrawLine( RedPen, Point(x1,y1), Point(x,y) );  //绘制秒针
    //绘制分针
    float SecondAngle = NowSecond * AnglePerSecond/60;          //秒钟数对应的分针转角
    float AnglePerMinute = 1/60.0f * 2 * PI;                    //每分钟对应角度
    int NowMinute = System::DateTime::Now.Minute;               //当前时钟分钟数
    float MinutePointerAngle = NowMinute * AnglePerMinute + SecondAngle;
    //当前分针对应角度,包括整数分钟对应角度和相应秒数对应角度.SecondAngle是当前时刻秒
//钟数对应的分针转角.
    x2 = x + (r - 40) * Math::Sin(MinutePointerAngle);          //当前分针端点坐标
    y2 = y - (r - 40) * Math::Cos(MinutePointerAngle);
    Pen^ BlackPen1 = gcnew Pen( Color::Black,5.0f );            //分针颜色、宽度
    e->Graphics->DrawLine( BlackPen1, Point(x,y), Point(x2,y2) );  //绘制分针
    //绘制时针
    float MinuteAngle = NowMinute * AnglePerMinute/12; //当前时刻分钟数对应的时针转角
    float AnglePerHour = 1/12.0f * 2 * PI;                      //每小时对应角度
    int NowHour = System::DateTime::Now.Hour;                   //当前时钟时数
    float HourPointerAngle = NowHour * AnglePerHour - PI/2 + MinuteAngle ;
    //当前时针对应角度,包括整点时数对应角度和相应分钟数对应角度.MinuteAngle是当前时刻
//分钟数对应的时针转角.
    x3 = x + (r - 50) * Math::Cos(HourPointerAngle);            //当前时针端点坐标
    y3 = y + (r - 50) * Math::Sin(HourPointerAngle);
    Pen^ BlackPen2 = gcnew Pen( Color::Black,6.0f );            //时针颜色及粗细
    e->Graphics->DrawLine(BlackPen2,Point(x,y),Point(x3,y3));   //绘制时针
    //绘制时钟中心点
    SolidBrush^ myBrush = gcnew Drawing::SolidBrush(Color::Crimson); //画笔颜色
    e->Graphics->FillEllipse(myBrush, Rectangle(x - 5,y - 5,10,10));  //绘制中心点
```

```
}  //pictureBox1_Paint ( )事件处理程序结束
```

(8) 按 F7 键生成成功后，按 Ctrl+F5 键运行，此时窗体上显示的时钟界面应与实验图 16.1 基本相同，但指针还不会动。若不成功，返回到前面(5)、(6)、(7)各步仔细检查修改，然后再次生成、运行，直到满意为止。

(9) 回到【设计器】页面，在窗体上添加一个计时器控件 Timer，使用默认名称 timer1。

(10) 在【属性】窗口中将 timer1 控件的 Interval 属性设置为 1000ms，即每秒触发此计时器的 Tick 事件一次。

(11) 在【属性】窗口的事件操作界面，找到 Tick 事件并双击，添加此计时器控件的事件处理程序 timer1_Tick( )，然后在打开的【代码】编辑窗口中添加如下代码。

```
private: System::Void timer1_Tick(System::Object^  sender, System::EventArgs^  e)
{
    this -> pictureBox1 -> Invalidate(); //使 pictureBox1 控件失效并重绘，即重绘时钟指针
}
```

(12) 回到【设计器】页面，在窗体背景上双击，添加窗体对象的默认事件处理程序 Form1_Load( )，然后在打开的【代码】编辑窗口中添加如下代码。

```
private: System::Void Form1_Load(System::Object^  sender, System::EventArgs^  e)
{
    timer1 -> Start();                                    //启动计时器
}
```

(13) 按 F7 键生成成功后，按 Ctrl+F5 键运行。此时窗体上显示的应是与当前时刻相一致的时钟运行界面。若不成功，返回到前面(9)、(10)、(11)、(12)各步仔细检查修改，然后再次生成、运行，直到满意为止。

四、思考题

1. 如何消除时钟界面元素边缘的锯齿？
2. 如何实现对表盘边框内部区域进行渐变式填充？

参考文献

1. Ivor Horton. Visual C++ 2012 入门经典(第 6 版). 北京：清华大学出版社，2013.
2. 吴克力. C++面向对象程序设计——基于 Visual C++ 2010. 北京：清华大学出版社，2013.
3. 郑阿奇. Visual C++实用教程(第 4 版). 北京：电子工业出版社，2012.
4. 王瑞，王舵. C++程序设计教学做一体化教程. 北京：清华大学出版社，2013.
5. 李琳娜. Visual C++编程实战宝典. 北京：清华大学出版社，2014.
6. 梁海英. VisualC++程序设计(高等学校计算机应用规划教材). 北京：清华大学出版社，2013.
7. 温秀梅，高丽婷，孟凡兴. Visual C++面向对象程序设计教程与实验学习指导与习题解答. 北京：清华大学出版社，2014.
8. 徐孝帆. C++语言基础教程(第 2 版). 北京：清华大学出版社，2012.
9. 谭浩强. C++面向对象程序设计(第 2 版). 北京：清华大学出版社，2011.
10. 吕凤翥. C++语言程序设计教程. 北京：人民邮电出版社，2008.
11. 张晓民. VC++ 2010 应用开发技术. 北京：机械工业出版社，2013.
12. 刘冰，张林，蒋贵全，等. Visual C++ 2010 程序设计案例教程. 北京：机械工业出版社，2013.
13. 许志闻，郭晓新，杨瀛涛. Visual C++图形程序设计. 北京：机械工业出版社，2009.
14. 朱晴婷，黄海鹰，陈莲君. Visual C++程序设计——基础与实例分析. 北京：清华大学出版社，2004.
15. 李淑馨，陈伟. Visual C++ 2008 程序设计完全自学教程. 北京：清华大学出版社，2009.

图书资源支持

感谢您一直以来对清华版图书的支持和爱护。为了配合本书的使用，本书提供配套的素材，有需求的用户请到清华大学出版社主页(http://www.tup.com.cn)上查询和下载，也可以拨打电话或发送电子邮件咨询。

如果您在使用本书的过程中遇到了什么问题，或者有相关图书出版计划，也请您发邮件告诉我们，以便我们更好地为您服务。

我们的联系方式：

地　　址：北京海淀区双清路学研大厦 A 座 707

邮　　编：100084

电　　话：010－62770175－4604

资源下载：http://www.tup.com.cn

电子邮件：weijj@tup.tsinghua.edu.cn

QQ：883604(请写明您的单位和姓名)

扫一扫

资源下载、样书申请

新书推荐、技术交流

用微信扫一扫右边的二维码，即可关注清华大学出版社公众号“书圈”。